자동차관리 법규

김현열

AUTOMOTIVE MANAGEMENT LAWS

구민사

저자 약력

김현열 오산대학교 자동차튜닝과 교수

자동차 관리 법규

초판 인쇄 2025년 2월 20일
초판 발행 2025년 2월 28일

지 은 이 김현열
발 행 인 조규백
발 행 처 도서출판 **구민사**
(07299) 서울시 영등포구 문래북로 116, 604호(트리플렉스 604호)
전 화 (02)701-7421
팩 스 (02)3273-9642
홈페이지 www.kuhminsa.co.kr
신고번호 제2012-000055호(1980년 2월4일)
I S B N 979-11-6875-511-6 (93550)
정 가 30,000원

preface

자동차를 자동차관련 법령에 따르지 않고 자기마음대로 만들어서 자동차를 마음대로 사용을 한다면 사회적 많은 문제와 혼란이 발생될 것이다. 그래서 국가는 자동차를 제작에서부터 폐차에 이르기까지 국가가 정해놓은 법령에 따라 제작되고 사용하도록 하고 있다.

자동차관련 법령 중에서 사람들이 준수해야 할 종류는 수십 가지가 있으나 그중에서 자동차관리의 대표적인 법령으로는 자동차관리법, 대기환경보전법, 소음 · 진동규제법을 들 수 있으나, 자동차관리법은 자동차의 안전과 성능을 확보하고, 자동차의 효율적인 관리를 위하여 제정한 법으로 자동차의 설계, 점검 · 정비 · 검사, 자동차관리사업 분야에 종사하는 자들은 필수적으로 알고 있어야 할 법령이다. 그래서 본 교재는 자동차관리법에 관계된 법령들 중에서 다음 사항들을 가능한 법령 원문형태로 수록하였다.

01. 자동차 관리법
02. 자동차 관리법 시행령
03. 자동차 관리법 시행규칙
04. 자동차 관리법 제21조제2항 등의 규정에 따른 행정처분의 기준과 절차에 관한 규칙
05. 자동차 종합검사의 시행 등에 관한 규칙
06. 자동차 관리의 특례에 관한 규칙
07. 자동차등록령
08. 자동차등록규칙
09. 자동차 등 특정동산 저당법
10. 자동차 등 특정동산 저당법 시행령
11. 자율주행자동차 상용화 촉진 및 지원에 관한 법률
12. 자율주행자동차 상용화 촉진 및 지원에 관한 법률 시행규칙
13. 자율주행자동차 상용화 촉진 및 지원에 관한 법률 시행령

법령들은 시대의 상황과 요구조건에 따라 계속변화하므로 본 저자도 본 교재를 계속해서 보완과 개선을 하여 독자들에게 도움을 줄 수 있도록 능동적으로 대응할 것이다. 독자 여러분들께서 많은 조언과 질책을 주신다면 교재의 내용이 보다 충실해질 것으로 생각된다.

끝으로 이 책이 교재로 사용될 수 있도록 도움을 주신 도서출판 구민사 조규백 사장님과 직원 여러분에게 고마움을 마음 깊이 전합니다.

저자

01 자동차 관리법

제1장 총칙 / 1

제2장 자동차의 등록 / 4

제3장 자동차의 안전기준 및 자기인증 / 17

제3장의1 저속전기자동차에 대한 특례 / 35

제3장의2 내압용기의 안전관리 / 37

제4장 자동차의 점검 및 정비 / 40

제5장 자동차의 검사 / 41

제5장의2 자동차의 교환 또는 환불 / 49

제6장 이륜자동차의 관리 / 55

제7장 자동차관리사업 등 / 61

제7장의2 자동차안전기준 등의 국제조화 / 76

제7장의3 자동차서비스복합단지의 조성 등 / 78

제7장의4 자동차매매업 공제조합 / 82

제8장 보칙 〈개정 2009. 2. 6.〉 / 86

제9장 벌칙 〈개정 2009. 2. 6.〉 / 98

제10장 범칙행위에 관한 처리의 특례 / 109

부칙 〈제20554호, 2024. 12. 3.〉 / 111

contents

02 자동차 관리법 시행령

부칙 〈제34988호, 2024. 11. 12.〉
(소상공인 등의 경영활성화 지원을 위한 22개 법령의 일부개정에 관한 대통령령)/ 169

03 자동차 관리법 시행규칙

제1장 총칙 / 170
제2장 자동차등록번호판 / 173
제3장 자동차차대번호의 표기 등 / 180
제4장 자동차처리명령 등 / 183
제5장 자동차의 임시운행 / 186
제6장 자동차의 자기인증 등 / 190
제6장의2 자동차부품의 자기인증 등 / 203
제7장 제작결함의 시정 및 성능시험 / 215
제8장 자동차의 튜닝 등 / 232
제8장의2 저속전기자동차에 대한 특례 / 243
제8장의3 내압용기의 안전관리 / 246
제9장 자동차의 점검 및 정비 등 / 259
제10장 기계 · 기구의 관리 / 264
제11장 자동차의 검사 및 검사대행자의 지정 등 / 275
제12장 택시미터의 검정 등 / 309
제12장의2 자동차의 교환 또는 환불 등 / 315

제13장 이륜자동차의 관리 / 318

제14장 자동차관리사업 등 / 327

제15장 사업자단체의 설립 등 / 362

제16장 전산정보처리조직 / 365

제17장 보칙 / 368

제18장 통고처분 〈신설 2001. 6. 30.〉 / 374

부칙〈제1400호, 2024. 11. 12.〉 (소상공인 등의 경영활성화 지원을 위한 공동주택관리법 시행규칙 등 3개 법령의 일부개정에 관한 국토교통부령) / 374

04 자동차관리법 제21조제2항 등의 규정에 따른 행정처분의 기준과 절차에 관한 규칙

부칙 〈제1378호, 2024. 8. 14.〉 / 388

05 자동차 종합검사의 시행 등에 관한 규칙

제1장 총칙 / 389

제2장 종합검사의 기준과 방법 등 / 389

제3장 종합검사대행자와 종합검사지정정비사업자의 시설 기준 등 / 396

제4장 종합검사 결과의 관리 등 / 403

제5장 보칙 / 404

부칙 〈제1270호, 2023. 10. 31.〉 / 407

contents

06 자동차관리의 특례에 관한 규칙

제1장 총칙 / 408

제2장 외교용 등의 자동차 등 / 409

제3장 군용특수자동차 / 414

제4장 도로 외의 장소에서만 사용하는 자동차와 수출용의 자동차 / 416

부칙 〈제1191호, 2023. 2. 3.〉 / 417

07 자동차등록령

제1장 총칙 / 418

제2장 등록원부 / 420

제3장 등록절차 / 422

제4장 삭제 / 430

제5장 그 밖의 등록 / 431

부칙 〈제34582호, 2024. 6. 18.〉 / 432

08 자동차등록규칙

제1장 총칙 / 433

제2장 자동차등록원부 / 434

제3장 자동차등록서류 / 439
제4장 자동차등록절차 / 440
제5장 저당권등록 / 449
제6장 기타의 등록 등 / 450
부칙 〈제1345호, 2024. 6. 18.〉 / 450

09 자동차 등 특정동산 저당법

부칙 〈제18957호, 2022. 6. 10.〉 (수상레저기구의 등록 및 검사에 관한 법률) / 454

10 자동차 등 특정동산 저당법 시행령

부칙 〈제33517호, 2023. 6. 7.〉 (수상레저기구의 등록 및 검사에 관한 법률 시행령 / 459

11 자율주행자동차 상용화 촉진 및 지원에 관한 법률

제1장 총칙 / 460
제2장 자율주행자동차의 이용촉진 / 461
제3장 자율주행자동차의 이용환경 조성 / 466
제4장 자율주행자동차의 안전성 확보를 위한 자율협력주행 인증 / 469

제5장 자율주행자동차의 적합성 승인 등 / 475
제6장 보칙 〈신설 2024. 3. 19.〉 / 479
제7장 벌칙 〈신설 2024. 3. 19.〉 / 480
부칙 〈제20391호, 2024. 3. 19.〉 / 482

12 자율주행자동차 상용화 촉진 및 지원에 관한 법률 시행규칙

부칙 〈제1352호, 2024. 7. 9.〉 / 490

13 자율주행자동차 상용화 촉진 및 지원에 관한 법률 시행령

제1장 총칙 / 491
제2장 자율주행자동차의 이용촉진 / 491
제3장 자율주행자동차의 이용환경 조성 / 499
제4장 자율주행자동차의 안전성 확보를 위한 자율협력주행 인증 / 502
제5장 보칙 〈신설 2022. 1. 28.〉 / 511
제6장 벌칙 〈신설 2022. 1. 28.〉 / 513
부칙 〈제34731호, 2024. 7. 23.〉 (한국도로교통공단법 시행령) / 514

01 자동차 관리법

[시행 2025. 12. 4.] [법률 제20554호, 2024. 12. 3., 일부개정]

제1장 총칙 <개정 2009. 2. 6.>

제1조 (목적)

이 법은 자동차의 등록, 안전기준, 자기인증, 제작결함 시정, 점검, 정비, 검사 및 자동차관리사업 등에 관한 사항을 정하여 자동차를 효율적으로 관리하고 자동차의 성능 및 안전을 확보함으로써 공공의 복리를 증진함을 목적으로 한다.
[전문개정 2009. 2. 6.]

제2조 (정의)

이 법에서 사용하는 용어의 뜻은 다음과 같다. <개정 2011. 5. 24., 2012. 12. 18., 2013. 3. 23., 2014. 1. 7., 2015. 8. 11., 2015. 12. 29., 2016. 1. 28., 2020. 6. 9., 2023. 8. 16., 2024. 2. 13.>

1. "자동차"란 원동기에 의하여 육상에서 이동할 목적으로 제작한 용구 또는 이에 견인되어 육상을 이동할 목적으로 제작한 용구(이하 "피견인자동차"라 한다)를 말한다. 다만, 대통령령으로 정하는 것은 제외한다.

1의2. "원동기"란 자동차의 구동을 주목적으로 하는 내연기관이나 전동기 등 동력발생장치를 말한다.

1의3. "자율주행자동차"란 운전자 또는 승객의 조작 없이 자동차 스스로 운행이 가능한 자동차를 말한다.

1의4. "미완성자동차"란 차대 등 국토교통부령으로 정하는 최소한의 구조 · 장치를 갖춘 자동차로서 용법에 따라 사용이 가능하도록 추가적인 제작 · 조립 공정이 필요한 자동차를 말한다.

1의5. "단계제작자동차"란 미완성자동차를 이용하여 제2호에 따른 운행(용법에 따라 사용이 가능하도록 하는 것을 말한다)이 가능하도록 단계별로 제작된 자동차를 말한다.

1의6. "구동축전지"란 자동차의 구동을 목적으로 전기에너지를 저장하는 축전지 또는 이와 유사한 기능을 하는 전기에너지 저장매체를 말한다.

1의7. "커넥티드자동차"란 「국가통합교통체계효율화법」 제2조제3호에 따른 교통수단, 같은 조 제4호에 따른 교통시설, 그 밖의 장치 · 시설 · 장비 · 기기 등과 무선 정보통신 기술을 활용하여 정보를 송신 또는 수신하는 자동차를 말한다.

2. "운행"이란 사람 또는 화물의 운송 여부와 관계없이 자동차를 그 용법(用法)에 따라 사용하는 것을 말한다.

3. "자동차사용자"란 자동차 소유자 또는 자동차 소유자로부터 자동차의 운행 등에 관한 사항을 위탁받은 자를 말한다.

4. "형식"이란 자동차의 구조와 장치에 관한 형상, 규격 및 성능 등을 말한다.

4의2. "내압용기"란 「고압가스 안전관리법」 제3조제2호에 따른 용기로서 고압가스를 연료로 사용하기 위하여 자동차에 장착하거나 장착할 목적으로 제작된 용기(용기밸브와 용기안전장치를 포함한다)를 말한다.

4의3. "자동차 사이버공격 · 위협"이란 해킹, 컴퓨터바이러스, 서비스 거부, 전자기파 등 전자적 수단으로 자동차의 부품 · 장치 · 정보통신기기 또는 이와 관련된 정보시스템을 침입 · 교란 · 마비 · 파괴하거나 자동차의 소프트웨어, 자동차제어 정보 등을 위조 · 변조 · 훼손 · 유출하는 행위 및 그와 관련된 위협을 말한다.

4의4. "자동차 사이버보안 관리체계"란 자동차 사이버공격 · 위협으로부터 자동차를 보호하기 위한 관리적 · 기술적 · 물리적 보호조치를 포함한 종합적 관리체계를 말한다.

4의5. "소프트웨어"란 「소프트웨어 진흥법」 제2조제1호에 따른 소프트웨어로서 자동차에 설치되는 것을 말한다.

4의6. "소프트웨어 업데이트"란 소프트웨어를 변경, 추가 또는 삭제하는 것을 말한다.

5. "폐차"란 자동차를 해체하여 국토교통부령으로 정하는 자동차의 장치를 그 성능을 유지할 수 없도록 압축 · 파쇄(破碎) 또는 절단하거나 자동차를 해체하지 아니하고 바로 압축 · 파쇄하는 것을 말한다.

6. "자동차관리사업"이란 자동차매매업 · 자동차정비업 및 자동차해체재활용업을 말한다.

7. "자동차매매업"이란 자동차[신조차(新造車)와 이륜자동차는 제외한다]의 매매 또는 매매 알선 및 그 등록 신청의 대행을 업(業)으로 하는 것을 말한다.

8. "자동차정비업"이란 자동차(이륜자동차는 제외한다)의 점검작업, 정비작업 또는 튜닝작업을 업으로 하는 것을 말한다. 다만, 국토교통부령으로 정하는 작업은 제외한다.

9. "자동차해체재활용업"이란 폐차 요청된 자동차(이륜자동차는 제외한다)의 인수(引受), 재사용 가능한 부품의 회수, 폐차 및 그 말소등록신청의 대행을 업으로 하는 것을 말한다.

10. "사고기록장치"란 자동차의 충돌 등 국토교통부령으로 정하는 사고 전후 일정한 시간 동안 자동차의 운행정보를 저장하고 저장된 정보를 확인할 수 있는 장치 또는 기능을 말한다.

11. "자동차의 튜닝"이란 자동차의 구조 · 장치의 일부를 변경하거나 자동차에 부착물을 추가하는 것을 말한다. 다만, 자동차의 구조 · 장치의 물리적 변경 없이 소프트웨어 업데이트만 하는 경우는 제외한다.

12. "표준정비시간"이란 자동차정비사업자 단체가 정하여 공개하고 사용하는 정비작업별 평균 정비시간을 말한다.

13. “전손(全損) 처리 자동차”란 피보험자동차가 완전히 파손, 멸실 또는 오손되어 수리할 수 없는 상태이거나 피보험자동차에 생긴 손해액과 보험회사가 부담하기로 한 비용의 합산액이 보험가액 이상인 자동차로서 「보험업법」 제2조에 따른 보험회사(이하 “보험회사”라 한다)가 다음 각 목으로 분류 처리한 경우를 말한다.
   가. 도난 또는 분실 자동차로 분류한 경우
   나. 수리가 가능한 자동차로 분류한 경우
   다. 수리가 불가능하여 폐차하기로 분류한 경우
14. “자동차경매”란 제60조에 따라 경매장을 개설하여 자동차(신조차와 이륜자동차는 제외한다)를 경매(競賣)의 방식(「전자문서 및 전자거래 기본법」 제2조제5호에 따른 전자거래를 통한 경매를 포함한다)으로 처리하는 것을 말한다.

[전문개정 2009. 2. 6.]

제3조 (자동차의 종류)

① 자동차는 다음 각 호와 같이 구분한다. <개정 2011. 5. 24., 2013. 3. 23., 2019. 8. 27., 2020. 6. 9.>
   1. 승용자동차 : 10인 이하를 운송하기에 적합하게 제작된 자동차
   2. 승합자동차 : 11인 이상을 운송하기에 적합하게 제작된 자동차. 다만, 다음 각 목의 어느 하나에 해당하는 자동차는 승차인원과 관계없이 이를 승합자동차로 본다.
      가. 내부의 특수한 설비로 인하여 승차인원이 10인 이하로 된 자동차
      나. 국토교통부령으로 정하는 경형자동차로서 승차인원이 10인 이하인 전방조종자동차
      다. 삭제 <2019. 8. 27.>
   3. 화물자동차 : 화물을 운송하기에 적합한 화물적재공간을 갖추고, 화물적재공간의 총적재화물의 무게가 운전자를 제외한 승객이 승차공간에 모두 탑승했을 때의 승객의 무게보다 많은 자동차
   4. 특수자동차 : 다른 자동차를 견인하거나 구난작업 또는 특수한 용도로 사용하기에 적합하게 제작된 자동차로서 승용자동차ㆍ승합자동차 또는 화물자동차가 아닌 자동차
   5. 이륜자동차 : 총배기량 또는 정격출력의 크기와 관계없이 1인 또는 2인의 사람을 운송하기에 적합하게 제작된 이륜의 자동차 및 그와 유사한 구조로 되어 있는 자동차

② 제1항에 따른 구분의 세부기준은 자동차의 크기ㆍ구조, 원동기의 종류, 총배기량 또는 정격출력 등에 따라 국토교통부령으로 정한다. <신설 2011. 5. 24., 2013. 3. 23.>

③ 제1항에 따른 자동차의 종류는 국토교통부령으로 정하는 바에 따라 세분할 수 있다. <개정 2011. 5. 24., 2013. 3. 23.>

[전문개정 2009. 2. 6.]

제4조 (자동차관리 사무의 지도 · 감독)

국토교통부장관은 자동차관리에 관한 적절하고 효율적인 제도를 확립하고, 자동차관리 행정의 합리적인 발전을 도모하기 위하여 이 법에서 특별시장 · 광역시장 · 특별자치시장 · 도지사 · 특별자치도지사(이하 "시 · 도지사"라 한다), 특별자치시장 · 특별자치도지사 · 시장 · 군수 및 구청장(자치구의 구청장을 말한다. 이하 "시장 · 군수 · 구청장"이라 한다)의 권한으로 규정한 자동차관리에 관한 사무를 지도 · 감독한다. <개정 2013. 3. 23., 2017. 10. 24.>

[전문개정 2009. 2. 6.]

제4조의2 (자동차정책기본계획의 수립)

① 국토교통부장관은 자동차를 효율적으로 관리하고 안전도를 높이기 위하여 자동차정책기본계획(이하 "기본계획"이라 한다)을 5년마다 수립 · 시행하여야 한다. <개정 2013. 3. 23.>

② 기본계획에는 다음 각 호의 사항이 포함되어야 한다. <개정 2020. 10. 20., 2024. 2. 13.>

1. 자동차 관련 기술발전 전망과 자동차 안전 및 관리 정책의 추진방향
2. 제29조에 따른 자동차안전기준 등의 연구개발 · 기반조성 및 국제조화에 관한 사항
3. 자동차 안전도 향상에 관한 사항
4. 자동차 관리제도 및 소비자 보호에 관한 사항

4의2. 커넥티드자동차 등 신기술이 적용된 자동차의 자동차검사기준 마련, 안전관리 및 자동차검사 관련 기술 · 기기의 연구 · 개발 · 보급에 관한 사항

5. 그 밖에 자동차 안전 및 관리를 위하여 필요한 사항

③ 국토교통부장관은 제1항에 따라 기본계획을 수립하려는 경우에는 관계 중앙행정기관의 장 및 시 · 도지사의 의견을 들은 후 「국가통합교통체계효율화법」 제106조에 따른 국가교통위원회의 심의를 거쳐 확정한다. 수립된 기본계획을 변경(대통령령으로 정하는 경미한 변경은 제외한다)하려는 경우에도 또한 같다. <개정 2013. 3. 23.>

④ 국토교통부장관은 기본계획이 확정된 때에는 관계 중앙행정기관의 장 및 시 · 도지사에게 통보하고, 이를 공고(인터넷 게재를 포함한다)하여야 한다. <개정 2013. 3. 23.>

⑤ 제1항부터 제4항까지의 기본계획의 수립 및 변경 등에 관하여 필요한 사항은 대통령령으로 정한다.

[본조신설 2011. 5. 24.]

제2장 자동차의 등록 <개정 2009. 2. 6.>

제5조 (등록)

자동차(이륜자동차는 제외한다. 이하 이 조부터 제47조의12까지의 규정에서 같다)는 자동차등록원부

(이하 "등록원부"라 한다)에 등록한 후가 아니면 이를 운행할 수 없다. 다만, 제27조제1항에 따른 임시운행허가를 받아 허가 기간 내에 운행하는 경우에는 그러하지 아니하다. <개정 2017. 10. 24., 2020. 2. 4.>
[전문개정 2009. 2. 6.]

제6조 (자동차 소유권 변동의 효력)

자동차 소유권의 득실변경(得失變更)은 등록을 하여야 그 효력이 생긴다. [전문개정 2009. 2. 6.]

제7조 (자동차등록원부)

① 시 · 도지사는 등록원부를 비치(備置) · 관리하여야 한다. <개정 2015. 1. 6.>

② 시 · 도지사는 등록원부의 전부 또는 일부가 멸실된 경우에는 대통령령으로 정하는 바에 따라 등록원부를 복구하기 위하여 필요한 조치를 하여야 한다.

③ 국토교통부장관이나 시 · 도지사는 등록원부 및 그 기재 사항의 멸실(滅失) · 훼손이나 그 밖의 부정한 유출 등을 방지하고 이를 보존하기 위하여 필요한 조치를 하여야 한다. <개정 2013. 3. 23.>

④ 등록원부의 열람이나 그 등본 또는 초본을 발급받으려는 자는 국토교통부령으로 정하는 바에 따라 시 · 도지사에게 신청하여야 한다. <개정 2013. 3. 23.>

⑤ 시 · 도지사는 제4항에 따라 등록원부를 열람하게 하거나 그 등본 또는 초본을 발급하는 경우 개인정보의 유출을 방지하기 위하여 국토교통부령으로 정하는 바에 따라 그 내용의 일부를 표시하지 아니할 수 있다. <개정 2013. 3. 23.>

⑥ 등록원부에는 등록번호, 차대번호, 차명, 사용본거지, 자동차 소유자, 원동기형식, 구동축전지 식별번호(「환경친화적 자동차의 개발 및 보급 촉진에 관한 법률」 제2조제3호에 따른 전기자동차로 한정한다), 차종, 용도, 세부유형, 구조장치 변경사항, 검사유효기간, 자동차저당권에 관한 사항과 그 밖에 공시할 필요가 있는 사항을 기재하여야 한다. 이 경우 세부 기재사항, 서식 및 기재방법은 대통령령으로 정한다. <신설 2015. 1. 6., 2023. 8. 16.>

[전문개정 2009. 2. 6.]

제8조 (신규등록)

① 신규로 자동차에 관한 등록을 하려는 자는 대통령령으로 정하는 바에 따라 시 · 도지사에게 신규자동차등록(이하 "신규등록"이라 한다)을 신청하여야 한다. 이 경우 시 · 도지사는 신규등록을 하려는 자동차가 다음 각 호의 어느 하나에 해당하는 경우에는 구매자가 자동차를 제작 · 조립 또는 수입하는 자(이들로부터 자동차의 판매위탁을 받은 자를 포함하며, 이하 "자동차제작 · 판매자등"이라 한다)로부터 제8조의2에 따른 고지를 받았다는 사실을 국토교통부령으로 정하는 바에 따라 신규등록을 신청하는 자에게 확인하여야 한다. <개정 2024. 1. 9.>

1. 제13조제1항제2호에 따라 반품으로 말소등록된 자동차인 경우

2. 제작사의 공장 출고일(제작일을 말한다. 이하 같다) 이후 인도 이전에 국토교통부령으로 정하는 고장 또는 흠집 등 하자가 발생한 자동차인 경우

② 시 · 도지사는 신규등록 신청을 받으면 등록원부에 필요한 사항을 적고 자동차등록증을 발급하여야 한다.

③ 자동차제작 · 판매자 등이 자동차를 판매한 경우에는 국토교통부령으로 정하는 바에 따라 등록원부 작성에 필요한 자동차 제작증 정보를 제69조에 따른 전산정보처리조직에 즉시 전송하여야 하며 산 사람을 갈음하여 지체 없이 신규등록을 신청하여야 한다. 다만, 국토교통부령으로 정하는 바에 따라 산 사람이 직접 신규등록을 신청하는 경우에는 그러하지 아니하다. <개정 2012. 12. 18., 2013. 3. 23., 2024. 1. 9.>

④ 자동차제작 · 판매자 등이 제1항에 따라 신규등록을 신청하는 경우에는 국토교통부령으로 정하는 바에 따라 자동차를 산 사람으로부터 수수료를 받을 수 있다. <개정 2013. 3. 23.>

[전문개정 2009. 2. 6.]

제8조의2 (자동차제작 · 판매자 등의 고지의무)

① 자동차제작 · 판매자 등은 제13조제1항제2호에 따라 반품으로 말소등록된 자동차를 판매하는 경우에는 해당 자동차가 반품된 자동차라는 사실을 구매자에게 고지하고 제69조에 따른 전산정보처리조직에 즉시 전송하여야 한다. 다만, 제47조의2의 교환 또는 환불 요구에 따라 반품된 자동차의 경우에는 그 사유를 포함하여 고지 및 전송하여야 하며, 자동차 제작증에도 그 사유를 기재하여야 한다. <개정 2014. 1. 7., 2024. 1. 9.>

② 자동차제작 · 판매자 등은 자동차를 판매할 때 제작사의 공장 출고일 이후 인도 이전에 발생한 국토교통부령으로 정하는 고장 또는 흠집 등 하자에 대한 수리 여부와 상태 등에 대하여 구매자에게 고지하고 제69조에 따른 전산정보처리조직에 즉시 전송하여야 한다. <신설 2014. 1. 7., 2017. 10. 24., 2024. 1. 9.>

[본조신설 2012. 12. 18.]

제9조 (신규등록의 거부)

시 · 도지사는 다음 각 호의 어느 하나에 해당하는 경우에는 신규등록을 거부하여야 한다. <개정 2009. 6. 9., 2015. 1. 28., 2015. 12. 29.>

1. 해당 자동차의 취득에 관한 정당한 원인행위가 없거나 등록 신청 사항에 거짓이 있는 경우
2. 제22조에 따른 자동차의 차대번호(車臺番號) 또는 원동기형식의 표기가 없거나 이들 표기가 제30조제4항에 따른 자동차자기인증표시 또는 제43조제3항에 따른 신규검사증명서에 적힌 것과 다른 경우
3. 「여객자동차 운수사업법」에 따른 여객자동차 운수사업 및 「화물자동차 운수사업법」에 따른 화물자동차 운수사업의 면허 · 등록 · 인가 또는 신고 내용과 다르게 사업용 자동차로 등록하려는

경우

4. 「액화석유가스의 안전관리 및 사업법」 제28조에 따른 액화석유가스의 연료사용제한 규정을 위반하여 등록하려는 경우
5. 「대기환경보전법」 제48조 및 「소음 · 진동관리법」 제31조에 따른 제작차 인증을 받지 아니한 자동차 또는 제동장치에 석면을 사용한 자동차를 등록하려는 경우
6. 미완성자동차

[전문개정 2009. 2. 6.]

제10조 (자동차등록번호판)

① 시 · 도지사는 국토교통부령으로 정하는 바에 따라 자동차등록번호판(이하 "등록번호판"이라 한다)을 붙여야 한다. 다만, 자동차 소유자 또는 제8조제3항 본문 및 제12조제2항 본문에 따라 자동차 소유자를 갈음하여 등록을 신청하는 자가 직접 등록번호판을 부착하려는 경우에는 국토교통부령으로 정하는 바에 따라 등록번호판을 직접 부착하게 할 수 있다. <개정 2013. 3. 23., 2024. 2. 20.>

② 제1항에 따라 붙인 등록번호판은 다음 각 호의 어느 하나에 해당하는 경우를 제외하고는 떼지 못한다. <개정 2022. 11. 15., 2024. 2. 20.>

1. 시 · 도지사의 허가를 받은 경우
2. 제53조에 따라 등록한 자동차정비업자가 정비를 위하여 사업장 내에서 국토교통부령으로 정하는 바에 따라 일시적으로 뗀 경우
3. 다른 법률에 특별한 규정이 있는 경우

③ 자동차 소유자는 등록번호판이 떨어지거나 알아보기 어렵게 된 경우에는 시 · 도지사에게 제1항에 따른 등록번호판의 부착을 다시 신청하여야 한다. <개정 2024. 2. 20.>

④ 제1항과 제3항에 따른 등록번호판의 부착을 하지 아니한 자동차는 운행하지 못한다. 다만, 제27조제2항에 따른 임시운행허가번호판을 붙인 경우에는 그러하지 아니하다. <개정 2024. 2. 20.>

⑤ 누구든지 등록번호판을 가리거나 알아보기 곤란하게 하여서는 아니 되며, 그러한 자동차를 운행하여서도 아니 된다.

⑥ 누구든지 등록번호판을 가리거나 알아보기 곤란하게 하기 위한 장치를 제조 · 수입하거나 판매 · 공여하여서는 아니 된다. <신설 2011. 5. 24.>

⑦ 자동차 소유자는 자전거 운반용 부착장치 등 국토교통부령으로 정하는 외부장치를 자동차에 붙여 등록번호판이 가려지게 되는 경우에는 시 · 도지사에게 국토교통부령으로 정하는 바에 따라 외부장치용 등록번호판의 부착을 신청하여야 한다. 외부장치용 등록번호판에 대하여는 제1항부터 제6항까지를 준용한다. <신설 2012. 5. 23., 2013. 3. 23., 2020. 6. 9.>

⑧ 시 · 도지사는 등록번호판을 회수한 경우에는 다시 사용할 수 없는 상태로 폐기하여야 한다. <개정 2011. 5. 24., 2012. 5. 23., 2024. 2. 20.>

⑨ 누구든지 등록번호판 영치업무를 방해할 목적으로 제1항에 따른 등록번호판의 부착 이외의 방법으

로 등록번호판을 붙여서는 아니 되며, 그러한 자동차를 운행하여서도 아니 된다. <신설 2015. 1. 6., 2020. 6. 9., 2024. 2. 20.>

[전문개정 2009. 2. 6.]

제11조 (변경등록)

① 자동차 소유자는 등록원부의 기재 사항이 변경(제12조에 따른 이전등록 및 제13조에 따른 말소등록에 해당되는 경우는 제외한다)된 경우에는 대통령령으로 정하는 바에 따라 시 · 도지사에게 변경등록(이하 "변경등록"이라 한다)을 신청하여야 한다. 다만, 대통령령으로 정하는 경미한 등록 사항을 변경하는 경우에는 그러하지 아니하다.

② 변경등록에 관하여는 제9조제3호 및 제4호를 준용한다.

[전문개정 2009. 2. 6.]

제12조 (이전등록)

① 등록된 자동차를 양수받는 자는 대통령령으로 정하는 바에 따라 시 · 도지사에게 자동차 소유권의 이전등록(이하 "이전등록"이라 한다)을 신청하여야 한다.

② 제53조에 따라 자동차매매업을 등록한 자(이하 "자동차매매업자"라 한다)는 자동차의 매도 또는 매매의 알선을 한 경우에는 산 사람을 갈음하여 제1항에 따른 이전등록 신청을 하여야 한다. 다만, 자동차매매업자 사이에 매매 또는 매매의 알선을 한 경우와 국토교통부령으로 정하는 바에 따라 산 사람이 직접 이전등록 신청을 하는 경우에는 그러하지 아니하다. <개정 2013. 3. 23.>

③ 자동차를 양수한 자가 다시 제3자에게 양도하려는 경우에는 양도 전에 자기 명의로 제1항에 따른 이전등록을 하여야 한다.

④ 자동차를 양수한 자가 제1항에 따른 이전등록을 신청하지 아니한 경우에는 대통령령으로 정하는 바에 따라 그 양수인을 갈음하여 양도자(이전등록을 신청할 당시 등록원부에 적힌 소유자를 말한다)가신청할 수 있다.

⑤ 제4항에 따라 이전등록 신청을 받은 시 · 도지사는 대통령령으로 정하는 바에 따라 등록을 수리(受理)하여야 한다.

⑥ 시 · 도지사는 보험회사가 전손 처리한 자동차에 대하여 이전등록 신청을 받은 경우 제43조제1항제5호에 따른 수리검사를 받은 경우에 한정하여 수리(受理)하여야 한다. <신설 2015. 8. 11.>

⑦ 제1항과 제4항에 따른 이전등록에 관하여는 제9조제1호 · 제3호 및 제4호를 준용한다. <개정 2015. 8. 11.>

[전문개정 2009. 2. 6.]

제12조의2 (이해관계인의 등록원부 발급신청)

등록원부에 기재된 이해관계인은 해당 자동차의 이전등록이 있는 경우 시ㆍ도지사에게 등록원부 또는 초본을 열람 또는 발급 신청을 할 수 있으며 신청을 받은 시ㆍ도지사는 이에 응하여야 한다.
[본조신설 2011. 5. 24.]

제13조 (말소등록)

① 자동차 소유자(재산관리인 및 상속인을 포함한다. 이하 이 조에서 같다)는 등록된 자동차가 다음 각 호의 어느 하나의 사유에 해당하는 경우에는 대통령령으로 정하는 바에 따라 자동차등록증, 등록번호판을 반납하고 시ㆍ도지사에게 말소등록(이하 "말소등록"이라 한다)을 신청하여야 한다. 다만, 제7호 및 제8호의 사유에 해당되는 경우에는 말소등록을 신청할 수 있다. <개정 2017. 10. 24., 2024. 2. 20.>

1. 제53조에 따라 자동차해체재활용업을 등록한 자(이하 "자동차해체재활용업자"라 한다)에게 폐차를 요청한 경우
2. 자동차제작ㆍ판매자 등에게 반품한 경우(제47조의2의 교환 또는 환불 요구에 따라 반품된 경우를 포함한다)
3. 「여객자동차 운수사업법」에 따른 차령(車齡)이 초과된 경우
4. 「여객자동차 운수사업법」 및 「화물자동차 운수사업법」에 따라 면허ㆍ등록ㆍ인가 또는 신고가 실효(失效)되거나 취소된 경우
5. 천재지변ㆍ교통사고 또는 화재로 자동차 본래의 기능을 회복할 수 없게 되거나 멸실된 경우
6. 자동차를 수출하는 경우
7. 제14조의 압류등록을 한 후에도 환가(換價) 절차 등 후속 강제집행 절차가 진행되고 있지 아니하는 차량 중 차령 등 대통령령으로 정하는 기준에 따라 환가가치가 남아 있지 아니하다고 인정되는 경우. 이 경우 시ㆍ도지사가 해당 자동차 소유자로부터 말소등록 신청을 접수하였을 때에는 즉시 그 사실을 압류등록을 촉탁(囑託)한 법원 또는 행정관청과 등록원부에 적힌 이해관계인에게 알려야 한다.
8. 자동차를 교육ㆍ연구의 목적으로 사용하는 등 대통령령으로 정하는 사유에 해당하는 경우

② 제1항제1호에 해당하는 경우에는 자동차해체재활용업자가, 제1항제6호에 해당되는 경우에는 자동차를 수출하는 자가 해당 자동차 소유자를 갈음하여 제1항에 따른 말소등록을 신청하여야 한다. 다만, 국토교통부령으로 정하는 바에 따라 자동차 소유자가 직접 말소등록을 신청하는 경우에는 그러하지 아니하다. <개정 2013. 3. 23.>

③ 시ㆍ도지사는 다음 각 호의 어느 하나에 해당하는 경우에는 직권으로 말소등록을 할 수 있다. <개정 2015. 8. 11., 2021. 4. 13., 2021. 12. 7.>

1. 제1항과 제2항에 따라 말소등록을 신청하여야 할 자가신청하지 아니한 경우
2. 자동차의 차대[차대가 없는 자동차의 경우에는 차체(車體)를 말한다. 이하 같다]가 등록원부상

의 차대와 다른 경우

3. 제24조의2제2항 또는 제37조제3항에 따른 자동차 운행정지 명령에도 불구하고 해당 자동차를 계속 운행하는 경우
4. 제26조에 따라 자동차를 폐차한 경우
5. 속임수나 그 밖의 부정한 방법으로 등록된 경우
6. 「자동차손해배상 보장법」 제6조제3항에 따른 의무보험 가입명령을 이행하지 아니한 지 1년 이상 경과한 경우

④ 시 · 도지사는 제3항에 따라 직권으로 말소등록을 하려는 경우에는 그 사유 및 말소등록 예정일을 명시하여 그 1개월 전까지 등록원부에 적힌 자동차 소유자 및 이해관계인에게 알려야 한다. 다만, 그 자동차 소유자 및 이해관계인이 자동차의 말소등록에 동의한 경우와 제1항제3호 · 제5호 또는 제3항제4호에 해당되는 경우에는 그러하지 아니하다. <개정 2015. 8. 11.>

⑤ 시 · 도지사는 제3항에 따라 자동차를 직권으로 말소등록한 경우에는 그 자동차를 소유하여 온 자에게 알려야 한다. 이 경우 통지를 받은 상대방은 국토교통부령으로 정하는 부득이한 사유 등이 있는 경우를 제외하고는 지체 없이 그 자동차의 자동차등록증 · 등록번호판을 반납하여야 한다. <개정 2013. 3. 23., 2024. 2. 20.>

⑥ 시 · 도지사는 제3항에 따라 직권으로 등록말소를 하는 경우에는 제4항에 따른 통지를 한 후 해당 자동차의 자동차등록증 · 등록번호판을 영치(領置)하거나 폐기할 수 있다. <개정 2024. 2. 20.>

⑦ 자동차 소유자는 다음 각 호의 어느 하나에 해당하는 경우에는 대통령령으로 정하는 바에 따라 시 · 도지사에게 말소등록을 신청할 수 있다. <개정 2015. 12. 29., 2019. 8. 27.>

1. 본인이 소유하는 자동차를 도난당한 경우
2. 본인이 소유하는 자동차를 횡령 또는 편취당한 경우

⑧ 제1항제6호에 따라 말소등록을 신청한 자(자동차소유자가 수출하지 아니하는 경우에는 제2항에 따라 말소등록을 신청한 자를 말한다)는 대통령령으로 정하는 바에 따라 시 · 도지사에게 수출의 이행 여부를 신고하여야 한다. 이 경우 해당 자동차 수출을 이행하지 못한 경우에는 자동차해체재활용업자에게 폐차를 요청하거나 제8조에 따라 신규등록을 신청할 수 있다. <개정 2011. 5. 24.>

⑨ 말소등록된 자동차에 대하여 이해관계가 있는 자는 시 · 도지사에게 자동차 말소사실증명서의 발급을 신청할 수 있다.

⑩ 말소등록된 자동차를 다시 등록하려는 경우에는 대통령령으로 정하는 바에 따라 신규등록을 신청하여야 한다. 이 경우 말소등록 당시 등록원부에 저당권 등이 설정되어 있었던 경우에는 해당 권리관계가 소멸되었음을 국토교통부령으로 정하는 바에 따라 증명하여야 한다. <개정 2014. 3. 18., 2020. 6. 9.>

⑪ 시 · 도지사가 제69조에 따른 전산정보처리조직 또는 「전자정부법」 제36조제1항에 따른 행정정보의 공동이용을 통하여 자동차 수출의 이행 여부를 확인할 수 있는 경우에는 제8항에 따라 말소등록을 신청한 자가 시 · 도지사에게 수출의 이행 여부를 신고한 것으로 본다. <신설 2016. 1. 28.>

[전문개정 2009. 2. 6.]

제14조 (압류등록)

시 · 도지사는 다음 각 호의 어느 하나의 경우에는 해당 자동차의 등록원부에 국토교통부령으로 정하는 바에 따라 압류등록을 하여야 한다. <개정 2010. 3. 31., 2013. 3. 23., 2015. 1. 6., 2016. 12. 27.>

1. 「민사집행법」 에 따라 법원으로부터 압류등록의 촉탁이 있는 경우
2. 「국세징수법」 또는 「지방세징수법」 에 따라 행정관청으로부터 압류등록의 촉탁이 있는 경우
3. 「공공기관의 운영에 관한 법률」 제4조에 따른 공공기관(이하 "공공기관"이라 한다)으로부터 압류등록의 촉탁이 있는 경우

[전문개정 2009. 2. 6.]

제14조의2 (압류의 해제에 필요한 사무의 처리)

① 제14조제2호 또는 제3호에 따라 압류등록을 촉탁한 행정관청이나 공공기관(이하 "압류등록 촉탁기관"이라 한다)은 국세, 지방세 및 과태료 등의 체납금에 대한 수납 · 정산, 압류해제의 촉탁 등 압류의 해제에 필요한 사무를 국토교통부장관에게 대행하게 할 수 있다.

② 국토교통부장관은 압류등록 해제 조치를 한 경우 대통령령으로 정하는 바에 따라 압류등록 촉탁기관 및 시 · 도지사에게 그 사실을 통지한다.

[본조신설 2015. 1. 6.]

제14조의3 (압류등록의 해제)

제14조의2제2항에 따른 통지를 받은 시 · 도지사는 국토교통부령으로 정하는 바에 따라 해당 자동차에 대한 압류등록을 해제하여야 한다. [본조신설 2015. 1. 6.]

제15조 삭제 〈1999. 4. 15.〉

제16조 (자동차등록번호의 부여)

시 · 도지사는 자동차를 신규등록한 경우에는 그 자동차의 등록번호(이하 "등록번호"라 한다)를 부여하고, 용도변경 등 대통령령으로 정하는 사유가 발생한 경우에는 그 등록번호를 변경하여 부여한다.

[전문개정 2009. 2. 6.]

제17조 삭제 〈1999. 4. 15.〉

제18조 (자동차등록증의 비치 등)

① 삭제 <2015. 8. 11.>

② 자동차 소유자는 자동차등록증이 없어지거나 알아보기 곤란하게 된 경우에는 재발급 신청을 하여야 한다.

[전문개정 2009. 2. 6.]

제19조 (등록번호판의 발급 등)

제10조에 따른 등록번호판의 제작 · 발급 방법 등은 국토교통부령으로 정한다. <개정 2013. 3. 23., 2024. 2. 20.> [전문개정 2009. 2. 6.]

제20조 (등록번호판발급대행자의 지정 등)

① 시 · 도지사는 필요하다고 인정하면 국토교통부령으로 정하는 바에 따라 제19조에 따른 등록번호판의 제작 · 발급 업무를 대행하는 자(이하 "등록번호판발급대행자"라 한다)를 지정할 수 있다. 이 경우 그 지정방법 및 대행기간은 해당 지방자치단체의 조례로 정할 수 있다. <개정 2009. 12. 29., 2013. 3. 23., 2024. 2. 20.>

② 등록번호판발급대행자가 갖추어야 할 시설, 장비 등의 기준 및 지정 절차 등에 관하여 필요한 사항은 국토교통부령으로 정한다. <개정 2013. 3. 23.>

③ 등록번호판발급대행자는 국토교통부령으로 정하는 바에 따라 등록번호판의 발급 수수료를 받을 수 있다. <개정 2013. 3. 23., 2024. 2. 20.>

④ 등록번호판발급대행자는 자동차 등록번호판 제작용 철형(凸形)을 관리하는 경우 도난되지 아니하도록 필요한 안전조치를 하여야 하며, 유출(流出)하여서는 아니 된다.

[전문개정 2009. 2. 6.]

제21조 (등록번호판발급대행자에 대한 지정의 취소 등)

① 시 · 도지사는 등록번호판발급대행자가 다음 각 호의 어느 하나에 해당되는 경우에는 그 지정을 취소하거나 6개월 이내의 기간을 정하여 사업의 정지를 명할 수 있다. 다만, 제1호 및 제10호에 해당하는 경우에는 그 지정을 취소하여야 한다. <개정 2013. 3. 23., 2024. 2. 20.>

1. 거짓이나 그 밖의 부정한 방법으로 지정을 받은 경우
2. 제20조제2항에 따른 시설 · 장비 등의 기준에 미달한 경우
3. 제20조제4항을 위반하여 자동차 등록번호판 제작용 철형을 도난 당하거나 유출한 경우
4. 제72조제1항에 따른 보고를 하지 아니하거나 거짓으로 보고를 한 경우
5. 제72조제2항에 따른 검사를 거부 · 방해 또는 기피하거나, 질문에 응하지 아니하거나 거짓으로 답변한 경우
6. 업무와 관련하여 부정한 금품을 수수(收受)하거나 그 밖의 부정한 행위를 한 경우

7. 자산상태 불량 등의 사유로 그 업무를 계속 수행할 수 없다고 인정될 경우
8. 등록번호판의 발급을 정당한 사유 없이 거부한 경우
9. 국토교통부장관이 등록번호판의 규격 · 재질 · 색상 등 제식(制式)에 관하여 고시한 기준에 위반되게 제작 · 발급한 경우
10. 이 조에 따른 사업정지명령을 위반하여 사업정지기간 중에 사업을 경영한 경우

② 제1항에 따른 처분의 세부기준과 절차, 그 밖에 필요한 사항은 국토교통부령으로 정한다. <개정 2013. 3. 23.>

[전문개정 2009. 2. 6.]

제22조 (차대번호 등의 표기)

① 자동차에는 국토교통부령으로 정하는 바에 따라 차대번호와 원동기형식의 표기를 하여야 한다. <개정 2013. 3. 23.>

② 자동차나 원동기를 제작 · 조립하는 것을 업으로 하는 자와 국토교통부장관이 지정하는 자가 아니면 자동차의 차대번호 또는 원동기형식의 표기를 하여서는 아니 된다. <개정 2013. 3. 23.>

[전문개정 2009. 2. 6.]

제23조 (표기를 지우는 행위 등의 금지 등)

① 누구든지 자동차의 차대번호 또는 원동기형식의 표기를 지우거나 그 밖에 이를 알아보기 곤란하게 하는 행위를 하여서는 아니 된다. 다만, 부득이한 사유로 국토교통부장관의 인정을 받은 경우와 제2항에 따른 명령을 받은 경우에는 그러하지 아니하다. <개정 2013. 3. 23.>

② 국토교통부장관은 자동차가 다음 각 호의 어느 하나에 해당되는 경우에는 그 소유자에게 차대번호 또는 원동기형식의 표기를 지우거나 표기를 받을 것을 명할 수 있다. <개정 2013. 3. 23.>

1. 자동차에 차대번호 또는 원동기형식의 표기가 없거나 그 표기 방법 및 체계 등이 제22조제1항에 적합하지 아니한 경우
2. 자동차의 차대번호 또는 원동기형식의 표기가 다른 자동차와 유사한 경우
3. 차대번호 또는 원동기형식의 표기가 지워져 있거나 알아보기 곤란한 경우

③ 제1항 단서와 제2항에 따라 표기를 지우거나 표기를 받으려는 자는 국토교통부령으로 정하는 바에 따라 자동차 또는 원동기의 제작 · 조립을 업으로 하는 자 또는 국토교통부장관이 지정하는 자에게 신청을 하여야 한다. 이 경우 이에 들어간 비용은 국토교통부령으로 정하는 바에 따라 자동차의 소유자로부터 징수할 수 있다. <개정 2011. 5. 24., 2013. 3. 23.>

④ 제1항 단서와 제2항에 따른 인정 및 명령에 관하여 필요한 절차 등은 국토교통부령으로 정한다. <개정 2013. 3. 23.>

[전문개정 2009. 2. 6.]

제24조 삭제 〈1999. 4. 15.〉

제24조의2 (자동차의 운행정지 등)

① 자동차는 제2조제3호에 따른 자동차사용자가 운행하여야 한다.

② 시 · 도지사 또는 시장 · 군수 · 구청장은 제1항의 요건에 해당하지 아니한 자가 정당한 사유 없이 자동차를 운행하는 경우 다음 각 호의 어느 하나에 따라 해당 자동차의 운행정지를 명할 수 있다. <개정 2018. 2. 21.>

1. 자동차 소유자의 동의 또는 요청
2. 수사기관의 장의 요청. 다만, 수사기관의 장이 제2조제3호에 따른 자동차사용자가 아닌 자가 자동차를 운행하는 사실을 확인한 경우로 한정한다.

③ 시 · 도지사 또는 시장 · 군수 · 구청장은 제2항에 따른 운행정지를 명하는 경우 다음 각 호의 사항을 이행하여야 한다.

1. 해당 자동차에 대한 운행정지 처분사실을 등록원부에 기재
2. 해당 자동차의 운행을 방지 · 단속할 수 있도록 자동차등록번호와 차량 제원 등 필요한 정보를 경찰청장에게 제공
3. 필요한 경우 등록번호판을 영치하고, 영치 사실을 시 · 도지사 또는 시장 · 군수 · 구청장과 자동차 소유자에게 통보
4. 자동차등록번호, 운행정지 사유 및 자동차 제원 등을 공보 및 홈페이지에 공고

④ 시 · 도지사 또는 시장 · 군수 · 구청장은 제2항에 따라 운행정지를 명한 자동차에 대하여 필요한 경우 체납된 징수금 환수를 위하여 공매할 수 있다.

⑤ 시 · 도지사 또는 시장 · 군수 · 구청장은 제4항에 따른 공매에 대하여 전문지식이 필요하거나 그 밖에 특수한 사정으로 직접 공매하는 것이 적당하지 아니하다고 인정하는 경우에는 「한국자산관리공사 설립 등에 관한 법률」에 따라 설립된 한국자산관리공사에 공매를 대행하게 할 수 있다. 이 경우 공매는 시 · 도지사 또는 시장 · 군수 · 구청장이 한 것으로 본다. <개정 2019. 11. 26.>

⑥ 제2항 및 제3항에 따른 운행정지 동의 또는 요청 · 명령 및 등록번호판의 영치 방법 등에 관하여 필요한 사항은 국토교통부령으로 정한다.

[본조신설 2015. 8. 11.]

제25조 (자동차의 운행 제한)

① 국토교통부장관은 다음 각 호의 어느 하나에 해당하는 사유가 있다고 인정되면 미리 경찰청장과 협의하여 자동차의 운행 제한을 명할 수 있다. <개정 2013. 3. 23., 2020. 2. 4.>

1. 전시 · 사변 또는 이에 준하는 비상사태의 대처
2. 극심한 교통체증 지역의 발생 예방 또는 해소

2의2. 제31조제1항에 따른 결함이 있는 자동차의 운행으로 인한 화재사고가 반복적으로 발생하여 공중(公衆)의 안전에 심각한 위해를 끼칠 수 있는 경우

3. 대기오염 방지나 그 밖에 대통령령으로 정하는 사유

② 국토교통부장관은 제1항에 따라 운행을 제한하려면 미리 그 목적, 기간, 지역, 제한 내용 및 대상 자동차의 종류와 그 밖에 필요한 사항을 국무회의의 심의를 거쳐 공고하여야 한다. <개정 2013. 3. 23., 2015. 12. 29.>

③ 제30조제3항에 따른 자동차제작자 등이나 제30조의2제1항에 따른 부품제작자 등은 국토교통부장관이 제1항제2호의2에 따라 운행 제한을 명할 경우에는 국토교통부령으로 정하는 바에 따라 자동차 소유자를 보호하기 위한 대책을 마련하여 우편발송, 휴대전화를 이용한 문자메시지 전송 등을 통해 자동차 소유자에게 그 대책을 공개하고 이행하여야 한다. <신설 2020. 2. 4.>

[전문개정 2009. 2. 6.]

제26조 (자동차의 강제 처리)

① 자동차(자동차와 유사한 외관 형태를 갖춘 것을 포함한다. 이하 이 조에서 같다)의 소유자 또는 점유자는 다음 각 호의 어느 하나에 해당하는 행위를 하여서는 아니 된다. <개정 2019. 8. 27.>

1. 자동차를 일정한 장소에 고정시켜 운행 외의 용도로 사용하는 행위
2. 자동차를 도로에 계속하여 방치하는 행위
3. 정당한 사유 없이 자동차를 타인의 토지에 대통령령으로 정하는 기간 이상 방치하는 행위

② 시장 · 군수 · 구청장은 제1항 각 호의 어느 하나에 해당된다고 판단되면 해당 자동차를 일정한 곳으로 옮긴 후 국토교통부령으로 정하는 바에 따라 그 자동차의 소유자 또는 점유자에게 폐차 요청이나 그 밖의 처분 등을 하거나, 그 자동차를 찾아가는 등의 방법으로 본인이 적절한 조치를 취할 것을 명하여야 한다. <개정 2013. 3. 23.>

③ 시장 · 군수 · 구청장은 자동차의 소유자 또는 점유자가 제2항에 따른 명령을 이행하지 아니하거나 해당 자동차의 소유자 또는 점유자를 알 수 없을 경우에는 대통령령으로 정하는 바에 따라 그 자동차를 매각하거나 폐차할 수 있다. 이 경우 매각 또는 폐차에 든 비용은 그 소유자 또는 점유자로부터 징수할 수 있다.

④ 제3항에 따라 자동차를 매각 또는 폐차한 경우 그에 들어간 비용을 충당하고 남은 금액이 있을 때에는 그 자동차의 소유자 또는 점유자에게 잔액을 지급하여야 한다. 다만, 자동차의 소유자 또는 점유자를 알 수 없는 경우에는 「공탁법」에 따라 잔액을 공탁(供託)하여야 한다.

[전문개정 2009. 2. 6.]

제26조의2 (침수로 인한 전손 처리 자동차의 폐차 처리)

① 침수로 인한 전손 처리 자동차의 소유자는 국토교통부령으로 정하는 기간 내에 해당 자동차를 자동차해체재활용업자에게 폐차 요청하여야 한다. <개정 2022. 11. 15.>

② 누구든지 침수로 인한 전손 처리 자동차 또는 해당 자동차에 장착된 장치로서 국토교통부령으로 정하는 자동차의 안전운행에 직접 관련된 장치를 수출하거나 수출하는 자에게 판매할 수 없다.

<신설 2022. 11. 15.>
[본조신설 2021. 4. 13.]

제27조 (임시운행의 허가)

① 자동차를 등록하지 아니하고 일시 운행을 하려는 자는 대통령령으로 정하는 바에 따라 국토교통부장관 또는 시 · 도지사의 임시운행허가(이하 "임시운행허가"라 한다)를 받아야 한다. 다만, 자율주행자동차를 시험 · 연구 목적으로 운행하려는 자는 허가대상, 고장감지 및 경고장치, 기능해제장치, 운행구역, 운전자 준수 사항 등과 관련하여 국토교통부령으로 정하는 안전운행요건을 갖추어 국토교통부장관의 임시운행허가를 받아야 한다. <개정 2013. 3. 23., 2015. 8. 11.>

② 국토교통부장관 또는 시 · 도지사는 임시운행허가의 신청을 받은 경우에는 국토교통부령으로 정하는 바에 따라 이를 허가하고 임시운행허가증 및 임시운행허가번호판을 발급하여야 한다. 다만, 수출목적으로 운행구간을 정하여 임시운행 허가기간을 1일로 신청한 자의 요청이 있는 경우로서 임시운행허가번호판을 붙이지 아니하고 운행할 필요가 있다고 인정되는 때에는 이를 발급하지 아니할 수 있다. <개정 2011. 5. 24., 2013. 3. 23., 2020. 6. 9.>

③ 임시운행허가를 받은 자동차는 그 허가 목적 및 기간의 범위에서 임시운행허가번호판(제2항 단서의 경우는 제외한다)을 붙여 운행하여야 한다. <개정 2011. 5. 24., 2020. 6. 9., 2024. 2. 20.>

④ 임시운행허가를 받은 자는 제3항의 기간이 만료된 경우에는 국토교통부령으로 정하는 기간 내에 임시운행허가증 및 임시운행허가번호판을 반납하여야 한다. <개정 2013. 3. 23.>

⑤ 제1항 단서에 따라 임시운행허가를 받은 자는 자율주행자동차의 안전한 운행을 위하여 주요 장치 및 기능의 변경 사항, 운행기록 등 운행에 관한 정보 및 교통사고와 관련한 정보 등 국토교통부령으로 정하는 사항을 국토교통부령으로 정하는 바에 따라 국토교통부장관에게 보고하여야 한다. <신설 2017. 10. 24.>

⑥ 국토교통부장관은 제5항에 따른 보고사항에 대하여 확인이 필요한 경우에는 제32조제3항에 따라 성능시험을 대행하도록 지정된 자에게 이에 대한 조사를 하게 할 수 있다. <신설 2017. 10. 24.>

⑦ 국토교통부장관은 제6항에 따른 조사 결과 제1항 단서에 따른 안전운행요건에 부적합하거나 교통사고를 유발할 가능성이 높다고 판단되는 경우에는 시정조치 및 운행의 일시정지를 명할 수 있다. 다만, 자율주행자동차의 운행 중 교통사고가 발생하여 안전운행에 지장이 있다고 판단되는 경우에는 즉시 운행의 일시정지를 명할 수 있다. <신설 2017. 10. 24.>

[전문개정 2009. 2. 6.]

제28조 (자동차 등록에 대한 이의신청 특례)

① 시 · 도지사가 수행한 자동차 등록에 관하여 이의가 있는 자는 언제든지 국토교통부령으로 정하는 바에 따라 이의신청을 할 수 있다. <개정 2024. 1. 9.>

② 시 · 도지사는 제1항에 따른 이의신청을 받고 이유가 있다고 인정할 때에는 이를 즉시 시정하여야

한다.

③ 시 · 도지사는 제2항에 따른 시정을 하거나 이의신청이 이유가 없다고 인정할 때에는 지체 없이 그 뜻을 신청인과 등록원부에 적힌 이해관계인에게 알려야 한다.

④ 자동차의 등록에 관하여 이의가 있는 자는 제1항에 따른 이의신청 여부와 관계없이 「행정심판법」에 따른 행정심판청구 또는 「행정소송법」에 따른 행정소송을 제기할 수 있다.

[전문개정 2009. 2. 6.] [제목개정 2024. 1. 9.]

제3장 자동차의 안전기준 및 자기인증 <개정 2009. 2. 6.>

제29조 (자동차의 구조 및 장치 등)

① 자동차는 대통령령으로 정하는 구조 및 장치가 안전 운행에 필요한 성능과 기준(이하 "자동차안전기준"이라 한다)에 적합하지 아니하면 운행하지 못한다.

② 자동차에 장착되거나 사용되는 부품 · 장치 또는 보호장구(保護裝具)로서 대통령령으로 정하는 부품 · 장치 또는 보호장구(이하 "자동차부품"이라 한다)는 안전운행에 필요한 성능과 기준(이하 "부품안전기준"이라 한다)에 적합하여야 한다.

③ 국토교통부령으로 정하는 캠핑용자동차 안에 취사 및 야영을 목적으로 설치하는 액화석유가스의 저장시설, 가스설비, 배관시설 및 그 밖의 사용시설은 「액화석유가스의 안전관리 및 사업법」에 적합하여야 하며, 전기설비 및 캠핑설비는 국토교통부령으로 정하는 안전기준에 적합하여야 한다. <신설 2015. 8. 11., 2019. 8. 27.>

④ 자동차안전기준과 부품안전기준은 국토교통부령으로 정한다. <개정 2013. 3. 23., 2015. 8. 11.>

[전문개정 2009. 2. 6.]

제29조의2 (안전기준 관련 연구 · 개발 등)

① 국토교통부장관은 제29조제1항 및 제2항에 따른 자동차안전기준, 부품안전기준, 제35조의5제1항에 따른 내압용기안전기준 또는 안전 관련 기술의 연구 · 개발 및 데이터베이스 구축 · 운영이 필요한 경우에는 제32조제3항에 따라 성능시험을 대행하는 자로 지정된 자(이하 "성능시험대행자"라 한다)에게 이를 수행하게 할 수 있다. 이 경우 국토교통부장관은 예산의 범위에서 연구 · 개발 및 데이터베이스 구축 · 운영에 드는 비용을 출연하거나 지원하여야 한다. <개정 2011. 5. 24., 2013. 3. 23., 2017. 12. 26., 2024. 2. 13.>

② 삭제 <2011. 5. 24.>

[본조신설 2009. 2. 6.]

제29조의3 (사고기록장치의 장착 및 정보제공 등)

① 자동차제작 · 판매자 등은 차종, 용도, 승차인원 등 국토교통부령으로 정하는 기준에 따른 자동차에 국토교통부령으로 정하는 바에 따라 사고기록장치를 장착하여야 한다. <개정 2013. 3. 23., 2024. 2. 13.>

② 자동차제작 · 판매자 등이 제1항에 따라 사고기록장치가 장착된 자동차를 판매하는 경우에는 사고기록장치가 장착되어 있음을 구매자에게 알려야 한다.

③ 제1항에 따라 사고기록장치를 장착한 자동차제작 · 판매자 등은 자동차 소유자 등 국토교통부령으로 정하는 자가 기록내용을 요구할 경우 다음 각 호의 정보를 제공하여야 한다. <개정 2013. 3. 23., 2016. 1. 28.>

1. 해당 자동차의 사고기록장치에 기록된 내용
2. 이 법 또는 관계 법령에 따라 제1호의 내용을 분석한 경우 그 결과보고서

④ 자동차제작 · 판매자 등은 사고기록장치에 저장된 정보를 추출할 수 있는 장비(이하 "사고기록추출장비"라 한다)가 시중에 유통 · 판매될 수 있도록 하여야 한다. <신설 2024. 12. 3.>

⑤ 제1항부터 제4항까지에 따른 사고기록장치의 장착기준, 장착사실의 통지, 기록정보의 제공방법, 결과보고서의 작성기준 및 제공방법, 사고기록추출장비의 유통 · 판매 등 필요한 사항은 국토교통부령으로 정한다. <개정 2013. 3. 23., 2016. 1. 28., 2024. 2. 13., 2024. 12. 3.>

⑥ 누구든지 사고기록장치에 기록된 정보 또는 해당 정보의 분석 결과를 거짓으로 제공하여서는 아니 된다. <신설 2024. 12. 3.>

[본조신설 2012. 12. 18.]

[제목개정 2024. 12. 3.]

제30조 (자동차의 자기인증 등)

① 자동차(미완성자동차, 단계제작자동차를 포함한다. 이하 이 조, 제30조의2부터 제30조의5까지, 제31조, 제31조의2, 제32조, 제32조의2 및 제33조에서 같다)를 제작 · 조립 또는 수입(이하 "제작 등"이라 한다)하려는 자는 국토교통부령으로 정하는 바에 따라 그 자동차의 형식이 자동차안전기준(미완성자동차, 단계제작자동차의 경우 해당 제작 등이 된 상태에서 적용되는 자동차안전기준을 말한다)에 적합함을 스스로 인증(이하 "자동차자기인증"이라 한다)하여야 한다. <개정 2013. 3. 23., 2015. 12. 29.>

② 자동차자기인증을 하려는 자는 국토교통부령으로 정하는 바에 따라 자동차의 제작 · 시험 · 검사시설 등을 국토교통부장관에게 등록하여야 한다. 등록한 사항 중 국토교통부령으로 정하는 중요한 사항을 변경할 때에도 또한 같다. <개정 2013. 3. 23.>

③ 제2항에 따라 등록을 한 자(이하 "자동차제작자등"이라 한다) 중 생산 규모, 안전검사시설 및 성능시험시설 등 국토교통부령으로 정하는 자기인증능력 요건을 충족하지 못한 자동차제작자등은 자동차의 안전운행에 직접 관련되는 사항으로서 국토교통부령으로 정하는 사항에 대하여

성능시험대행자로부터 기술검토 및 안전검사를 받아 자동차자기인증을 하여야 한다. 다만, 자기인증능력 요건 중 안전검사시설을 갖춘 자동차제작자 등은 국토교통부령으로 정하는 바에 따라 직접 안전검사를 할 수 있다. <개정 2011. 5. 24., 2013. 3. 23.>

④ 자동차제작자 등이 제1항 또는 제3항에 따라 자동차자기인증을 한 경우에는 국토교통부령으로 정하는 바에 따라 성능시험대행자에게 자동차의 제원(諸元)을 통보하고 그 자동차에는 자동차자기인증의 표시(자동차 제작연월을 포함한다)를 하여야 한다. <개정 2013. 3. 23., 2019. 8. 27.>

⑤ 자동차제작·조립자는 국토교통부령으로 정하는 생산대수 이하로 제작·조립되는 자동차에 대하여 제1항에 따른 자동차안전기준에도 불구하고 국토교통부령으로 정하는 바에 따라 유사한 수준의 안전도 확인방법으로 자동차자기인증을 할 수 있다. 이 경우 제3항에 따른 기술검토 및 안전검사를 받아 자동차자기인증을 하여야 한다. <신설 2015. 12. 29.>

⑥ 국토교통부장관은 제2항에 따라 등록한 제작·시험·검사시설 등을 확인한 결과 등록한 내용과 다른 경우에는 그 등록을 취소하거나 등록 사항을 변경할 것을 명할 수 있다. <개정 2013. 3. 23., 2015. 12. 29.>

[전문개정 2009. 2. 6.]

제30조의2 (자동차부품의 자기인증 등)

① 자동차부품을 제작·조립 또는 수입하는 자(이하 "부품제작자등"이라 한다)는 국토교통부령으로 정하는 바에 따라 그 자동차부품이 부품안전기준에 적합함을 스스로 인증(이하 "부품자기인증"이라 한다)하여야 한다. <개정 2013. 3. 23.>

② 부품제작자 등은 국토교통부령으로 정하는 바에 따라 부품 제작자명, 자동차부품의 종류 등을 국토교통부장관에게 등록하여야 한다. 등록한 사항 중 국토교통부령으로 정하는 중요한 사항을 변경할 때에도 또한 같다. <개정 2013. 3. 23.>

③ 부품제작자 등이 부품자기인증을 한 경우에는 국토교통부령으로 정하는 바에 따라 성능시험대행자에게 자동차부품의 제원을 통보하고 그 자동차부품에 부품자기인증 표시를 하여야 한다. <개정 2013. 3. 23.>

④ 국토교통부장관은 제2항에 따라 등록한 부품제작자명, 자동차부품의 종류 등을 확인한 결과 등록한 내용과 다른 경우에는 그 등록을 취소하거나 등록 사항을 변경할 것을 명할 수 있다. <개정 2013. 3. 23.>

⑤ 자동차제작자 등이 제30조제1항에 따라 자동차자기인증을 한 경우에는 그 자동차에 장착된 자동차부품에 대하여는 부품자기인증을 한 것으로 본다.

[전문개정 2009. 2. 6.]

제30조의3 (자동차 또는 자동차부품의 제작 또는 판매 등의 중지 등)

① 국토교통부장관은 자동차제작자등, 부품제작자등 또는 제30조의5제3항 및 제34조의3제2항에 따라

성능 및 품질을 인증받은 대체부품 또는 튜닝부품의 제작사 등이 다음 각 호의 어느 하나에 해당되는 경우에는 그 자동차 또는 자동차부품의 제작 · 조립 · 수입 또는 판매의 중지를 명할 수 있다. 다만, 제1호에 해당하는 경우에는 제작 · 조립 · 수입 또는 판매를 중지하여야 한다. <개정 2011. 5. 24., 2013. 3. 23., 2014. 1. 7., 2017. 10. 24., 2020. 2. 4., 2023. 8. 16., 2024. 2. 13.>

1. 거짓이나 그 밖의 부정한 방법으로 자동차자기인증 · 부품자기인증을 하거나 대체부품 · 튜닝부품의 성능 · 품질을 인증받은 경우

1의2. 제25조제1항제2호의2에 따른 운행 제한 사유에 해당하는 경우

2. 제30조를 위반하여 자동차안전기준에 적합하지 아니하게 자동차자기인증을 한 경우

3. 제30조의2제1항을 위반하여 부품안전기준에 적합하지 아니하게 부품자기인증을 한 경우

3의2. 제30조의2제2항을 위반하여 부품 제작자명, 자동차부품의 종류 등을 등록하지 아니하고 자동차부품을 제작 · 조립 또는 수입하는 경우

3의3. 제30조의5제5항에 따른 대체부품의 성능 및 품질 인증기준에 적합하지 아니한 경우

3의4. 제30조의9제1항을 위반하여 자동차 사이버보안 관리체계 인증을 받지 아니한 경우

3의5. 제30조의11제1항에 따라 자동차 사이버보안 관리체계 인증이 취소되었거나 효력이 정지된 경우

3의6. 제34조의3제4항에 따른 튜닝부품인증기준에 적합하지 아니한 경우

4. 제31조제3항 본문에 따른 시정명령을 이행하지 아니한 경우

5. 자동차자기인증의 내용과 다르게 제작등을 한 자동차를 판매한 경우

6. 부품자기인증의 내용과 다르게 자동차부품을 판매한 경우

7. 대체부품의 인증 내용과 다른 대체부품을 판매한 경우

8. 제34조의3에 따른 튜닝부품인증 내용과 다른 튜닝부품을 판매한 경우

9. 자동차 사이버보안 관리체계 인증의 내용과 다르게 제작등을 한 자동차를 판매한 경우

② 국토교통부장관은 자동차제작자 등이나 부품제작자 등이 제1항 각 호의 어느 하나에 해당하는지를 확인하기 위하여 성능시험대행자로 하여금 이에 대한 조사를 하게 할 수 있다. 이 경우 국토교통부장관은 조사에 드는 비용을 지원하여야 한다. <개정 2013. 3. 23.>

③ 제2항에 따른 조사를 하는 경우 제30조의7에 따라 국토교통부장관으로부터 인증을 받아야 하는 핵심 장치 또는 부품에 대해서는 그 조사를 제외한다. 다만, 제30조의7제1항 단서에 따라 안전성인증을 받은 것으로 보는 핵심 장치 또는 부품에 대해서는 그러하지 아니하다. <신설 2023. 8. 16.>

[전문개정 2009. 2. 6.]

[제목개정 2017. 10. 24.]

제30조의4 (자동차자기인증의 면제 등)

국토교통부장관은 다음 각 호의 어느 하나에 해당하는 경우에 대하여는 국토교통부령으로 정하는 바에 따라 자동차자기인증을 면제할 수 있다. <개정 2013. 3. 23.>

1. 이삿짐으로 반입하여 수입되는 자동차로서 「대외무역법」에 따라 수입승인이 면제되는 경우
2. 제70조제1호부터 제3호까지의 규정 중 어느 하나에 해당하는 자동차로서 국내에서 운행한 자동차를 수입하는 경우
3. 「대한민국과 아메리카합중국 간의 상호방위조약 제4조에 의한 시설과 구역 및 대한민국에서의 합중국군대의 지위에 관한 협정의 실시에 따른 관세법 등의 임시특례에 관한 법률」에 따라 대한민국에 주재하는 아메리카합중국 군대에서 사용하는 자동차를 수입하는 경우
4. 정부, 지방자치단체, 자동차 제작자 또는 시험연구기관이 시험 · 연구의 목적으로 제작등을 하거나 그 밖에 국토교통부령으로 정하는 사유에 해당하는 경우

[전문개정 2009. 2. 6.]

제30조의5 (대체부품의 성능 · 품질 인증 등)

① 대체부품은 자동차제작사에서 출고된 자동차에 장착된 부품을 대체하여 사용할 수 있는 부품을 말한다. <개정 2017. 10. 24.>
② 삭제 <2022. 6. 10.>
③ 국토교통부장관은 국토교통부령으로 정하는 기준에 적합한 자를 지정하여 대체부품의 성능 및 품질을 인증하게 할 수 있다. <개정 2017. 10. 24.>
④ 제3항에 따라 대체부품의 성능 및 품질을 인증하도록 지정된 자(이하 "대체부품인증기관"이라 한다)로부터 성능 및 품질을 인증받은 대체부품(이하 "품질인증부품"이라 한다)의 제작사 등은 인증받은 사실을 해당 부품에 표시할 수 있다. <개정 2017. 10. 24., 2018. 6. 12., 2024. 2. 20.>
⑤ 제3항에 따른 대체부품인증기관의 지정 절차 및 제4항에 따른 대체부품 성능 · 품질의 인증기준 · 인증방법 및 인증표시 등에 관한 사항은 국토교통부령으로 정한다. <개정 2017. 10. 24.>

[본조신설 2014. 1. 7.]

제30조의6 (대체부품인증기관의 지정 취소 등)

① 국토교통부장관은 대체부품인증기관이 다음 각 호의 어느 하나에 해당하는 경우에는 그 지정을 취소하거나 6개월 이내의 기간을 정하여 업무의 정지를 명할 수 있다. 다만, 제1호 및 제2호에 해당하는 경우에는 그 지정을 취소하여야 한다.
  1. 거짓이나 그 밖의 부정한 방법으로 대체부품인증기관 지정을 받은 경우
  2. 거짓이나 그 밖의 부정한 방법으로 대체부품의 성능 · 품질 인증을 한 경우
  3. 제30조의5제3항에 따른 대체부품인증기관의 지정기준을 충족하지 못하게 된 경우
  4. 제30조의5제5항에 따라 국토교통부령으로 정하는 성능 · 품질의 인증기준에 부적합하게 대체부품을 인증한 경우
  5. 제72조제1항에 따른 보고를 하지 아니하거나 거짓으로 보고한 경우
  6. 제72조제2항에 따른 검사를 거부 · 방해 또는 기피하거나 질문에 응하지 아니하거나 거짓으로

답변한 경우

7. 그 밖에 대체부품의 인증과 관련하여 국토교통부령으로 정하는 사항을 준수하지 아니한 경우

② 제1항에 따른 처분의 세부기준과 절차 등에 필요한 사항은 국토교통부령으로 정한다.

[본조신설 2017. 10. 24.]

제30조의7 (핵심장치 등의 안전성인증)

① 자동차제작자등 및 부품제작자등(이하 "자동차 및 부품제작자등"이라 한다)은 제30조 및 제30조의2에도 불구하고 구동축전지 등 신기술 등이 적용되는 핵심 장치 또는 부품으로서 대통령령으로 정하는 핵심 장치 또는 부품(이하 "핵심장치등"이라 한다)의 경우에는 각각 제29조제1항 및 제2항에 따른 자동차안전기준 및 부품안전기준(이하 "자동차안전기준등"이라 한다)에 적합함을 국토교통부장관으로부터 인증(이하 "안전성인증"이라 한다)을 받아야 한다. 다만, 국가 간 협정에 따라 자동차 및 부품제작자 등이 핵심장치 등에 대해 자동차안전기준 등에 적합함을 인증한 것으로 보는 경우에는 안전성인증(제2항에 따른 변경인증 또는 변경신고를 포함한다)을 받은 것으로 본다.

② 자동차 및 부품제작자 등이 제1항에 따라 안전성인증을 받은 내용 중 국토교통부령으로 정하는 안전 및 성능에 영향을 주는 중요한 사항을 변경하려는 경우에는 변경인증을 받아야 한다. 다만, 그 밖에 경미한 사항을 변경하려는 경우에는 국토교통부장관에게 변경신고를 하여야 한다.

③ 자동차 및 부품제작자 등이 제1항에 따라 안전성인증을 받은 경우에는 국토교통부령으로 정하는 바에 따라 안전성인증 표시를 하여야 한다.

④ 국토교통부장관은 다음 각 호의 어느 하나에 해당하는 경우에는 제1항에 따른 안전성인증을 취소할 수 있고, 자동차 및 부품제작자 등에게 그 자동차 또는 핵심장치 등의 제작·조립·수입 또는 판매의 중지를 명할 수 있다. 다만, 제1호에 해당하는 경우에는 안전성인증을 취소하여야 하고 그 자동차 또는 핵심장치 등의 제작·조립·수입 또는 판매의 중지를 명하여야 한다.

1. 거짓이나 그 밖의 부정한 방법으로 안전성인증을 받은 경우
2. 제30조의8제5항에 따른 시정조치를 이행하지 아니한 경우

⑤ 자동차제작자 등이 제1항에 따라 부품제작자 등이 안전성인증을 받은 핵심장치등을 자동차에 장착하는 경우에는 그 핵심장치 등에 대하여는 자동차제작자 등이 안전성인증을 받은 것으로 본다.

[본조신설 2023. 8. 16.]

제30조의8 (핵심장치 등의 안전성인증 절차 등)

① 안전성인증을 받으려는 자는 자동차 또는 부품의 제작등을 한 때에(자동차의 경우 제30조에 따른 자동차자기인증을 하기 전을 말한다) 국토교통부령으로 정하는 바에 따라 자동차안전기준 등 적합 여부에 대한 시험(이하 "안전성능시험"이라 한다)을 국토교통부장관에게 신청하여야 한다. 이 경우 국토교통부장관은 핵심장치 등이 자동차안전기준 등에 적합하게 제작 등이 되었다고 인정하는

경우 안전성인증서를 교부하여야 한다.

② 국토교통부장관은 제1항에 따른 신청을 받은 때에는 성능시험대행자로 하여금 해당 핵심장치등의 안전성능시험을 대행하게 할 수 있다.

③ 제2항에 따른 성능시험대행자의 안전성능시험은 다음 각 호의 어느 하나에 해당하는 안전성능시험으로 갈음할 수 있다. 이 경우 성능시험대행자는 안전성능시험시설이 제7항에 따른 안전성능시험시설 기준에 적합한지 확인하여야 하고, 필요한 경우에는 같은 항에 따른 안전성능시험 확인의 기준에 따라 안전성능시험을 확인할 수 있다.

1. 국토교통부장관이 지정하는 시험기관이 실시한 안전성능시험
2. 국토교통부령으로 정하는 시험시설을 갖추고 있는 자동차 및 부품제작자 등이 실시한 안전성능시험

④ 국토교통부장관은 자동차 및 부품제작자 등이 안전성인증을 받은 핵심장치등을 안전성인증 후에도 자동차안전기준 등에 적합하게 제작등을 하는지 검사(이하 "적합성검사"라 한다)할 수 있다. 이 경우 국토교통부장관은 적합성검사를 성능시험대행자로 하여금 대행하게 할 수 있다.

⑤ 국토교통부장관은 제4항에 따른 적합성검사 결과 안전성인증을 받은 핵심장치 등이 자동차안전기준 등에 적합하지 아니하게 제작등을 하는 것으로 확인되는 경우 자동차 및 부품제작자 등에게 시정조치를 명할 수 있다.

⑥ 국토교통부장관은 성능시험대행자에게 제2항 및 제4항에 따라 안전성능시험 및 적합성검사에 관한 업무를 대행하게 하는 경우 그에 필요한 시설, 장비 및 인증 등에 필요한 비용을 지원하여야 한다.

⑦ 제1항 및 제4항에 따른 핵심장치 등의 안전성인증, 안전성능시험 및 적합성검사의 방법 · 절차, 제2항 및 제4항에 따른 안전성능시험 및 적합성검사의 대행, 제3항에 따른 시험기관의 지정, 안전성능시험시설 및 안전성능시험 확인의 기준 · 절차, 그 밖에 필요한 사항은 국토교통부령으로 정한다.

[본조신설 2023. 8. 16.]

제30조의9 (자동차 사이버보안 관리체계 인증 등)

① 자동차의 종류 · 생산수량 · 기능 등을 고려하여 국토교통부령으로 정하는 자동차(이하 "인증 적용 자동차"라 한다)에 대하여 자동차자기인증을 하려는 자동차제작자 등은 자동차 사이버보안 관리체계를 수립하여 국토교통부장관의 인증(이하 "자동차 사이버보안 관리체계 인증"이라 한다)을 받아야 한다.

② 자동차 사이버보안 관리체계 인증을 받은 자가 인증받은 사항을 변경하려는 경우에는 국토교통부장관의 변경인증을 받아야 한다. 다만, 국토교통부령으로 정하는 경미한 사항을 변경하는 경우에는 국토교통부장관에게 신고하여야 한다.

③ 국토교통부장관은 자동차 사이버보안 관리체계 인증을 위하여 관리적 · 기술적 · 물리적 보호조치를 포함한 인증기준(이하 "자동차 사이버보안 관리체계 인증기준"이라 한다)과 그 밖에 필요한

사항을 정하여 고시할 수 있다.

④ 국토교통부장관은 자동차 사이버보안 관리체계 인증기준을 정하는 경우에는 미리 과학기술정보통신부장관과 협의하여야 한다.

⑤ 국토교통부장관은 제1항 및 제2항에 따른 자동차 사이버보안 관리체계 인증 등에 관한 업무를 효율적으로 수행하기 위하여 성능시험대행자로 하여금 다음 각 호의 업무를 대행하게 할 수 있다. 이 경우 국토교통부장관은 자동차 사이버보안 관리체계 인증을 위한 시설의 구축, 장비의 설치 및 심사 등에 드는 비용을 출연하거나 지원하여야 한다.

1. 자동차 사이버보안 관리체계 인증을 신청한 자동차제작자 등이 수립한 자동차 사이버보안 관리체계가 자동차 사이버보안 관리체계 인증기준에 적합한지 여부를 확인하기 위한 심사 또는 제2항에 따른 변경인증에 대한 심사
2. 인증서 발급 · 관리
3. 그 밖에 자동차 사이버보안 관리체계 인증을 위하여 국토교통부장관이 필요하다고 인정하는 업무

⑥ 자동차 사이버보안 관리체계 인증 및 제2항에 따른 변경인증의 절차 · 방법 · 유효기간, 그 밖에 필요한 사항은 국토교통부령으로 정한다.

[본조신설 2024. 2. 13.]

제30조의10 (자동차 사이버보안 관리체계 관련 자료의 제출 요구)

① 국토교통부장관은 자동차 사이버보안 관리체계의 안전성 · 신뢰성 확보를 위하여 필요하다고 인정하는 경우에는 자동차 사이버보안 관리체계 인증을 받은 자에게 국토교통부령으로 정하는 바에 따라 자동차 사이버보안 관리체계 수립 및 운영에 관한 자료의 제출을 요구할 수 있다. 이 경우 자료의 제출을 요구받은 자는 정당한 사유 없이 자료의 제출을 거부할 수 없다.

② 국토교통부장관은 제1항에 따른 자료를 제69조에 따른 전산정보처리조직을 통하여 기록하여 관리할 수 있다.

[본조신설 2024. 2. 13.]

제30조의11 (자동차 사이버보안 관리체계 인증의 취소 등)

① 국토교통부장관은 자동차 사이버보안 관리체계 인증을 받은 자가 다음 각 호의 어느 하나에 해당하면 그 인증을 취소하거나 6개월 이내의 기간을 정하여 그 효력의 정지를 명할 수 있다. 다만, 제1호 또는 제2호에 해당하는 경우에는 그 인증을 취소하여야 한다.

1. 거짓이나 그 밖의 부정한 방법으로 자동차 사이버보안 관리체계 인증을 받은 경우
2. 자동차 사이버보안 관리체계 인증의 효력정지기간 중에 인증 적용 자동차를 판매한 경우
3. 제30조의9제2항을 위반하여 변경인증을 받지 아니하고 인증받은 사항을 변경하거나 변경신고를 하지 아니한 경우

4. 자동차 사이버보안 관리체계 인증기준에 적합하지 아니하게 된 경우
5. 제30조의10을 위반하여 정당한 사유 없이 자료의 제출을 거부한 경우

② 제1항에 따른 자동차 사이버보안 관리체계 인증의 취소 · 효력정지의 기준 및 절차, 그 밖에 필요한 사항은 국토교통부령으로 정한다.

[본조신설 2024. 2. 13.]

제30조의12 (자동차 사이버공격 · 위협의 신고 등)

① 제30조의9제1항에 따라 자동차 사이버보안 관리체계 인증을 받은 자동차제작자 등은 자동차 사이버공격 · 위협과 관련된 사고가 발생한 때에는 국토교통부장관에게 즉시 그 사실을 신고하여야 한다.

② 국토교통부장관은 제1항에 따른 신고가 「정보통신망 이용촉진 및 정보보호 등에 관한 법률」 제2조제1항제7호에 따른 침해사고에 해당하는 경우에는 이와 관련된 정보를 과학기술정보통신부장관 또는 같은 법 제52조에 따른 한국인터넷진흥원에 지체 없이 공유하여야 한다.

③ 자동차 사이버공격 · 위협에 관하여 이 법에서 규정한 사항 외에는 「정보통신망 이용촉진 및 정보보호 등에 관한 법률」을 적용한다.

[본조신설 2024. 2. 13.]

제31조 (제작 결함의 시정 등)

① 자동차제작자 등이나 부품제작자등(자동차와 별도로 자동차부품을 판매하는 경우만 해당한다. 이하 이 조, 제31조의2부터 제31조의4까지 및 제33조에서 같다)은 제작등을 한 자동차 또는 자동차부품이 자동차안전기준 또는 부품안전기준에 적합하지 아니하거나 설계, 제조 또는 성능상의 문제로 안전에 지장을 주는 등 국토교통부령으로 정하는 결함이 있는 경우에는 그 사실을 안 날부터 자동차 소유자가 그 사실과 그에 따른 시정조치 계획(제작 결함의 내용과 부품 수급 계획 및 전용 작업 공간 확보 등 시정조치 계획 이행방안을 포함한다. 이하 이 조에서 같다)을 명확히 알 수 있도록 우편발송, 휴대전화를 이용한 문자메시지 전송 등 국토교통부령으로 정하는 바에 따라 지체 없이 그 사실을 공개하고 시정조치를 하여야 한다. 다만, 자동차안전기준 또는 부품안전기준 중 다음 각 호의 어느 하나에 해당하는 결함에 대하여는 시정조치를 갈음하여 경제적 보상을 할 수 있다. <개정 2009. 12. 29., 2011. 5. 24., 2013. 3. 23., 2015. 1. 6., 2015. 12. 29., 2017. 1. 17., 2020. 2. 4., 2021. 4. 13., 2023. 9. 14., 2024. 1. 16.>

1. 에너지소비효율의 과다 표시
2. 원동기 출력의 과다 표시

2의2. 전기자동차(「환경친화적 자동차의 개발 및 보급 촉진에 관한 법률」 제2조제3호에 따른 전기자동차를 말한다. 이하 이 조에서 같다)의 1회 충전 후 주행가능거리의 과다 표시

3. 그 밖에 제1호 · 제2호 및 제2호의2와 유사한 경우로서 국토교통부령으로 정하는 결함

② 제1항 단서에 따라 시정조치를 갈음하는 경제적 보상을 하려는 해당 자동차제작자 등이나 부품제작자 등은 국토교통부장관에게 경제적 보상 계획을 제출하여야 한다. <신설 2011. 5. 24., 2013. 3. 23., 2017. 1. 17.>

③ 국토교통부장관은 제1항 본문에 따른 결함 사실의 공개 또는 시정조치를 하지 아니하는 자동차제작자 등이나 부품제작자 등에게는 국토교통부령으로 정하는 바에 따라 시정을 명하여야 한다. 다만, 제2항에 따라 경제적 보상 계획을 제출하는 경우로서 자동차안전기준 또는 부품안전기준에 적합하지 아니한 사항이 제1항 단서에 따른 결함에 해당한다고 인정되는 때에는 국토교통부령으로 정하는 바에 따라 시정을 명하지 아니할 수 있다. <개정 2011. 5. 24., 2013. 3. 23., 2015. 1. 6., 2017. 1. 17.>

④ 국토교통부장관은 제작등을 한 자동차 또는 자동차부품에 결함이 있는지 여부를 확인하기 위하여 필요한 경우에는 성능시험대행자에게 이에 대한 조사를 하게 할 수 있다. 이 경우 국토교통부장관은 조사에 필요한 시설, 장비 및 조사 등에 드는 비용을 지원하여야 한다. <개정 2011. 5. 24., 2013. 3. 23.>

⑤ 성능시험대행자는 제4항에 따라 조사를 하는 경우 조사 대상 및 내용 등을 국토교통부령으로 정하는 바에 따라 자동차제작자 등이나 부품제작자 등에게 미리 통보하여야 하고, 자동차제작자 등이나 부품제작자 등은 국토교통부령으로 정하는 기간 내에 제4항에 따른 결함조사에 필요한 자료를 성능시험대행자에게 제출하여야 한다. 다만, 그 기간 내에 제8항에 따른 시정조치 계획 또는 경제적 보상 계획을 보고한 경우에는 그러하지 아니하다. <신설 2020. 2. 4.>

⑥ 같은 종류의 자동차에서 화재, 자동차의 장치가 운전자의 의도와 다르게 작동하여 발생한 사고가 반복적으로 발생하는 등 대통령령으로 정하는 요건에 해당함에도 불구하고 자동차제작자 등이나 부품제작자 등이 제5항에 따라 자료를 제출하지 아니한 경우에는 제1항에 따른 결함이 있는 것으로 추정한다. <신설 2020. 2. 4., 2020. 6. 9., 2024. 2. 13.>

⑦ 국토교통부장관은 제4항에 따른 조사를 위하여 필요한 때에는 자동차제작자 등이나 부품제작자 등에게 해당 자동차 또는 부품의 제공을 명할 수 있다. 이 경우 국토교통부장관은 자동차제작자 등이나 부품제작자 등에게 국토교통부령으로 정하는 바에 따라 정당한 대가를 지급하여야 한다. <신설 2020. 2. 4.>

⑧ 자동차제작자 등이나 부품제작자 등은 제1항, 제3항 또는 제14항에 따라 시정조치 또는 경제적 보상을 하는 경우에는 국토교통부령으로 정하는 바에 따라 시정조치 계획 또는 경제적 보상 계획(이하 "시정조치계획등"이라 한다)과 진행 상황을 국토교통부장관에게 보고하여야 한다. <개정 2011. 5. 24., 2013. 3. 23., 2017. 1. 17., 2020. 2. 4., 2023. 9. 14.>

⑨ 국토교통부장관은 제8항에 따른 보고를 받은 경우 성능시험대행자에게 시정조치계획 등의 적정성 여부에 대해 조사하게 할 수 있고, 국토교통부장관은 그 조사 결과를 자동차제작자 등이나 부품제작자 등에게 통보하여야 한다. 다만, 국토교통부장관은 제4항에 따른 조사를 개시한 이후에 시정조치계획 등이 보고된 경우 성능시험대행자에게 시정조치계획 등의 적정성 여부를 조사하게 하여야

한다. <신설 2020. 2. 4.>

⑩ 자동차제작자 등이나 부품제작자 등은 제1항에 따라 결함 사실과 그 시정조치 계획을 자동차 소유자에게 통지하는 경우에는 성능시험대행자에게 이를 대행하게 하여야 한다. 이 경우 자동차제작자 등이나 부품제작자 등은 통지에 드는 실비를 부담하여야 한다. <신설 2017. 1. 17., 2020. 2. 4.>

⑪ 성능시험대행자는 제10항에 따라 자동차 소유자에 대한 통지를 대행하는 경우 국토교통부장관에게 자동차 소유자에 대한 정보를 제공하여 줄 것을 요청할 수 있다. <신설 2017. 1. 17., 2020. 2. 4.>

⑫ 국토교통부장관은 자동차제작자 등이나 부품제작자 등이 제8항에 따라 보고한 시정조치 또는 경제적 보상의 진행 상황이 국토교통부령으로 정하는 기준에 미달한 경우에는 자동차제작자 등이나 부품제작자 등에게 제1항에 따른 결함 사실과 그에 따른 시정조치계획등을 국토교통부령으로 정하는 바에 따라 다시 공개하도록 명할 수 있다. <신설 2020. 2. 4.>

⑬ 국토교통부장관은 환경부장관에게 대통령령으로 정하는 바에 따라 「대기환경보전법」 제51조제1항에 따른 결함확인검사 자료, 같은 법 제51조제5항에 따른 결함시정에 관한 계획, 같은 법 제53조제1항에 따른 결함시정 현황 및 부품결함 현황 등의 자료를 제공하여 줄 것을 요청할 수 있다. 이 경우 환경부장관은 정당한 사유가 없으면 요청받은 자료를 제공하여야 한다. <신설 2020. 2. 4.>

⑭ 자동차제작자 등이나 부품제작자 등은 전기자동차에 대하여 제1항 본문에 따른 시정조치를 실시한 이후 다음 각 호의 어느 하나에 해당하는 성능이 저하된 경우에는 제1항에 따라 다시 시정조치를 하거나 이에 갈음하는 경제적 보상을 하여야 한다. <신설 2023. 9. 14.>

1. 에너지소비효율
2. 1회 충전 후 주행가능거리

⑮ 제14항에 따른 성능 저하의 기준은 자동차안전기준 또는 부품안전기준을 준용한다. <신설 2023. 9. 14.>

⑯ 국토교통부장관은 제30조의7에 따라 안전성인증을 받은 핵심장치 등의 주요부품에 결함이 있는지 여부를 확인하기 위한 조사를 할 수 있다. 이 경우 그 조사에 관하여는 제4항부터 제7항까지를 준용한다. <신설 2023. 8. 16., 2023. 9. 14.>

[전문개정 2009. 2. 6.]
[제목개정 2017. 1. 17.]

제31조의2 (자체 시정한 자동차 소유자에 대한 보상)

① 자동차제작자 등이나 부품제작자 등은 다음 각 호의 어느 하나에 해당하는 자가 있는 경우에는 시정 비용을 보상하여야 한다. <개정 2011. 5. 24., 2017. 1. 17.>

1. 자동차제작자 등이나 부품제작자 등이 제31조제1항 본문 또는 제3항 본문에 따라 결함 사실을 공개하기 전 1년이 되는 날과 제30조의3제2항 또는 제31조제4항에 따른 조사를 시작한 날 중 빠른 날 이후에 그 결함을 시정한 자동차 소유자(자동차 소유자였던 자로서 소유 기간 중에

그 결함을 시정한 자를 포함한다)

2. 자동차제작자 등이나 부품제작자 등이 제31조제1항 본문 또는 제3항 본문에 따라 결함 사실을 공개한 이후에 그 결함을 시정한 자동차 소유자

② 제1항에 따른 보상 금액의 산정기준, 보상금의 지급 기한, 보상금의 지급 청구 절차, 그 밖에 보상금의 지급에 필요한 사항은 국토교통부령으로 정한다. <개정 2013. 3. 23.>

[전문개정 2009. 2. 6.]

제31조의3 (자동차 사고조사)

① 성능시험대행자는 화재 등 국토교통부령으로 정하는 자동차사고가 제31조제1항에 따른 결함으로 인하여 발생한 것으로 의심되는 경우에는 사고의 원인을 규명하기 위한 조사(이하 "사고조사"라 한다)를 할 수 있다. 이 경우 국토교통부장관은 사고조사에 필요한 시설, 장비 및 조사에 드는 비용을 지원하여야 한다.

② 성능시험대행자는 사고조사를 위하여 필요한 경우에는 소유자, 운전자, 보관자 및 그 밖의 관계인에게 질문을 하거나 자료 제출, 해당 자동차 또는 부품의 보존, 대여 또는 매입을 요청할 수 있다.

③ 제2항에 따른 요청을 받은 자가 자동차 또는 부품의 보존, 대여 또는 매입에 응하는 경우 성능시험대행자는 국토교통부령으로 정하는 기준에 따라 정당한 대가를 지급하여야 한다.

④ 성능시험대행자는 사고조사를 신속하고 원활하게 수행하기 위하여 경찰청, 소방청 등 관계 기관의 장에게 사고현장 출입, 자동차 또는 부품의 보존 등 사고조사에 필요한 협조를 요청할 수 있다. 이 경우 관계 기관의 장은 정당한 사유가 없으면 이에 응하여야 한다.

⑤ 성능시험대행자는 사고조사를 하는 경우 지방자치단체, 경찰청, 소방청, 「보험업법」에 따른 보험회사 및 보험요율 산출기관, 그 밖의 관계 기관 등에 대통령령으로 정하는 자료를 제공하여 줄 것을 요청할 수 있다. 이 경우 자료의 제공을 요청받은 자는 정당한 사유가 없으면 이에 응하여야 한다.

[본조신설 2020. 2. 4.]

제31조의4 (판매 전 결함시정 등)

① 자동차제작자 등이나 부품제작자 등은 제31조제1항 본문에 따라 결함 사실을 공개하고 시정조치를 하여야 하는 경우에는 판매 전인 자동차 또는 자동차부품도 시정조치한 후 판매하여야 한다.

② 자동차제작 · 판매자 등이나 부품제작자 등은 제1항에 따라 시정조치한 자동차 또는 자동차부품을 판매하는 경우 그 사실을 구매자에게 고지하여야 한다.

[본조신설 2021. 4. 13.]

제32조 (부품 등의 국가간 상호인증 등)

① 국토교통부장관은 자동차제작자등 및 부품제작자 등이 국가간 상호인증 등을 위하여 자동차에

사용되는 부품 또는 장치의 인증을 신청하는 경우에는 그 부품 또는 장치에 대하여 안전 및 성능에 관한 시험(이하 "성능시험"이라 한다)을 한 후 이를 인증할 수 있다. <개정 2013. 3. 23.>

② 국토교통부장관은 제1항에 따라 인증한 자동차의 부품 또는 장치가 국가간 상호인증협약으로 정하는 기준에 적합하지 아니하거나 인증할 때의 성능에 적합하지 아니하게 된 경우에는 그 인증을 취소하여야 한다. <개정 2013. 3. 23.>

③ 국토교통부장관은 국토교통부령으로 정하는 지정기준에 적합한 자로서 국토교통부장관이 지정하는 자로 하여금 성능시험을 대행하게 할 수 있다. <개정 2013. 3. 23.>

④ 성능시험대행자는 성능시험을 한 경우에는 그 평가서를 작성하여 국토교통부장관에게 제출하여야 한다. <개정 2013. 3. 23.>

⑤ 자동차에 사용되는 부품 또는 장치의 인증과 관련하여 국가간 상호인증협약에서 그 인증 절차 등에 관하여 달리 정하고 있는 경우에는 제1항부터 제4항까지의 규정에도 불구하고 그 협약에서 정하는 바에 따른다.

[전문개정 2009. 2. 6.]

제32조의2 (자기인증을 한 자동차에 대한 사후관리 등)

① 자동차제작자 등은 자기인증(제30조의7에 따른 안전성인증을 받은 경우를 포함한다)을 하여 자동차를 판매한 경우에는 국토교통부령으로 정하는 바에 따라 필요한 시설 및 기술인력을 확보하고 다음 각 호의 조치(이하 이 조에서 "사후관리"라 한다)를 하여야 한다. <개정 2013. 3. 23., 2013. 7. 16., 2015. 1. 6., 2017. 1. 17., 2017. 10. 24., 2021. 4. 13., 2023. 8. 16.>

1. 국토교통부령으로 정하는 기간 또는 주행거리 이내에 발생한 하자(瑕疵)에 대한 무상수리
2. 국토교통부령으로 정하는 기간까지 자동차의 정비에 필요한 부품의 공급
3. 제53조에 따라 등록한 자동차정비업자에게 자동차의 점검 · 정비 및 검사에 필요한 기술지도 · 교육과 고장진단기 · 정비매뉴얼 등 정비관련 장비 및 자료의 제공. 이 경우 기술지도 · 교육의 대상 및 방법, 정비 장비 · 자료의 종류 및 제공 방법 등 필요한 사항은 국토교통부령으로 정한다.

3의2. 「한국교통안전공단법」에 따라 설립된 한국교통안전공단(이하 "한국교통안전공단"이라 한다)에 정비매뉴얼, 고장진단기 제작을 위한 자료 등 제43조에 따른 자동차검사, 제43조의2에 따른 자동차종합검사 및 제73조의2에 따른 자동차안전기준 적합 여부에 대한 조사에 필요한 자료의 무상 제공. 이 경우 무상으로 제공하여야 하는 자료의 종류는 국토교통부령으로 정한다.

4. 인터넷 홈페이지 등을 통한 자동차부품 가격 자료의 공개. 이 경우 공개 대상 등 자동차부품 가격 자료의 공개에 필요한 사항은 국토교통부령으로 정한다.

② 자동차제작자 등은 제53조에 따른 자동차관리사업 중 자동차정비업을 등록한 자로서 국토교통부령으로 정하는 자에게 제1항제1호의 무상수리를 대행하게 할 수 있다. <개정 2013. 3. 23.>

③ 자동차제작자 등이 제1항제1호에 따라 무상수리를 하는 경우 품질인증부품과 제34조의3에 따라

인증받은 튜닝용 부품 사용을 이유로 수리를 거부하여서는 아니 된다. 다만, 자동차제작자 등이 대체부품과 튜닝용 부품의 사용이 고장 원인임을 입증하는 경우에는 그러하지 아니한다. <신설 2015. 12. 29., 2018. 6. 12., 2023. 8. 16., 2024. 2. 20.>

④ 자동차제작자 등은 제작 등의 과정에서 유래한 하자 등 국토교통부령으로 정하는 사유로 인하여 제1항제1호에 따른 무상수리를 하는 경우에는 자동차 소유자가 하자의 내용과 무상수리 계획을 알 수 있도록 국토교통부령으로 정하는 바에 따라 우편발송 및 휴대전화를 이용한 문자메시지 전송 등의 방법으로 자동차 소유자에게 알려야 한다. <신설 2017. 12. 26., 2020. 10. 20.>

⑤ 국토교통부장관은 자동차제작자 등이 사후관리에 관한 의무를 이행하지 아니한 경우(제2항에 따라 무상수리를 대행하는 자가 무상수리의무를 이행하지 아니한 경우를 포함한다)에는 자동차제작자 등에게 그 이행을 명할 수 있다. <개정 2013. 3. 23., 2015. 12. 29., 2017. 12. 26.>

⑥ 국토교통부장관은 제47조의7에 따른 자동차안전·하자심의위원회(이하 "자동차안전·하자심의위원회"라 한다)의 제작 결함의 시정 등과 관련한 사항의 심의·의결에 따라 소비자 보호를 위하여 필요한 경우에는 자동차제작자 등에게 무상수리 등 필요한 조치를 권고할 수 있다. <신설 2022. 6. 10.>

[본조신설 2009. 2. 6.]

제33조 (자동차 또는 자동차부품의 자료 제공 등)

① 자동차제작자 등이나 부품제작자 등은 자동차 또는 자동차부품을 판매할 때에는 국토교통부령으로 정하는 바에 따라 그 자동차 또는 자동차부품의 형식 및 사용 등에 관한 자료를 구매자에게 제공하여야 한다. <개정 2013. 3. 23.>

② 자동차제작자 등이나 부품제작자 등은 국토교통부령으로 정하는 바에 따라 제30조의3제2항에 따른 조사 또는 제31조제1항 본문, 제3항 본문 및 제4항의 규정에 따른 결함의 시정에 필요한 구매자 명세 등에 관한 자료를 기록하고 보존하여야 한다. <개정 2011. 5. 24., 2013. 3. 23.>

③ 자동차제작자 등이나 부품제작자 등은 다음 각 호의 자료를 국토교통부령으로 정하는 바에 따라 국토교통부장관에게 제출하여야 한다. <개정 2013. 3. 23., 2013. 7. 16., 2017. 1. 17., 2020. 6. 9.>

1. 수출한 자동차 또는 자동차부품의 제작 결함 시정 내용
2. 수입된 자동차 또는 자동차부품과 같은 종류의 자동차 또는 자동차부품에 대한 외국에서의 제작 결함 시정 내용
3. 자동차 소유자에게 시행한 자체 무상점검 및 수리 내용
4. 자동차 또는 자동차부품의 결함 또는 하자와 관련하여 교환 또는 무상수리 등의 목적으로 제53조에 따라 등록한 자동차정비업자와 주고받은 기술정보자료
5. 자체적으로 또는 외부 요청으로 조사한 자동차 화재 및 사고 관련 기술분석자료

④ 성능시험대행자는 자동차제작자 등, 부품제작자 등 및 핵심장치 등의 주요부품제작자에게 다음 각 호의 조사에 필요한 자료의 제출을 요구할 수 있으며, 자료 제출을 요구받은 자동차제작자등, 부품제작자등 및 핵심장치 등의 주요부품제작자는 국토교통부령으로 정하는 바에 따라 해당 자료

를 성능시험대행자에게 제출하여야 한다. <신설 2020. 2. 4., 2023. 8. 16., 2023. 9. 14.>

1. 제30조의3제2항에 따른 조사
2. 제31조제4항에 따른 조사
3. 제31조제9항에 따른 조사
3의2. 제31조제16항에 따른 조사
4. 제31조의3제1항에 따른 사고조사

⑤ 자동차제작자 등이 미완성자동차를 판매할 때에는 국토교통부령으로 정하는 바에 따라 해당 자동차를 구매하는 자동차제작자 등에게 미완성자동차의 안전기준 적합 여부 등에 대한 정보를 제공하여야 한다. <신설 2015. 12. 29., 2020. 2. 4.>

[전문개정 2009. 2. 6.]

제33조의2 (자동차의 안전도 평가)

① 국토교통부장관은 소비자에게 자동차의 안전도에 대한 정보를 제공하고 안전도가 높은 자동차를 제작하도록 유도하기 위하여 국토교통부령으로 정하는 바에 따라 자동차제작자 등이 판매한 자동차의 안전도를 평가하여 그 결과를 공표(公表)하여야 한다. <개정 2013. 3. 23.>

② 국토교통부장관은 성능시험대행자로 하여금 제1항의 평가를 대행하게 할 수 있다. 이 경우 국토교통부장관은 평가를 위한 시설, 장비 및 시험 등에 드는 비용을 지원하여야 한다. <개정 2013. 3. 23.>

[전문개정 2009. 2. 6.]

제33조의3 (신규제작자동차의 실내공기질 관리)

① 국토교통부장관은 자동차제작 · 판매자 등이 판매한 신규제작자동차에 대한 실내공기질 관리 지침 등 필요한 사항을 정하여 고시할 수 있다. <개정 2013. 3. 23.>

② 국토교통부장관은 제1항에 따라 신규제작자동차의 실내공기질을 조사하여 공표하고, 그 결과에 대하여 자동차제작 · 판매자 등에게 관리에 필요한 사항을 권고할 수 있다. <개정 2013. 3. 23.>

③ 국토교통부장관은 신규제작자동차의 실내공기질 관리를 위하여 필요하다고 인정하는 때에는 자동차제작 · 판매자 등에게 필요한 보고 또는 자료의 제출을 요구할 수 있다. <개정 2013. 3. 23.>

[본조신설 2012. 12. 18.]

제33조의4 (자동차결함정보시스템의 구축 · 운영)

국토교통부장관은 제33조제3항 및 제4항에 따른 자료를 수집 · 분석하고 관리 · 제공하기 위하여 대통령령으로 정하는 바에 따라 자동차결함정보시스템을 구축 · 운영할 수 있다. [본조신설 2020. 2. 4.]

제34조 (자동차의 튜닝)

① 자동차소유자가 국토교통부령으로 정하는 항목에 대하여 튜닝을 하려는 경우에는 시장 · 군수 · 구청장의 승인을 받아야 한다.

② 제1항에 따라 튜닝 승인을 받은 자는 자동차정비업자 또는 국토교통부령으로 정하는 자동차제작자 등으로부터 튜닝 작업을 받아야 한다. 이 경우 자동차제작자 등의 튜닝 작업 범위는 국토교통부령으로 정한다. <신설 2015. 8. 11.>

③ 제1항에도 불구하고 자동차소유자가 「공직선거법」 제79조제3항에 따른 공개장소에서의 연설 · 대담을 위하여 사용하는 자동차 등 국토교통부령으로 정하는 자동차에 대하여 일시적으로 튜닝(이하 "일시적튜닝"이라 한다)을 하려는 경우에는 시장 · 군수 · 구청장으로부터 일시적튜닝에 대한 승인을 받을 수 있다. 이 경우 제43조제1항제3호에 따른 튜닝검사를 받은 것으로 본다. <개정 2024. 1. 16.>

④ 제1항에 따른 승인 대상 항목에 대한 승인기준 및 승인절차와 제3항에 따른 일시적튜닝에 대한 승인의 기준 · 절차 및 유효기간에 관한 사항은 국토교통부령으로 정한다. <신설 2024. 1. 16.>

[전문개정 2014. 1. 7.]

제34조의2 (튜닝 자동차의 안전성 확보)

① 국토교통부장관은 자동차의 튜닝에 따른 안전성 확보를 위하여 다음 각 호를 시행할 수 있다. <개정 2020. 4. 7.>

1. 자동차의 튜닝에 따른 안전성 확보를 위한 조사 · 연구 및 장비개발

1의2. 자동차 튜닝 분야의 전문적인 기술 또는 기능을 보유한 인력(이하 "자동차 튜닝전문인력"이라 한다)의 양성 및 튜닝 관련 교육 프로그램의 개발 · 보급

2. 삭제 <2023. 8. 16.>

3. 그 밖에 국토교통부장관이 필요하다고 인정하는 사항

② 삭제 <2023. 8. 16.>

[본조신설 2014. 1. 7.]

제34조의3 (자동차 튜닝부품인증 등)

① 국토교통부장관은 자동차 튜닝용 부품(이하 "튜닝부품"이라 한다)의 성능 및 품질에 관한 인증(이하 "튜닝부품인증"이라 한다)을 할 수 있다.

② 국토교통부장관은 튜닝에 관한 전문성을 갖춘 기관 · 법인 또는 단체를 인증기관(이하 "튜닝부품인증기관"이라 한다)으로 지정하여 튜닝부품인증을 하게 할 수 있다.

③ 튜닝부품의 제작사 등은 제2항에 따라 튜닝부품인증기관으로부터 튜닝부품인증을 받은 사실을 튜닝부품에 표시할 수 있다.

④ 제1항부터 제3항까지에 따른 튜닝부품인증기준 · 인증방법 및 인증표시, 튜닝부품인증기관의 지정

절차 · 지정기준 등에 관한 사항은 국토교통부령으로 정한다.

[본조신설 2023. 8. 16.]

제34조의4 (튜닝부품인증기관의 지정 취소 등)

① 국토교통부장관은 튜닝부품인증기관이 다음 각 호의 어느 하나에 해당하는 경우에는 그 지정을 취소하거나 6개월 이내의 기간을 정하여 업무의 정지를 명할 수 있다. 다만, 제1호 및 제2호에 해당하는 경우에는 그 지정을 취소하여야 한다.

1. 거짓이나 그 밖의 부정한 방법으로 튜닝부품인증을 한 경우
2. 거짓이나 그 밖의 부정한 방법으로 튜닝부품인증기관 지정을 받은 경우
3. 제34조의3제4항에 따라 국토교통부령으로 정하는 튜닝부품인증기준에 부적합하게 튜닝부품을 인증한 경우
4. 제34조의3제4항에 따른 튜닝부품인증기관의 지정기준을 충족하지 못하게 된 경우
5. 제72조제1항에 따른 보고를 하지 아니하거나 거짓으로 보고한 경우
6. 제72조제2항에 따른 검사를 거부 · 방해 또는 기피하거나 질문에 응하지 아니하거나 거짓으로 답변한 경우
7. 그 밖에 튜닝부품인증과 관련하여 국토교통부령으로 정하는 사항을 준수하지 아니한 경우

② 국토교통부장관은 제1항에 따라 튜닝부품인증기관의 지정을 취소하거나 업무의 정지를 명하는 경우에는 국토교통부령으로 정하는 바에 따라 성능시험대행자에게 튜닝부품인증업무를 대행하게 할 수 있다.

③ 제1항에 따른 행정처분의 세부기준과 절차 등에 필요한 사항은 국토교통부령으로 정한다.

[본조신설 2023. 8. 16.]

제34조의5 (자동차제작자 등의 소프트웨어 업데이트)

① 자동차제작자 등이 소프트웨어 업데이트(이하 "업데이트"라 한다)를 실시(자동차사용자 또는 자동차정비업자 등에게 업데이트를 수행하는 소프트웨어를 제공하는 것을 포함한다. 이하 같다)하는 경우에는 다음 각 호의 사항을 준수하여야 한다.

1. 업데이트를 한 후에도 자동차의 모든 장치 및 기능이 정상적으로 작동되도록 할 것
2. 업데이트를 한 후에도 자동차의 해당 업데이트와 관련된 구조 및 장치가 자동차안전기준에 적합하도록 할 것
3. 업데이트가 자동차 사이버공격 · 위협으로부터 보호되는 상태에서 안전하게 실시되도록 할 것
4. 업데이트 실시 전 · 후 해당 업데이트에 관한 정보를 자동차사용자에게 제공할 것
5. 업데이트의 내용과 이력을 기록 · 보관하고, 해당 정보의 훼손, 손실 및 위조 · 변조를 방지할 것
6. 그 밖에 안전하고 원활한 업데이트에 필요한 사항으로서 국토교통부령으로 정하는 사항

② 자동차제작자 등은 국토교통부령으로 정하는 자동차의 안전운행과 관련된 업데이트를 하려는

때에는 그 내용과 방법 등이 제1항 각 호에 적합하다는 사실을 증명하는 자료를 국토교통부장관에게 미리 제출하여야 한다.

③ 제30조제3항에 따라 자동차자기인증을 한 자동차제작자 등은 국토교통부장관에게 제2항에 따른 자료를 제출하려는 경우 국토교통부령으로 정하는 사항에 대하여 성능시험대행자의 확인을 거쳐야 한다.

④ 자동차제작자 등은 업데이트를 한 이력과 그 내용에 관한 자료를 국토교통부령으로 정하는 바에 따라 국토교통부장관에게 제출하여야 한다.

⑤ 국토교통부장관은 제2항 및 제4항에 따른 자료를 제69조에 따른 전산정보처리조직을 통하여 처리할 수 있다.

⑥ 다음 각 호의 자동차에 대해서는 제1항부터 제5항까지를 적용하지 아니한다.

1. 제27조제1항에 따른 임시운행허가를 받아 허가 기간 내에 운행하는 자동차
2. 제70조에 따른 특례를 인정받은 자동차
3. 운행 목적이나 특성상 별도로 관리할 필요가 있다고 인정되는 것으로서 국토교통부령으로 정하는 자동차

⑦ 제2항 및 제4항에 따라 제출하여야 하는 자료와 제출방법 등은 국토교통부령으로 정한다.

[본조신설 2024. 2. 13.]

제34조의6 (업데이트의 적정성 조사 등)

① 국토교통부장관은 업데이트의 안전성 확보를 위하여 필요하다고 인정하는 경우에는 성능시험대행자에게 업데이트의 내용과 방법 및 관리실태의 적정성에 관한 조사를 하게 할 수 있다. 이 경우 국토교통부장관은 조사에 드는 비용을 출연하거나 지원하여야 한다.

② 성능시험대행자는 제1항에 따른 조사를 실시하는 경우 조사를 받는 자의 업데이트와 관련된 시설, 장비, 자동차, 장부, 서류 또는 그 밖의 물건을 검사하거나 관계인에게 질문할 수 있다.

③ 제1항에 따른 조사의 절차 등에 관하여는 제72조제3항 및 제4항을 준용한다. 이 때 "검사"는 "조사"로, "공무원"은 "성능시험대행자"로 본다.

④ 국토교통부장관은 제1항에 따른 조사 결과 등에 따라 업데이트가 적정하게 이루어지지 아니하였거나 그러할 우려가 있다고 인정하는 경우 해당 업데이트를 하였거나 하려는 자에게 국토교통부령으로 정하는 바에 따라 시정을 명할 수 있다.

⑤ 제4항에 따른 시정명령을 받은 자는 국토교통부령으로 정하는 바에 따라 시정조치 계획과 진행 상황을 국토교통부장관에게 보고하여야 한다.

[본조신설 2024. 2. 13.]

제34조의7 (커넥티드자동차의 운행 · 관리에 대한 지원)

국토교통부장관은 커넥티드자동차의 안전하고 원활한 운행 · 관리를 위하여 자동차제작자등 및 국토

교통부령으로 정하는 자동차와 관련된 사업을 하는 자에게 다음 각 호의 시설 · 장비 · 서비스 등을 사용하게 할 수 있다.

1. 「자율주행자동차 상용화 촉진 및 지원에 관한 법률」 제21조에 따라 구축한 자율협력주행시스템
2. 「자율주행자동차 상용화 촉진 및 지원에 관한 법률」 제22조에 따라 구축한 정밀도로지도
3. 「자율주행자동차 상용화 촉진 및 지원에 관한 법률」 제27조에 따라 설치 · 운영하는 자율협력주행 인증관리센터 및 자율협력주행 인증서비스 등
4. 그 밖에 커넥티드자동차의 안전하고 원활한 운행 · 관리를 위하여 필요한 것으로서 국토교통부령으로 정하는 시설 · 장비 · 서비스 등

[본조신설 2024. 2. 13.]

제35조 (자동차의 무단 해체 · 조작 금지 등)

① 누구든지 다음 각 호의 어느 하나에 해당하는 경우를 제외하고는 국토교통부령으로 정하는 장치를 자동차에서 해체하거나 조작[자동차의 최고속도를 제한하는 장치 또는 운전자를 지원하는 조향장치(이동방향의 결정을 주로 담당하는 조향장치에 추가되어 운전자의 조향을 보조해주는 장치를 말한다. 이하 같다)를 조작(造作)하는 경우에 한정한다]하여서는 아니 된다. <개정 2013. 3. 23., 2014. 1. 7., 2017. 12. 26., 2024. 1. 9., 2024. 2. 13.>

1. 자동차의 점검 · 정비 또는 튜닝을 하려는 경우
2. 폐차하는 경우
3. 교육 · 연구의 목적으로 사용하는 등 국토교통부령으로 정하는 사유에 해당되는 경우

② 누구든지 자동차의 안전한 운행에 영향을 줄 수 있는 소프트웨어를 임의로 변경, 설치, 추가 또는 삭제하여서는 아니 된다. <신설 2024. 2. 13.>

[전문개정 2009. 2. 6.]

[제목개정 2017. 12. 26., 2024. 2. 13.]

제3장의1 저속전기자동차에 대한 특례 <신설 2009. 12. 29.>

제35조의2 (저속전기자동차의 안전기준)

국토교통부장관은 전기에너지를 동력원으로 사용하는 전기자동차 중 국토교통부령으로 정하는 최고속도 및 차량중량 이하의 자동차(이하 "저속전기자동차"라 한다)에 대하여 제29조제1항의 자동차안전기준을 달리 정할 수 있다. <개정 2013. 3. 23.> [본조신설 2009. 12. 29.]

제35조의3 (저속전기자동차의 운행구역 지정 등)

① 시장 · 군수 · 구청장은 직접 또는 저속전기자동차를 운행하려는 자의 신청에 따라 최고속도가

시속 60킬로미터 이하인 도로 중에서 교통안전 및 교통흐름 등을 고려하여 관할 경찰서장과 협의한 후 저속전기자동차의 운행구역(이하 "운행구역"이라 한다)을 지정하거나 변경 또는 해제할 수 있다. 다만, 저속전기자동차의 진행방향을 고려하여 최고속도가 시속 60킬로미터 초과인 도로를 통과하지 아니하고는 통행이 불가능한 구간이 생긴다고 인정되는 경우에는 최고속도가 시속 80킬로미터 이하인 도로 중 해당 단절구간 통행에 필요한 최단거리에 한정하여 운행구역으로 지정할 수 있다. <개정 2015. 8. 11.>

② 저속전기자동차는 운행구역 외의 도로에서 운행하지 못한다. 다만, 저속전기자동차의 점검 · 검사 등 국토교통부령으로 정하는 경우에는 시장 · 군수 · 구청장의 허가를 받아 운행할 수 있다. <개정 2013. 3. 23.>

③ 저속전기자동차의 운행구역 지정 및 운행 신청에 관하여 필요한 사항은 국토교통부령으로 정한다. <개정 2013. 3. 23.>

[본조신설 2009. 12. 29.]

제35조의4 (운행구역의 고시 등)

① 운행구역을 지정, 변경 또는 해제하는 시장 · 군수 · 구청장(이하 "지정권자"라 한다)은 다음 각 호의 사항을 고시하여야 하며, 이 경우 사전에 관련 내용을 주민에게 공람하여야 한다. 운행구역을 해제하는 경우에는 제1호에 한정한다. <개정 2013. 3. 23., 2020. 6. 9.>

1. 운행구역의 위치 및 도로 구간
2. 안전표지판 설치 등 교통안전에 관한 사항
3. 그 밖에 국토교통부령으로 정하는 사항

② 지정권자가 운행구역을 고시하는 경우에는 국토교통부장관에게 그 내용을 통보하여야 한다. <개정 2013. 3. 23.>

③ 지정권자는 운전자가 운행구역을 쉽게 알 수 있도록 다음 각 호의 시설물을 설치할 수 있다. <개정 2013. 3. 23.>

1. 운행구역 또는 운행제한구역 표지판
2. 그 밖에 안전운행을 위하여 국토교통부령으로 정하는 시설

④ 지정권자가 운행구역 지정을 해제하려는 경우에는 지정해제일부터 90일 전에 이를 고시하여야 한다.

⑤ 운행구역의 고시 및 공람 등에 필요한 절차는 국토교통부령으로 정한다. <개정 2013. 3. 23.>

[본조신설 2009. 12. 29.]

제3장의2 내압용기의 안전관리 <신설 2011. 5. 24.>

제35조의5 (내압용기의 안전기준)

① 내압용기는 자동차의 안전운행에 필요한 성능과 기준(이하 "내압용기안전기준"이라 한다)에 적합하여야 한다.

② 내압용기안전기준은 국토교통부령으로 정한다. <개정 2013. 3. 23.>

[본조신설 2011. 5. 24.]

제35조의6 (내압용기의 검사)

① 내압용기를 제조 · 수리 또는 수입한 자(이하 "내압용기제조자등"이라 한다)는 그 내압용기를 판매하거나 사용하기 전에 국토교통부장관이 실시하는 검사(이하 "내압용기검사"라 한다)를 받아야 한다. 다만, 대통령령으로 정하는 내압용기에 대하여는 내압용기검사의 전부 또는 일부를 생략할 수 있다. <개정 2013. 3. 23.>

② 국토교통부장관은 내압용기검사에 불합격한 내압용기를 국토교통부령으로 정하는 바에 따라 파기(破棄)하여야 한다. <개정 2013. 3. 23.>

③ 국토교통부장관은 내압용기검사에 합격한 내압용기에 국토교통부령으로 정하는 바에 따라 필요한 사항을 각인(刻印)하거나 표시하여야 한다. <개정 2013. 3. 23.>

④ 자동차제작자 등은 제30조제1항에 따라 자동차자기인증을 하려는 경우에는 내압용기검사에 합격한 내압용기를 사용하여야 한다.

⑤ 누구든지 제1항 본문에 따라 내압용기검사를 받아야 할 내압용기로서 내압용기검사를 받지 아니한 내압용기를 양도 · 임대 또는 사용하거나 판매할 목적으로 진열하여서는 아니 된다.

⑥ 제1항 단서에 따라 내압용기검사의 전부가 생략되는 내압용기를 제조 · 수리 또는 수입한 자는 국토교통부령으로 정하는 바에 따라 국토교통부장관에게 그 사실을 알려야 한다. <개정 2013. 3. 23.>

⑦ 내압용기검사의 종류, 그 밖에 필요한 사항은 국토교통부령으로 정한다. <개정 2013. 3. 23.>

[본조신설 2011. 5. 24.]

제35조의7 (내압용기의 장착검사 등)

① 자동차제작자 등은 제35조의6제1항에 따라 내압용기검사를 받은 내압용기를 자동차에 장착하려면 자동차자기인증을 하기 전에 내압용기와 그 연결에 필요한 가스설비에 대하여 성능시험대행자로부터 장착의 안전성에 대한 검사(이하 "내압용기장착검사"라 한다)를 받아야 한다. 다만, 액화석유가스를 연료로 사용하는 자동차의 경우에는 내압용기검사를 받은 내압용기를 자동차에 장착하여 자동차자기인증을 함으로써 내압용기장착검사를 갈음한다.

② 성능시험대행자는 내압용기장착검사를 실시하여 내압용기장착검사기준에 적합하면 국토교통부령

으로 정하는 내압용기장착검사증을 발급하여야 한다. <개정 2013. 3. 23.>

③ 내압용기장착검사의 기준과 방법, 절차, 그 밖에 필요한 사항은 국토교통부령으로 정한다. <개정 2013. 3. 23.>

[본조신설 2011. 5. 24.]

제35조의8 (내압용기의 재검사)

① 내압용기가 장착된 자동차의 소유자는 제34조 및 제43조제1항제3호에 따라 내압용기 장착에 대한 튜닝을 마친 후 또는 제35조의7제1항 본문에 따라 내압용기장착검사를 받거나 같은 항 단서에 따라 자동차자기인증을 한 후 다음 각 호의 구분에 따라 그 내압용기에 대하여 국토교통부장관이 실시하는 검사(이하 "내압용기재검사"라 한다)를 제44조제1항에 따라 자동차검사를 대행하는 자(이하 "자동차검사대행자"라 한다)에게받아야 한다. 다만, 액화석유가스를 연료로 사용하는 자동차의 경우에는 제43조제1항제2호에 따른 정기검사 또는 제43조의2제1항에 따른 종합검사로 내압용기재검사를 갈음한다. <개정 2013. 3. 23., 2014. 1. 7., 2020. 6. 9.>

1. 내압용기 정기검사 : 국토교통부령으로 정하는 기간이 지날 때마다 실시하는 검사
2. 내압용기 수시검사 : 손상의 발생, 내압용기검사 각인 또는 표시의 훼손, 충전할 고압가스 종류의 변경, 그 밖에 국토교통부령으로 정하는 사유가 발생한 경우에 실시하는 검사

② 자동차검사대행자는 내압용기재검사에 불합격한 내압용기를 국토교통부령으로 정하는 바에 따라 파기하여야 한다. <개정 2013. 3. 23.>

③ 자동차검사대행자는 내압용기재검사에 합격한 내압용기에 국토교통부령으로 정하는 바에 따라 필요한 사항을 각인하거나 표시하여야 한다. <개정 2013. 3. 23.>

④ 누구든지 제1항에 따라 내압용기재검사를 받아야 할 자동차로서 내압용기재검사를 받지 아니한 자동차를 양도 · 임대 또는 사용하거나 판매할 목적으로 진열하여서는 아니 된다.

⑤ 국토교통부장관은 내압용기재검사에 필요한 시설의 설치 및 장비의 구입 등에 드는 비용을 대통령령으로 정하는 바에 따라 자동차검사대행자에게 지원할 수 있다. <개정 2013. 3. 23.>

⑥ 내압용기재검사의 기준과 기간, 절차, 그 밖에 필요한 사항은 국토교통부령으로 정한다. <개정 2013. 3. 23.>

[본조신설 2011. 5. 24.]

제35조의9 (내압용기의 제조 또는 판매의 중지)

① 국토교통부장관은 내압용기제조자 등이 다음 각 호의 어느 하나에 해당하면 그 내압용기의 제조 · 수입 또는 판매의 중지를 명할 수 있다. 다만, 제1호에 해당하는 경우에는 제조 · 수입 또는 판매를 중지하여야 한다. <개정 2013. 3. 23.>

1. 거짓이나 그 밖의 부정한 방법으로 내압용기검사를 받은 경우
2. 제35조의10제2항 및 제3항에 따른 명령을 이행하지 아니한 경우

② 국토교통부장관은 내압용기제조자 등이 제1항 각 호의 어느 하나에 해당하는지를 확인하기 위하여 성능시험대행자로 하여금 이에 대한 조사를 하게 할 수 있다. 이 경우 국토교통부장관은 조사에 드는 비용을 지원하여야 한다. <개정 2013. 3. 23.>

[본조신설 2011. 5. 24.]

제35조의10 (내압용기에 대한 위해방지 조치)

① 국토교통부장관은 내압용기의 안전관리를 위하여 필요하다고 인정하면 성능시험대행자로 하여금 내압용기를 수집하여 검사하게 할 수 있다. 이 경우 국토교통부장관은 성능시험대행자에게 조사에 드는 비용을 지원하여야 한다. <개정 2013. 3. 23.>

② 국토교통부장관은 제1항에 따른 검사 결과 내압용기 내 가스유출 등 대통령령으로 정하는 중대한 결함이 있다고 인정하면 그 내압용기제조자 등에게 회수 · 교환 · 환불 및 그 사실의 공표(이하 "회수등"이라 한다)를 명할 수 있다. <개정 2013. 3. 23.>

③ 국토교통부장관은 제2항에도 불구하고 내압용기에서 공공의 안전에 위해를 일으킬 수 있는 폭발사고 등 대통령령으로 정하는 중대하고 명백한 결함이 발견되어 긴급하게 내압용기에 대한 회수등의 조치가 필요한 경우 제1항에 따른 검사를 하지 아니하고 그 내압용기제조자 등에게 회수등을 명할 수 있다. <개정 2013. 3. 23.>

④ 국토교통부장관은 제2항 또는 제3항에 따라 내압용기로 인하여 위해가 발생하였거나 발생할 우려가 있다고 인정하면 그 내압용기가 장착된 자동차의 사용 정지 또는 제한을 명하거나 그 내압용기 안에 있는 고압가스의 폐기를 명할 수 있다. <개정 2013. 3. 23.>

⑤ 국토교통부장관은 제4항에 따른 명령이 자동차 소유권 및 사용에 관한 권리를 가진 자의 귀책사유 없이 공공의 안전유지를 위하여 이루어진 경우에는 그 손실에 대하여 대통령령으로 정하는 바에 따른 정당한 보상을 하여야 한다. 다만, 천재지변이나 전쟁, 그 밖에 불가항력의 사유로 인한 경우에는 그러하지 아니하다. <개정 2013. 3. 23.>

⑥ 제1항부터 제4항까지의 규정에 따른 내압용기의 수집방법, 회수 등의 절차 및 방법, 자동차의 사용 정지 · 제한의 절차 등은 국토교통부령으로 정한다. <개정 2013. 3. 23.>

[본조신설 2011. 5. 24.]

제35조의11 (내압용기의 자료 제공 등)

① 내압용기제조자 등은 내압용기를 판매할 때에는 국토교통부령으로 정하는 바에 따라 그 내압용기의 형식 및 사용 등에 관한 자료를 구매자에게 제공하여야 한다. <개정 2013. 3. 23.>

② 내압용기제조자 등은 국토교통부령으로 정하는 바에 따라 제35조의9제2항에 따른 조사 또는 제35조의10제2항부터 제4항까지의 규정에 따른 명령에 필요한 구매자 명세 등에 관한 자료를 기록하고 보존하여야 한다. <개정 2013. 3. 23.>

③ 내압용기제조자 등은 국토교통부령으로 정하는 바에 따라 수출한 내압용기의 제작 결함 시정

사례와 소유자에게 알려 시행한 자체 무상점검 및 수리 내용 등에 관한 자료를 국토교통부장관에게 제출하여야 한다. <개정 2013. 3. 23.>

[본조신설 2011. 5. 24.]

제35조의12 (다른 법률과의 관계)

내압용기의 등록, 안전관리, 검사, 재검사, 보험가입 등에 관하여 이 법에서 규정하지 아니한 사항에 대하여는 「고압가스 안전관리법」, 「액화석유가스의 안전관리 및 사업법」 및 「도시가스사업법」을 적용한다. 다만, 다음 각 호의 규정은 적용하지 아니한다. <개정 2015. 1. 28.>

1. 「고압가스 안전관리법」 제17조, 제18조, 제20조, 제24조, 제40조, 제42조 및 제43조
2. 「액화석유가스의 안전관리 및 사업법」 제44조 및 제73조
3. 「도시가스사업법」 제15조 및 제50조

[본조신설 2011. 5. 24.]

제4장 자동차의 점검 및 정비 <개정 2009. 2. 6.>

제36조 (자동차의 정비)

자동차사용자가 자동차를 정비하려는 경우에는 국토교통부령으로 정하는 범위에서 정비를 하여야 한다. <개정 2013. 3. 23.> [전문개정 2012. 12. 18.]

제37조 (점검 및 정비 명령 등)

① 시장 · 군수 · 구청장은 다음 각 호의 어느 하나에 해당하는 자동차 소유자에게 국토교통부령으로 정하는 바에 따라 점검 · 정비 · 검사 또는 원상복구를 명할 수 있다. 다만, 제2호에 해당하는 경우에는 원상복구 및 제43조제1항제4호에 따른 임시검사를, 제3호에 해당하는 경우에는 제43조제1항제2호에 따른 정기검사 또는 제43조의2에 따른 종합검사를, 제4호 또는 제5호에 해당하는 경우에는 제43조제1항제4호에 따른 임시검사를 각각 명하여야 한다. <개정 2013. 3. 23., 2014. 1. 7., 2017. 1. 17., 2023. 3. 28.>

1. 자동차안전기준에 적합하지 아니하거나 안전운행에 지장이 있다고 인정되는 자동차
2. 제34조에 따른 승인을 받지 아니하고 튜닝한 자동차
3. 제43조제1항제2호에 따른 정기검사 또는 제43조의2에 따른 자동차종합검사를 받지 아니한 자동차
4. 「여객자동차 운수사업법」 제19조제2항 또는 「화물자동차 운수사업법」 제19조제1항제11호 및 제32조제1항제12호에 따른 중대한 교통사고가 발생한 사업용 자동차

5. 천재지변 · 화재 또는 침수로 인하여 국토교통부령으로 정하는 기준에 따라 안전운행에 지장이 있다고 인정되는 자동차

② 시장 · 군수 · 구청장은 제1항에 따라 점검 · 정비 · 검사 또는 원상복구를 명하려는 경우 국토교통부령으로 정하는 바에 따라 기간을 정하여야 한다. 이 경우 해당 자동차의 운행정지를 함께 명할 수 있다. <개정 2013. 3. 23., 2017. 1. 17.>

③ 시장 · 군수 · 구청장은 제1항제3호에 해당하는 자동차소유자가 제1항에 따른 검사 명령을 이행하지 아니한 지 1년 이상 경과한 경우에는 해당 자동차의 운행정지를 명하여야 한다. 이 경우 시장 · 군수 · 구청장이 이행하여야 하는 사항에 관하여는 제24조의2제3항부터 제5항까지를 준용한다. <개정 2021. 4. 13.>

④ 제3항 전단에 따른 운행정지 명령 및 같은 항 후단에 따른 이행 사항 등에 관하여 필요한 사항은 국토교통부령으로 정한다. <개정 2013. 3. 23., 2021. 4. 13.>

[전문개정 2009. 2. 6.]

제38조 삭제 〈1999. 4. 15.〉

제39조 삭제 〈1999. 4. 15.〉

제40조 (기계 · 기구의 정밀도검사)

① 자동차의 점검 · 정비 또는 검사에 사용하는 기계 · 기구를 제작 · 조립 또는 수입하여 판매하는 자와 이를 사용하는 자(이하 "기계 · 기구제작자등"이라 한다)는 국토교통부장관이 실시하는 정밀도검사를 받아야 한다. 기계 · 기구의 구조 또는 장치를 변경하려는 경우에도 또한 같다. <개정 2013. 3. 23.>

② 제1항에 따른 정밀도검사를 받아야 하는 기계, 기구, 검사의 기준 및 절차 등에 관하여 필요한 사항은 국토교통부령으로 정한다. <개정 2013. 3. 23.>

[전문개정 2009. 2. 6.]

제41조 삭제 〈1999. 4. 15.〉

제42조 삭제 〈1999. 4. 15.〉

제5장 자동차의 검사 <개정 2009. 2. 6.>

제43조 (자동차검사)

① 자동차 소유자(제1호의 경우에는 신규등록 예정자를 말한다)는 해당 자동차에 대하여 다음 각

호의 구분에 따라 국토교통부령으로 정하는 바에 따라 국토교통부장관이 실시하는 검사를 받아야 한다. <개정 2013. 3. 23., 2014. 1. 7., 2015. 8. 11.>

1. 신규검사 : 신규등록을 하려는 경우 실시하는 검사
2. 정기검사 : 신규등록 후 일정 기간마다 정기적으로 실시하는 검사
3. 튜닝검사 : 제34조에 따라 자동차를 튜닝한 경우에 실시하는 검사
4. 임시검사 : 이 법 또는 이 법에 따른 명령이나 자동차 소유자의 신청을 받아 비정기적으로 실시하는 검사
5. 수리검사 : 전손 처리 자동차를 수리한 후 운행하려는 경우에 실시하는 검사

② 국토교통부장관은 제1항에 따라 자동차검사(이하 "자동차검사"라 한다)를 할 때에는 해당 자동차의 구조 및 장치가 국토교통부령으로 정하는 검사기준(이하 "자동차검사기준"이라 한다)에 적합한지 여부와 차대번호 및 원동기형식이 제69조에 따른 전산정보처리조직에 기록된 자료의 내용과 동일한지 여부를 확인하여야 하며, 자동차검사를 실시한 후 그 결과를 국토교통부령으로 정하는 바에 따라 자동차 소유자에게 통지하여야 한다. 이 경우 자동차검사기준은 사업용 자동차와 비사업용 자동차를 구분하여 정하여야 한다. <개정 2009. 12. 29., 2012. 12. 18., 2013. 3. 23., 2021. 4. 13.>

③ 국토교통부장관은 제2항에 따라 검사하여 합격한 자동차에 대하여는 다음 각 호의 구분에 따른 조치를 하여야 한다. <개정 2013. 3. 23., 2014. 1. 7., 2021. 4. 13.>

1. 신규검사 : 신규검사증명서의 발급
2. 정기검사 · 튜닝검사 · 임시검사 또는 수리검사: 검사한 사실을 등록원부에 기록

④ 국토교통부장관은 자동차 소유자가 천재지변이나 그 밖의 부득이한 사유로 제1항제2호부터 제4호까지의 검사를 받을 수 없다고 인정될 때에는 국토교통부령으로 정하는 바에 따라 그 기간을 연장하거나 자동차검사를 유예(猶豫)할 수 있다. <개정 2013. 3. 23.>

⑤ 제30조제4항에 따라 자동차자기인증의 표시가 된 자동차를 신규등록(말소등록 후 다시 신규등록을 하는 경우는 제외한다)하는 경우에는 제1항제1호에 따른 신규검사를 받은 것으로 본다.

⑥ 국토교통부장관은 제1항제2호에 따른 정기검사(이하 "정기검사"라 한다)를 한 경우에는 검사 장면 및 결과를 제69조의 전산정보처리조직에 국토교통부령으로 정하는 기간까지 기록하고 보관하여야 한다. <개정 2013. 3. 23.>

⑦ 누구든지 자동차검사에 사용하는 기계 · 기구에 설정된 자동차검사기준의 값 또는 기계 · 기구를 통하여 측정된 값을 조작(造作) · 변경하거나 조작 · 변경하게 하여서는 아니 된다. <신설 2017. 12. 26.>

[전문개정 2009. 2. 6.]

제43조의2 (자동차종합검사)

① 「대기환경보전법」 제63조제1항에 따른 운행차 배출가스 정밀검사 시행지역에 등록한 자동차 소유자 및 「대기관리권역의 대기환경개선에 관한 특별법」 제26조제1항에 따른 특정경유자동차 소유자는 정기검사와 「대기환경보전법」 제63조제1항에 따라 실시하는 배출가스 정밀검사(이

하 “정밀검사”라 한다) 또는 「대기관리권역의 대기환경개선에 관한 특별법」 제26조제2항에 따른 특정경유자동차 배출가스 검사(이하 “특정경유자동차검사”라 한다)를 통합하여 국토교통부장관과 환경부장관이 공동으로 다음 각 호에 대하여 실시하는 자동차종합검사(이하 “종합검사”라 한다)를 받아야 한다. 종합검사를 받은 경우에는 정기검사, 정밀검사 및 특정경유자동차검사를 받은 것으로 본다. <개정 2013. 3. 23., 2019. 4. 2.>

1. 자동차의 동일성 확인 및 배출가스 관련 장치 등의 작동 상태 확인을 관능검사(官能檢査, 사람의 감각기관으로 자동차의 상태를 확인하는 검사) 및 기능검사로 하는 공통 분야
2. 자동차 안전검사 분야
3. 자동차 배출가스 정밀검사 분야

② 종합검사의 검사 절차, 검사 대상, 검사 유효기간 및 검사 유예 등에 관하여 필요한 사항은 국토교통부와 환경부의 공동부령(이하 “공동부령”이라 한다)으로 정한다. <개정 2013. 3. 23.>

③ 종합검사 업무에 관하여는 제43조제2항 · 제3항 · 제4항 · 제6항 · 제7항, 제76조 각 호 외의 부분 단서 및 같은 조 제12호를 준용한다. <개정 2017. 12. 26.>

[전문개정 2009. 2. 6.]

제43조의3 (자동차검사 관련 연구 · 개발 등)

① 국토교통부장관은 환경친화적 자동차(「환경친화적 자동차의 개발 및 보급 촉진에 관한 법률」 제2조제2호의 환경친화적 자동차를 말한다) 및 자율주행자동차 등 신기술이 적용된 자동차의 자동차검사기준 마련을 위한 자동차검사 관련 기술 · 기기의 연구 · 개발 또는 자동차검사 관련 기술 · 기기의 보급이 필요한 경우 제44조에 따른 자동차검사대행자에게 이를 수행하게 할 수 있다.

② 국토교통부장관은 제1항에 따른 연구 · 개발 · 보급을 수행하게 하는 경우 예산의 범위에서 그 비용의 전부 또는 일부를 지원할 수 있다.

[본조신설 2020. 10. 20.]

제44조 (자동차검사대행자의 지정 등)

① 국토교통부장관은 한국교통안전공단을 자동차검사를 대행하는 자로 지정하여 자동차검사와 그 결과의 통지를 대행하게 할 수 있다. <개정 2009. 12. 29., 2013. 3. 23., 2017. 10. 24.>

② 자동차검사대행자의 시설 · 장비 등의 기준 및 지정 절차 등에 관하여 필요한 사항은 국토교통부령으로 정한다. <개정 2011. 5. 24., 2013. 3. 23.>

[전문개정 2009. 2. 6.]

제44조의2 (자동차 종합검사대행자의 지정 등)

① 국토교통부장관은 한국교통안전공단을 종합검사를 대행하는 자(이하 “종합검사대행자”라 한다)로 지정하여 종합검사 업무(그 결과의 통지를 포함한다)를 대행하게 할 수 있다. <개정 2009. 12.

29., 2013. 3. 23., 2017. 10. 24.>

② 종합검사대행자의 시설, 장비, 인력기준 및 업무 범위 등에 필요한 사항은 공동부령으로 정한다.

[전문개정 2009. 2. 6.]

제45조 (지정정비사업자의 지정 등)

① 국토교통부장관은 정기검사를 효율적으로 하기 위하여 필요하다고 인정하면 자동차정비업자 중 일정한 시설과 기술인력을 확보한 자를 지정정비사업자로 지정하여 정기검사 업무(그 결과의 통지를 포함한다)를 수행하게 할 수 있다. 다만, 「대기환경보전법」 제63조제1항 각 호에 따른 정밀검사 시행 지역에서는 지정정비사업자를 지정하지 아니하고, 제45조의2에 따른 종합검사지정정비사업자에게 정기검사를 하게 할 수 있다. <개정 2009. 12. 29., 2013. 3. 23.>

② 제1항에 따른 지정정비사업자(이하 "지정정비사업자"라 한다)로 지정 받으려는 자동차정비업자는 국토교통부령으로 정하는 시설 및 기술인력기준을 갖추어 국토교통부장관에게 지정을 신청하여야 한다. 지정 받은 사항 중 국토교통부령으로 정하는 중요한 사항을 변경할 때에도 또한 같다. 다만, 국토교통부령으로 정하는 중요한 사항을 제외한 사항을 변경할 때에는 국토교통부장관에게 신고하여야 한다. <개정 2013. 3. 23., 2019. 8. 27.>

③ 지정정비사업자의 시설, 기술인력기준, 지정 절차 및 검사업무의 범위 등에 관하여 필요한 사항은 국토교통부령으로 정한다. <개정 2013. 3. 23.>

④ 지정정비사업자에 관하여는 제76조 각 호 외의 부분 단서 및 같은 조 제12호를 준용한다.

⑤ 제45조의3제1항에 따라 지정정비사업자의 지정취소 처분을 받은 지정정비사업자 또는 그 사업장에서 지정정비사업자의 지정을 신청하는 자는 그 지정이 취소된 날부터 5년이 지나지 아니한 경우에는 지정정비사업자로 지정을 받을 수 없다. <개정 2021. 4. 13.>

⑥ 지정정비사업자는 자동차소유자로부터 정기검사의 신청을 받으면 해당 자동차가 제43조제2항에 따른 자동차검사기준 등에 적합한지를 확인하여야 한다.

⑦ 지정정비사업자는 다른 사람에게 자신의 명의로 정기검사를 하게 하여서는 아니 된다.

⑧ 지정정비사업자는 그 사업의 전부 또는 일부를 휴업하거나 폐업한 경우에는 국토교통부령으로 정하는 바에 따라 국토교통부장관에게 신고하여야 한다. 다만, 제55조제4항에 따라 자동차관리사업의 휴업 또는 폐업 신고를 한 경우에는 그러하지 아니하다. <개정 2013. 3. 23.>

[전문개정 2009. 2. 6.]

제45조의2 (종합검사 지정정비사업자의 지정 등)

① 국토교통부장관은 종합검사를 효율적으로 하기 위하여 필요하다고 인정하면 환경부장관과 협의하여 자동차정비업자 중 일정한 시설과 기술인력을 확보한 자를 자동차종합검사 지정정비사업자(이하 "종합검사지정정비사업자"라 한다)로 지정하여 종합검사(그 결과의 통지를 포함한다)를 하게 할 수 있다. <개정 2009. 12. 29., 2013. 3. 23.>

② 종합검사지정정비사업자로 지정 받으려는 자동차정비업자는 공동부령으로 정하는 바에 따라 국토교통부장관에게 지정을 신청하여야 한다. 지정 받은 사항 중 공동부령으로 정하는 중요한 사항을 변경할 때에도 또한 같다. 다만, 공동부령으로 정하는 중요한 사항을 제외한 사항을 변경할 때에는 국토교통부장관에게 신고하여야 한다. <신설 2019. 8. 27.>

③ 종합검사지정정비사업자가 갖추어야 할 시설, 장비, 인력기준, 지정 절차 및 검사업무의 범위 등에 필요한 사항은 공동부령으로 정한다. <개정 2019. 8. 27.>

④ 종합검사지정정비사업자에 관하여는 제45조제4항부터 제8항까지를 준용한다. <개정 2019. 8. 27.>

[전문개정 2009. 2. 6.]

제45조의3 (지정의 취소 등)

① 국토교통부장관은 자동차검사대행자, 종합검사대행자, 지정정비사업자 또는 종합검사지정정비사업자가 다음 각 호의 어느 하나에 해당하는 경우에는 그 지정을 취소하거나 6개월 이내의 기간을 정하여 그 업무의 전부 또는 일부의 정지를 명할 수 있다. 다만, 종합검사대행자나 종합검사지정정비사업자의 지정을 취소하거나 업무정지를 명할 경우에는 환경부장관과 협의하여야 하며, 제1호·제15호 및 제18호에 해당하는 경우에는 그 지정을 취소하여야 한다. <개정 2013. 3. 23., 2015. 1. 6., 2017. 12. 26., 2019. 8. 27., 2024. 1. 30.>

1. 거짓이나 그 밖의 부정한 방법으로 지정을 받은 경우
2. 업무와 관련하여 부정한 금품을 수수하거나 그 밖의 부정한 행위를 한 경우
3. 자산상태의 불량 등의 사유로 그 업무를 계속하는 것이 적합하지 아니하다고 인정될 경우
4. 검사를 실시하지 아니하고 거짓으로 자동차검사표를 작성하거나, 검사 결과와 다르게 자동차검사표를 작성한 경우
5. 제40조제1항에 따른 정밀도검사를 받지 아니한 검사용기계·기구로 검사를 하거나, 정확성이 확인되지 아니한 검사용기계·기구를 사용하여 검사를 한 경우
6. 제43조제2항 또는 제43조의2제3항에 따른 자동차의 구조 및 장치의 검사에 필요한 검사 항목 중 일부를 생략하여 검사한 경우
7. 제43조제3항(제43조의2제3항에서 준용되는 경우를 포함한다)에 따른 검사 결과에 대한 조치를 하지 아니한 경우
8. 제43조제6항(제43조의2제3항에서 준용되는 경우를 포함한다)을 위반하여 검사 장면 및 결과를 기록하지 아니하거나 거짓으로 기록한 경우(등록번호판이 포함된 자동차의 앞면 및 뒷면 전체를 촬영하지 아니하거나, 자동차의 일부를 가리고 촬영하는 경우를 포함한다)

8의2. 제43조제7항(제43조의2제3항에서 준용하는 경우를 포함한다)을 위반하여 자동차검사에 사용하는 기계·기구에 설정된 자동차검사기준의 값 또는 기계·기구를 통하여 측정된 값을 조작·변경하거나 조작·변경하게 한 경우

9. 제45조제1항 또는 제45조의2제1항에 따라 지정된 검사시설이 아닌 곳에서 검사를 한 경우

10. 제45조제2항이나 제45조의2제3항에 따른 시설 · 장비 등의 지정기준에 미달한 경우
10의2. 제45조제2항 후단에 따른 변경 지정을 신청하지 아니하거나 같은 항 단서를 위반하여 신고하지 아니한 경우
11. 제45조제3항이나 제45조의2제3항에 따른 검사업무 범위 및 기술인력에 따른 검사능력을 벗어나 검사를 한 경우
12. 제45조제7항(제45조의2제4항에서 준용되는 경우를 포함한다)을 위반하여 다른 사람에게 자신의 명의로 검사업무를 하게 한 경우
12의2. 제45조의2제2항 후단에 따른 변경 지정을 신청하지 아니하거나 같은 항 단서를 위반하여 신고하지 아니한 경우
13. 제46조제1항에 따른 검사기술인력이 아닌 자로 하여금 검사를 하게 한 경우
14. 제46조제2항에 따른 검사기술인력의 해임 또는 직무정지 명령을 이행하지 아니한 경우
15. 제66조에 따라 자동차관리사업의 등록이 취소된 경우
16. 제72조제1항에 따른 보고를 하지 아니하거나 거짓 보고를 한 경우
17. 제72조제2항에 따른 검사를 거부 · 방해 또는 기피하거나, 질문에 응하지 아니하거나 거짓으로 답변한 경우
18. 이 조에 따른 업무정지명령을 위반하여 업무정지기간 중에 검사업무를 한 경우

② 국토교통부장관은 제1항에 따라 자동차검사대행자, 종합검사대행자, 지정정비사업자 등에 대한 자동차검사업무 대행을 취소 또는 정지 처분한 경우, 그 현황을 제69조에 따른 전산정보처리조직에 기록하여 관리하도록 한다. <신설 2015. 1. 6.>

③ 시 · 도지사 또는 시장 · 군수 · 구청장은 제1항 각 호의 사유 중 국토교통부령으로 정하는 사유에 따라 지정정비사업자 또는 종합검사지정정비사업자의 지정이 취소된 경우 그 취소사실을 국토교통부령으로 정하는 바에 따라 정기검사 또는 종합검사를 받은 지 6개월이 지나지 아니한 자동차 소유자에게 알려야 한다. <신설 2017. 12. 26.>

④ 제1항 및 제2항에 따른 처분의 세부 기준과 절차, 관리방법, 그 밖에 필요한 사항은 국토교통부령(종합검사대행자와 종합검사지정정비사업자의 경우에는 공동부령을 말한다. 이하 제46조 및 제46조의2에서 같다)으로 정한다. <개정 2013. 3. 23., 2015. 1. 6., 2017. 12. 26., 2021. 4. 13.>

[본조신설 2009. 2. 6.]

제46조 (검사기술인력의 직무 등)

① 제44조제1항, 제44조의2제1항, 제45조제1항 및 제45조의2제1항에 따라 지정받는 자동차검사대행자, 종합검사대행자, 지정정비사업자 및 종합검사지정정비사업자가 갖추어야 할 기술인력(이하 "검사기술인력"이라 한다)의 구분 및 직무 등에 관하여 필요한 사항은 국토교통부령으로 정한다. <개정 2013. 3. 23., 2024. 1. 30.>

② 국토교통부장관은 검사기술인력이 다음 각 호의 어느 하나에 해당하는 경우에는 해당 자동차검사대

행자, 종합검사대행자, 지정정비사업자 또는 종합검사지정정비사업자에게 국토교통부령으로 정하는 바에 따라 그 해임을 명하거나 일정기간 그 직무를 정지하게 할 수 있다. 다만, 종합검사대행자나 종합검사지정정비사업자에게 그 검사기술인력의 해임 또는 직무를 정지하게 하는 경우에는 환경부장관과 협의하여야 한다. <개정 2013. 3. 23., 2019. 8. 27., 2021. 4. 13., 2024. 1. 30.>

1. 업무와 관련하여 부정한 금품을 수수하거나 그 밖의 부정한 행위를 한 경우
2. 검사를 실시하지 아니하고 거짓으로 자동차검사표를 작성하거나, 검사 결과와 다르게 자동차검사표를 작성한 경우
3. 제40조제1항에 따른 정밀도검사를 받지 아니한 검사용기계 · 기구로 검사를 하거나, 정확성이 확인되지 아니한 검사용기계 · 기구를 사용하여 검사를 한 경우
4. 제43조제2항 또는 제43조의2제3항에 따른 자동차의 구조 및 장치의 검사에 필요한 검사 항목 중 일부를 생략하여 검사한 경우
5. 제43조제3항(제43조의2제3항에서 준용되는 경우를 포함한다)에 따른 검사 결과에 대한 조치를 하지 아니한 경우
6. 제43조제6항(제43조의2제3항에서 준용되는 경우를 포함한다)을 위반하여 검사 장면 및 결과를 기록하지 아니하거나 거짓으로 기록한 경우
7. 제45조제1항 또는 제45조의2제1항에 따라 지정된 검사시설이 아닌 곳에서 검사를 한 경우
8. 제45조제3항이나 제45조의2제3항에 따른 검사업무 범위 및 기술인력에 따른 검사능력을 벗어나 검사를 한 경우
9. 제46조의2제1항을 위반하여 정당한 사유 없이 자동차검사에 관한 교육을 받지 아니한 경우

③ 제2항에 따라 해임처분을 받은 검사기술인력은 그 해임처분을 받은 날부터 1년이 지나지 아니하고는 검사기술인력으로 선임될 수 없다. <신설 2015. 1. 6., 2021. 4. 13., 2024. 1. 30.>

④ 국토교통부장관은 제2항에 따라 해임 또는 직무 정지 등의 처분을 받은 검사기술인력의 현황을 제69조에 따른 전산정보처리조직으로 하여금 관리하도록 한다. <신설 2015. 1. 6., 2024. 1. 30.>

⑤ 제2항 및 제4항에 따른 명령의 세부 기준과 절차, 관리방법, 그 밖에 필요한 사항은 국토교통부령으로 정한다. <개정 2013. 3. 23., 2015. 1. 6.>

[전문개정 2009. 2. 6.]

[제목개정 2024. 1. 30.]

제46조의2 (검사기술인력의 교육 등)

① 검사기술인력은 주기적으로 그 구분에 따라 각각 국토교통부장관이 실시하는 자동차검사에 관한 교육(이하 "검사원교육"이라 한다)을 일정시간 이상 받아야 한다. <개정 2024. 1. 30.>

② 국토교통부장관은 검사원교육에 대한 검사기술인력의 이수 여부 등을 제69조에 따른 전산정보처리조직에 기록하여 관리하도록 한다. <개정 2024. 1. 30.>

③ 국토교통부장관은 검사원교육을 위하여 필요한 경우 전문교육기관을 지정할 수 있다.

④ 검사원교육의 대상 · 내용 · 방법 · 주기 및 실시 시기와 제3항에 따른 전문교육기관의 지정 기준 · 절차 및 지정해제 등에 필요한 사항은 국토교통부령으로 정한다.

[본조신설 2021. 4. 13.]

[제목개정 2024. 1. 30.]

제47조 (택시미터의 검정 등)

① 택시요금미터(이하 "택시미터"라 한다)를 제작 · 수리 · 수입 또는 사용하는 자는 그 택시미터에 대하여 국토교통부령으로 정하는 바에 따라 국토교통부장관의 검정을 받아야 한다. <개정 2013. 3. 23.>

② 국토교통부장관은 필요하다고 인정하면 국토교통부령으로 정하는 바에 따라 택시미터를 검정할 수 있는 전문검정기관(이하 "택시미터전문검정기관"이라 한다)을 지정하여 제1항에 따른 검정을 대행하게 할 수 있다. <개정 2013. 3. 23.>

③ 누구든지 제1항 또는 제2항에 따른 검정을 받지 아니하고는 택시미터를 제작 · 수리 · 수입 또는 사용하거나, 이를 매매 또는 매매 알선을 하여서는 아니 된다.

④ 택시미터전문검정기관에 관하여는 제40조 및 제45조제2항 · 제3항을 준용한다.

⑤ 국토교통부장관은 택시미터전문검정기관이 다음 각 호의 어느 하나에 해당하는 경우에는 그 지정을 취소하거나 6개월 이내의 기간을 정하여 그 업무의 전부 또는 일부의 정지를 명할 수 있다. 다만, 제1호 및 제8호에 해당하는 경우에는 그 지정을 취소하여야 한다. <개정 2013. 3. 23.>

1. 거짓이나 그 밖의 부정한 방법으로 지정을 받은 경우
2. 업무와 관련하여 부정한 금품을 수수하거나 그 밖의 부정한 행위를 한 경우
3. 자산상태의 불량 등의 사유로 그 업무를 계속하는 것이 적합하지 아니하다고 인정될 경우
4. 제4항에서 준용되는 제45조제2항에 따른 시설 · 장비 등의 지정기준에 미달한 경우
5. 제40조제1항에 따른 정밀도검사를 받지 아니한 검정용기계 · 기구로 검사를 한 경우 및 정확성이 확인되지 아니한 검정용기계 · 기구를 사용하여 검정을 한 경우
6. 제72조제1항에 따른 보고를 하지 아니하거나 거짓으로 보고한 경우
7. 제72조제2항에 따른 검사를 거부 · 방해 또는 기피하거나, 질문에 응하지 아니하거나 거짓으로 답변한 경우
8. 이 조에 따른 업무정지명령을 위반하여 업무정지기간 중에 검정업무를 한 경우

⑥ 제5항에 따른 처분의 세부 기준과 절차, 그 밖에 필요한 사항은 국토교통부령으로 정한다. <개정 2013. 3. 23.>

[전문개정 2009. 2. 6.]

제5장의2 자동차의 교환 또는 환불 <신설 2017. 10. 24.>

제47조의2 (자동차의 교환 또는 환불 요건)

① 자동차제작자 등이 국내에서 자동차자기인증을 하여 판매한 자동차가 다음 각 호의 요건을 모두 충족하는 경우 해당 자동차의 소유자(「여객자동차 운수사업법」 또는 「화물자동차 운수사업법」에 따른 운수사업자로서 소유한 사업용 자동차가 2대 이상인 자는 제외한다)는 인도된 날부터 2년 이내에 자동차제작자 등에게 신차로의 교환 또는 환불을 요구할 수 있다.

1. 하자발생 시 신차로의 교환 또는 환불 보장 등 국토교통부령으로 정하는 사항이 포함된 서면계약에 따라 판매된 자동차
2. 제29조제1항에 따른 구조나 장치의 하자로 인하여 안전이 우려되거나 경제적 가치가 현저하게 훼손되거나 사용이 곤란한 자동차
3. 자동차 소유자에게 인도된 후 1년 이내(주행거리가 2만 킬로미터를 초과한 경우 이 기간이 지난 것으로 본다)인 자동차로서 다음 각 목의 어느 하나에 해당하는 자동차
   가. 원동기 · 동력전달장치 · 조향장치 · 제동장치 등 국토교통부령으로 정하는 구조 및 장치에서 발생한 같은 증상의 하자(이하 "중대한 하자"라 한다)로 인하여 자동차제작자등(자동차제작자등으로부터 수리를 위임받은 자를 포함한다)이 2회 이상 수리하였으나, 그 하자가 재발한 자동차. 다만, 1회 이상 수리한 경우로서 누적 수리기간이 총 30일을 초과한 자동차를 포함한다.
   나. 가목에서 정한 구조 및 장치 외에 다른 구조 및 장치에서 발생한 같은 증상의 하자를 자동차제작자등(자동차제작자등으로부터 수리를 위임받은 자를 포함한다)이 3회 이상 수리하였으나, 그 하자가 재발한 자동차. 다만, 1회 이상 수리한 경우로서 누적 수리기간이 총 30일을 초과한 자동차를 포함한다.

② 제1항에 해당하는 자동차의 소유자(이하 "하자차량소유자"라 한다)는 제1항제3호가목의 경우에는 1회, 같은 호 나목의 경우에는 2회를 수리한 이후 같은 증상의 하자가 재발한 경우에는 그 사실을 자동차제작자 등에게 국토교통부령으로 정하는 바에 따라 통보하여야 한다.

[본조신설 2017. 10. 24.]

제47조의3 (하자의 추정)

제47조의2제1항에 해당하는 자동차가 하자차량소유자에게 인도된 날부터 1년 이내에 발견된 하자는 인도된 때부터 존재하였던 것으로 추정한다. <개정 2024. 2. 13.> [본조신설 2017. 10. 24.]

제47조의4 (교환 또는 환불을 위한 중재 신청 등)

① 자동차안전 · 하자심의위원회는 다음 각 호의 요건을 모두 충족하는 경우 하자차량소유자의 신청에

따라 교환 또는 환불을 위한 중재(이하 "교환 · 환불중재"라 한다) 절차를 개시하여야 한다. 이 경우 교환 · 환불중재의 신청방법 등에 필요한 사항은 국토교통부령으로 정한다. <개정 2022. 6. 10.>

1. 자동차제작자 등이 국토교통부령으로 정하는 바에 따라 사전에 제47조의7제2항제1호나목에 따른 교환 · 환불중재 규정(이하 "교환 · 환불중재 규정"이라 한다)을 수락한 경우
2. 하자차량소유자가 매매계약을 체결할 때 또는 교환 · 환불중재를 신청할 때 국토교통부령으로 정하는 바에 따라 교환 · 환불중재 규정을 수락한 경우

② 교환 · 환불중재 규정을 사전에 수락한 자동차제작자 등은 자동차를 판매할 때 교환 · 환불중재 규정을 수락한 사실을 구매자에게 안내하여야 한다.

③ 하자차량소유자 또는 자동차제작자 등은 다음 각 호의 어느 하나에 해당하는 사람을 대리인으로 선임할 수 있다. 이 경우 대리인의 권한은 서면으로 소명하여야 한다. <신설 2022. 6. 10.>

1. 하자차량소유자 또는 자동차제작자 등이 법인(「국세기본법」 제13조제2항에 따른 단체 등을 포함한다)인 경우에는 그 임직원
2. 하자차량소유자의 법정대리인, 배우자, 직계존비속 또는 형제자매
3. 하자차량소유자가 「여신전문금융업법」에 따른 시설대여업자인 경우에는 해당 자동차의 대여시설이용자
4. 변호사

④ 자동차안전 · 하자심의위원회는 제1항에 따른 교환 · 환불중재 신청이 적법하지 아니한 경우에는 상당한 기간을 정하여 신청인에게 흠을 보정하도록 명하여야 한다. 신청인이 그 기간 내에 흠을 보정하지 아니한 때에는 자동차안전 · 하자심의위원회는 신청을 각하하여야 한다. <개정 2022. 6. 10.>

⑤ 자동차안전 · 하자심의위원회는 교환 · 환불중재 판정을 위하여 필요하다고 인정하는 경우 자동차제작자등과 하자차량소유자에게 다음 각 호의 사항을 요구할 수 있고, 성능시험대행자에게 하자의 유무에 대한 사실조사를 의뢰할 수 있다. 이 경우 사실조사에 필요한 사항은 국토교통부령으로 정한다. <개정 2022. 6. 10.>

1. 중재에 필요한 자료의 제출
2. 하자차량소유자의 하자차량 제시
3. 그 밖에 교환 · 환불중재 판정을 위하여 제47조의9에 따른 중재부가 필요하다고 인정하는 사항

[본조신설 2017. 10. 24.]

제47조의5 (중재 판정의 효력 등)

① 교환 · 환불중재 판정은 자동차제작자등과 하자차량소유자에 대하여 확정판결과 동일한 효력이 있다.

② 교환 · 환불중재 판정에 대한 불복과 교환 · 환불중재 판정의 취소에 관하여는 「중재법」 제36조를 준용한다.

③ 교환 · 환불중재에 관련된 절차에 관하여는 이 법에 특별한 규정이 있는 경우를 제외하고는 「중재

법」을 준용한다.
[본조신설 2017. 10. 24.]

제47조의6 (중재 판정에 따른 교환 또는 환불 방법)

① 자동차제작자 등은 교환·환불중재 판정에 따라 하자차량소유자에게 신차로 교환하는 경우 하자차량의 소유와 운행 등으로 얻은 이익의 반환을 하자차량소유자에게 요구하여서는 아니 된다.
② 교환·환불중재 판정에 따라 신차로 교환하는 경우 해당 차량에 대한 취득세 등 대통령령으로 정하는 각종 세금과 공과금은 하자차량소유자가 처음 하자가 있는 자동차를 구입하였을 때 납부한 것으로 본다. <개정 2020. 6. 9.>
③ 자동차제작자 등은 교환·환불중재 판정에 따라 환불하는 경우 국토교통부령으로 정하는 기준에 따라 하자차량소유자에게 환불을 하여야 한다.
④ 자동차제작자 등은 하자차량소유자에게 교환·환불중재 판정에 따라 신차로 교환하는 경우라도 생산 종료 또는 이에 준하는 사유로 그 교환이 불가능한 경우 등 국토교통부령으로 정하는 사유가 있으면 환불을 선택할 수 있다.
[본조신설 2017. 10. 24.]

제47조의7 (자동차안전·하자심의위원회의 설치 등)

① 교환·환불중재 등의 업무를 수행하고 제작 결함의 시정 등과 관련한 사항의 심의 등을 하기 위하여 국토교통부에 자동차안전·하자심의위원회를 둔다.
② 자동차안전·하자심의위원회의 업무는 다음 각 호와 같다.
1. 자동차의 교환·환불중재와 관련하여 다음 각 목에 해당하는 사항
가. 교환·환불중재
나. 교환·환불중재 규정의 제정 및 개정
2. 제작 결함의 시정 등과 관련하여 다음 각 목에 해당하는 사항에 대한 심의
가. 제30조의3제1항에 따른 자동차의 제작·조립·수입 또는 판매의 중지명령에 관한 사항
나. 제30조의3제2항에 따른 자기인증 등에 대한 조사에 관한 사항
다. 제31조제3항에 따른 시정조치의 갈음 및 시정명령에 관한 사항
라. 제31조제4항에 따른 제작 결함에 대한 조사에 관한 사항
마. 제31조의2에 따른 자체 시정한 자동차 소유자에 대한 보상에 관한 사항
바. 제33조의2에 따른 자동차의 안전도 평가에 관한 사항
사. 그 밖에 제작 결함의 시정, 하자에 대한 무상수리 등과 관련한 업무로서 대통령령으로 정하는 사항
3. 자동차안전·하자심의위원회 운영 등에 관한 규칙의 제정·개정 및 폐지
③ 자동차안전·하자심의위원회는 제2항 각 호의 업무를 효율적으로 수행하기 위하여 대통령령으로

정하는 바에 따라 분과위원회 또는 소위원회를 둘 수 있다. 이 경우 분과위원회 또는 소위원회의 의결은 자동차안전 · 하자심의위원회의 의결로 본다. <신설 2022. 6. 10.>

[본조신설 2017. 10. 24.]

제47조의8 (자동차안전 · 하자심의위원회 구성 및 운영 등)

① 자동차안전 · 하자심의위원회는 위원장 1명을 포함한 100명 이내의 위원으로 구성하며, 위원은 다음 각 호의 어느 하나에 해당하는 사람 중에서 국토교통부장관이 임명하거나 위촉한다. <개정 2022. 6. 10., 2024. 2. 20.>

1. 판사 · 검사 또는 변호사의 직에 10년 이상 있거나 있었던 사람
2. 법학을 전공하고 대학에서 부교수 이상의 직에 있거나 있었던 사람
3. 대학이나 공인된 연구기관에서 부교수 이상 또는 이에 상당하는 직에 있거나 있었던 사람으로서 자동차 관련 분야를 전공한 사람
4. 4급 이상 공무원의 직에 있거나 있었던 사람으로서 자동차와 관련된 업무에 실무경험이 있는 사람
5. 「공공기관의 운영에 관한 법률」 제4조에 따른 공공기관에서 10년 이상 직에 있거나 있었던 사람으로서 자동차와 관련된 업무에 실무경험이 있는 사람
6. 「국가기술자격법」 제10조에 따라 자격을 취득한 기술사 또는 기능장으로서 10년 이상 자동차 관련 업무에 종사한 사람
7. 「공공기관의 운영에 관한 법률」 제4조에 따른 공공기관 또는 소비자보호기관에서 10년 이상 소비자보호 업무에 종사한 사람
8. 「소비자기본법」 제29조에 따라 등록된 소비자단체의 임원의 직에 있거나 있었던 사람
9. 자동차 제작등과 관련된 사업자 또는 사업자단체의 임원의 직에 있거나 있었던 사람
10. 대학이나 공인된 연구기관에서 부교수 이상 또는 이에 상당하는 직에 있거나 있었던 사람으로서 정보통신기술 · 사이버보안이나 소프트웨어 관련 분야를 전공한 사람

② 위원의 임기는 2년으로 하되, 연임할 수 있다.

③ 위원 중 공무원이 아닌 위원은 다음 각 호의 어느 하나에 해당하는 경우를 제외하고는 본인의 의사에 반하여 해촉되지 아니한다. <개정 2022. 6. 10.>

1. 제47조의10제1항에 해당하는 경우

1의2. 제47조의10제2항 각 호의 제척 사유에 해당함에도 같은 조 제5항에 따라 회피하지 아니하는 경우

2. 장기간의 심신쇠약 등으로 직무를 수행하는 것이 현저히 부적당하다고 인정되는 경우
3. 그 밖에 직무상의 의무 위반 등 대통령령으로 정하는 해촉 사유에 해당하는 경우

④ 위원장은 위원 중에서 국토교통부장관이 임명한다.

⑤ 자동차안전 · 하자심의위원회는 재적위원 과반수의 출석과 출석위원 과반수의 찬성으로 의결한다.

⑥ 자동차안전 · 하자심의위원회는 다음 각 호의 사항을 적은 회의록을 작성하여야 한다. 이 경우 필요하다고 인정하면 속기나 녹음 또는 녹화를 할 수 있다. <신설 2020. 2. 4.>

1. 회의 일시 및 장소
2. 출석위원
3. 심의내용 및 의결사항

⑦ 제6항에 따라 작성된 회의록(제47조의9에 따른 중재부의 회의록은 제외한다)은 공개하여야 한다. 다만, 자동차제작자 등이나 부품제작자 등의 영업비밀, 「개인정보 보호법」 제2조제1호에 따른 개인정보 등 대통령령으로 정하는 요건에 해당하는 정보는 공개하지 아니할 수 있다. <신설 2020. 2. 4.>

⑧ 그 밖에 자동차안전 · 하자심의위원회의 구성 및 운영 등에 필요한 사항은 대통령령으로 정한다. <개정 2020. 2. 4.>

[본조신설 2017. 10. 24.]

제47조의9 (중재부의 구성 및 운영 등)

① 자동차안전 · 하자심의위원회의 중재는 3명의 위원으로 구성된 중재부에서 한다.

② 중재부의 위원(이하 "중재위원"이라 한다)은 사건마다 자동차안전 · 하자심의위원회의 위원 중에서 위원장이 지명하되, 당사자가 합의하여 위원을 선정한 경우에는 그 위원을 지명한다.

③ 중재위원은 중재절차가 신속 · 공정하고 경제적으로 진행되도록 노력하여야 하며, 중재절차에 참여하는 분쟁 당사자들은 상호 신뢰와 이해를 바탕으로 성실하게 절차에 임하여야 한다.

④ 중재부의 장은 중재위원의 합의로 선정한다.

⑤ 중재부의 회의는 중재부의 장이 소집하며, 중재부의 장은 해당 사건의 첫 회의 개최 7일 전까지 다음 각 호의 사항을 포함하여 당사자에게 회의의 개최사실을 통지하여야 한다. 다만, 긴급하게 회의를 소집하여야 하거나 부득이한 사유가 있는 경우에는 회의 개최 전날까지 통지할 수 있다. <개정 2022. 6. 10.>

1. 회의의 일시 및 장소
2. 회의에 참석하는 위원의 주요 이력
3. 기피신청, 대리인 선임 및 분쟁 관련 자료의 제출 등에 관한 절차

⑥ 중재부의 회의는 중재위원 전원의 출석으로 개의하고, 중재위원 과반수의 찬성으로 의결한다.

[본조신설 2017. 10. 24.]

제47조의10 (자동차안전 · 하자심의위원회 위원의 결격사유 등)

① 「국가공무원법」 제33조 각 호의 어느 하나에 해당하는 사람은 자동차안전 · 하자심의위원회의 위원이 될 수 없다.

② 자동차안전 · 하자심의위원회의 위원이 다음 각 호의 어느 하나에 해당하는 경우 그 직무의 집행에서 제척된다. <개정 2020. 2. 4., 2022. 6. 10.>

1. 위원이나 그 배우자 또는 배우자였던 사람이 해당 분쟁사건(이하 이 조에서 "사건"이라 한다)의 당사자가 되거나 그 사건에 관하여 당사자와 공동권리자 또는 공동의무자의 관계에 있는 경우
2. 위원이 해당 사건의 당사자와 친족이거나 친족이었던 경우
3. 위원이 해당 사건에 관하여 진술이나 감정(鑑定)을 한 경우
4. 위원이 해당 사건에 당사자의 대리인으로서 관여하고 있거나 관여하였던 경우
5. 위원이 해당 사건의 원인이 된 처분 또는 부작위(不作爲)에 관여한 경우
6. 위원이 해당 사건이 발생한 자동차제작자 등에 종사하거나 종사하였던 경우
7. 위원이 속한 법인 등(최근 3년 이내에 속하였던 경우를 포함한다)이 해당 사건에 관하여 자문, 연구 또는 용역 등을 수행한 경우
8. 최근 2년 이내에 위원이 해당 사건이 발생한 자동차제작자등과 관련된 자문, 연구 또는 용역 등을 수행한 경우
9. 최근 2년 이내에 위원 또는 위원이 속한 법인 등이 해당 사건이 발생한 자동차제작자등과 판매위탁계약, 부품공급계약 또는 제32조의2제2항에 따른 무상수리 대행계약 등을 체결한 경우
10. 최근 2년 이내에 위원이 속한 법인 등과 해당 사건이 발생한 자동차제작자 등이 「독점규제 및 공정거래에 관한 법률」에 따른 동일한 기업집단에 속하거나 「상법」에 따른 모자회사의 관계에 있는 경우

③ 제척의 원인이 있으면 위원장은 직권으로 또는 당사자의 신청에 의하여 제척의 결정을 한다. <개정 2022. 6. 10.>

④ 당사자는 위원에게 공정한 직무집행을 기대하기 어려운 사정이 있는 경우에는 위원장에게 기피신청을 할 수 있으며, 위원장은 기피신청이 타당하다고 인정하면 자동차안전 · 하자심의위원회의 의결을 거치지 아니하고 기피의 결정을 한다. 다만, 위원장에게 공정한 직무집행을 기대하기 어려운 사정이 있는 경우 등 위원장이 결정하는 것이 타당하지 아니한 경우에는 자동차안전 · 하자심의위원회의 의결로 결정한다. <개정 2022. 6. 10.>

⑤ 위원은 제2항 각 호의 제척 사유에 해당하는 경우에는 스스로 그 사건의 직무집행을 회피하여야 하고, 제4항의 사유에 해당하는 경우에는 스스로 그 사건의 직무집행을 회피할 수 있다. <개정 2022. 6. 10.>

⑥ 중재절차에 관여하는 자동차안전 · 하자심의위원회의 운영 및 사무처리를 위한 조직의 직원에 대하여는 제1항부터 제5항까지의 규정을 준용한다.

⑦ 중재부는 제4항에 따른 기피신청을 받으면 그 신청에 대한 결정을 할 때까지 중재절차를 중지하여야 한다.

[본조신설 2017. 10. 24.]

제47조의11 (자동차안전 · 하자심의위원회의 심의결과에 대한 재심의)

① 자동차안전 · 하자심의위원회는 제47조의7제2항제2호에 따른 제작 결함의 시정 등과 관련한 심의 · 의결에 대하여 다음 각 호에 해당하는 경우 재심의를 실시할 수 있다.

1. 당사자, 이해관계자 및 공익신고자 등이 객관적인 사실에 근거하여 요청하는 경우
2. 위원장이 심의내용에 영향을 미칠 중요한 사항이 누락되었거나 조사 결과에 중대한 하자가 있다고 인정하는 경우
3. 국토교통부장관이 중요한 사항으로 판단하여 요청하는 경우

② 제1항에 따라 재심의를 하는 자동차안전 · 하자심의위원회가 당초의 심의 · 의결 결과를 변경하기 위하여는 재적위원 과반수의 출석과 출석위원 3분의 2 이상의 찬성으로 의결하여야 한다. 이 경우 출석위원 3분의 2 이상이 찬성하지 아니한 경우에는 당초의 심의 · 의결이 자동차안전 · 하자심의위원회의 최종 심의 결정으로 확정된다.

③ 제1항 및 제2항에서 규정한 사항 외에 자동차안전 · 하자심의위원회의 재심의 절차 · 방법 및 결과 통보에 필요한 사항은 대통령령으로 정한다.

[본조신설 2020. 2. 4.]

[종전 제47조의11은 제47조의12로 이동 <2020. 2. 4.>]

제47조의12 (자동차안전 · 하자심의위원회의 운영 및 사무처리의 위탁)

① 국토교통부장관은 자동차안전 · 하자심의위원회의 운영 및 사무처리에 관한 사무의 일부를 대통령령으로 정하는 바에 따라 한국교통안전공단에 위탁할 수 있다. 이 경우 국토교통부장관이 위탁한 자동차안전 · 하자심의위원회의 사무를 처리하기 위한 조직 및 인력 등은 대통령령으로 정한다. <개정 2017. 10. 24.>

② 제1항에 따라 사무의 일부를 위탁하는 경우 국토교통부장관은 예산의 범위에서 자동차안전 · 하자심의위원회의 운영 및 사무처리에 필요한 경비를 한국교통안전공단에 출연할 수 있다. <개정 2017. 10. 24.>

[본조신설 2017. 10. 24.]

[제47조의11에서 이동 <2020. 2. 4.>]

제6장 이륜자동차의 관리 <개정 2009. 2. 6.>

제48조 (이륜자동차의 사용신고 등)

① 국토교통부령으로 정하는 이륜자동차(이하 "이륜자동차"라 한다)를 취득하여 사용하려는 자는 국토교통부령으로 정하는 바에 따라 시장 · 군수 · 구청장에게 사용신고(이하 "사용신고"라 한다)

를 하여야 한다. <개정 2011. 5. 24., 2013. 3. 23., 2023. 9. 14.>

② 시장 · 군수 · 구청장은 제1항에 따라 사용신고를 받으면 이륜자동차의 번호를 지정하고 국토교통부령으로 정하는 바에 따라 이륜자동차대장에 필요한 사항을 기재한 후 이륜자동차사용신고필증(이하 "이륜자동차사용신고필증"이라 한다)을 발급하여야 한다. <신설 2023. 9. 14.>

③ 이륜자동차의 소유자는 제1항에 따른 신고 사항 중 국토교통부령으로 정하는 변경 사항이 있거나 이륜자동차 사용을 폐지한 경우에는 시장 · 군수 · 구청장에게 신고하여야 한다. <개정 2013. 3. 23., 2023. 9. 14.>

④ 제1항에 따라 신고된 이륜자동차의 소유권을 이전받은 자는 국토교통부령으로 정하는 바에 따라 시장 · 군수 · 구청장에게 이륜자동차 소유권 이전에 관한 신고를 하여야 한다. 다만, 이륜자동차를 양수한 소유자가 이륜자동차 소유권 이전에 관한 신고를 하지 아니한 경우에는 이를 양도한 자가 국토교통부령으로 정하는 바에 따라 그 소유자를 갈음하여 신고할 수 있다. <개정 2013. 3. 23., 2023. 9. 14.>

⑤ 이륜자동차를 소비자에게 판매하는 자는 신규로 제작 · 조립 또는 수입된 이륜자동차를 판매한 경우에는 국토교통부령으로 정하는 바에 따라 이륜자동차대장의 작성에 필요한 이륜자동차 제작 정보를 제69조에 따른 전산정보처리조직에 즉시 전송하여야 한다. <신설 2023. 9. 14.>

[전문개정 2009. 2. 6.]

[제목개정 2023. 9. 14.]

제49조 (이륜자동차번호판의 부착의무)

① 이륜자동차는 그 후면의 보기 쉬운 곳에 국토교통부령으로 정하는 이륜자동차번호판을 붙이지 아니하고는운행하지 못한다. <개정 2013. 3. 23., 2020. 6. 9.>

② 시장 · 군수 · 구청장은 사용신고를 받으면 국토교통부령으로 정하는 바에 따라 해당 이륜자동차에 이륜자동차번호판을 붙여야 한다. 다만, 이륜자동차의 사용신고를 하는 자가 직접 이륜자동차번호판을 부착하려는 경우에는 국토교통부령으로 정하는 바에 따라 직접 하게 할 수 있다. <개정 2013. 3. 23., 2023. 9. 14., 2024. 2. 20.>

[전문개정 2009. 2. 6.]

제50조 (이륜자동차의 구조 및 장치)

① 이륜자동차는 주요 구조 및 장치가 안전기준에 적합하지 아니하면 운행하지 못한다.

② 제1항에 따른 주요 구조 및 장치의 범위와 그 안전기준에 관하여 필요한 사항은 국토교통부령으로 정한다. <개정 2013. 3. 23.>

[전문개정 2009. 2. 6.]

제51조 (이륜자동차검사)

① 이륜자동차의 소유자(제1호의 경우에는 사용신고 예정자를 말한다)는 해당 이륜자동차에 대하여 다음 각 호의 구분에 따라 국토교통부장관이 실시하는 검사(이하 "이륜자동차검사"라 한다)를 받아야 한다.

1. 이륜자동차 사용검사 : 제48조제3항에 따라 사용폐지신고를 한 이륜자동차를 사용신고를 하고 다시 사용하려는 경우 실시하는 검사
2. 이륜자동차 정기검사 : 사용신고 후 일정 기간마다 정기적으로 실시하는 검사
3. 이륜자동차 튜닝검사 : 제52조에서 준용하는 제34조에 따라 이륜자동차를 튜닝한 경우에 실시하는 검사
4. 이륜자동차 임시검사 : 이 법 또는 이 법에 따른 명령이나 이륜자동차 소유자의 신청을 받아 비정기적으로 실시하는 검사

② 국토교통부장관은 이륜자동차검사를 할 때에는 환경부장관과 공동으로 다음 각 호에 대하여 해당 이륜자동차의 구조 및 장치가 공동부령으로 정하는 검사기준(이하 "이륜자동차검사기준"이라 한다)에 적합한지 여부를 확인하여야 한다.

1. 이륜자동차의 동일성 확인과 배출가스 관련 장치 등의 작동 상태 확인을 관능검사 및 기능검사로 하는 공통 분야
2. 이륜자동차 안전검사 분야
3. 이륜자동차 배출가스 및 소음 · 진동 검사 분야

③ 국토교통부장관은 이륜자동차검사를 실시한 경우에는 그 결과를 공동부령으로 정하는 바에 따라 이륜자동차 소유자에게 통지하여야 한다.

④ 국토교통부장관은 이륜자동차검사에 합격한 이륜자동차에 대하여는 다음 각 호의 구분에 따른 조치를 하여야 한다.

1. 이륜자동차 사용검사 : 이륜자동차 사용검사증명서의 발급
2. 이륜자동차 정기검사 · 이륜자동차 튜닝검사 또는 이륜자동차 임시검사 : 검사한 사실을 이륜자동차사용신고필증에 기록

⑤ 국토교통부장관은 이륜자동차 소유자가 천재지변이나 그 밖의 부득이한 사유로 제1항제2호부터 제4호까지의 검사를 받을 수 없다고 인정될 때에는 공동부령으로 정하는 바에 따라 그 기간을 연장하거나 이륜자동차검사를 유예할 수 있다.

⑥ 국토교통부장관은 이륜자동차 정기검사를 한 경우에는 검사 장면 및 그 결과를 제69조의 전산정보처리조직에 공동부령으로 정하는 기간까지 기록하고 보관하여야 한다.

⑦ 누구든지 이륜자동차검사에 사용하는 기계 · 기구에 설정된 이륜자동차검사기준의 값 또는 기계 · 기구를 통하여 측정된 값을 조작(造作) · 변경하거나 조작 · 변경하게 하여서는 아니 된다.

⑧ 이륜자동차검사의 대상, 주기, 방법 및 절차, 항목 및 유효기간 등에 관하여 필요한 사항은 공동부령으로 정한다.

[본조신설 2023. 9. 14.]

제51조의2 (이륜자동차검사대행자의 지정 등)

① 국토교통부장관은 한국교통안전공단을 이륜자동차검사를 대행하는 자(이하 "이륜자동차검사대행자"라 한다)로 지정하여 이륜자동차검사와 그 결과의 통지를 대행하게 할 수 있다.

② 이륜자동차검사대행자의 시설 · 장비 등의 기준 및 지정 절차 등에 관하여 필요한 사항은 공동부령으로 정한다.

[본조신설 2023. 9. 14.]

제51조의3 (이륜자동차지정정비사업자의 지정 등)

① 국토교통부장관은 이륜자동차 정기검사를 효율적으로 하기 위하여 필요하다고 인정하면 일정한 시설 · 장비와 기술인력을 확보한 자를 지정하여 이륜자동차 정기검사 업무(그 결과의 통지를 포함한다)를 수행하게 할 수 있다.

② 제1항에 따른 지정을 받으려는 자는 공동부령으로 정하는 시설 · 장비 및 기술인력기준을 갖추어 국토교통부장관에게 지정을 신청하여야 한다.

③ 제1항에 따라 지정을 받은 자(이하 "이륜자동차지정정비사업자"라 한다)는 지정받은 사항 중 공동부령으로 정하는 중요한 사항을 변경할 때에는 국토교통부장관에게 변경 지정을 신청하여야 한다. 다만, 공동부령으로 정하는 중요한 사항을 제외한 사항을 변경할 때에는 국토교통부장관에게 신고하여야 한다.

④ 이륜자동차지정정비사업자의 지정 절차 및 검사업무의 범위 등에 관하여 필요한 사항은 공동부령으로 정한다.

⑤ 제51조의4제1항에 따라 이륜자동차지정정비사업자의 지정취소 처분을 받은 이륜자동차지정정비사업자 또는 그 사업장에서 이륜자동차지정정비사업자의 지정을 신청하는 자는 그 지정이 취소된 날부터 5년이 지나지 아니한 경우에는 이륜자동차지정정비사업자로 지정을 받을 수 없다.

⑥ 이륜자동차지정정비사업자는 이륜자동차소유자로부터 이륜자동차 정기검사의 신청을 받으면 해당 이륜자동차가 이륜자동차검사기준 등에 적합한지를 확인하여야 한다.

⑦ 이륜자동차지정정비사업자는 다른 사람에게 자신의 명의로 이륜자동차 정기검사를 하게 하여서는 아니 된다.

⑧ 이륜자동차지정정비사업자는 그 사업을 휴업하거나 폐업한 경우에는 공동부령으로 정하는 바에 따라 국토교통부장관에게 신고하여야 한다.

[본조신설 2023. 9. 14.]

제51조의4 (이륜자동차검사대행자 등의 지정의 취소 등)

① 국토교통부장관은 이륜자동차검사대행자 또는 이륜자동차지정정비사업자가 다음 각 호의 어느 하나에 해당하는 경우에는 그 지정을 취소하거나 6개월 이내의 기간을 정하여 업무의 전부 또는 일부의 정지를 명할 수 있다. 다만, 제1호 및 제18호에 해당하는 경우에는 그 지정을 취소하여야 한다.

1. 거짓이나 그 밖의 부정한 방법으로 지정을 받은 경우
2. 업무와 관련하여 부정한 금품을 수수하거나 그 밖의 부정한 행위를 한 경우
3. 자산상태의 불량 등의 사유로 그 업무를 계속하는 것이 적합하지 아니하다고 인정되는 경우
4. 이륜자동차검사를 실시하지 아니하고 거짓으로 이륜자동차검사표를 작성하거나 검사 결과와 다르게 이륜자동차검사표를 작성한 경우
5. 제51조제4항에 따른 이륜자동차검사 결과에 대한 조치를 하지 아니한 경우
6. 제51조제6항을 위반하여 이륜자동차검사 장면 및 결과를 기록 또는 보관하지 아니하거나 거짓으로 기록 또는 보관한 경우(이륜자동차번호판이 포함된 이륜자동차의 뒷면 전체를 촬영하지 아니하거나 이륜자동차의 일부를 가리고 촬영하는 경우를 포함한다)
7. 제51조제7항을 위반하여 이륜자동차검사에 사용하는 기계ㆍ기구에 설정된 이륜자동차검사기준의 값 또는 기계ㆍ기구를 통하여 측정된 값을 조작ㆍ변경하거나 조작ㆍ변경하게 한 경우
8. 제51조제8항에 따른 이륜자동차검사에 필요한 검사 항목 중 일부를 생략하여 검사한 경우
9. 제51조의3제1항에 따라 지정된 검사시설이 아닌 곳에서 검사를 한 경우
10. 제51조의3제2항에 따른 시설ㆍ장비 등의 지정기준에 미달한 경우
11. 제51조의3제2항 또는 같은 조 제4항에 따른 기술인력에 따른 검사능력이나 검사업무의 범위를 벗어나 검사를 한 경우
12. 제51조의3제3항을 위반하여 변경 지정을 신청하지 아니하거나 신고하지 아니한 경우
13. 제51조의3제7항을 위반하여 다른 사람에게 자신의 명의로 이륜자동차 정기검사업무를 하게 한 경우
14. 제51조의5제1항에 따른 기술인력이 아닌 자로 하여금 검사를 하게 한 경우
15. 제51조의5제2항에 따른 기술인력의 해임 또는 직무정지 명령을 이행하지 아니한 경우
16. 제72조제1항에 따른 보고를 하지 아니하거나 거짓 보고를 한 경우
17. 제72조제2항에 따른 검사를 거부ㆍ방해 또는 기피하거나, 질문에 응하지 아니하거나 거짓으로 답변한 경우
18. 이 조에 따른 업무정지명령을 위반하여 업무정지기간 중에 검사업무를 한 경우

② 국토교통부장관은 제1항에 따라 이륜자동차검사대행자 또는 이륜자동차지정정비사업자에 대한 이륜자동차검사업무 대행을 취소 또는 정지 처분한 경우 그 현황을 제69조에 따른 전산정보처리조직에 기록하여 관리하도록 한다.

③ 시ㆍ도지사 또는 시장ㆍ군수ㆍ구청장은 제1항 각 호의 사유 중 공동부령으로 정하는 사유에 따라 이륜자동차지정정비사업자의 지정이 취소된 경우 그 취소사실을 공동부령으로 정하는 바에 따라 이륜자동차 정기검사를 받은 지 6개월이 지나지 아니한 이륜자동차 소유자에게 알려야 한다.

④ 제1항 및 제2항에 따른 처분의 세부 기준과 절차, 관리방법, 그 밖에 필요한 사항은 공동부령으로 정한다.

[본조신설 2023. 9. 14.]

제51조의5 (이륜자동차검사 기술인력의 직무 등)

① 이륜자동차검사대행자 및 이륜자동차지정정비사업자가 갖추어야 할 기술인력의 구분 및 직무 등에 관하여 필요한 사항은 공동부령으로 정한다.

② 국토교통부장관은 제1항에 따른 기술인력이 다음 각 호의 어느 하나에 해당하는 경우에는 해당 이륜자동차검사대행자 및 이륜자동차지정정비사업자에게 공동부령으로 정하는 바에 따라 그 해임을 명하거나 일정기간 그 직무를 정지하게 할 수 있다.

1. 업무와 관련하여 부정한 금품을 수수하거나 그 밖의 부정한 행위를 한 경우
2. 이륜자동차검사를 실시하지 아니하고 거짓으로 이륜자동차검사표를 작성하거나 검사 결과와 다르게 이륜자동차검사표를 작성한 경우
3. 제52조에서 준용하는 제46조의2제1항을 위반하여 정당한 사유 없이 이륜자동차검사에 관한 교육을 받지 아니한 경우
4. 제51조제4항에 따른 이륜자동차검사 결과에 대한 조치를 하지 아니한 경우
5. 제51조제6항을 위반하여 이륜자동차검사 장면 및 결과를 기록 또는 보관하지 아니하거나 거짓으로 기록 또는 보관한 경우
6. 제51조제8항에 따른 이륜자동차검사에 필요한 검사 항목 중 일부를 생략하여 검사한 경우
7. 제51조의3제1항에 따라 지정된 검사시설이 아닌 곳에서 검사를 한 경우
8. 제51조의3제2항 또는 같은 조 제4항에 따른 기술인력에 따른 검사능력이나 검사업무의 범위를 벗어나 검사를 한 경우

③ 제2항에 따라 해임처분을 받은 기술인력은 그 해임처분을 받은 날부터 1년이 지나지 아니하고는 제1항에 따른 기술인력으로 선임될 수 없다.

④ 국토교통부장관은 제2항에 따라 해임 또는 직무 정지 등의 처분을 받은 기술인력의 현황을 제69조에 따른 전산정보처리조직으로 하여금 관리하도록 한다.

⑤ 제2항 및 제4항에 따른 명령의 세부 기준과 절차, 관리방법, 그 밖에 필요한 사항은 공동부령으로 정한다.

[본조신설 2023. 9. 14.]

제52조 (이륜자동차에 대한 준용)

이륜자동차에 관하여는 제7조(제6항에 따른 구동축전지 식별번호 기재에 관한 사항은 제외한다), 제9조, 제10조제5항(제10조제7항에서 준용하는 경우를 포함한다), 제13조제3항부터 제7항까지, 제18조, 제20조, 제22조, 제23조, 제26조, 제28조, 제29조, 제30조, 제30조의2부터 제30조의8까지, 제31조, 제31조의2부터 제31조의4까지, 제32조, 제32조의2제1항제4호, 제32조의2제5항(같은 조 제1항제4호에 따른 사후관리에 관한 의무를 이행하지 아니한 경우에 한정한다) 및 제6항, 제33조, 제33조의2, 제34조, 제34조의2부터 제34조의4까지, 제35조제1항, 제37조, 제43조의3 및 제46조의2를 준용한다. 이 경우 "시 · 도지사"는 "시장 · 군수 · 구청장"으로, "등록원부"는 "이륜자동차대장"으로, "신규등

록"은 "사용신고"로, "자동차"는 "이륜자동차"로, "자동차등록증"은 "이륜자동차사용신고필증"으로, "등록번호판"은 "이륜자동차번호판"으로, "자동차안전기준"은 "이륜자동차의 안전기준"으로, "부품안전기준"은 "이륜자동차의 부품안전기준"으로, "자동차자기인증"은 "이륜자동차의 자기인증"으로, "부품자기인증"은 "이륜자동차의 부품자기인증"으로, "자동차제작자등"은 "이륜자동차의 제작자등"으로, "부품제작자등"은 "이륜자동차의 부품제작자등"으로, "자동차 기술검토 및 안전검사"는 "이륜자동차 실측확인"으로, "자동차검사"는 "이륜자동차검사"로, "정기검사"는 "이륜자동차 정기검사"로, "임시검사"는 "이륜자동차 임시검사"로, "검사기술인력"은 "이륜자동차검사대행자 및 이륜자동차지정정비사업자가 갖추어야 할 기술인력"으로, "자동차 소유자"는 "이륜자동차 소유자"로 본다. <개정 2011. 5. 24., 2012. 5. 23., 2014. 1. 7., 2015. 8. 11., 2017. 10. 24., 2020. 2. 4., 2021. 4. 13., 2023. 8. 16., 2023. 9. 14., 2024. 1. 9., 2024. 1. 30., 2024. 2. 13.>

[전문개정 2009. 2. 6.]

제7장 자동차관리사업 등 <개정 2017. 10. 24.>

제53조 (자동차관리사업의 등록 등)

① 자동차관리사업을 하려는 자는 국토교통부령으로 정하는 바에 따라 시장 · 군수 · 구청장에게 등록하여야 한다. 등록 사항을 변경하려는 경우에도 또한 같다. 다만, 대통령령으로 정하는 경미한 등록 사항을 변경하는 경우에는 그러하지 아니하다. <개정 2013. 3. 23.>

② 제1항에 따른 자동차관리사업은 대통령령으로 정하는 바에 따라 세분할 수 있다.

③ 제1항에 따른 자동차관리사업 등록의 기준 및 절차 등에 관하여 필요한 사항은 국토교통부령으로 정하는 범위에서 특별시 · 광역시 · 특별자치시 · 도(특별자치도를 포함한다) 또는 인구 50만명 이상의 시의 조례로 정한다. 이 경우 특별시 및 광역시 중 인구 50만 이상의 자치구에서 자동차매매업을 영위하고자 하는 자는 국토교통부령으로 정하는 등록기준을 갖추어야 한다. <개정 2015. 8. 11.>

④ 제3항에 따른 조례를 정하는 경우 교통, 환경오염, 주변여건 등 지역적 특성을 고려할 수 있다. <개정 2015. 8. 11.>

[전문개정 2009. 2. 6.]

제53조의2 (포상금의 지급)

특별시장 · 광역시장 · 특별자치시장 · 특별자치도지사 또는 시장 · 군수 · 구청장은 제79조제1호 · 제13호 · 제14호의2, 제80조제1호 · 제5호의3, 제81조제7호의2 또는 제84조제4항제20호에 해당하는 자를 신고하거나 고발한 자에게 해당 지방자치단체의 조례로 정하는 바에 따라 포상금을 지급(제79조제1호, 제80조제1호 및 제81조제7호의2의 경우 자동차 소유자가 신고한 때에는 제외한다)할 수 있다.

<개정 2015. 8. 11., 2017. 10. 24., 2020. 2. 4., 2021. 12. 7., 2024. 2. 20.>
[본조신설 2014. 1. 7.]

제54조 (결격사유)

① 다음 각 호의 어느 하나에 해당하는 자는 자동차관리사업을 할 수 없다. 법인인 경우에는 임원 중 다음 각 호의 어느 하나에 해당하는 사람이 있는 경우에도 또한 같다. <개정 2015. 8. 11., 2016. 1. 28.>

1. 피성년후견인 또는 피한정후견인
2. 파산선고를 받은 자로서 복권되지 아니한 자
3. 이 법에 따른 자동차관리사업의 등록이 취소(제1호 및 제2호에 해당하여 등록이 취소된 경우는 제외한다)된 후 1년이 지나지 아니한 자
4. 이 법을 위반하여 징역 이상의 실형을 선고받고 그 집행이 끝나거나 그 집행이 면제된 날부터 2년이 지나지아니한 사람
5. 이 법을 위반하여 징역 이상의 형의 집행유예를 선고받고 그 유예기간 중에 있는 사람

② 시장ㆍ군수ㆍ구청장은 제53조에 따라 자동차관리사업의 등록을 한 자(이하 "자동차관리사업자"라 한다)가 제1항의 사유에 해당된 경우에는 그 등록을 취소하여야 한다. 다만, 법인의 임원 중 그 사유에 해당된 사람이 있는 경우 3개월 이내에 그 임원을 바꾸어 임명한 경우에는 그러하지 아니한다.
[전문개정 2009. 2. 6.]

제55조 (자동차관리사업의 양도ㆍ양수 등의 신고)

① 자동차관리사업을 양도ㆍ양수하려는 자는 국토교통부령으로 정하는 바에 따라 시장ㆍ군수ㆍ구청장에게 신고하여야 한다. <개정 2013. 3. 23.>
② 자동차관리사업을 하는 법인이 합병하려는 경우에는 시장ㆍ군수ㆍ구청장에게 신고하여야 한다.
③ 자동차관리사업을 양수하는 자 또는 합병 후 존속하는 법인은 자동차관리사업자의 권리ㆍ의무를 승계한다.
④ 자동차관리사업자가 그 사업의 전부 또는 일부를 휴업하거나 폐업한 경우에는 시장ㆍ군수ㆍ구청장에게 신고하여야 한다.
⑤ 제4항에 따른 신고를 한 자동차관리사업자가 지정정비사업자 또는 종합검사지정정비사업자로 지정받은 자인 경우에는 해당 지정사업의 휴업이나 폐업을 신고한 것으로 본다. 이 경우 시장ㆍ군수 또는 구청장은 이를 국토교통부장관에게 통보하여야 한다. <개정 2013. 3. 23.>
[전문개정 2009. 2. 6.]

제56조 (사업의 개선명령)

① 시장ㆍ군수ㆍ구청장은 자동차관리사업의 건전한 발전을 위하여 필요하다고 인정되면 대통령령으

로 정하는 바에 따라 자동차관리사업자에게 다음 각 호의 사항을 명할 수 있다. <개정 2013. 3. 23., 2017. 10. 24.>

1. 사업장의 이전
2. 시설 또는 운영의 개선
3. 수수료 또는 요금의 조정
4. 자동차관리사업의 건전한 발전을 위하여 국토교통부령으로 정하는 사항

② 시장 · 군수 · 구청장은 제65조의2제1항에 따라 등록한 온라인 자동차 매매정보제공자에 대하여 자동차매매업자 및 자동차 소유자의 피해예방을 위하여 필요한 경우 대통령령으로 정하는 바에 따라 다음 각 호의 사항을 명할 수 있다. <신설 2017. 10. 24.>

1. 사업장, 전산설비 또는 운영의 개선
2. 이용약관의 개선
3. 그 밖에 자동차매매업자 및 자동차 소유자의 피해예방을 위하여 국토교통부령으로 정하는 사항

[전문개정 2009. 2. 6.]

제57조 (자동차관리사업자 등의 금지 행위)

① 자동차관리사업자는 다음 각 호의 행위를 하여서는 아니 된다. <개정 2012. 12. 18.>

1. 다른 사람에게 자신의 명의로 사업을 하게 하는 행위(사업의 전부 또는 일부에 대하여 위탁 · 위임 · 도급 등의 형태로 용역을 주는 행위를 포함한다)
2. 사업장의 전부 또는 일부를 다른 사람에게 임대하거나 점용하게 하는 행위
3. 해당 사업과 관련한 부정한 금품의 수수 또는 그 밖의 부정한 행위
4. 해당 사업에 관하여 이용자의 요청을 정당한 사유 없이 거부하는 행위
5. 해당 사업에 관하여 이용자가 요청하지 아니한 상품 또는 서비스를 강매하는 행위나 이용자가 요청하지 아니한 일을 하고 그 대가를 요구하는 행위 또는 영업을 목적으로 손님을 부르는 행위

② 자동차정비업자 또는 제34조제2항에 따른 자동차제작자 등은 제34조(제52조에서 준용하는 경우를 포함한다)에 따라 시장 · 군수 · 구청장의 승인을 받은 경우 외에는 자동차를 튜닝하거나 승인을 받은 내용과 다르게 튜닝하여서는 아니 된다. <개정 2014. 1. 7., 2015. 8. 11.>

③ 자동차매매업자(그 사용인 및 종사원을 포함한다)는 다음 각 호의 행위를 하여서는 아니 된다. <개정 2013. 12. 30., 2022. 6. 10.>

1. 등록원부상의 소유자가 아닌 자로부터 자동차의 매매 알선을 의뢰받아 그 자동차의 매매를 알선하는 행위. 다만, 등록원부상의 소유자에게서 그 자동차의 매도에 관한 행위를 위임받은 자로부터 매매 알선을 의뢰받은 경우에는 그러하지 아니하다.
2. 매도 또는 매매를 알선하려는 자동차에 대하여 다음 각 목의 어느 하나에 해당하는 부당한 표시 · 광고를 하는 행위

가. 매도 또는 매매를 알선하려는 자동차가 존재하지 아니하여 실제로는 거래가 불가능한 자동차에 대한 표시·광고

나. 매도 또는 매매를 알선하려는 자동차의 이력이나 가격 등 내용을 사실과 다르게 거짓으로 표시·광고하거나 사실을 과장되게 하는 표시·광고

다. 그 밖에 표시·광고의 내용이 자동차매매업의 질서를 해치거나 자동차 매수인에게 피해를 줄 우려가 있는 것으로서 대통령령으로 정하는 내용의 표시·광고

[전문개정 2009. 2. 6.]

[제목개정 2015. 8. 11.]

第57조의2 (폐차 수집·알선 등의 금지)

① 자동차해체재활용업자가 아닌 자는 다음 각 호의 어느 하나에 해당하는 행위를 하여서는 아니 된다. <개정 2022. 6. 10., 2022. 11. 15.>

1. 영업을 목적으로 폐차 대상 자동차를 수집 또는 매집하거나 그 자동차를 자동차해체재활용업자에게 알선하는 행위
2. 제1호에 해당하는 행위에 대한 표시·광고를 하는 행위

② 자동차매매업자가 아닌 자는 영업을 목적으로 매매용 자동차 또는 매매를 알선하려는 자동차에 대한 표시·광고를 하여서는 아니 된다. <신설 2022. 6. 10.>

[본조신설 2015. 8. 11.]

第58조 (자동차관리사업자 등의 고지 및 관리의 의무 등)

① 자동차매매업자(종사원을 포함한다)가 자동차를 매도 또는 매매의 알선을 하는 경우에는 국토교통부령으로 정하는 바에 따라 다음 각 호의 사항을 매매 계약을 체결하기 전에 그 자동차의 매수인에게 서면으로 고지하여야 한다. <개정 2013. 3. 23., 2013. 12. 30., 2015. 1. 6., 2017. 10. 24., 2017. 12. 26., 2024. 2. 13.>

1. 국토교통부령으로 정하는 자가 해당 자동차의 침수 사실 및 구조·장치 등의 성능·상태를 점검(이하 "자동차성능·상태점검"이라 한다)한 내용(점검 장면을 촬영한 사진을 포함하며, 점검일부터 120일 이내의 것)
2. 압류 및 저당권의 등록 여부
3. 제65조제1항에 따라 받는 수수료 또는 요금
4. 매수인이 원하는 경우에 자동차가격을 조사·산정한 내용

② 자동차성능·상태점검을 하려는 자는 사업장별로 국토교통부령으로 정하는 시설·장비 및 자격기준을 갖추어 국토교통부령으로 정하는 바에 따라 시장·군수·구청장에게 신고하여야 한다. 신고한 사항 중 국토교통부령으로 정하는 중요한 사항을 변경하거나 사업장을 폐쇄하려는 경우에도 또한 같다. <개정 2017. 12. 26., 2022. 11. 15.>

③ 시장 · 군수 · 구청장은 제2항 전단에 따른 신고 또는 같은 항 후단에 따른 변경신고를 받은 경우 그 내용을 검토하여 이 법에 적합하면 신고를 수리하여야 한다. <신설 2022. 11. 15.>

④ 자동차매매업자(그 사용인 및 종사원을 포함한다)가 인터넷을 통하여 자동차의 광고를 하는 때에는 자동차 이력 및 판매자정보 등 국토교통부령으로 정하는 사항을 게재하여야 한다. <신설 2011. 5. 24., 2013. 3. 23., 2022. 6. 10., 2022. 11. 15.>

⑤ 자동차정비업자는 다음 각 호의 사항을 준수하여야 한다. <개정 2011. 5. 24., 2012. 5. 23., 2013. 3. 23., 2014. 1. 7., 2016. 1. 28., 2022. 11. 15., 2024. 2. 20.>

1. 삭제 <2015. 1. 6.>
2. 정비에 필요한 신부품(자동차제작사가 주문하여 생산한 부품이나 품질인증부품을 포함한 대체부품 중 사용되지 아니한 부품을 말한다), 중고부품 또는 재생부품 등을 정비 의뢰자가 선택할 수 있도록 알려줄 것
3. 중고부품 또는 재생부품을 사용하여 정비할 경우 그 이상 여부를 확인할 것
4. 표준정비시간을 인터넷과 인쇄물 등 국토교통부령으로 정하는 방법에 따라 공개할 것
5. 국토교통부령으로 정하는 주요 정비 작업에 대해서는 시간당 공임 및 표준정비시간을 정비의뢰자가 잘 볼 수 있도록 사업장 내에 게시할 것
6. 정비를 의뢰한 자에게 국토교통부령으로 정하는 바에 따라 점검 · 정비견적서와 점검 · 정비명세서를 발급하고 사후관리 내용을 고지할 것
7. 국토교통부령으로 정하는 바에 따라 사후관리를 할 것
8. 거짓으로 점검 · 정비견적서와 점검 · 정비명세서를 작성하여 발급하지 아니할 것

⑥ 자동차해체재활용업자는 다음 각 호의 사항을 준수하여야 한다. <개정 2016. 1. 28., 2022. 11. 15., 2024. 1. 30., 2024. 2. 20.>

1. 자동차 소유자 또는 시장 · 군수 · 구청장으로부터 폐차 요청을 받은 경우에는 그 자동차 · 자동차등록증 · 등록번호판을 인수하고 국토교통부령으로 정하는 바에 따라 그 사실을 증명하는 서류를 발급할 것

1의2. 폐차 요청을 받은 경우에는 해당 자동차 또는 국토교통부령으로 정하는 장치를 수출하거나 수출하는 자에게 판매하는 경우 외에는 폐차할 것

2. 폐차 요청을 받은 경우에는 해당 자동차의 자동차등록증 · 등록번호판은 다시 사용할 수 없는 상태로 폐기할 것
3. 자동차해체재활용업의 종사원에게 국토교통부령으로 정하는 바에 따라 그 신분을 표시하도록 할 것
4. 자동차해체재활용업의 종사원에게 국토교통부령으로 정하는 바에 따라 자동차해체재활용 관련 준수사항 등에 관한 교육을 받도록 할 것
5. 그 밖에 자동차의 해체재활용을 위하여 국토교통부령으로 정하는 사항

⑦ 삭제 <2016. 1. 28.>

⑧ 제2항에 따라 자동차성능 · 상태점검을 하는 자(이하 “자동차성능 · 상태점검자”라 한다)는 다음 각 호의 사항을 준수하여야 한다. <신설 2022. 11. 15.>

1. 자동차성능 · 상태점검을 의뢰한 자에게 국토교통부령으로 정하는 바에 따라 성능 · 상태점검의 내용(점검 장면을 촬영한 사진을 포함한다)을 제공할 것
2. 거짓으로 자동차성능 · 상태점검을 하거나 실제 점검한 내용과 다른 내용을 제공하지 말 것
3. 국토교통부령으로 정하는 바에 따라 주기적으로 자동차성능 · 상태점검에 관한 교육을 이수할 것

⑨ 자동차관리사업자(자동차성능 · 상태점검자를 포함한다. 이하 이 조에서 같다)가 제1항, 제5항, 제6항 및 제8항에 따른 업무를 수행한 경우에는 국토교통부령으로 정하는 바에 따라 기록 · 관리하며 보존하여야 한다. <개정 2011. 5. 24., 2013. 3. 23., 2016. 1. 28., 2022. 11. 15.>

⑩ 자동차관리사업자는 제9항에 따라 기록 · 관리 및 보존하는 내용 중 국토교통부령으로 정하는 사항을 제69조에 따른 전산정보처리조직에 국토교통부령으로 정하는 바에 따라 전송하여야 한다. <신설 2012. 12. 18., 2013. 3. 23., 2022. 11. 15.>

[전문개정 2009. 2. 6.]

[제목개정 2022. 11. 15.]

제58조의2 (모범사업자)

① 시장 · 군수 · 구청장은 국토교통부령으로 정하는 지정기준에 따라 사업 내용이 우수한 자동차관리사업자를 모범사업자로 지정할 수 있다. <개정 2013. 3. 23.>

② 시장 · 군수 · 구청장은 제1항에 따라 모범사업자로 지정된 자가 그 지정기준에 미달하게 되거나 제66조에 따른 행정처분을 받게 된 경우에는 지체 없이 그 지정을 취소하여야 한다.

③ 제1항과 제2항에 따른 모범사업자 지정의 절차 및 취소에 관한 사항은 국토교통부령으로 정한다. <개정 2013. 3. 23.>

[전문개정 2009. 2. 6.]

제58조의3 (자동차관리사업자의 손해배상책임)

① 자동차매매업자가 자동차를 매도하거나 매매의 알선을 하는 때에 제58조제1항 각 호의 고지를 하지 아니하거나 거짓으로 고지함으로써 자동차 매수인에게 재산상의 손해가 발생한 경우에는 그 손해를 배상하여야 한다. 이 경우 자동차성능 · 상태점검자가 자동차매매업자에게 거짓 또는 오류가 있는 성능 · 상태점검 내용을 제공함으로써 매수인에게 재산상의 손해가 발생한 경우에는 자동차매매업자는 자동차성능 · 상태점검자에게 구상할 수 있다. <개정 2015. 1. 6., 2017. 10. 24., 2017. 12. 26., 2020. 10. 20., 2022. 11. 15.>

② 자동차매매업자는 업무를 개시하기 전에 제1항에 따른 손해배상책임을 보장하기 위하여 대통령령으로 정하는 바에 따라 보증보험 또는 제68조의17에 따른 공제에 가입하거나 공탁하여야 한다. <개정 2023. 3. 28.>

③ 제2항에 따라 공탁한 공탁금은 자동차매매업자가 폐업 또는 사망한 날부터 1년 이내에는 회수할 수 없다.

④ 자동차매매업자는 매도 또는 매매의 알선이 완성된 경우에는 거래 당사자에게 손해배상책임의 보장에 관한 다음 각 호의 사항을 설명하고 관계 증서(제58조의4제2항에 따른 자동차성능 · 상태점검자의 보증 책임에 관한 관계 증서를 포함한다. 이하 이 조 및 제84조제4항제23호에서 같다)의 사본을 발급하거나 관계 증서에 관한 전자문서를 제공하여야 한다. <개정 2017. 10. 24., 2020. 2. 4., 2020. 10. 20., 2023. 3. 28.>

1. 보장 금액
2. 보험회사, 공제사업을 행하는 자, 공탁기관 및 그 소재지
3. 보장 기간

[전문개정 2009. 2. 6.]

제58조의4 (자동차성능 · 상태점검자의 보증 책임)

① 자동차성능 · 상태점검자는 국토교통부령으로 정하는 바에 따라 성능 · 상태점검 내용에 대하여 보증하여야 한다.

② 자동차성능 · 상태점검자는 제1항에 따른 보증에 책임을 지는 보험에 가입하여야 한다.

③ 제2항에 따른 보험의 종류, 보장범위, 절차 등 필요한 사항은 대통령령으로 정한다.

[본조신설 2017. 10. 24.]

[종전 제58조의4는 제58조의5로 이동 <2017. 10. 24.>]

제58조의5 (자동차가격 조사 · 산정자의 자격 요건)

제58조제1항제4호에 따른 자동차가격의 조사 · 산정은 다음 각 호의 자가 할 수 있다.

1. 대통령령으로 정하는 자동차가격 조사 · 산정 교육을 이수한 「기술사법」 제3조에 따른 기계분야 차량기술사
2. 자동차정비기능사 이상의 자격을 취득한 자로서 「자격기본법」 제2조에 따라 국토교통부장관으로부터 공인받은 자동차 진단 평가에 관한 자격증을 소지한 자

[본조신설 2015. 1. 6.]

[제58조의4에서 이동, 종전 제58조의5는 제58조의6으로 이동 <2017. 10. 24.>]

제58조의6 (매매 계약의 해제 등)

① 자동차매매업자의 매매 또는 매매 알선으로 매매 계약을 맺은 자동차 매수인은 해당 자동차가 제1호 또는 제2호에 해당하는 경우에는 자동차인도일부터 30일 이내에, 제3호에 해당하는 경우에는 자동차인도일부터 90일 이내에 해당 매매 계약을 해제할 수 있다. <개정 2023. 3. 28.>

1. 해당 자동차의 주행거리, 사고 사실이 제58조제1항제1호의 고지 내용과 다른 경우

2. 제58조제1항제1호에 따른 사항(침수 사실은 제외한다) 또는 같은 항 제2호에 따른 사항을 거짓으로 고지하거나 고지하지 아니한 경우
3. 해당 자동차의 침수 사실이 제58조제1항제1호의 고지 내용과 다른 경우 또는 제58조제1항제1호에 따른 사항 중 침수 사실을 거짓으로 고지하거나 고지하지 아니한 경우

② 자동차 매수인은 제1항에 따라 매매 계약을 해제한 경우에는 해당 자동차를 즉시 자동차매매업자에게 반환하여야 한다.

③ 자동차매매업자는 제2항에 따른 자동차의 반환과 동시에 이미 지급받은 매매금액을 자동차 매수인에게 반환하여야 한다.

[본조신설 2016. 1. 28.]

[제58조의5에서 이동 <2017. 10. 24.>]

제59조 (매매용 자동차의 관리)

① 자동차매매업자는 다음 각 호의 어느 하나에 해당되는 경우에는 국토교통부령으로 정하는 바에 따라 시장 · 군수 · 구청장에게 신고하여야 한다. 다만, 제60조에 따른 경매장에 출품된 자동차의 경우에는 그러하지 아니하다. <개정 2013. 3. 23.>
1. 매매용 자동차가 사업장에 제시된 경우
2. 매매용 자동차가 팔린 경우
3. 매매용 자동차가 팔리지 아니하고 그 소유자에게 반환된 경우

② 자동차매매업자는 다음 각 호의 사항을 지켜야 한다. <개정 2013. 3. 23., 2017. 12. 26.>
1. 사업장에 제시되는 매매용 자동차를 국토교통부령으로 정하는 바에 따라 관리할 것
2. 자동차매매 관리대장을 작성 · 비치하고 국토교통부령으로 정하는 기간까지 보관할 것
3. 자동차매매업의 종사원에게 국토교통부령으로 정하는 바에 따라 그 신분을 표시하도록 할 것
4. 자동차매매업의 종사원에게 국토교통부령으로 정하는 바에 따라 자동차매매 관련 준수사항 등에 관한 교육을 받도록 할 것
5. 그 밖에 자동차 매수인의 권익을 보호하기 위하여 국토교통부령으로 정하는 사항

③ 자동차매매업자는 자동차성능 · 상태점검자에게 해당 자동차의 구조 · 장치 등의 성능 · 상태를 거짓으로 점검하도록 요구하여서는 아니 된다. <신설 2017. 10. 24.>

④ 자동차매매업자는 다음 각 호의 사람을 종사원으로 둘 수 없다. <신설 2024. 2. 13.>
1. 제58조제1항제1호를 위반하여 자동차성능 · 상태점검한 내용 중 침수 사실을 고지하지 아니하거나 거짓으로 고지하고 자동차의 매도 또는 매매를 알선하여 징역 이상의 실형을 선고받고 그 집행이 종료(집행이 종료된 것으로 보는 경우를 포함한다)되거나 그 집행이 면제된 날부터 2년이 지나지 아니한 사람
2. 제58조제1항제1호를 위반하여 자동차성능 · 상태점검한 내용 중 침수 사실을 고지하지 아니하거나 거짓으로 고지하고 자동차의 매도 또는 매매를 알선하여 징역 이상의 형의 집행유예를

선고받고 그 유예기간 중에 있는 사람
[전문개정 2009. 2. 6.]

제60조 (자동차경매장의 개설 · 운영 등)

① 자동차매매업자 또는 제67조에 따라 자동차매매업자로 구성되는 조합은 매매용 자동차의 적정한 가격 형성, 합리적인 수급 조절, 자동차관리사업의 육성 · 발전 및 매매 질서의 확립을 위하여 필요한 경우에는 자동차경매를 위하여 일정한 시설기준 및 인력기준 등을 갖추어 시 · 도지사의 승인을 받아 자동차경매장(이하 "경매장"이라 한다)을 개설하여 운영할 수 있다. 승인 사항을 변경하려는 경우에도 또한 같다. 다만, 국토교통부령으로 정하는 경미한 사항을 변경하려는 경우에는 그러하지 아니하다. <개정 2013. 3. 23., 2016. 1. 28.>

② 제1항에 따른 경매장의 시설기준 및 인력기준 등의 승인기준 및 승인절차 등에 관하여 필요한 사항은 국토교통부령으로 정한다. <개정 2013. 3. 23.>

③ 경매장을 개설 · 운영하는 자(이하 "개설자"라 한다)는 다음 각 호의 사항을 준수하여야 한다.

1. 경매 대상 자동차의 등록 사항과 안전 및 성능 상태 등을 점검 · 검사하고 그 결과를 경매에 참가하려는 자에게 고지할 것
2. 이 법 또는 이 법에 따른 명령이나 처분을 위반하지 아니할 것

④ 제3항제1호에 따른 경매 대상 자동차에 대한 점검 · 검사의 기준 및 검사 결과의 고지 방법 등에 관하여 필요한 사항은 국토교통부령으로 정한다. <개정 2013. 3. 23.>

⑤ 이 법에 따른 경매장에 대하여는 다른 법률의 경매장 또는 시장에 관한 규정을 적용하지 아니한다.

[전문개정 2009. 2. 6.]

제61조 삭제 〈1999. 4. 15.〉

제62조 (경매 거래의 참가)

경매 참가인은 경락(競落)을 받은 자동차의 경락금 지급을 담보하기 위하여 국토교통부령으로 정하는 바에 따라 개설자에게 보증금을 내야 한다. <개정 2013. 3. 23.> [전문개정 2009. 2. 6.]

제63조 (경락 자동차의 인수 거부 등)

① 개설자는 경락인이 정당한 사유 없이 약정한 기간 내에 경락받은 자동차의 인수를 거부하거나 이를 게을리한 경우에는 그 경락인의 부담으로 자동차를 일정 기간 보관하거나 인수를 독촉하여야 한다.

② 개설자는 제1항에 따라 경락받은 자동차를 일정 기간 보관하거나 경락인에게 인수를 독촉한 후에도 경락인이 이를 인수하지 아니하거나 그 밖의 부득이한 사유가 있는 경우에는 다시 경매에 붙일

수 있다.

③ 제2항에 따른 재경매 등에 따라 발생한 손해는 제1항에 따른 경락인이 부담한다.

[전문개정 2009. 2. 6.]

제64조 (점검 · 정비책임자의 선임 등)

① 자동차정비사업자는 자동차 점검 · 정비에 관한 사항을 담당할 점검 · 정비책임자(이하 "정비책임자"라 한다)를 선임하고 시장 · 군수 · 구청장에게 신고하여야 한다. 이를 해임한 경우에도 또한 같다.

② 시장 · 군수 · 구청장은 정비책임자가 이 법 또는 이 법에 따른 명령이나 처분을 위반한 경우에는 해당 자동차정비사업자에게 정비책임자의 해임을 명할 수 있다. 이 경우 해임된 자는 그날부터 6개월이 지나지 아니하면 정비책임자로 다시 선임될 수 없다.

③ 시장 · 군수 · 구청장은 정비책임자가 자동차정비사업자에게 침수 사실을 보고하지 아니하거나 거짓으로 보고하는 경우에는 해당 자동차정비사업자에게 국토교통부령으로 정하는 바에 따라 일정 기간 해당 정비책임자의 직무를 정지하도록 명할 수 있다. <개정 2024. 2. 13.>

④ 제1항에 따른 정비책임자의 자격 및 직무 등에 관하여 필요한 사항은 국토교통부령으로 정한다. <개정 2024. 2. 13.>

[전문개정 2009. 2. 6.]

제64조의2 (정비기술교육)

① 자동차정비사업자는 정비책임자 등 국토교통부령으로 정하는 기술인력에 대하여 국토교통부장관이 실시하는 자동차 정비에 관한 교육(이하 "정비기술교육"이라 한다)을 받게 할 수 있다.

② 국토교통부장관은 정비기술교육을 실시하기 위하여 필요한 경우 공공기관 또는 정비 관련 전문단체를 전문교육기관으로 지정할 수 있다.

③ 제2항에 따라 지정된 전문교육기관은 교육을 한 경우 교육 수료증을 발급하고 교육에 관한 기록을 작성 · 보관하는 등 국토교통부령으로 정하는 사항을 지켜야 한다.

④ 정비기술교육의 내용 및 방법과 제2항에 따른 전문교육기관의 지정 기준 · 절차 및 지정해제 등에 필요한 사항은 국토교통부령으로 정한다.

[본조신설 2024. 1. 30.]

제65조 (자동차관리사업자의 수수료 등)

① 자동차관리사업자는 국토교통부령으로 정하는 바에 따라 수수료 또는 요금을 받을 수 있다. <개정 2013. 3. 23.>

② 자동차해체재활용업자는 국토교통부령으로 정하는 바에 따라 폐차하려는 자동차의 평가액에서 폐차에 드는 비용을 빼고 남은 금액을 그 자동차 소유자에게 지급하여야 한다. 다만, 폐차에 드는

비용이 폐차하는 자동차의 평가액을 초과하는 경우에는 국토교통부령으로 정하는 바에 따라 초과하는 비용을 징수할 수 있다. <개정 2013. 3. 23.>

③ 자동차매매업자는 제12조제2항 본문에 따른 이전등록 신청을 위하여 자동차를 양수한 자로부터 미리 받은 수수료 또는 요금과 이전등록 신청에 소요된 실제비용 간에 차액이 있는 경우에는 이전등록 신청일부터 30일 이내에 양수인에게 그 사실을 통지하고 차액을 전액 반환하여야 한다. <신설 2013. 12. 30.>

[전문개정 2009. 2. 6.]

제65조의2 (온라인 자동차 매매정보제공의 등록)

① 자동차매매업자가 자동차 소유자(법인은 제외한다. 이하 이 조에서 같다)로부터 자동차를 매입할 수 있도록 하기 위하여 인터넷 홈페이지(휴대전화에서 사용되는 응용프로그램을 포함한다. 이하 이 조에서 같다)를 통하여 자동차매매업자에게 제3항 각 호에 따른 자동차 매매정보를 제공(이하 "온라인 자동차 매매정보제공"이라 한다)하려는 자는 대통령령으로 정하는 등록기준을 갖추어 시장·군수·구청장에게 등록하여야 한다. 등록한 사항 중 대통령령으로 정하는 중요 사항을 변경할 때에도 또한 같다.

② 제1항에 따라 등록을 하려는 자는 국토교통부령으로 정하는 바에 따라 시장·군수·구청장에게 신청하여야 한다.

③ 제1항에 따라 등록을 한 자(이하 "온라인 자동차 매매정보제공자"라 한다)는 인터넷 홈페이지를 통하여 다음 각 호의 자동차 매매정보를 제공하여야 한다.

1. 해당 자동차의 주행거리
2. 국토교통부령으로 정하는 바에 따라 촬영된 자동차의 내·외관 사진
3. 제69조의2에 따른 자동차이력관리 정보 중 국토교통부령으로 정하는 정보
4. 해당 자동차에 대한 자동차매매업자의 매입희망가격 및 인수방법

④ 온라인 자동차 매매정보제공자는 자동차의 주행거리, 자동차등록번호, 자동차매매업자의 매입희망가격, 최종 매입가격 및 자동차매매업자의 자동차관리사업 등록번호를 국토교통부령으로 정하는 바에 따라 보관하여야 한다.

⑤ 온라인 자동차 매매정보제공자는 자동차매매업자가 아닌 자에게 온라인 자동차 매매정보제공을 하여서는 아니 된다.

⑥ 온라인 자동차 매매정보제공자의 결격사유에 관하여는 제54조를 준용한다. 이 경우 "자동차관리사업"은 "온라인 자동차 매매정보제공"으로, "제53조"는 "제65조의2"로, "자동차관리사업의 등록을 한 자(이하 "자동차관리사업자"라 한다)"는 "온라인 자동차 매매정보제공자"로 본다.

[본조신설 2017. 10. 24.]

제66조 (사업의 취소 · 정지)

① 시장 · 군수 · 구청장은 자동차관리사업자가 다음 각 호의 어느 하나에 해당하는 경우에는 등록을 취소하거나 6개월 이내의 기간을 정하여 그 사업의 전부 또는 일부의 정지를 명할 수 있다. 다만, 제1호, 제12호라목(고의 또는 과실로 침수 사실을 고지하지 아니하거나 거짓으로 고지한 경우로 한정한다), 제15호 또는 제16호에 해당하는 경우에는 그 등록을 취소하여야 한다. <개정 2011. 5. 24., 2013. 3. 23., 2013. 12. 30., 2014. 1. 7., 2015. 1. 6., 2015. 8. 11., 2016. 1. 28., 2017. 10. 24., 2018. 12. 31., 2020. 12. 22., 2022. 6. 10., 2022. 11. 15., 2024. 2. 13., 2024. 2. 20.>

1. 거짓이나 그 밖의 부정한 방법으로 등록을 한 경우
2. 등록을 한 후 6개월 이내에 사업을 시작하지 아니하거나 등록을 한 사업자가 1년 이상 휴업한 경우
3. 제53조제1항 후단을 위반하여 등록 사항을 변경등록하지 아니하고 변경한 경우
4. 제53조제3항에 따른 등록기준에 미달하거나 같은 조 제4항에 따른 조건을 이행하지 아니한 경우
5. 제55조제1항을 위반하여 등록한 자동차관리사업을 신고 없이 양도 · 양수 또는 합병한 경우
6. 제56조제1항에 따른 사업의 개선명령을 이행하지 아니한 경우
7. 제57조제1항 각 호의 어느 하나를 위반한 경우
8. 제58조제9항을 위반하여 기록 · 관리 및 보존을 하지 아니한 경우
9. 제58조의3제2항을 위반하여 보증보험에 가입하지 아니하거나, 공탁을 하지 아니하고 자동차매매업의 업무를 시작한 경우
10. 제65조제1항을 위반하여 국토교통부령으로 정하는 수수료 또는 요금을 초과하여 받은 경우
11. 현저한 사업경영의 부실 또는 재무구조의 악화, 그 밖의 사유로 그 사업을 계속하는 것이 적합하지 아니하다고 인정될 경우
12. 자동차매매업자가 다음 각 목의 어느 하나에 해당하는 경우
   가. 제12조제2항을 위반하여 자동차를 매도하거나 매매를 알선하고 이전등록의 신청을 하지 아니한 경우
   나. 제57조제3항제1호를 위반하여 등록원부상의 소유자가 아닌 자로부터 자동차의 매매 알선을 의뢰받아 매매 알선을 한 경우
   다. 제57조제3항제2호를 위반하여 부당한 표시 · 광고를 한 경우
   라. 제58조제1항제1호 또는 제2호를 위반하여 고지하지 아니하거나 거짓으로 고지한 경우
   마. 제58조제2항을 위반하여 시설 · 장비 및 자격을 갖추지 아니한 자에게 같은 조 제1항의 성능 · 상태의 점검을 받은 경우
   바. 제58조의6제3항을 위반하여 매매금액을 자동차 매수인에게 반환하지 아니한 경우
   사. 제59조제1항을 위반하여 신고를 하지 아니하거나 거짓으로 신고를 한 경우
   아. 제59조제2항에 따른 준수사항을 이행하지 아니한 경우

13. 자동차정비업자가 다음 각 목의 어느 하나에 해당하는 경우
   가. 삭제 <2012. 12. 18.>
   나. 제40조제1항을 위반하여 정밀도검사를 받지 아니한 기계·기구를 자동차의 점검작업 또는 정비작업에 사용한 경우
   다. 제53조제1항에 따라 등록된 사업장 외의 장소에서 점검작업 또는 정비작업을 한 경우. 다만, 고장으로 운행할 수 없는 자동차의 응급조치와 육지와 연결되지 아니한 섬 지역으로서 자동차정비업자가 없는 지역에서의 점검 및 정비 작업의 경우는 제외한다.
   라. 제53조제2항을 위반하여 세분된 자동차정비업의 업무 범위를 초과하여 자동차를 정비한 경우
   마. 제57조제2항을 위반하여 제34조(제52조에서 준용하는 경우를 포함한다)에 따른 승인을 받지 아니하고 자동차 튜닝 작업을 하거나, 승인을 받은 내용과 다르게 자동차를 튜닝한 경우
   바. 삭제 <2022. 11. 15.>
   사. 제58조제5항에 따른 준수 사항을 이행하지 아니한 경우
   아. 제64조제1항을 위반하여 정비책임자를 두지 아니하거나 정비책임자의 선임 또는 해임 신고를 하지 아니한 경우
   자. 제64조제2항을 위반하여 정비책임자의 해임명령을 이행하지 아니한 경우
   차. 정비의뢰자가 침수 사실을 고지하였거나 정비책임자가 침수 사실을 보고하였음에도 불구하고 제58조제10항에 따라 전산정보처리조직에 전송하는 국토교통부령으로 정하는 사항 중 침수 사실을 전송하지 아니하거나 거짓으로 전송하는 경우
14. 자동차해체재활용업자가 다음 각 목의 어느 하나에 해당하는 경우
   가. 제13조제2항을 위반하여 폐차 요청을 받은 자동차에 대한 말소등록 신청을 하지 아니한 경우
   나. 제53조제1항에 따라 등록한 폐차사업장 외의 장소에서 자동차를 폐차한 경우
   다. 제58조제6항제1호에 따라 폐차 요청된 자동차의 차대번호 등이 자동차등록증에 기재된 내용과 다른 자동차를 폐차한 경우
   라. 제58조제6항제1호의2를 위반하여 폐차 요청을 받은 자동차를 폐차하지 아니한 경우
   마. 제58조제6항제2호를 위반하여 폐차 요청을 받은 자동차의 자동차등록증·등록번호판을 다시 사용할 수 없는 상태로 폐기하지 아니한 경우
   바. 제65조제2항을 위반하여 폐차된 자동차의 폐차 비용을 빼고 남은 금액을 해당 자동차 소유자에게 지급하지 아니한 경우
15. 이 조에 따른 사업정지명령을 위반하여 사업정지기간 중에 사업을 경영한 경우
16. 자동차관리사업자가 관할 세무서장에게 폐업신고하거나 「부가가치세법」 제8조제9항, 「소득세법」 제168조 또는 「법인세법」 제111조에 따른 사업자등록이 말소된 경우

② 국토교통부장관은 제34조제2항에 따른 자동차제작자 등이 제57조제2항을 위반하여 제34조에 따른 승인을 받지 아니한 자동차를 튜닝하거나 승인을 받은 내용과 다르게 자동차를 튜닝한 경우에는 등록을 취소하거나 6개월 이내의 기간을 정하여 그 사업의 전부 또는 일부의 정지를 명할 수 있다. <신설 2015. 8. 11.>

③ 시장 · 군수 · 구청장은 자동차관리사업자가 제1항제16호에 따른 등록취소 요건에 해당하는지를 확인하기 위하여 필요한 경우 관할 세무서장에게 자동차관리사업자의 폐업 여부에 대한 정보 제공을 요청할 수 있다. 이 경우 요청을 받은 관할 세무서장은 「전자정부법」 제36조제1항에 따라 자동차관리사업자의 폐업 여부에 대한 정보를 제공한다. <신설 2017. 8. 9.>

④ 시장 · 군수 · 구청장은 온라인 자동차 매매정보제공자가 다음 각 호의 어느 하나에 해당하는 경우에는 등록을 취소하거나 6개월 이내의 기간을 정하여 그 사업의 전부 또는 일부의 정지를 명할 수 있다. 다만, 제1호에 해당하는 경우에는 그 등록을 취소하여야 한다. <신설 2017. 10. 24.>

1. 거짓이나 그 밖의 부정한 방법으로 등록을 한 경우
2. 제56조제2항에 따른 개선명령을 이행하지 아니한 경우
3. 제65조의2제1항에 따른 등록기준을 충족하지 못하게 된 경우
4. 제65조의2제4항을 위반하여 자동차의 주행거리, 자동차등록번호, 자동차매매업자의 매입희망가격, 최종 매입가격 및 자동차매매업자의 자동차관리사업 등록번호를 보관하지 아니한 경우
5. 제65조의2제5항을 위반하여 자동차매매업자가 아닌 자에게 온라인 자동차 매매정보제공을 한 경우

⑤ 시장 · 군수 · 구청장은 자동차성능 · 상태점검자가 다음 각 호의 어느 하나에 해당하는 경우에는 사업장의 폐쇄를 명하거나 6개월 이내의 기간을 정하여 사업장별로 그 사업의 전부 또는 일부의 정지를 명할 수 있다. 다만, 제1호 또는 제2호에 해당하는 경우에는 사업장의 폐쇄를 명하여야 한다. <신설 2022. 11. 15.>

1. 거짓이나 그 밖의 부정한 방법으로 신고를 한 경우
2. 사업정지 명령을 위반하여 사업정지기간 중에 사업을 경영한 경우
3. 시장 · 군수 · 구청장이 신고를 수리한 후 6개월 이내에 사업을 시작하지 아니하거나 신고를 한 자가 1년 이상 휴업한 경우
4. 제58조제2항에 따른 신고기준에 미달한 경우
5. 제58조제8항에 따른 준수 사항을 이행하지 아니한 경우
6. 제58조제9항을 위반하여 기록 · 관리 및 보존을 하지 아니한 경우
7. 제58조의4제1항을 위반하여 성능 · 상태점검의 내용에 대하여 보증 책임을 이행하지 아니하는 경우
8. 제58조의4제2항을 위반하여 보험에 가입하지 아니하고 자동차성능 · 상태점검을 한 경우

⑥ 제1항, 제2항, 제4항 및 제5항에 따른 행정처분의 기준 및 절차에 관하여 필요한 사항은 국토교통부령으로 정한다. <개정 2013. 3. 23., 2015. 8. 11., 2017. 8. 9., 2017. 10. 24., 2022. 11. 15.>

[전문개정 2009. 2. 6.]

第67조 (사업자단체의 설립)

① 자동차관리사업자는 자동차관리사업의 건전한 발전과 질서 확립을 도모하기 위하여 필요하면 국토교통부장관 또는 시 · 도지사의 인가를 받아 국토교통부령으로 정하는 구분에 따른 자동차관리사업자로 구성하는 조합 또는 협회(이하 “조합등”이라 한다)를 설립할 수 있다. <개정 2013. 3. 23.>

② 조합 등은 법인으로 한다.

③ 조합 등을 설립하려면 그 조합 등의 조합원 또는 회원이 될 자격이 있는 자의 5분의 1 이상이 발기(發起)하고 조합원 또는 회원이 될 자격이 있는 자의 3분의 1 이상의 동의를 받아 창립총회에서 정관을 작성한 후 인가를 신청하여야 한다. <개정 2012. 1. 17.>

④ 조합 등은 다음의 업무를 수행한다. <개정 2011. 5. 24., 2013. 3. 23.>

1. 삭제 <2011. 5. 24.>
2. 삭제 <2011. 5. 24.>
3. 삭제 <2011. 5. 24.>
4. 자동차관리사업자에 대한 자율 지도
5. 국토교통부장관 또는 시 · 도지사로부터 위탁받은 업무 및 지시사항의 처리
6. 소속 자동차관리사업자의 공동발전에 필요한 업무

⑤ 조합 등의 정관 또는 지도 · 감독 등에 관하여 필요한 사항은 국토교통부령 또는 조례로 정한다. <개정 2013. 3. 23.>

⑥ 조합 등에 관하여 이 법에서 정한 것을 제외하고는 「민법」 중 사단법인에 관한 규정을 준용한다. <개정 2020. 6. 9.>

[전문개정 2009. 2. 6.]

第68조 (연합회)

① 조합 등은 그 공동 목적을 달성하기 위하여 국토교통부령으로 정하는 바에 따라 국토교통부장관의 인가를 받아 연합회를 설립할 수 있다. <개정 2011. 5. 24., 2013. 3. 23.>

② 연합회는 다음 각 호의 업무를 수행한다. 다만, 제2호의 업무는 연합회가 설립되지 아니한 경우 조합 등이 수행한다. <신설 2011. 5. 24., 2013. 3. 23., 2024. 1. 30.>

1. 자동차관리사업에 관한 설비의 개량 및 기술의 향상 · 발전을 위한 조사 · 연구
2. 경영자 및 종사원의 교육 · 훈련
3. 요금 및 수수료 체계의 조사 · 연구
4. 국토교통부장관으로부터 위탁받은 업무 및 지시사항의 처리
5. 조합 등의 업무수행 관리 · 감독
6. 자동차관리사업의 육성에 필요한 업무

③ 제1항의 연합회에 관하여는 제67조제2항 · 제3항 · 제5항 및 제6항을 준용한다. <개정 2011. 5. 24.>
[전문개정 2009. 2. 6.]

제7장의2 자동차안전기준 등의 국제조화 <신설 2011. 5. 24.>

제68조의2 (자동차안전기준 등의 국제조화)

① 국내(國內)의 자동차안전기준, 부품안전기준 및 내압용기안전기준의 국제기준과의 조화(이하 "자동차안전기준 등의 국제조화"라 한다)를 위하여 국토교통부장관은 국제기준을 조사 · 분석하고, 관련 정보 및 기술의 국제협력 등에 관한 시책을 수립 · 시행하여야 한다. <개정 2013. 3. 23.>

② 국토교통부장관은 자동차안전기준, 부품안전기준 및 내압용기안전기준 관련 기업 · 기관 · 단체의 국제협력활동에 대한 행정적 · 재정적 지원을 하여야 한다. <개정 2013. 3. 23.>

[본조신설 2011. 5. 24.]

제68조의3 (국제조화 기본계획의 수립)

① 국토교통부장관은 자동차안전기준 등의 국제조화 기본계획(이하 "국제조화기본계획"이라 한다)을 수립 · 시행하여야 한다. <개정 2013. 3. 23.>

② 국제조화기본계획에는 다음 각 호의 사항이 포함되어야 한다.

1. 자동차안전기준 등의 국제조화 현황 및 여건
2. 자동차안전기준 등의 국제조화 목표 및 단계별 추진전략
3. 자동차안전기준 등의 국제조화 연구 · 개발에 관한 사항
4. 자동차안전기준 등의 국제조화에 필요한 재원의 조달과 운영에 관한 사항
5. 자동차안전기준 등의 국제조화 추진 · 협력체계에 관한 사항
6. 그 밖에 자동차안전기준 등의 국제조화를 위하여 필요한 사항

③ 국토교통부장관은 국제조화기본계획을 수립하려는 경우에는 관계 중앙행정기관의 장의 의견을 들은 후 「국가통합교통체계효율화법」 제106조에 따른 국가교통위원회의 심의를 거쳐 확정한다. 수립된 기본계획을 변경(대통령령으로 정하는 경미한 사항의 변경은 제외한다)하려는 경우에도 또한 같다. <개정 2013. 3. 23.>

[본조신설 2011. 5. 24.]

제68조의4 (전담기관의 지정 및 운영)

① 국토교통부장관은 자동차안전기준 등의 국제조화에 필요한 전문적인 기술검토와 개선방안 마련을 효율적으로 추진하기 위하여 전담기관을 지정할 수 있다. <개정 2013. 3. 23.>

② 제1항의 전담기관은 다음 각 호의 업무를 수행한다. <개정 2021. 4. 13.>

1. 자동차안전기준 등의 선진화 및 실효성 확보를 위한 조사 · 분석 업무
2. 국내 · 외 자동차안전기준 등과 관련된 제도 및 정책의 조사 · 분석 업무
3. 자동차안전기준 등의 국제조화에 필요한 기술적 타당성 및 안전도 검토 업무
4. 자동차 안전 관련 국제기준 대응을 위한 국제협력 지원 및 국외사무소 운영
5. 자동차안전기준 등의 국제조화를 위한 전문가 양성
6. 그 밖에 자동차안전기준 등의 국제조화를 위하여 국토교통부장관이 필요하다고 인정하는 업무

③ 국토교통부장관은 예산의 범위에서 제1항의 전담기관에 대하여 제2항 각 호의 업무를 수행하는데 필요한 비용을 출연하거나 지원할 수 있다. <신설 2021. 4. 13.>

④ 국토교통부장관은 제1항에 따라 지정받은 자가 다음 각 호의 어느 하나에 해당하는 경우에는 전담기관의 지정을 취소하거나 6개월의 범위에서 기간을 정하여 업무의 전부 또는 일부를 정지할 수 있다. 다만, 제1호에 해당하는 경우에는 지정을 취소하여야 한다. <신설 2021. 4. 13.>

1. 거짓이나 그 밖의 부정한 방법으로 지정을 받은 경우
2. 제5항에 따른 지정기준에 적합하지 아니하게 된 경우

⑤ 제1항에 따른 전담기관의 지정 및 제4항에 따른 지정취소 · 업무정지의 기준 및 절차 등에 관하여 필요한 사항은 대통령령으로 정한다. <신설 2021. 4. 13.>

[본조신설 2011. 5. 24.]

[제목개정 2021. 4. 13.]

제68조의5 (자동차안전기준 등의 국제조화 관련 연구 · 개발)

① 국토교통부장관은 자동차안전기준 등의 국제조화를 위하여 다음 각 호의 사업을 추진할 수 있다. <개정 2013. 3. 23.>

1. 자동차안전기준 등의 국제조화를 위한 기술의 연구 · 개발 및 이전 · 보급
2. 자동차안전기준 등의 국제조화와 관련된 국내 자동차안전기준의 제정 · 개정
3. 자동차안전기준 등의 국제조화를 위한 국제 협력 및 교류
4. 자동차안전기준 등의 국제조화를 위한 중소기업 등의 기술경쟁력 강화 지원

② 국토교통부장관은 다음 각 호의 자에게 제1항의 사업을 추진하게 할 수 있다. 이 경우 국토교통부장관은 예산의 범위에서 연구 · 개발에 드는 비용을 지원하여야 한다. <개정 2013. 3. 23.>

1. 「정부출연연구기관 등의 설립 · 운영 및 육성에 관한 법률」에 따른 정부출연연구기관
2. 자동차제작자등 및 부품제작자등
3. 성능시험대행자
4. 「민법」 또는 다른 법률에 따라 설립된 법인으로서 자동차 관련 연구기관
5. 「고등교육법」 또는 「경제자유구역 및 제주국제자유도시의 외국교육기관 설립 · 운영에 관한 특별법」에 따라 설립된 대학이나 대학원

6. 그 밖에 대통령령으로 정하는 자동차 관련 연구기관

[본조신설 2011. 5. 24.]

제68조의6 (신기술 등이 적용된 자동차 등의 관리)

국토교통부장관은 신기술 또는 새로운 특성을 포함하여 제작등을 한 자동차 또는 자동차부품 및 장치의 수출입에 대하여 국가 간 상호인증협약 또는 자유무역협정 등에서 정하는 바에 따라 필요한 조치를 할 수 있다. <개정 2013. 3. 23.> [본조신설 2011. 5. 24.]

제68조의7 (전문인력의 양성)

① 국토교통부장관은 자동차의 기술개발에 필요한 전문인력을 체계적으로 양성하기 위하여 다음 각 호의 어느 하나의 사업을 하는 자에게 행정적·재정적 지원을 할 수 있다. <개정 2013. 3. 23.>

1. 기계, 전기, 전자 등 자동차 관련 전문인력의 양성
2. 자동차 관련 교육프로그램의 개발 및 보급
3. 그 밖에 자동차 관련 전문인력의 양성을 위하여 국토교통부령으로 정하는 사업

② 국토교통부장관은 제1항에 따른 사업을 지원하기 위하여 필요한 경우에는 자동차 전문인력의 양성과 관련이 있는 기관 또는 단체 등을 협력기관으로 지정할 수 있다. <개정 2013. 3. 23.>

[본조신설 2011. 5. 24.]

제68조의8 (시범사업)

① 국토교통부장관은 자동차기술의 연구·개발 및 이용·보급을 촉진하기 위하여 필요하다고 인정할 때에는 대통령령으로 정하는 바에 따라 시범사업을 할 수 있다. <개정 2013. 3. 23.>

② 국토교통부장관은 제1항에 따른 시범사업에 참여하는 자에 대하여 행정적·재정적 및 기술적 지원을 할 수 있다. <개정 2013. 3. 23.>

[본조신설 2011. 5. 24.]

제7장의3 자동차서비스복합단지의 조성 등 <신설 2015. 1. 6.>

제68조의9 (자동차서비스복합단지 개발에 관한 국가 기본계획 수립)

① 국토교통부장관은 자동차의 등록, 매매, 검사, 정비, 부품유통, 전시 및 홍보 등 자동차 관련 시설과 상업·문화 시설 등을 집단적으로 설치·육성하기 위한 자동차관련서비스산업복합단지(이하 "자동차서비스복합단지"라 한다) 개발에 관한 국가 기본계획을 수립할 수 있다.

② 제1항에 따른 자동차서비스복합단지 개발에 관한 국가 기본계획에는 다음 각 호의 사항이 포함되어

야 한다.

1. 효율적인 자동차서비스복합단지 개발을 위한 추진방향
2. 주요 자동차서비스 관련 시설 현황의 조사 및 분석
3. 자동차서비스복합단지의 개발 수요 및 입지 분석
4. 자동차서비스복합단지의 구축에 따른 개략적인 사업비 추정
5. 그 밖에 자동차서비스복합단지 개발 및 활성화를 위하여 대통령령으로 정하는 사항

③ 제1항에 따른 자동차서비스복합단지 개발에 관한 국가 기본계획의 수립 및 변경 절차 등에 관하여 필요한 사항은 대통령령으로 정한다.

[본조신설 2015. 1. 6.]

제68조의10 (자동차서비스복합단지의 지정 및 개발)

① 시 · 도지사는 자동차 관련 서비스 이용자의 편의를 제고하고 자동차 연관 사업의 건전한 발전을 지원하기 위하여 자동차서비스복합단지를 지정할 수 있다. 이 경우 시 · 도지사는 시장 · 군수 · 구청장이 자동차서비스복합단지의 지정이 필요하다고 요청하는 경우에도 지정할 수 있다.

② 자동차서비스복합단지의 개발계획의 수립, 지정 및 해제절차에 관하여는 「도시개발법」 제4조 · 제5조 및 제7조부터 제10조까지를, 자동차서비스복합단지 개발사업의 위탁시행에 관하여는 「도시개발법」 제12조를,자동차서비스복합단지 실시계획의 작성, 인가, 고시 및 실시계획 작성 · 인가 시 관련 인 · 허가 등의 의제에 관하여는 「도시개발법」 제17조부터 제19조까지를, 자동차서비스복합단지 사업을 환지방식으로 시행하는 경우에는 「도시개발법」 제28조부터 제32조까지, 제32조의2, 제32조의3, 제33조부터 제36조까지. 제36조의2. 제37부터 제49조까지를 준용한다. 이 경우 "도시개발구역"은 "자동차서비스복합단지"로, "도시개발구역 개발계획"은 "자동차서비스복합단지 개발계획"으로, "도시개발사업 실시계획"은 "자동차서비스복합단지 실시계획"으로, "도시개발사업 시행"은 "자동차서비스복합단지 사업시행"으로 각각 본다.

③ 자동차서비스복합단지 개발사업의 준공검사, 공사완료의 공고 및 공사완료에 따른 관련 인 · 허가 등의 의제에 관하여는 「도시개발법」 제50조부터 제52조까지를, 자동차서비스복합단지 개발사업의 비용부담, 보조 또는 융자 및 조세와 부담금 등의 감면에 관하여는 「도시개발법」 제54조, 제59조 및 제71조를, 자동차서비스복합단지 건설을 위한 타인 토지의 출입 및 그에 따른 손실보상 등에 관하여는 「도시개발법」 제64조 및 제65조를, 자동차서비스복합단지의 개발 부지에 있는 국공유지의 처분제한과 개발사업에 따른 공공시설의 귀속에 대하여는 「도시개발법」 제66조 및 제68조를, 자동차서비스복합단지의 사업시행자가 법률 등을 위반한 경우 행정처분에 대하여는 「도시개발법」 제75조를 준용한다. 이 경우 "도시개발구역"은 "자동차서비스복합단지"로, "도시개발구역 개발계획"은 "자동차서비스복합단지 개발계획"으로, "도시개발사업 실시계획"은 "자동차서비스복합단지 실시계획"으로, "도시개발사업 시행"은 "자동차서비스복합단지 사업시행"으로 각각 본다.

[본조신설 2015. 1. 6.]

第68조의11 (자동차서비스복합단지 개발사업의 시행자)

「도시개발법」 제11조에도 불구하고 자동차서비스복합단지 개발사업의 시행자로 지정받을 수 있는 자는 다음 각 호의 자로 한다.

1. 국가 또는 지방자치단체
2. 「공공기관의 운영에 관한 법률」에 따른 공공기관 중 대통령령으로 정하는 기관
3. 「지방공기업법」에 따른 지방공사
4. 특별법에 따라 설립된 법인
5. 자동차서비스복합단지 대상지역의 토지소유자(「공유수면 관리 및 매립에 관한 법률」 제28조에 따라 매립면허를 받은 자를 해당 공유수면을 소유한 자로 보고 그 공유수면을 토지로 보며, 「도시개발법」 제21조에 따른 수용 또는 사용 방식의 경우에는 자동차서비스복합단지구역의 국공유지를 제외한 토지면적의 3분의 2 이상을 소유한 자를 말한다)
6. 제1호부터 제5호까지에 해당하는 자가 자동차서비스복합단지 개발사업을 시행할 목적으로 출자에 참여하여 설립한 법인으로서 대통령령으로 정하는 요건에 해당하는 법인

[본조신설 2015. 1. 6.]

第68조의12 (토지 등의 수용 · 사용)

「도시개발법」 제22조에도 불구하고 사업에 필요한 토지 등을 수용하거나 사용할 수 있는 자는 제68조의11제1호부터 제4호까지에 해당하는 사업시행자 또는 제6호에 해당하는 사업시행자로서 제1호부터 제4호까지에 해당하는 자가 100분의 50을 초과하여 출자한 경우로 한다.

[본조신설 2015. 1. 6.]

第68조의13 (자동차서비스복합단지 등의 건축허가 및 사용승인)

① 자동차서비스복합단지 안에 자동차관련시설 또는 자동차서비스 지원시설을 건축하려는 자가 「건축법」 제11조에 따른 건축허가를 받았을 때에는 다음 각 호의 인 · 허가등을 받은 것으로 본다. <개정 2017. 1. 17., 2020. 3. 31., 2021. 11. 30.>

1. 「건축법」 제20조제1항 · 제3항에 따른 가설건축물의 건축허가 또는 축조신고, 같은 법 제83조에 따른 공작물의 축조신고
2. 「고압가스 안전관리법」 제4조제3항에 따른 고압가스저장소 설치의 허가
3. 「국토의 계획 및 이용에 관한 법률」 제56조제1항제1호에 따른 개발행위의 허가, 같은 법 제86조에 따른 도시 · 군계획시설사업시행자의 지정, 같은 법 제88조에 따른 실시계획의 인가
4. 「대기환경보전법」 제23조, 「물환경보전법」 제33조 및 「소음 · 진동관리법」 제8조에 따른 배출시설 설치의 허가 또는 신고
5. 「도로법」 제61조에 따른 도로점용허가
6. 「소방시설 설치 및 관리에 관한 법률」 제6조제1항에 따른 건축허가 등의 동의, 「소방시설공

사업법」 제13조제1항에 따른 소방시설공사의 신고, 「위험물안전관리법」 제6조제1항에 따른 제조소 등의 설치허가

7. 「액화석유가스의 안전관리 및 사업법」 제6조제1항에 따른 액화석유가스 저장소 설치의 허가
8. 「전기안전관리법」 제8조에 따른 자가용전기설비 공사계획의 인가 또는 신고
9. 「공간정보의 구축 및 관리 등에 관한 법률」 제64조제2항에 따른 토지이동의 등록신청
10. 「총포 · 도검 · 화약류 등 단속법」 제25조제1항에 따른 화약류간이저장소 설치의 허가
11. 「토양환경보전법」 제12조에 따른 특정토양오염관리대상시설 설치의 신고
12. 「하수도법」 제24조에 따른 점용허가, 같은 법 제27조제3항에 따른 배수설비의 설치신고, 같은 법 제34조제2항에 따른 개인하수처리시설의 설치신고

② 제1항 각 호의 어느 하나에 해당하는 사항이 해당 시 · 도지사 또는 시장 · 군수 · 구청장 외의 다른 행정기관의 권한에 속하는 경우에는 해당 시 · 도지사 또는 시장 · 군수 · 구청장은 미리 그 다른 행정기관의 장과 협의를 하여야 한다.

③ 제1항에 따라 자동차서비스복합단지 안에 자동차관련시설 또는 자동차서비스 지원시설을 건축한 자 또는 「도시개발법」 제17조의 실시계획의 인가에 따라 건축허가의 의제를 받고 자동차관련시설 또는 자동차서비스 지원시설을 건축한 자가 해당 시설에 대하여 「건축법」 제22조에 따른 사용승인을 받았을 때에는 다음 각 호의 검사 · 신고 등을 받은 것으로 본다. <개정 2017. 1. 17., 2020. 3. 31.>

1. 「고압가스 안전관리법」 제16조제3항에 따른 고압가스의 제조 · 저장 · 판매 · 수입 시설이나 용기 등의 제조시설 설치공사의 완성검사, 같은 법 제20조에 따른 특정고압가스 사용시설의 완성검사
2. 「국토의 계획 및 이용에 관한 법률」 제62조제1항에 따른 준공검사, 같은 법 제98조제1항에 따른 준공검사
3. 「대기환경보전법」 제30조 및 「물환경보전법」 제37조에 따른 배출시설과 방지시설의 가동개시 신고
4. 「소방시설공사업법」 제14조에 따른 완공검사, 「위험물안전관리법」 제9조에 따른 제조소 등의 완공검사
5. 「액화석유가스의 안전관리 및 사업법」 제18조제2항에 따른 저장시설 또는 가스용품 제조시설의 완성검사
6. 「전기안전관리법」 제9조에 따른 자가용전기설비의 사용전검사
7. 「정보통신공사업법」 제36조에 따른 사용전검사
8. 「총포 · 도검 · 화약류 등 단속법」 제43조에 따른 완성검사
9. 「하수도법」 제37조에 따른 개인하수처리시설의 준공검사

④ 제1항 각 호의 어느 하나에 해당하는 사항의 관계 법령을 관장하는 중앙행정기관의 장은 그 처리기준을 국토교통부장관에게 통보하여야 한다. 이를 변경한 때에도 또한 같다.

⑤ 국토교통부장관은 제4항에 따라 처리기준을 통보받으면 이를 통합하여 고시하여야 한다. 고시한 처리기준의 변경통보를 받은 때에도 또한 같다.

[본조신설 2015. 1. 6.]

제7장의4 자동차매매업 공제조합 <신설 2023. 3. 28.>

제68조의14 (공제조합의 설립 등)

① 자동차매매업자는 상호 간의 협동조직을 통하여 자율적인 경제활동을 도모하고 자동차매매업 운영에 필요한 각종 보증과 자금 융자 및 자동차매매 관련 손해배상 등을 위하여 국토교통부장관의 인가를 받아 공제조합(이하 "공제조합"이라 한다)을 설립할 수 있다.

② 공제조합은 법인으로 하고, 주된 사무소의 소재지에서 설립등기를 함으로써 성립한다.

③ 자동차매매업자는 공제조합의 정관으로 정하는 바에 따라 공제조합에 가입할 수 있다.

④ 공제조합의 조합원 자격, 임원, 출자, 융자 및 운영 등에 필요한 사항은 정관으로 정한다.

⑤ 공제조합의 설립인가 기준·절차, 정관 기재사항 및 감독 등에 필요한 사항은 대통령령으로 정한다.

[본조신설 2023. 3. 28.]

제68조의15 (공제조합의 운영위원회)

① 공제조합은 제68조의17에 따른 사업에 관한 사항을 심의·의결하고 그 업무 집행을 감독하기 위하여 운영위원회를 둔다.

② 운영위원회 위원은 조합원, 자동차매매업·금융·보험·회계·법률 분야 전문가, 관계 공무원 및 그 밖에 자동차매매업 관련 이해관계자로 구성하되, 그 수는 25명 이내로 한다.

③ 운영위원회의 구성, 기능 및 운영에 필요한 사항은 대통령령으로 정한다.

[본조신설 2023. 3. 28.]

제68조의16 (운영위원회 위원의 결격사유)

① 다음 각 호의 어느 하나에 해당하는 사람은 제68조의15제2항에 따른 위원이 될 수 없다.

1. 미성년자, 피성년후견인 또는 피한정후견인
2. 파산선고를 받고 복권되지 아니한 사람
3. 이 법 또는 「보험업법」 등 대통령령으로 정하는 금융 관계 법령(외국의 금융 관계 법령을 포함한다)을 위반하여 금고 이상의 실형을 선고받고 그 집행이 끝나거나(집행이 끝난 것으로 보는 경우를 포함한다) 집행이 면제된 날부터 5년이 지나지 아니한 사람
4. 이 법 또는 「보험업법」 등 대통령령으로 정하는 금융 관계 법령(외국의 금융 관계 법령을

포함한다)을 위반하여 금고 이상의 형의 집행유예를 선고받고 그 유예기간 중에 있는 사람

5. 이 법에 따른 공제조합의 업무와 관련하여 벌금 이상의 형을 선고받고 그 집행이 끝나거나(집행이 끝난 것으로 보는 경우를 포함한다) 집행이 면제된 날부터 5년이 지나지 아니한 사람
6. 이 법에 따른 공제조합의 업무와 관련하여 벌금 이상의 형의 집행유예를 선고받고 그 유예기간 중에 있는 사람
7. 제68조의23에 따른 징계 · 해임의 처분을 받은 후 3년이 지나지 아니한 사람

② 제68조의15제2항에 따른 위원이 제1항 각 호의 어느 하나에 해당하게 된 때에는 그 날로 위원의 자격을 잃는다.

③ 국토교통부장관은 제1항제3호부터 제6호까지의 범죄경력자료의 조회를 경찰청장에게 요청하여 공제조합에 제공할 수 있다.

[본조신설 2023. 3. 28.]

제68조의17 (공제조합의 사업)

① 공제조합은 다음 각 호의 사업을 한다.

1. 조합원이 자동차매매업을 운영할 때 필요한 입찰보증, 계약보증, 손해배상보증, 선급금보증, 대출보증과 그 밖에 대통령령으로 정하는 보증
2. 조합원에 고용된 자의 복지 향상과 업무상 재해로 인한 손실을 보상하는 공제사업
3. 조합원이 운영하는 사업에 필요한 자동차매매 손해공제사업
4. 조합원이 자동차매매업을 운영할 때 필요한 자금의 융자 및 알선
5. 자동차매매업과 관련한 연구 및 교육
6. 조합원이 공동 이용하는 시설의 설치 · 운영 및 조합원의 편익 증진을 위한 사업
7. 조합원이 수행하는 자동차매매사업에 관한 정보의 처리
8. 국가, 지방자치단체 또는 정관으로 정하는 공공단체가 위탁하는 사업
9. 제1호부터 제8호까지의 사업에 따르는 사업으로서 정관으로 정하는 사업

② 제1항제2호 및 제3호에서 규정하는 공제조합의 사업에 대하여는 「보험업법」 (제193조는 제외한다)을 적용하지 아니한다.

[본조신설 2023. 3. 28.]

제68조의18 (보증규정 및 공제규정)

① 공제조합은 제68조의17제1항제1호에 따른 보증사업, 같은 항 제2호 및 제3호에 따른 공제사업을 하려면 사업에 필요한 보증규정 및 공제규정을 정하여 국토교통부장관의 인가를 받아야 한다. 인가받은 사항을 변경하려는 경우에도 또한 같다.

② 제1항의 보증규정 및 공제규정에 포함하여야 하는 사항은 대통령령으로 정한다.

[본조신설 2023. 3. 28.]

제68조의19 (공제조합의 지분양도 등)

① 조합원 또는 조합원이었던 자는 대통령령으로 정하는 바에 따라 그 지분을 다른 조합원 또는 조합원이 되려는 자에게 양도할 수 있다.

② 제1항에 따라 지분을 양수한 자는 그 지분에 관한 양도인의 권리 및 의무를 승계한다.

③ 지분의 양도 및 질권 설정은 「상법」에 따른 주식의 양도 및 질권 설정의 방법에 따른다.

④ 민사집행 절차나 국세 등의 강제징수 또는 체납처분 절차에 따른 지분의 가압류 또는 압류는 「민사집행법」 제233조에 따른 지시채권의 가압류 또는 압류의 방법으로 한다.

[본조신설 2023. 3. 28.]

제68조의20 (공제조합의 지분 취득 등)

① 공제조합은 다음 각 호의 어느 하나에 해당하는 사유가 있을 때에는 조합원 또는 조합원이었던 자의 지분을 취득할 수 있다. 다만, 제1호 또는 제3호에 해당하는 때에는 그 지분을 취득하여야 한다.

1. 출자금을 감소하려는 경우
2. 조합원에 대하여 가지는 담보권을 실행하기 위하여 필요한 경우
3. 공제조합에 출자한 자가 자기 출자액을 회수하기 위하여 공제조합에 지분의 양수를 요구한 경우
4. 준비금의 출자전입(出資轉入) 시 단좌(端坐)가 발생한 경우
5. 조합원이 탈퇴한 후 2년이 지난 경우

② 공제조합이 제1항에 따라 지분을 취득한 때에는 지체 없이 다음 각 호의 조치를 이행하여야 한다.

1. 제1항제1호의 사유로 지분을 취득한 경우: 출자금의 감소절차
2. 제1항제2호부터 제5호까지의 사유로 지분을 취득한 경우: 다른 조합원 또는 조합원이 되고자 하는 자에게 처분. 다만, 처분되지 아니한 지분은 정관으로 정하는 바에 따라 출자금을 감소시킬 수 있다.

③ 조합원의 지분은 공제조합에 대한 채무의 담보로 제공되는 경우를 제외하고는 질권의 대상이 될 수 없다.

④ 공제조합은 제1항에 따라 지분을 취득한 경우 조합원 또는 조합원이었던 자에게 지급하여야 할 금액을 지체 없이 지급하여야 한다.

⑤ 제1항에 따라 공제조합이 지분을 취득한 경우 조합원 또는 조합원이었던 자가 가지는 청산금(淸算金) 청구권은 그 지분을 취득한 날부터 5년간 행사하지 아니하면 시효로 인하여 소멸한다.

[본조신설 2023. 3. 28.]

제68조의21 (재무건전성의 유지)

① 공제조합은 공제금 지급능력과 경영의 건전성을 확보하기 위하여 다음 각 호의 사항에 관하여

대통령령으로 정하는 재무건전성 기준을 지켜야 한다.

1. 자본의 적정성에 관한 사항
2. 자산의 건전성에 관한 사항
3. 유동성의 확보에 관한 사항

② 국토교통부장관은 공제조합이 제1항의 기준을 지키지 아니하여 경영의 건전성을 해칠 우려가 있다고 인정하면 대통령령으로 정하는 바에 따라 자본금의 증액을 명하거나 주식 등 위험자산의 소유를 제한하는 조치를 취할 수 있다.

[본조신설 2023. 3. 28.]

제68조의22 (공제조합 업무의 개선명령)

국토교통부장관은 공제조합의 업무 운영이 적정하지 아니하거나 자산상황이 불량하여 공제 가입자 및 자동차 매수인 등의 권익을 침해할 우려가 있다고 인정하면 다음 각 호의 조치를 명할 수 있다.

1. 업무집행 방법의 변경
2. 자산예탁기관의 변경
3. 자산의 장부가격의 변경
4. 불건전한 자산에 대한 적립금의 보유
5. 가치가 없다고 인정되는 자산의 손실 처리

[본조신설 2023. 3. 28.]

제68조의23 (공제조합 임직원에 대한 제재 등)

국토교통부장관은 공제조합의 임직원이 다음 각 호의 어느 하나에 해당하여 공제사업 등을 건전하게 운영하지 못하거나 자동차 매수인 등의 권익을 침해할 우려가 있다고 인정하면 임직원에 대한 징계·해임을 요구하거나 해당 위반행위를 시정하도록 명할 수 있다.

1. 제68조의18에 따른 보증규정 또는 공제규정을 위반하여 업무를 처리한 경우
2. 제68조의21에 따른 재무건전성 기준을 지키지 아니한 경우
3. 제68조의22에 따른 개선명령을 이행하지 아니한 경우

[본조신설 2023. 3. 28.]

제68조의24 (조사 및 검사 등)

① 국토교통부장관은 공제조합의 재무건전성 유지, 자동차 매수인 등의 권익 보호 등을 위하여 필요하다고 인정하면 공제조합에 대하여 그 업무에 관한 사항을 보고하게 하거나 자료의 제출을 명할 수 있으며, 소속 공무원으로 하여금 공제조합의 업무 상황 또는 회계 상황을 조사하게 하거나 장부 또는 그 밖의 서류를 검사하게 할 수 있다.

② 국토교통부장관은 제1항에 따른 조사나 검사를 하려면 조사 또는 검사 7일 전에 조사 또는 검사할

내용, 일시, 이유 등 조사 또는 검사 계획을 미리 공제조합에 알려야 한다. 다만, 긴급한 경우 또는 사전통지를 하면 증거인멸 등으로 조사목적을 달성할 수 없다고 인정하는 경우에는 그러하지 아니하다.

③ 제1항에 따라 조사 또는 검사를 하는 공무원은 그 권한을 표시하는 증표를 지니고 관계인에게 보여주어야 한다.

④ 국토교통부장관은 공제사업에 관하여 「금융위원회의 설치 등에 관한 법률」에 따른 금융감독원의 원장에게 조사 또는 검사를 요청할 수 있다.

⑤ 국토교통부장관은 제68조의17제1항제1호부터 제3호까지의 보증사업 및 공제사업의 건전한 육성과 계약자 보호를 위하여 금융위원회 위원장과 협의하여 감독에 필요한 기준을 정하여 고시하여야 한다.

[본조신설 2023. 3. 28.]

제68조의25 (다른 법률의 준용)

공제조합에 관하여는 이 법에서 규정한 사항을 제외하고는 「민법」 중 사단법인에 관한 규정과 「상법」 중 주식회사의 회계에 관한 규정을 준용한다.

[본조신설 2023. 3. 28.]

제8장 보칙 <개정 2009. 2. 6.>

제69조 (자동차관리업무의 전산 처리)

① 국토교통부장관은 자동차를 효율적으로 관리하기 위하여 필요한 경우에는 국토교통부령으로 정하는 바에 따라 전산정보처리조직을 이용하여 이 법에 규정된 업무를 처리할 수 있다. <개정 2013. 3. 23.>

② 제1항에 따른 전산정보처리조직에 의하여 처리된 자료(이하 "전산자료"라 한다)를 이용하려는 자는 대통령령으로 정하는 바에 따라 관계 중앙행정기관의 장의 심의를 거쳐 국토교통부장관의 승인을 받아야 한다. <개정 2013. 3. 23.>

③ 국토교통부장관은 제2항에 따른 승인 요청을 받으면 자동차관리업무를 효율적으로 수행하는 데 지장이 없고, 자동차 소유자 등의 사생활의 비밀과 자유를 침해하지 아니한다고 인정되는 경우에만 이를 승인할 수 있다. 이 경우 국토교통부장관은 그 용도를 제한하여 승인할 수 있다. <개정 2013. 3. 23.>

④ 제2항과 제3항에 따른 전산 자료의 이용 대상 범위와 심의 및 승인 기준 등에 관하여 필요한 사항은 국토교통부령으로 정한다. <개정 2013. 3. 23.>

[전문개정 2009. 2. 6.]

제69조의2 (자동차이력관리 정보의 제공)

① 국토교통부장관은 자동차의 제작, 등록, 검사, 정비 및 폐차 등 자동차관련 통합이력(이하 “자동차이력관리 정보”라 한다)을 자동차소유자 등에게 제공할 수 있다.

② 제1항에 따라 자동차이력관리 정보를 제공받으려는 자는 「민원 처리에 관한 법률」 제12조의2제2항에 따른 전자민원창구를 이용하여 국토교통부령으로 정하는 바에 따라 국토교통부장관에게 정보 제공을 신청하여야 한다. <개정 2022. 1. 11.>

③ 국토교통부장관은 제2항에 따라 자동차소유자 외의 자에게 정보를 제공할 때에는 자동차소유자의 동의 등 개인정보 보호를 위한 조치를 하여야 한다.

④ 제3항에 따른 개인정보 보호 조치에 필요한 사항, 제공 가능 정보의 내용, 제공 대상 및 제공 방법 등은 대통령령으로 정한다.

[본조신설 2015. 1. 6.]

제69조의3 (자동차정비 전문인력의 육성 및 관리)

① 국토교통부장관 또는 시 · 도지사는 자동차정비 분야의 전문적인 기술 또는 기능을 보유한 인력(이하 “정비전문인력”이라 한다)의 육성 및 관리를 위한 시책을 수립 · 추진할 수 있다.

② 제1항에 따라 수립하는 시책에는 다음 각 호의 사항이 포함되어야 한다.

1. 정비전문인력의 수급 및 활용에 관한 사항
2. 정비전문인력의 육성 및 교육훈련에 관한 사항
3. 정비전문인력의 경력관리와 경력인증에 관한 사항
4. 그 밖에 정비전문인력의 육성 및 관리에 필요한 사항으로서 대통령령으로 정하는 사항

③ 국토교통부장관 또는 시 · 도지사는 제1항에 따른 시책을 추진할 때 필요한 경우에는 대통령령으로 정하는 바에 따라 정비전문인력 관련 단체 · 조합등 및 대학 등을 지원할 수 있다.

④ 제1항부터 제3항까지의 규정에 따른 정비전문인력의 육성 및 관리와 지원에 필요한 사항은 대통령령으로 정한다.

[본조신설 2019. 11. 26.]

제69조의4 (자동차 인터넷 표시 · 광고의 모니터링)

① 국토교통부장관은 인터넷을 통하여 이루어지는 자동차에 대한 표시 · 광고가 제57조제3항제2호, 제57조의2제2항 및 제58조제4항을 준수하는지 여부를 모니터링할 수 있다. <개정 2022. 11. 15.>

② 국토교통부장관은 제1항에 따른 모니터링을 위하여 필요한 때에는 정보통신서비스 제공자(「정보통신망 이용촉진 및 정보보호 등에 관한 법률」 제2조제1항제3호에 따른 정보통신서비스 제공자를 말한다. 이하 이 조에서 같다)에게 관련 자료의 제출을 요구할 수 있다. 이 경우 관련 자료의 제출을 요구받은 정보통신서비스 제공자는 정당한 사유가 없으면 이에 따라야 한다.

③ 국토교통부장관은 제1항에 따른 모니터링 결과에 따라 정보통신서비스 제공자에게 이 법 위반이

의심되는 표시 · 광고에 대한 확인 또는 추가정보의 게재 등 필요한 조치를 요구할 수 있다. 이 경우 필요한 조치를 요구받은 정보통신서비스 제공자는 정당한 사유가 없으면 이에 따라야 한다.

④ 국토교통부장관은 제1항에 따른 모니터링 업무를 대통령령으로 정하는 기관에 위탁할 수 있다.

⑤ 국토교통부장관은 제4항에 따른 업무위탁기관에 예산의 범위에서 위탁업무 수행에 필요한 비용을 지원할 수 있다.

⑥ 제1항에 따른 모니터링의 내용, 방법 및 절차 등에 필요한 사항은 국토교통부령으로 정한다.

[본조신설 2022. 6. 10.]

제70조 (자동차관리의 특례)

① 다음 각 호의 자동차에 대한 등록(이륜자동차의 경우에는 사용신고를 말한다) · 자동차자기인증 · 부품자기인증 · 점검 · 정비 · 검사 · 폐차 · 등록번호판(이륜자동차의 경우에는 이륜자동차번호판을 말한다)에 관하여는 이 법의 규정에도 불구하고 국토교통부령으로 정하는 바에 따른다. <개정 2013. 3. 23., 2024. 2. 20., 2024. 3. 19.>

1. 대한민국 주재 외교관이 소유하는 자동차
2. 대한민국 주재 미합중국 군대의 구성원 · 군무원 또는 그들의 가족이 사적 용도로 사용하는 자동차
3. 국제연합 또는 이에 준하는 국제기구의 직원이 소유하는 자동차
4. 도로교통에 관한 협약의 당사국 국민(내국인은 제외한다)이 소유하는 자동차 중국내에서 운행하는 자동차 및 우리나라에 등록된 자동차 중 도로교통에 관한 협약의 당사국(우리나라는 제외한다)에서 운행하는 자동차
5. 「관세법」에 따라 다시 수출할 것을 조건으로 일시 수입되는 자동차
6. 국가 안보 및 치안 유지를 위하여 특히 필요하다고 인정하여 국토교통부령으로 정하는 자동차
7. 도로(「도로법」에 따른 도로와 그 밖에 일반 교통에 사용하는 구역을 말한다) 외의 장소에서만 사용하는 자동차
8. 수출용으로 제작 · 조립한 자동차

② 「자율주행자동차 상용화 촉진 및 지원에 관한 법률」 제40조에 따른 성능인증을 받으려는 자율주행자동차의 자동차자기인증 및 같은 법 제41조에 따른 적합성 승인을 받은 자율주행자동차의 점검 · 정비 · 검사에 대한 사항은 따로 법률로 정한다. <신설 2024. 3. 19.>

[전문개정 2009. 2. 6.]

제71조 (부정사용 금지 등)

① 누구든지 이 법에 따른 자동차등록증, 폐차사실 증명서류, 등록번호판, 임시운행허가증, 임시운행허가번호판, 자동차자기인증표시, 부품자기인증표시, 내압용기검사 각인 또는 표시, 내압용기재검사 각인 또는 표시, 신규검사증명서, 이륜자동차번호판, 차대표기 및 원동기형식 표기를 위조 · 변조

또는 부정사용하거나 위조 또는 변조한 것을 매매, 매매 알선, 수수(收受) 또는 사용하여서는 아니 된다. <개정 2011. 5. 24.>

② 누구든지 자동차의 주행거리를 변경하여서는 아니 된다. 다만, 고장 또는 파손 등 대통령령으로 정하는 불가피한 사유로 변경하는 경우에는 그러하지 아니하다.

[전문개정 2009. 2. 6.]

제72조 (보고 · 검사)

① 국토교통부장관, 환경부장관(종합검사 및 이륜자동차검사와 관련된 업무에만 해당한다), 시 · 도지사, 시장 · 군수 · 구청장은 자동차의 관리업무를 위하여 필요하다고 인정하면 다음 각 호의 자에게 그 관리 또는 업무에 관한 보고를 하게 할 수 있다. <개정 2011. 5. 24., 2013. 3. 23., 2017. 10. 24., 2018. 6. 12., 2022. 11. 15., 2023. 8. 16., 2023. 9. 14., 2024. 1. 30.>

1. 자동차사용자
2. 등록번호판발급대행자
3. 제22조(제52조에서 준용하는 경우를 포함한다)에 따라 자동차의 차대번호 및 원동기형식을 표기하는 자
4. 자동차제작자등
5. 부품제작자등

5의2. 내압용기제조자등

6. 기계 · 기구제작자등
7. 자동차검사대행자
8. 종합검사대행자
9. 지정정비사업자
10. 종합검사지정정비사업자
11. 택시미터전문검정기관

11의2. 이륜자동차검사대행자

11의3. 이륜자동차지정정비사업자

12. 자동차관리사업자

12의2. 제64조의2제2항에 따라 지정된 전문교육기관

13. 대체부품인증기관

13의2. 튜닝부품인증기관

14. 온라인 자동차 매매정보제공자
15. 제77조제8항에 따라 자동차의 튜닝 승인에 관한 권한을 위탁받은 자
16. 자동차성능 · 상태점검자

② 국토교통부장관, 환경부장관(종합검사 및 이륜자동차검사와 관련된 업무에만 해당한다), 시 · 도지

사, 시장 · 군수 · 구청장은 필요하다고 인정하면 소속 공무원으로 하여금 제1항 각 호의 자의 시설 · 장비 · 자동차 · 사업장 또는 사무소에 출입하여 관련 자동차 · 장부 · 서류 또는 그 밖의 물건을 검사하거나 관계인에게 질문하게 할 수 있다. 이 경우 환경부장관은 종합검사 또는 이륜자동차검사를 시행하는 자에 대한 출입 · 검사가 합동으로 실시되도록 하여야 한다. <개정 2013. 3. 23., 2023. 9. 14.>

③ 제2항에 따라 검사할 때에는 검사 7일 전까지 검사 일시, 검사 목적 및 검사 내용 등을 기재한 검사 계획을 검사대상자에게 알려야 한다. 다만, 긴급히 검사해야 하거나 사전에 검사 계획이 알려지면 검사 목적을 달성할 수 없다고 인정되는 경우에는 사전에 알리지 아니할 수 있으며, 검사 후 즉시 사후결과보고서를 작성하여야 한다.

④ 제2항에 따라 출입 · 검사를 하는 공무원은 그 권한을 표시하는 증표를 지니고 이를 관계인에게 내보여야 한다.

[전문개정 2009. 2. 6.]

제72조의2 (자료의 요청)

① 국토교통부장관 또는 시 · 도지사(제77조제1항부터 제4항까지 및 제9항에 따라 그 권한을 위임 · 재위임 또는 위탁받은 자를 포함한다)는 자동차(이륜자동차 포함) 검사 및 관리업무의 효율적인 운영을 위하여 필요하면 국가기관, 지방자치단체, 「공공기관의 운영에 관한 법률」에 따른 공공기관, 「보험업법」에 따른 보험회사 및 보험료율 산출기관, 그 밖의 관계 기관 등에게 필요한 자료의 제출을 요청할 수 있다.

② 제1항에 따라 자료의 제공을 요청받은 자는 정당한 사유가 없으면 요청받은 자료를 제공하여야 한다.

[본조신설 2015. 8. 11.]

제73조 (위반행위에 대한 금지조치 등)

① 국토교통부장관, 시 · 도지사, 시장 · 군수 · 구청장은 다음 각 호의 어느 하나에 해당하는 위반행위가 있을 때에는 관계 공무원으로 하여금 그 위반행위의 금지를 명하게 하거나 그에 사용된 기기 또는 시설물의 조사 · 확인이나 그 밖의 필요한 처분(이하 "단속"이라 한다)을 하게 할 수 있다. <개정 2012. 12. 18., 2013. 3. 23., 2017. 12. 26., 2022. 11. 15., 2023. 9. 14., 2024. 2. 13.>

1. 제35조제1항(제52조에서 준용하는 경우를 포함한다)을 위반하여 자동차에서 장치를 무단으로 해체하거나 조작하는 경우

1의2. 제35조제2항을 위반하여 자동차의 안전한 운행에 영향을 줄 수 있는 소프트웨어를 임의로 변경, 설치, 추가 또는 삭제하는 경우

2. 제36조를 위반하여 자동차를 정비하는 경우

3. 제53조제1항을 위반하여 등록하지 아니하고 자동차관리사업을 하는 경우

4. 제58조제2항을 위반하여 신고하지 아니하고 자동차성능 · 상태점검을 하는 경우

② 제1항에 따라 관계 공무원이 단속을 한 경우에는 즉시 단속을 받은 자에게 단속 내용을 적은 문서를 발급하여야 한다.

③ 국토교통부장관, 시 · 도지사, 시장 · 군수 · 구청장은 제1항에 따른 단속을 할 때 필요하면 제67조에 따른 조합등과 제68조에 따른 연합회에 협조를 요청할 수 있다. <개정 2013. 3. 23.>

④ 제1항에 따라 단속을 하는 관계 공무원에 관하여는 제72조제4항을 준용한다.

[전문개정 2009. 2. 6.]

제73조의2 (자동차안전기준 적합 여부에 대한 조사)

① 국토교통부장관은 제29조제1항을 위반하여 자동차안전기준에 적합하지 아니한 자동차를 운행하는지 여부를 확인하기 위하여 관계 공무원 또는 자동차안전단속원(교통안전공단의 임직원 중에서 자동차안전 관리 업무를 담당하는 사람을 말한다. 이하 같다)으로 하여금 운행 중인 자동차를 조사하게 할 수 있다.

② 운행 중인 자동차의 소유자나 운전자는 정당한 사유 없이 제1항에 따른 조사를 거부 · 방해 또는 기피하여서는 아니 된다.

③ 제1항에 따라 조사를 하는 관계 공무원 또는 자동차안전단속원에 관하여는 제72조제4항을 준용한다.

[본조신설 2017. 12. 26.]

제74조 (과징금의 부과)

① 국토교통부장관, 시 · 도지사, 시장 · 군수 · 구청장은 제21조, 제45조의3제1항, 제47조제5항, 제51조의4제1항 또는 제66조제1항에 해당되어 해당 등록번호판발급대행자, 자동차검사대행자, 종합검사대행자, 택시미터전문검정기관, 이륜자동차검사대행자, 이륜자동차지정정비사업자 또는 자동차관리사업자에 대한 업무 또는 사업정지처분(이하 "정지처분"이라 한다)을 하여야 하는 경우로서 그 정지처분이 일반 이용자 등에게 심한 불편을 주거나 그 밖에 공익을 해칠 우려가 있을 때에는 대통령령으로 정하는 바에 따라 정지처분을 갈음하여 1천만원 이하의 과징금을 부과할 수 있다. 다만, 종합검사와 관련된 종합검사대행자의 정지처분을 갈음하는 경우에는 5천만원 이하의 과징금을 부과할 수 있다. <개정 2013. 3. 23., 2023. 9. 14.>

② 국토교통부장관은 다음 각 호의 어느 하나에 해당하는 자에게 그 자동차 또는 자동차부품 매출액의 100분의 3을 초과하지 아니하는 범위에서 과징금을 부과할 수 있다. <신설 2020. 2. 4., 2024. 2. 13.>

1. 제31조제1항(제52조에서 준용하는 경우를 포함한다)을 위반하여 결함을 은폐, 축소 또는 거짓으로 공개하거나 결함을 안 날부터 지체 없이 시정하지 아니한 자
2. 제34조의6제4항에 따른 시정명령을 이행하지 아니한 자

③ 국토교통부장관은 다음 각 호의 어느 하나에 해당하는 자에게 그 자동차 또는 자동차부품 매출액의 100분의 2(100억원을 초과하는 경우에는 100억원으로 한다)를 초과하지 아니하는 범위에서 과징금을 부과할 수 있다. <개정 2011. 5. 24., 2013. 3. 23., 2015. 12. 29., 2020. 2. 4., 2021. 4. 13., 2024. 2. 13.>

1. 제30조제1항(제52조에서 준용하는 경우를 포함한다)을 위반하여 자동차안전기준에 적합하지 아니한 자동차를 판매한 자
2. 제30조의2제1항(제52조에서 준용하는 경우를 포함한다)을 위반하여 부품안전기준에 적합하지 아니한 자동차부품을 판매한 자
3. 삭제 <2020. 2. 4.>
4. 삭제 <2020. 2. 4.>
5. 제31조의4제1항(제52조에서 준용하는 경우를 포함한다)을 위반하여 결함을 시정하지 아니한 자동차 또는 자동차부품을 판매한 자(제1호 또는 제2호에 해당되는 경우는 제외한다)
6. 제34조의5제1항제1호부터 제3호까지를 위반하여 준수사항을 이행하지 아니하고 업데이트를 실시한 자

④ 국토교통부장관은 제35조의6제1항을 위반하여 내압용기검사에 합격하지 아니한 내압용기를 판매한 자에게 그 내압용기 매출액의 100분의 1(100억원을 초과하는 경우에는 100억원으로 한다)을 초과하지 아니하는 범위에서 과징금을 부과할 수 있다. <신설 2020. 2. 4.>

⑤ 제1항부터 제4항까지의 규정에 따라 과징금을 부과하는 위반행위의 종류, 위반 정도 등에 따른 과징금의 금액, 그 밖에 필요한 사항은 대통령령으로 정한다. <개정 2020. 2. 4.>

⑥ 국토교통부장관, 시ㆍ도지사, 시장ㆍ군수ㆍ구청장은 제1항부터 제4항까지의 규정에 따른 과징금을 내야 할 자가 납부 기한까지 과징금을 내지 아니하면 대통령령으로 정하는 바에 따라 국세 체납처분의 예 또는 「지방행정제재ㆍ부과금의 징수 등에 관한 법률」에 따라 징수한다. <개정 2013. 3. 23., 2013. 8. 6., 2020. 2. 4., 2020. 3. 24.>

[전문개정 2009. 2. 6.]

제74조의2 (손해배상)

① 제31조제1항에 따른 결함으로 발생한 생명, 신체 및 재산상의 손해(해당 자동차 또는 자동차부품에 대하여만 발생한 손해는 제외한다)에 대하여는 자동차제작자 등이나 부품제작자 등이 손해배상의 책임이 있다. <개정 2020. 2. 4.>

② 제1항에도 불구하고 자동차제작자 등이나 부품제작자 등이 결함을 알면서도 이를 은폐ㆍ축소 또는 거짓으로 공개하거나 제31조제1항에 따라 지체 없이 시정하지 아니하여 생명, 신체 및 재산에 중대한 손해를 입은 자가 있는 경우에는 그 자에게 발생한 손해의 5배를 넘지 아니하는 범위에서 배상책임을 진다. <신설 2020. 2. 4.>

③ 제1항 또는 제2항의 손해를 입은 자가 다음 각 호의 사실을 증명한 경우에는 해당 자동차 또는

자동차부품에 제31조제1항에 따른 결함이 있었고, 그 결함으로 인하여 손해가 발생한 것으로 추정한다. <신설 2020. 2. 4.>

1. 해당 자동차나 자동차부품이 정상적으로 사용되는 상태에서 제1항 및 제2항의 손해가 발생하였다는 사실
2. 제1호의 손해가 자동차제작자 등이나 부품제작자 등의 실질적인 지배영역에 속한 원인으로부터 초래되었다는 사실
3. 제1호의 손해가 해당 자동차나 자동차부품의 결함 없이는 통상적으로 발생하지 아니한다는 사실

④ 법원은 제2항의 배상액을 정할 때에는 다음 각 호의 사항을 고려하여야 한다. <신설 2020. 2. 4.>

1. 고의성의 정도
2. 해당 결함으로 인하여 발생한 손해의 정도
3. 해당 자동차나 자동차부품을 판매하여 취득한 경제적 이익
4. 해당 결함으로 인하여 자동차제작자 등이나 부품제작자 등이 형사처벌 또는 행정처분을 받은 경우 그 형사처벌 또는 행정처분의 정도
5. 해당 자동차나 자동차부품의 공급이 지속된 기간 및 공급규모
6. 자동차제작자 등이나 부품제작자 등의 재산상태
7. 자동차제작자 등이나 부품제작자 등이 피해구제를 위하여 노력한 정도

⑤ 제1항 또는 제2항에 따라 손해배상청구의 소를 제기한 자는 성능시험대행자에게 제30조의3제2항, 제31조제4항 및 제31조의3제1항에 따른 조사에 대한 정보를 제공하여 줄 것을 요청할 수 있다. 이 경우 성능시험대행자는 정당한 사유가 없으면 이에 응하여야 한다. <신설 2020. 2. 4.>

⑥ 제1항 또는 제2항에 따라 손해배상청구의 소가 제기된 때에는 법원은 필요한 경우 성능시험대행자에 대하여 제30조의3제2항, 제31조제4항 및 제31조의3제1항에 따른 조사 결과의 송부를 요구할 수 있다. <신설 2020. 2. 4.>

⑦ 연대책임, 면책특약의 제한에 관하여는 「제조물 책임법」 제5조 및 제6조를 준용한다. <신설 2020. 2. 4.>

[본조신설 2015. 12. 29.]

제75조 (청문)

국토교통부장관, 시ㆍ도지사, 시장ㆍ군수ㆍ구청장은 다음 각 호의 어느 하나에 해당하는 처분을 하려면 청문을 하여야 한다. <개정 2011. 5. 24., 2013. 3. 23., 2015. 12. 29., 2017. 10. 24., 2020. 2. 4., 2022. 11. 15., 2023. 8. 16., 2023. 9. 14., 2024. 2. 13.>

1. 제21조, 제30조의6제1항, 제45조의3제1항, 제47조제5항 및 제51조의4제1항에 따른 지정취소
2. 제30조제6항 또는 제30조의2제4항에 따른 등록의 취소
3. 제30조의3제1항(제52조에서 준용하는 경우를 포함한다)에 따른 제작ㆍ조립ㆍ수입 또는 판매의

중지명령
3의2. 제30조의7제4항(제52조에서 준용하는 경우를 포함한다)에 따른 안전성인증의 취소
3의3. 제30조의7제4항(제52조에서 준용하는 경우를 포함한다)에 따른 제작 · 조립 · 수입 또는 판매의 중지명령
3의4. 제30조의11제1항에 따른 자동차 사이버보안 관리체계 인증의 취소 또는 효력의 정지
4. 제31조제3항 본문(제52조에서 준용하는 경우를 포함한다)에 따른 자동차 또는 자동차부품의 결함에 대한 시정명령
5. 제32조제2항에 따른 인증의 취소
5의2. 제34조의6제4항에 따른 업데이트에 대한 시정명령
5의3. 제35조의9제1항에 따른 제조 · 수입 또는 판매의 중지명령(제35조의9제1항제2호 중 제35조의10제3항의 경우는 제외한다)
5의4. 제35조의10제2항에 따른 내압용기 회수 등의 명령
6. 제54조제2항(제65조의2제6항에서 준용하는 경우를 포함한다) 및 제66조에 따른 등록취소
6의2. 제66조제5항에 따른 사업장의 폐쇄
7. 제74조제2항부터 제4항까지의 규정에 따른 과징금의 부과
[전문개정 2009. 2. 6.]

제76조 (수수료)

다음 각 호의 어느 하나에 해당하는 자는 국토교통부령(종합검사지정정비사업자 및 이륜자동차지정정비사업자 지정신청 또는 종합검사 및 이륜자동차검사의 신청의 경우에는 공동부령을 말한다)으로 정하는 바에 따라 국토교통부장관, 시 · 도지사, 시장 · 군수 · 구청장, 성능시험대행자에게 수수료를 내야 한다. 다만, 국토교통부장관, 시 · 도지사 또는 시장 · 군수 · 구청장이 제30조제3항(제52조에서 준용하는 경우를 포함한다)에 따른 자동차의 기술검토 및 안전검사, 제30조의8제1항(제52조에서 준용하는 경우를 포함한다)에 따른 안전성능시험, 제30조의8제3항(제52조에서 준용하는 경우를 포함한다)에 따른 안전성능시험시설 및 안전성능시험의 확인, 제30조의8제4항(제52조에서 준용하는 경우를 포함한다)에 따른 적합성검사, 제30조의9제5항 각 호에 따른 자동차 사이버보안 관리체계 인증 등에 관한 업무, 제32조제3항(제52조에서 준용하는 경우를 포함한다)에 따른 자동차의 부품 또는 장치의 성능시험, 제34조의5제3항에 따른 자료 확인, 제35조의6제1항에 따른 내압용기검사, 제35조의7제1항에 따른 내압용기장착검사, 제35조의8에 따른 내압용기재검사, 제44조제1항에 따른 자동차검사, 제44조의2제1항에 따른 종합검사, 제45조제1항에 따른 정기검사, 제45조의2제1항에 따른 종합검사, 제47조제2항에 따른 택시미터의 검정, 제51조의2제1항에 따른 이륜자동차검사, 제51조의3제1항에 따른 이륜자동차 정기검사, 제77조제6항에 따른 압류의 해제에 필요한 사무의 대행에 관한 업무, 자기인증의 면제, 기계 · 기구의 정밀도검사 및 자동차이력관리 정보의 제공, 제77조제7항에 따른 전자적 방법(「전자정부법」에 따른 전자문서와 전자화문서를 포함한다. 이하 같다)으로 신청받은 등록에 관한

사무, 제77조제8항에 따른 자동차 튜닝에 관한 승인, 제77조제10항에 따른 전산정보처리조직의 설치 · 운영에 관한 업무를 대행 또는 위탁한 경우에는 그 업무를 대행 또는 위탁받은 자가 정하는 수수료를 그 대행 또는 위탁받은 자에게 내야 한다. <개정 2011. 5. 24., 2013. 3. 23., 2014. 1. 7., 2015. 1. 6., 2023. 8. 16., 2023. 9. 14., 2024. 2. 13., 2024. 2. 20.>

1. 제7조제4항에 따라 등록원부의 열람이나 그 등본 또는 초본의 발급을 신청하는 자
2. 제8조제1항, 제11조제1항, 제12조제1항 및 제13조제1항에 따라 등록 신청을 하는 자

2의2. 제14조의2에 따라 압류해제에 필요한 사무의 처리를 요청한 자 및 압류등록을 해제하려는 자

3. 제18조제2항에 따라 자동차등록증의 재발급을 신청하는 자
4. 제19조 및 제49조에 따라 등록번호판 또는 이륜자동차번호판의 발급을 받는 자
5. 제20조, 제44조, 제44조의2, 제45조, 제45조의2, 제47조, 제51조의2 또는 제51조의3에 따라 등록번호판발급대행자, 자동차검사대행자, 종합검사대행자, 지정정비사업자, 종합검사지정정비사업자, 택시미터전문검정기관, 이륜자동차검사대행자 또는 이륜자동차지정정비사업자의 지정을 신청하는 자
6. 제27조에 따라 자동차의 임시운행허가를 신청하는 자
7. 제30조제3항(제52조에서 준용하는 경우를 포함한다)에 따라 자동차의 기술검토 및 안전검사를 신청하는 자
8. 제30조의4(제52조에서 준용하는 경우를 포함한다)에 따라 자기인증의 면제를 신청하는 자

8의2. 제30조의8제1항(제52조에서 준용하는 경우를 포함한다)에 따른 안전성능시험을 신청하는 자

8의3. 제30조의8제3항(제52조에서 준용하는 경우를 포함한다)에 따른 안전성능시험시설 및 안전성능시험의 확인을 받는 자

8의4. 제30조의8제4항(제52조에서 준용하는 경우를 포함한다)에 따른 적합성검사를 받는 자

8의5. 제30조의9제1항에 따라 자동차 사이버보안 관리체계 인증을 신청하는 자

8의6. 제30조의9제2항에 따라 변경인증을 신청하는 자

9. 제32조(제52조에서 준용하는 경우를 포함한다)에 따라 자동차에 사용되는 부품 또는 장치의 성능시험을 받는 자
10. 제34조(제52조에서 준용하는 경우를 포함한다)에 따라 자동차 또는 이륜자동차의 튜닝 승인을 신청하는 자

10의2. 제34조의5제3항에 따른 자료 확인을 신청하는 자

10의3. 제35조의6제1항에 따라 내압용기검사를 신청하는 자

10의4. 제35조의7제1항에 따라 내압용기장착검사를 신청하는 자

10의5. 제35조의8제1항에 따라 내압용기재검사를 신청하는 자

11. 제40조에 따라 기계 · 기구의 정밀도검사를 신청하는 자
12. 제43조 또는 제43조의2에 따라 자동차검사 또는 종합검사를 신청하는 자
13. 제47조에 따라 택시미터의 검정을 신청하는 자

13의2. 제51조에 따라 이륜자동차검사를 신청하는 자

14. 제53조에 따라 자동차관리사업의 등록 또는 변경 등록을 신청하는 자
15. 제55조제1항 및 제2항에 따라 자동차관리사업의 양도 · 양수 또는 합병의 신고를 하는 자
16. 제60조제1항에 따라 경매장 개설의 승인을 신청하는 자
17. 제69조제2항에 따라 전산자료의 이용을 신청하는 자
18. 제69조의2제2항에 따라 자동차이력관리 정보 제공을 신청하는 자

[전문개정 2009. 2. 6.]

제77조 (권한의 위임 및 위탁)

① 이 법에 따른 국토교통부장관의 권한은 대통령령으로 정하는 바에 따라 그 일부를 시 · 도지사에게 위임할 수 있다. <개정 2013. 3. 23.>

② 이 법에 따라 국토교통부장관 및 환경부장관이 공동으로 실시하는 종합검사 및 이륜자동차검사에 관한 권한은 대통령령으로 정하는 바에 따라 그 일부를 시 · 도지사에게 위임할 수 있다. <개정 2013. 3. 23., 2023. 9. 14.>

③ 시 · 도지사는 제1항 또는 제2항에 따라 위임받은 권한의 일부를 국토교통부장관(제2항의 경우에는 국토교통부장관 및 환경부장관을 말한다)의 승인을 받아 시장 · 군수 · 구청장(특별자치도지사는 제외한다)에게 재위임할 수 있다. <개정 2013. 3. 23.>

④ 이 법에 따른 시 · 도지사의 권한은 대통령령으로 정하는 바에 따라 그 일부를 시장 · 군수 · 구청장(특별자치도지사는 제외한다)에게 위임할 수 있다. <개정 2020. 6. 9.>

⑤ 국토교통부장관은 다음 각 호의 업무를 대통령령으로 정하는 바에 따라 자동차검사대행자 또는 이륜자동차검사대행자에게 위탁할 수 있다. <개정 2013. 3. 23., 2023. 9. 14.>

1. 제23조제1항 단서(제52조에서 준용하는 경우를 포함한다)에 따른 표기를 지우는 행위 등의 인정에 관한 업무
2. 제23조제2항(제52조에서 준용하는 경우를 포함한다)에 따른 표기를 지우거나 표기를 받을 것을 명하는 것에 관한 업무

⑥ 국토교통부장관은 다음 각 호의 업무를 대통령령으로 정하는 바에 따라 한국교통안전공단에 위탁할 수 있다. <개정 2013. 3. 23., 2015. 1. 6., 2017. 10. 24., 2020. 4. 7., 2023. 9. 14.>

1. 제14조의2제1항에 따른 압류해제에 필요한 사무의 대행에 관한 업무
2. 제30조의4(제52조에서 준용하는 경우를 포함한다)에 따른 자기인증의 면제에 관한 업무

2의2. 제34조의2제1항제1호(제52조에서 준용하는 경우를 포함한다)에 따른 자동차 튜닝의 안전성 조사 · 연구 및 장비개발에 관한 업무

2의3. 제34조의2제1항제1호의2(제52조에서 준용하는 경우를 포함한다)에 따른 자동차 튜닝전문인력의 양성 및 튜닝 관련 교육프로그램의 개발 · 보급 업무

3. 제40조제1항(제47조제4항에서 준용하는 경우를 포함한다)에 따른 기계 · 기구의 정밀도 검사에 관한 업무

4. 제69조의2제1항에 따른 자동차이력관리 정보의 제공에 관한 업무

⑦ 시 · 도지사는 제69조에 따른 전산정보처리조직을 이용하여 전자적 방법으로 신청받은 제7조부터 제8조까지, 제9조부터 제12조까지, 제12조의2. 제13조, 제14조, 제14조의3, 제16조 및 제27조의 등록에 관한 사무를 대통령령으로 정하는 바에 따라 한국교통안전공단에 위탁할 수 있다. <신설 2015. 1. 6., 2017. 10. 24.>

⑧ 시장 · 군수 · 구청장은 제34조(제52조에서 준용하는 경우를 포함한다)에 따른 승인에 관한 권한, 제59조제1항 및 제64조제1항에 따른 신고의 수리에 관한 권한을 대통령령으로 정하는 바에 따라 한국교통안전공단, 조합등 또는 제68조에 따른 연합회에 위탁할 수 있다. <개정 2015. 1. 6., 2017. 10. 24.>

⑨ 시장 · 군수 · 구청장의 권한 중 이륜자동차에 관한 사무는읍장 · 면장 · 동장 또는 출장소장에게 위임할 수 있다. <개정 2015. 1. 6.>

⑩ 국토교통부장관은 제69조에 따른 전산정보처리조직의 설치 · 운영에 관한 권한을 대통령령으로 정하는 바에 따라 한국교통안전공단에 위탁할 수 있다. <개정 2013. 3. 23., 2015. 1. 6., 2017. 10. 24.>

⑪ 국토교통부장관은 다음 각 호의 업무를 대통령령으로 정하는 바에 따라 「고압가스 안전관리법」 제28조에 따른 한국가스안전공사에 위탁할 수 있다. <신설 2011. 5. 24., 2013. 3. 23., 2015. 1. 6.>

1. 제35조의6제1항에 따른 내압용기검사에 관한 업무
2. 제35조의6제2항에 따른 내압용기 파기에 관한 업무
3. 제35조의6제3항에 따른 내압용기에 대한 각인 또는 표시에 관한 업무

⑫ 국토교통부장관은 제33조의4에 따른 자동차결함정보시스템의 구축 · 운영에 관한 권한을 대통령령으로 정하는 바에 따라 성능시험대행자에게 위탁할 수 있다. <신설 2020. 2. 4.>

[전문개정 2009. 2. 6.]

제77조의2 (벌칙 적용에서 공무원 의제)

다음 각 호의 어느 하나에 해당하는 업무에 종사하는 자는 「형법」 제129조부터 제132조까지를 적용할 때에는 공무원으로 본다. <개정 2011. 5. 24., 2015. 1. 6., 2017. 10. 24., 2017. 12. 26., 2020. 2. 4., 2023. 8. 16., 2023. 9. 14., 2024. 2. 13.>

1. 제20조제1항(제52조에서 준용하는 경우를 포함한다)에 따른 등록번호판발급 등의 대행업무
2. 제30조제3항(제52조에서 준용하는 경우를 포함한다)에 따른 자기인증능력 요건의 충족여부에 대한 기술검토 및 안전검사 업무

2의2. 제30조의3제2항(제52조에서 준용하는 경우를 포함한다), 제31조제4항 · 제9항(제52조에서 준용하는 경우를 포함한다)에 따른 조사 업무

2의3. 제31조의3제1항(제52조에서 준용하는 경우를 포함한다)에 따른 사고조사 업무

2의4. 제30조의8제2항(제52조에서 준용하는 경우를 포함한다)에 따른 안전성능시험 업무

2의5. 제30조의8제3항(제52조에서 준용하는 경우를 포함한다)에 따른 안전성능시험시설 및 안전성능시험의 확인 업무

2의6. 제30조의8제4항(제52조에서 준용하는 경우를 포함한다)에 따른 적합성검사 업무
2의7. 제30조의9제5항 각 호에 따른 자동차 사이버보안 관리체계 인증 등에 관한 업무
3. 제32조제3항(제52조에서 준용하는 경우를 포함한다)에 따른 성능시험대행업무
3의2. 제35조의6에 따른 내압용기검사업무
3의3. 제35조의7에 따른 내압용기장착검사업무
3의4. 35조의8에 따른 내압용기재검사업무
4. 제44조와 제44조의2에 따른 자동차검사대행업무와 종합검사대행업무
5. 제45조에 따른 정기검사업무
6. 제45조의2에 따른 종합검사업무
7. 제47조에 따른 택시미터검정대행업무
7의2. 제47조의7제2항에 따른 자동차안전 · 하자심의위원회의 업무 또는 제47조의12제1항에 따른 자동차안전 · 하자심의위원회의 운영 및 사무처리 업무
7의3. 제51조의2에 따른 이륜자동차검사대행업무
7의4. 제51조의3에 따른 이륜자동차 정기검사 업무
8. 제73조의2에 따른 자동차안전기준 적합 여부에 대한 조사업무
9. 제77조제5항부터 제8항까지의 규정에 따라 위탁받은 업무
[전문개정 2009. 2. 6.]
[제목개정 2017. 12. 26.]

제77조의3 (규제의 재검토)

① 정부는 자동차에 자기인증 표시를 하도록 한 제30조제4항에 대하여 2008년 12월 31일을 기준으로 매 4년이 되는 시점마다 자기인증 표시의 폐지, 완화 또는 유지 등의 타당성을 검토하여야 한다.
② 정부는 자동차사업장의 전부 또는 일부를 다른 사람에게 임대하거나 점용할 수 없도록 하는 제57조제1항제2호에 대하여 2008년 12월 31일을 기준으로 매 4년이 되는 시점마다 금지행위의 폐지, 완화 또는 유지 등의 타당성을 검토하여야 한다.
[본조신설 2011. 5. 24.]

제9장 벌칙 <개정 2009. 2. 6.>

제78조 (벌칙)

다음 각 호의 어느 하나에 해당하는 자는 10년 이하의 징역 또는 1억원 이하의 벌금에 처한다. <개정 2011. 5. 24., 2015. 1. 6., 2015. 12. 29.>

1. 제31조제1항(제52조에서 준용하는 경우를 포함한다)을 위반하여 결함을 은폐 · 축소 또는 거짓으로 공개하거나 결함사실을 안 날부터 지체 없이 그 결함을 시정하지 아니한 자
2. 제71조제1항을 위반하여 자동차등록증 등을 위조 · 변조한 자 또는 부정사용한 자와 위조 · 변조된 것을 매매, 매매 알선, 수수(收受) 또는 사용한 자

[전문개정 2009. 2. 6.]

제78조의2 (벌칙)

다음 각 호의 어느 하나에 해당하는 자는 5년 이하의 징역 또는 5천만원 이하의 벌금에 처한다. <개정 2015. 12. 29., 2016. 1. 28.>

1. 제44조의2 또는 제45조의2에 따른 지정을 받지 아니하고 자동차종합검사를 한 자
2. 제30조에 따라 자동차자기인증을 한 자동차의 전기 · 전자장치를 훼손할 목적으로 프로그램을 개발하거나 유포한 자

[본조신설 2009. 2. 6.]

제79조 (벌칙)

다음 각 호의 어느 하나에 해당하는 자는 3년 이하의 징역 또는 3천만원 이하의 벌금에 처한다. <개정 2011. 5. 24., 2012. 12. 18., 2013. 3. 23., 2013. 12. 30., 2015. 1. 6., 2015. 8. 11., 2015. 12. 29., 2016. 1. 28., 2017. 12. 26., 2022. 6. 10., 2022. 11. 15., 2023. 8. 16., 2023. 9. 14., 2024. 1. 9., 2024. 2. 13., 2024. 2. 20., 2024. 12. 3.>

1. 제5조를 위반하여 등록하지 아니하고 자동차를 운행한 자

1의2. 제12조제3항을 위반하여 자기 명의로 이전등록을 하지 아니하고 다시 제3자에게 양도한 자

1의3. 제20조 · 제44조 · 제45조 및 제47조에 따른 국토교통부장관의 지정을 받지 아니하고 등록번호판의 발급, 자동차검사 또는 택시미터의 검정을 한 자

2. 제29조의3제1항을 위반한 자동차제작 · 판매자등(판매위탁을 받은 자는 제외한다)
3. 제29조의3제2항을 위반하여 사고기록장치가 장착되어 있음을 구매자에게 알리지 아니한 자
4. 제29조의3제3항을 위반하여 같은 항 제1호에 따른 정보 또는 제2호에 따른 결과보고서를 제공하지 아니하거나 거짓으로 제공한 자

4의2. 제29조의3제6항을 위반하여 사고기록장치에 기록된 정보 또는 해당 정보의 분석 결과를 거짓으로 제공한 자

5. 거짓이나 그 밖의 부정한 방법으로 제30조에 따른 자동차자기인증 또는 제30조의2에 따른 부품자기인증을 한 자

5의2. 제35조제1항을 위반하여 자동차의 최고속도를 제한하는 장치 또는 운전자를 지원하는 조향장치를 무단으로 해체하거나 조작한 자

5의3. 거짓이나 그 밖의 부정한 방법으로 제30조의7(제52조에서 준용하는 경우를 포함한다)에 따른

안전성인증(제30조의7제2항에 따른 변경인증을 포함한다)을 받은 자

5의4. 제30조의7(제52조에서 준용하는 경우를 포함한다)에 따른 안전성인증을 받지 아니하고 자동차 또는 핵심장치등을 판매한 자

6. 거짓이나 그 밖의 부정한 방법으로 제35조의6제1항에 따른 내압용기검사를 받은 자
7. 제35조의6제4항을 위반하여 내압용기검사에 합격하지 아니한 내압용기를 사용한 자
8. 제35조의6제5항을 위반하여 내압용기를 양도·임대 또는 사용한 자
9. 제35조의7제1항에 따른 내압용기장착검사를 받지 아니한 자
10. 제35조의8제1항을 위반하여 내압용기재검사를 받지 아니한 자
11. 제35조의8제4항을 위반하여 내압용기를 양도·임대 또는 사용한 자
12. 제47조에 따라 검정을 받은 택시미터를 무단으로 변조하거나 변조된 택시미터를 사용한 자 또는 검정을 받지 아니하고 택시미터를 제작·수리·수입하거나 이를 매매 또는 매매 알선한 자

12의2. 제51조의2 및 제51조의3에 따른 국토교통부장관의 지정을 받지 아니하고 이륜자동차검사를 한 자

13. 제53조제1항을 위반하여 시장·군수·구청장에게 등록을 하지 아니하고 자동차관리사업을 한 자
14. 제57조제3항제1호를 위반하여 등록원부상의 소유자가 아닌 자로부터 자동차의 매매 알선을 의뢰받아 매매 알선을 한 자

14의2. 제57조의2제1항제1호를 위반하여 자동차해체재활용업자가 아닌 자가 영업을 목적으로 폐차 대상 자동차를 수집 또는 매집하거나 그 자동차를 자동차해체재활용업자에게 알선하는 행위를 한 자

14의3. 제58조제2항을 위반하여 시장·군수·구청장에게 신고하지 아니하고 자동차성능·상태점검을 한 자

15. 제60조제1항을 위반하여 승인을 받지 아니하고 경매장을 개설·운영한 자

15의2. 제60조에 따른 경매장을 개설하지 아니하고 자동차경매를 한 자

16. 제71조제2항을 위반하여 자동차의 주행거리를 변경한 자
17. 거짓이나 그 밖의 부정한 방법으로 제68조의10제2항에 따라 준용되는 「도시개발법」 제17조에 따른 실시계획의 인가를 받은 자
18. 거짓이나 그 밖의 부정한 방법으로 제68조의10제3항에 따라 준용되는 「도시개발법」 제50조에 따른 준공검사를 받은 자
19. 거짓이나 그 밖의 부정한 방법으로 제68조의11에 따른 사업시행자 지정을 받은 자

[전문개정 2009. 2. 6.]

제80조 (벌칙)

다음 각 호의 어느 하나에 해당하는 자는 2년 이하의 징역 또는 2천만원 이하의 벌금에 처한다. <개정 2011. 5. 24., 2012. 12. 18., 2013. 12. 30., 2015. 8. 11., 2015. 12. 29., 2016. 1. 28., 2017.

10. 24., 2017. 12. 26., 2022. 6. 10., 2022. 11. 15., 2023. 9. 14., 2024. 2. 13., 2024. 2. 20.>

1. 제12조제1항을 위반하여 정당한 사유 없이 자동차 소유권의 이전등록을 신청하지 아니한 자
2. 제12조제2항을 위반하여 자동차 소유권의 이전등록을 신청하지 아니한 자
3. 제32조제3항, 제44조제1항, 제44조의2제1항, 제45조제1항, 제45조의2제1항 및 제47조제2항에 따른 성능시험대행자, 자동차검사대행자, 종합검사대행자, 지정정비사업자, 종합검사지정정비사업자 또는 택시미터전문검정기관이나 그 종사원으로서 부정하게 자동차의 확인, 자동차검사, 정기검사, 종합검사 또는 택시미터검정을 한 자와 이들에게 재물이나 그 밖의 이익을 제공하거나 제공 의사를 표시하고 부정한 확인 · 검사 또는 검정을 받은 자
4. 제35조제1항(제52조에서 준용하는 경우를 포함한다)을 위반하여 자동차에서 장치를 무단으로 해체한 자(제79조제5호의2에 해당하는 경우는 제외한다)

4의2. 제35조제2항을 위반하여 자동차의 안전한 운행에 영향을 줄 수 있는 소프트웨어를 임의로 변경, 설치, 추가 또는 삭제한 자

4의3. 이륜자동차검사대행자 또는 이륜자동차지정정비사업자나 그 종사원으로서 부정하게 이륜자동차검사 또는 이륜자동차 정기검사를 한 자와 이들에게 재물이나 그 밖의 이익을 제공하거나 제공의사를 표시하고 부정한 확인 · 검사를 받은 자

5. 제57조제1항(제5호에 해당하는 경우는 제외한다) 및 제2항을 위반하여 금지행위를 한 자동차관리사업자

5의2. 제57조제2항을 위반하여 제34조에 따른 승인을 받지 아니한 자동차를 튜닝하거나 승인을 받은 내용과 다르게 자동차를 튜닝한 자동차제작자등

5의3. 제57조제3항제2호를 위반하여 부당한 표시 · 광고를 한 자

5의4. 제57조의2제2항을 위반하여 자동차매매업자가 아닌 자로서 영업을 목적으로 매매용 자동차 또는 매매를 알선하려는 자동차에 대한 표시 · 광고를 한 자

6. 제58조제1항을 위반하여 자동차의 침수 사실 및 구조 · 장치 등의 성능 · 상태를 점검한 내용 또는 압류 및 저당권의 등록 여부를 고지하지 아니한 자
7. 제58조제1항을 위반하여 자동차의 침수 사실 및 구조 · 장치 등의 성능 · 상태를 점검한 내용 또는 압류 · 저당권의 등록 여부를 거짓으로 고지한 자

7의2. 제58조제4항을 위반하여 자동차이력 및 판매자정보를 허위로 제공한 자

8. 제58조제6항제1호를 위반하여 폐차 요청 사실을 증명하는 서류의 발급을 거부하거나 이를 거짓으로 발급한 자

8의2. 제58조제6항제1호의2를 위반하여 폐차 요청을 받은 자동차를 폐차하지 아니한 자

9. 제58조제6항제2호를 위반하여 폐차 요청을 받은 자동차의 자동차등록증 · 등록번호판을 폐기하지 아니한 자

9의2. 제58조제8항제2호를 위반하여 거짓으로 자동차성능 · 상태점검을 하거나 실제 점검한 내용과 다른 내용을 제공한 자

10. 제59조제3항을 위반하여 자동차성능 · 상태점검자에게 거짓으로 성능 · 상태점검을 하도록 요구한 자

[전문개정 2009. 2. 6.]

제81조 (벌칙)

다음 각 호의 어느 하나에 해당하는 자는 1년 이하의 징역 또는 1천만원 이하의 벌금에 처한다. <개정 2011. 5. 24., 2012. 5. 23., 2012. 12. 18., 2013. 12. 30., 2014. 1. 7., 2015. 8. 11., 2015. 12. 29., 2017. 10. 24., 2017. 12. 26., 2019. 8. 27., 2020. 2. 4., 2021. 4. 13., 2022. 11. 15., 2023. 8. 16., 2023. 9. 14., 2024. 1. 9., 2024. 2. 13., 2024. 2. 20.>

1. 제10조제2항(제10조제7항에서 준용하는 경우를 포함한다)을 위반하여 등록번호판을 뗀 자

1의2. 제10조제5항(제10조제7항 및 제52조에서 준용하는 경우를 포함한다)을 위반하여 고의로 등록번호판을 가리거나 알아보기 곤란하게 한 자

1의3. 제10조제6항(제10조제7항에서 준용하는 경우를 포함한다)을 위반하여 등록번호판을 가리거나 알아보기 곤란하게 하기 위한 장치를 제조 · 수입하거나 판매 · 공여한 자

2. 삭제 <2024. 2. 20.>

3. 삭제 <2024. 2. 20.>

4. 제21조에 따른 정지 명령을 위반한 자

5. 제22조제2항(제52조에서 준용하는 경우를 포함한다)을 위반하여 자동차의 차대번호 또는 원동기형식의 표기를 한 자

6. 제23조제1항(제52조에서 준용하는 경우를 포함한다)을 위반하여 자동차의 차대번호 또는 원동기형식의 표기를 지우거나 그 밖에 이를 알아보기 곤란하게 하는 행위를 한 자

7. 제23조제2항(제52조에서 준용하는 경우를 포함한다)에 따른 표기에 관한 명령을 위반한 자

7의2. 제24조의2제1항을 위반하여 자동차를 운행한 자

7의3. 제25조제3항을 위반하여 자동차 소유자를 보호하기 위한 대책을 공개하지 아니하거나 그 대책을 이행하지 아니한 자

8. 제26조제1항(제52조에서 준용하는 경우를 포함한다)을 위반하여 같은 항 각 호의 어느 하나에 해당하는 금지행위를 한 자

9. 제30조제1항(제52조에서 준용하는 경우를 포함하며, 제74조제2항 및 제3항에 해당하는 경우는 제외한다)을 위반하여 자동차안전기준에 적합하지 아니하게 자동차자기인증을 한 자

10. 제30조제2항(제52조에서 준용하는 경우를 포함한다)을 위반하여 자동차의 제작 · 시험 · 검사 시설 등을 등록하지 아니하고 자동차자기인증을 한 자

11. 제30조제3항(제52조에서 준용하는 경우를 포함한다)을 위반하여 성능시험대행자로부터 기술검토 및 안전검사를 받지 아니하고 자동차자기인증을 한 자

12. 제30조제4항(제52조에서 준용하는 경우를 포함한다)을 위반하여 성능시험대행자에게 자동차 제원

을 통보하지 아니하고 자동차자기인증의 표시를 한 자

12의2. 제30조제4항(제52조에서 준용하는 경우를 포함한다)을 위반하여 자동차자기인증의 표시를 하지 아니하거나 거짓으로 표시한 자

13. 제30조의2제1항(제52조에서 준용하는 경우를 포함하며, 제74조제2항 및 제3항에 해당하는 경우는 제외한다)을 위반하여 부품안전기준에 적합하지 아니하게 부품자기인증을 한 자

14. 제30조의2제2항 및 제3항(제52조에서 준용하는 경우를 포함한다)을 위반하여 부품제작자명 · 자동차부품의 종류 등을 등록하지 아니하고 부품자기인증을 한 자

15. 제30조의2제3항(제52조에서 준용하는 경우를 포함한다)을 위반하여 자동차부품의 성능시험대행자에게 제원을 통보하지 아니하고 부품자기인증의 표시를 한 자

15의2. 제30조의2제3항에 따른 부품자기인증 표시를 위조한 자 또는 부품자기인증 표시가 없는 자동차부품을 유통 · 판매하거나 영업에 사용한 자

16. 제30조의3제1항(제52조에서 준용하는 경우를 포함한다)에 따른 자동차 또는 자동차부품 · 대체부품 및 튜닝부품의 제작 · 조립 · 수입 또는 판매의 중지명령을 위반한 자

16의2. 제30조의7제2항 본문(제52조에서 준용하는 경우를 포함한다)에 따른 변경인증을 받지 아니하고 자동차 또는 핵심장치등을 판매한 자

16의3. 제30조의7제4항(제52조에서 준용하는 경우를 포함한다)에 따른 자동차 또는 핵심장치 등의 제작 · 조립 · 수입 또는 판매의 중지명령을 위반한 자

16의4. 제30조의8제5항(제52조에서 준용하는 경우를 포함한다)에 따른 시정조치 명령을 위반한 자

16의5. 제30조의9제1항을 위반하여 자동차 사이버보안 관리체계 인증을 받지 아니하고 인증 적용 자동차를 판매한 자

16의6. 제30조의11제1항에 따라 자동차 사이버보안 관리체계 인증이 취소되었거나 효력이 정지된 자로서 인증 적용 자동차를 판매한 자

17. 제32조의2제5항(제52조에서 준용하는 경우를 포함한다)에 따른 이행명령을 위반한 자

18. 제33조제2항(제52조에서 준용하는 경우를 포함한다)을 위반하여 구매자 명세 등에 관한 자료를 기록 · 보존하지 아니한 자

19. 제34조(제52조에서 준용하는 경우를 포함한다)를 위반하여 시장 · 군수 · 구청장의 승인을 받지 아니하고 자동차에 튜닝을 한 자

20. 제34조(제52조에서 준용하는 경우를 포함한다)를 위반하여 튜닝된 자동차인 것을 알면서 이를 운행한 자

20의2. 제34조의5제1항제1호부터 제3호까지(제74조제3항에 해당하는 경우는 제외한다)를 위반하여 준수사항을 이행하지 아니하고 업데이트를 실시한 자

20의3. 제35조제1항을 위반하여 자동차의 최고속도를 제한하는 장치 또는 운전자를 지원하는 조향장치가 무단으로 해체되거나 조작된 자동차인 것을 알면서 이를 운행하거나 운행하게 한 자

20의4. 제35조의6제5항을 위반하여 내압용기를 판매할 목적으로 진열한 자

20의5. 제35조의8제4항을 위반하여 내압용기를 판매할 목적으로 진열한 자
20의6. 제35조의9제1항에 따른 내압용기의 제조 · 수입 또는 판매의 중지명령을 위반한 자
20의7. 제35조의10제2항 및 제3항에 따른 내압용기 회수 등의 명령을 위반한 자
20의8. 제35조의11제2항을 위반하여 구매자 명세 등에 관한 자료를 기록 · 보존하지 아니한 자
21. 제36조를 위반하여 자동차를 정비한 자
22. 제37조제1항(제52조에서 준용하는 경우를 포함한다)에 따른 점검 · 정비 · 검사 또는 원상복구 명령을 위반한 자
22의2. 제37조제3항을 위반하여 자동차를 운행한 자
22의3. 제43조제7항(제43조의2제3항에서 준용하는 경우를 포함한다) 및 제51조제7항을 위반하여 자동차검사 및 이륜자동차검사에 사용하는 기계 · 기구에 설정된 자동차검사기준 및 이륜자동차검사기준의 값 또는 기계 · 기구를 통하여 측정된 값을 조작 · 변경하거나 조작 · 변경하게 한 자
23. 제45조의3제1항에 따른 자동차검사대행자 업무의 전부 또는 일부의 정지명령을 위반한 자
24. 제46조제2항에 따른 해임 또는 직무정지 명령을 위반한 자
25. 제47조제5항에 따른 업무의 전부 또는 일부의 정지명령을 위반한 자
25의2. 제51조의4제1항에 따른 이륜자동차검사대행자 또는 이륜자동차지정정비사업자 업무의 전부 또는 일부의 정지명령을 위반한 자
25의3. 제51조의5제2항에 따른 해임 또는 직무정지 명령을 위반한 자
25의4. 제57조의2제1항제2호를 위반하여 표시 · 광고를 한 자
25의5. 제58조의4제1항을 위반하여 성능 · 상태점검 내용에 대하여 보증 책임을 이행하지 아니하는 자동차성능 · 상태점검자
25의6. 제58조의4제2항을 위반하여 보험에 가입하지 아니하고 자동차의 성능 · 상태점검을 한 자동차성능 · 상태점검자
26. 제59조제1항을 위반하여 신고를 하지 아니한 자
27. 제60조제3항을 위반하여 준수 사항을 이행하지 아니한 자
27의2. 제65조제3항을 위반하여 차액을 전액 반환하지 아니한 자
27의3. 제65조의2제1항을 위반하여 시장 · 군수 · 구청장에게 등록을 하지 아니하고 온라인 자동차매매정보제공을 한 자
28. 제66조에 따른 사업의 전부 또는 일부의 정지명령을 위반한 자

[전문개정 2009. 2. 6.]

제82조 (벌칙)

다음 각 호의 어느 하나에 해당하는 자는 100만원 이하의 벌금에 처한다. <개정 2014. 1. 7., 2015. 1. 6., 2015. 8. 11., 2020. 6. 9., 2023. 9. 14., 2024. 1. 30., 2024. 2. 13., 2024. 2. 20.>

1. 삭제 <2011. 5. 24.>
1의2. 제10조제9항을 위반하여 등록번호판을 부착하거나, 그러한 자동차를 운행한 자
2. 제13조제1항 또는 제5항을 위반하여 정당한 사유 없이 등록번호판을 반납하지 아니한 자
2의2. 제24조의2제2항에 따른 운행정지명령을 위반하여 운행한 자
3. 제40조제1항을 위반하여 기계 · 기구의 정밀도검사를 받지 아니한 자
4. 제43조제1항제3호를 위반하여 자동차의 튜닝검사를 받지 아니한 자
4의2. 제43조제1항제4호를 위반하여 자동차의 임시검사를 받지 아니한 자
5. 제43조제1항제5호를 위반하여 자동차의 수리검사를 받지 아니한 자
5의2. 제46조제3항을 위반하여 기간이 지나지 아니한 자를 검사기술인력으로 선임한 자
5의3. 제51조제1항제3호를 위반하여 이륜자동차 튜닝검사를 받지 아니한 자
5의4. 제51조제1항제4호를 위반하여 이륜자동차 임시검사를 받지 아니한 자
5의5. 제51조의5제3항을 위반하여 기간이 지나지 아니한 자를 기술인력으로 선임한 자
6. 제64조제1항을 위반하여 정비책임자를 신고하지 아니한 자
7. 제64조제2항에 따른 정비책임자의 해임명령을 받고 이행하지 아니한 자
8. 제64조제3항에 따른 정비책임자에 대한 직무정지 명령을 받고 이행하지 아니한 자
[전문개정 2009. 2. 6.]

제83조 (양벌규정)

법인의 대표자나 법인 또는 개인의 대리인, 사용인, 그 밖의 종업원이 그 법인 또는 개인의 업무에 관하여 제78조, 제78조의2 및 제79조부터 제82조까지의 어느 하나에 해당하는 위반행위를 하면 그 행위자를 벌하는 외에 그 법인 또는 개인에게도 해당 조문의 벌금형을 과(科)한다. 다만, 법인 또는 개인이 그 위반 행위를 방지하기 위하여 해당 업무에 관하여 상당한 주의와 감독을 게을리하지 아니한 경우에는 그러하지 아니하다.
[전문개정 2009. 2. 6.]

제84조 (과태료)

① 다음 각 호의 어느 하나에 해당하는 자에게는 2천만원 이하의 과태료를 부과한다. <신설 2020. 2. 4., 2024. 2. 13.>
1. 제27조제5항을 위반하여 자율주행자동차의 운행 및 교통사고 등에 관한 정보를 국토교통부장관에게 보고하지 아니하거나 거짓으로 보고한 자
2. 제31조제8항에 따른 보고를 하지 아니하거나 거짓으로 보고를 한 자
3. 제33조제3항 및 제4항(제52조에서 준용하는 경우를 포함한다)을 위반하여 자료를 제출하지 아니하거나 거짓으로 제출한 자
4. 제34조의5제2항을 위반하여 업데이트를 실시하기 전에 자료를 미리 제출하지 아니하거나 거짓

으로 제출한 자

5. 제34조의5제4항을 위반하여 자료를 제출하지 아니하거나 거짓으로 제출한 자

② 다음 각 호의 어느 하나에 해당하는 자에게는 1천만원 이하의 과태료를 부과한다. <개정 2017. 10. 24., 2017. 12. 26., 2020. 2. 4., 2022. 6. 10., 2023. 3. 28., 2024. 1. 9., 2024. 2. 13.>

1. 삭제 <2020. 2. 4.>

1의2. 제8조의2를 위반하여 반품된 자동차라는 사실(제47조의2의 교환 또는 환불 요구에 따라 반품된 자동차의 경우 그 사실을 포함한다) 또는 인도 이전에 발생한 하자에 대한 수리 여부와 상태 등을 구매자에게 고지하지 아니하고 판매한 자

2. 삭제 <2020. 2. 4.>

2의2. 제26조의2제1항을 위반하여 폐차 요청을 하지 아니한 자

2의3. 제31조제12항을 위반하여 결함 사실과 그에 따른 시정조치계획등을 다시 공개하지 아니한 자

3. 제32조의2제4항을 위반하여 자동차 소유자에게 하자의 내용과 무상수리 계획을 알리지 아니한 자

3의2. 제34조의5제1항제4호부터 제6호까지를 위반하여 준수사항을 이행하지 아니하고 업데이트를 실시한 자

4. 제35조의10제4항에 따른 내압용기가 장착된 자동차의 사용정지 또는 제한 및 고압가스의 폐기 명령을 위반한 자

4의2. 제68조의22에 따른 개선명령을 따르지 아니한 자

4의3. 제68조의23에 따른 임직원에 대한 징계 · 해임의 요구에 따르지 아니하거나 시정명령을 따르지 아니한 자

5. 제69조의4제2항을 위반하여 정당한 사유 없이 관련 자료를 제출하지 아니한 자

6. 제69조의4제3항을 위반하여 정당한 사유 없이 필요한 조치를 하지 아니한 자

③ 다음 각 호의 어느 하나에 해당하는 자에게는 300만원 이하의 과태료를 부과한다. <신설 2017. 10. 24., 2020. 2. 4., 2020. 6. 9., 2021. 4. 13., 2022. 11. 15., 2023. 8. 16., 2023. 9. 14., 2024. 1. 30., 2024. 2. 20.>

1. 제10조제4항(제10조제7항에서 준용하는 경우를 포함한다)을 위반하여 자동차등록번호판을 부착하지 아니한 자동차를 운행한 자(제27조제2항에 따른 임시운행허가번호판을 붙인 경우는 제외한다)

2. 제10조제5항(제10조제7항 및 제52조에서 준용하는 경우를 포함한다)을 위반하여 등록번호판을 가리거나 알아보기 곤란하게 하거나 그러한 자동차를 운행한 자(제81조제1호의2에 해당되는 자의 경우는 제외한다)

3. 제22조제1항(제52조에서 준용하는 경우를 포함한다)에 따른 차대번호와 원동기형식의 표기를 하지 아니한 자

4. 삭제 <2024. 2. 13.>
5. 제26조의2제2항을 위반하여 전손 처리 자동차 또는 해당 자동차에 장착된 장치로서 국토교통부령으로 정하는 자동차의 안전운행에 직접 관련된 장치를 수출하거나 수출하는 자에게 판매한 자
6. 제27조제1항에 따른 임시운행허가의 목적 외로 운행한 자
7. 제27조제3항을 위반하여 임시운행허가번호판을 붙이지 아니하고 운행한 자
8. 제30조의7제2항 단서(제52조에서 준용하는 경우를 포함한다)에 따른 변경신고를 하지 아니한 자
9. 제48조제1항을 위반하여 사용신고를 하지 아니하고 이륜자동차를 운행한 자
10. 제49조제1항을 위반하여 이륜자동차번호판을 붙이지 아니하고 이륜자동차를 운행한 자
11. 제58조제6항제3호 및 제4호에 따른 준수사항을 이행하지 아니한 자

④ 다음 각 호의 어느 하나에 해당하는 자에게는 100만원 이하의 과태료를 부과한다. <개정 2009. 12. 29., 2011. 5. 24., 2012. 5. 23., 2012. 12. 18., 2013. 12. 30., 2014. 1. 7., 2015. 8. 11., 2017. 10. 24., 2017. 12. 26., 2018. 8. 14., 2019. 8. 27., 2020. 2. 4., 2020. 6. 9., 2021. 4. 13., 2022. 11. 15., 2023. 8. 16., 2023. 9. 14., 2024. 2. 13., 2024. 2. 20.>

1. 제8조제3항을 위반하여 신규등록 신청을 하지 아니한 자

1의2. 삭제 <2024. 1. 9.>

2. 제10조제1항 단서(제10조제7항에서 준용하는 경우를 포함한다)에 따른 자동차등록번호판을 부착하지 아니한 자
3. 제10조제3항(제10조제7항에서 준용하는 경우를 포함한다)을 위반하여 자동차등록번호판의 부착을 다시 신청하지 아니한 자
4. 삭제 <2017. 10. 24.>
5. 제13조제2항을 위반하여 자동차의 말소등록 신청을 하지 아니한 자
6. 제13조제8항을 위반하여 수출의 이행 여부 신고를 하지 아니한 자
7. 제13조제10항을 위반하여 말소등록 된 자동차를 다시 등록하려는 경우에 제8조에 따른 신규등록을 신청하지 아니한 자
8. 삭제 <2015. 8. 11.>
9. 삭제 <2017. 10. 24.>
10. 제25조제1항에 따른 운행제한 명령을 위반하여 자동차를 운행한 자
11. 삭제 <2017. 10. 24.>
12. 제27조제4항을 위반하여 임시운행허가증 및 임시운행허가번호판을 반납하지 아니한 자
13. 제29조를 위반하여 자동차안전기준, 부품안전기준, 액화석유가스안전기준 또는 전기설비안전기준에 적합하지 아니한 자동차를 운행하거나 운행하게 한 자

13의2. 제35조의5를 위반하여 내압용기안전기준에 적합하지 아니한 내압용기가 장착된 자동차를

운행하거나 운행하게 한 자

13의3. 제30조의5에 따른 대체부품의 성능 및 품질 인증을 거짓으로 한 것을 알면서도 이를 판매한 자

13의4. 제34조의3(제52조에서 준용하는 경우를 포함한다)에 따른 튜닝부품인증을 거짓으로 한 것을 알면서도 이를 판매한 자

14. 제30조의3제2항(제52조에서 준용하는 경우를 포함한다), 제31조제4항(제52조에서 준용하는 경우를 포함한다), 제34조의6제1항, 제72조제2항, 제73조제1항 및 제73조의2제2항을 위반하여 확인 · 조사 · 보고 · 검사 또는 단속을 거부 · 방해 또는 기피하거나 질문에 대하여 거짓으로 진술한 자

15. 제31조의2제1항(제52조에서 준용하는 경우를 포함한다)을 위반하여 보상을 하지 아니한 자

15의2. 제31조의4제2항(제52조에서 준용하는 경우를 포함한다)을 위반하여 시정조치 사실을 구매자에게 고지하지 아니하고 판매한 자

15의3. 제35조의3제2항을 위반하여 저속전기자동차를 운행한 자

15의4. 제43조제1항제2호에 따른 정기검사를 받지 아니한 자. 다만, 제15호의5에 해당하는 자는 제외한다.

15의5. 제43조의2제1항에 따른 종합검사를 받지 아니한 자

16. 제45조제8항(제45조의2제4항에서 준용하는 경우를 포함한다)을 위반하여 휴업 또는 폐업 신고를 하지 아니한 자

17. 제47조제1항을 위반하여 택시미터의 검정을 받지 아니하고 사용한 자

18. 삭제 <2023. 9. 14.>

18의2. 삭제 <2023. 9. 14.>

18의3. 제49조제2항 단서를 위반하여 이륜자동차번호판의 부착을 하지 아니한 자

19. 제50조를 위반하여 이륜자동차의 안전기준 또는 부품안전기준에 적합하지 아니한 이륜자동차를 운행하거나 운행하게 한 자

19의2. 제51조제1항제2호를 위반하여 이륜자동차 정기검사를 받지 아니한 자

20. 제53조제1항을 위반하여 변경등록을 하지 아니하고 자동차관리사업을 한 자

21. 제55조를 위반하여 자동차관리사업의 양도 · 양수, 합병(법인인 경우만 해당한다) 또는 휴업 · 폐업 신고를 하지 아니한 자

21의2. 제58조제1항제3호를 위반하여 수수료 또는 요금을 고지하지 아니하거나 거짓으로 고지한 자

22. 제58조제5항 각 호의 어느 하나를 위반한 자동차정비업자

22의2. 제58조제8항제1호를 위반하여 성능 · 상태점검의 내용을 제공하지 아니한 자

22의3. 제58조제8항제3호를 위반하여 정당한 사유 없이 자동차성능 · 상태점검에 관한 교육을 이수하지 아니한 자

23. 제58조의3제4항을 위반하여 손해배상책임에 관한 설명을 하지 아니하거나 관계 증서의 사본 또는 관계 증서에 관한 전자문서를 발급하지 아니한 자

23의2. 제59조제4항을 위반하여 종사원을 둔 자동차매매업자

24. 제65조제3항을 위반하여 차액이 있다는 사실을 통지하지 아니하거나 거짓으로 통지한 자

⑤ 다음 각 호의 어느 하나에 해당하는 자에게는 50만원 이하의 과태료를 부과한다. <개정 2011. 5. 24., 2012. 5. 23., 2012. 12. 18., 2015. 8. 11., 2015. 12. 29., 2017. 10. 24., 2018. 8. 14., 2020. 2. 4., 2022. 11. 15., 2023. 9. 14., 2024. 1. 9.>

1. 삭제 <2017. 10. 24.>

2. 제11조를 위반하여 변경등록 신청을 하지 아니한 자

2의2. 제13조제1항을 위반하여 말소등록 신청을 하지 아니한 자

3. 자동차를 산 사람에게 제33조제1항 · 제5항(제52조에서 준용하는 경우를 포함한다)에 따른 자료 제공을 하지 아니한 자

4. 삭제 <2012. 12. 18.>

5. 삭제 <2021. 4. 13.>

6. 삭제 <2021. 4. 13.>

6의2. 제48조제3항을 위반하여 이륜자동차의 변경 사항이나 사용 폐지를 신고하지 아니한 자

7. 삭제 <2018. 8. 14.>

7의2. 제8조제3항, 제8조의2제1항 및 제2항, 제48조제5항 또는 제58조제10항을 위반하여 전산정보처리조직에 전송하지 아니한 자

8. 제72조제1항에 따른 보고를 하지 아니하거나 거짓으로 보고를 한 자

9. 제53조의2에 따른 포상금을 지급받기 위하여 거짓으로 신고한 자

⑥ 제1항부터 제5항까지의 규정에 따른 과태료는 대통령령으로 정하는 바에 따라 국토교통부장관, 시 · 도지사, 시장 · 군수 · 구청장이 부과 · 징수한다. <개정 2011. 5. 24., 2013. 3. 23., 2017. 10. 24., 2020. 2. 4., 2021. 4. 13.>

[전문개정 2009. 2. 6.]

제10장 범칙행위에 관한 처리의 특례 <신설 2001. 4. 7.>

제85조 (통칙)

① 이 장에서 "범칙행위"란 제79조제13호(자동차정비업자가 제53조제1항에 따라 등록한 범위를 경미하게 위반하여 점검 · 정비를 하는 경우만 해당한다), 제80조제1호 또는 제81조제8호의 죄에해당하는 위반행위를 뜻하며, 그 구체적인 범위는 대통령령으로 정한다. <개정 2015. 1. 6., 2024. 2. 20.>

② 이 장에서 "범칙자"란 범칙행위를 한 사람으로서 다음 각 호의 어느 하나에 해당하지 아니하는 사람을 뜻한다. <개정 2014. 1. 7.>

1. 범칙행위를 한 날부터 1년 이내에 동일한 위반행위를 한 사람
2. 도난자동차 또는 제34조를 위반한 자동차에 대하여 튜닝을 한 자동차정비업자
3. 자동차등록번호판을 제거하거나 차대번호를 훼손하여 자동차를 방치한 사람
4. 그 밖에 죄를 범한 동기, 수단 및 결과 등을 헤아려 통고처분을 하는 것이 타당하지 아니하다고 인정되는 사람

③ 이 장에서 "범칙금"이란 범칙자가 제86조에 따라 통고처분을 한 시ㆍ군 또는 구의 금고에 내야 할 금전을 뜻한다.

④ 범칙행위에 대한 수사는 검사, 사법경찰관리 또는 「사법경찰관리의 직무를 행할 자와 그 직무범위에 관한 법률」 제5조제35호에 따라 지명을 받은 공무원(이하 "특별사법경찰관리"라 한다)이 한다. <개정 2015. 8. 11.>

[전문개정 2009. 2. 6.]

第86조 (통고처분)

① 시ㆍ도지사(제77조제4항에 따라 제12조의 이전등록에 관한 권한을 위임한 시ㆍ도지사는 제외한다. 이하 같다), 특별자치시장ㆍ시장ㆍ군수ㆍ구청장 또는 경찰서장은 범칙자로 인정되는 사람에 대하여 그 이유를 명시한 범칙금납부통고서로 범칙금을 납부할 것을 통고할 수 있다. 다만, 다음 각 호의 어느 하나에 해당하는 사람에 대하여는 그러하지 아니하다. <개정 2015. 12. 29.>

1. 성명 또는 주소가 확실하지 아니한 사람
2. 범칙금납부통고서를 받기를 거부한 사람

② 제1항에 따라 통고할 범칙금의 액수는 범칙행위의 종류와 위반 정도에 따라 그 위반행위에 대하여 이 법에서 정하는 벌금의 범위에서 대통령령으로 정한다.

[전문개정 2009. 2. 6.]

第87조 (범칙금의 납부)

① 제86조에 따라 범칙금납부통고서를 받은 사람은 10일 이내에 시ㆍ도지사, 특별자치시장ㆍ시장ㆍ군수ㆍ구청장 또는 경찰서장이 지정하는 수납기관에 범칙금을 내야 한다. 다만, 천재지변이나 그 밖의 부득이한 사유로 그 기간 이내에 범칙금을 납부할 수 없는 경우에는 그 부득이한 사유가 없어지게 된 날부터 5일 이내에 내야 한다. <개정 2015. 12. 29.>

② 제1항에 따른 범칙금납부통고서에 불복하는 사람은 그 납부 기간 이내에 시ㆍ도지사, 특별자치시장ㆍ시장ㆍ군수ㆍ구청장 또는 경찰서장에게 이의를 제기할 수 있다. <개정 2015. 12. 29.>

[전문개정 2009. 2. 6.]

제88조 (통고처분의 효과)

① 제87조제1항에 따라 범칙금을 낸 사람은 그 범칙행위에 대하여 다시 벌 받지 아니한다.

② 사법경찰관리 또는 특별사법경찰관리는 다음 각 호의 어느 하나에 해당하는 경우에는 지체 없이 관할 지방검찰청 또는 지방검찰청지청에 사건을 송치하여야 한다. <개정 2015. 8. 11.>

1. 제85조제2항 각 호의 어느 하나에 해당하는 경우
2. 제86조제1항 각 호의 어느 하나에 해당하는 경우
3. 제87조제1항에 따른 납부 기간 이내에 범칙금을 내지 아니한 경우
4. 제87조제2항에 따라 이의를 제기한 경우

[전문개정 2009. 2. 6.]

부칙 <제20554호, 2024. 12. 3.>

제1조 (시행일)

이 법은 공포 후 1년이 경과한 날부터 시행한다.

제2조 (사고기록추출장비의 유통 · 판매에 관한 적용례)

법률 제20298호 자동차관리법 일부개정법률 제29조의3제4항의 개정규정은 이 법 시행 당시 자동차제작 · 판매자 등이 사고기록장치를 장착하여 제작 · 조립 또는 수입하여 판매 중인 자동차부터 적용한다.

02 자동차 관리법 시행령

[시행 2024. 11. 12.] [대통령령 제34988호, 2024. 11. 12., 타법개정]

제1조 (목적)

이 영은 「자동차관리법」에서 위임된 사항과 그 시행에 필요한 사항을 규정함을 목적으로 한다. <개정 2008. 9. 25.>

제2조 (적용이 제외되는 자동차)

「자동차관리법」(이하 "법"이라 한다) 제2조제1호 단서에서 "대통령령으로 정하는 것"이라 함은 다음 각호의 것을 말한다. <개정 2008. 9. 25., 2010. 2. 5., 2011. 11. 25.>

1. 「건설기계관리법」에 따른 건설기계
2. 「농업기계화 촉진법」에 따른 농업기계
3. 「군수품관리법」에 따른 차량
4. 궤도 또는 공중선에 의하여 운행되는 차량
5. 「의료기기법」에 따른 의료기기

제3조 (자동차의 차령기산일)

자동차의 차령기산일은 다음 각호의 구분에 의한다. <개정 2001. 3. 17.>

1. 제작연도에 등록된 자동차 : 최초의 신규등록일
2. 제작연도에 등록되지 아니한 자동차 : 제작연도의 말일

제4조 (자동차정책기본계획의 변경 등)

① 법 제4조의2제3항 후단에서 "대통령령으로 정하는 경미한 변경"이란 다음 각 호의 어느 하나에 해당하는 경우를 말한다. <개정 2013. 3. 23.>

1. 법 제4조의2제1항에 따른 자동차정책기본계획(이하 이 조에서 "기본계획"이라 한다)에서 정한 부문별 사업비용을 100분의 15 이내의 범위에서 변경하는 경우
2. 기본계획에서 정한 부문별 사업기간을 1년 이내의 범위에서 변경하는 경우
3. 관계 법령 또는 관련 계획의 변경에 따라 기본계획의 내용 변경이 부득이한 경우

4. 계산착오, 오기, 누락 또는 이에 준하는 사유로서 그 변경근거가 분명한 사항을 변경하는 경우
5. 그 밖에 기본계획의 목적 및 방향에 영향을 미치지 아니하는 것으로서 국토교통부장관이 정하여 고시하는 사항을 변경하는 경우

② 국토교통부장관은 법 제4조의2제4항에 따라 기본계획을 수립하거나 변경한 날부터 20일 이내에 관계 중앙행정기관의 장 및 특별시장·광역시장·특별자치시장·도지사 또는 특별자치도지사(이하 "시·도지사"라 한다)에게 해당 기본계획을 통보하여야 한다. <개정 2013. 3. 23., 2018. 10. 23.>

[본조신설 2011. 11. 25.]

제5조 삭제 〈2016. 2. 3.〉

제6조 (자동차의 강제처리)

① 법 제26조제1항제3호에서 "대통령령으로 정하는 기간"이란 2개월(자동차가 분해·파손되어 운행이 불가능한 경우에는 15일)을 말한다. <신설 2020. 2. 25.>

② 특별자치시장·특별자치도지사·시장·군수 또는 구청장(구청장은 자치구의 구청장을 말한다. 이하 "시장·군수 또는 구청장"이라 한다)은 자동차에 대하여 법 제26조제2항에 따른 처분등 또는 명령을 하고자 하는 때에는 해당 자동차가 법 제26조제1항 각 호의 어느 하나에 해당하는 자동차(이하 "방치자동차"라 한다)임을 확인하여야 한다. 이 경우 방치자동차인지 여부는 해당 자동차의 상태, 발견장소, 방치기간, 인근주민의 진술 또는 신고내용 기타 제반정황을 종합하여 판단하여야 한다. <개정 1999. 7. 29., 2009. 3. 27., 2018. 10. 23., 2020. 2. 25.>

③ 시장·군수 또는 구청장은 법 제26조제3항의 규정에 의하여 방치자동차를 폐차 또는 매각하고자 하는 때에는 그 뜻을 자동차등록원부에 기재된 소유자와 이해관계인 또는 점유자에게 서면으로 통지하여야 한다. 다만, 자동차의 소유자 또는 점유자를 알 수 없는 경우에는 7일 이상 공고하여야 한다. <개정 1999. 7. 29., 2020. 2. 25.>

④ 시장·군수 또는 구청장이 법 제26조제3항에 따라 방치자동차를 폐차 또는 매각할 수 있는 시기는 다음 각 호와 같다. <개정 1999. 7. 29., 2001. 3. 17., 2020. 2. 25.>
1. 제3항에 따른 통지를 한 경우에는 통지를 한 날부터 20일이 경과한 때
2. 해당 방치자동차의 소유자 또는 점유자를 알 수 없는 경우에는 제3항에 따른 공고기간이 만료된 때
3. 방치자동차의 소유자·점유자 및 이해관계인이 그 권리를 포기한다는 의사표시를 한 경우에는 의사표시가 있는 때

⑤ 시장·군수 또는 구청장은 방치자동차중 다음 각호의 1에 해당하는 자동차는 이를 폐차할 수 있다. <개정 1999. 7. 29., 2020. 2. 25.>
1. 자동차등록원부에 등록되어 있지 아니한 자동차(법 제27조의 규정에 의하여 임시운행허가를

받은 자동차는 등록된 자동차로 본다)

2. 장소의 이전이나 견인이 곤란한 상태의 자동차
3. 구조 · 장치의 대부분이 분해 · 파손되어 정비 · 수리가 곤란한 자동차
4. 매각비용의 과다 등으로 인하여 특히 폐차할 필요가 있는 자동차

⑥ 시장 · 군수 또는 구청장은 등록된 자동차를 제5항에 따라 폐차한 때에는 지체 없이 그 등록을 한 시 · 도지사에게 해당폐차사실을 통보하여야 한다. <개정 1999. 7. 29., 2009. 3. 27., 2011. 11. 25., 2020. 2. 25.>

⑦ 시 · 도지사는 제6항에 따라 폐차사실을 통보받은 때에는 지체없이 법 제13조제3항제4호에 따라 해당 자동차의 등록을 말소하여야 한다. <개정 1999. 7. 29., 2016. 1. 6., 2020. 2. 25.>

제7조 (임시운행의 허가 등)

① 시 · 도지사는 다음 각 호의 어느 하나에 해당하는 경우에는 법 제27조제1항에 따른 임시운행허가를 할 수 있다. <개정 1999. 7. 29., 2001. 6. 29., 2002. 12. 31., 2006. 5. 30., 2008. 9. 25., 2009. 3. 27., 2010. 2. 5., 2013. 3. 23., 2015. 5. 1., 2021. 2. 2., 2021. 10. 14.>

1. 법 제8조 및 제13조제8항 · 제10항에 따른 신규등록신청을 위하여 자동차를 운행하려는 경우
2. 법 제13조제1항제6호에 따라 수출하기 위하여 말소등록한 자동차를 점검 · 정비하거나 선적하기 위하여 운행하려는 경우
3. 법 제23조제3항에 따라 자동차의 차대번호 또는 원동기형식의 표기를 지우거나 그 표기를 받기 위하여 자동차를 운행하려는 경우
4. 법 제30조제1항 및 제3항에 따른 자동차자기인증에 필요한 시험 또는 확인을 받기 위하여 자동차를 운행하려는 경우
5. 삭제 <2002. 12. 31.>
6. 삭제 <2002. 12. 31.>
7. 법 제43조제1항에 따른 신규검사 또는 임시검사를 받기 위하여 자동차를 운행하려는 경우
8. 자동차를 제작 · 조립 · 수입 또는 판매하는 자가 판매사업장 · 하치장 또는 전시장에 자동차를 보관 · 전시(展示)하기 위하여 운행하려는 경우
9. 자동차를 제작 · 조립 · 수입 또는 판매하는 자가 판매한 자동차를 환수하기 위하여 운행하려는 경우
10. 자동차를 제작 · 조립 또는 수입하는 자가 자동차에 특수한 설비를 설치하기 위하여 다른 제작 또는 조립장소로 자동차를 운행하려는 경우
11. 다음 각 목의 자가 시험 · 연구의 목적으로 자동차를 운행하려는 경우
    가. 법 제30조제2항에 따라 등록을 한 자
    나. 법 제32조제3항에 따라 성능시험을 대행할 수 있도록 지정된 자(이하 "성능시험대행자"라 한다)

다. 자동차 연구개발 목적의 기업부설연구소를 보유한 자

라. 해외자동차업체나 국내에서 자동차를 제작 또는 조립하는 자와 계약을 체결하여 부품개발 등의 개발업무를 수행하는 자

마. 전기자동차 등 친환경・첨단미래형 자동차의 개발・보급을 위하여 필요하다고 국토교통부장관이 인정하는 자

12. 「도로교통법」 제99조 및 제104조에 따른 자동차운전학원 및 자동차운전전문학원을 설립・운영하는 자가 검사를 받기 위하여 같은 법 시행령 제63조제2항 및 제67조제3항에 따른 기능교육용 자동차를 운행하려는 경우

13. 자동차를 제작・조립 또는 수입하는 자가 광고 촬영이나 전시를 위하여 자동차(법 제30조제4항에 따라 제원을 최초로 통보하려거나 통보한 제원을 변경하려는 자동차로 한정한다)를 운행하려는 경우

② 제1항에 따른 임시운행허가기간은 다음 각 호의 구분에 따른다. <개정 1998. 12. 31., 2001. 6. 29., 2002. 12. 31., 2010. 2. 5., 2015. 5. 1., 2021. 10. 14.>

1. 제1항제1호・제3호・제7호부터 제9호까지 및 제12호에 해당하는 경우 : 10일 이내

1의2. 제1항제2호에 해당하는 경우 : 20일 이내

2. 제1항제4호・제10호 및 제13호에 해당하는 경우 : 40일 이내

3. 삭제 <2002. 12. 31.>

4. 제1항제11호에 해당하는 경우 : 2년(제1항제11호마목의 경우에는 5년)의 범위에서 해당 시험・연구에 소요되는 기간

③ 국토교통부장관은 정치・외교・문화・예술 및 체육 등의 행사에 제공하기 위하여 임시운행허가를 하려는 경우에는 신청에 의하여 6개월 이내의 기간을 정하여 이를 허가할 수 있다. <개정 2008. 2. 29., 2010. 2. 5., 2013. 3. 23.>

④ 법 제27조제1항 단서에 따라 자율주행자동차를 시험・연구 목적으로 운행하려는 경우 임시운행허가의 기간은 5년 이내로 한다. <신설 2016. 1. 6.>

⑤ 시・도지사는 임시운행허가를 받은 자가 법 제27조제4항에 따라 임시운행허가증 및 임시운행허가번호판을 반납하지 아니하는 경우에는 이를 회수하여야 한다. <개정 2010. 2. 5., 2016. 1. 6.>

[제목개정 2010. 2. 5.]

제8조 (자동차의 구조 및 장치)

① 다음 각호의 1에 해당하는 사항과 관련된 자동차의 구조는 법 제29조제1항의 규정에 의한 안전기준에 적합하여야 한다.

1. 길이・너비 및 높이
2. 최저지상고
3. 총중량

4. 중량분포
5. 최대안전경사각도
6. 최소회전반경
7. 접지부분 및 접지압력

② 다음 각호의 자동차의 장치는 법 제29조제1항의 규정에 의한 안전기준에 적합하여야 한다. <개정 2008. 2. 29., 2013. 3. 23., 2015. 10. 13., 2024. 1. 9.>

1. 원동기(동력발생장치) 및 동력전달장치
2. 주행장치
3. 조종장치
4. 조향장치
5. 제동장치
6. 완충장치
7. 연료장치 및 전기ㆍ전자장치
8. 차체 및 차대
9. 연결장치 및 견인장치
10. 승차장치 및 물품적재장치
11. 창유리
12. 소음방지장치
13. 배기가스발산방지장치
14. 전조등, 번호등, 후미등, 제동등, 차폭등, 후퇴등 및 그 밖의 등화장치
15. 경음기 및 그 밖의 경보장치
16. 방향지시등 및 그 밖의 지시장치
17. 후사경, 창닦이기 및 그 밖에 시야를 확보하는 장치

17의2. 후방 영상장치 및 후진경고음 발생장치

18. 속도계, 주행거리계 및 그 밖의 계기
19. 소화기 및 그 밖의 방화장치
20. 내압용기 및 그 부속장치
21. 그 밖에 자동차의 안전운행에 필요한 장치로서 국토교통부령으로 정하는 장치

제8조의2 (자동차부품)

법 제29조제2항에서 "대통령령으로 정하는 부품ㆍ장치 또는 보호장구"(이하 "자동차부품"이라 한다)란 다음 각 호의 것을 말한다. <개정 2013. 3. 23., 2015. 10. 13.>

1. 브레이크호스
2. 좌석안전띠

3. 국토교통부령으로 정하는 등화장치
4. 후부반사기
5. 후부안전판
6. 창유리
7. 안전삼각대
8. 후부반사판
9. 후부반사지
10. 브레이크라이닝
11. 휠
12. 반사띠
13. 저속차량용 후부표시판
[본조신설 2011. 11. 25.]

제8조의3 (자동차 및 자동차부품의 결함의 추정 요건 등)

① 법 제30조제2항에 따른 자동차제작자등(이하 "자동차제작자등"이라 한다) 또는 자동차부품을 제작·조립 또는 수입하는 자(이하 "부품제작자등"이라 한다)가 제작·조립 또는 수입하는 자동차 또는 부품이 다음 각 호의 어느 하나에 해당함에도 법 제31조제5항에 따라 자료를 제출하지 않은 경우에는 같은 조 제6항에 따라 자동차 또는 부품에 결함이 있는 것으로 추정한다. <개정 2024. 7. 30.>
1. 다음 각 목의 모두에 해당하는 화재사고가 반복적으로 발생하는 경우
   가. 화재가 발생한 자동차 또는 부품은 같은 종류 및 같은 구조의 자동차 또는 부품일 것
   나. 화재가 같은 자동차 장치에서 발생하였을 것
2. 자동차의 장치가 운전자의 의도와 다르게 작동하여 발생한 교통사고로서 다음 각 목의 모두에 해당하는 교통사고가 반복적으로 발생하는 경우
   가. 교통사고가 발생한 자동차 또는 부품은 같은 종류 및 같은 구조의 자동차 또는 부품일 것
   나. 교통사고가 같은 자동차 장치로 인하여 발생하였을 상당한 개연성이 있을 것

② 국토교통부장관은 법 제30조의3제2항, 제31조제4항 및 같은 조 제9항에 따른 조사를 성능시험대행자에게 실시하게 하는 경우로서 그 조사를 위하여 같은 조 제13항 전단에 따른 자료를 성능시험대행자에게 제공할 필요가 있다고 인정하면 환경부장관에게 해당 자료의 제공을 요청할 수 있다.
[본조신설 2021. 2. 2.]

제8조의4 (자동차 사고조사를 위한 제공요청 대상 자료의 범위)

① 성능시험대행자는 법 제31조의3제1항에 따른 사고조사를 하는 경우 같은 조 제5항에 따라 다음 각 호의 구분에 따른 자료의 제공을 요청할 수 있다.
1. 지방자치단체가 보유한 지방자치단체가 설치·운영하는 영상정보처리기기로 촬영된 자동차

사고 영상

2. 경찰청이 보유한 교통사고 조사 결과
3. 소방청이 보유한 「소방기본법」 제29조에 따른 화재조사 결과(자동차 관련 화재만 해당한다)
4. 「보험업법」에 따른 보험회사가 작성·보유한 자동차사고 조사자료 및 보험처리 이력에 관한 자료
5. 환경부가 보유한 「대기환경보전법」 제51조제1항에 따른 결함확인검사 자료, 같은 법 제51조제5항에 따른 결함시정에 관한 계획, 같은 법 제53조제1항에 따른 결함시정 현황 및 부품결함 현황 등의 자료
6. 그 밖에 교통사고에 관련된 자료로서 자동차 사고조사를 위해 필요한 자료

② 성능시험대행자는 법 제31조의3제5항에 따라 자료의 제공을 요청하려면 미리 교통사고가 발생한 자동차의 소유자 또는 운전자(사망 또는 부상으로 의사표시를 할 수 없는 경우에는 그 배우자·직계존속 또는 직계비속)의 동의를 받아야 한다.

[본조신설 2021. 2. 2.]

제8조의5 (자동차결함정보시스템의 구축·운영)

① 국토교통부장관은 법 제33조의4에 따른 자동차결함정보시스템(이하 "자동차결함정보시스템"이라 한다)에 저장된 자동차 결함정보에 대한 전자적 침해행위로 자동차 결함정보가 유출되지 않도록 방화벽 설치 등 필요한 조치를 해야 한다.

② 제1항에서 규정한 사항 외에 자동차결함정보시스템의 구축 및 운영에 관하여 필요한 사항은 국토교통부장관이 정한다.

[본조신설 2021. 2. 2.]

제9조 (내압용기검사의 생략)

법 제35조의6제1항 단서에 따라 다음 각 호의 어느 하나에 해당하는 내압용기에 대해서는 법 제35조의6제1항 본문에 따른 내압용기검사(이하 "내압용기검사"라 한다)의 전부를 생략할 수 있다. 다만, 제1호 다목의 경우에는 국토교통부령으로 정하는 바에 따라 그 일부를 생략한다. <개정 2013. 3. 23.>

1. 다음 각 목의 구분에 따라 제조하는 내압용기
   가. 수출용으로 제조하는 내압용기
   나. 정부·지방자치단체·자동차제작자·내압용기제조자 또는 국토교통부장관이 지정하는 시험연구기관이 시험용 또는 연구개발용으로 제조하는 내압용기
   다. 「고압가스 안전관리법」 제5조의2에 따라 외국용기 등의 제조등록을 한 자가 제조하는 내압용기
2. 다음 각 목의 구분에 따라 수리하는 내압용기
   가. 내압용기제조자가 용기밸브 또는 용기안전장치의 부품을 교체하는 내압용기

나. 자동차정비업자(내압용기 내의 잔류가스를 회수할 수 있는 장치를 갖춘 자만 해당한다)가 용기밸브 또는 용기안전장치를 교체 · 수리하는 내압용기(액화석유가스용 내압용기만 해당한다)

3. 다음 각 목의 구분에 따라 수입하는 내압용기
   가. 시험용 또는 연구개발용으로 수입하는 내압용기
   나. 주한(駐韓) 외국기관에서 사용하기 위하여 수입하는 것으로서 외국에서 내압용기검사에 준하는 검사를 받은 내압용기
   다. 내압용기를 제조 또는 수입하는 자가 견본으로 수입하는 내압용기
   라. 수출할 목적으로 수입하는 내압용기

[본조신설 2011. 11. 25.]

제9조의2 (내압용기재검사 비용의 지원)

① 국토교통부장관은 법 제35조의8제5항에 따라 다음 각 호의 비용을 법 제44조제1항에 따라 자동차검사를 대행하는 자(이하 "자동차검사대행자"라 한다)에게 지원할 수 있다. <개정 2013. 3. 23.>
   1. 법 제35조의8제1항 본문에 따른 내압용기재검사(이하 "내압용기재검사"라 한다)에 필요한 시설, 장비 및 인력에 드는 비용
   2. 내압용기재검사와 관련된 조사, 연구 및 전산 관련 시설에 드는 비용
   3. 내압용기의 파기 및 각인에 드는 비용
   4. 그 밖에 내압용기재검사의 효율적 수행 및 관리를 위하여 국토교통부장관이 필요하다고 인정하는 비용

② 자동차검사대행자가 제1항에 따른 지원을 받으려는 경우에는 내압용기재검사 비용지원 신청서에 다음 각 호의 서류를 첨부하여 국토교통부장관에게 제출하여야 한다. <개정 2013. 3. 23.>
   1. 사업추진계획서
   2. 소요비용 산정내역
   3. 자금집행계획
   4. 그 밖에 내압용기재검사의 비용지원을 위하여 국토교통부장관이 필요하다고 인정하는 서류

③ 제1항 및 제2항에 따른 지원범위 및 지원절차 등에 관하여 필요한 세부사항은 국토교통부장관이 정하여 고시한다. <개정 2013. 3. 23.>

[본조신설 2011. 11. 25.]

제9조의3 (내압용기에 대한 위해방지 조치)

① 법 제35조의10제2항에서 "가스유출 등 대통령령으로 정하는 중대한 결함"이란 다음 각 호의 어느 하나에 해당하는 결함을 말한다.
   1. 내압용기 내의 가스유출
   2. 용기밸브 및 용기안전장치의 중대한 손상

② 법 제35조의10제3항에서 "폭발사고 등 대통령령으로 정하는 중대하고 명백한 결함"이란 다음 각 호의 어느 하나에 해당하는 결함을말한다.
1. 내압용기의 폭발로 인한 내압용기의 파손사고
2. 내압용기의 압력으로 인한 내압용기의 파열사고
③ 제1항 및 제2항에 따른 결함의 유형 및 종류 등에 관하여 필요한 세부사항은 국토교통부장관이 정하여 고시한다. <개정 2013. 3. 23.>
[본조신설 2011. 11. 25.]

제9조의4 (손실보상)

① 법 제35조의10제5항 본문에 따른 손실보상은 국토교통부장관과 손실을 입은 자(자동차 소유권 및 사용에 관한 권리를 가진 자를 말한다)와의 상호 협의에 따라 정한다. <개정 2013. 3. 23.>
② 국토교통부장관은 제1항에 따른 손실보상을 위하여 필요하다고 인정하는 경우에는 손실보상 또는 내압용기 관련 전문가 및 전문기관에 대하여 자문 및 의견제출 등을 요청할 수 있다. <개정 2013. 3. 23.>
③ 제1항 및 제2항에 따른 손실보상의 협의, 자문 및 의견제출 등의 절차 및 방법 등에 관하여 필요한 세부사항은 국토교통부장관이 정하여 고시한다. <개정 2013. 3. 23.>
[본조신설 2011. 11. 25.]

제9조의5 (제세공과금)

법 제47조의6제2항에서 "취득세 등 대통령령으로 정하는 제세공과금"이란 「지방세법」에 따른 취득세를 말한다.
[본조신설 2018. 10. 23.]

제9조의6 (자동차안전 · 하자심의위원회의 구성 및 운영)

① 국토교통부장관은 법 제47조의7제1항에 따른 자동차안전 · 하자심의위원회(이하 "위원회"라 한다)의 위원을 임명하거나 위촉하는 경우에는 법 제47조의8제1항제3호부터 제6호까지의 어느 하나에 해당하는 위원의 수가 전체 위원 수의 2분의 1 이상이 되도록 하여야 한다.
② 위원회의 위원장(이하 이 조에서 "위원장"이라 한다)은 위원회의 회의를 소집하고 그 회의의 의장이 되며, 위원회의 사무를 총괄한다. <개정 2022. 12. 9.>
③ 위원장이 부득이한 사유로 직무를 수행할 수 없을 때에는 위원장이 미리 지명한 위원이 그 직무를 대행한다.
④ 위원장은 회의를 소집하려면 회의의 일시, 장소 및 안건을 회의 개최 5일 전까지 각 위원들에게 알려야 한다. 다만, 긴급을 요하는 경우에는 그러하지 아니하다.
⑤ 위원회는 심의를 위하여 필요한 경우 관계 전문가 또는 이해관계인 등을 위원회에 출석하게 하여

의견을 들을 수 있다.

⑥ 위원회에 출석한 위원 및 관계 전문가 등에게 예산의 범위에서 수당 및 여비와 그 밖에 필요한 경비를 지급할 수 있다.

⑦ 제1항부터 제6항까지에서 규정한 사항 외에 위원회의 운영 등에 필요한 사항은 위원회 규칙으로 정한다.

[본조신설 2018. 10. 23.]

제9조의7 (위원회의 심의대상)

법 제47조의7제2항제2호사목에서 "대통령령으로 정하는 사항"이란 다음 각 호의 어느 하나에 해당하는 경우로서 국토교통부장관이 심의를 요청하는 사항을 말한다. <개정 2021. 2. 2.>

1. 법 제31조제8항에 따른 자동차제작자 등이나 부품제작자 등의 시정조치 계획 및 경제적 보상계획의 적정성에 관한 사항
2. 법 제32조의2제5항에 따른 무상수리의무 이행 명령에 관한 사항

[본조신설 2018. 10. 23.]

제9조의8 (분과위원회의 구성 등)

① 법 제47조의7제3항에 따라 같은 조 제2항제2호 각 목의 사항에 대한 심의를 효율적으로 수행하기 위하여 위원회에 제작결함분과위원회(이하 "분과위원회"라 한다)를 둔다.

② 분과위원회는 위원장 1명을 포함하여 30명 이내의 위원으로 구성한다.

③ 분과위원회의 위원장은 위원회의 위원장이 겸임한다.

④ 분과위원회의 위원은 위원회의 위원 중에서 국토교통부장관이 지명한다. 이 경우 국토교통부장관은 법 제47조의8제1항제3호부터 제6호까지의 위원의 수가 분과위원회 총 위원 수의 3분의 2 이상이 되도록 해야 한다.

⑤ 분과위원회는 재적위원 과반수의 출석과 출석위원 과반수의 찬성으로 의결한다.

⑥ 제1항부터 제5항까지에서 규정한 사항 외에 분과위원회의 운영 등에 필요한 사항은 위원회 규칙으로 정한다.

[본조신설 2022. 12. 9.] [종전 제9조의8은 제9조의10으로 이동 <2022. 12. 9.>]

제9조의9 (소위원회의 구성 등)

① 법 제47조의7제3항에 따라 법 제47조의11제1항제1호에 따른 재심의 요청사항을 효율적으로 심의하기 위하여 위원회에 소위원회를 둔다.

② 소위원회는 위원장 1명을 포함하여 10명 이내의 위원으로 구성한다.

③ 소위원회의 위원장과 위원은 위원회의 위원 중에서 위원회의 위원장이 지명한다.

④ 소위원회는 소위원회 재적위원 과반수의 출석과 출석위원 과반수의 찬성으로 의결한다.

⑤ 제1항부터 제4항까지에서 규정한 사항 외에 소위원회의 운영 등에 필요한 사항은 위원회 규칙으로 정한다.

[본조신설 2022. 12. 9.] [종전 제9조의9는 제9조의11로 이동 <2022. 12. 9.>]

제9조의10 (위원회 위원의 해촉 사유)

법 제47조의8제3항제3호에서 "직무상의 의무 위반 등 대통령령으로 정하는 해촉 사유"란 다음 각 호의 어느 하나에 해당하는 경우를 말한다.

1. 이 법에 따른 직무와 관련하여 비위사실이 발견된 경우
2. 직무태만, 품위손상이나 그 밖의 사유로 인하여 위원으로 적합하지 아니하다고 인정되는 경우

[본조신설 2018. 10. 23.] [제9조의8에서 이동, 종전 제9조의10은 제9조의12로 이동 <2022. 12. 9.>]

제9조의11 (위원회 회의록의 비공개)

법 제47조의8제7항 단서에 따라 공개하지 않을 수 있는 정보는 다음 각 호의 어느 하나에 해당하는 정보로 한다.

1. 회의록에 포함되어 있는 성명, 주민등록번호 등 「개인정보 보호법」 제2조제1호에 따른 개인정보로서 공개할 경우 재산상의 이익이나 사생활의 비밀 또는 자유를 침해할 우려가 있다고 인정되는 정보
2. 위원회에서 심의가 진행 중인 안건에 관한 정보로서 공개할 경우 공정한 심의에 영향을 줄 수 있다고 인정되는 정보
3. 특정 차종의 설계변경 이력이나 조립공정 등 자동차제작자 등의 경영상 · 영업상 비밀에 해당하는 정보
4. 개별 교환 · 환불중재와 관련된 정보
5. 그 밖에 공개할 경우 위원회 심의의 공정성을 크게 저해할 우려가 있다고 인정되는 정보

[본조신설 2021. 2. 2.] [제9조의9에서 이동, 종전 제9조의11은 제9조의13으로 이동 <2022. 12. 9.>]

제9조의12 (위원회 심의결과에 대한 재심의절차 등)

① 법 제47조의11제1항제1호에 따라 재심의를 요청하려는 자는 법 제47조의7제2항제2호에 따른 심의결과를 통보받은 날부터 15일 이내에 재심의요청서에 재심의사유를 증명할 수 있는 자료를 첨부하여 위원회에 제출해야 한다. <개정 2022. 12. 9.>

② 위원회는 법 제47조의11제2항에 따른 의결이 있는 날부터 10일 이내에 재심의 결과를 재심의를 요청한 자와 국토교통부장관에게 통보해야 한다.

[본조신설 2021. 2. 2.] [제9조의10에서 이동 <2022. 12. 9.>]

제9조의13 (위원회 운영의 위탁 등)

① 국토교통부장관은 법 제47조의12제1항에 따라 다음 각 호의 업무를 「한국교통안전공단법」에

따른 한국교통안전공단(이하 "한국교통안전공단"이라 한다)에 위탁한다. <개정 2021. 2. 2.>

1. 법 제47조의4에 따른 교환·환불중재 신청의 접수 및 절차의 개시에 관한 업무
2. 법 제47조의8에 따른 위원회 운영에 관한 업무
3. 법 제47조의9에 따른 중재부 구성 및 운영에 관한 업무

② 제1항에 따라 위탁된 사무를 처리하기 위하여 한국교통안전공단에 위원회 사무국(이하 "사무국"이라 한다)을 둔다.

③ 사무국에 사무국장 1명과 제1항 각 호의 업무처리를 위하여 필요한 조직과 직원을 둔다.

④ 사무국장은 위원장의 명을 받아 사무를 처리하고, 소속 직원을 지휘·감독하며, 위원회에 출석하여 발언할 수 있다.

⑤ 사무국은 사무의 원활한 처리를 위하여 특별시·광역시·특별자치시·도 및 특별자치도에 분사무소를 설치할 수 있다.

⑥ 사무국의 조직 및 정원은 한국교통안전공단 이사장이 국토교통부장관의 승인을 받아 정한다.

[본조신설 2018. 10. 23.] [제9조의11에서 이동 <2022. 12. 9.>]

제10조 (이륜자동차대장의 비치·관리 등)

① 시장·군수 또는 구청장은 법 제48조제1항의 규정에 의하여 사용신고를 받은 이륜자동차별로 이륜자동차대장(전자문서를 포함한다. 이하 같다)을 비치·관리하여야 한다. <개정 1999. 7. 29., 2015. 4. 29.>

② 제1항에 따른 이륜자동차대장 및 법 제48조에 따른 신고와 관련된 서류의 보존기간은 다음 각 호의 구분에 따른다. <신설 2015. 4. 29.>

1. 이륜자동차대장 : 해당 이륜자동차대장을 폐쇄한 날부터 10년
2. 신고서 및 그 첨부서류 : 신고를 받은 날부터 3년(사용신고의 경우 5년)

[제목개정 2015. 4. 29.]

제11조 (경미한 등록사항의 변경)

법 제53조제1항 단서에서 "대통령령으로 정하는 경미한 등록 사항을 변경하는 경우"란 다음 각호의 변경을 말한다. <개정 2010. 2. 5., 2011. 11. 25.>

1. 임원(대표자를 포함한다)의 주소변경
2. 자동차관리사업으로 등록한 사업장의 대지면적 또는 건물면적의 100분의 30이하의 변경 또는 증·개축(등록기준에 미달되게 하는 경우를 제외한다)

제12조 (자동차정비업의 세분)

① 법 제53조제2항에 따른 자동차정비업의 종류는 다음 각 호와 같이 세분한다. <개정 2013. 6. 17., 2015. 12. 10.>

1. 자동차종합정비업
2. 소형자동차종합정비업
3. 자동차전문정비업
4. 원동기전문정비업

② 제1항에 따라 세분된 자동차정비업의 종류별 정비작업의 범위는 국토교통부령으로 정한다. <개정 2008. 2. 29., 2013. 3. 23., 2013. 6. 17.>

제13조 (사업의 개선명령)

① 시장·군수 또는 구청장은 법 제56조제1항 및 제2항에 따라 개선명령을 하고자 하는 때에는 그 사유와 이행기간을 명시한 서면으로 하여야 한다. <개정 1999. 7. 29., 2018. 10. 23.>

② 시장·군수 또는 구청장은 제1항에 따른 개선명령을 받은 자동차관리사업자 또는 온라인 자동차 매매정보제공자에 대하여 정당한 사유가 있는 때에는 개선명령의 이행기간을 1차에 한하여 연장할 수 있다. 이 경우 자동차관리사업자 또는 온라인 자동차 매매정보제공자는 그 사유를 증명하는 서면을 시장·군수 또는 구청장에게 제출(전자문서에 의한 제출을 포함한다)하여야 한다. <개정 1999. 7. 29., 2007. 12. 31., 2018. 10. 23.>

③ 삭제 <1999. 7. 29.>

④ 삭제 <1999. 7. 29.>

제13조의2 (자동차매매업자의 금지 행위)

법 제57조제3항제2호다목에서 "대통령령으로 정하는 내용의 표시·광고"란 다음 각 호의 표시·광고를 말한다.

1. 매도 또는 매매를 알선하려는 자동차가 존재하지만 실제로 거래의 대상이 될 수 없는 자동차에 대한 표시·광고
2. 매도 또는 매매를 알선하려는 자동차가 존재하지만 실제로 거래할 의사가 없는 자동차에 대한 표시·광고
3. 매도 또는 매매를 알선하려는 자동차의 판매자 정보 및 거래조건 등 자동차 거래 여부에 중요한 영향을 미치는 사실을 빠뜨리거나 은폐·축소하는 표시·광고

[본조신설 2022. 12. 9.] [종전 제13조의2는 제13조의3으로 이동 <2022. 12. 9.>]

제13조의3 (자동차매매업자의 손해배상책임 등)

① 법 제53조에 따라 자동차매매업을 등록한 자(이하 "자동차매매업자"라 한다)는 법 제58조의3제2항에 따라 다음 각 호에 해당하는 금액을 보장하는 보증보험 또는 법 제68조의17에 따른 공제(이하 이 조에서 "공제"라 한다)에 가입하거나 해당 금액을 공탁하여야 한다. <개정 2023. 9. 26.>

1. 법인인 경우 : 2천만원 이상

2. 법인이 아닌 경우 : 1천만원 이상

② 자동차매매업자는 자동차매매업을 등록을 한 때에는 업무를 시작하기 전에 제1항에 따른 손해배상 책임을 위한 조치(이하 이 조에서 "보증"이라 한다)를 한 후 그 증명서류를 갖추어 시장・군수 또는 구청장에게 신고하여야 한다.

③ 제1항에 따라 보증을 설정한 자동차매매업자는 그 보증을 다른 보증으로 변경할 때에는 이미 설정한 보증의 효력이 있는 기간 중에 다른 보증을 설정하고 그 증명서류를 갖추어 시장・군수 또는 구청장에게 신고하여야 한다.

④ 제1항에 따라 보증보험 또는 공제에 가입한 자동차매매업자는 보증기간이 만료되어 다시 보증을 설정할 때에는 그 보증기간 만료일까지 다시 보증을 설정하고 그 증명서류를 갖추어 시장・군수・구청장에게 신고하여야 한다. <개정 2023. 9. 26.>

⑤ 자동차매수인이 손해배상금으로 보증보험금・공제금 또는 공탁금을 지급받으려는 경우에는 그 자동차매수인과 자동차매매업자 간의 손해배상합의서(공정증서로 한정한다)・화해조서 또는 법원의 확정된 판결문 사본, 그 밖에 이에 준하는 효력이 있는 서류를 첨부하여 보증보험회사, 법 제68조의14제1항에 따른 공제조합 또는 공탁기관에 손해배상금의 지급을 청구하여야 한다. <개정 2023. 9. 26.>

⑥ 자동차매매업자는 보증보험금・공제금 또는 공탁금으로 손해배상을 한 때에는 5일 이내에 보증보험 또는 공제에 다시 가입하거나 공탁금 중 부족하게 된 금액을 보전하여야 한다. <개정 2023. 9. 26.>

[본조신설 2009. 3. 27.] [제13조의2에서 이동, 종전 제13조의3은 제13조의4로 이동 <2022. 12. 9.>]

제13조의4 (자동차성능・상태점검 보험 등)

① 법 제58조제8항에 따른 자동차성능・상태점검자는 법 제58조의4제2항에 따라 「보험업법」 제2조제1호나목 및 같은 법 시행령 제1조의2제3항제6호에 따른 책임보험계약(이하 "자동차성능・상태점검책임보험"이라 한다)에 가입해야 한다. <개정 2023. 6. 9.>

② 자동차성능・상태점검책임보험은 다음 각 호의 기준을 충족하여야 한다.

1. 법 제58조제1항제1호에 따른 자동차성능・상태점검에 포함되는 사항 중 자동차 종합상태, 사고・교환・수리 등 이력 및 자동차 세부상태에 관한 사항으로서 국토교통부장관이 정하여 고시하는 사항이 보장범위에 포함되도록 할 것
2. 고의에 의한 사고 및 주행거리・연식 기준 등 보상제외 대상, 자기부담금에 관한 사항 및 보상한도액에 관한 사항을 명확히 할 것

③ 「보험업법」에 따른 보험회사(이하 이 조에서 "보험회사"라 한다)가 자동차성능・상태점검책임보험 사업을 하기 위하여 제2항제2호에 따른 사항을 정하려는 경우 국토교통부장관과 미리 협의할 수 있다.

④ 보험회사는 자동차성능・상태점검책임보험 사업의 효율적인 운영을 위하여 필요한 경우 제19조제

9항에 따라 전산정보처리조직의 설치·운영에 관한 권한을 위탁받은 한국교통안전공단 및 「보험업법」 제176조에 따른 보험요율 산출기관(이하 "보험요율 산출기관"이라 한다)에 다음 각 호의 자료의 제출을 요청할 수 있다.

1. 한국교통안전공단 : 자동차성능·상태점검기록부 및 관련 자료
2. 보험요율 산출기관 : 자동차성능·상태점검책임보험 가입자의 보험사고 발생이력 및 관련 자료

[본조신설 2018. 10. 23.] [제13조의3에서 이동, 종전 제13조의4는 제13조의5로 이동 <2022. 12. 9.>]

제13조의5 (자동차가격 조사·산정 교육 등)

① 법 제58조의5제1호에 따른 자동차가격 조사·산정 교육에는 다음 각 호의 교육내용이 포함되어야 한다. <개정 2018. 10. 23.>

1. 자동차가격 조사·산정 방법
2. 자동차가격 조사·산정 관련 법령
3. 자동차가격 조사·산정 실무
4. 직무윤리

② 제1항에 따른 교육의 교육시간은 16시간 이상으로 한다.

③ 제1항에 따른 교육의 실시기관은 다음 각 호와 같다. <개정 2018. 10. 23.>

1. 「고등교육법」 제2조 각 호에 따른 학교 중 자동차 관련 교육과정을 개설·운영하는 학교
2. 한국교통안전공단
3. 「기술사법」 제14조에 따라 설립된 기술사회

④ 제3항에 따른 교육 실시기관은 제1항에 따른 교육을 수료한 자에게 수료증을 발급하여야 한다.

[본조신설 2015. 12. 10.] [제13조의4에서 이동, 종전 제13조의5는 제13조의6으로 이동 <2022. 12. 9.>]

제13조의6 (온라인 자동차 매매정보제공의 등록기준 등)

① 법 제65조의2제1항 전단에서 "대통령령으로 정하는 등록기준"이란 다음 각 호의 기준을 말한다.

1. 호스트서버의 용량 : 10기가바이트 이상일 것
2. 호스트서버의 이용계약 기간 : 1년 이상일 것
3. 이용약관 : 온라인 자동차 매매정보제공을 이용하는 과정에서 발생할 수 있는 이용자의 피해에 대한 보상 방안과 거래 신뢰도 확보 방안을 모두 포함할 것
4. 이용자 불만 접수 창구개설 : 자동차 소유자 및 자동차매매업자가 자동차 매매정보를 이용하는 과정에서 발생할 수 있는 불만사항을 인터넷 홈페이지(휴대전화에서 사용되는 응용프로그램을 포함한다. 이하 이 조에서 같다)와 유선전화를 통하여 온라인 자동차 매매정보제공자에게 직접 제기할 수 있는 창구를 개설할 것

② 법 제65조의2제1항 후단에서 "대통령령으로 정하는 중요 사항"이란 등록한 사항 중 다음 각 호의 사항을 말한다.

1. 대표자 및 임원의 성명
2. 상호 및 서비스 명칭
3. 인터넷 홈페이지
4. 전자우편주소 및 전화번호
5. 호스트서버의 소재지 및 용량(호스트서버의 용량을 늘리는 경우는 제외한다)

[본조신설 2018. 10. 23.] [제13조의5에서 이동, 종전 제13조의6은 제13조의7로 이동 <2022. 12. 9.>]

제13조의7 (국제조화기본계획의 변경)

법 제68조의3제3항 후단에서 "대통령령으로 정하는 경미한 사항의 변경"이란 다음 각 호의 어느 하나에 해당하는 경우를 말한다. <개정 2013. 3. 23.>

1. 법 제68조의3제1항에 따른 자동차안전기준 등의 국제조화 기본계획(이하 이 조에서 "국제조화기본계획"이라 한다)에서 정한 부문별 사업비용을 100분의 15 이내의 범위에서 변경하는 경우
2. 국제조화기본계획에서 정한 부문별 사업기간을 1년 이내의 범위에서 변경하는 경우
3. 관계 법령 또는 관련 계획의 변경에 따라 국제조화기본계획의 내용 변경이 부득이한 경우
4. 계산착오, 오기, 누락 또는 이에 준하는 사유로서 그 변경근거가 분명한 사항을 변경하는 경우
5. 그 밖에 국제조화기본계획의 목적 및 방향에 영향을 미치지 아니하는 것으로서 국토교통부장관이 정하여 고시하는 사항을 변경하는 경우

[본조신설 2011. 11. 25.] [제13조의6에서 이동, 종전 제13조의7은 제13조의8로 이동 <2022. 12. 9.>]

제13조의8 (전담기관의 지정기준 등)

① 법 제68조의4제1항에 따른 전담기관(이하 "전담기관"이라 한다)의 지정기준은 다음 각 호와 같다.

1. 법 제68조의4제2항제1호부터 제6호까지의 업무(이하 이 조에서 "전담기관업무"라 한다)를 수행할 수 있는 업무관리체계 및 재정능력을 갖출 것
2. 전담기관업무를 수행할 수 있는 상설 조직 및 전문인력을 갖출 것
3. 전담기관업무 수행에 필요한 시설 및 장비를 갖출 것
4. 전담기관의 조직 · 인력 및 시설 · 장비 운용 등에 관한 내부 규정을 갖출 것

② 전담기관의 지정을 받으려는 자는 국토교통부령으로 정하는 전담기관지정신청서(전자문서를 포함한다)에 다음 각 호의 서류(전자문서를 포함한다)를 첨부하여 국토교통부장관에게 제출해야 한다.

1. 전담기관의 조직 · 인력 및 시설 · 장비 현황에 관한 서류
2. 정관 또는 이에 준하는 내부운영규정
3. 사업추진계획서
4. 자금조달 및 집행계획서

③ 국토교통부장관은 제2항에 따라 전담기관의 지정을 신청한 자가 법인인 경우에는 「전자정부법」 제36조제1항에 따른 행정정보의 공동이용을 통하여 법인 등기사항증명서를 확인해야 한다.

④ 법 제68조의4제4항에 따른 전담기관의 지정취소·업무정지의 기준은 별표 1과 같다.

■ 자동차 관리법 시행령 [별표 1] <개정 2023. 6. 9.>

전담기관의 지정취소 및 업무정지 등에 관한 처분기준(제13조의8제4항 관련)

1. 일반기준

가. 위반행위가 둘 이상일 때에는 그 중 무거운 처분기준(처분기준이 같은 경우에는 그 처분기준을 말한다)에 따른다.

나. 위반행위의 횟수에 따른 행정처분의 기준은 최근 1년간 지정기준에 적합하지 않아 행정처분을 받은 경우에 적용한다. 이 경우 기간의 계산은 위반행위에 대하여 행정처분을 받은 날과 그 처분 후 다시 같은 위반행위를 하여 적발된 날을 기준으로 한다.

다. 국토교통부장관은 처분기준이 업무정지에 해당하는 경우 위반행위의 동기, 정도 및 결과 등을 고려하여 가목 및 나목에 따라 산정한 업무정지 기간을 2분의 1 범위에서 줄일 수 있다.

2. 개별기준

위반 행위	근거 법령	처분 기준		
		1차	2차	3차
가. 거짓이나 그 밖의 부정한 방법으로 지정을 받은 경우	법 제68조의4제4항제1호	지정취소		
나. 전담기관 지정기준에 적합하지 않게 된 경우	법 제68조의4제4항제2호			
1) 제13조의8제1항제1호부터 제4호까지의 규정에 따른 지정기준 중 어느 하나의 지정기준에 적합하지 않게 된 경우		업무정지 1개월	업무정지 3개월	지정취소
2) 제13조의8제1항제1호부터 제4호까지의 규정에 따른 지정기준 중 둘 이상의 지정기준에 적합하지 않게 된 경우		업무정지 3개월	업무정지 6개월	지정취소

⑤ 국토교통부장관은 법 제68조의4제1항에 따라 전담기관을 지정하거나 같은 조 제4항에 따라 전담기관의 지정취소 또는 업무정지를 명한 경우에는 그 사실을 인터넷 홈페이지에 공고해야 한다.

[전문개정 2021. 7. 13.] [제13조의7에서 이동 <2022. 12. 9.>]

제13조의9 (시범사업)

① 국토교통부장관은 법 제68조의8제1항에 따른 시범사업(이하 이 조에서 "시범사업"이라 한다)의 시행을 위하여 다음 각 호의 사항이 포함된 시범사업기본계획을 수립하여야 한다. <개정 2013. 3. 23.>

1. 시범사업의 목표, 전략 및 추진체계에 관한 사항
2. 시범사업에 적용되는 자동차기술에 관한 사항
3. 시범사업의 시행에 필요한 재원의 조달에 관한 사항
4. 그 밖에 시범사업의 원활한 시행을 위하여 국토교통부장관이 필요하다고 인정하는 사항

② 국토교통부장관은 제1항에 따른 시범사업을 실시하려는 경우에는 직접 또는 신청으로 시범사업의 대상 또는 지역을 지정할 수 있다. 이 경우 시범사업의 지정을 신청하려는 자는 국토교통부령으로 정하는 시범사업 지정신청서(전자문서를 포함한다)에 다음 각 호의 서류(전자문서를 포함한다)를 첨부하여 국토교통부장관에게 제출하여야 한다. <개정 2013. 3. 23.>

1. 제3항에 따른 지정기준에 적합함을 입증할 수 있는 서류
2. 시범사업의 실시에 필요한 비용, 인력 및 시설 등에 관한 서류
3. 시범사업의 대상 및 지역에 관한 설명자료
4. 그 밖에 제1호부터 제3호까지와 유사한 것으로서 국토교통부장관이 시범사업의 효율적 실시를 위하여 필요하다고 인정하는 서류

③ 시범사업의 지정기준은 다음 각 호와 같다.

1. 시범사업기본계획에 적합할 것
2. 시범사업의 실시에 대한 재원조달계획이 적정하고 실현 가능할 것
3. 자동차기술의 연구·개발 및 이용·보급의 촉진에 이바지할 수 있을 것

④ 제1항부터 제3항까지의 규정에 따른 시범사업기본계획의 수립절차, 시범사업의 지정절차 및 방법, 시범사업의 지정기준 등에 관하여 필요한 세부사항은 국토교통부장관이 정하여 고시한다. <개정 2013. 3. 23.>

[본조신설 2011. 11. 25.] [제13조의7에서 이동, 종전 제13조의9는 제13조의11로 이동 <2018. 10. 23.>]

제13조의10 (자동차서비스복합단지 개발에 관한 국가 기본계획 수립 및 변경 등)

① 법 제68조의9제2항제5호에서 "대통령령으로 정하는 사항"이란 다음 각 호의 사항을 말한다.

1. 법 제68조의9제1항에 따른 자동차서비스복합단지(이하 "자동차서비스복합단지"라 한다)의 주요 시설의 규모, 비율 및 배치 등에 관한 사항
2. 자동차 관련 기반시설의 설치 및 운영에 관한 사항
3. 자동차서비스복합단지 개발 및 활성화를 위한 시범사업 실시에 관한 사항
4. 지역경제 활성화 및 친환경적 개발을 위하여 필요한 사항
5. 그 밖에 자동차서비스복합단지 개발 및 관리에 관한 사항

② 국토교통부장관은 법 제68조의9제1항에 따른 자동차서비스복합단지 개발에 관한 국가 기본계획(이하 이 조에서 "기본계획"이라 한다)을 수립하려는 경우에는 관계 중앙행정기관의 장 및 시・도지사의 의견을 들어야 한다. 수립된 기본계획을 변경하려는 경우에도 또한 같다.

③ 국토교통부장관은 관계 중앙행정기관의 장 및 시・도지사에게 기본계획을 수립하거나 변경하는 데 필요한 자료의 제출을 요청할 수 있다. 이 경우 자료의 제출 요청을 받은 기관은 특별한 사유가 없으면 이에 따라야 한다.

④ 국토교통부장관은 기본계획을 수립한 경우에는 관계 중앙행정기관의 장 및 시・도지사에게 통보하여야 한다.

⑤ 국토교통부장관은 5년마다 수립된 기본계획의 타당성을 검토하여야 한다.

[본조신설 2016. 1. 6.] [제13조의8에서 이동 <2018. 10. 23.>]

제13조의11 (자동차서비스복합단지 개발사업의 시행자)

① 법 제68조의11제2호에서 "대통령령으로 정하는 기관"이란 다음 각 호의 기관을 말한다. <개정 2018. 10. 23., 2019. 4. 2., 2020. 9. 10.>

1. 「한국토지주택공사법」에 따른 한국토지주택공사
2. 「한국수자원공사법」에 따른 한국수자원공사
3. 「한국도로공사법」에 따른 한국도로공사
4. 「한국철도공사법」에 따른 한국철도공사
5. 「국가철도공단법」에 따른 국가철도공단
6. 「한국공항공사법」에 따른 한국공항공사
7. 「인천국제공항공사법」에 따른 인천국제공항공사
8. 「항만공사법」에 따른 항만공사
9. 한국교통안전공단
10. 「제주특별자치도 설치 및 국제자유도시 조성을 위한 특별법」에 따른 제주국제자유도시개발센터
11. 「중소기업진흥에 관한 법률」에 따른 중소벤처기업진흥공단

② 법 제68조의11제6호에서 "대통령령으로 정하는 요건에 해당하는 법인"이란 법 제68조의11제1호부터 제5호까지의 규정에 해당하는 자의 출자비율이 100분의 50을 초과하는 법인을 말한다.

[본조신설 2016. 1. 6.] [제13조의9에서 이동 <2018. 10. 23.>]

제13조의12 (공제조합의 설립 등)

① 법 제68조의14제1항에 따른 공제조합(이하 "공제조합"이라 한다)을 설립하려면 공제조합의 조합원 자격이 있는 자의 10분의 1 이상이 발기하고, 조합원 자격이 있는 자 200인 이상의 동의를 받아 창립총회의 의결을 거친 후 국토교통부장관에게 인가를 신청해야 한다.

② 제1항에 따라 공제조합의 설립인가를 신청하려는 자는 인가신청서에 다음 각 호의 서류를 첨부하여 국토교통부장관에게 제출해야 한다.

1. 정관
2. 사업계획서
3. 수입·지출 계산서
4. 창립총회의 회의록

③ 법 제68조의14제4항에 따른 공제조합의 정관에 포함되어야 하는 사항은 다음 각 호와 같다.

1. 목적
2. 명칭
3. 주된 사무소의 소재지
4. 사업에 관한 사항
5. 조합원의 자격 및 가입·탈퇴에 관한 사항
6. 자산과 회계에 관한 사항
7. 총회에 관한 사항
8. 법 제68조의15제1항에 따른 운영위원회에 관한 사항
9. 임직원에 관한 사항
10. 정관의 변경에 관한 사항
11. 해산과 남은 재산의 처리에 관한 사항

④ 국토교통부장관은 법 제68조의14제1항에 따른 인가를 한 경우에는 그 사실을 국토교통부의 인터넷 홈페이지에 공고해야 한다.

⑤ 공제조합은 설립인가를 받으면 주된 사무소의 소재지에서 다음 각 호의 사항을 등기해야 한다.

1. 목적
2. 명칭
3. 사업
4. 주된 사무소의 소재지
5. 설립 인가 연월일
6. 출자금의 총액
7. 출자방법 및 출자 1좌의 금액
8. 출자증권 양도의 제한에 관한 사항
9. 임원의 성명 및 주민등록번호(이사장의 경우에는 주소를 포함한다)
10. 대표권 제한에 관한 사항
11. 대리인에 관한 사항
12. 공고의 방법

⑥ 공제조합은 제5항 각 호의 등기사항에 변경이 있는 경우에는 그 변경이 발생한 날부터 3주 이내에

해당 사항에 대한 변경등기를 해야 한다. 다만, 제5항제6호에 따른 출자금의 총액에 관한 변경등기는 매 사업연도 말을 기준으로 사업연도 종료 후에 변경등기를 해야 한다.

[본조신설 2023. 9. 26.]

제13조의13 (예산과 결산의 제출)

① 공제조합은 매 사업연도의 총수입과 총지출을 예산으로 편성하여 사업연도가 시작되기 1개월 전까지 국토교통부장관에게 제출해야 한다.

② 공제조합은 매 사업연도가 끝난 후 2개월 이내에 결산을 완료하고 결산보고서에 재무상태표와 손익계산서를 첨부하여 국토교통부장관에게 제출해야 한다.

③ 공제조합은 제2항에 따라 국토교통부장관에게 제출한 재무상태표와 손익계산서를 주된 사무소와 지부에 갖추어 두어야 한다.

[본조신설 2023. 9. 26.]

제13조의14 (운영위원회의 구성 및 운영 등)

① 법 제68조의15제1항에 따른 운영위원회(이하 "운영위원회"라 한다)는 공제사업에 관하여 다음 각 호의 사항을 심의·의결하며 그 업무집행을 감독한다.

1. 사업계획·운영 및 관리에 관한 기본 방침에 관한 사항
2. 예산 및 결산에 관한 사항
3. 차입금에 관한 사항
4. 주요 예산집행에 관한 사항
5. 임원의 임면(任免)에 관한 사항
6. 공제약관·공제규정의 변경과 각종 내부규정의 제정·개정 및 폐지에 관한 사항
7. 공제금, 공제 가입금, 분담금 및 그 요율(料率)에 관한 사항
8. 정관으로 정하는 사항
9. 그 밖에 운영위원회의 위원장이 필요하다고 인정하여 회의에 부치는 사항

② 운영위원회는 위원장과 부위원장 각 1명을 포함하여 25명 이내의 위원으로 구성한다.

③ 운영위원회의 위원장 및 부위원장은 위원 중에서 각각 호선(互選)하되, 위원장과 부위원장 중 1명은 제4항제2호에 해당하는 사람으로 한다.

④ 운영위원회의 위원은 다음 각 호의 어느 하나에 해당하는 사람으로 한다. 이 경우 제3호와 제4호에 해당하는 위원의 수는 전체 위원 수의 2분의 1 미만으로 한다.

1. 국토교통부장관이 그 소속 공무원 중에서 지명하는 사람 1명
2. 다음 각 목의 어느 하나에 해당하는 사람으로서 공제조합의 이사장이 국토교통부장관의 승인을 받아 위촉하는 6명 이상 12명 이내의 사람

가. 금융·보험·회계 분야를 전공한 사람으로서 대학에서 부교수 이상으로 재직하고 있거나

재직하였던 사람

나. 변호사·공인회계사 또는 손해사정사의 자격이 있는 사람

다. 「보험업법」 제2조제6호에 따른 보험회사나 「소비자기본법」 제29조에 따라 등록한 소비자단체 또는 같은 법 제33조에 따른 한국소비자원에서 10년 이상 재직하고 있거나 재직하였던 사람

라. 교통 분야 정책 또는 연구 업무에 10년 이상 종사한 경력이 있는 사람

마. 자동차매매업과 관련된 사업자단체에서 10년 이상 재직하고 있거나 재직하였던 사람

3. 총회가 조합원(법인인 경우에는 그 대표자를 말한다) 중에서 선임하는 5명 이상 11명 이내의 사람

4. 해당 공제조합의 이사장

⑤ 제4항제2호 및 제3호에 해당하는 위원의 임기는 3년으로 한다. 다만, 보궐위원의 임기는 전임(前任) 위원 임기의 남은 기간으로 한다.

⑥ 운영위원회의 위원장은 운영위원회의 회의를 소집하며, 그 의장이 된다.

⑦ 운영위원회의 부위원장은 위원장을 보좌하며, 위원장이 부득이한 사유로 그 직무를 수행할 수 없을 때에는 그 직무를 대행한다.

⑧ 운영위원회의 회의는 재적위원 과반수의 출석으로 개의하고, 출석위원 과반수의 찬성으로 의결한다. 다만, 제1항제6호 및 제7호의 사항은 출석위원 3분의 2 이상의 찬성으로 의결한다.

⑨ 제1항부터 제8항까지에서 규정한 사항 외에 운영위원회의 운영에 필요한 사항은 운영위원회의 의결을 거쳐 위원장이 정한다.

[본조신설 2023. 9. 26.]

제13조의15 (운영위원회 위원의 결격사유)

법 제68조의16제1항제3호 및 제4호에서 "대통령령으로 정하는 금융 관계 법령(외국의 금융 관계 법령을 포함한다)"이란 각각 별표 1의4에서 정하는 법령을 말한다.

[본조신설 2023. 9. 26.]

■ 자동차관리법 시행령 [별표 1의4] <신설 2023. 9. 26.>

운영위원회 위원의 결격사유 관련 금융 관계 법령(제13조의15 관련)

1. 「감정평가 및 감정평가사에 관한 법률」
2. 「공인회계사법」
3. 「근로자퇴직급여 보장법」
4. 「금융산업의 구조개선에 관한 법률」
5. 「금융소비자 보호에 관한 법률」

6. 「금융실명거래 및 비밀보장에 관한 법률」
7. 「금융위원회의 설치 등에 관한 법률」
8. 「금융지주회사법」
9. 「금융혁신지원 특별법」
10. 「기술보증기금법」
11. 「기업구조조정투자회사법」
12. 「농림수산식품투자조합 결성 및 운용에 관한 법률」
13. 「농림수산업자 신용보증법」
14. 「농업협동조합법」
15. 「대부업 등의 등록 및 금융이용자 보호에 관한 법률」
16. 「보험사기방지 특별법」
17. 「보험업법」
18. 「부동산투자회사법」
19. 「사회기반시설에 대한 민간투자법」
20. 「산림조합법」
21. 「상호저축은행법」
22. 「새마을금고법」
23. 「선박투자회사법」
24. 「수산업협동조합법」
25. 「신용보증기금법」
26. 「신용정보의 이용 및 보호에 관한 법률」
27. 「신용협동조합법」
28. 「여신전문금융업법」
29. 「예금자보호법」
30. 「온라인투자연계금융업 및 이용자 보호에 관한 법률」
31. 「외국인투자 촉진법」
32. 「외국환거래법」
33. 「유사수신행위의 규제에 관한 법률」
34. 「은행법」
35. 「인터넷전문은행 설립 및 운영에 관한 특례법」
36. 「자동차손해배상 보장법」
37. 「자본시장과 금융투자업에 관한 법률」
38. 「자산유동화에 관한 법률」
39. 「전자금융거래법」
40. 「주식회사 등의 외부감사에 관한 법률」
41. 「주식 · 사채 등의 전자등록에 관한 법률」
42. 「주택법」
43. 「채권의 공정한 추심에 관한 법률」
44. 「특정 금융거래정보의 보고 및 이용 등에 관한 법률」

45. 「한국은행법」
46. 「한국자산관리공사 설립 등에 관한 법률」
47. 「한국주택금융공사법」
48. 「한국투자공사법」
49.제1호부터 제48호까지의 법령에 상당하는 외국의 금융 관계 법령

제13조의16 (보증의 종류)

법 제68조의17제1항제1호에서 "대통령령으로 정하는 보증"이란 다음 각 호의 보증을 말한다.

1. 이행보증
2. 지급보증
3. 그 밖에 정관으로 정하는 보증

[본조신설 2023. 9. 26.]

제13조의17 (보증규정 및 공제규정)

① 법 제68조의18제1항에 따른 보증규정에 포함되어야 하는 사항은 다음 각 호와 같다.
  1. 보증사업의 범위
  2. 보증계약의 내용
  3. 보증수수료
  4. 보증에 충당하기 위한 책임준비금

② 법 제68조의18제1항에 따른 공제규정에 포함되어야 하는 사항은 다음 각 호와 같다.
  1. 공제사업의 범위
  2. 공제계약의 내용
  3. 공제료 및 공제금
  4. 공제금에 충당하기 위한 책임준비금

[본조신설 2023. 9. 26.]

제13조의18 (출자증권의 명의 기재변경)

① 조합원 또는 조합원이었던 자는 법 제68조의19제1항에 따라 그 지분을 양도하려는 경우에는 정관으로 정하는 바에 따라 공제조합으로부터 출자증권에 명의 기재변경을 받아야 한다.

② 공제조합이 법 제68조의20제1항제2호부터 제5호까지의 규정에 해당하는 사유로 취득한 지분을 처분하는 경우에는 해당 출자증권을 공제조합의 명의로 기재변경한 후 처분해야 한다.

[본조신설 2023. 9. 26.]

제13조의19 (재무건전성 기준)

① 공제조합이 법 제68조의21제1항에 따라 지켜야 하는 재무건전성 기준은 다음 각 호와 같다.

1. 다음 계산식에 따른 지급여력비율을 100분의 100 이상으로 유지할 것

$$\text{지급여력비율} = \frac{A}{B}$$

A : 지급여력금액(자본금, 대손충당금, 이익잉여금과 그 밖에 이에 준하는 것으로서 국토교통부장관이 정하여 고시하는 금액을 합산한 금액에서 영업권 및 선급비용 등 국토교통부장관이 정하여 고시하는 금액을 뺀 것)

B : 지급여력기준금액(공제사업을 운영함에 따라 발생하게 되는 위험을 국토교통부장관이 정하여 고시하는 방법에 따라 금액으로 환산한 것)

2. 구상채권 등 보유자산의 건전성을 정기적으로 분류하고 대손충당금을 적립할 것
3. 결산기마다 그 사업의 종류에 따라 책임준비금 및 지급준비금을 계상하고 이를 적립할 것
4. 유동성 관리에 관하여 국토교통부장관이 정하여 고시하는 기준을 충족할 것

② 국토교통부장관은 법 제68조의21제2항에 따라 공제조합에 대하여 자본금의 증액을 명하거나 주식 등 위험자산의 소유를 제한하는 조치를 하려는 경우에는 다음 각 호의 사항을 고려해야 한다.

1. 해당 조치가 공제계약자의 보호를 위하여 적정한지 여부
2. 해당 조치가 공제조합의 부실화를 예방하고 건전한 경영을 유도하기 위하여 필요한지 여부

③ 국토교통부장관은 제1항에 따른 재무건전성 기준에 필요한 세부 기준을 정할 수 있다.

[본조신설 2023. 9. 26.]

제14조 (전산자료의 이용)

① 법 제69조제2항의 규정에 의한 전산자료중 자동차소유자의 인적사항등 개인정보가 포함된 자료를 이용하고자 하는 자(관계중앙행정기관의 장을 제외한다)는 다음 각호의 사항을 기재한 신청서를 관계중앙행정기관의 장에게 제출하여야 한다. 이 경우 신청할 수 있는 전산자료는 필요한 최소한의 범위에 한하여야 하며, 자동차등록원부를 그 공부의 형태대로 복제하거나 전산자료 자체의 제공을 신청할 수 없다.

1. 자료이용의 목적 및 근거
2. 자료의 범위
3. 자료의 제공방식 · 보관기관 및 안전관리대책 등

② 제1항의 규정에 의한 신청을 받은 관계중앙행정기관의 장은 다음 각호의 사항을 심사한 후 그 심사결과를 신청을 받은 날부터 30일 이내에 신청인에게 통보하여야 한다.

1. 신청내용의 타당성 · 적합성 및 공익성

2. 개인의 사생활 침해여부

3. 자료의 목적외 사용방지 및 안전관리대책

③ 전산자료를 이용하고자 하는 자는 제2항의 규정에 의한 심사결과를 첨부하여 국토교통부령이 정하는 바에 의하여 국토교통부장관에게 승인신청을 하여야 한다. <개정 2008. 2. 29., 2013. 3. 23.>

④ 관계중앙행정기관의 장은 법 제69조제2항의 규정에 의하여 전산자료를 이용하고자 하는 경우에는 제1항 각호 및 제2항 각호의 사항에 관한 검토결과를 작성하여 국토교통부장관에게 승인신청을 하여야 한다. <개정 2008. 2. 29., 2013. 3. 23.>

⑤ 제3항 및 제4항의 규정에 의한 승인신청을 받은 국토교통부장관은 다음 각호의 사항을 심사하여야 한다. <개정 2008. 2. 29., 2013. 3. 23.>

1. 제2항 각호의 사항
2. 신청한 사항이 전산정보처리조직으로 그 처리가 가능한지의 여부
3. 신청한 사항의 처리가 자동차관리업무의 효율적 수행에 지장이 있는지 여부

⑥ 국토교통부장관은 제5항의 규정에 의한 심사결과 이를 승인한 때에는 국토교통부령이 정하는 바에 의하여 그 승인내용을 기록·관리하여야 한다. <개정 2008. 2. 29., 2013. 3. 23.>

⑦ 전산자료중 승인신청당시 이미 공표된 통계자료는 해당 통계자료를 보유한 기관에서 제1항부터 제6항까지의 규정에도 불구하고 이를 직접 이용하게 할 수 있다. <개정 2020. 2. 25.>

제14조의2 (정보 제공 대상 및 제공 방법)

① 국토교통부장관은 법 제69조의2제1항에 따라 자동차소유자에게 자동차의 제작, 등록, 검사, 정비 및 폐차 등 자동차관련 통합이력(이하 "자동차이력관리 정보"라 한다)을 제공하는 경우에는 제14조의3제1호 및 같은 조 제2호가목 및 다목에 따른 정보를 제공하여야 한다.

② 국토교통부장관은 법 제69조의2제1항에 따라 자동차소유자 외의 자에게 자동차이력관리 정보를 제공하는 경우에는 제14조의3제2호에 따른 정보를 제공하여야 한다. 다만, 제14조의4제1항 단서에 따라 자동차소유자의 동의가 필요하지 아니한 경우 또는 자동차소유자가 제14조의4제2항에 따라 동의한 경우에는 제14조의3제1호 및 같은 조 제2호가목 및 다목에 따른 정보를 제공하여야 한다. <개정 2017. 5. 8.>

③ 자동차이력관리 정보의 제공 기간은 해당 자동차가 신규등록된 날부터 말소등록 후 2년이 되는 날까지로 한다.

④ 국토교통부장관은 제1항 및 제2항에 따라 정보를 제공할 때에는 「민원 처리에 관한 법률」 제12조의2제2항에 따른 전자민원창구를 이용하여야 한다. <개정 2022. 7. 11.>

[본조신설 2015. 10. 6.] [종전 제14조의2는 제14조의5로 이동 <2015. 10. 6.>]

제14조의3 (제공 가능 정보)

법 제69조의2제1항에 따라 자동차소유자 등에게 제공할 수 있는 자동차이력관리 정보의 내용은

다음 각 호와 같다. <개정 2017. 5. 8., 2023. 6. 9.>

1. 자동차소유자의 동의가 필요한 정보
   가. 법 제14조에 따른 압류등록 및 「자동차 등 특정동산 저당법」에 따른 저당권등록 정보
   나. 「지방세법」에 따른 자동차세 체납 정보
   다. 「자동차손해배상보장법」 제5조에 따른 보험 등의 가입 정보
   라. 정비이력 정보(자동차정비업자가 법 제58조제10항에 따라 법 제69조에 따른 전산정보처리조직에 전송하는 사항을 말한다)
   마. 중고자동차 성능·상태 점검 정보(자동차매매업자가 법 제58조제10항에 따라 법 제69조에 따른 전산정보처리조직에 전송하는 사항을 말한다)
   바. 폐차 정보(자동차해체재활용업자가 법 제58조제10항에 따라 법 제69조에 따른 전산정보처리조직에 전송하는 사항을 말한다)
   사. 그 밖에 법 제7조에 따른 자동차등록원부의 기재사항 중 국토교통부장관이 필요하다고 인정하는 사항
2. 자동차소유자의 동의가 필요하지 아니한 정보
   가. 자동차등록번호, 차명, 차종, 용도, 양도연월일 및 최초등록일자
   나. 법 제14조에 따른 압류등록 및 「자동차 등 특정동산 저당법」에 따른 저당권등록 건수
   다. 법 제43조에 따른 자동차검사 및 법 제43조의2에 따른 자동차종합검사의 이력
   라. 「지방세법」에 따른 자동차세 체납 횟수
   마. 「자동차손해배상보장법」 제5조에 따른 보험 등의 가입 여부
   바. 자동차 정비 횟수
   사. 중고자동차 성능·상태 점검 횟수
   아. 폐차 여부

[본조신설 2015. 10. 6.] [종전 제14조의3은 제14조의6으로 이동 <2015. 10. 6.>]

제14조의4 (개인정보 보호 조치)

① 국토교통부장관은 법 제69조의2제3항에 따라 자동차소유자 외의 자에게 제14조의3제1호의 정보를 제공할 때에는 미리 자동차소유자의 동의를 받아야 한다. 다만, 자동차매매업자가 소유한 자동차로서 법 제59조제1항제1호에 따라 신고된 매매용 자동차의 경우에는 자동차소유자의 동의를 받지 아니하고 제14조의3제1호의 정보를 제공할 수 있다. <개정 2017. 5. 8.>

② 국토교통부장관은 제1항에 따라 자동차소유자의 동의를 받으려는 경우에는 인터넷 홈페이지 등에 동의 내용을 게재하고 자동차소유자가 동의 여부를 표시하도록 하여야 한다.

③ 자동차소유자는 제2항에 따라 동의를 하는 경우에는 다음 각 호의 어느 하나에 해당하는 방법으로 본인확인을 거쳐야 한다. <개정 2020. 12. 8.>

1. 휴대전화를 통한 본인인증 등 「정보통신망 이용촉진 및 정보보호 등에 관한 법률」 제23조의3

에 따른 본인확인기관에서 제공하는 본인확인의 방법

2. 「전자서명법」 제2조제2호에 따른 전자서명 또는 같은 조 제6호에 따른 인증서를 통한 본인확인의 방법

[본조신설 2015. 10. 6.]

제14조의5 (자동차정비 전문인력의 육성 및 관리)

① 법 제69조의3제2항제4호에서 "대통령령으로 정하는 사항"이란 정비전문인력 양성기관에 관한 사항을 말한다.

② 법 제69조의3제3항에 따른 지원을 받으려는 정비전문인력 관련 단체, 법 제67조제1항에 따른 조합등(이하 "조합등"이라 한다) 및 대학 등은 다음 각 호의 사항이 포함된 서류를 국토교통부장관 또는 시ㆍ도지사에게 제출해야 한다.

1. 정비전문인력 양성을 위한 교육훈련 프로그램에 관한 사항
2. 지원 내용 및 방법에 관한 사항

③ 국토교통부장관 또는 시ㆍ도지사는 법 제69조의3제4항에 따라 정비전문인력 관련 단체ㆍ조합등 및 대학 등에 정비전문인력의 육성 및 관리 등에 필요한 자료를 제출할 것을 요청할 수 있다.

[본조신설 2020. 5. 26.] [종전 제14조의5는 제14조의6으로 이동 <2020. 5. 26.>]

제14조의6 (자동차 인터넷 표시ㆍ광고의 모니터링 업무의 위탁)

① 국토교통부장관은 법 제69조의4제4항에 따라 다음 각 호의 어느 하나에 해당하는 기관 또는 법인ㆍ단체에 같은 조 제1항에 따른 모니터링 업무를 위탁할 수 있다.

1. 「공공기관의 운영에 관한 법률」 제4조에 따른 공공기관
2. 「정부출연연구기관 등의 설립ㆍ운영 및 육성에 관한 법률」 제8조에 따른 연구기관
3. 「민법」 제32조에 따라 설립된 비영리법인으로서 인터넷 표시ㆍ광고 모니터링 또는 인터넷 광고 시장 감시와 관련된 업무를 수행하는 법인
4. 그 밖에 인터넷 표시ㆍ광고 모니터링 업무 수행에 필요한 전문인력과 전담조직을 갖췄다고 국토교통부장관이 인정하는 기관 또는 법인ㆍ단체

② 국토교통부장관은 제1항에 따라 업무를 위탁하는 경우에는 위탁받는 기관 또는 법인ㆍ단체와 위탁업무의 내용을 고시해야 한다.

[본조신설 2023. 6. 9.] [종전 제14조의6은 제14조의7로 이동 <2023. 6. 9.>]

제14조의7 (주행거리 변경 사유)

법 제71조제2항 단서에서 "고장 또는 파손 등 대통령령으로 정하는 불가피한 사유"란 다음 각 호의 어느 하나에 해당하는 경우를 말한다. <개정 2010. 2. 5., 2011. 11. 25.>

1. 교통사고로 주행거리계가 고장나거나 파손된 경우(경찰서 또는 보험회사에서 발급하는 교통사고

사실에 관한 증명서가 있는 경우에 한한다)

2. 침수・낙뢰 등 자연재해로 주행거리계가 고장나거나 파손된 경우(「자연재해대책법」 제74조제1항에 따른 관련 행정기관의 사실확인이 있는 경우에 한한다)
3. 다음 각 목의 어느 하나에 해당하는 경우로서 자동차검사대행자의 확인을 받은 경우
   가. 주행거리계와 분리할 수 없는 일체형으로 구성된 연료계 또는 속도계 등이 고장나거나 파손되어 해당 장치를 교체하려는 경우
   나. 제1호 또는 제2호 외의 사유로 주행거리계가 고장나거나 파손된 경우

[본조신설 2007. 7. 19.] [제14조의6에서 이동, 종전 제14조의7은 제14조의8로 이동 <2023. 6. 9.>]

제14조의8 (고유식별정보의 처리)

① 국토교통부장관, 시・도지사, 시장・군수 또는 구청장(해당 권한이 위임・위탁된 경우에는 그 권한을 위임・위탁받은 자를 포함한다), 등록번호판발급대행자, 「한국자산관리공사 설립 등에 관한 법률」에 따른 한국자산관리공사, 자동차검사대행자, 종합검사대행자, 성능시험대행자, 위원회 및 자동차해체재활용업자는 다음 각 호의 사무를 수행하기 위하여 불가피한 경우 「개인정보 보호법 시행령」 제19조에 따른 주민등록번호, 여권번호, 운전면허의 면허번호 또는 외국인등록번호가 포함된 자료를 처리할 수 있다. <개정 2018. 10. 23., 2021. 2. 2., 2022. 2. 17., 2023. 6. 9., 2023. 9. 26.>

1. 법 제7조에 따른 등록원부의 복구 및 등록원부의 열람, 그 등본 또는 초본의 발급에 관한 사무
2. 법 제8조에 따른 신규등록에 관한 사무
3. 법 제10조에 따른 등록번호판(같은 조 제7항에 따른 외부장치용 등록번호판을 포함한다)의 부착, 봉인에 관한 사무
4. 법 제11조에 따른 변경등록에 관한 사무
5. 법 제12조에 따른 이전등록에 관한 사무
6. 법 제12조의2에 따른 등록원부 또는 초본의 열람 또는 발급에 관한 사무
7. 법 제13조에 따른 말소등록에 관한 사무
8. 법 제18조에 따른 자동차등록증 재발급에 관한 사무
9. 법 제20조에 따른 등록번호판발급대행자의 지정에 관한 사무
10. 법 제21조에 따른 등록번호판발급대행자에 대한 지정의 취소에 관한 사무
11. 법 제22조에 따른 차대번호 등의 표기에 관한 사무
12. 법 제24조의2에 따른 자동차의 운행정지 명령 및 공매에 관한 사무
13. 법 제27조에 따른 임시운행허가에 관한 사무
14. 법 제28조에 따른 이의신청에 관한 사무
15. 법 제30조제2항에 따른 자동차의 제작・시험・검사시설 등의 등록에 관한 사무
16. 법 제34조에 따른 튜닝 승인에 관한 사무

17. 법 제43조에 따른 자동차검사에 관한 사무
18. 법 제43조의2에 따른 자동차종합검사에 관한 사무
19. 법 제46조에 따른 기술인력의 해임 또는 직무 정지에 관한 사무
20. 법 제47조의4에 따른 교환·환불중재에 관한 사무
21. 법 제48조에 따른 이륜자동차의 사용 신고 등에 관한 사무
22. 법 제53조에 따른 자동차관리사업의 등록 등에 관한 사무
23. 법 제53조의2에 따른 포상금 지급에 관한 사무
24. 법 제55조에 따른 자동차관리사업의 양도·양수 신고 및 합병 신고에 관한 사무
25. 법 제58조제6항제1호에 따른 폐차 인수의 증명에 관한 사무
26. 법 제60조에 따른 자동차경매장의 승인 또는 변경승인에 관한 사무
27. 법 제65조의2에 따른 온라인 자동차 매매정보제공의 등록 등에 관한 사무
28. 법 제66조에 따른 다음 각 목에 관한 사무
   가. 법 제66조제1항에 따른 자동차관리사업자에 대한 등록의 취소 또는 사업의 정지
   나. 법 제66조제2항에 따른 자동차제작자 등에 대한 등록의 취소 또는 사업의 정지
   다. 법 제66조제4항에 따른 온라인 자동차 매매정보제공자에 대한 등록의 취소 또는 사업의 정지
   라. 법 제66조제5항에 따른 자동차성능·상태점검자에 대한 사업장의 폐쇄 또는 사업장별 사업의 정지

28의2. 법 제68조의23에 따른 공제조합 임직원에 대한 징계·해임 요구 및 시정명령에 관한 사무
29. 법 제69조에 따른 전산자료 이용 승인에 관한 사무
30. 법 제69조의2에 따른 자동차이력관리 정보의 제공에 관한 사무
31. 법 제76조제12호에 해당하는 자에 대한 수수료 감면 등에 관한 사무
32. 법 제85조부터 제88조까지의 규정에 따른 범칙행위에 관한 사무

② 공제조합은 법 제68조의17에 따른 공제조합의 사업에 관한 사무를 수행하기 위하여 불가피한 경우 「개인정보 보호법 시행령」 제19조에 따른 주민등록번호, 여권번호, 운전면허의 면허번호 또는 외국인등록번호가 포함된 자료를 처리할 수 있다. <신설 2023. 9. 26.>

[전문개정 2017. 3. 27.] [제14조의7에서 이동 <2023. 6. 9.>]

제15조 (과징금의 부과·징수)

① 국토교통부장관, 시·도지사, 시장·군수 또는 구청장은 법 제74조제1항부터 제4항까지의 규정에 따라 과징금을 부과하려는 때에는 위반행위의 종별과 해당 과징금의 금액을 명시하여 이를 납부할 것을 서면으로 통지(과징금부과 대상자가 원하는 경우에는 전자문서에 의한 통지를 포함한다)해야 한다. <개정 1999. 7. 29., 2002. 12. 31., 2007. 12. 31., 2008. 2. 29., 2013. 3. 23., 2021. 2. 2.>

② 제1항에 따른 통지를 받은 자는 국토교통부장관, 시・도지사, 시장・군수 또는 구청장이 지정하는 수납기관에 납부통지일부터 20일 이내에 과징금을 납부해야 한다. <개정 1999. 7. 29., 2008. 2. 29., 2013. 3. 23., 2023. 12. 12.>

③ 제2항의 규정에 의하여 과징금을 납부받은 수납기관은 과징금을 납부한 자에게 과징금영수증을 교부하고 국토교통부장관, 시・도지사, 시장・군수 또는 구청장에게 영수필통지서를 송부하여야 한다. <개정 1999. 7. 29., 2008. 2. 29., 2013. 3. 23.>

④ 법 제74조제1항에 따라 과징금을 부과하는 위반행위의 종류와 위반 정도에 따른 과징금의 금액은 별표 1의2와 같다. <개정 2016. 6. 28., 2021. 7. 13.>

■ 자동차관리법 시행령 [별표 1의2] <개정 2023. 6. 9.>

법 제74조제1항에 따른 과징금의 부과기준(제15조제4항 관련)

1. 일반기준

가. 위반행위의 횟수에 따른 과징금의 가중된 부과기준은 최근 2년간 같은 위반행위로 과징금 부과처분을 받은 경우에 적용한다. 이 경우 기간의 계산은 위반행위에 대하여 과징금 부과처분을 받은 날과 그 처분 후 다시 같은 위반행위를 하여 적발된 날을 기준으로 한다.

나. 가목에 따라 가중된 부과처분을 하는 경우 가중처분의 적용 차수는 그 위반행위 전 부과처분 차수(가목에 따른 기간 내에 과징금 부과처분이 둘 이상 있었던 경우에는 높은 차수를 말한다)의 다음 차수로 한다.

다. 국토교통부장관, 시・도지사, 시장・군수 또는 구청장은 사업의 규모, 사업지역의 특수성, 위반행위의 정도 및 횟수 등을 고려하여 제2호에 따른 과징금 금액의 2분의 1의 범위에서 그 금액을 줄일 수 있다. 다만, 과징금을 체납하고 있는 위반행위자의 경우에는 그렇지 않다.

1) 위반행위가 사소한 부주의나 오류로 인한 것으로 인정되는 경우

2) 위반행위자가 법 위반상태를 시정하거나 해소하기 위한 노력이 인정되는 경우

3) 그 밖에 위반행위의 정도, 위반행위의 동기와 그 결과 등을 고려하여 과징금을 줄일 필요가 있다고 인정되는 경우

라. 국토교통부장관, 시・도지사, 시장・군수 또는 구청장은 사업의 규모, 사업지역의 특수성, 위반행위의 정도 및 횟수 등을 고려하여 제2호에 따른 과징금 금액의 2분의 1의 범위에서 그 금액을 늘릴 수 있다. 다만, 과징금 총액은 법 제74조제1항에 따른 금액을 초과할 수 없다.

1) 위반의 내용 및 정도가 중대하여 소비자 등에게 피해가 크다고 인정되는 경우

2) 법 위반상태의 기간이 6개월 이상인 경우

3) 그 밖에 위반행위의 정도, 위반행위의 동기와 그 결과 등을 고려하여 과징금을 늘릴 필요가 있다고 인정되는 경우

2. 개별기준

가. 등록번호판발급대행자 등에 대한 부과기준

(단위 : 만원)

위반행위	근거 법조문	과징금 금액		
		등록번호판 발급대행자	자동차검사 대행자	택시미터전문 검정기관
1) 시설·장비 등의 기준에 미달한 경우	법 제21조제1항제2호 법 제45조의3제1항제10호 법 제47조제5항제4호	1차 : 50 2차 : 150	1차 : 100 2차 : 300	1차 : 100 2차 : 300
2) 업무와 관련하여 부정한금품을 수수하거나 그 밖의 부정한 행위를 한 경우	법 제21조제1항제6호 법 제45조의3제1항제2호 법 제47조제5항제2호	1차 : 150 2차 : 300 3차 이상 :450	1차 : 200 2차 : 600	1차 : 200 2차 : 600
3) 등록번호판의 발급 또는 봉인을 정당한 사유 없이 거부한 경우	법 제21조제1항제8호	1차 : 100 2차 : 300		

나. 자동차관리사업자에 대한 부과기준

(단위 : 만원)

위반행위	근거 법조문	과징금 금액		
		자동차매매업	자동차정비업	자동차해체재활용
1) 시설·장비 등의 기준에 미달한 경우	법 제21조제1항제2호 법 제45조의3제1항제10호 법 제47조제5항제4호	1차 : 50 2차 : 150	1차 : 100 2차 : 300	1차 : 100 2차 : 300
1) 법 제40조제1항을 위반하여 정밀도검사를 받지 않은 기계·기구를 자동차의 점검작업 또는 정비작업에 사용한 경우	법 제66조제1항제13호나목		50	
2) 법 제53조제1항에 따라 등록한 폐차사업장 외의 장소에서 자동차를 폐차한 경우	법 제66조제1항제14호나목			1차 : 100 2차 : 200 3차 이상 : 300
3) 법 제53조제3항에 따른 등록기준에 미달한 경우	법 제66조제1항제4호	1차 : 50 2차 : 150	1차 : 100 2차 : 300	1차 : 50 2차 : 150
4) 법 제53조제4항에 따른 조건을 이행하지 않은 경우	법 제66조제1항제4호	1차 : 150 2차 : 450	1차 : 300 2차 : 900	1차: 150 2차: 450
5) 법 제56조에 따른 사업의 개선명령을 이행하지 않은 경우	법 제66조제1항제6호	1차 : 50 2차 : 100 3차 이상 : 150	1차 : 100 2차 : 200 3차 이상 : 300	1차 : 50 2차 : 100 3차 이상 : 150
6) 법 제57조제1항제1호에 따른 금지행위를 위반한 경우	법 제66조제1항제7호	1차 : 200 2차 : 600	1차 : 300 2차 : 900	1차 : 200 2차 : 600

(단위 : 만원)

위반행위	근거 법조문	과징금 금액		
		자동차매매업	자동차정비업	자동차해체재활용
7) 법 제57조제1항제2호에 따른 금지행위를 위반한 경우 가) 사업장의 전부 나) 사업장의 일부	법 제66조제1항제7호	150 1차 : 50 2차 : 150 3차 이상: 450	300 1차 : 100 2차 : 300 3차 이상: 900	150 1차 : 50 2차 : 150 3차 이상: 450
8) 법 제57조제1항제3호에 따른 금지행위를 위반한 경우	법 제66조제1항제7호	1차 : 100 2차 : 300	1차 : 200 2차 : 600	1차 : 100 2차 : 300
9) 법 제57조제1항제4호에 따른 금지행위를 위반한 경우	법 제66조제1항제7호	1차 : 50 2차 : 150 3차 이상 : 450	1차 : 100 2차 : 300 3차 이상 : 900	1차 : 50 2차 : 150 3차 이상 : 450
10) 법 제57조제1항제5호에 따른 금지행위를 위반한 경우	법 제66조제1항제7호	1차 : 200 2차 : 400	1차 : 150 2차 : 300	1차 : 150 2차 : 300
11) 법 제57조제2항을 위반하여 법 제34조(법 제52조에서 준용하는 경우를 포함한다)에 따른 승인을 받지 않고 자동차 튜닝 작업을 하거나, 승인을 받은 내용과 다르게 자동차를 튜닝한 경우	법 제66조제1항제13호마목		1차 : 200 2차 : 400 3차 이상 : 600	
12) 법 제58조제6항제1호에 따라 폐차 요청된 자동차의 차대번호 등이 자동차등록증에 기재된 내용과 다른 자동차를 폐차한 경우	법 제66조제1항제14호다목			1차 : 100 2차 : 300 3차 이상 : 900
13) 법 제58조제6항제1호의2를 위반하여 폐차 요청을 받은 자동차를 폐차하지 않은 경우	법 제66조제1항제14호라목			1차 :100 2차 : 300 3차 이상 : 900
14) 법 제58조제6항제2호를 위반하여 폐차 요청을 받은 자동차의 자동차등록증·등록번호판 및 봉인을 다시 사용할 수 없는 상태로 폐기하지 않은 경우	법 제66조제1항제14호마목			1차 : 300 2차 : 900
15) 법 제58조제9항을 위반하여 기록·관리 및 보존을 하지 않은 경우	법 제66조제1항제8호	1차 : 20 2차 : 40 3차 이상 : 60	1차 : 30 2차 : 60 3차 이상 : 90	

(단위 : 만원)

위반행위	근거 법조문	과징금 금액		
		자동차매매업	자동차정비업	자동차해체재활용
17) 법 제64조제1항을 위반하여 정비책임자를 두지 않거나 정비책임자의 선임 또는 해임 신고를 하지 않은 경우	법 제66조제1항제13호아목		1차 : 30 2차 : 90 3차 이상 : 270	
18) 법 제64조제2항을 위반하여 정비책임자의 해임명령을 이행하지 않은 경우	법 제66조제1항제13호자목		1차 : 50 2차 : 100 3차 이상 : 150	
19) 법 제65조제1항을 위반하여 국토교통부령으로 정하는 수수료 또는 요금을 초과하여 받은 경우	법 제66조제1항제10호	1차 : 50 2차 : 150 3차 이상 : 450	1차 : 100 2차 : 300 3차 이상 : 900	1차 : 50 2차 : 150 3차 이상 : 450
20) 법 제65조제2항을 위반하여 폐차된 자동차의 폐차 비용을 빼고 남은 금액을 해당 자동차 소유자에게 지급하지 않은 경우	법 제66조제1항제14호바목			1차 : 20 2차 : 60 3차 이상 : 180

⑤ 법 제74조제2항부터 제4항까지의 규정에 따라 과징금을 부과하는 위반행위의 종류와 위반 정도에 따른 과징금의 금액은 별표 1의3과 같다. <개정 2016. 6. 28., 2021. 2. 2., 2021. 7. 13.>

■ 자동차관리법 시행령 [별표 1의3] <개정 2024. 7. 30.>

법 제74조제2항부터 제4항까지에 따른 과징금 부과기준(제15조제5항 관련)

1. 일반기준

가. 국토교통부장관은 제2호에 따른 위반행위별 과징금 산정비율에 따라 위반행위별 과징금 금액을 산정한다.

나. 자동차제작자 등이나 자동차부품제작자 등이 스스로 결정하여 시정조치하는 경우에는 가목에 따라 산정한 과징금 금액을 다음의 구분에 따른 범위에서 줄인 금액과 제2호에 따른 위반행위별 과징금 상한액에 2분의 1을 곱한 금액 중 적은 금액을 과징금으로 산정한다.

1) 자기인증 적합조사 또는 제작결함조사 착수 전에 스스로 결정하여 시정조치하는 경우 : 100분의 50

2) 자기인증 적합조사 또는 제작결함조사 착수 이후 조사 완료 전에 스스로 결정하여 시정조치하는 경우 : 100분의 25

다. 국토교통부장관은 다음의 어느 하나에 해당하는 경우에는 가목 및 나목에 따라 산정한 과징금 금액의 2분의 1 범위[1), 2) 또는 4)에 해당하면서 3)에 해당하는 경우에는 4분의 3 범위]에서 그 금액을 줄일 수 있다. 이 경우 과징금의 세부 감경기준 등 과징금 산정에 관하여 필요한 세부사항은 국토교통부장관이 정하여 고시한다.

1) 법 제30조의3제2항에 따른 조사 및 법 제31조제4항에 따른 조사에 적극 협조한 경우
2) 법 제31조제1항에 따른 시정조치가 신속하게 이루어진 경우
3) 자동차제작자 등이나 부품제작자 등이 첨단기술이 도입된 안전장치 설치의 무상지원, 차량 무상점검 등 소비자 보호 및 자동차 안전 제고를 위하여 자발적으로 노력하였다고 인정되는 경우
4) 그 밖에 위반행위의 종류, 정도, 동기 및 그 결과 등을 고려하여 과징금을 줄일 필요가 있다고 인정되는 경우

라. 가목부터 다목까지의 규정에 따라 산정한 과징금 금액이 제2호에 따른 위반행위별 과징금 상한액을 초과하는 경우에는 그 상한액을 과징금 금액으로 산정한다.

마. 법 제74조제2항 및 같은 조 제3항제5호에 따라 과징금을 부과하는 경우 나목부터 라목까지의 기준은 적용하지 않는다.

2. 개별기준

(단위 : 만원)

위반행위	근거 법조문	과징금 산정비율	과징금 상한액
가. 법 제30조제1항(법 제52조에서 준용하는 경우를 포함한다)을 위반하여 자동차안전기준에 적합하지 않은 자동차를 판매한 경우	법 제74조제3항제1호		
1) 법 제31조제1항제1호 또는 제2호에 따른 연료소비율의 과다 표시 또는 원동기 출력의 과다 표시를 한 경우로서 법 제29조에 따른 자동차안전기준에 적합하지 않은 경우		해당 자동차 매출액의 100분의 2	100억원
2) 제8조제2항제2호에 따른 주행장치 중 국토교통부령으로 정하는 장치가 법 제29조에 따른 자동차안전기준에 적합하지 않은 경우		해당 자동차 매출액의 100분의 2	50억원
3) 제8조제2항제4호에 따른 조향장치 중 국토교통부령으로 정하는 장치가 법 제29조에 따른 자동차안전기준에 적합하지 않은 경우		해당 자동차 매출액의 100분의 2	50억원
4) 제8조제2항제5호에 따른 제동장치 중 국토교통부령으로 정하는 장치가 법 제29조에 따른 자동차안전기준에 적합하지 않은 경우		해당 자동차 매출액의 100분의 2	50억원
5) 제8조제2항제7호에 따른 연료장치 및 전기·전자장치 중 국토교통부령으로 정하는 장치가 법 제29조에 따른 자동차안전기준에 적합하지 않은 경우		해당 자동차 매출액의 100분의 2	50억원

(단위 : 만원)

위반행위	근거 법조문	과징금 산정비율	과징금 상한액
6) 제8조제2항제8호에 따른 차체 및 차대 중 국토교통부령으로 정하는 장치가 법 제29조에 따른 자동차안전기준에 적합하지 않은 경우		해당 자동차 매출액의 100분의 2	50억원
7) 그 밖의 자동차의 구조 및 장치가 법 제29조에 따른 자동차안전기준에 적합하지 않은 경우	법 제74조제3항제1호		
가) 에어백 경고문구 표기 기준 부적합 등 국토교통부장관이 자동차의 안전 또는 성능에 미치는 영향이 미미하다고 인정하여 고시하는 경우		해당 자동차 매출액의 100분의 2	1억원
나) 가) 외의 경우		해당 자동차 매출액의 100분의 2	10억원
나. 법 제30조의2제1항(법 제52조에서 준용하는 경우를 포함한다)을 위반하여 부품안전기준에 적합하지 않은 자동차부품을 판매한 경우	법 제74조제3항제2호	해당 자동차부품 매출액의 100분의 2	10억원
다. 법 제31조제1항(법 제52조에서 준용하는 경우를 포함한다)을 위반하여 결함을 은폐, 축소 또는 거짓으로 공개하거나 결함을 안 날부터 지체 없이 시정하지 않은 경우	법 제74조제2항	해당 자동차 또는 해당 자동차부품 매출액의 100분의 3	없음
라. 법 제31조의4제1항(법 제52조에서 준용하는 경우를 포함한다)을 위반하여 결함을 시정하지 않은 자동차 또는 자동차부품을 판매한 경우(법 제74조제3항제1호 또는 제2호에 해당하는 경우는 제외한다)	법 제74조제3항제5호	해당 자동차 또는 해당 자동차부품 매출액의 100분의 2	100억원
마. 법 제35조의6제1항을 위반하여 내압용기검사에 합격하지 않은 내압용기를 판매한 경우	법 제74조제4항	해당 내압용기 매출액의 100분의 1	10억원

※ 비고

제2호 각 목의 과징금 산정비율란의 매출액은 다음 각 호에 따라 산정한다. 이 경우 자동차·자동차부품 및 내압용기의 판매가격은 부가가치세 및 소비자에게 귀착되는 간접세를 제외한 가격을 말한다.

1. 자동차의 매출액을 산정하는 경우

구분	계산식	
제2호가목	매출액 =	자동차안전기준에 적합하지 않은 자동차[법 제31조제1항에 따른 시정조치 계획(이하 이 비고에서 "시정조치계획"이라 한다)을 자동차제작자 등이 공개한 경우에는 그 계획에 포함된 자동차를 말한다]의 판매가격을 모두 더한 금
제2호다목	매출액 =	자동차제작자 등이 공개한 시정조치계획에 포함된 자동차의 판매가격을 모두 더한 금액
제2호라목	매출액 =	자동차제작자 등이 공개한 시정조치계획에 포함된 자동차로서 시정조치계획을 공개했을 때 판매되지 않았던 자동차 중 시정조치를 하지 않고 판매한 자동차의 판매가격을 모두 더한 금액

2. 자동차부품의 매출액을 산정하는 경우

구분	계산식			
제2호나목	매출액 =	부품안전기준에 적합하지 않은 자동차부품(자동차부품제작자 등이 시정조치계획을 공개한 경우에는 그 계획에 포함된 자동차부품을 말한다)의 개수	×	해당 자동차부품의 판매가격
제2호다목	매출액 =	자동차부품제작자 등이 공개한 시정조치계획에 포함된 자동차부품의 개수	×	해당 자동차부품의 판매가격
제2호라목	매출액 =	자동차부품제작자 등이 공개한 시정조치계획에 포함된 자동차부품으로서 시정조치계획을 공개했을 때 판매되지 않은 자동차부품 중 시정조치를 하지 않고 판매한 자동차부품의 개수	×	해당 자동차부품의 판매가격

3. 내압용기의 매출액을 산정하는 경우

구분	계산식			
제2호마목	매출액 =	내압용기검사에 합격하지 않은 내압용기를 내압용기제조자 등이 판매한 개수	×	해당 내압용기의 판매가격

⑥ 삭제 <2021. 9. 24.>

제16조 삭제 〈1997. 12. 31.〉

제17조 (권한의 위임)

① 국토교통부장관은 법 제77조제1항에 따라 다음 각 호의 사항에 관한 권한을 시・도지사에게 위임한다. <개정 1997. 12. 20., 1997. 12. 31., 1998. 12. 31., 1999. 7. 29., 2002. 12. 31., 2008. 2. 29., 2009. 3. 27., 2010. 2. 5., 2011. 11. 25., 2013. 3. 23., 2016. 2. 3., 2018. 6. 19., 2021. 2. 2., 2021. 10. 14., 2022. 3. 8.>

1. 법 제27조제2항 및 제4항에 따른 임시운행허가번호판의 발급 및 반납에 관한 업무

1의2. 법 제35조의8제1항에 따른 내압용기재검사에 관한 업무(자동차검사대행자가 행하는 검사업무는 제외한다)

2. 법 제43조의 규정에 의한 자동차의 검사(자동차검사대행자 및 법 제45조제2항의 규정에 의한 지정 정비사업자가 법 제44조 및 법 제45조의 규정에 의하여 행하는 검사를 제외한다)에 관한 업무

3. 법 제45조제1항의 규정에 의한 지정정비사업자의 지정

4. 법 제45조의3제1항에 따른 지정정비사업자에 대한 지정취소 및 업무정지명령

4의2. 법 제45조의2제1항에 따른 종합검사지정정비사업자의 지정

4의3. 법 제45조의3제1항에 따른 종합검사지정정비사업자에 대한 지정취소 및 업무정지명령

5. 법 제46조제2항에 따른 지정정비사업자 및 종합검사지정정비사업자에 대한 기술인력의 해임 및 직무정지명령

6. 법 제47조제1항에 따른 택시요금미터 중 작동방식, 적용기술 등을 고려하여 국토교통부령으로

정하는 택시요금미터의 수리 및 사용에 관한 검정

7. 법 제47조제2항에 따른 택시미터전문검정기관 중 제6호에 따른 검정을 위한 택시미터전문검정기관의 같은 항에 따른 지정과 같은 조 제5항에 따른 지정취소 및 업무정지명령

8. 법 제69조의 규정에 의한 전산자료의 이용승인(2이상의 시 · 도에 해당하는 전산자료를 동시에 제공받고자 하는 경우를 제외한다)

8의2. 법 제75조 각호의 권한중 위임된 권한에 관한 청문

9. 법 제84조에 따른 과태료의 부과 및 징수(같은 조 제1항제1호부터 제3호까지, 같은 조 제2항제2호의2 · 제3호, 같은 조 제4항제13호의3 · 제14호 · 제15호 · 제15호의2 및 같은 조 제5항제3호 · 제8호에 따른 국토교통부장관의 명령 · 처분 등에 위반한 자에 대한 과태료의 부과 및 징수는 제외한다)

10. 법 제74조의 규정에 의한 과징금의 부과 및 징수(제7호의 규정에 의하여 권한이 위임된 경우에 한한다)

② 국토교통부장관 및 환경부장관은 법 제77조제2항에 따라 법 제43조의2에 따른 자동차종합검사(법 제44조의2제1항에 따른 종합검사대행자 및 법 제45조의2제1항에 따른 종합검사지정정비사업자가 법 제44조의2 및 제45조의2에 따라 수행하는 검사는 제외한다)에 관한 권한을 시 · 도지사에게 위임한다. <신설 2009. 3. 27., 2013. 3. 23.>

③ 시 · 도지사는 법 제77조제4항에 따라 다음 각 호의 사항에 관한 권한을 해당 시 · 도의 조례로 정하는 바에 따라 시장 · 군수 또는 구청장(특별자치도지사는 제외한다. 이하 이 조 및 제18조에서 같다)에게 위임할 수 있다. <개정 1999. 7. 29., 2009. 3. 27., 2010. 2. 5., 2011. 11. 25., 2016. 1. 6.>

1. 법 제7조의 규정에 의한 자동차등록원부의 비치 · 관리, 자동차등록원부가 멸실된 경우의 조치, 자동차등록원부 및 그 기재사항의 멸실 · 훼손 기타 부정한 유출 등의 방지와 보존을 위한 조치 및 자동차등록원부의 등본 또는 초본의 발급이나 열람신청의 처리

2. 법 제8조의 규정에 의한 신규등록 및 자동차등록증의 발급(법 제18조제2항의 규정에 의한 재발급을 포함한다)

3. 법 제9조에 따른 신규등록의 거부(법 제11조제2항 및 제12조제7항에 따라 준용하는 경우를 포함한다)

4. 법 제10조제2항의 규정에 의한 등록번호판 및 봉인을 떼는 허가

5. 법 제11조의 규정에 의한 변경등록의 처리

6. 법 제12조의 규정에 의한 이전등록의 처리

7. 법 제13조 (동조제8항 및 제9항을 제외한다)의 규정에 의한 말소등록의 처리와 자동차등록증 · 등록번호판 및 봉인의 수납 · 영치 및 폐기

8. 법 제13조제8항의 규정에 의한 수출이행여부의 신고의 처리

9. 법 제13조제9항의 규정에 의한 말소사실증명서의 발급

10. 법 제14조의 규정에 의한 압류등록의 처리

11. 법 제16조의 규정에 의한 자동차등록번호의 부여
12. 삭제 <1999. 7. 29.>
13. 법 제20조의 규정에 의한 등록번호판발급대행자의 지정
14. 법 제21조의 규정에 의한 등록번호판발급대행자에 대한 지정취소 및 사업정지명령
15. 삭제 <1999. 7. 29.>
16. 삭제 <1999. 7. 29.>
17. 법 제27조의 규정에 의한 임시운행허가 및 임시운행허가증과 임시운행허가번호판의 발급과 반납의 처리
18. 법 제28조의 규정에 의한 등록에 관한 이의신청의 처리
19. 삭제 <1999. 7. 29.>
20. 삭제 <1999. 7. 29.>
21. 삭제 <1999. 7. 29.>
22. 삭제 <1999. 7. 29.>
23. 삭제 <1999. 7. 29.>
24. 삭제 <2011. 11. 25.>
25. 삭제 <1999. 7. 29.>
26. 삭제 <1999. 7. 29.>
27. 삭제 <1999. 7. 29.>
28. 삭제 <1999. 7. 29.>
29. 삭제 <1999. 7. 29.>
30. 삭제 <1999. 7. 29.>
31. 삭제 <1999. 7. 29.>
32. 삭제 <1999. 7. 29.>
33. 법 제74조의 규정에 의한 과징금의 부과 및 징수(제14호의 규정에 의하여 권한이 위임된 경우에 한한다)
34. 법 제75조의 규정에 의한 청문(시장·군수 또는 구청장에게 법 제75조 각호의 1에 해당하는 업무에 관한 권한이 위임된 경우에 한한다)
35. 법 제84조의 규정에 의한 과태료의 부과 및 징수(법 제72조제1항·제2항 및 법 제73조제1항의 규정에 의한 시·도지사의 명령·처분 등에 위반한 자에 대한 과태료의 부과 및 징수를 제외한다)

④ 시·도지사는 제3항에 따라 시장·군수 또는 구청장에게 권한을 위임하는 조례를 제정 또는 개정한 때에는 지체없이 이를 국토교통부장관에게 통보하여야 한다. <개정 2008. 2. 29., 2009. 3. 27., 2013. 3. 23.>

제18조 (권한의 재위임)

① 시·도지사는 법 제77조제3항에 따라 국토교통부장관으로부터 위임받은 권한의 일부를 시장·군수 또는 구청장에게 재위임하고자 하는 때에는 업무내용 및 수임기관의 기구·인원·업무처리능력 등을 충분히 고려하여야 하며, 권한을 재위임한 때에는 이를 고시하여야 한다. <개정 2008. 2. 29., 2011. 11. 25., 2013. 3. 23.>

② 제1항에 따라 권한을 재위임받은 시장·군수 또는 구청장은 해당 업무의 처리상황을 시·도지사에게 보고하여야 한다. <개정 2020. 2. 25.>

③ 삭제 <1999. 7. 29.>

제19조 (업무의 위탁)

① 국토교통부장관은 법 제77조제5항에 따라 법 제23조제1항 단서(법 제52조에서 준용하는 경우를 포함한다) 및 제23조제2항(법 제52조에서 준용하는 경우를 포함한다)에 따른 업무를 법 제44조제1항에 따라 자동차검사대행자로 지정받은 한국교통안전공단에 위탁한다. <개정 1997. 12. 20., 2002. 12. 31., 2008. 2. 29., 2010. 2. 5., 2013. 3. 23., 2015. 12. 10., 2018. 10. 23.>

② 삭제 <2002. 12. 31.>

③ 국토교통부장관은 법 제77조제6항에 따라 다음 각 호의 업무를 한국교통안전공단에 위탁한다. <개정 2015. 10. 6., 2018. 10. 23., 2020. 9. 22.>

1. 법 제14조의2제1항에 따른 압류해제에 필요한 사무의 대행에 관한 업무
2. 법 제30조의4(법 제52조에서 준용하는 경우를 포함한다)에 따른 자기인증의 면제에 관한 업무

2의2. 법 제34조의2제1항제1호에 따른 자동차튜닝의 안전성 조사·연구 및 장비개발에 관한 업무

2의3. 법 제34조의2제1항제1호의2에 따른 자동차 튜닝전문인력의 양성 및 튜닝 관련 교육 프로그램의 개발·보급 업무

3. 법 제40조제1항(법제47조제4항에서 준용하는 경우를 포함한다)에 따른 기계·기구의 정밀도 검사에 관한 업무
4. 법 제69조의2제1항에 따른 자동차이력관리 정보의 제공에 관한 업무

④ 시·도지사는 법 제77조제7항에 따라 법 제69조에 따른 전산정보처리조직을 이용하여 전자적 방법(「전자정부법」에 따른 전자문서와 전자화문서를 포함한다)으로 신청받은 법 제7조, 제8조, 제9조부터 제12조까지, 제12조의2, 제13조, 제14조, 제14조의3 및 제16조의 등록에 관한 사무를 한국교통안전공단에 위탁할 수 있다. 이 경우 사무를 위탁한 시·도지사는 그 위탁사실을 고시하여야 한다. <신설 2015. 10. 6., 2018. 10. 23.>

⑤ 시장·군수 또는 구청장은 법 제77조제8항에 따라 법 제34조(법 제52조에서 준용하는 경우를 포함한다)에 따른 자동차 튜닝 승인에 관한 권한을 한국교통안전공단에 위탁한다. <신설 2002. 12. 31., 2008. 9. 25., 2010. 2. 5., 2015. 10. 6., 2018. 10. 23., 2024. 1. 9.>

⑥ 시장·군수 또는 구청장은 법 제77조제8항에 따라 법 제59조제1항에 따른 매매용 자동차의 신고처

리에 관한 권한을 법 제67조에 따라 설립된 자동차매매업에 관한 사업자단체에 위탁한다. <개정 1997. 12. 20., 1999. 7. 29., 2002. 12. 31., 2010. 2. 5., 2015. 10. 6.>

⑦ 시장·군수 또는 구청장은 법 제77조제8항에 따라 법 제64조제1항에 따른 정비책임자의 선임 및 해임신고의 처리에 관한 권한을 법 제67조에 따라 설립된 자동차정비업에 관한 사업자단체에 위탁한다. <개정 1999. 7. 29., 2002. 12. 31., 2010. 2. 5., 2015. 10. 6.>

⑧ 제6항 및 제7항에 따라 권한을 위탁받은 사업자단체는 시장·군수 또는 구청장에게 매월 위탁받은 업무의 처리상황을 보고하여야 한다. <개정 1997. 12. 20., 1999. 7. 29., 2002. 12. 31., 2010. 2. 5., 2015. 10. 6.>

⑨ 국토교통부장관은 법 제77조제10항에 따라 법 제69조에 따른 전산정보처리조직의 설치·운영에 관한 권한을 한국교통안전공단에 위탁한다. <신설 2008. 9. 25., 2013. 3. 23., 2015. 10. 6., 2018. 10. 23.>

⑩ 국토교통부장관은 법 제77조제11항에 따라 다음 각 호의 업무를 「고압가스 안전관리법」 제28조에 따른 한국가스안전공사에 위탁한다. <신설 2011. 11. 25., 2013. 3. 23., 2015. 10. 6.>

1. 법 제35조의6제1항에 따른 내압용기검사에 관한 업무
2. 법 제35조의6제2항에 따른 내압용기 파기에 관한 업무
3. 법 제35조의6제3항에 따른 내압용기에 대한 각인 또는 표시에 관한 업무

⑪ 국토교통부장관은 법 제77조제12항에 따라 자동차결함정보시스템 구축·운영에 관한 권한을 성능시험대행자에게 위탁한다. <신설 2021. 2. 2.>

[제목개정 2020. 9. 22.]

제20조 (과태료의 부과)

법 제84조제1항부터 제5항까지의 규정에 따른 과태료의 부과기준은 별표 2와 같다. <개정 2011. 11. 25., 2018. 4. 24., 2021. 2. 2.>

[전문개정 2008. 9. 25.]

■ 자동차관리법 시행령 [별표 2] <개정 2024. 11. 12.>

과태료의 부과기준(제20조 관련)

1. 일반기준

가. 위반행위가 둘 이상인 경우에는 그 중 가장 무거운 부과기준(무거운 부과기준이 같은 경우에는 그 중 하나의 부과기준을 말한다)을 따르되, 가장 무거운 부과기준의 2분의 1까지 그 부과금액을 늘릴 수 있다. 다만, 각 부과금액을 합한 금액을 넘을 수 없다.

나. 위반행위의 횟수에 따른 과태료의 가중된 부과기준은 최근 1년간(제2호수목의 위반행위는 최근 5년간으로 한다) 같은 위반행위로 과태료 부과처분을 받은 경우에 적용한다. 이 경우 기간의

계산은 위반행위에 대하여 과태료 부과처분을 받은 날과 그 처분 후 다시 같은 위반행위를 하여 적발된 날을 기준으로 한다.

다. 나목에 따라 가중된 부과처분을 하는 경우 가중처분의 적용 차수는 그 위반행위 전 부과처분 차수(나목에 따른 기간 내에 과태료 부과처분이 둘 이상 있었던 경우에는 높은 차수를 말한다)의 다음 차수로 한다.

라. 제2호보목에 따른 부과기준을 적용할 때에는 검사기간 도래 후에 자동차 폐차 등의 사유로 「자동차관리법」 제43조제4항에 따라 검사기간이 연장되거나 검사가 유예된 경우 그 사유가 발생한 날부터 연장 또는 유예 받은 기간의 종료일까지의 기간은 검사 지연기간에서 제외한다.

마. 부과권자는 다음의 어느 하나에 해당하는 경우에는 제2호에 따른 개별기준에 따른 과태료 금액의 2분의 1의 범위에서 그 금액을 줄일 수 있다. 다만, 과태료를 체납하고 있는 위반행위자의 경우에는 그렇지 않다.

1) 위반행위자가 「질서위반행위규제법 시행령」 제2조의2제1항 각 호의 어느 하나에 해당하는 경우

2) 위반행위가 사소한 부주의나 오류로 인한 것으로 인정되는 경우

3) 위반행위자가 법 위반상태를 시정하거나 해소하기 위하여 노력한 것이 인정되는 경우

4) 그 밖에 위반행위의 정도, 동기 및 결과 등을 고려하여 줄일 필요가 있다고 인정되는 경우

바. 부과권자는 다음의 어느 하나에 해당하는 경우에는 제2호의 개별기준에 따른 과태료 금액의 2분의 1의 범위에서 그 금액을 늘릴 수 있다. 다만, 법 제84조제1항부터 제5항까지에 따른 과태료 금액의 상한을 넘을 수 없다.

1) 위반의 내용·정도가 중대하여 소비자 등에게 미치는 피해가 크다고 인정되는 경우

2) 법 위반상태의 기간이 6개월 이상인 경우

3) 그 밖에 위반행위의 정도, 위반행위의 동기와 그 결과 등을 고려하여 늘릴 필요가 있다고 인정되는 경우

2. 개별기준

위반행위	근거 법조문	과태료 금액(만원)		
		1차	2차	3차 이상
가. 법 제8조제3항을 위반하여 신규등록 신청을 하지 않은 경우 또는 법 제13조제2항을 위반하여 자동차의 말소등록 신청을 하지 않은 경우	법 제84조제4항제1호·제5호			
1) 등록신청대행 의무자가 등록신청대행을 거부한 경우		50		
2) 등록신청대행기간이 지난 경우				
가) 경과 기간이 10일 이내인 경우		5		
나) 경과 기간이 10일 초과 104일 이내인 경우		5만원에 11일째부터 계산하여 1일마다 1만원을 더한 금액		
다) 경과 기간이 105일 이상인 경우		100		

<table>
<tr><th rowspan="2">위반행위</th><th rowspan="2">근거 법조문</th><th colspan="3">과태료 금액(만원)</th></tr>
<tr><th>1차</th><th>2차</th><th>3차 이상</th></tr>
<tr><td>나. 법 제8조제3항 또는 법 제58조제10항을 위반하여 전산정보처리조직에 전송하지 않은 경우</td><td>법 제84조제5항제7호의2</td><td colspan="3">10</td></tr>
<tr><td>다. 법 제8조의2를 위반하여 반품된 자동차라는 사실 또는 인도 이전에 발생한 하자에 대한 수리 여부와 상태 등을 구매자에게 고지하지 않고 판매한 경우</td><td>법 제84조제4항제1호의2</td><td colspan="3">100</td></tr>
<tr><td>라. 법 제10조제1항 단서(같은 조 제7항에서 준용하는 경우를 포함한다)에 따른 자동차등록번호판의 부착 또는 봉인을 하지 않은 경우</td><td>법 제84조제4항제2호</td><td colspan="3">50</td></tr>
<tr><td>마. 법 제10조제3항(같은 조 제7항에서 준용하는 경우를 포함한다)을 위반하여 자동차등록번호판의 부착 및 봉인의 재신청을 하지 않은 경우</td><td>법 제84조제4항제3호</td><td colspan="3">10</td></tr>
<tr><td>바. 법 제10조제4항(같은 조 제7항에서 준용하는 경우를 포함한다)을 위반하여 자동차등록번호판을 부착 또는 봉인하지 않은 자동차를 운행한 경우(법 제27조제2항에 따른 임시운행허가번호판을 붙인 경우는 제외한다)</td><td>법 제84조제3항제1호</td><td>50</td><td>150</td><td>250</td></tr>
<tr><td>사. 법 제10조제5항(같은 조 제7항 및 법 제52조에서 준용하는 경우를 포함한다)을 위반하여 등록번호판을 가리거나 알아보기 곤란하게 하거나 그러한 자동차를 운행한 경우(법 제81조제1호의2에 해당되는 경우는 제외한다)</td><td>법 제84조제3항제2호</td><td>50</td><td>150</td><td>250</td></tr>
<tr><td>아. 법 제11조를 위반하여 변경등록 신청을 하지 않은 경우
1) 신청 지연기간이 90일 이내인 경우
2) 신청 지연기간이 90일 초과 174일 이내인 경우
3) 신청 지연기간이 175일 이상인 경우</td><td>법 제84조 제5항제2호</td><td colspan="3">
2
2만원에 91일째부터 계산하여 3일 초과 시마다 1만원을 더한 금액
30</td></tr>
<tr><td>자. 법 제13조제1항을 위반하여 말소등록 신청을 하지 않은 경우
1) 법 제13조제1항제1호부터 제5호까지에 해당하는 경우
가) 신청 지연기간이 10일 이내인 경우
나) 신청 지연기간이 10일 초과 54일 이내인 경우
다) 신청 지연기간이 55일 이상인 경우
2) 법 제13조제1항제6호에 해당하는 경우</td><td>법 제84조 제5항제2호의2</td><td colspan="3">

5
5만원에 11일째부터 계산하여 1일마다 1만원을 더한 금액
50
20</td></tr>
</table>

위반행위	근거 법조문	과태료 금액(만원)		
		1차	2차	3차 이상
차. 법 제13조제8항을 위반하여 수출의 이행 여부 신고를 하지 않은 경우	법 제84조제4항제6호			
1) 신고 지연기간이 10일 이내인 경우		5		
2) 신고 지연기간이 10일 초과 54일 이내인 경우		5만원에 11일째부터 계산하여 1일마다 1만원을 더한 금액		
3) 신고 지연기간이 55일 이상인 경우		50		
카. 법 제13조제10항을 위반하여 말소등록 된 자동차를 다시 등록하려는 경우에 법 제8조에 따른 신규등록을 신청하지 않은 경우	법 제84조제4항제7호			
1) 수출을 사유로 말소등록한 자동차를 다시 등록하려는 경우				
가) 신청 지연기간이 10일 이내인 경우		5		
나) 신청 지연기간이 10일 초과 54일 이내인 경우		5만원에 11일째부터 계산하여 1일마다 1만원을 더한 금액		
다) 신청 지연기간이 55일 이상인 경우		50		
2) 그 밖의 사유로 말소등록한 자동차를 다시 등록하려는 경우		10		
타. 법 제22조제1항(법 제52조에서 준용하는 경우를 포함한다)에 따른 차대번호와 원동기형식의 표기를 하지 않은 경우	법 제84조제3항제3호	100	200	300
파. 법 제25조제1항에 따른 운행제한 명령을 위반하여 자동차를 운행한 경우	법 제84조제4항제10호			
1) 전시·사변 또는 이에 준하는 비상사태의 대처를 위한 자동차 운행제한명령을 위반한 경우		50		
2) 제31조제1항에 따른 결함이 있는 자동차의 운행으로 인한 화재사고가 반복적으로 발생하여 공중(公衆)의 안전에 심각한 위해를 끼칠 수 있는 경우를 방지하기 위한 자동차 운행제한명령을 위반한 경우		50		
3) 극심한 교통체증 지역의 발생예방 또는 해소를 위한 자동차 운행제한명령을 위반한 경우		10		
4) 대기오염 방지를 위한 자동차 운행제한명령을 위반한 경우		5		
하. 법 제26조의2제1항을 위반하여 폐차 요청을 하지 않은 경우	법 제84조제2항제2호의			
1) 폐차 요청 지연기간이 10일 이내인 경우		200		
2) 폐차 요청 지연기간이 10일 초과 49일 이내인 경우		200만원에 11일째부터 계산하여 1일마다 20만원을 더한 금액		
3) 폐차 요청 지연기간이 50일 이상인 경우		1,000		

<table>
<tr><th rowspan="2">위반행위</th><th rowspan="2">근거 법조문</th><th colspan="3">과태료 금액(만원)</th></tr>
<tr><th>1차</th><th>2차</th><th>3차 이상</th></tr>
<tr><td>거. 법 제26조의2제2항을 위반하여 전손 처리 자동차 또는 해당 자동차에 장착된 장치로서 같은 항에서 정하는 자동차의 안전운행에 직접 관련된 장치를 수출하거나 수출하는 자에게 판매한 경우</td><td>법 제84조제3항제5호</td><td>150</td><td>300</td><td>300</td></tr>
<tr><td>너. 법 제27조제1항을 위반하여 임시운행허가의 목적 외로 운행한 경우</td><td>법 제84조제3항제6호</td><td>50</td><td>150</td><td>250</td></tr>
<tr><td>더. 법 제27조제3항을 위반하여 임시운행허가 번호판을 붙이지 않고 운행한 경우</td><td>법 제84조제3항제7호</td><td>50</td><td>150</td><td>250</td></tr>
<tr><td>러. 법 제27조제4항을 위반하여 임시운행허가증 및 임시운행허가번호판을 반납하지 않은 경우</td><td rowspan="4">법 제84조제4항제12호</td><td colspan="3"></td></tr>
<tr><td>1) 반납 지연기간이 10일 이내인 경우</td><td colspan="3">3</td></tr>
<tr><td>2) 반납 지연기간이 10일 초과 106일 이내인 경우</td><td colspan="3">3만원에 11일째부터 계산하여 1일마다 1만원을 더한 금액</td></tr>
<tr><td>3) 반납 지연기간이 107일 이상인 경우</td><td colspan="3">100</td></tr>
<tr><td>머. 법 제27조제5항을 위반하여 자율주행자동차의 운행 및 교통사고 등에 관한 정보를 국토교통부장관에게 보고하지 않거나 거짓으로 보고한 경우</td><td rowspan="6">법 제84조제1항제1호</td><td colspan="3"></td></tr>
<tr><td>1) 보고기한을 경과한 경우</td><td colspan="3"></td></tr>
<tr><td>가) 경과 기간이 10일 이내인 경우</td><td colspan="3">5</td></tr>
<tr><td>나) 경과 기간이 10일 초과 100일 이내인 경우</td><td colspan="3">5만원에 11일째부터 계산하여 1일마다 1만원을 더한 금액</td></tr>
<tr><td>다) 경과 기간이 100일 이상인 경우</td><td colspan="3">100</td></tr>
<tr><td>2) 거짓으로 보고한 경우</td><td colspan="3">100</td></tr>
<tr><td>버. 법 제29조를 위반하여 자동차안전기준, 부품안전기준, 액화석유가스안전기준 또는 전기설비안전기준에 적합하지 않은 자동차를 운행하거나 운행하게 한 경우</td><td rowspan="5">법 제84조제4항제13호</td><td colspan="3"></td></tr>
<tr><td>1) 제8조제2항제7호의 전기・전자장치 중 최고속도제한장치 및 제8조제2항제18호 중 주행거리계 및 운행기록계</td><td colspan="3">100</td></tr>
<tr><td>2) 제8조제1항제5호・제6호, 같은 조 제2항제7호(연료장치 및 최고속도제한장치는 제외한다), 같은 항 제17호 중 광각 실외후사경 및 같은 항 제17호의2</td><td colspan="3">30</td></tr>
<tr><td>3) 제8조제2항제11호・제19호</td><td colspan="3">5</td></tr>
<tr><td>4) 제8조제1항제7호 및 제2항제2호(차축은 제외한다), 제3호, 제6호, 제14호부터 제16호까지, 제17호(광각 실외후사경은 제외한다) 및 제18호(주행거리계 및 운행기록계는 제외한다)</td><td colspan="3">3</td></tr>
</table>

위반행위	근거 법조문	과태료 금액(만원)		
		1차	2차	3차 이상
서. 법 제30조의3제2항(법 제52조에서 준용하는 경우를 포함한다), 법 제31조제4항(법 제52조에서 준용하는 경우를 포함한다), 법 제72조제2항, 제73조제1항 및 제73조의2제2항을 위반하여 확인·조사·보고·검사 또는 단속을 거부·방해 또는 기피하거나 질문에 대하여 거짓으로 진술한 경우	법 제84조제4항제14호	100		
어. 법 제30조의5에 따른 대체부품의 성능 및 품질 인증을 거짓으로 한 것을 알면서도 이를 판매한 경우	법 제84조제4항제13호의3	100		
저. 법 제31조제8항에 따른 보고를 하지 않거나 거짓으로 보고한 경우	법 제84조제1항제2호			
1) 시정조치 계획 또는 경제적 보상 계획을 보고하지 않은 경우				
가) 경과 기간이 5일 이내인 경우		600		
나) 경과 기간이 5일 초과 74일 이내인 경우		600만원에 6일째부터 계산하여 1일마다 20만원을 더한 금액		
다) 경과 기간이 75일 이상인 경우		2,000		
2) 시정조치 계획 또는 경제적 보상 계획을 거짓으로 보고한 경우		1,000		
3) 시정조치 또는 경제적 보상의 진행 상황을 보고하지 않은 경우				
가) 경과 기간이 5일 이내인 경우		200		
나) 경과 기간이 5일 초과 71일 이내인 경우		200만원에 6일째부터 계산하여 1일마다 6만원을 더한 금액		
다) 경과 기간이 72일 이상인 경우		600		
4) 시정조치 또는 경제적 보상의 진행 상황을 거짓으로 보고한 경우		600		
처. 제31조제12항을 위반하여 결함 사실과 그에 따른 시정조치계획등을 다시 공개하지 않은 경우	법 제84조제2항제2호의3	500		
커. 법 제31조의2제1항(법 제52조에서 준용하는 경우를 포함한다)을 위반하여 보상을 하지 않은 경우	법 제84조제4항제15호	100		
터. 법 제31조의4제2항(법 제52조에서 준용하는 경우를 포함한다)을 위반하여 시정조치 사실을 구매자에게 고지하지 않고 판매한 경우	법 제84조제4항제15호의2	100		
퍼. 법 제32조의2제4항을 위반하여 자동차 소유자에게 하자의 내용과 무상수리 계획을 알리지 않은 경우	법 제84조제2항제3호			
1) 경과 기간이 5일 이내인 경우		300		
2) 경과 기간이 5일 초과 24일 이내인 경우		300만원에 6일째부터 계산하여 1일마다 10만원을 더한 금액		
3) 경과 기간이 25일 이상인 경우		500		

<table>
<tr><th rowspan="2">위반행위</th><th rowspan="2">근거 법조문</th><th colspan="3">과태료 금액(만원)</th></tr>
<tr><th>1차</th><th>2차</th><th>3차 이상</th></tr>
<tr><td>허. 자동차를 산 사람에게 법 제33조제1항·제5항(법 제52조에서 준용하는 경우를 포함한다)에 따른 자료 제공을 하지 않은 경우</td><td>법 제84조제5항제3호</td><td colspan="3">50</td></tr>
<tr><td>고. 법 제33조제3항 및 제4항(법 제52조에서 준용하는 경우를 포함한다)을 위반하여 자료를 제출하지 않거나 거짓으로 제출한 경우</td><td>법 제84조제1항제3호</td><td colspan="3">1,000</td></tr>
<tr><td>노. 법 제34조의3(법 제52조에서 준용하는 경우를 포함한다)에 따른 튜닝부품인증을 거짓으로 한 것을 알면서도 이를 판매한 경우</td><td>법 제84조제4항제13호의4</td><td colspan="3">100</td></tr>
<tr><td>도. 법 제35조의3제2항을 위반하여 저속전기자동차를 운행한 경우</td><td>법 제84조제4항제15호의3</td><td colspan="3">10</td></tr>
<tr><td>로. 법 제35조의5를 위반하여 내압용기안전기준에 적합하지 않은 내압용기가 장착된 자동차를 운행하거나 운행하게 한 경우</td><td rowspan="3">법 제84조제4항제13호의2</td><td colspan="3"></td></tr>
<tr><td>1) 내압용기(용기밸브와 용기안전장치 등 부속장치는 제외한다)</td><td colspan="3">100</td></tr>
<tr><td>2) 용기밸브와 용기안전장치 등 부속장치</td><td colspan="3">30</td></tr>
<tr><td>모. 법 제35조의10제4항에 따른 내압용기가 장착된 자동차의 사용정지 또는 제한 및 고압가스의 폐기 명령을 위반한 경우</td><td>법 제84조제2항제4호</td><td colspan="3">500</td></tr>
<tr><td>보. 법 제43조제1항제2호에 따른 정기검사 또는 법 제43조의2제1항에 따른 종합검사를 받지 않은 경우</td><td rowspan="4">법 제84조제4항제15호의4 및 제15호의5</td><td colspan="3"></td></tr>
<tr><td>1) 검사 지연기간이 30일 이내인 경우</td><td colspan="3">4</td></tr>
<tr><td>2) 검사 지연기간이 30일 초과 114일 이내인 경우</td><td colspan="3">4만원에 31일째부터 계산하여 3일 초과 시마다 2만원을 더한 금액</td></tr>
<tr><td>3) 검사 지연기간이 115일 이상인 경우</td><td colspan="3">60</td></tr>
<tr><td>소. 법 제45조제8항(법 제45조의2제4항에서 준용하는 경우를 포함한다)을 위반하여 휴업 또는 폐업 신고를 하지 않은 경우</td><td>법 제84조제4항제16호</td><td colspan="3">10</td></tr>
<tr><td>오. 법 제47조제1항을 위반하여 택시미터의 검정을 받지 않고 사용한 경우</td><td rowspan="6">법 제84조제4항제17호</td><td colspan="3"></td></tr>
<tr><td>1) 제작·수리 또는 수입에 관한 검정을 받지 않고 사용한 경우</td><td colspan="3">100</td></tr>
<tr><td>2) 사용에 관한 검정을 받지 않고 사용한 경우</td><td colspan="3"></td></tr>
<tr><td>가) 검정 지연기간이 30일 이내인 경우</td><td colspan="3">30</td></tr>
<tr><td>나) 검정 지연기간이 30일 초과 49일 이내인 경우</td><td colspan="3">30만원에 31일째부터 계산하여 1일마다 1만원을 더한 금액</td></tr>
<tr><td>다) 검정 지연기간이 50일 이상인 경우</td><td colspan="3">50</td></tr>
<tr><td>조. 법 제48조제1항을 위반하여 사용 신고를 하지 않고 이륜자동차를 운행한 경우</td><td>법 제84조제4항제18호</td><td colspan="3">50</td></tr>
</table>

<table>
<tr><th rowspan="2">위반행위</th><th rowspan="2">근거 법조문</th><th colspan="3">과태료 금액(만원)</th></tr>
<tr><th>1차</th><th>2차</th><th>3차 이상</th></tr>
<tr><td>초. 법 제48조제2항을 위반하여 이륜자동차의 변경 사항이나 사용 폐지를 신고하지 않은 경우
1) 신고 지연기간이 90일 이내인 경우
2) 신고 지연기간이 90일을 초과하는 경우</td><td>법 제84조제5항제6호의2</td><td colspan="3">2
2만원에 91일째부터 계산하여 3일을 초과할 때마다 1만원을 더한 금액. 다만, 과태료의 총액은 30만원을 초과할 수 없다.</td></tr>
<tr><td>코. 법 제49조제1항을 위반하여 이륜자동차번호판을 부착하지 않고 이륜자동차를 운행한 경우</td><td>법 제84조제4항제18호의2</td><td>30</td><td>50</td><td>70</td></tr>
<tr><td>토. 법 제49조제2항 단서를 위반하여 이륜자동차번호판의 부착 또는 봉인을 하지 않은 경우</td><td>법 제84조제4항제18호의3</td><td>40</td><td>60</td><td>80</td></tr>
<tr><td>포. 법 제50조를 위반하여 이륜자동차의 안전기준 또는 부품안전기준에 적합하지 않은 이륜자동차를 운행하거나 운행하게 한 경우
1) 연료장치 및 배기가스발산방지장치
2) 그 밖의 안전기준에서 정한 이륜자동차의 구조 및 장치(법 제34조에 따른 튜닝 승인 대상은 제외한다)</td><td>법 제84조제4항제19</td><td colspan="3">20
3</td></tr>
<tr><td>호. 법 제53조제1항을 위반하여 변경등록을 하지 않고 자동차관리사업을 한 경우</td><td>법 제84조제4항제20호</td><td colspan="3">100</td></tr>
<tr><td>구. 법 제53조의2에 따른 포상금을 지급받기 위해 거짓으로 신고한 경우</td><td>법 제84조제5항제9호</td><td colspan="3">30</td></tr>
<tr><td>누. 법 제55조를 위반하여 자동차관리사업의 양도·양수, 합병(법인인 경우만 해당한다) 또는 휴업·폐업 신고를 하지 않은 경우
1) 양도·양수 또는 합병(법인인 경우만 해당한다) 신고를 하지 않은 경우
2) 휴업·폐업 신고를 하지 않은 경우</td><td>법 제84조제4항제21호</td><td colspan="3">100
10</td></tr>
<tr><td>두. 법 제58조제1항제3호를 위반하여 수수료 또는 요금을 고지하지 않거나 거짓으로 고지한 경우</td><td>법 제84조제4항제21호의2</td><td colspan="3">30</td></tr>
<tr><td>루. 자동차정비업자가 법 제58조제5항 각 호의 어느 하나를 위반한 경우</td><td>법 제84조제4항제22호</td><td colspan="3">30</td></tr>
<tr><td>무. 법 제58조제6항제3호 및 제4호에 따른 준수사항을 이행하지 않은 경우</td><td>법 제84조제3항제8호</td><td>100</td><td>200</td><td>300</td></tr>
<tr><td>부. 법 제58조제8항제1호를 위반하여 성능·상태점검의 내용을 제공하지 않은 경우</td><td>법 제84조제4항제22호의2</td><td colspan="3">100</td></tr>
<tr><td>수. 법 제58조제8항제3호를 위반하여 정당한 사유 없이 자동차성능·상태점검에 관한 교육을 이수하지 않은 경우</td><td>법 제84조제4항제22호의3</td><td>10</td><td>20</td><td>30</td></tr>
</table>

위반행위	근거 법조문	과태료 금액(만원)		
		1차	2차	3차 이상
우. 법 제58조의3제4항을 위반하여 손해배상 책임에 관한 설명을 하지 않거나 관계 증서의 사본 또는 관계 증서에 관한 전자문서를 발급하지 않은 경우	법 제84조제4항제23호			
1) 법인인 경우			70	
2) 법인이 아닌 경우			35	
주. 법 제59조제4항을 위반하여 자동차매매업자가 종사원을 둔 경우	법 제84조제4항제23호의2		100	
추. 법 제65조제3항을 위반하여 차액이 있다는 사실을 통지하지 않거나 거짓으로 통지한 경우	법 제84조제4항제24호		30	
쿠. 법 제68조의22에 따른 개선명령을 따르지 않은 경우	법 제84조제2항제4호의2	500	750	1,000
투. 법 제68조의23에 따른 임직원에 대한 징계·해임의 요구에 따르지 않거나 시정명령을 따르지 않은 경우	법 제84조제2항제4호의3	500	750	1,000
푸. 법 제69조의4제2항을 위반하여 정당한 사유 없이 관련 자료를 제출하지 않은 경우	법 제84조제2항제5호		500	
후. 법 제69조의4제3항을 위반하여 정당한 사유 없이 필요한 조치를 하지 않은 경우	법 제84조제2항제6호		500	
그. 법 제72조제1항에 따른 보고를 하지 않거나 거짓으로 보고를 한 경우	법 제84조제5항제8호		20	

■ 자동차관리법 시행령 [별표 2의2] <신설 2024. 7. 30.>

과태료의 부과기준(제20조 관련)

1. 일반기준

가. 위반행위가 둘 이상인 경우에는 그 중 가장 무거운 부과기준(무거운 부과기준이 같은 경우에는 그 중 하나의 부과기준을 말한다)을 따르되, 가장 무거운 부과기준의 2분의 1까지 그 부과금액을 늘릴 수 있다. 다만, 각 부과금액을 합한 금액을 넘을 수 없다.

나. 위반행위의 횟수에 따른 과태료의 가중된 부과기준은 최근 1년간 같은 위반행위로 과태료 부과처분을 받은 경우에 적용한다. 이 경우 기간의 계산은 위반행위에 대하여 과태료 부과처분을 받은 날과 그 처분 후 다시 같은 위반행위를 하여 적발된 날을 기준으로 한다.

다. 나목에 따라 가중된 부과처분을 하는 경우 가중처분의 적용 차수는 그 위반행위 전 부과처분 차수(나목에 따른 기간 내에 과태료 부과처분이 둘 이상 있었던 경우에는 높은 차수를 말한다)의 다음 차수로 한다.

라. 제2호보목에 따른 부과기준을 적용할 때에는 검사기간 도래 후에 자동차 폐차 등의 사유로 「자동차관리법」 제43조제4항에 따라 검사기간이 연장되거나 검사가 유예된 경우 그 사유가 발생한 날부터 연장 또는 유예 받은 기간의 종료일까지의 기간은 검사 지연기간에서 제외한다.

마. 부과권자는 다음의 어느 하나에 해당하는 경우에는 제2호에 따른 개별기준에 따른 과태료 금액의 2분의 1의 범위에서 그 금액을 줄일 수 있다. 다만, 과태료를 체납하고 있는 위반행위자의 경우에는 그렇지 않다.

1) 위반행위자가 「질서위반행위규제법 시행령」 제2조의2제1항 각 호의 어느 하나에 해당하는 경우

2) 위반행위가 사소한 부주의나 오류로 인한 것으로 인정되는 경우

3) 위반행위자가 법 위반상태를 시정하거나 해소하기 위하여 노력한 것이 인정되는 경우

4) 그 밖에 위반행위의 정도, 동기 및 결과 등을 고려하여 줄일 필요가 있다고 인정되는 경우

바. 부과권자는 다음의 어느 하나에 해당하는 경우에는 제2호의 개별기준에 따른 과태료 금액의 2분의 1의 범위에서 그 금액을 늘릴 수 있다. 다만, 법 제84조제1항부터 제5항까지에 따른 과태료 금액의 상한을 넘을 수 없다.

1) 위반의 내용·정도가 중대하여 소비자 등에게 미치는 피해가 크다고 인정되는 경우

2) 법 위반상태의 기간이 6개월 이상인 경우

3) 그 밖에 위반행위의 정도, 위반행위의 동기와 그 결과 등을 고려하여 늘릴 필요가 있다고 인정되는 경우

2. 개별기준

위반행위	근거 법조문	과태료 금액(만원)		
		1차	2차	3차 이상
가. 법 제8조제3항을 위반하여 신규등록 신청을 하지 않은 경우 또는 법 제13조제2항을 위반하여 자동차의 말소등록 신청을 하지 않은 경우	법 제84조제4항제1호·제5호			
1) 등록신청대행 의무자가 등록신청대행을 거부한 경우		50		
2) 등록신청대행기간이 지난 경우				
가) 경과 기간이 10일 이내인 경우		5		
나) 경과 기간이 10일 초과 104일 이내인 경우		5만원에 11일째부터 계산하여 1일마다 1만원을 더한 금액		
다) 경과 기간이 105일 이상인 경우		100		
나. 법 제8조제3항 또는 법 제58조제10항을 위반하여 전산정보처리조직에 전송하지 않은 경우	법 제84조제5항제7호의2	10		
다. 법 제8조의2를 위반하여 반품된 자동차라는 사실 또는 인도 이전에 발생한 하자에 대한 수리 여부와 상태 등을 구매자에게 고지하지 않고 판매한 경우	법 제84조제4항제1호의2	100		
라. 법 제10조제1항 단서(같은 조 제7항에서 준용하는 경우를 포함한다)에 따른 자동차등록번호판의 부착 또는 봉인을 하지 않은 경우	법 제84조제4항제2호	50		

<table>
<tr><th rowspan="2">위반행위</th><th rowspan="2">근거 법조문</th><th colspan="3">과태료 금액(만원)</th></tr>
<tr><th>1차</th><th>2차</th><th>3차 이상</th></tr>
<tr><td>마. 법 제10조제3항(같은 조 제7항에서 준용하는 경우를 포함한다)을 위반하여 자동차등록번호판의 부착 및 봉인의 재신청을 하지 않은 경우</td><td>법 제84조제4항제3호</td><td colspan="3">10</td></tr>
<tr><td>바. 법 제10조제4항(같은 조 제7항에서 준용하는 경우를 포함한다)을 위반하여 자동차등록번호판을 부착 또는 봉인하지 않은 자동차를 운행한 경우(법 제27조제2항에 따른 임시운행허가번호판을 붙인 경우는 제외한다)</td><td>법 제84조제3항제1호</td><td>50</td><td>150</td><td>250</td></tr>
<tr><td>사. 법 제10조제5항(같은 조 제7항 및 법 제52조에서 준용하는 경우를 포함한다)을 위반하여 등록번호판을 가리거나 알아보기 곤란하게 하거나 그러한 자동차를 운행한 경우(법 제81조제1호의2에 해당되는 경우는 제외한다)</td><td>법 제84조제3항제2호</td><td>50</td><td>150</td><td>250</td></tr>
<tr><td>아. 법 제11조를 위반하여 변경등록 신청을 하지 않은 경우</td><td rowspan="4">법 제84조제5항제2호</td><td colspan="3"></td></tr>
<tr><td>1) 신청 지연기간이 90일 이내인 경우</td><td colspan="3">2</td></tr>
<tr><td>2) 신청 지연기간이 90일 초과 174일 이내인 경우</td><td colspan="3">2만원에 91일째부터 계산하여 3일 초과 시마다 1만원을 더한 금액</td></tr>
<tr><td>3) 신청 지연기간이 175일 이상인 경우</td><td colspan="3">30</td></tr>
<tr><td>자. 법 제13조제1항을 위반하여 말소등록 신청을 하지 않은 경우</td><td rowspan="6">법 제84조제5항제2호의2</td><td colspan="3"></td></tr>
<tr><td>1) 법 제13조제1항제1호부터 제5호까지에 해당하는 경우</td><td colspan="3"></td></tr>
<tr><td>가) 신청 지연기간이 10일 이내인 경우</td><td colspan="3">5</td></tr>
<tr><td>나) 신청 지연기간이 10일 초과 54일 이내인 경우</td><td colspan="3">5만원에 11일째부터 계산하여 1일마다 1만원을 더한 금액</td></tr>
<tr><td>다) 신청 지연기간이 55일 이상인 경우</td><td colspan="3">50</td></tr>
<tr><td>2) 법 제13조제1항제6호에 해당하는 경우</td><td colspan="3">20</td></tr>
<tr><td>차. 법 제13조제8항을 위반하여 수출의 이행 여부 신고를 하지 않은 경우</td><td rowspan="4">법 제84조제4항제6호</td><td colspan="3"></td></tr>
<tr><td>1) 신고 지연기간이 10일 이내인 경우</td><td colspan="3">5</td></tr>
<tr><td>2) 신고 지연기간이 10일 초과 54일 이내인 경우</td><td colspan="3">5만원에 11일째부터 계산하여 1일마다 1만원을 더한 금</td></tr>
<tr><td>3) 신고 지연기간이 55일 이상인 경우</td><td colspan="3">50</td></tr>
</table>

<table>
<tr><th rowspan="2">위반행위</th><th rowspan="2">근거 법조문</th><th colspan="3">과태료 금액(만원)</th></tr>
<tr><th>1차</th><th>2차</th><th>3차 이상</th></tr>
<tr><td>카. 법 제13조제10항을 위반하여 말소등록 된 자동차를 다시 등록하려는 경우에 법 제8조에 따른 신규등록을 신청하지 않은 경우</td><td rowspan="6">법 제84조제4항제7호</td><td colspan="3"></td></tr>
<tr><td>1) 수출을 사유로 말소등록한 자동차를 다시 등록하려는 경우</td><td colspan="3"></td></tr>
<tr><td>가) 신청 지연기간이 10일 이내인 경우</td><td colspan="3">5</td></tr>
<tr><td>나) 신청 지연기간이 10일 초과 54일 이내인 경우</td><td colspan="3">5만원에 11일째부터 계산하여 1일마다 1만원을 더한 금액</td></tr>
<tr><td>다) 신청 지연기간이 55일 이상인 경우</td><td colspan="3">50</td></tr>
<tr><td>2) 그 밖의 사유로 말소등록한 자동차를 다시 등록하려는 경우</td><td colspan="3">10</td></tr>
<tr><td>타. 법 제22조제1항(법 제52조에서 준용하는 경우를 포함한다)에 따른 차대번호와 원동기형식의 표기를 하지 않은 경우</td><td>법 제84조제3항제3호</td><td>100</td><td>200</td><td>300</td></tr>
<tr><td>파. 법 제25조제1항에 따른 운행제한 명령을 위반하여 자동차를 운행한 경우</td><td rowspan="5">법 제84조제4항제10호</td><td colspan="3"></td></tr>
<tr><td>1) 전시·사변 또는 이에 준하는 비상사태의 대처를 위한 자동차 운행제한명령을 위반한 경우</td><td colspan="3">50</td></tr>
<tr><td>2) 제31조제1항에 따른 결함이 있는 자동차의 운행으로 인한 화재사고가 반복적으로 발생하여 공중(公衆)의 안전에 심각한 위해를 끼칠 수 있는 경우를 방지하기 위한 자동차 운행제한명령을 위반한 경우</td><td colspan="3">50</td></tr>
<tr><td>3) 극심한 교통체증 지역의 발생예방 또는 해소를 위한 자동차 운행제한명령을 위반한 경우</td><td colspan="3">10</td></tr>
<tr><td>4) 대기오염 방지를 위한 자동차 운행제한명령을 위반한 경우</td><td colspan="3">5</td></tr>
<tr><td>하. 법 제26조의2제1항을 위반하여 폐차 처리 요청 기간 내에 침수로 인한 전손(全損) 처리 자동차를 자동차해체재활용업자에게 폐차 요청을 하지 않은 경우</td><td rowspan="4">법 제84조제3항제4호</td><td colspan="3"></td></tr>
<tr><td>1) 폐차 요청 지연기간이 10일 이내인 경우</td><td colspan="3">100</td></tr>
<tr><td>2) 폐차 요청 지연기간이 10일 초과 49일 이내인 경우</td><td colspan="3">100만원에 11일째부터 계산하여 1일마다 5만원을 더한 금액</td></tr>
<tr><td>3) 폐차 요청 지연기간이 50일 이상인 경우</td><td colspan="3">300</td></tr>
<tr><td>거. 법 제26조의2제2항을 위반하여 전손 처리 자동차 또는 해당 자동차에 장착된 장치로서 같은 항에서 정하는 자동차의 안전운행에 직접 관련된 장치를 수출하거나 수출하는 자에게 판매한 경우</td><td>법 제84조제3항제5호</td><td>150</td><td>300</td><td>300</td></tr>
<tr><td>너. 법 제27조제1항을 위반하여 임시운행허가의 목적 외로 운행한 경우</td><td>법 제84조제3항제6호</td><td>50</td><td>150</td><td>250</td></tr>
</table>

<table>
<tr><th rowspan="2">위반행위</th><th rowspan="2">근거 법조문</th><th colspan="3">과태료 금액(만원)</th></tr>
<tr><th>1차</th><th>2차</th><th>3차 이상</th></tr>
<tr><td>더. 법 제27조제3항을 위반하여 임시운행허가 번호판을 붙이지 않고 운행한 경우</td><td>법 제84조제3항제7호</td><td>50</td><td>150</td><td>250</td></tr>
<tr><td>러. 법 제27조제4항을 위반하여 임시운행허가증 및 임시운행허가번호판을 반납하지 않은 경우</td><td rowspan="4">법 제84조제4항제12호</td><td colspan="3"></td></tr>
<tr><td>1) 반납 지연기간이 10일 이내인 경우</td><td colspan="3">3</td></tr>
<tr><td>2) 반납 지연기간이 10일 초과 106일 이내인 경우</td><td colspan="3">3만원에 11일째부터 계산하여 1일마다 1만원을 더한 금액</td></tr>
<tr><td>3) 반납지연기간이 107일 이상인 경우</td><td colspan="3">100</td></tr>
<tr><td>머. 법 제27조제5항을 위반하여 자율주행자동차의 운행 및 교통사고 등에 관한 정보를 국토교통부장관에게 보고하지 않거나 거짓으로 보고한 경우</td><td rowspan="6">법 제84조제1항제1호</td><td colspan="3"></td></tr>
<tr><td>1) 보고기한을 경과한 경우</td><td colspan="3"></td></tr>
<tr><td>가) 경과 기간이 10일 이내인 경우</td><td colspan="3">5</td></tr>
<tr><td>나) 경과 기간이 10일 초과 100일 이내인 경우</td><td colspan="3">5만원에 11일째부터 계산하여 1일마다 1만원을 더한 금액</td></tr>
<tr><td>다) 경과 기간이 100일 이상인 경우</td><td colspan="3">100</td></tr>
<tr><td>2) 거짓으로 보고한 경우</td><td colspan="3">100</td></tr>
<tr><td>버. 법 제29조를 위반하여 자동차안전기준, 부품안전기준, 액화석유가스안전기준 또는 전기설비안전기준에 적합하지 않은 자동차를 운행하거나 운행하게 한 경우</td><td rowspan="5">법 제84조제4항제13호</td><td colspan="3"></td></tr>
<tr><td>1) 제8조제2항제7호의 전기·전자장치 중 최고속도제한장치 및 제8조제2항제18호 중 주행거리계 및 운행기록계</td><td colspan="3">100</td></tr>
<tr><td>2) 제8조제1항제5호·제6호, 같은 조 제2항제7호(연료장치 및 최고속도제한장치는 제외한다), 같은 항 제17호 중 광각 실외후사경 및 같은 항 제17호의2</td><td colspan="3">30</td></tr>
<tr><td>3) 제8조제2항제11호·제19호</td><td colspan="3">5</td></tr>
<tr><td>4) 제8조제1항제7호 및 제2항제2호(차축은 제외한다), 제3호, 제6호, 제14호부터 제16호까지, 제17호(광각 실외후사경은 제외한다) 및 제18호(주행거리계 및 운행기록계는 제외한다)</td><td colspan="3">3</td></tr>
<tr><td>서. 법 제30조의3제2항(법 제52조에서 준용하는 경우를 포함한다), 법 제31조제4항(법 제52조에서 준용하는 경우를 포함한다), 법 제72조제2항, 제73조제1항 및 제73조의2제2항을 위반하여 확인·조사·보고·검사 또는 단속을 거부·방해 또는 기피하거나 질문에 대하여 거짓으로 진술한 경우</td><td>법 제84조제4항제14호</td><td colspan="3">100</td></tr>
<tr><td>어. 법 제30조의5에 따른 대체부품의 성능 및 품질 인증을 거짓으로 한 것을 알면서도 이를 판매한 경우</td><td>법 제84조제4항제13호의3</td><td colspan="3">100</td></tr>
</table>

위반행위	근거 법조문	과태료 금액(만원)		
		1차	2차	3차 이상
저. 법 제31조제8항에 따른 보고를 하지 않거나 거짓으로 보고한 경우 1) 시정조치 계획 또는 경제적 보상 계획을 보고하지 않은 경우 가) 경과 기간이 5일 이내인 경우 나) 경과 기간이 5일 초과 74일 이내인 경우 다) 경과 기간이 75일 이상인 경우 2) 시정조치 계획 또는 경제적 보상 계획을 거짓으로 보고한 경우 3) 시정조치 또는 경제적 보상의 진행 상황을 보고하지 않은 경우 가) 경과 기간이 5일 이내인 경 나) 경과 기간이 5일 초과 71일 이내인 경우 다) 경과 기간이 72일 이상인 경우 4) 시정조치 또는 경제적 보상의 진행 상황을 거짓으로 보고한 경우	법 제84조제1항제2호	600 600만원에 6일째부터 계산하여 1일마다 20만원을 더한 금액 2,000 1,000 200 200만원에 6일째부터 계산하여 1일마다 6만원을 더한 금액 600 600		
처. 제31조제12항을 위반하여 결함 사실과 그에 따른 시정조치계획등을 다시 공개하지 않은 경우	법 제84조제2항제2호의2	500		
커. 법 제31조의2제1항(법 제52조에서 준용하는 경우를 포함한다)을 위반하여 보상을 하지 않은 경우	법 제84조제4항제15호	100		
터. 법 제31조의4제2항(법 제52조에서 준용하는 경우를 포함한다)을 위반하여 시정조치 사실을 구매자에게 고지하지 않고 판매한 경우	법 제84조제4항제15호의2	100		
퍼. 법 제32조의2제4항을 위반하여 자동차 소유자에게 하자의 내용과 무상수리 계획을 알리지 않은 경우 1) 경과 기간이 5일 이내인 경우 2) 경과 기간이 5일 초과 24일 이내인 경우 3) 경과 기간이 25일 이상인 경우	법 제84조제2항제3호	300 300만원에 6일째부터 계산하여 1일마다 10만원을 더한 금액 500		
허. 자동차를 산 사람에게 법 제33조제1항·제5항(법 제52조에서 준용하는 경우를 포함한다)에 따른 자료 제공을 하지 않은 경우	법 제84조제5항제3호	50		
고. 법 제33조제3항 및 제4항(법 제52조에서 준용하는 경우를 포함한다)을 위반하여 자료를 제출하지 않거나 거짓으로 제출한 경우	법 제84조제1항제3호	1,000		
노. 법 제34조의3(법 제52조에서 준용하는 경우를 포함한다)에 따른 튜닝부품인증을 거짓으로 한 것을 알면서도 이를 판매한 경우	법 제84조제4항제13호의4	100		

위반행위	근거 법조문	과태료 금액(만원)		
		1차	2차	3차 이상
도. 법 제35조의3제2항을 위반하여 저속전기자동차를 운행한 경우	법 제84조제4항제15호의3	10		
로. 법 제35조의5를 위반하여 내압용기안전기준에 적합하지 않은 내압용기가 장착된 자동차를 운행하거나 운행하게 한 경우	법 제84조제4항제13호의2			
1) 내압용기(용기밸브와 용기안전장치 등 부속장치는 제외한다)		100		
2) 용기밸브와 용기안전장치 등 부속장치		30		
모. 법 제35조의10제4항에 따른 내압용기가 장착된 자동차의 사용정지 또는 제한 및 고압가스의 폐기 명령을 위반한 경우	법 제84조제2항제4호	500		
보. 법 제43조제1항제2호에 따른 정기검사 또는 법 제43조의2제1항에 따른 종합검사를 받지 않은 경우	법 제84조제4항제15호의4 및 제15호의5			
1) 검사 지연기간이 30일 이내인 경우		4		
2) 검사 지연기간이 30일 초과 114일 이내인 경우		4만원에 31일째부터 계산하여 3일 초과 시마다 2만원을 더한 금액		
3) 검사 지연기간이 115일 이상인 경우		60		
소. 법 제45조제8항(법 제45조의2제4항에서 준용하는 경우를 포함한다)을 위반하여 휴업 또는 폐업 신고를 하지 않은 경우	법 제84조제4항제16호	10		
오. 법 제47조제1항을 위반하여 택시미터의 검정을 받지 않고 사용한 경우	법 제84조제4항제17호			
1) 제작·수리 또는 수입에 관한 검정을 받지 않고 사용한 경우		100		
2) 사용에 관한 검정을 받지 않고 사용한 경우				
가) 검정 지연기간이 30일 이내인 경우		30		
나) 검정 지연기간이 30일 초과 49일 이내인 경우		30만원에 31일째부터 계산하여 1일마다 1만원을 더한 금액		
다) 검정 지연기간이 50일 이상인 경우		50		
조. 법 제48조제1항을 위반하여 사용 신고를 하지 않고 이륜자동차를 운행한 경우	법 제84조제4항제18호	50		
초. 법 제48조제2항을 위반하여 이륜자동차의 변경 사항이나 사용 폐지를 신고하지 않은 경우	법 제84조제5항제6호의2			
1) 신고 지연기간이 90일 이내인 경우		2		
2) 신고 지연기간이 90일을 초과하는 경우		2만원에 91일째부터 계산하여 3일을 초과할 때마다 1만원을 더한 금액. 다만, 과태료의 총액은 30만원을 초과할 수 없다.		
코. 법 제49조제1항을 위반하여 이륜자동차번호판을 부착하지 않고 이륜자동차를 운행한 경우	법 제84조제4항제18호의2	30	50	70
토. 법 제49조제2항 단서를 위반하여 이륜자동차 번호판의 부착 또는 봉인을 하지 않은 경우	법 제84조제4항제18호의3	40	60	80

위반행위	근거 법조문	과태료 금액(만원)		
		1차	2차	3차 이상
포. 법 제50조를 위반하여 이륜자동차의 안전기준 또는 부품안전기준에 적합하지 않은 이륜자동차를 운행하거나 운행하게 한 경우				
1) 연료장치 및 배기가스발산방지장치	법 제84조제4항제19호	20		
2) 그 밖의 안전기준에서 정한 이륜자동차의 구조 및 장치(법 제34조에 따른 튜닝 승인 대상은 제외한다)		3		
호. 법 제53조제1항을 위반하여 변경등록을 하지 않고 자동차관리사업을 한 경우	법 제84조제4항제20호	100		
구. 법 제53조의2에 따른 포상금을 지급받기 위해 거짓으로 신고한 경우	법 제84조제5항제9호	30		
누. 법 제55조를 위반하여 자동차관리사업의 양도·양수, 합병(법인인 경우만 해당한다) 또는 휴업·폐업 신고를 하지 않은 경우	법 제84조제4항제21호			
1) 양도·양수 또는 합병(법인인 경우만 해당한다) 신고를 하지 않은 경우		100		
2) 휴업·폐업 신고를 하지 않은 경우		10		
두. 법 제58조제1항제3호를 위반하여 수수료 또는 요금을 고지하지 않거나 거짓으로 고지한 경우	법 제84조제4항제21호의	30		
루. 자동차정비업자가 법 제58조제5항 각 호의 어느 하나를 위반한 경우	법 제84조제4항제22호	30		
무. 법 제58조제6항제3호 및 제4호에 따른 준수사항을 이행하지 않은 경우	법 제84조제3항제8호	100	200	300
부. 법 제58조제8항제1호를 위반하여 성능·상태점검의 내용을 제공하지 않은 경우	법 제84조제4항 제22호의2	100		
수. 법 제58조제8항제3호를 위반하여 정당한 사유 없이 자동차성능·상태점검에 관한 교육을 이수하지 않은 경우	법 제84조제4항제22호의3	30		
우. 법 제58조의3제4항을 위반하여 손해배상책임에 관한 설명을 하지 않거나 관계 증서의 사본 또는 관계 증서에 관한 전자문서를 발급하지 않은 경우	법 제84조제4항제23호			
1) 법인인 경우		70		
2) 법인이 아닌 경우		35		
주. 법 제65조제3항을 위반하여 차액이 있다는 사실을 통지하지 않거나 거짓으로 통지한 경우	법 제84조제4항제24호	30		
추. 법 제68조의22에 따른 개선명령을 따르지 않은 경우	법 제84조제2항제4호의2	500	750	1,000
쿠. 법 제68조의23에 따른 임직원에 대한 징계·해임의 요구에 따르지 않거나 시정명령을 따르지 않은 경우	법 제84조제2항제4호의3	500	750	1,000
투. 법 제69조의4제2항을 위반하여 정당한 사유 없이 관련 자료를 제출하지 않은 경우	법 제84조제2항제5호	500		
푸. 법 제69조의4제3항을 위반하여 정당한 사유 없이 필요한 조치를 하지 않은 경우	법 제84조제2항제6호	500		
후. 법 제72조제1항에 따른 보고를 하지 않거나 거짓으로 보고를 한 경우	법 제84조제5항제8호	20		

제21조 (범칙행위의 범위 및 범칙금액)

① 법 제85조제1항 및 법 제86조제2항의 규정에 의한 범칙행위의 구체적인 범위와 범칙금액은 별표 3과 같다.

■ 자동차관리법 시행령 [별표 3] <개정 2024. 5. 14.>

범칙행위 및 범칙금액표(제21조제1항관련)

1. 자동차정비업 작업범위 위반행위

(단위 : 만원)

<table>
<tr><th>범칙행위</th><th>해당법조문</th><th>범칙금액</th></tr>
<tr><td>가. 소형자동차정비업</td><td rowspan="6">법 제53조제1항 및 제79조제13호</td><td></td></tr>
<tr><td>(1) 대형의 승합ㆍ화물ㆍ특수자동차에 대한 점검ㆍ정비</td><td>300</td></tr>
<tr><td>(2) 중형의 승합ㆍ화물ㆍ특수자동차에 대한 점검ㆍ정비</td><td>200</td></tr>
<tr><td>나. 자동차전문정비업</td><td></td></tr>
<tr><td>(1) 판금ㆍ용접 및 도장행위를 수반하는 점검ㆍ정비</td><td>300</td></tr>
<tr><td>(2) (1)외의 점검ㆍ정비</td><td>150</td></tr>
</table>

주 : 작업범위의 위반내용이 제동장치 및 조향장치에 대한 점검ㆍ정비로 인한 경우에는 범칙행위의 대상에서 제외함

2. 자동차무단방치행위

(단위 : 만원)

<table>
<tr><th rowspan="3">범칙행위</th><th rowspan="3">해당법조문</th><th colspan="3">범칙금액</th></tr>
<tr><th rowspan="2">승용자동차 및 이륜자동차</th><th colspan="2">승합ㆍ화물ㆍ특수자동차</th></tr>
<tr><th>경형ㆍ소형</th><th>중형ㆍ대형</th></tr>
<tr><td>가. 자진처리 명령에 응한 경우</td><td rowspan="2">법 제26조제1항(법 제52조에서 준용하는 경우를 포함한다) 및 제81조제8호</td><td>20</td><td>20</td><td>30</td></tr>
<tr><td>나. 자진처리 명령 불응한 경우</td><td>100</td><td>100</td><td>150</td></tr>
</table>

3. 이전등록 신청 위반행위

(단위 : 만원)

<table>
<tr><th>범칙행위</th><th>해당법조문</th><th>범칙금액</th></tr>
<tr><td>법 제12조제1항에 따른 이전등록을 신청하지 않은 경우</td><td rowspan="4">법 제80조제1호</td><td></td></tr>
<tr><td>가. 신청 지연기간이 10일 이내인 경우</td><td>10</td></tr>
<tr><td>나. 신청 지연기간이 10일 초과 49일 이내인 경우</td><td>10만원에 11일째부터 계산하여 1일마다 1만원을 더한 금액</td></tr>
<tr><td>다. 신청 지연기간이 50일 이상인 경우</td><td>50</td></tr>
</table>

② 범칙금은 이를 분할하여 납부할 수 없다.
[본조신설 2001. 6. 30.]

제22조 (통고처분의 절차)

① 시장·군수 또는 구청장은 법 제86조제1항의 규정에 의하여 통고처분을 하는 때에는 범칙금납부통고서를 작성하여야 한다.

② 제1항의 규정에 의한 범칙금납부통고서에는 통고처분을 받을 자의 인적사항·범칙금액·위반내용·적용법조·납부장소·납부기간 및 통고처분 연월일을 기재하고 시장·군수 또는 구청장이 기명·날인하여야 한다.

③ 이 영에 규정한 것 외에 범칙금의 납부 등에 관하여 필요한 사항은 국토교통부령으로 정한다. <개정 2008. 2. 29., 2013. 3. 23.>

[본조신설 2001. 6. 30.]

부칙 <제34988호, 2024. 11. 12.>
(소상공인 등의 경영활성화 지원을 위한 22개 법령의 일부개정에 관한 대통령령)

제1조 (시행일)

이 영은 공포한 날부터 시행한다. <단서 생략>

제2조 부터 제4조까지 생략

제5조 (「자동차관리법 시행령」의 개정에 관한 적용례)

이 영 시행일 전의 위반행위로 받은 과태료 부과처분은 「자동차관리법 시행령」 별표 2 제2호수목의 개정규정에 따른 위반행위의 횟수 산정에 포함하지 않는다.

제6조 생략

03 자동차 관리법 시행규칙

[시행 2025. 2. 1.] [국토교통부령 제1303호, 2024. 1. 31., 일부개정]

제1장 총칙

제1조 (목적)

이 규칙은 「자동차관리법」 및 「자동차관리법 시행령」의 시행에 관하여 필요한 사항을 규정함을 목적으로 한다. <개정 2005. 9. 16.>

제1조의2 (미완성자동차)

「자동차관리법」 (이하 "법"이라 한다) 제2조제1호의4에서 "차대 등 국토교통부령으로 정하는 최소한의 구조·장치를 갖춘 자동차"란 차대(차대가 없는 경우에는 차체), 원동기 및 동력전달장치, 주행장치, 조향장치, 제동장치, 완충장치, 연료장치 및 전기·전자장치를 갖춘 자동차를 말한다.
[본조신설 2017. 1. 6.]

제2조 (자동차의 종별 구분)

법 제3조제2항 및 제3항에 따른 자동차의 종류는 그 규모별 세부기준 및 유형별 세부기준에 따라 별표 1과 같이 구분한다. <개정 2015. 7. 7., 2017. 1. 6.>
[전문개정 2011. 12. 15.]

■ 자동차관리법 시행규칙 [별표 1] <개정 2024. 1. 31.>

자동차의 종류(제2조관련)

1. 규모별 세부기준

종류	경형		소형	중형	대형
	초소형	일반형			
승용 자동차	배기량이 250cc(전기자동차의 경우 최고 출력이 15kW)이하이고, 길이 3.6m · 너비 1.5m · 높이 2.0m 이하인 것	배기량이 1,000cc(전기자동차의 경우 최고 출력이 80kW)미만이고, 길이 3.6m · 너비 1.6m · 높이 2.0m 이하인 것	배기량이 1,600cc 미만이고, 길이 4.7m · 너비 1.7m · 높이 2.0m이하인 것	배기량이 1,600cc 이상 2,000cc 미만이거나, 길이 · 너비 · 높이 중 어느 하나라도 소형을 초과하는 것	배기량이 2,000cc 이상이거나, 길이 · 너비 · 높이 모두 소형을 초과하는 것
승합 자동차	배기량이 1,000cc(전기자동차의 경우 최고출력이 80kW)미만이고, 길이 3.6m · 너비 1.6m · 높이 2.0m 이하인 것		승차정원이 15인 이하 이고, 길이 4.7m · 너비 1.7m · 높이 2.0m이하인 것	승차정원이 16인 이상 35인 이하이거나, 길이 · 너비 · 높이 중 어느 하나라도 소형을 초과하고, 길이가 9m미만인 것	승차정원이 36인 이상이거나, 길이 · 너비 · 높이 모두 소형을 초과하고, 길이가 9m이상인 것
화물 자동차	배기량이 250cc(전기자동차의 경우 최고 출력이 15kW) 이하이고, 길이 3.6m · 너비 1.5m · 높이 2.0m이하인 것	배기량이 1,000cc(전기자동차의 경우 최고 출력이 80kW) 미만이고, 길이 3.6m · 너비 1.6m · 높이 2.0m이하인 것	최대적재량이 1톤 이하이고, 총중량이 3.5톤 이하인 것	최대적재량이 1톤 초과 5톤 미만이거나, 총중량이 3.5톤 초과 10톤 미만인 것	최대적재량이 5톤 이상이거나, 총중량이 10톤 이상인 것
특수 자동차	배기량이 250cc(전기자동차의 경우 최고 출력이 15kW) 이하이고, 길이 3.6m · 너비 1.5m · 높이 2.0m 이하인 것	배기량이 1,000cc (전기자동차의 경우 최고 출력이 80kW) 미만이고, 길이 3.6m · 너비 1.6m · 높이 2.0m 이하인 것	총중량이 3.5톤 이하인 것	총중량이 3.5톤 초과 10톤 미만인 것	총중량이 10톤 이상인 것
이륜 자동차	배기량이 50cc 미만(최고 출력 4kW 이하)인 것		배기량이 125cc 이하(최고출력 11킬로와트 이하)인 것	배기량이 125cc 초과 260cc 이하(최고 출력 11kW 초과 15kW 이하)인 것	배기량이 260cc(최고 출력 15kW)를 초과하는 것

2. 유형별 세부기준

종류	유형별	세부기준
승용 자동차	일반형	2개 내지 4개의 문이 있고, 전후 2열 또는 3열의 좌석을 구비한 유선형인 것
	승용겸화물형	차실 안에 화물을 적재하도록 장치된 것
	다목적형	후레임형 이거나 4륜구동장치 또는 차동제한장치를 갖추는 등 험로운행이 용이한 구조로 설계된 자동차로서 일반형 및 승용겸 화물형이 아닌 것
	기타형	위 어느 형에도 속하지 아니하는 승용자동차인 것
승합 자동차	일반형	주목적이 여객운송용인 것
	특수형	특정한 용도(장의·헌혈·구급·보도·캠핑 등)를 가진 것
화물 자동차	일반형	보통의 화물운송용인 것
	덤프형	적재함을 원동기의 힘으로 기울여 적재물을 중력에 의하여 쉽게 미끄러뜨리는 구조의 화물운송용인 것
	밴형	지붕구조의 덮개가 있는 화물운송용인 것
	특수용도형	특정한 용도를 위하여 특수한 구조로 하거나, 기구를 장치한 것으로서 위 어느 형에도 속하지 아니하는 화물운송용인 것
특수 자동차	견인형	피견인차의 견인을 전용으로 하는 구조인 것
	구난형	고장·사고 등으로 운행이 곤란한 자동차를 구난·견인 할 수 있는 구조인 것
	특수용도형	위 어느 형에도 속하지 아니하는 특수용도용인 것
이륜 자동차	일 반 형	자전거로부터 진화한 구조로서 사람 또는 소량의 화물을 운송하기 위한 것
	특 수 형	경주·오락 또는 운전을 즐기기 위한 경쾌한 구조인 것
	기 타 형	3륜 이상인 것으로서 최대적재량이 100kg이하인 것

※ 비고

1. 위 표 제1호 및 제2호에 따른 화물자동차 및 이륜자동차의 범위는 다음 각 목의 기준에 따른다.
   가. 화물자동차 : 화물을 운송하기 적합하게 바닥 면적이 최소 2㎡ 이상(소형·경형화물자동차로서 이동용 음식판매 용도인 경우에는 0.5㎡ 이상, 그 밖에 초소형 화물자동차 및 특수용도형인 경형 화물자동차는 1㎡ 이상을 말한다)인 화물적재공간을 갖춘 자동차로서 다음 각 호의 1에 해당하는 자동차
      1) 승차공간과 화물적재공간이 분리되어 있는 자동차로서 화물적재공간의 윗부분이 개방된 구조의 자동차, 유류·가스 등을 운반하기 위한 적재함을 설치한 자동차 및 화물을 싣고 내리는 문을 갖춘 적재함이 설치된 자동차(구조·장치의 변경을 통하여 화물적재공간에 덮개가 설치된 자동차를 포함한다)
      2) 승차공간과 화물적재공간이 동일 차실 내에 있으면서 화물의 이동을 방지하기 위해 칸막이벽을 설치한 자동차로서 화물적재공간의 바닥 면적이 승차공간의 바닥 면적(운전석이 있는 열의 바닥면적을 포함한다)보다 넓은 자동차
      3) 화물을 운송하는 기능을 갖추고 자체적하 기타 작업을 수행할 수 있는 설비를 함께 갖춘 자동차
   나. 법 제3조제1항제5호에서 "그와 유사한 구조로 되어 있는 자동차"란 승용자동차에 해당하지 않는 자동차로서 다음의 어느 하나에 해당하는 자동차를 말한다.
      1) 이륜인 자동차에 측차를 붙인 자동차
      2) 내연기관을 이용한 동력발생장치를 사용하고, 조향장치의 조작방식, 동력전달방식 또는 냉각방식 등이 이륜자동차와 유사한 구조로 되어 있는 삼륜 또는 사륜의 자동차
      3) 전동기를 이용한 동력발생장치를 사용하는 삼륜 또는 사륜의 자동차
2. 위 표 제1호에 따른 규모별 세부기준에 대하여는 다음 각 목의 기준을 적용한다.
   가. 사용연료의 종류가 전기인 자동차 중 최고출력 기준이 규정되어 있지 않은 자동차의 경우에는 복수 기준 중 길이·너비·높이에 따라 규모를 구분하고, 「환경친화적자동차의 개발 및 보급촉진에 관한 법률」 제2조제5호에 따른 하이브리드자동차는 복수 기준 중 배기량과 길이·너비·높이에 따라 규모를 구분한다.
   나. 복수의 기준 중 하나가 작은 규모에 해당되고 다른 하나가 큰 규모에 해당되면 큰 규모로 구분한다.
   다. 최고출력(maximum net power)은 구동전동기의 최대의 부하(負荷, load)상태에서 측정된 출력을 말한다.

제2장 자동차등록번호판

제1절 자동차등록번호판의 부착 · 봉인 등

제3조 (자동차등록번호판의 부착방법)

법 제10조제1항 본문에 따른 자동차등록번호판(이하 "등록번호판"이라 한다)은 자동차의 앞쪽과 뒷쪽에 다음 각호의 기준에 적합하게 부착하여야 한다. 다만, 피견인자동차의 앞쪽에는 등록번호판을 부착하지 아니할 수 있다. <개정 2015. 7. 7., 2018. 1. 18.>

1. 차량중심선을 기준으로 등록번호판의 좌우가 대칭이 될 것. 다만, 자동차의 구조 및 성능상 차량중심선에 부착하는 것이 곤란한 경우에는 그러하지 아니하다.
2. 자동차의 앞쪽과 뒷쪽에서 볼 때에 차체의 다른 부분이나 장치등에 의하여 등록번호판이 가리워지지 아니할 것
3. 뒷쪽 등록번호판의 부착위치는 차체의 뒷쪽 끝으로부터 65센티미터 이내일 것. 다만, 자동차의 구조 및 성능상 차체의 뒷쪽 끝으로부터 65센티미터 이내로 부착하는 것이 곤란한 경우에는 그러하지 아니하다.
4. 그 밖에 국토교통부장관이 정하여 고시하는 부착 방법

[전문개정 2004. 12. 6.] [제목개정 2015. 7. 7.]

제4조 (봉인의 위치등)

① 법 제10조제1항 본문의 규정에 의한 봉인(이하 "봉인"이라 한다)은 자동차의 뒷면에 붙인 등록번호판 왼쪽의 접합부분에 하여야 한다.

② 삭제 <2010. 2. 18.>

③ 봉인의 구조 및 규격 등에 관하여 필요한 세부사항은 국토교통부장관이 정하여 고시한다. <개정 2008. 3. 14., 2010. 2. 18., 2013. 3. 23.>

제5조 (등록번호판의 부착 및 봉인)

① 법 제10조제1항에 따라 등록번호판의 부착 및 봉인을 신청하려는 자는 특별시장 · 광역시장 · 특별자치시장 · 도지사 · 특별자치도지사{특별시장 · 광역시장 · 특별자치시장 · 도지사 · 특별자치도지사(이하 "시 · 도지사"라 한다)가 법 제20조제1항에 따른 등록번호판발급대행자(이하 "등록번호판발급대행자"라 한다)를 지정한 경우에는 등록번호판발급대행자를 말한다. 이하 이 조 및 제5조의2에서 같다}에게 자동차등록증을 제출하고 해당 자동차를 제시하여야 한다. 다만, 법 제10조제1항 단서에 따라 자동차소유자 또는 자동차소유자에 갈음하여 등록을 신청하는 자가 직접 등록번호판의 부착 및 봉인을 하려는 경우에는 자동차를 제시하지 아니할 수 있다. <개정 1999. 12. 31., 2010. 2. 18., 2013. 6. 17., 2018. 11. 23.>

② 시 · 도지사는 제1항의 신청을 받은 경우 제시된 자동차가 자동차등록증에 기재된 자동차와 동일하다고 인정하는 때에는 신청인에게 해당 자동차의 등록번호(이하 "등록번호"라 한다)를 부여하여 이에 따른 등록번호판을 부착 · 봉인하고 그 날짜를 자동차등록증에 기재 · 날인하여야 한다. 다만, 제1항 단서에 해당하는 경우에는 신청인에게 등록번호판 및 봉인을 발급하여야 한다. <개정 1999. 12. 31., 2010. 2. 18., 2013. 6. 17.>

③ 법 제53조에 따라 자동차정비업을 등록한 자(이하 "자동차정비업자"라 한다)는 법 제10조제2항제2호에 따라 다음 각 호의 어느 하나에 해당하는 경우에는 정비를 위하여 사업장 내에서 등록번호판을 일시적으로 뗄 수 있다. <신설 2023. 6. 9.>

1. 차체 전부 또는 일부에 대한 판금 · 도장 작업(일부 작업의 경우에는 등록번호판이 부착된 부분에 대한 작업이 포함되는 경우로 한정한다)이 필요한 경우
2. 다음 각 목의 정비가 필요한 경우로서 등록번호판을 떼지 않고서는 정비를 할 수 없는 경우
   가. 물품적재장치
   나. 트렁크 또는 트렁크 리드
   다. 후면범퍼 또는 후 문짝
3. 그 밖에 국토교통부장관이 등록번호판을 떼지 않고서는 정비를 할 수 없다고 인정하여 고시하는 경우

④ 법 제10조제3항에 따라 다시 등록번호판의 부착 및 봉인을 신청하려는 자는 별지 제1호서식의 등록번호판재발급등 신청서에 다음 각 호의 서류를 첨부하여 시 · 도지사에게 제출해야 한다. <개정 2003. 1. 2., 2006. 6. 9., 2010. 2. 18., 2013. 6. 17., 2023. 6. 9.>

1. 삭제 <2006. 6. 9.>
2. 삭제 <2003. 1. 2.>
3. 헐어서 못쓰게 된 등록번호판 또는 봉인(헐어서 못쓰게 되어 신청하는 경우로 한정한다)
4. 자동차등록증

⑤ 제2항의 규정은 제4항에 따라 다시 등록번호판을 부착하고 봉인하는 경우에 이를 준용한다. <개정 2013. 6. 17., 2023. 6. 9.>

⑥ 제4항에 따른 신청을 받은 시 · 도지사는 다음 각 호의 서류의 내용을 「전자정부법」 제36조제1항에 따른 행정정보의 공동이용을 통하여 확인해야 한다. 다만, 신청인이 확인에 동의하지 않는 경우에는 해당서류(법인 등기사항증명서는 제외한다)를 첨부하게 해야 한다. <신설 2006. 6. 9., 2010. 2. 18., 2011. 4. 11., 2023. 6. 9.>

1. 주민등록표초본(개인인 경우로 한정하며, 주민등록증 또는 운전면허증의 제시로 이에 갈음할 수 있다)
2. 법인등기부등본이나 사업자등록증 사본(법인인 경우로 한정한다)

⑦ 시 · 도지사는 등록번호판 및 봉인의 제작 · 출납 · 발급 및 봉인시행현황을 기록 · 관리해야 한다. <개정 2006. 6. 9., 2010. 2. 18., 2021. 8. 27., 2023. 6. 9.>

제5조의2 (외부장치용 등록번호판의 부착 등)

① 법 제10조제7항 전단에서 "자전거 운반용 부착장치 등 국토교통부령으로 정하는 외부장치"란 다음 각 호의 요건을 모두 갖춘 외부장치를 말한다.

1. 자동차의 외부에 손쉽게 탈·부착이 가능한 장치일 것
2. 영 제8조제2항제10호에 따른 승차장치 및 물품적재장치를 이용하여 운반할 수 없는 자전거 등 이동을 목적으로 제작된 기구(이하 이 조에서 "기구"라 한다)를 안전하게 운반하기 위한 보조 장치일 것
3. 외부장치용 등록번호판을 부착 및 봉인할 수 있는 장치가 외부장치에 고정되어 있을 것
4. 자동차의 뒤쪽에서 볼 때 외부장치 및 기구에 의하여 외부장치용 등록번호판이 가려지지 않을 것

② 법 제10조제7항에 따라 외부장치용 등록번호판을 발급받으려는 자는 시·도지사에게 별지 제1호의2서식의 외부장치용 등록번호판 발급 신청서에 자동차등록증을 첨부하여 제출하고, 해당 자동차 및 제1항에 따른 외부장치를 제시하여야 한다.

③ 시·도지사는 제2항의 신청을 받은 경우 제시된 자동차가 자동차등록증에 기재된 자동차와 동일하고 제1항에 해당하는 외부장치를 설치한 경우에는 신청인에게 해당 자동차의 등록번호와 동일한 등록번호를 부여하여 이에 따른 외부장치용 등록번호판을 부착 및 봉인하여야 한다.

④ 외부장치용 등록번호판에 관하여는 제5조제3항부터 제7항까지의 규정을 준용한다. 이 경우 "등록번호판"은 "외부장치용 등록번호판"으로 본다. <개정 2023. 6. 9.>

⑤ 제3항에 따라 외부장치용 등록번호판의 부착 및 봉인을 한 자동차의 소유자는 다음 각 호의 어느 하나에 해당하는 경우에는 해당 외부장치용 등록번호판 및 그 봉인을 시·도지사에게 즉시 반납하여야 한다. <개정 2018. 1. 18.>

1. 제1항에 따른 외부장치를 판매 또는 폐기하는 경우
2. 법 제11조에 따라 변경등록(등록번호의 변경에 한정한다)을 신청하는 경우
3. 법 제12조에 따라 이전등록을 신청하는 경우(외부장치를 포함하여 이전하는 경우는 제외한다)
4. 법 제13조에 따라 말소등록을 신청하는 경우

[본조신설 2013. 6. 17.]

제6조 (등록번호판의 규격 등)

① 등록번호판의 규격·재질 및 색상은 자동차의 종류 및 용도(자동차운수사업용·비사업용 및 외교용을 말한다)에 따라 각각 구분하여야 한다.

② 자동차운수사업용자동차의 등록번호판에는 관할관청을 기호로 표시하여야 한다. 다만, 「여객자동차 운수사업법」 제28조에 따른 자동차대여사업에 사용하는 자동차는 그러하지 아니하다. <개정 2005. 9. 16., 2010. 2. 18.>

③ 등록번호판의 규격·재질·색상 그 밖의 필요한 세부적인 사항은 국토교통부장관이 정하여 고시한다. 이 경우 국토교통부장관은 미리 경찰청장과 협의하여야 한다. <개정 2008. 3. 14., 2013. 3. 23.>

[전문개정 2004. 12. 6.]

제2절 등록번호판발급대행자의 지정 등 <개정 2010. 2. 18.>

제7조 (지정신청 등)

① 등록번호판발급대행자로 지정받으려는 자는 별지 제2호서식의 등록번호판발급대행자지정신청서에 다음 각 호의 서류를 첨부하여 시·도지사에게 제출하여야 한다. <개정 2010. 2. 18.>

1. 사업계획서
2. 사업장의 위치·시설개요

② 시·도지사는 제1항의 규정에 의하여 등록번호판발급대행자의 지정을 신청한 자가 등록번호판발급대행자의 지역별 분포와 이용자의 편의 및 수요 등을 고려하여 등록번호판발급대행자로 적합하다고 인정되는 때에는 그 뜻을 신청인에게 통지하고 다음 각호의 서류를 제출하도록 하여야 한다. <개정 2003. 1. 2., 2010. 2. 18.>

1. 사업장의 평면도와 시설의 명세서
2. 사업장의 용지 및 사무실에 대한 사용권이 있음을 증명하는 서류

③ 시·도지사는 제2항의 규정에 의하여 통지를 하는 때에는 6월의 범위 내에서 별표 2의 규정에 의한 시설을 확보하여야 하는 기간을 정하여야 한다. 다만, 부득이한 경우에는 1차에 한하여 3월의 범위 내에서 그 기간을 연장할 수 있다.

④ 시·도지사는 제2항의 규정에 의한 통지를 받은 자가 별표 2의 규정에 의한 시설을 갖춘 때에는 업무개시일 및 사업구역을 정하여 등록번호판발급대행자로 지정하고, 별지 제3호서식의 등록번호판발급대행자지정서를 발급하여야 한다. <개정 2010. 2. 18.>

[제목개정 2010. 2. 18.]

제8조 (시설기준)

법 제20조제2항의 규정에 의하여 등록번호판발급대행자가 갖추어야 할 시설 및 장비 등의 기준은 별표 2와 같다. <개정 2010. 2. 18.>

■ 자동차관리법 시행규칙 [별표 2] <개정 2024. 11. 12.>

등록번호판발급대행자시설 및 장비기준(제8조 관련)

구분	기준	
주 차 장	330㎡ 이상	
사 무 실	33㎡ 이상	
작 업 장	50㎡ 이상	
설 비	명 칭	수 량
	유압 프레스기	1대 이상
	공기 압축기	1대 이상
	전기식 자동건조로	1대 이상
	문자용자동페인트로링기	1대 이상
	무인기계경비장치	1식
	철형	대・중・소 보통형 각 1조 이상
	기타	시・도지사가 번호판제작・교부대행 업무를 행하는데 필요하다고 인정하는 공구류

주 : 1. 시・도지사는 등록번호판의 발급에 지장이 없는 경우 주차장・사무실 및 작업장면적기준을 지역적 특성에 맞도록 50퍼센트의 범위 안에서 조정하여 적용할 수 있다.
2. 유압프레스기 등 설비에 대한 임차계약을 통해 사용권을 확보한 경우 그 계약기간 중에는 해당 기준을 갖춘 것으로 본다.
3. 교부대행업소내에 상주경비인력이 있는 경우에는 위 설비 중 무인기계경비장치는 이를 갖춘 것으로 본다.

제9조 삭제 〈1999. 2. 19.〉

제10조 (등록번호판발급대행업무의 폐지신고)

등록번호판발급대행자는 등록번호판발급대행업무를 폐지하려는 경우에는 폐지예정일 30일전까지 시・도지사에게 신고하여야 한다. <개정 2010. 2. 18.>
[전문개정 1999. 2. 19.] [제목개정 2010. 2. 18.]

제11조 (등록번호판발급대행자 등의 신분증)

등록번호판발급대행자 및 그 종사원은 등록번호판발급업무를 대행하는 때에는 별표 4의 등록번호판발급대행자신분증을 달아야 한다. <개정 2010. 2. 18.>
[전문개정 1999. 2. 19.] [제목개정 2010. 2. 18.]

■ 자동차관리법 시행규칙 [별표 4] <개정 2010.2.18>

등록번호판발급대행자신분증(제11조관련)

(앞면)

(단위 : cm)

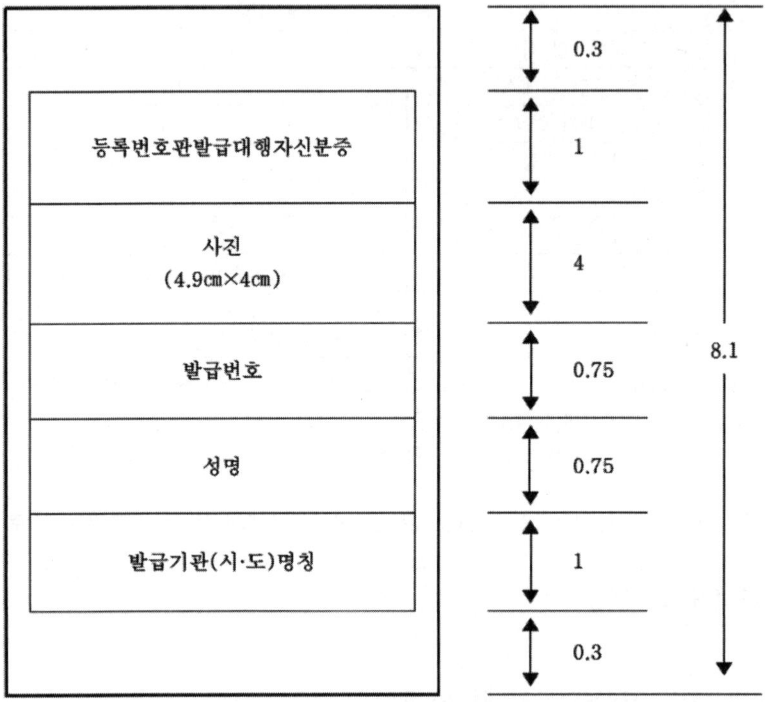

주 : 하늘색용지에 검정색 문자로 하며, P.V.C로 포장한다.

49㎜×75㎜

(인쇄용지(특급)190g/㎡)

(뒷면)

(단위 : cm)

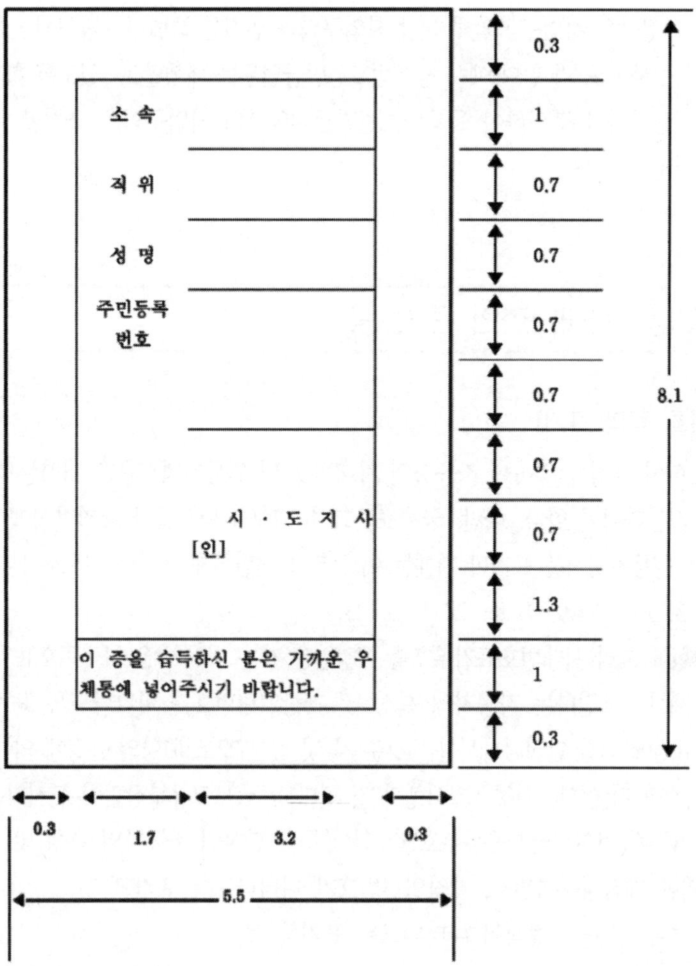

제12조 (등록번호판발급수수료)

① 등록번호판의 발급 및 봉인을 받고자 하는 자는 등록번호판발급대행자가 정하는 등록번호판발급 및 봉인수수료(등록번호판의 가격 및 부착비용을 포함하며, 이하 "등록번호판발급수수료"라 한다)를 납부하여야 한다. <개정 2010. 2. 18.>

② 등록번호판발급대행자는 등록번호판의 발급 및 봉인을 받는 자 또는 소비자관련단체가 등록번호판발급수수료 금액의 산출근거제시를 요구하는 때에는 그에 관한 명확한 산출내역을 명시하여 이를 발급하여야 한다. <개정 2010. 2. 18.>

[전문개정 1999. 2. 19.] [제목개정 2010. 2. 18.]

제13조 (사업구역의 조정)

시・도지사는 등록번호판발급대행자의 업무량, 지역주민의 편의 및 사업구역을 고려하여 필요하다고 인정하는 때에는 지정받은 사업구역외에 해당 사업구역과 인접한 특별시・광역시・특별자치시・도・특별자치도(이하 "시・도"라 한다)에서 등록번호판발급업무를 대행할 수 있도록 하기 위하여 인접한 시・도의 시・도지사와 협의하여 등록번호판발급대행자의 사업구역을 조정할 수 있다. <개정 2010. 2. 18., 2018. 11. 23.>

제3장 자동차차대번호의 표기 등

제14조 (차대번호 등의 표기)

① 법 제22조제1항의 규정에 의하여 자동차의 차대번호 및 원동기형식을 표기하는 때에는 다음 각 호의 기준에 적합하여야 한다. 다만, 국제표준화기구(ISO)에서 정한 표기방식에 따라 자동차의 차대번호 또는 원동기형식을 표기한 때에는 이 규칙에 적합하게 표기한 것으로 본다. <개정 2006. 6. 9., 2008. 3. 14., 2009. 4. 8., 2013. 3. 23.>

1. 제15조제3항에 따라 차대번호표기부호를 배정받은 자는 배정 받은 차대번호표기부호를 포함하여 그가 제작・조립하는 자동차의 특성 및 제작일련번호가 나타나도록 표기할 것
2. 제38조의 규정에 의한 안전검사시설을 갖춘 자 및 법 제22조제2항의 규정에 의하여 국토교통부장관이 지정한 자(이하 "지정표기시행자"라 한다)는 국토교통부장관이 고시하는 국가공통 차대번호표기부호(이하 "국가공통부호"라 한다)를 포함하여 자동차의 특성 및 제33조제1항의 규정에 의한 제작자등록번호, 제작일련번호가 나타나도록 표기할 것
3. 원동기의 경우에는 그 형식이 나타나도록 표기할 것
4. 차대번호 또는 원동기형식은 순차적으로 연결된 숫자 또는 알파벳으로 표기하되, 누구든지 쉽게 알아 볼 수 있는 위치에 표기하고 쉽게 지우거나 고칠 수 없게 할 것. 다만, 지정표기시행자가 이륜자동차에 차대번호 또는 원동기형식을 표기하는 경우에는 차대 또는 차체에 명판 등 적절한 방법으로 표기할 수 있다.

② 자동차 또는 원동기의 제작・조립을 업으로 하는 자(이하 "표기시행자"라 한다)가 차대번호 및 원동기형식의 표기를 하는 때에는 표기위치를 자동차취급설명서에 기재하여야 한다.

③ 차대번호 또는 원동기형식의 세부내용 및 표기방법 등 표기시행(법 제23조의 규정에 의하여 다시 표기하는 경우를 포함한다)에 관하여 필요한 사항은 국토교통부장관이 정하여 고시한다. <개정 2008. 3. 14., 2013. 3. 23.>

[전문개정 2003. 1. 2.]

제15조 (표기부호의 배정)

① 표기시행자는 그가 사용할 표기부호를 배정받고자 하는 때에는 별지 제7호서식의 차대번호표기부호배정신청서(전자문서로 된 신청서를 포함한다)에 다음 각 호의 서류(전자문서를 포함한다)를 첨부하여 국토교통부장관에게 제출하여야 한다. <개정 2003. 1. 2., 2004. 11. 29., 2005. 9. 16., 2006. 6. 9., 2008. 3. 14., 2011. 12. 15., 2013. 3. 23.>

1. 삭제 <2006. 6. 9.>
2. 연간 2천500대 이상 또는 동일한 형식의 자동차를 연간 500대 이상 제작·조립한 실적(신규제작·조립자의 경우에는 연간 제작·조립계획대수를 말한다). 다만, 제38조에 따른 안전검사시설을 갖춘 경우에는 안전검사시설확인서로 갈음할 수 있다.
3. 표기시행계획서(표기의 배열·위치·각인관리요령·표기시행 장소 및 방법 등이 포함되어야 한다)

② 제1항에 따른 신청을 받은 국토교통부장관은 주민등록표 초본(법인인 경우에는 법인 등기사항증명서)의 내용을 「전자정부법」 제36조제1항에 따른 행정정보의 공동이용을 통하여 확인하여야 한다. 다만, 신청인이 주민등록표 초본의 확인에 동의하지 아니하는 경우에는 그 서류를 첨부하게 하거나 주민등록증 등 신분증명서를 제시하게 할 수 있다. <신설 2006. 6. 9., 2010. 2. 18., 2011. 4. 11., 2013. 3. 23., 2017. 7. 18.>

③ 국토교통부장관은 제1항에 따른 신청이 적합하다고 인정되는 때에는 별지 제8호서식의 차대번호표기부호배정서를 발급하고, 그 내용을 지정표기시행자에게 통보하여야 한다. <개정 2009. 4. 8., 2013. 3. 23.>

④ 국토교통부장관은 제3항에 따라 차대번호의 표기부호를 배정받은 표기시행자가 법령에 부합되지 아니하게 차대번호 또는 원동기형식의 표기를 하거나 기타 표기를 계속하게 함이 적합하지 아니하다고 인정되는 때에는 표기부호의 배정을 취소할 수 있다. <개정 2006. 6. 9., 2008. 3. 14., 2013. 3. 23.>

제16조 (지정표기시행자의 지정)

국토교통부장관은 「한국교통안전공단법」에 따른 한국교통안전공단(이하 "한국교통안전공단"이라 한다)을 지정표기시행자로 지정하여 법 제22조제2항의 규정에 의한 차대번호 또는 원동기형식의 표기를 하게 할 수 있다. <개정 2005. 9. 16., 2008. 3. 14., 2013. 3. 23., 2019. 4. 23.>

제17조 (차대번호 등의 표기신고)

① 표기시행자가 차대번호 또는 원동기형식의 표기를 하려는 때에는 별지 제9호서식의 차대번호(원동기형식)표기시행통보서에 표기내용설명서를 첨부하여 한국교통안전공단에 제출해야 한다. 통보한 내용을 변경하려는 때에도 또한 같다. <개정 1998. 5. 26., 2019. 4. 23., 2021. 2. 5.>

② 한국교통안전공단은 필요하다고 인정하는 때에는 제1항의 경우 그 사실을 증명하는 서류의 제출을

요구할 수 있다. <개정 1998. 5. 26., 2019. 4. 23.>

제18조 (표기를 지우는 행위 등)

① 법 제23조제1항 단서에서 "부득이한 사유"라 함은 다음 각호의 1에 해당하는 경우를 말한다. <개정 1999. 12. 31., 2004. 12. 6., 2014. 12. 31.>

1. 다음 각목의 사유로 인하여 표기부분의 식별이 곤란하거나, 표기부분의 정비가 불가피하게 된 경우. 다만, 차대(차대가 없는 경우에는 차체를 말한다. 이하 같다)를 교환하는 경우를 제외한다.
   가. 자동차의 파손 또는 부식
   나. 법 제34조의 규정에 의한 승인을 얻어 행하는 튜닝
2. 표기시행자가 차대번호 또는 원동기형식을 잘못 표기한 자동차를 판매한 경우
3. 법 제23조제2항 각호의 1에 해당하는 경우
4. 법원의 판결 또는 결정 등에 의하여 공매된 자동차의 차대번호가 손상되어 있는 경우

② 법 제23조제1항 단서의 규정에 의하여 표기를 지우거나 표기를 받고자 하는 자는 별지 제10호서식의 차대번호(원동기형식)재표기등인정신청서에 그 사유를 증명하는 서류를 첨부하여 한국교통안전공단에 제출하고 한국교통안전공단이 지정하는 일시 및 장소에 당해자동차를 제시하여야 한다. <개정 2019. 4. 23.>

③ 한국교통안전공단은 법 제23조제2항의 규정에 의하여 표기를 지우게 하거나 표기를 받게 하는 때에는 당해자동차를 제시하여야 할 일시 및 장소를 지정하여 별지 제11호서식의 차대번호(원동기형식)표기등명령서를 자동차소유자에게 서면으로 통지하여야 한다. 이 경우 자동차소유자는 지정된 일시 및 장소에 당해자동차를 제시하여야 한다. <개정 2019. 4. 23.>

④ 지정표기시행자는 차대번호의 재표기를 하는 과정에서 당해자동차의 동일성 확인을 위하여 차대번호를 차대 또는 차체의 적정한 위치에 임시로 표기할 수 있다. <개정 2004. 12. 6.>

제19조 (표기시행결과의 관리)

① 표기시행자 또는 지정표기시행자는 별책 1의 차대번호・원동기형식표기시행대장을 비치하고 표기시행결과를 기록・관리하여야 한다. 다만, 표기시행자 또는 지정표기시행자가 컴퓨터 등 전산정보처리장치에 별책 1의 내용이 포함된 표기시행 결과를 기록・관리하고 이를 열람할 수 있도록 유지하는 경우에는 그러하지 아니하다. <개정 2006. 6. 9.>

② 지정표기시행자는 표기시행자가 제출한 차대번호(원동기형식)표기시행통보서와 다르게 표기하거나 법령에 부합되지 아니하게 표기한 사실을 발견한 때에는 지체 없이 표기시행자에게 이의 시정을 요청하여야 한다. <개정 1998. 5. 26.>

제20조 (표기시행자변경사항신고등)

① 표기시행자는 성명(법인인 경우에는 그 명칭 및 대표자의 성명을 말한다) 및 주소의 변경이 있는

때에는 그 사유가 발생한 날부터 15일 이내에 별지 제12호 서식에 의한 통보서를 한국교통안전공단에 제출하여야 한다. <개정 1998. 5. 26., 2019. 4. 23.>

② 표기시행자는 표기업무를 폐지하고자 하는 때에는 폐지예정일 30일전까지 별지 제12호 서식에 의한 통보서를 한국교통안전공단에 제출하여야 한다. <개정 1998. 5. 26., 2019. 4. 23.>

③ 한국교통안전공단은 제1항의 규정에 의하여 표기시행자변경사항통보를 받은 경우와 제2항의 규정에 의하여 표기시행폐지통보를 받은 경우에는 그 내용을 국토교통부장관에게 통보하여야 한다. <개정 1998. 5. 26., 2006. 6. 9., 2008. 3. 14., 2013. 3. 23., 2019. 4. 23.>

제21조 (표기비용)

① 법 제23조제3항의 규정에 의하여 지정표기시행자로부터 표기를 지우거나 표기를 받고자 하는 자는 지정표기시행자가 정하는 표기비용을 지정표기시행자에게 납부하여야 한다.

② 삭제 <1999. 2. 19.>

제4장 자동차처리명령 등 <개정 1999. 12. 31.>

제22조 (운행정지명령 대상 자동차의 확인)

시 · 도지사 또는 특별자치도지사 · 시장 · 군수 또는 구청장(자치구의 구청장을 말한다. 이하 "시장 · 군수 또는 구청장"이라 한다)은 법 제24조의2제2항에 따른 자동차의 운행정지명령을 하려는 경우에는 해당 자동차가 같은 항에 따른 운행정지명령 대상에 해당하는 자동차임을 확인하여야 한다. 이 경우 운행정지명령 대상 자동차 해당 여부는 자동차등록원부 기재사항의 정확성 여부, 자동차의 운행지역 · 운행형태, 자동차 소유자의 사회적 · 경제적 상황, 자동차 소유자와 운전자의 관계 및 그 밖의 정황 등을 종합하여 판단하여야 한다.

[본조신설 2016. 2. 4.]

제23조 (운행정지에 관한 동의 · 요청 등)

① 시 · 도지사, 시장 · 군수 또는 구청장은 법 제24조의2제2항에 따른 자동차의 운행정지명령을 하려면 미리 그 뜻을 자동차 소유자에게 서면으로 통지하여야 한다. 다만, 자동차 소유자의 주소 · 거소를 알 수 없는 등 통지하기 곤란한 경우에는 해당 시 · 도 또는 특별자치도 · 시 · 군 · 구(자치구를 말한다. 이하 "시 · 군 · 구"라 한다)의 공보 및 인터넷 홈페이지에 공고하여야 한다.

② 자동차 소유자는 운행정지명령에 동의하지 아니하는 경우에는 제1항 본문에 따라 통지받은 날부터 20일 이내(제1항 단서에 따라 공고한 경우에는 공고한 날부터 14일 이내로 한다)에 시 · 도지사, 시장 · 군수 또는 구청장에게 운행정지명령에 동의하지 아니한다는 의사표시를 하고 해당 자동차가

법 제24조의2제2항에 따른 운행정지명령 대상에 해당하지 아니함을 증명하는 자료를 제출하여야 한다.

③ 제2항에 따라 의사표시를 받은 시ㆍ도지사, 시장ㆍ군수 또는 구청장은 제22조에 따라 해당 자동차가 법 제24조의2제2항에 따른 운행정지명령 대상에 해당하는 자동차인지 여부를 다시 확인하여야 한다.

④ 시ㆍ도지사, 시장ㆍ군수 또는 구청장이 법 제24조의2제2항에 따른 운행정지명령을 할 수 있는 시기는 다음 각 호와 같다.

1. 제1항 본문에 따른 통지를 한 경우에는 통지를 한 날부터 20일이 경과한 후에도 자동차 소유자의 의사표시가 없을 때
2. 제1항 단서에 따른 공고를 한 경우에는 공고일부터 14일이 경과한 후에도 자동차 소유자의 의사표시가 없을 때
3. 제1호 또는 제2호에 따른 시기가 도래하기 전에 자동차 소유자가 자동차의 운행정지에 동의한다는 의사표시를 한 경우에는 그 의사표시를 하였을 때
4. 자동차 소유자가 제5항에 따라 자동차의 운행정지를 요청한 경우에는 그 요청을 하였을 때

⑤ 자동차 소유자는 법 제24조의2제2항에 따라 본인 소유의 자동차의 운행정지를 요청하려면 별지 제13호서식의 자동차 운행정지 요청서(전자문서로 된 요청서를 포함한다)를 시ㆍ도지사, 시장ㆍ군수 또는 구청장에게 제출하여야 한다.

[본조신설 2016. 2. 4.]

제23조의2 (등록번호판의 영치방법)

① 시ㆍ도지사, 시장ㆍ군수 또는 구청장은 법 제24조의2제3항제3호에 따라 등록번호판을 영치한 경우에는 별지 제14호서식의 영치증을 자동차 소유자에게 발급하여야 한다. 다만, 해당 자동차 소유자의 주소ㆍ거소를 알 수 없는 등 영치증의 발급이 곤란한 경우에는 해당 자동차에 영치증을 부착하는 것으로 발급을 갈음할 수 있다.

② 제1항에 따라 등록번호판을 영치한 시ㆍ도지사, 시장ㆍ군수 또는 구청장이 해당 자동차의 등록관청(「자동차등록령」 제5조제1항에 따른 등록관청을 말한다. 이하 이 항에서 같다)이 아닌 경우에는 시ㆍ도지사, 시장ㆍ군수 또는 구청장은 법 제24조의2제3항제3호에 따라 등록번호판 영치 사실을 등록관청에 통보하여야 한다. 다만, 해당 사실을 법 제69조제1항에 따른 전산정보처리조직(이하 "전산정보처리조직"이라 한다)에 입력한 경우에는 통보한 것으로 본다. <개정 2017. 10. 26.>

③ 자동차 소유자는 제1항에 따라 영치된 등록번호판의 반환을 요구하려면 해당 자동차가 법 제24조의2제2항에 따른 운행정지명령 대상에 해당하지 아니함을 증명하여야 한다. 이 경우 시ㆍ도지사, 시장ㆍ군수 또는 구청장은 영치한 등록번호판을 즉시 내주어야 한다.

[본조신설 2016. 2. 4.]

제23조의3 (자동차 소유자 보호대책의 마련 등)

① 법 제25조제3항에 따른 자동차 소유자를 보호하기 위한 대책에는 다음 각 호의 사항이 포함되어야 한다.

1. 자동차 운행 제한에 따른 자동차 소유자의 불편 해소 방안
2. 자동차 소유자가 제기하는 문제점과 불만의 처리 방법 및 절차
3. 그 밖에 국토교통부장관이 자동차 소유자 보호를 위하여 필요하다고 인정하는 사항

② 법 제30조제3항에 따른 자동차제작자등(이하 "자동차제작자등"이라 한다) 또는 법 제30조의2제1항에 따른 부품제작자등(이하 "부품제작자등"이라 한다)은 국토교통부장관이 법 제25조제1항제2호의2에 따른 운행 제한 명령을 한 날부터 15일 이내에 자동차 소유자에게 다음 각 호의 사항을 우편발송, 휴대전화를 이용한 문자메세지 등으로 통지해야 한다.

1. 자동차의 운행 제한 사유·대상 및 기간
2. 자동차의 운행 제한 명령을 따르지 않을 경우 발생할 수 있는 자동차 화재, 교통사고 등에 관한 사항
3. 제1항 각 호에 따른 자동차 소유자를 보호하기 위한 대책
4. 자동차제작자등 또는 부품제작자 등의 연락처

③ 제2항에 따른 통지의 세부내용 및 방법 등에 관하여 필요한 사항은 국토교통부장관이 정하여 고시한다.

[본조신설 2021. 2. 5.]

제24조 (자동차처리명령)

시장·군수 또는 구청장은 법 제26조제2항의 규정에 의하여 방치자동차의 소유자 또는 점유자에게 폐차 등 적절한 조치를 하도록 명하고자 하는 때에는 별지 제15호서식의 자동차처리명령서에 의한다. <개정 1999. 12. 31., 2013. 9. 6., 2016. 2. 4.>

제25조 (방치자동차의 매각)

① 법 제26조제3항에 따른 방치자동차의 매각은 일반경쟁입찰의 방법에 의한다. 다만, 다음 각 호의 어느 하나에 해당하는 경우에는 수의계약에 의할 수 있다. <개정 2015. 7. 7.>

1. 매각하고자 하는 방치자동차의 예정가격이 500만원이하인 경우
2. 일반경쟁 입찰에서 2회 이상 유찰된 경우

② 시장·군수 또는 구청장은 제1항 본문에 따라 방치자동차를 일반경쟁 입찰의 방법에 의하여 매각하려는 경우에는 매각예정일 7일전까지 다음 각 호의 사항을 공고하여야 한다. <개정 1999. 12. 31., 2015. 7. 7., 2016. 12. 30.>

1. 매각할 자동차의 등록번호 및 주요제원
2. 매각장소 및 매각일시

③ 시장·군수 또는 구청장은 제1항에 따라 방치자동차를 매각하였을 때에는 다음 각 호의 사항을 매수인에게 서면으로 통지하여야 한다. <개정 1999. 12. 31., 2015. 7. 7.>

1. 매각한 자동차의 등록번호
2. 매각일시
3. 매각과정
4. 매수인의 성명(법인인 경우에는 그 명칭 및 대표자의 성명을 말한다) 및 주소

제25조의2 (침수로 인한 전손 처리 자동차의 폐차 처리)

① 법 제26조의2제1항에서 "국토교통부령으로 정하는 기간"이란 해당 자동차가 침수로 인하여 전손(全損) 처리 결정된 사실을 안 날부터 30일을 말한다. <개정 2023. 6. 9.>

② 법 제26조의2제2항에서 "국토교통부령으로 정하는 자동차의 안전운행에 직접 관련된 장치"란 다음 각 호의 장치를 말한다. <신설 2023. 6. 9.>

1. 내압용기
2. 에어백 모듈(module: 전체·조직을 이루는 구성 요소·단위를 말한다. 이하 같다)
3. 다음 각 목의 전기·전자장치
   가. 「자동차 및 자동차부품의 성능과 기준에 관한 규칙」 제18조의2에 따른 고전원전기장치(이하 "고전원전기장치"라 한다)
   나. 원동기 전자제어장치
   다. 그 밖에 자동차의 안전운행에 직접 관련된 장치로서 국토교통부장관이 수출 및 판매를 제한할 필요가 있다고 인정하여 고시하는 전기·전자장치

[본조신설 2021. 10. 14.] [제목개정 2023. 6. 9.]

제5장 자동차의 임시운행

제26조 (임시운행허가신청 등)

① 법 제27조제1항에 따른 임시운행허가(이하 "임시운행허가"라 한다)를 받으려는 자는 별지 제16호서식의 임시운행허가신청서를 국토교통부장관(법 제27조제1항 단서에 따른 자율주행자동차의 임시운행허가만 해당한다. 이하 이 조 및 제29조에서 같다) 또는 시·도지사에게 제출하여야 한다. 이 경우 법 제27조제1항 단서 또는 「자동차관리법 시행령」(이하 "영"이라 한다) 제7조제1항제11호에 따른 임시운행허가를 받으려는 자는 다음 각 호의 구분에 따른 서류를 함께 제출하여야 한다. <개정 2009. 4. 8., 2010. 2. 18., 2015. 7. 7., 2016. 2. 11.>

1. 법 제27조제1항 단서에 따른 임시운행허가의 경우에는 다음 각 목의 서류

가. 시험 · 연구 계획서

나. 자율주행자동차의 구조 및 기능에 대한 설명서

다. 제26조의2에 따른 안전운행요건 적합 여부 확인에 필요한 서류로서 국토교통부장관이 정하여 고시하는 서류

2. 영 제7조제1항제11호에 따른 임시운행허가의 경우에는 다음 각 목의 서류

가. 영 제7조제1항제11호 각 목의 어느 하나에 해당함을 증명하는 서류

나. 시험 · 연구 계획서

② 제1항제1호에 따라 임시운행허가를 신청한 자는 국토교통부장관이 정하는 날짜 및 장소에 임시운행하려는 자율주행자동차를 제시하여 제26조의2제1항에 따른 안전운행요건 적합 여부의 확인을 받아야 한다. <신설 2016. 2. 11.>

③ 국토교통부장관 또는 시 · 도지사는 임시운행허가를 하였을 때에는 별지 제17호서식의 임시운행허가증과 법 제27조제2항에 따른 임시운행허가번호판(이하 "임시운행허가번호판"이라 한다)을 신청인에게 발급하여야 한다. <개정 2010. 2. 18., 2015. 7. 7., 2016. 2. 11.>

④ 임시운행허가를 받은 자는 임시운행허가를 받은 자동차를 운행하려면 임시운행허가번호판을 제3조에 따른 등록번호판의 부착방법에 따라 부착해야 한다. <개정 2024. 5. 21.>

⑤ 임시운행허가번호판의 재질 · 규격 · 색깔 및 표기방법 등은 국토교통부장관이 정하여 고시한다. <개정 2008. 3. 14., 2013. 3. 23., 2016. 2. 11.>

제26조의2 (자율주행자동차의 안전운행요건)

① 법 제27조제1항 단서에서 "국토교통부령으로 정하는 안전운행요건"이란 다음 각 호의 요건을 말한다. <개정 2016. 11. 15., 2023. 10. 31.>

1. 자율주행기능(운전자 또는 승객의 조작 없이 자동차 스스로 운행하는 기능을 말한다. 이하 이 조에서 같다)을 수행하는 장치에 고장이 발생한 경우 이를 감지하여 운전자에게 경고하는 장치를 갖출 것
2. 운행 중 언제든지 운전자가 자율주행기능을 해제할 수 있는 장치를 갖출 것
3. 어린이, 노인 및 장애인 등 교통약자의 보행 안전성 확보를 위하여 자율주행자동차의 운행을 제한할 필요가 있다고 국토교통부장관이 인정하여 고시한 구역에서는 자율주행기능을 사용하여 운행하지 아니할 것
4. 운행정보를 저장하고 저장된 정보를 확인할 수 있는 장치를 갖출 것
5. 자율주행자동차임을 확인할 수 있는 표지(標識)를 자동차 외부에 부착할 것
6. 자율주행기능을 수행하는 장치에 무단으로 원격 접근 · 침입하는 행위를 방지하거나 대응하기 위한 기술이 적용되어 있을 것
7. 그 밖에 자율주행자동차의 안전운행을 위하여 필요한 사항으로서 국토교통부장관이 정하여 고시하는 사항

② 제26조제1항에 따라 자율주행자동차의 임시운행허가 신청을 받은 국토교통부장관은 법 제32조제3항에 따라 성능시험을 대행하는 자(이하 "성능시험대행자"라 한다)로 하여금 제1항에 따른 안전운행요건에 적합한지 여부를 확인하게 한 후 안전운행요건에 적합하다고 인정하는 경우 임시운행허가를 하여야 한다.

③ 제1항 및 제2항에 따른 안전운행요건의 확인에 필요한 세부사항은 국토교통부장관이 정하여 고시한다.

[본조신설 2016. 2. 11.]

제26조의3 (임시운행 자율주행자동차의 변경사항 등 보고)

① 법 제27조제5항에서 "주요장치 및 기능의 변경 사항, 운행기록 등 운행에 관한 정보 및 교통사고와 관련한 정보 등 국토교통부령으로 정하는 사항"이란 다음 각 호의 사항을 말한다. <개정 2023. 10. 31.>

1. 주요장치 및 기능의 변경 사항
   가. 자율주행 시 주변상황을 인지하는 장치의 인지 범위 감소 또는 인지 주기(주변상황을 인지한 후 다시 주변상황을 인지하기까지 걸리는 시간을 말한다) 증가 등 성능 저하
   나. 제26조제1항제1호가목에 따른 시험・연구 계획서에 기재된 주행모드의 추가 또는 자율주행 기능 작동 속도 범위의 확대
   다. 운행도로 유형의 변경
2. 운행기록 등 운행에 관한 정보
   가. 누적 주행거리
   나. 운전자가 의도하지 않은 자율주행기능의 해제
   다. 보험가입에 관한 사항
3. 교통사고와 관련한 정보 등
   가. 사고 일시 및 장소, 피해의 정도
   나. 제26조의2제1항제4호에 따라 저장된 운행정보
   다. 사고기록장치의 저장 정보(법 제29조의3제1항에 따라 사고기록장치가 장착된 자동차에 한정한다)

② 법 제27조제5항에 따라 제1항 각 호의 사항을 국토교통부장관에게 보고하려는 자는 다음 각 호의 기준에 따라야 한다.

1. 제1항제1호에 따른 사항 : 별지 제17호의2서식에 따라 변경일부터 5일 이내
2. 제1항제2호에 따른 사항 : 별지 제17호의3서식에 따라 매 반기 후 10일 이내
3. 제1항제3호에 따른 사항 : 별지 제17호의4서식에 제1항제3호나목 및 다목의 정보를 첨부하여 교통사고 발생 후 2주일 이내. 다만, 교통사고 발생 사실은 전화 등의 통신수단을 이용하여 사고 발생 다음날까지

[본조신설 2018. 6. 27.]

제27조 (등록을 받은 자동차의 임시운행)

① 등록번호판 또는 그 봉인이 떨어지거나 알아보기 어렵게 되어 운행할 수 없게 된 자동차의 사용자는 법 제10조제3항에 따라 등록번호판의 부착 및 봉인을 받으려는 경우에는 임시운행을 할 수 있다. <개정 2015. 7. 7.>

② 제1항에 따라 임시운행을 하려는 자는 시・도지사의 허가를 받아야 한다. 이 경우 시・도지사는 해당 자동차가 운행정지처분중이 아님을 확인한 후 임시운행허가증 및 임시운행허가번호판을 발급하여 운행하게 할 수 있다. <개정 2010. 2. 18., 2015. 7. 7.>

제28조 (운행정지 중인 자동차의 임시운행)

① 다음 각 호의 어느 하나에 해당하는 자동차의 사용자는 법 제43조제1항에 따른 검사 또는 법 제43조의2제1항에 따른 종합검사를 받으려는 경우에는 임시운행을 할 수 있다. <개정 1998. 5. 26., 1998. 8. 20., 1999. 12. 31., 2005. 9. 16., 2009. 4. 8., 2010. 2. 18., 2013. 12. 12., 2015. 7. 7., 2022. 4. 14.>

1. 법 제37조제2항 후단에 따른 운행정지처분을 받아 운행정지 중인 자동차

1의2. 법 제37조제3항 전단에 따른 운행정지처분을 받아 운행정지 중인 자동차

2. 「여객자동차 운수사업법」 제85조 및 「화물자동차 운수사업법」 제19조제1항에 따른 사업정지처분을 받아 운행정지 중인 자동차

3. 「지방세법」 제131조제1항에 따라 자동차등록증이 회수되거나 등록번호판이 영치된 자동차

4. 압류로 인하여 운행정지 중인 자동차

5. 「자동차손해배상 보장법」 제6조제4항에 따라 등록번호판이 영치된 자동차

6. 「질서위반행위규제법」 제55조제1항에 따라 등록번호판이 영치된 자동차

② 제1항에 따라 자동차를 임시운행하려는 자는 해당 자동차의 운행정지명령서와 자동차등록증 또는 압류된 사실을 증명하는 서류를 휴대하여야 한다. <개정 2015. 7. 7.>

③ 시・도지사는 자동차사용자가 제1항에 따른 임시운행을 하기 위하여 보관중인 자동차등록증의 반환을 요구하는 경우에는 지체 없이 이를 반환하여야 하며, 자동차사용자는 임시운행이 끝났을 때에는 지체 없이 해당 자동차등록증을 반납하여야 한다. <개정 2015. 7. 7.>

[제목개정 2022. 4. 14.]

제29조 (임시운행허가번호판 등의 반납 등)

① 임시운행허가를 받은 자는 법 제27조제4항에 따라 임시운행허가증 및 임시운행허가번호판을 임시운행허가기간이 만료된 날부터 5일 이내에 국토교통부장관 또는 시・도지사에게 반납하여야 한다. 다만, 신규등록 신청을 위하여 임시운행허가를 받은 자가 다음 각 호의 어느 하나에 해당하는 경우에는 임시운행허가증 및 임시운행허가번호판을 임시운행허가기간내에 시・도지사(영 제19조 제4항에 따라 신규 등록에 관한 사무를 위탁한 경우에는 한국교통안전공단을 말한다. 이하 이

조에서 같다)에게 반납하여야 한다. <개정 2003. 1. 2., 2010. 2. 18., 2010. 11. 25., 2015. 10. 7., 2016. 2. 11., 2019. 4. 23.>

1. 신규 등록을 신청하는 경우
2. 임시운행허가기간내에 신규 등록을 신청할 수 없는 경우

② 삭제 <2010. 11. 25.>

③ 국토교통부장관 또는 시・도지사는 제1항에 따라 반납 받은 임시운행허가증 및 임시운행허가번호판을 다시 사용할 수 없는 상태로 폐기하여야 한다. <개정 2010. 2. 18., 2010. 11. 25., 2016. 2. 11.>

제30조 (임시운행허가업무의 관리)

시・도지사는 별책 2의 임시운행허가대장을 비치하고, 임시운행허가에 관한 제반사항을 기록・관리하여야 한다. 다만, 전산정보처리조직에 의하여 기록・관리하는 경우에는 그러하지 아니하다. <개정 2006. 6. 9., 2017. 10. 26.>

제6장 자동차의 자기인증 등 <개정 2003. 1. 2.>

제1절 자동차의 자기인증 및 자동차제작자등 등록 등 <개정 2023. 5. 25.>

제30조의2 (캠핑용자동차)

법 제29조제3항에서 "국토교통부령으로 정하는 캠핑용자동차"란 다음 각 호의 시설을 갖춘 자동차로서 캠핑에 사용하기 위한 자동차를 말한다. <개정 2024. 2. 16.>

1. 「자동차 및 자동차부품의 성능과 기준에 관한 규칙」 제18조의4에 따른 취침시설
2. 다음 각 목의 어느 하나에 해당하는 시설
   가. 취사시설
   나. 세면시설
   다. 개수대
   라. 탁자(탈부착이 가능한 탁자를 포함한다)
   마. 화장실 또는 이동용 변기를 설치할 수 있는 독립공간

[본조신설 2020. 2. 28.] [종전 제30조의2는 제30조의3으로 이동 <2020. 2. 28.>]

제30조의3 (사고기록장치의 장착 안내 및 정보제공 등)

① 법 제29조의3제2항에 따라 자동차를 제작・조립 또는 수입하는 자(이들로부터 자동차의 판매위탁을 받은 자를 포함하며, 이하 "자동차제작・판매자등"이라 한다)는 사고기록장치가 장착된 자동차를 판매하는 경우에는 별표 4의4의 사고기록장치 안내문을 구매자에게 교부하여야 한다.

■ 자동차관리법 시행규칙 [별표 4의4] <개정 2023. 5. 25.>

사고기록장치 세부 안내문(제30조의3제1항 관련)

이 자동차에는 사고기록장치가 장착되어 있습니다. 사고기록장치는 자동차의 충돌 등 사고 전후 일정시간 동안 자동차의 운행 정보(주행속도, 제동페달, 가속페달 등의 작동 여부)를 저장하고, 저장된 정보를 확인할 수 있는 기능을 하는 장치를 말합니다. 사고기록정보는 사고 상황을 좀 더 잘 이해하는데 도움이 됩니다.

② 법 제29조의3제3항에서 "국토교통부령으로 정하는 자"란 다음 각 호의 어느 하나에 해당하는 자를 말한다. <개정 2016. 2. 11.>

1. 자동차 소유자
2. 자동차 소유자의 배우자 · 직계존속 또는 직계비속
3. 사고 자동차의 운전자
4. 사고 자동차의 운전자의 배우자 · 직계존속 또는 직계비속
5. 국토교통부장관
6. 성능시험대행자

③ 자동차제작 · 판매자 등은 제2항 각 호의 어느 하나에 해당하는 자로부터 사고기록장치 기록내용의 제공을 요구 받으면 그 날부터 15일 이내에 사고기록의 기록내용을 직접 교부하거나 우편으로 송달하여야 한다.

[본조신설 2013. 12. 12.] [제30조의2에서 이동 <2020. 2. 28.>]

제31조 (자기인증 기준)

자동차(미완성자동차, 단계제작자동차를 포함한다. 이하 이 조, 제32조부터 제37조까지, 제37조의2, 제38조, 제39조, 제39조의2부터 제39조의5까지, 제40조, 제40조의2, 제40조의3, 제40조의12, 제41조, 제41조의2부터 제41조의4까지, 제42조, 제43조, 제43조의3, 제45조의2부터 제45조의4까지, 제46조, 제48조, 제49조, 제49조의2, 제49조의3, 제49조의5, 제50조 및 제51조에서 같다)를 제작 · 조립 또는 수입(이하 "제작등"이라 한다)하려는 자는 법 제30조제1항에 따라 그 자동차의 형식이 「자동차 및 자동차부품의 성능과 기준에 관한 규칙」에 따른 안전기준(이하 "안전기준"이라 한다)에 적합함을 스스로 인증(이하 "자기인증"이라 한다)해야 한다. <개정 2005. 9. 16., 2010. 2. 18., 2017. 1. 6., 2021. 2. 5., 2023. 5. 25.>

[본조신설 2003. 1. 2.]

제32조 (자동차제작자등 등록 신청)

① 법 제30조제2항에 따라 자기인증을 하려는 자가 제작 · 시험 · 검사시설 등을 등록하려는 경우에는 별지 제18호서식의 자동차제작자등 등록 · 변경 및 등록증 재발급 신청서(전자문서로 된 신청서를 포함한다)에 다음 각 호의 서류(전자문서를 포함한다)를 첨부(해당하는 경우에만 첨부한다)하여 국토교통부장관에게 제출해야 한다. <개정 2004. 11. 29., 2005. 9. 16., 2006. 6. 9., 2008. 3. 14., 2009. 4. 8., 2010. 2. 18., 2013. 3. 23., 2023. 5. 25., 2024. 2. 16.>

1. 삭제 <2006. 6. 9.>
2. 자동차 생산규모(최근 3년간 제작 · 조립실적)
3. 국제표준화기구(ISO)에서 발급받은 차대번호표기부호배정서 사본(수입자만 해당한다) 또는 동일한 형식의 자동차의 최근 3년 중 연간 최대 생산실적
4. 제34조제3호에 따른 안전기준 시험시설의 확보 내역
5. 제38조의 규정에 의한 자동차안전검사 시설 확보 내역
6. 국제표준화기구(ISO)에서 차대번호표기부호를 배정받거나 동일한 형식의 자동차를 연간 500대 이상 제작하는 외국 최초제작자의 국내 대리인으로 지정된 경우에는 법 제31조에 따른 제작결함의 시정에 관한 사항이 포함된 계약서 등의 서류(수입자만 해당하며, 계약서가 한글로 작성되지 않은 경우에는 공증된 한글 번역본을 첨부해야 한다)
7. 제49조의2에 따른 자동차 사후관리 시설 및 기술인력의 확보내역 또는 확보계획(자기인증을 하여 판매하려는 자만 해당한다)

② 제1항에 따른 신청을 받은 국토교통부장관은 신청인이 사업자인 경우에는 사업자등록증 사본(법인인 경우에는 법인 등기사항증명서)의 내용을 「전자정부법」 제36조제1항에 따른 행정정보의 공동이용을 통하여 확인하여야 한다. 다만, 신청인이 확인에 동의하지 아니하는 경우에는 해당서류(법인 등기사항증명서는 제외한다)를 첨부하게 하여야 한다. <신설 2006. 6. 9., 2010. 2. 18., 2011. 4. 11., 2013. 3. 23.>

③ 법 제30조제2항 후단에 따라 자동차제작자 등이 법인명, 대표자 성명 또는 법인주소의 변경이나 외국 최초 제작자의 국내 대리인 계약기간의 변경을 하려는 경우에는 별지 제18호서식의 자동차제작자등 등록 · 변경 및 등록증 재발급 신청서(전자문서로 된 신청서를 포함한다)에 변경사항을 증명하는 서류(전자문서를 포함한다)를 첨부하여 국토교통부장관에게 제출해야 한다. <개정 2004. 11. 29., 2006. 6. 9., 2008. 3. 14., 2009. 4. 8., 2013. 3. 23., 2023. 5. 25.>

[전문개정 2003. 1. 2.] [제목개정 2023. 5. 25.]

제33조 (등록증 발급 등)

① 국토교통부장관은 제32조제1항에 따라 자동차제작자등 등록 신청을 받은 때에는 다음 각 호의 사항을 확인한 후 신청일부터 15일 이내에 제작자등록번호를 부여하고, 별지 제19호서식의 자동차제작자등 등록증을 발급해야 한다. <개정 2019. 8. 20., 2023. 5. 25.>

1. 제34조에 따른 자기인증 능력의 기준
2. 제49조의2에 따른 자동차 사후관리 시설

② 국토교통부장관은 제32조제3항에 따라 변경등록 신청을 받은 때에는 다음 각 호의 사항을 확인한 후 신청일부터 7일 이내에 제작자등록번호의 변경 없이 별지 제19호서식의 자동차제작자등 등록증을 재발급해야 한다. <개정 2019. 8. 20., 2023. 5. 25.>

1. 국제표준화기구(ISO)에서 발급받은 차대번호표기부호
2. 외국 최초 제작자의 국내 대리인 계약기간 등 변경사항

③ 국토교통부장관은 제1항 및 제2항에 따른 등록 또는 변경등록의 적합 여부를 판단하기 위해 필요한 경우 성능시험대행자에게 제1항 각 호 및 제2항 각 호의 사항을 확인하게 할 수 있다. <신설 2019. 8. 20.>

④ 자동차제작자 등은 등록증을 잃어버렸거나 헐어 못쓰게 되어 등록증을 재발급 받으려는 경우에는 별지 제18호서식의 자동차제작자등 등록・변경 및 등록증 재발급 신청서에 헐어 못쓰게 된 등록증(헐어 못쓰게 된 경우만 해당한다)을 첨부하여 국토교통부장관에게 제출해야 한다. <개정 2009. 4. 8., 2013. 3. 23., 2019. 8. 20., 2023. 5. 25., 2024. 2. 16.>

[전문개정 2003. 1. 2.] [제목개정 2009. 4. 8.]

제34조 (자기인증 능력의 기준)

법 제30조제3항에서 "생산 규모, 안전검사시설 및 성능시험시설 등 국토교통부령으로 정하는 자기인증능력 요건"이란 다음 각 호를 말한다. 다만, 수입자가 제32조제1항제6호에 해당하는 경우에는 자기인증능력이 있는 것으로 본다. <개정 2005. 9. 16., 2006. 6. 9., 2008. 3. 14., 2009. 4. 8., 2010. 2. 18., 2013. 3. 23., 2017. 1. 6., 2023. 5. 25., 2024. 2. 16.>

1. 제15조의 규정에 의한 차대번호표기부호를 배정받은 자일 것
2. 연간 제작・조립대수(신규 제작・조립자인 경우에는 연간 제작・조립계획대수를 말한다)가 2천500대 이상이거나 동일한 형식의 자동차를 연간 500대 이상 제작・조립하는 자일 것
3. 제작등을 하려는 차종에 대한 다음 각 목의 안전기준을 시험할 수 있는 시설을 확보한 자일 것
   가. 승용자동차 : 「자동차 및 자동차부품의 성능과 기준에 관한 규칙」 제4조 내지 제9조, 제20조, 제88조, 제89조, 제91조 내지 제95조, 제97조 내지 제104조, 제110조
   나. 승합자동차 : 「자동차 및 자동차부품의 성능과 기준에 관한 규칙」 제4조 내지 제9조, 제20조, 제97조, 제103조, 제110조
   다. 화물자동차 및 특수자동차 : 「자동차 및 자동차부품의 성능과 기준에 관한 규칙」 제4조 내지 제9조, 제20조, 제96조, 제97조, 제103조, 제104조, 제110조
   라. 피견인자동차 : 「자동차 및 자동차부품의 성능과 기준에 관한 규칙」 제4조 내지 제9조, 제20조, 제96조

[전문개정 2003. 1. 2.]

제2절 기술검토 및 안전검사 <개정 2003. 1. 2.>

제35조 (성능시험대행자 확인 등)

① 법 제30조제3항에서 "자동차의 안전운행에 직접 관련되는 사항으로서 국토교통부령으로 정하는 사항"이라 함은 다음 각호의 사항을 말한다. <개정 2008. 3. 14., 2009. 4. 8., 2010. 2. 18., 2013. 3. 23.>

1. 제원측정
2. 중량분포
3. 주행장치의 안전성
4. 그 밖의 자동차의 안전운행에 관련되는 사항으로서 국토교통부장관이 고시하는 세부사항

② 법 제30조제3항 본문에 따른 자동차자기인증을 하려는 자동차제작자 등은 제1항 각 호의 사항에 대하여 성능시험대행자로부터 자기인증의 기준에 적합하게 제작 등이 가능한지에 대한 기술적 검토(이하 "기술검토"라 한다) 및 해당 자동차에 대한 안전검사(이하 "안전검사"라 한다)를 받아야 한다. 다만, 자동차제작자 등이 자동차자기인증을 하여 성능시험대행자에게 제39조제1항에 따라 통보한 자동차의 제원 중 모델연도, 변속기, 타이어, 림, 원동기 최고출력 및 연료소비율을 변경하는 경우에는 기술검토를 받지 않을 수 있다. <개정 2021. 2. 5.>

[전문개정 2003. 1. 2.]

제36조 (기술검토 신청 등)

① 제35조제2항에 따라 기술검토를 받으려는 자동차제작자 등은 별지 제20호서식의 기술검토신청서에 다음 각 호의 서류를 첨부하여 성능시험대행자에게 제출해야 한다. <개정 2010. 2. 18., 2017. 1. 6., 2021. 2. 5., 2023. 5. 25.>

1. 별지 제25호서식의 자동차제원표
2. 자동차의 외관도(특수용도형 화물자동차 및 특수자동차의 경우에는 적재장치 또는 특수장치의 구성도를 포함한다)
3. 차대번호 표기내용 또는 표기시행계획(해당하는 경우에 한한다)
4. 자기인증표시의 내용 및 부착방법
5. 법 제33조제5항에 따라 제공받은 미완성자동차의 안전기준 적합 여부 등에 대한 정보(미완성자동차를 이용하여 자동차를 제작·조립하는 경우로 한정한다)
6. 제39조의4제3항에 따른 소량생산 자동차 인정 확인서 및 제작자가 제39조의5제2항의 자기인증방법에 따라 안전기준에 적합함을 확인한 서류(법 제30조제5항 후단에 따라 기술검토를 신청하는 경우로 한정한다)

② 제1항에 따라 기술검토 신청을 받은 성능시험대행자는 다음 각 호의 사항을 검토하여 신청일부터 14일 이내에 별지 제21호서식의 기술검토서를 신청인에게 발급해야 한다. 이 경우 성능시험대행자는 자동차의 개발목적·기술적 특징 등 검토에 필요한 자료를 자동차제작자등에게 요청할 수

있다. <개정 2017. 1. 6., 2021. 2. 5., 2021. 8. 27., 2023. 5. 25.>

1. 특수한 장치의 추가 설치 등으로 자동차의 축하중이 변경되는 경우 해당 자동차제작자 등이 제시한 축별설계허용하중 및 제작허용총중량(미완성자동차의 경우에는 최대허용총중량을 말한다) 범위 이내에서 조립 가능한지 여부
2. 차대번호표기 및 자기인증표시 방법의 적정성
3. 안전기준에 적합함을 확인하기 위하여 필요한 사항

③ 삭제 <2021. 2. 5.>

[본조신설 2003. 1. 2.]

제37조 (안전검사의 종류 및 신청 등)

① 제36조제2항에 따라 기술검토서를 발급받은 자가 제작등을 한 자동차에 대해 신청할 수 있는 안전검사의 종류는 다음 각 호와 같다. <신설 2022. 4. 14.>

1. 최초안전검사 : 법 제30조제4항에 따라 제원을 최초로 통보하거나 변경하려는 자동차에 대하여 실시하는 안전검사
2. 계속안전검사 : 최초안전검사 후 동일한 제원을 가진 자동차에 대하여 실시하는 안전검사

② 제1항에 따른 안전검사를 신청하려는 자는 별지 제22호서식의 자동차안전검사신청서에 다음 각 호의 서류를 첨부하여 성능시험대행자에게 제출해야 한다. <개정 2010. 2. 18., 2011. 12. 15., 2017. 1. 6., 2022. 4. 14.>

1. 별지 제21호서식의 기술검토서 사본
2. 자동차의 외관도
3. 별지 제25호서식의 자동차 제원표
4. 수입면장 또는 수입사실증명서(수입자동차에 한한다)
5. 「자동차등록규칙」 제27조제1항제2호에 따른 자동차제작증(자동차에 특수한 장치를 추가로 설치하는 경우만 해당한다)

③ 제2항에 따라 안전검사신청을 받은 성능시험대행자는 최초안전검사와 계속안전검사를 구분하여 제35조제1항에 따른 사항, 기술검토서의 내용, 자동차제원표 등을 확인하는 등의 안전검사를 실시하고 그 결과 자기인증의 기준에 적합한 경우에는 별지 제23호서식의 자동차안전검사증을 발급해야 한다. <개정 2006. 6. 9., 2010. 2. 18., 2011. 12. 15., 2022. 4. 14.>

④ 성능시험대행자는 제2항에 따라 안전검사신청을 한 자동차제작자 등이 제38조제1항에 따른 안전검사시설을 갖춘 경우에는 해당 안전검사시설에서 안전검사를 실시할 수 있다. <신설 2022. 4. 14., 2023. 5. 25.>

⑤ 성능시험대행자는 제3항에 따라 안전검사를 실시한 결과 자기인증기준에 적합하지 않은 경우에는 자동차제작자 등의 요청에 의하여 재검사를 실시할 수 있다. <개정 2022. 4. 14., 2023. 5. 25.>

[전문개정 2003. 1. 2.] [제목개정 2022. 4. 14.]

제37조의2 (안전검사의 직접 실시)

① 법 제30조제3항 단서에 따라 직접 안전검사를 실시하려는 자동차제작자 등은 별지 제23호의4서식의 안전검사 직접실시 신청서에 제38조제2항에 따른 시설기준에 적합함을 증명하는 서류(같은 항 단서에 해당하는 경우에는 같은 항 각 호에 해당하는 자라는 사실을 입증하는 서류를 포함한다)를 첨부하여 성능시험대행자에게 신청해야 한다. <개정 2022. 4. 14., 2023. 5. 25.>

② 제1항에 따라 신청을 받은 성능시험대행자는 안전검사시설의 적합 여부 및 인력·장비 등의 구비 여부를 종합적으로 검토하여 검사실시 가능 여부를 통지해야 한다. <개정 2022. 4. 14.>

③ 제2항에 따라 안전검사를 직접 실시할 수 있는 것으로 통지받은 자동차제작자 등은 직접 안전검사를 실시하고, 그 결과를 국토교통부장관이 정하여 고시하는 방법에 따라 성능시험대행자에게 통보해야 한다. <개정 2022. 4. 14., 2023. 5. 25.>

④ 자동차제작자 등은 제3항에 따라 안전검사 결과를 성능시험대행자에게 통보한 경우에는 별지 제23호서식의 안전검사증을 발급할 수 있다. <신설 2022. 4. 14., 2023. 5. 25.>

[본조신설 2011. 12. 15.]

제38조 (안전검사시설의 기준 등)

① 제35조제2항 본문에 따른 안전검사를 실시하기 위해 성능시험대행자가 갖추어야 하는 시설기준은 별표 4의2와 같다. <개정 2022. 4. 14.>

■ 자동차관리법 시행규칙 [별표 4의2] <개정 2023. 5. 25.>

안전검사시설기준(제38조 관련)

시설품명	세부기준
1. 중량계	○ 측정범위 : 0~5톤 이상, 최소지시값 : 1kg/ton 이하
2. 최대안전경사각도 시험기	○ 측정각도 : 35° 이상 ○ 측정하중 : 40톤 이상
3. 사이드슬립 측정기	○ 미끄럼양의 지시 및 판정에 대한 허용오차 범위 · 0점 지시 : ±0.2mm/m(m/km) 이내 · 5mm 지시 : ±0.2mm/m(m/km) 이내 · 판정정밀도 : ±0.2mm/m(m/km) 이내 ○ 미끄럼양의 지시 및 판정에 대한 허용오차 범위 · 0점 지시 : ±0.2mm/m(m/km) 이내 · 5mm 지시 : ±0.2mm/m(m/km) 이내 · 판정정밀도 : ±0.2mm/m(m/km) 이내
4. 제동시험기	○ 설정하중에 대한 제동력지시 및 중량설정지시의 허용오차 범위 · 좌우제동력지시 : ±5% 이내(차륜구동력은 ±2% 이내) · 좌우합계제동력지시 : ±5% 이내 · 좌우차이제동력판정 : ±25% 이내 · 중량설정지시 : ±5% 이내

시설품명	세부기준
4. 제동시험기	○ 축하중에 대한 판정정밀도의 허용오차 범위 · 좌우제동력합계 판정 : ±5% 이내 · 좌우제동력차이지시 : ±2% 이내
5. 전조등시험기	○ 설정값에 대한 허용오차 범위 · 광도지시 : ±15% 이내 · 광도편차 : ±1/6도 이내 · 광도 : ±1000칸델라 이내 · 광축 : ±1/6도 이내
6. 소음 및 매연 측정기	○ 소음계 · 측정범위 : 24~120㏈ · 최소지시값 : 0.1㏈ 이내 ○ 매연측정기 · 지시계 : 0%~100% 지시, 최소눈금치 1% 이하
7. 일산화탄소 측정기	○ 지시범위 · CO : 지시범위는 0~5% 이상 10% 이하, 최소눈금치 0.2% 이하 · HC : 지시범위는 0ppm~1000ppm 이상 10000ppm 이하, 최소눈금치 20ppm 이하
8. 가스누출 측정기	○ 정밀도 : 폭발하한값(LEL) 20% 이내에서 감지
9. 가시광선투과율 측정기	○ 측정범위 : 0~100 % ○ 정밀도 : 측정값의 ±3% 이내
10. 공기과잉율 측정기	○ 측정범위 : 0.5~1.6 이상, 최소눈금치 0.01 이하

주 : 1. 검사시설은 자동식 또는 반자동식이어야 한다.

2. 자동차제작자 등은 제작하려는 자동차의 구조 및 사용연료 등에 따라 필요한 시설을 선택하여 설치할 수 있다.
예) 피견인자동차의 경우 : 중량계, 최대안전경사각도시험기, 제동시험기

3. 검사시설의 정밀도는 별표 12에 따른다.

② 법 제30조제3항 단서에 따라 직접 안전검사를 실시하려는 자동차제작자 등은 제34조제3호에 따른 안전기준 시험시설 및 별표 4의2의 기준에 따른 안전검사시설을 갖추어야 한다. 다만, 다음 각 호의 자동차제작자 등이 직접 계속안전검사를 실시하려는 경우에는 제34조제3호에 따른 안전기준 시험시설을 갖추지 않을 수 있다. <신설 2022. 4. 14., 2023. 5. 25.>

1. 피견인 자동차를 제작·조립 및 수입하는 자
2. 자동차정비 산업기사 이상의 자격을 갖춘 인력 1명 이상을 갖춘 자동차제작자 등

③ 제37조제4항에 따라 안전검사를 받으려는 자동차제작자 등은 별지 제23호의2서식의 안전검사시설 확인신청서에 다음 각 호의 서류를 첨부하여 성능시험대행자에게 제출해야 한다. <개정 2011. 12. 15., 2022. 4. 14., 2023. 5. 25.>

1. 안전검사시설 확보 내역
2. 안전검사시설 사양서
3. 안전검사시설 정도확인서

④ 성능시험대행자가 제3항에 따른 신청을 받은 경우 그 신청내용을 확인하여 제1항 본문에 따른 시설기준에 적합하다고 인정되면 별지 제23호의3서식의 안전검사시설확인서를 신청인에게 발급해야 한다. <개정 2022. 4. 14.>

[전문개정 2006. 6. 9.]

제39조 (제원의 통보)

① 자동차제작자 등은 법 제30조제4항에 따라 해당 자동차의 판매개시 10일 전까지 별지 제24호서식의 제원통보서에 다음 각 호의 서류를 첨부하여 성능시험대행자에게 제출해야 한다. 통보한 자동차의 제원이 변경되는 경우(「자동차 및 자동차부품의 성능과 기준에 관한 규칙」 별표 33에 따른 제원의 허용차 범위 이내의 경우는 제외한다)에도 또한 같다. <개정 2005. 9. 16., 2017. 1. 6., 2023. 5. 25.>

1. 별지 제9호서식의 차대번호 및 원동기형식 표기시행통보서(변경이 있는 경우에 한한다)
2. 자동차의 외관도
3. 별지 제25호서식의 자동차 제원표

② 성능시험대행자는 제1항에 따라 자동차제작자등으로부터 제원통보를 받은 때에는 통보를 받은 날부터 7일 이내에 제원관리번호를 부여한 후, 그 제원내용을 전산정보처리조직에 입력하고, 자동차제작자등에게 별지 제26호서식의 제원관리번호통보서를 발급해야 한다. <개정 2016. 12. 30., 2023. 5. 25.>

③ 성능시험대행자는 제2항의 규정에 의한 전산정보처리조직에 입력한 결과를 월별로 국토교통부장관에게 보고하여야 한다. <개정 2008. 3. 14., 2013. 3. 23.>

④ 제1항 내지 제3항의 규정에 의한 제원통보 및 제원표 작성 등에 관한 세부사항은 국토교통부장관이 정하여 고시한다. <개정 2008. 3. 14., 2013. 3. 23.>

[전문개정 2003. 1. 2.]

제39조의2 (자기인증의 표시)

① 법 제30조제4항의 규정에 의한 자기인증의 표시는 별표 5에 의한다.

■ 자동차관리법 시행규칙 [별표 5] <개정 2024. 2. 16.>

자기인증표시(제39조의2 관련)

1. 국내 제작자 (법 제30조제1항 및 제30조제3항에 따라 자동차자기인증을 한 경우)

제작자 :				
제작연월 :				
차량총중량 :	kg			
	적차시하중	타이어형식	공기압	림형식
전축	kg		kg/㎠(PSI)	
후축	kg		kg/㎠(PSI)	
이 자동차는 대한민국 자동차관리법령에 적합하게 제작되었습니다.				
차대번호 :				
차종 :		차명 :		

※ 비고

1. 승용자동차는 적차시 하중・타이어 형식・공기압 및 림형식을 생략할 수 있으며, 미완성자동차는 차량총중량과 적차시 하중을 각각 최대허용총중량과 축별설계하중으로 표시한다.
2. 제작연월은 공장 출고일이 포함된 연월 또는 그 이전의 연월로 표시한다.
3. 공기압은 타이어의 최대허용하중에 대응하는 공기압을 표시한다.

2. 국내 제작자 (법 제30조제5항에 따라 자동차자기인증을 한 경우)

제작자 :				
제작연월 :				
차량총중량 :	kg			
	적차시하중	타이어형식	공기압	림형식
전축	kg		kg/㎠(PSI)	
후축	kg		kg/㎠(PSI)	

이 자동차는 대한민국 자동차관리법령에 적합하게 제작되었습니다. (자동차관리법 제30조제5항에 따라 같은 법 제30조제1항에 따른 자동차안전기준과 유사한 수준의 안전도 확인방법으로 자동차자기인증하였습니다.)

차대번호 :		
차종 :	차명 :	

※비고

1. 승용자동차는 적차시 하중・타이어 형식・공기압 및 림형식을 생략할 수 있습니다.
2. 제작연월은 공장 출고일이 포함된 연월 또는 그 이전의 연월로 표시한다.
3. 공기압은 타이어의 최대허용하중에 대응하는 공기압을 표시한다.

최초제작자 :		수입자명:		
제작연월 :				
차량총중량 :	kg			
	적차시하중	타이어형식	공기압	림형식
전축	kg		kg/㎠(PSI)	
후축	kg		kg/㎠(PSI)	

이 자동차는 대한민국 자동차관리법령에 적합하게 제작(수입)되었습니다.

차대번호 :		
차종 :	차명 :	

※ 비고

1. 승용자동차는 적차시 하중・타이어 형식・공기압 및 림형식을 생략할 수 있으며, 미완성자동차는 차량총중량과 적차시 하중을 각각 최대허용총중량과 축별설계하중으로 표시합니다.
2. 제작연월은 공장 출고일이 포함된 연월 또는 그 이전의 연월로 표시한다.
3. 공기압은 타이어의 최대허용하중에 대응하는 공기압을 표시한다.

② 제1항의 규정에 의한 자기인증의 표시는 다음 각호의 방법에 적합하여야 한다. <개정 2008. 3. 14., 2013. 3. 23., 2017. 1. 6.>

1. 인증표시의 부착방법은 리벳 또는 견고하게 부착되는 구조일 것
2. 자기인증표시는 다음 각 목의 어느 하나에 해당하는 위치에 부착할 것

가. 운전자석 측면의 문경첩장치가 부착되는 패널부
나. 운전자석 측면의 문걸쇠고리의 패널부
다. 나목의 패널부와 만나는 운전자석 측면의 문의 모서리부
라. 계기패널의 좌측 부분
마. 운전자석 측면 문의 안쪽부분의 패널
바. 피견인자동차의 경우에는 전면 좌측부
사. 차체 구조상 가목 내지 바목에 규정된 위치에 부착이 곤란한 경우에는 국토교통부장관의 허가를 받아 부착할 것

2의2. 단계제작자동차의 자기인증표시는 기존에 부착된 미완성자동차 또는 단계제작자동차의 자기인증표시와 인접한 위치에 부착할 것

3. 인증표시문자(숫자와 차명 등은 제외한다)는 한글을 사용하고 쉽게 지워지지 아니하는 구조일 것
4. 인증표시 내용의 배경색과 글자는 선명하게 대비될 것

[본조신설 2003. 1. 2.]

제39조의3 (소량생산 자동차의 생산대수)

① 법 제30조제5항 전단에서 "국토교통부령으로 정하는 생산대수 이하로 제작 · 조립되는 자동차"(이하 "소량생산 자동차"라 한다)란 동일한 형식의 자동차로서 제39조의4에 따라 소량생산 자동차의 인정을 받은 날부터 3년 이내에 300대 이하로 제작 · 조립되는 자동차를 말한다. <개정 2021. 2. 5.>

② 제1항에 따른 동일한 형식의 자동차인지 여부에 대한 판단기준은 국토교통부장관이 정하여 고시한다.

[본조신설 2017. 1. 6.]

제39조의4 (소량생산 자동차의 인정)

① 법 제30조제5항 전단에 따라 자동차자기인증을 하려는 자는 별지 제26호의2서식의 소량생산 자동차 인정 신청서에 다음 각 호의 서류를 첨부하여 국토교통부장관에게 제출해야 한다. <개정 2021. 2. 5.>

1. 별지 제25호서식의 자동차제원표
2. 자동차의 외관도(특수용도형 화물자동차 및 특수자동차의 경우에는 적재장치 또는 특수장치의 구성도를 포함한다)
3. 소량생산 자동차 인정을 위한 설명자료

② 국토교통부장관은 성능시험대행자에게 제1항에 따라 신청한 소량생산 자동차의 인정 여부 등을 검토하게 할 수 있다. <신설 2021. 2. 5.>

③ 국토교통부장관은 제1항에 따라 신청한 내용이 제39조의3에 따른 기준을 충족하면 별지 제26호의3서식의 소량생산 자동차 인정 확인서를 신청인에게 발급하여야 한다. <개정 2021. 2. 5.>

[본조신설 2017. 1. 6.]

제39조의5 (소량생산 자동차의 자기인증 방법)

① 제39조의4제3항에 따라 소량생산 자동차 인정 확인서를 발급 받은 자는 자동차의 충돌 및 충격과 관련된 안전기준에 대해서는 다음 각 호의 서류를 이용하여 자기인증을 할 수 있다. <개정 2021. 2. 5.>

1. 강도 계산서
2. 전산 모의시험 결과
3. 자동차의 제작·조립자가 자체적으로 시험한 시험성적서
4. 해당 자동차와 유사한 자동차의 시험성적서
5. 그 밖에 소량생산 자동차의 안전성 확인을 위하여 국토교통부장관이 정하여 고시하는 서류

② 다음 각 호의 어느 하나에 해당하는안전기준에 대한 자기인증 방법에 대해서는 제1항에도 불구하고 국토교통부장관이 정하여 고시하는 방법에 따른다. <신설 2021. 2. 5.>

1. 차량총중량이 3.5톤 이하이며 승차정원 10인 이하인 수제자동차
2. 항공기 겸용 자동차
3. 무한궤도 자동차
4. 수륙양용 자동차
5. 리무진 장의차
6. 장애인 휠체어 탑승 운전 자동차
7. 관광을 목적으로 지방자치단체 등에서 관리·운영하는 자동차로서 최고속도가 25킬로미터 미만인 자동차
8. 친환경 또는 신기술 도입 등을 위하여 국토교통부장관이 다른 인증방법을 적용할 필요가 있다고 인정하는 자동차

[본조신설 2017. 1. 6.]

제40조 (자기인증적합조사 연간계획의 수립)

① 성능시험대행자가 법 제30조의3제2항에 따라 자동차제작자 등이 판매한 자동차에 대하여 같은 조 제1항 각 호에 해당하는지를 확인하는 조사(이하 "자기인증적합조사"라 한다)를 시행하는 때에는 자동차조사에 대한 연간계획을 수립하여 국토교통부장관에게 보고해야 한다. 이 경우 국토교통부장관은 성능시험대행자가 수립한 연간계획의 타당성 등을 검토한 후 이를 보완하게 할 수 있다. <개정 2019. 8. 20., 2023. 5. 25.>

② 성능시험대행자가 제1항에 따라 수립하는 연간계획에는 다음 각 호의 사항이 포함되어야 한다. <개정 2008. 3. 14., 2013. 3. 23., 2019. 8. 20., 2021. 2. 5.>

1. 제44조제1항에 따른 결함정보 수집·분석 결과
2. 이미 시행한 자기인증적합조사 등의 결과
3. 자동차 판매대수 또는 판매 동향

③ 국토교통부장관은 필요하다고 인정하면 제1항에 따라 성능시험대행자가 수립한 연간계획 중 조사 대상 및 내용 등을 자동차제작자등에게 통보할 수 있다. <개정 2008. 3. 14., 2013. 3. 23., 2019. 8. 20., 2023. 5. 25.>

[전문개정 2003. 1. 2.] [제목개정 2023. 5. 25.]

제40조의2 (자기인증적합조사의 시행)

① 법 제30조의3제2항에 따라 성능시험대행자가 자기인증적합조사를 시행하는 때에는 조사 일정・방법・인력 등이 포함된 조사계획을 수립하여 국토교통부장관에게 보고하여야 한다. <개정 2008. 3. 14., 2009. 4. 8., 2013. 3. 23.>

② 성능시험대행자는 자기인증적합조사에 필요한 자동차설계도면 등의 자료를 자동차제작자등에게 서면으로 요청할 수 있으며, 자동차제작자 등은 자료요청 일부터 15일 이내에 성능시험대행자에게 이를 제출해야 한다. <개정 2023. 5. 25.>

③ 성능시험대행자는 자기인증적합조사를 완료한 때에는 그 결과를 국토교통부장관에게 보고하여야 한다. <개정 2008. 3. 14., 2013. 3. 23.>

④ 국토교통부장관은 자기인증적합조사 중 자동차제작자 등이 조사 대상 자동차가 자기인증의 기준에 부적합을 스스로 인정하고 법 제31조제8항에 따라 시정조치 계획 또는 경제적 보상 계획을 보고한 경우에는 성능시험대행자에게 그 계획의 적정성 여부를 검토하게 한 후 적정하다고 인정되면 해당 자기인증적합조사를 종료하게 할 수 있다. <개정 2008. 3. 14., 2013. 3. 23., 2018. 1. 18., 2021. 2. 5., 2023. 5. 25.>

⑤ 제1항 내지 제4항에 따른 조사의 방법, 자료의 요청, 결과보고 및 적정성 검토의 절차 등에 관한 세부사항은 국토교통부장관이 정하여 고시한다. <신설 2006. 6. 9., 2008. 3. 14., 2013. 3. 23.>

[본조신설 2003. 1. 2.]

제40조의3 (자기인증의 면제 신청)

① 법 제30조의4에 따라 자기인증을 면제받고자 하는 자는 별지 제26호의4서식의 자기인증면제신청서를 한국교통안전공단에 제출하여야 한다. <개정 2003. 11. 22., 2009. 4. 8., 2017. 1. 6., 2019. 4. 23.>

② 삭제 <2010. 2. 18.>

③ 한국교통안전공단은 제1항에 따라 자기인증면제신청서를 받은 경우에는 법 제30조의4 각 호의 어느 하나에 해당되는지를 확인한 후 자기인증의 면제대상에 해당된다고 인정되는 때에는 별지 제26호의5서식의 자기인증면제확인서를, 자기인증의 면제대상에 해당되지 아니한다고 인정되는 때에는 면제대상에 해당되지 아니한다는 뜻을 기재한 서면을 각각 신청인에게 직접 통지하여야 한다. <신설 2003. 11. 22., 2008. 3. 14., 2009. 4. 8., 2010. 2. 18., 2017. 1. 6., 2019. 4. 23.>

④ 한국교통안전공단은 제3항에 따라 자기인증면제확인서를 통지한 경우에는 즉시 전산정보처리조직에 그 사실을 입력하여야 한다. <신설 2010. 2. 18., 2019. 4. 23.>

[본조신설 2003. 1. 2.]

제6장의2 자동차부품의 자기인증 등 <신설 2011. 12. 15., 2014. 10. 31.>

제40조의4 (부품자기인증)

부품제작자 등은 그 자동차부품이 법 제29조제2항에 따른 부품안전기준(이하 "부품안전기준"이라 한다)에 적합함을 스스로 인증(이하 "부품자기인증"이라 한다)해야 한다. <개정 2021. 2. 5.>
[본조신설 2011. 12. 15.]

제40조의5 (부품제작자 등의 등록)

① 부품제작자 등은 법 제30조의2제2항에 따라 등록하려는 경우에는 별지 제24호의2서식의 부품제작자등 등록·변경 및 등록증 재발급 신청서(전자문서로 된 신청서를 포함한다)에 다음 각 호의 서류(전자문서를 포함한다)를 첨부하여 국토교통부장관에게 제출하여야 한다. <개정 2013. 3. 23.>
 1. 자동차부품의 제작·조립 또는 수입 계획에 관한 서류
 2. 제40조의7에 따른 시험시설의 확보내역(시험시설 사용계약서를 포함한다)에 관한 서류
 3. 부품자기인증과 관련된 기술인력 확보에 관한 서류

② 제1항에 따라 신청을 받은 담당공무원은 신청인이 사업자인 경우에는 사업자등록증 사본(법인인 경우에는 법인등기사항증명서)의 내용을 「전자정부법」 제36조제1항에 따른 행정정보의 공동이용을 통하여 확인하여야 한다. 다만, 신청인이 사업자등록증의 확인에 동의하지 아니하는 경우에는 그 사본을 첨부하게 하여야 한다.

③ 부품제작자 등은 법 제30조의2제2항 후단에 따라 다음 각 호의 어느 하나에 해당하는 변경이 있는 경우에는 그 변경일 부터 15일 이내에 별지 제24호의2서식의 부품제작자등 등록·변경 및 등록증 재발급 신청서(전자문서로 된 신청서를 포함한다)에 그 변경을 증빙하는 서류를 첨부하여 국토교통부장관에게 제출하여야 한다. <개정 2013. 3. 23.>
 1. 법인 명칭 및 주소의 변경
 2. 대표자 성명의 변경
 3. 제40조의7에 따른 시험시설의 변경(해당시설 사용계약의 변경을 포함한다)

[본조신설 2011. 12. 15.]

제40조의6 (등록증 발급 등)

① 국토교통부장관은 제40조의5제1항에 따른 등록 신청이 등록요건에 적합하다고 인정하는 경우에는 신청일 부터 15일 이내에 그 신청내용이 관계법령에 적합한지 여부를 검토하여 별지 제24호의3서식의 부품제작자등 등록증을 발급하여야 한다. <개정 2013. 3. 23.>

② 국토교통부장관은 제40조의5제3항에 따른 변경등록신청이 변경등록요건에 적합하다고 인정하는 경우에는 신청일 부터 7일 이내에 부품제작자등록번호 변경 없이 별지 제24호의3서식의 부품제작

자등 등록증을 발급하여야 한다. <개정 2013. 3. 23.>

③ 국토교통부장관은 제1항 또는 제2항에 따른 등록 또는 변경등록의 적합여부를 판단하는 경우 성능시험대행자로 하여금 제40조의7에 따른 시험시설을 확인하게 할 수 있다. <개정 2013. 3. 23.>

④ 제1항 및 제2항에 따른 등록증의 재발급에 관하여는 제33조제4항을 준용한다. <개정 2019. 8. 20.>

[본조신설 2011. 12. 15.]

제40조의7 (부품자기인증 시험시설)

① 부품제작자 등은 부품자기인증을 위하여 별표 4의3에 따른 시험시설을 갖추어야 한다.

■ 자동차관리법 시행규칙 [별표 4의3] <개정 2017. 2. 14.>

부품안전기준 시험시설기준(제40조의7관련)

1. 브레이크호스

시설 품명	세부 기준
가. 체적 팽창 시험기 (유압)	○ 시험압력 : 20MPa 이상
나. 파열강도 시험기 (유압, 공기)	○ 시험압력 : 49MPa 이상(유압), 6.2MPa 이상(공기)
다. 내 휨성 시험기 (유압)	○ 시험압력 : 1.8MPa 이상
라. 인장강도 시험기 (유압, 공기)	○ 시험하중 : 1,700N 이상
마. 항온 시험기	○ 시험온도 : 85℃이상 ○ 연속시험시간 : 70시간 이상
바. 저온 시험기 (유압, 공기)	○ 시험온도 : -45~-48℃ 유지 ○ 연속시험시간 : 70시간 이상
사. 호환성 시험기 (유압)	○ 시험온도 : 120℃유지 ○ 연속시험시간 : 70시간 이상
아. 내오존 시험기 (유압, 공기)	○ 시험온도 : 40℃ ○ 연속시험시간 : 70시간 이상
자. 동적 오존 시험기 (유압)	○ 시험온도 : 40℃ 유지 ○ 연속시험시간 : 48시간 이상
차. 고온가진 시험기 (유압)	○ 가압성능 : 5.6MPa/sec 이상 ○ 감압성능 : 5.6MPa/sec 이상 ○ 가열성능 : 146℃/30min 이상
카. 염수분무 시험기 (유압, 공기)	○ 염수분무 : 24시간 이상
타. 내유성 시험기 (공기)	○ 시험온도 : 100℃ 유지 ○ 연속시험시간 : 70시간 이상
파. 진공상태 시험기 (공기)	○ 시험압력 : 635mmHg 이하 유지
하. 내염화 아연성시험기 (공기)	○ 시험유체 : 염화아연 50% 수용액 ○ 시험시간 : 200시간
거. 공기압 누설시험기 (공기)	○ 시험압력 : 1 MPa/2분
너. 삽입게이지 (유압, 공기)	○ 공칭내경 측정가능
더. 확대경(유압, 공기)	○ 확대배율 : 7배 이상

2. 등화장치

구분	시설 품명	세부 기준
가. 비대칭 전조등 나. 가스방전식 전조등 다. 적응형 전조등	1. 회전가대	○ 연직면 ±30° 이상 ○ 수평면 ±90° 이상
	2. 조도계	○ 정도 : 일반형 A급과 동등하거나 그 이상일 것(KS C 1601) ○ ±5% 이내
	3. 색도계	○ 측정방법 : 분광측색방법 또는 자극치 직독방법
	4. 표준전구	○ 전조등용 표준전구 확보 상태 ○ 성적서 상태유지 할 것
	5. 스크린	○ cut-off line을 확인할 수 있을 것
	6. 암실	○ 길이 : 31m 이상 ○ 너비 : 4m 이상 ○ 난반사를 차단할 수 있을 것

3. 후부반사기

시설 품명	세부 기준
가. 회전가대	○ 연직면 ±30° 이상 ○ 수평면 ±90° 이상
나. 반사성능시험기	○ Observation angle : 0.2~1.5° ○ 0~420mcd/Lux 이상 ○ 조사세기가 일정할 것
다. 암실	○ 길이 : 31m 이상 ○ 너비 : 4m 이상 ○ 난반사를 차단할 수 있을 것
라. 프로그램	○ 부품안전기준 시행세칙에 따라 시험할 수 있을 것

4. 좌석안전띠

시설 품명	세부 기준
가. 인장하중 시험기	○ 하중 : 14,700N 이상
나. 내구성 시험기	○ 버클 내구성 시험기를 갖출 것 ○ 리트랙터 내구성 시험기를 갖출 것
다. 동하중 시험장비	○ 시험차를 장착한 상태에서 30g 이상의 관성하중을 가할 수 있을 것 ○ 대차 : 시험조건에 따른 동하중 시험이 가능할 것
라. 인체모형	○ 인체모형(TNO-10)
마. 인체모형의 이동량 측정	○ 동하중 시험시 인체모형의 이동량 측정이 가능할 것
바. 냉·온장고	○ 온도(최소 15도이하에서 최고 70도 이상) 및 습도(60%이하에서 70%이상)조절이 가능한 온장고 ○ 온도(최소 -25도이하) 및 습도(60%이하에서 70%이상)조절이 가능한 냉장고

5. 후부안전판

시설 품명	세부 기준
1. 시험품 고정장치	ㅇ 해당시험품을 고정할 수 있을 것
2. 하중부하장치	ㅇ 수직모서리 곡률 반경이 5±1㎜이고 너비 200㎜, 높이 250㎜이하의 하중장치 ㅇ 하중 : 해당시험품을 시험할 수 있을 것
3. 하중 측정장비	ㅇ 하중 측정범위 : 해당 시험품을 측정할 수 있을 것 ㅇ 정도 : ±5%
4. 변위 측정장비	ㅇ 변위 측정범위 : 400㎜ 이상 ㅇ 정도 : ±5%
5. 데이터 출력장비	ㅇ 하중 및 변위

6. 창유리

시설 품명	세부 기준	앞면 창유리용			기타 창유리용					
		접합 유리		유리 플라스틱 조합	강화 유리		접합 유리		복층 유리	유리 플라스틱 조합
		Ⅱ	Ⅱ/P	Ⅲ	Ⅰ	Ⅰ/P	Ⅳ	Ⅳ/P	Ⅴ	Ⅵ
가. 분광투과율 측정기	ㅇ 측정범위 : 0~100% ㅇ 최소지시 : 0.1% ㅇ 초점거리 : 최소 500㎜	ㅇ	ㅇ	ㅇ	ㅇ	ㅇ	ㅇ	ㅇ	ㅇ	ㅇ
나. 헤이즈미터	ㅇ 초점거리 : 최소 500㎜ ㅇ 광전자셀의 직경 : 200~250㎜ 구형태(입구는 원형이고 광선직격의 2배)	ㅇ	ㅇ	ㅇ		ㅇ	ㅇ	ㅇ		ㅇ
다. 내마모성 시험기	ㅇ 회전속도 : 65~75rpm ㅇ 연마용 바퀴 경도 : 72±5 IRHD ㅇ 연마용 바퀴 직경 : 45~50㎜	ㅇ	ㅇ	ㅇ		ㅇ	ㅇ	ㅇ		ㅇ
라. 온도변화에 대한 내구성 시험장비	ㅇ 온도조정범위 : -45~74℃ ㅇ 300×300㎜의 시편 2개 이상 시험가능한 공간을 확보할 것		ㅇ	ㅇ		ㅇ		ㅇ		ㅇ
마. 난연성 시험기	ㅇ 시험가스 : 38MJ/㎥의 발열을 가질 것 ㅇ 가스불꽃 : 38㎜ 높이 조절 가능 ㅇ 연소챔버 재질은 스테인레스 스틸일 것 ㅇ 증기장은 연소챔버 체적의 20~110배		ㅇ	ㅇ		ㅇ		ㅇ		ㅇ

시설 품명	세부 기준	앞면 창유리용			기타 창유리용					
		접합 유리		유리 플라스틱 조합	강화 유리		접합 유리		복층 유리	유리 플라스틱 조합
		Ⅱ	Ⅱ/P	Ⅲ	Ⅰ	Ⅰ/P	Ⅳ	Ⅳ/P	Ⅴ	Ⅵ
바. 항온항습실 또는 항온항습조	○ 온도 및 습도 조정범위: - 온도 : 20±5℃ - 습도 : 60±20% ○ 성능 : 최소 24시간 이상 시험온도 및 습도가 유지될 것		○	○		○		○		○
사. 내화학 시험장비	○ 시험에 사용되는 화학약품을 안전하게 채울 수 있고 배출가능한 구조일 것 ○ 180×25㎜의 편평한 샘플 시험이 가능할 것		○	○		○		○		○
아. 내광성 시험장비	○ 복사광원 - 석영전구를 가진 Medium-pressure mercury-vapor lamp로 구성 - 길이 360㎜, 직경 9.5㎜, 호의 길이 300±4㎜ - 750±50W에서 작동될 것 ※ 위와 동일한 효과를 내는 다른 복사 광원도 사용 가능 ○ 시험품을 장착하고 분당 1~5회전 가능 ○ 시험품은 광원에서 230㎜ 위치시킬 것	○	○	○		○	○	○		○
자. 내열성 시험장비	○ 100℃로 가열 가능하고 최소 2시간동안 온도 유지 가능할 것 ○ 300×300㎜의 편평한 샘플을 수직으로 시험할 수 있는 구조의 수조를 갖출 것	○	○	○		○	○	○		○
차. 내습성 시험장비	○ 온도 및 습도 성능 : 아래 온도 및 습도에서 2주 이상 밀폐 유지될 것 - 온도 : 50±2℃ - 습도 : 95±4% ○ 300×300㎜의 편평한 샘플을 수직으로 시험할 수 있는 구조를 갖출 것	○	○	○		○	○	○		○

시설 품명	세부 기준	앞면 창유리용			기타 창유리용					
		접합 유리		유리 플라스틱 조합	강화 유리		접합 유리		복층 유리	유리 플라스틱 조합
		Ⅱ	Ⅱ/P	Ⅲ	Ⅰ	Ⅰ/P	Ⅳ	Ⅳ/P	Ⅴ	Ⅵ
카. 투시변형 시험기	○ 원형 배열 : 스크린에 투과된 원형 배열은 높은 품질을 가질 것(측정오차 5%미만이 될 것) ○ 프로젝터 - 초점거리 최소 90㎜ - 조리개 개도 1/2.5 - 150W 석영 할로겐램프(필터 없는 경우) - 250W 석영 할로겐 램프(녹색 필터)	○	○	○						
타. 2차상간격 측정 시험 장비	○ 조준판 시험의 경우 - 암실 및 준암실 - 앞면 창유리를 통해 발광하는 조준판을 볼 수 있을 것 ○ 대체 시험인 조준망원경 시험의 경우 - 조준망원경은 조준기와 망원경으로 구성	○	○	○						
파. 낙하시험 장비	○ 머리모형시험이 가능할 것 - 낙하물 : 10 ± 0.2kg - 낙하높이 : 1.5m(시험품의 중심에서 40㎜ 이내에 가격할 것)	○	○	○					○	
	○ 2,260g 강구시험이 가능할 것 - 낙하물 : 2,260 ± 20g - 낙하높이 : 4.0m(시험품의 중심에서 25㎜ 이내에 가격할 것)	○	○	○						
	○ 227g 강구시험이 가능할 것 - 낙하물 : 227 ± 2g - 낙하높이 : 9.0 m(시험품의 중심에서 50㎜ 이내에 가격할 것) - 항온챔버 : -20 ± 2~+40 ± 2 ℃에서 4시간 이상 유지할 것	○	○	○						
	○ 227g 강구시험이 가능할 것 - 낙하물 : 227 ± 2g - 낙하높이 : 9.0 m(시험품의 중심에서 50㎜ 이내에 가격할 것)						○	○		○

시설 품명	세부 기준	앞면 창유리용			기타 창유리용					
		접합 유리		유리 플라 스틱 조합	강화 유리		접합 유리		복층 유리	유리 플라 스틱 조합
		Ⅱ	Ⅱ/P	Ⅲ	Ⅰ	Ⅰ/P	Ⅳ	Ⅳ/P	Ⅴ	Ⅵ
파. 낙하시험 장비	○ 227g 강구시험이 가능할 것 - 낙하물 : 227 ± 2g - 낙하높이 : 2.0 m(시험품의 중심에서 25㎜ 이내에 가격할 것)				○	○				
하. 파쇄시험기	○ 곡률반경 0.2±0.05㎜인 스프링 - 하중 펀치 또는 75±5g 망치 ○ 파쇄 패턴 측정을 3분 이내에 완료할 수 있을 것				○	○				

※ 비고

1. Ⅰ : 기타 창유리용 강화유리
2. Ⅱ : 앞면 창유리용 접합유리
3. Ⅲ : 앞면 창유리용 유리·플라스틱 조합유리
4. Ⅳ : 기타 창유리용 접합유리
5. Ⅴ : 기타 창유리용 복층유리
6. Ⅵ : 기타 창유리용 유리·플라스틱 조합유리
7. P : 안쪽 면에 플라스틱 표면을 가진 경우

7. 안전삼각대

시설 품명	세부 기준
가. 회전가대	○ 연직면 ±30° 이상 ○ 수평면 ±90° 이상
나. 반사성능시험기	○ Observation angle : 0.2~1.5° ○ 0~420mcd/Lux ○ 조사세기가 일정할 것
다. 암실	○ 길이 : 31m 이상 ○ 너비 : 4m 이상 ○ 난반사를 차단할 수 있을 것
라. 분광광도계	○ 분광측색방법 또는 자극치 직독방법 ○ D65 또는 A 표준광원을 적용하여 휘도율 측정이 가능할 것
마. 프로그램	○ 안전삼각대 부품자기인증에 적합한 프로그램일 것

8. 후부반사판

시설 품명	세부 기준
가. 회전가대	ㅇ 연직면 ±30° 이상 ㅇ 수평면 ±90° 이상
나. 반사성능시험기	ㅇ Observation angle : 0.2~1.5° ㅇ 0~420mcd/Lux ㅇ 조사세기가 일정할 것
다. 암실	ㅇ 길이 : 31m 이상 ㅇ 너비 : 4m 이상 ㅇ 난반사를 차단할 수 있을 것
라. 분광광도계	ㅇ 분광측색방법 또는 자극치 직독방법 ㅇ D65 또는 A 표준광원을 적용하여 휘도율 측정이 가능할 것
마. 프로그램	ㅇ 후부반사판 부품자기인증에 적합한 프로그램일 것

9. 후부반사지

시설 품명	세부 기준
가. 회전가대	ㅇ 연직면 ±30° 이상 ㅇ 수평면 ±90° 이상
나. 반사성능시험기	ㅇ Observation angle : 0.2~1.5° ㅇ 0~420mcd/Lux ㅇ 조사세기가 일정할 것
다. 암실	ㅇ 길이 : 31m 이상 ㅇ 너비 : 4m 이상 ㅇ 난반사를 차단할 수 있을 것
라. 분광광도계	ㅇ 분광측색방법 또는 자극치 직독방법 ㅇ D65 또는 A 표준광원을 적용하여 휘도율 측정이 가능할 것
마. 프로그램	ㅇ 후부반사지 부품자기인증에 적합한 프로그램일 것

10. 브레이크라이닝

시설 품명	세부 기준
가. 전단강도 시험기	ㅇ 시험압력 : - 패드 어셈블리 : 2.5MPa 이상 - 슈우 어셈블리 : 1MPa 이상
나. 압축성 시험기	ㅇ 시험압력 : - 최대압력 : 160bar 이상 - 최대온도 : 400℃이상 - 최대변위 : 25㎜
다. 경도 시험기	ㅇ ISO 2039-2:1987 시험이 가능할 것

11. 휠

시설 품명	세부 기준
가. 회전 굽힘 시험기	○ 휠의 최대허용하중 이상 모멘트를 입력할 수 있을 것 ○ 입력된 하중을 1회 시험 싸이클(1.8×106) 이상 지속적으로 유지할 수 있을 것 ○ 장착 전 후자동차 휠의 축변위 변화량을 확인할 수 있을 것
나. 구름 시험기	○ 휠의 최대허용하중 이상 입력할 수 있을 것 ○ 외접하여 시험하는 경우 : 드럼 외경이 최소 1.7m 이상일 것 ○ 내접하여 시험하는 경우 : 드럼 내경이 타이어 동반경을 0.4로 나눈 값 이상일 것 ○ 시험 하중이 입력된 상태에서 최소 2,000km 주행이 가능할 것
다. 충격 시험기 (합금휠에 한정한다)	○ 1,000kg의 질량을 230㎜이상 들어올려 떨어뜨릴 수 있을 것 ○ 충격기의 크기는 폭 125㎜이상, 길이 375㎜이상일 것 ○ 휠의 중심에 수직으로 추는 빔의 중앙에서 7.5㎜±0.75㎜의 편차 이내에 작용될 것
라. 토크게이지	○ 대상 자동차 휠을 장비에 장착 시 또는 해체 시 필요한 토크를 측정할 수 있을 것
마. 항온 항습기	○ 시험하는 동안 실내 온도 10℃~30℃ 유지 가능할 것

12. 반사띠

시설 품명	세부 기준
가. 회전가대	○ 연직면 ±30° 이상 ○ 수평면 ±90° 이상
나. 반사성능시험기	○ Observation angle : 0.2~1.5° ○ 0~420mcd/Lux ○ 조사세기가 일정할 것
다. 암실	○ 길이 : 31m 이상 ○ 너비 : 4m 이상 ○ 난반사를 차단할 수 있을 것
라. 분광광도계	○ 분광측색방법 또는 자극치 직독방법 ○ D65 또는 A 표준광원을 적용하여 휘도율 측정이 가능할 것
마. 프로그램	○ 반사띠 부품자기인증에 적합한 프로그램일 것

13. 저속차량용 후부표시판

시설 품명	세부 기준
가. 회전가대	○ 연직면 ±30° 이상 ○ 수평면 ±90° 이상
나. 반사성능시험기	○ Observation angle : 0.2~1.5° ○ 0~420mcd/Lux ○ 조사세기가 일정할 것
다. 암실	○ 길이 : 31m 이상 ○ 너비 : 4m 이상 ○ 난반사를 차단할 수 있을 것
라. 분광광도계	○ 분광측색방법 또는 자극치 직독방법 ○ D65 또는 A 표준광원을 적용하여 휘도율 측정이 가능할 것
마. 프로그램	○ 저속차량용 후부표시판 부품자기인증에 적합한 프로그램일 것

※ 비고

1. 위 표의 규정에 따른 장비와 그 명칭이 다르거나 여러 가지의 복합적인 성능을 가진 장비로서 위 표에서 정한 세부기준보다 높은 기준을 보유한 것으로 확인되는 경우에는 해당 시설을 갖춘 것으로 본다.
2. 위 표에서 사용하는 용어의 뜻은 다음과 같다
   - mmHg : 압력의 단위로 1기압의 1/760
   - Pa : 단위면적당 압력(=1N/㎡)
   - N : 힘의 단위 (1㎏의 질량에 1m/s² 의 가속도를 발생시키는 힘의 크기)
   - mcd : 1000분의 1 cd(칸델라)
     * 1 칸델라(cd) : 백금의 응고점 온도에서 흑체 1㎠당 방출하는 정상 광도의 60분의 1
   - 룩스(Lux) : 광원으로부터 일정한 거리에서의 측정한 밝기(빛의 밝기의 정도)
   - TNO-10 : 좌석안전띠의 변위 및 변형량만 측정하는 더미(인체모형)
   - KS C 1601 : 한국산업표준 전기-광전지조도계 규격

② 제1항에도 불구하고 국토교통부장관이 정하여 고시하는 시험시설에 대한 사용계약서가 있는 경우에는 제1항에 따른 시험시설을 갖춘 것으로 본다. <개정 2013. 3. 23.>

[본조신설 2011. 12. 15.]

제40조의8 (자동차부품 제원의 통보)

① 부품제작자 등은 법 제30조의2제3항에 따라 해당 자동차부품을 판매하기 10일전까지 별지 제24호의4서식의 자동차부품등 제원통보서에 다음 각 호의 서류를 첨부하여 성능시험대행자에게 제출하여야 한다. 통보한 자동차부품의 제원이 변경되는 경우에도 또한 같다. <개정 2013. 3. 23.>

1. 자동차부품의 제원표
2. 자동차부품의 외관도
3. 그 밖에 자동차부품의 기능설명서 등 국토교통부장관이 정하여 고시하는 서류

② 성능시험대행자는 제1항에 따라 제원통보를 받은 경우에는 그 통보를 받은 날부터 10일 이내에 제원관리번호를 부여하고 그 내용을 전산정보처리조직에 입력하여야 한다.

③ 제2항에 따라 제원관리번호를 부여한 성능시험대행자는 부품제작자등에 대하여 별지 제24호의5서식의 자동차부품 제원관리번호통보서를 발급하여야 한다.

④ 제1항부터 제3항까지의 규정에 따른 제원의 통보 및 관리 등에 관한 세부사항은 국토교통부장관이 정하여 고시한다. <개정 2013. 3. 23.>

[본조신설 2011. 12. 15.]

제40조의9 (부품자기인증의 표시)

① 법 제30조의2제3항에 따른 부품자기인증의 표시는 다음 각 호의 기준에 따른다.

1. 부품(포장재를 포함한다)에 견고하게 부착되는 구조로 표시할 것
2. 부품의 보기 쉬운 위치에 표시할 것

3. 쉽게 지워지지 아니하는 구조로 표시할 것

4. 인증표시의 배경색과 글자는 선명하게 대비되게 표시할 것

② 제1항에 따른 부품자기인증의 표시 절차 및 방법 등에 대한 세부사항은 국토교통부장관이 정하여 고시한다. <개정 2013. 3. 23.>

[본조신설 2011. 12. 15.]

제40조의10 (자동차부품에 대한 자기인증적합조사)

① 성능시험대행자가 법 제30조의3제2항에 따라 부품제작자 등이 판매한 자동차부품에 대하여 같은 조 제1항 각 호(제3호의3 및 제7호는 제외한다)에 해당하는지를 확인하는 조사(이하 "부품자기인증적합조사"라 한다)를 시행하는 때에는 자동차부품조사에 대한 연간계획을 수립하여 국토교통부장관에게 보고해야 한다. 이 경우 국토교통부장관은 성능시험대행자가 수립한 연간계획의 타당성 등을 검토한 후 이를 보완하게 할 수 있다. <개정 2019. 8. 20.>

② 제1항에 따른 부품자기인증적합조사를 위한 연간계획의 내용 및 통보 등에 관하여는 제40조제2항 및 제3항을 준용한다.

③ 법 제30조의3제2항에 따라 성능시험대행자가 부품자기인증적합조사를 시행하는 경우에는 조사일정・방법・인력 및 비용 등이 포함된 조사계획을 작성하여 국토교통부장관에게 보고하여야 한다. <개정 2013. 3. 23.>

④ 제3항에 따른 부품자기인증적합조사의 조사방법, 자료제출, 결과보고, 부품제작자 등의 시정조치계획보고 등에 관하여는 제40조의2제2항부터 제5항까지를 준용한다.

[본조신설 2011. 12. 15.]

제40조의11 (대체부품에 대한 성능 및 품질 조사)

① 국토교통부장관은 법 제30조의5제1항 및 법 제34조의3제2항에 따라 성능 및 품질을 인증받은 대체부품 및 튜닝부품(자동차 튜닝용 부품을 말한다. 이하 같다)이 법 제30조의3제1항제1호・제3호의3・제3호의4・제7호 또는 제8호에 해당하는지 여부를 조사할 수 있다. <개정 2024. 2. 16.>

② 법 제30조의3제2항에 따라 성능시험대행자가 제1항에 따른 조사를 시행하는 경우에는 조사계획을 수립하여 국토교통부장관에게 보고하여야 한다.

③ 성능시험대행자는 제2항에 따른 조사계획에 따라 조사를 실시한 경우에는 그 결과를 국토교통부장관에게 보고하여야 한다.

④ 제1항부터 제3항까지의 규정에 따른 조사계획 수립, 조사방법 및 결과보고 등에 관한 세부사항은 국토교통부장관이 정하여 고시한다.

[본조신설 2014. 10. 31.]

제40조의12 (대체부품의 성능 및 품질 인증기준)

① 법 제30조의5제3항에 따른 대체부품의 성능 · 품질 인증의 기준(이하 "대체부품인증기준"이라 한다)은 다음 각 호와 같다. <개정 2018. 6. 27.>

1. 규격이 자동차제작사에서 출고된 자동차에 장착된 부품과 동일하거나 유사할 것
2. 재료의 물리적 또는 화학적 특성이 자동차제작사에서 출고된 자동차에 장착된 부품과 동일하거나 유사할 것

② 제1항에 따른 대체부품인증기준에 관한 세부사항은 국토교통부장관이 정하여 고시한다.

[본조신설 2014. 10. 31.]

제40조의13 (대체부품 인증절차 등)

① 법 제30조의5제3항에 따른 대체부품의 성능 · 품질 인증을 받으려는 자는 국토교통부장관이 정하여 고시하는 신청서를 제40조의15에 따라 국토교통부장관이 지정한 대체부품 성능 · 품질인증기관(이하 "대체부품인증기관"이라 한다)에 제출하여야 한다. <개정 2018. 6. 27.>

② 대체부품인증기관은 제40조의12에 따른 인증기준에 따라 심사한 후 그 기준에 적합하다고 인정한 경우에는 인증을 하고 인증서를 신청인에게 발급하여야 한다.

③ 대체부품인증기관은 제2항에 따른 심사결과 대체부품인증기준에 적합하지 않은 경우에는 지체 없이 그 사유를 구체적으로 밝혀 신청인에게 통지하여야 한다.

④ 제1항부터 제3항까지에서 규정한 사항 외에 대체부품인증에 필요한 세부절차는 국토교통부장관이 정하여 고시한다.

[본조신설 2014. 10. 31.]

제40조의14 (대체부품인증기관 지정기준)

① 법 제30조의5제3항에서 "국토교통부령으로 정하는 기준에 적합한 자"란 다음 각 호의 기준에 적합한 자동차부품 관련 기관 · 단체 또는 협회를 말한다. <개정 2018. 6. 27.>

1. 대체부품인증업무에 필요한 조직과 인력을 보유할 것
2. 대체부품인증업무에 필요한 설비와 그 설비의 작동에 필요한 환경조건을 갖출 것
3. 대체부품인증대상 분야별로 국토교통부장관이 정하는 평가항목 · 평가기준 및 평가절차를 갖출 것

② 제1항에 따른 대체부품인증기관이 갖추어야 할 지정기준의 세부사항은 국토교통부장관이 정하여 고시한다.

[본조신설 2014. 10. 31.]

제40조의15 (대체부품인증기관의 지정절차 등)

① 대체부품인증기관으로 지정받으려는 자는 국토교통부장관이 정하여 고시하는 신청서를 국토교통

부장관에게 제출하여야 한다.

② 국토교통부장관은 제1항에 따른 신청을 받은 경우 제40조의14에 따른 지정기준에 적합한지 여부를 확인한 후 그 결과를 신청인에게 통지하여야 한다.

③ 국토교통부장관은 제2항에 따라 대체부품인증기관을 지정하였을 때에는 그 사실을 공고하여야 한다.

④ 제1항부터 제3항까지에서 규정한 사항 외에 대체부품인증기관의 지정절차 등에 관한 세부사항은 국토교통부장관이 정하여 고시한다.

[본조신설 2014. 10. 31.]

제40조의16 (대체부품 인증의 표시)

① 법 제30조의5제4항에 따른 대체부품인증의 표시는 다음 각 호의 기준에 따른다.

1. 대체부품에 견고하게 부착되는 구조로 표시할 것
2. 대체부품의 보기 쉬운 위치에 표시할 것
3. 인증표시는 쉽게 지워지지 아니하고 쉽게 알아볼 수 있도록 선명하게 표시할 것

② 제1항에 따른 대체부품인증의 표시절차 및 방법 등에 관한 세부사항은 국토교통부장관이 정하여 고시한다.

[본조신설 2014. 10. 31.]

제7장 제작결함의 시정 및 성능시험 <신설 2003. 1. 2.>

제1절 제작결함의 시정 등 <신설 2003. 1. 2.>

제41조 (제작결함 등의 공개 및 시정조치 등)

① 법 제31조제1항 각 호 외의 부분 본문에서 "설계, 제조 또는 성능상의 문제로 안전에 지장을 주는 등 국토교통부령으로 정하는 결함"이란 다음 각 호의 요건을 모두 갖춘 설계, 제조 또는 성능상의 문제를 말한다.

1. 다수의 같은 종류 자동차 또는 부품에서 공통적으로 나타나는 문제일 것
2. 사망 또는 부상 등의 인명 피해가 있는 교통사고를 초래하거나 초래할 우려가 있는 문제일 것

② 자동차제작자 등이나 부품제작자 등은 법 제31조제1항 각 호 외의 부분 본문에 따라 다음 각 호의 사항이 포함된 시정조치계획을 수립하여 해당 제작결함 사실을 안 날부터 30일 이내에 이를 자동차소유자 또는 제145조제1항에 따른 자동차정비사업조합 및 자동차전문정비사업조합(자동차부품만 해당한다)에 휴대전화를 이용한 문자메시지(휴대전화 번호를 모르는 경우는 제외한다) 및 우편으로 통지하고, 전국에 배포되는 1개 이상의 일간신문에 공고해야 한다. <개정 2023. 5.

25., 2024. 2. 16.>

1. 제작결함의 내용
2. 제작결함을 시정하지 않은 경우 자동차에 미치는 영향과 주의사항
3. 제작결함의 시정조치 기간(1년 6개월 이상의 기간을 말한다)·장소 및 담당 부서
4. 자동차제작자 등이 제작결함의 시정조치비용을 부담한다는 내용
5. 자동차제작자 등의 귀책사유로 인하여 제작결함의 시정조치를 이행하지 못하는 경우의 보상 계획 및 내용
6. 법 제31조의2에 따라 자체 시정한 자동차의 시정비용을 보상받을 수 있다는 설명과 보상기간, 보상신청 접수 장소 및 연락처 등의 안내
7. 그 밖에 제작결함의 시정을 위하여 국토교통부장관이 필요하다고 인정하는 사항

③ 제2항에 따른 제작결함의 시정을 받으려는 자는 같은 항 제3호에 따른 시정조치 기간 내에 자동차제작자등 또는 부품제작자등에게 제작결함의 시정을 요구해야 하며, 시정을 요구받은 자동차제작자등 또는 부품제작자 등은 지체 없이 제작결함에 대한 시정조치를 해야 한다.

④ 국토교통부장관은 자동차제작자등 또는 부품제작자 등이 제2항 및 제3항에 따른 통지, 공고 또는 시정조치를 하지 않은 경우에는 법 제31조제3항에 따라 시정을 명해야 한다.

⑤ 제2항에 따른 통지 및 공고에 필요한 세부사항은 국토교통부장관이 정하여 고시한다.

[전문개정 2021. 2. 5.]

제41조의2 (경제적 보상 등)

① 법 제31조제1항 단서에 따라 경제적 보상을 하려는 자동차제작자등 또는 부품제작자 등은 해당 결함 사실을 안 날부터 30일 이내에 다음 각 호의 사항이 포함된 경제적 보상 계획을 수립하여 자동차소유자에게 휴대전화를 이용한 문자메시지(휴대전화 번호를 모르는 경우는 제외한다) 및 우편으로 통지하고, 전국에 배포되는 1개 이상의 일간신문에 이를 공고해야 한다. <개정 2023. 5. 25., 2024. 2. 16.>

1. 제작결함의 내용 및 경제적 보상을 하는 이유
2. 경제적 보상대상
3. 경제적 보상금액 및 그 산정방법
4. 경제적 보상기간(1년 6개월 이상의 기간을 말한다), 보상금액, 수령방법 및 담당부서
5. 그 밖에 경제적 보상을 위하여 국토교통부장관이 필요하다고 정하여 고시하는 사항

② 제1항제2호의 경제적 보상대상에 해당하는 자가 자동차제작자등 또는 부품제작자등에게 경제적 보상을 요구하면 자동차제작자등 또는 부품제작자 등은 지체없이 경제적 보상을 해야 한다. <개정 2023. 5. 25.>

[전문개정 2018. 1. 18.]

제41조의3 (제작결함의 조사)

① 국토교통부장관은 다음 각 호의 어느 하나에 해당하는 경우에는 성능시험대행자에게 법 제31조제4항에 따른 조사(이하 "제작결함조사"라 한다)를 하게 할 수 있다. <개정 2023. 5. 25.>

1. 제44조에 따른 결함정보 수집·분석 결과 제작결함이 있는지 여부에 대한 조사가 필요하다고 인정되는 경우
2. 자동차 또는 자동차부품 제작결함에 대한 언론보도가 있거나 소비자 관련 단체 등으로부터 제작결함 여부에 대한 조사요청을 받고 검토한 결과 조사가 필요하다고 인정되는 경우
3. 제52조에 따라 자동차제작자등 또는 부품제작자 등이 국토교통부장관에게 제출한 자료에 의하여 제작결함조사가 필요하다고 인정되는 경우
4. 그 밖에 국토교통부장관이 필요하다고 인정하는 경우

② 성능시험대행자는 제1항에 따라 제작결함조사를 하려는 경우에는 조사일정·방법 등이 포함된 조사계획을 수립하여 국토교통부장관에게 보고한 후 국토교통부장관이 제작결함조사를 하게 한 날부터 7일 이내에 법 제31조제5항 본문에 따라 자동차제작자등 또는 부품제작자등에게 조사대상·내용 및 기간 등을 통보해야 한다.

③ 성능시험대행자는 제작결함조사를 할 때 예비조사와 본조사를 구분하여 단계별로 실시할 수 있으며, 필요한 경우에는 현장조사를 할 수 있다.

④ 성능시험대행자는 제작결함조사를 한 때에는 다음 각 호의 내용이 포함된 제작결함조사결과보고서를 국토교통부장관에게 제출해야 한다.

1. 자동차 또는 자동차부품의 명칭 및 제작연도
2. 제작결함의 내용
3. 제작결함이 자동차의 운행에 미치는 영향

⑤ 국토교통부장관은 제43조에 따른 적정성 조사결과보고서의 내용이 적정하다고 인정하는 경우에는 성능시험대행자가 하는 제작결함조사를 종료하게 할 수 있다.

⑥ 제3항에 따른 예비조사와 본조사의 단계별 조사방법 및 조사절차 등에 관하여 필요한 사항은 국토교통부장관이 정하여 고시한다.

[전문개정 2021. 2. 5.]

제41조의4 (결함조사에 필요한 자료의 제출 등)

① 자동차제작자등 또는 부품제작자 등은 제41조의3제2항에 따른 통보를 받은 경우에는 그 날부터 15일 이내에 법 제31조제5항 본문에 따라 결함조사에 필요한 자료를 성능시험대행자에게 제출해야 한다.

② 성능시험대행자는 자동차제작자등 또는 부품제작자 등이 제1항에 따른 제출기간 내에 자료를 제출할 수 없는 부득이한 사정이 있다고 인정하는 경우로서 제1항에 따른 제출기간 만료일의 전일까지 그 사유 등을 제출한 때에는 제작결함조사에 지장을 주지 않는 범위 내에서 그 기한을

연장할 수 있다.

③ 법 제31조제7항 후단에 따른 자동차 또는 부품에 대한 대가는 해당 자동차 또는 부품의 소비자 공급가격 또는 대여가격으로 한다.

[전문개정 2021. 2. 5.]

제42조 (시정조치계획 등의 보고)

① 자동차제작자등 또는 부품제작자 등은 법 제31조제1항 각 호 외의 부분 본문에 따른 시정조치를 하는 경우에는 같은 조 제8항에 따라 제41조제2항에 따른 통지 및 공고 5일 전까지 다음 각 호의 사항이 포함된 시정조치계획서를 국토교통부장관에게 보고해야 한다. <개정 2023. 5. 25.>

1. 제작결함이 있는 자동차 또는 자동차부품의 명칭, 형식 및 제작연월일
2. 제작결함이 있는 구조·장치와 제작결함 원인
3. 제작결함이 있는 자동차 또는 자동차부품의 제작 및 판매 대수
4. 제41조제2항에 따른 시정조치계획의 내용
5. 다음 각 목의 사항이 포함된 시정조치계획 이행방안
   가. 부품 수급 계획에 관한 사항
   나. 전용 작업 공간 확보 등 시정조치의 신속한 이행에 관한 사항
   다. 제작결함이 있는 자동차 중 우선적으로 시정조치가 이루어져야 하는 자동차의 선정에 관한 사항(우선적으로 시정조치를 할 필요가 있는 경우로 한정한다)
   라. 그 밖에 시정조치계획 이행에 필요한 사항
6. 제41조제2항에 따른 자동차소유자 또는 자동차정비사업조합 및 자동차전문정비사업조합에 대한 통지문 및 신문 공고문
7. 법 제31조의2에 따른 자체 시정한 자동차 소유자에 대한 다음 각 목의 사항이 포함된 보상계획
   가. 보상기간, 보상신청 접수장소 및 연락처
   나. 제45조의2 및 제45조의3에 따른 보상금액의 산정기준 및 보상금의 지급청구절차

② 자동차제작자등 또는 부품제작자 등은 법 제31조제1항 각 호 외의 부분 단서에 따른 경제적 보상을 하는 경우에는 같은 조 제8항에 따라 다음 각 호의 사항이 포함된 경제적 보상 계획서를 제41조의2제1항에 따른 통지 및 공고 5일 전까지 국토교통부장관에게 보고해야 한다.

1. 제작결함이 있는 자동차 또는 자동차 부품의 명칭, 형식 및 제작연월일
2. 제작결함의 원인 및 내용
3. 제작결함이 있는 자동차 또는 자동차 부품의 제작대수, 판매대수 및 보상대상
4. 경제적 보상을 하는 이유
5. 보상대상 유형별 보상금액 산정방법 및 지급방법
6. 제41조의2제1항에 따른 자동차소유자에 대한 통지문 및 신문 공고문

③ 자동차제작자 등이나 부품제작자 등은 법 제31조제8항에 따라 시정조치 또는 경제적 보상의 진행률이 90퍼센트에 도달할 때까지 매 분기마다 분기 종료 후 20일 이내에 국토교통부장관에게 시정조치 또는 경제적 보상의 진행상황을 보고해야 한다. <개정 2023. 5. 25.>

④ 제3항에도 불구하고 자동차제작자 등이나 부품제작자 등은 다음 각 호의 어느 하나에 해당하는 경우로서국토교통부장관이 신속한 시정조치가 필요하다고 인정하는 경우에는 시정조치가 완료될 때까지 매 분기마다 분기 종료 후 20일 이내에 국토교통부장관에게 시정조치의 진행상황을 보고해야 하며, 시정조치가 완료된 날부터 20일 이내에 그 사실을 국토교통부장관에게 보고해야 한다. <신설 2023. 5. 25.>

1. 자동차 또는 자동차부품의 제작결함으로 화재가 발생한 경우
2. 자동차 또는 자동차부품의 제작결함으로 인명피해가 있는 자동차 사고를 초래한 경우
3. 자동차 또는 자동차부품의 제작결함으로 공중의 안전에 위해를 끼칠 우려가 있다고 인정되는 경우
4. 그밖에 국토교통부장관이 시정조치를 완료할 때까지 그 진행상황을 보고를 받을 필요가 있다고 인정하는 경우

⑤ 국통교통부장관은 제4항에 따른 시정조치 진행상황 완료보고 대상에 해당하면 지체 없이 해당 자동차제작자 등이나 부품제작자등에게 그 사실을 통보해야 한다. <신설 2023. 5. 25.>

⑥ 제작결함이 있는 자동차 중 법 제13조제1항제1호 · 제5호 · 제6호의 사유로 말소등록된 자동차 등 국내에 존재하지 않는 것으로 확인된 자동차는 제3항 및 제4항에 따른 시정조치의 진행률을 산정할 때 시정조치를 완료한 것으로 본다. <신설 2023. 5. 25.>

[전문개정 2021. 2. 5.]

제43조 (시정조치계획 등의 적정성 조사결과 제출)

성능시험대행자는 법 제31조제9항에 따라 시정조치계획 또는 경제적 보상 계획의 적정성 여부를 조사한 경우에는 다음 각 호의 사항이 포함된 적정성 조사결과보고서를 국토교통부장관에게 제출해야 한다.

1. 다른 자동차에 동일한 결함 장치나 부품의 장착 여부
2. 시정 대상 자동차의 대수 및 시정대책의 적정성 여부(경제적 보상 계획의 경우에는 보상 대상 자동차의 대수 및 보상금액의 적정성 여부)

[전문개정 2021. 2. 5.]

제43조의2 (자동차 소유자에 대한 정보의 제공방법)

국토교통부장관은 법 제31조제11항에 따라 자동차 소유자에 대한 정보의 제공을 요청받은 경우에는 전산정보처리조직 및 「자동차손해배상 보장법」 제7조제1항에 따른 의무보험 가입관리전산망에 기록된 소유자의 이름 · 주소 · 휴대전화번호 · 자동차등록번호 및 차대번호를 성능시험대행자에게

제공할 수 있다. <개정 2023. 5. 25.>
[전문개정 2021. 2. 5.]

제43조의3 (결함 사실 등의 재공개명령 등)

① 법 제31조제12항에서 "국토교통부령으로 정하는 기준에 미달한 경우"란 법 제31조제8항에 따라 보고한 시정조치 또는 경제적 보상의 진행률이 시정조치 계획 또는 경제적 보상 계획에 따른 개시일부터 6개월이 되는 날까지 70퍼센트 미만인 경우로서 공중의 안전을 위하여 시정조치 또는 경제적 보상을 신속하게 이행할 필요가 있는 경우를 말한다. <개정 2023. 5. 25.>

② 법 제31조제12항에 따라 결함 사실과 그에 따른 시정조치계획등을 다시 공개해야 하는 자동차제작자등 또는 부품제작자 등은 그 날부터 30일 이내에 결함 사실과 시정조치계획 또는 경제적 보상 계획을 제41조제2항 또는 제41조의2제1항에 따라 휴대전화를 이용한 문자메시지(휴대전화 번호를 모르는 경우는 제외한다) 및 우편으로 통지해야 한다. <개정 2024. 2. 16.>

[본조신설 2021. 2. 5.]

제44조 (제작결함정보수집 등)

① 성능시험대행자는 법 제33조의4에 따른 자동차결함정보시스템을 이용하여 소비자 불만 신고, 자동차 사고, 자기인증 위반사항 및 제작결함에 관한 정보와 결함조사 등에 필요한 정보(이하 "결함정보"라 한다)를 수집하고, 수집된 정보를 관리·분석해야 한다. <개정 2021. 2. 5.>

② 삭제 <2021. 2. 5.>

③ 국토교통부장관 또는 성능시험대행자는 결함정보 수집에 필요하다고 판단되는 때에는 다음 각 호의 자에게 제작 결함의 내용 및 원인 등을 포함한 제작 결함의 발생현황 등에 관한 정보를 요청할 수 있다. <개정 2023. 5. 25.>

1. 시·도지사
2. 법 제44조제1항에 따른 자동차검사대행자
3. 법 제45조제1항에 따른 지정정비사업자
4. 제149조에 따른 자동차정비사업조합 연합회 및 자동차전문정비사업조합 연합회
5. 자동차제작자등 또는 부품제작자등

④ 결함정보의 수집·관리·분석에 관한 세부절차는 국토교통부장관이 정하여 고시한다. <개정 2008. 3. 14., 2013. 3. 23.>

[전문개정 2003. 1. 2.]

제45조 삭제 〈2018. 11. 23.〉

제45조의2 (보상금액의 산정기준)

① 법 제31조의2에 따라 보상을 할 때의 보상금액은 자동차제작자등 또는 부품제작자 등이 운영(계약을 통하여 정비를 대행하는 경우를 포함한다)하는 영 제12조제1항제1호에 따른 자동차종합정비업소에서 해당 결함을 시정하는 데에 드는 통상적인 비용과 자동차 소유자가 자체 시정에 지출한 비용 중 적은 금액으로 한다. <개정 2011. 12. 15., 2023. 5. 25.>

② 법 제31조의2제1항제1호 및 제2호를 적용하는 경우 결함사실을 공개한 날은 제41조에 따라 일간신문에 공고한 날로 한다.

[본조신설 2009. 4. 8.]

제45조의3 (보상금의 지급청구절차 등)

① 법 제31조의2제1항에 따라 시정비용을 보상받으려는 자는 제41조제2항제3호에 따른 제작결함의 시정조치기간 내에 다음 각 호의 서류를 갖추어 자동차제작자등 또는 부품제작자등에게 보상을 청구해야 한다. 이 경우 자동차제작자 등은 필요한 경우 자동차 소유자에게 결함을 자체 시정하였음을 확인할 수 있는 증빙서류를 추가로 요구할 수 있다. <개정 2011. 12. 15., 2021. 2. 5., 2023. 5. 25.>

1. 제134조제2항에 따른 별지 제89호의2서식의 자동차점검・정비내역서
2. 「부가가치세법」에 따른 세금계산서 또는 영수증(신용카드매출전표를 포함한다)
3. 자동차등록증, 자동차 소유자의 신분증 및 입금통장 사본

② 제1항에 따른 보상청구를 받은 자동차제작자등 또는 부품제작자 등은 청구를 받은 날부터 30일 이내에 보상금을 지급해야 한다. 다만, 불가피한 사유로 지급을 연기하겠다는 뜻을 보상을 청구한 자에게 문서로 통지한 경우에는 그렇지 않다. <개정 2011. 12. 15., 2023. 5. 25.>

③ 자동차제작자등 또는 부품제작자 등은 제1항에 따라 보상을 청구한 자가 법 제31조의2제1항 각 호의 어느 하나에 해당하지 않아 보상청구를 거부하는 경우에는 보상을 거부하는 사유를 분명히 밝혀 보상을 청구한 자에게 문서로 통지해야 한다. <개정 2011. 12. 15., 2023. 5. 25.>

④ 그 밖에 자체 시정한 자동차 소유자에 대한 보상에 관하여 필요한 사항은 국토교통부장관이 정하여 고시한다. <개정 2013. 3. 23.>

[본조신설 2009. 4. 8.]

제45조의4 (자동차 사고조사의 범위 및 절차 등)

① 법 제31조의3제1항에서 "화재 등 국토교통부령으로 정하는 자동차사고"란 다음 각 호의 어느 하나에 해당하는 자동차사고를 말한다.

1. 화재 또는 인명 피해가 발생한 자동차사고
2. 자동차의 구조가 적정하지 않거나 자동차의 장치가 운전자의 의도와 다르게 작동하여 발생한 자동차사고

3. 그 밖에 경찰청 또는 소방청 등 관계기관에서 성능시험대행자에게 합동조사를 요청한 자동차 사고

② 성능시험대행자가 법 제31조의3제2항에 따라 자동차 사고조사를 위해 자동차 또는 부품의 보존・대여 또는 매입을 하려는 경우에는 자동차의 소유자에게 별지 제26호의6서식에 따른 자동차 또는 부품 매매・대여・보존 동의를 받아야 한다.

③ 성능시험대행자가 법 제31조의3제2항에 따라 자동차 사고조사를 위하여 사고가 발생한 자동차의 정보를 활용하려는 경우 자동차의 소유자 또는 운전자(사망 또는 부상으로 의사표시를 할 수 없는 경우에는 그 배우자・직계존속 또는 직계비속)에게 별지 제26호의7서식에 따른 개인정보 수집 이용 제공 동의를 받아야 한다.

④ 법 제31조의3제3항에 따른 정당한 대가의 지급은 다음 각 호의 구분에 따른다.

1. 자동차의 보존・대여 : 자동차 보존・대여기간에 동급의 자동차 제공 또는 그 대여비용 지급
2. 자동차의 매입 : 해당 자동차를 매각하는 자와 협의한 금액. 다만, 협의가 성립되지 않은 경우에는 「보험업법」에 따른 보험요율 산출기관에서 책정한 차량가액 기준표에 따라 산정된 금액 또는 같은 법에 따른 보험회사에서 해당 차량을 매각할 때 지급하는 금액을 지급

[본조신설 2021. 2. 5.]

제2절 성능시험 <개정 2003. 1. 2.>

제46조 (성능시험의 구분)

법 제32조제1항에 따른 성능시험(이하 "성능시험"이라 한다)은 다음 각 호와 같이 구분하여 시행해야 한다. <개정 2008. 3. 14., 2011. 12. 15., 2013. 3. 23., 2023. 5. 25.>

1. 국가간 상호인증을 위하여 자동차에 사용되는 부품 또는 장치의 인증을 위한 시험(이하 "상호인증시험"이라 한다)
2. 국토교통부장관이 고시하는 자동차에 사용되는 부품 또는 장치의 인증을 위한 시험(이하 "부품인증시험"이라 한다)
3. 자동차제작자등 또는 부품제작자 등이 자기인증을 위하여 자동차에 사용되는 부품 또는 장치가 안전기준에의 적합 여부를 확인하는 시험(이하 "안전시험"이라 한다)

[전문개정 2003. 1. 2.]

제47조 (성능시험의 기준 및 방법)

성능시험은 「자동차 및 자동차부품의 성능과 기준에 관한 규칙」 제116조의 규정에 의하여 국토교통부장관이 고시하는 바에 따라 실시한다. 다만, 상호인증시험의 경우 국가간상호인증협약에서 달리 정하고 있는 때에는 그 협약이 정하는 바에 따른다. <개정 2005. 9. 16., 2008. 3. 14., 2013. 3. 23., 2017. 1. 6.>
[전문개정 2003. 1. 2.]

제48조 (성능시험의 신청 등)

① 자동차제작자등 또는 부품제작자 등이 법 제32조제1항에 따라 자동차에 사용되는 부품 또는 장치의 인증을 신청하려는 경우에는 국토교통부장관에게 별지 제27호서식의 성능시험신청서를 제출해야 한다. <개정 2008. 3. 14., 2011. 12. 15., 2013. 3. 23., 2023. 5. 25.>

② 국토교통부장관은 제1항의 규정에 의한 인증을 하기 위하여 성능시험대행자에게 그 성능시험을 대행하게 할 수 있다. 이 경우 제1항의 규정에 의하여 성능시험을 신청한 자는 성능시험대행자가 지정하는 일시 및 장소에 시험대상 부품 또는 장치와 설계도면, 그 밖에 시험에 필요한 자료를 제시하여야 한다. <개정 2008. 3. 14., 2013. 3. 23.>

③ 성능시험대행자는 상호인증시험을 실시한 경우 그 결과에 대한 평가서 3부를 작성하여 1부는 국토교통부장관에게 보고하고, 1부는 신청인에게 발급하며, 1부는 작성일로부터 10년간 보존하여야 한다. 이 경우 국토교통부장관은 해당 부품 또는 장치의 평가결과가 국가간상호인증협약에서 정하는 기준에 적합하다고 인정되는 때에는 협약에서 정하는 인증서를 신청인에게 발급하여야 한다. <개정 2008. 3. 14., 2010. 2. 18., 2013. 3. 23.>

④ 성능시험대행자는 부품인증시험을 실시한 경우 그 결과에 대한 평가서 3부를 작성하여 1부는 국토교통부장관에게 보고하고, 1부는 신청인에게 발급하며, 1부는 작성일부터 10년간 보존하여야 한다. 이 경우 국토교통부장관은 해당 부품 또는 장치가 안전기준에 적합하다고 인정되는 때에는 별지 제32호서식의 부품인증서 2부를 작성하여 1부는 신청인에게 발급하고, 1부는 작성일부터 10년간 보존하여야 한다. <개정 2008. 3. 14., 2010. 2. 18., 2013. 3. 23.>

⑤ 성능시험대행자는 안전시험을 실시한 경우 그 결과에 대한 평가서 3부를 작성하여 1부는 국토교통부장관에게 보고하고, 1부는 신청인에게 발급하며, 1부는 작성일부터 10년간 보존하여야 한다. <개정 2008. 3. 14., 2010. 2. 18., 2013. 3. 23.>

⑥ 삭제 <2009. 4. 8.>

[전문개정 2003. 1. 2.]

제49조 (성능시험대행자의 지정 기준 등)

① 법 제32조제3항에 따른 국토교통부령으로 정하는 지정기준이라 함은 다음 각호를 말한다. <개정 2004. 12. 6., 2008. 3. 14., 2009. 4. 8., 2010. 2. 18., 2013. 3. 23.>

1. 상호인증시험의 경우에는 국가간상호인증협약에서 정하는 시설을 갖출 것
2. 부품인증시험의 경우에는 제3호에서 정하는 시설과 그 밖에 국토교통부장관이 부품인증시험에 필요하다고 인정하는 시설을 갖출 것
3. 안전시험의 경우에는 다음 각목의 시설을 갖출 것
   가. 충돌구동장비 · 고속촬영기 · 인체모형교정장비 및 고정벽 등의 충돌시험시설
   나. 충격하중측정장비 · 충격속도측정장비 및 머리충격부위측정장비 등의 충격 및 충돌모의시험시설

다. 조도계 · 색도계 및 영상막 등의 등화장치시험시설

라. 3차원측정기 · 3차원마네킨 · 영상막 및 구면계 등의 운전자시계범위시험시설

마. 제동력측정기 · 답력계 · 조향각측정기 및 차대동력계 등의 동력 및 제동관련시험시설

바. 엔진동력계 · 대기압력계 및 매연측정기 등의 원동기출력시험시설

사. 항온실 · 연속기록계 · 온도센서 · 안개발생기 및 공기압력계 등의 시계확보장치시험시설

아. 연속기록계 · 온도센서 및 차대동력계 등의 가속제어장치복귀능력시험시설

자. 전자파 무반사실, 전계강도 측정장비, 차대동력계, 공중선마스트 등의 전자파장해방지장치 시험시설

차. 그 밖에 국토교통부장관이 자동차의 안전시험에 필요하다고 인정하는 시설

4. 국가간 자유무역협정 이행을 위한 시설을 갖출 것

5. 법 제29조의2에 따른 안전기준 관련 연구 · 개발을 위한 시설을 갖출 것

② 제1항 각호의 규정에 의한 시설(이하 "성능시험시설"이라 한다)의 명칭 및 제원등에 관한 세부기준은 국토교통부장관이 정하여 고시한다. <개정 2008. 3. 14., 2013. 3. 23.>

③ 법 제32조제3항에 따라 성능시험대행자로 지정받고자 하는 자는 다음 각호의 서류(전자문서를 포함한다)를 국토교통부장관에게 제출하여 지정신청을 하여야 한다. 이 경우 국토교통부장관은 「전자정부법」 제36조제1항에 따른 행정정보의 공동이용을 통하여 법인 등기사항증명서를 확인하여야 한다. <개정 2004. 11. 29., 2005. 9. 16., 2006. 8. 7., 2008. 3. 14., 2009. 4. 8., 2010. 2. 18., 2011. 4. 11., 2013. 3. 23.>

1. 삭제 <2006. 8. 7.>
2. 제1항 각호의 규정에 의한 시설과 인력 현황
3. 성능시험대행자운영에 관한 규정

④ 국토교통부장관은 제3항의 규정에 의하여 성능시험대행자 지정신청을 받은 때에는 제출된 서류를 검토한 후 적합하다고 인정된 경우 성능시험대행자로 지정하고 이를 고시하여야 한다. <개정 2008. 3. 14., 2013. 3. 23.>

⑤ 국토교통부장관은 성능시험대행자의 성능시험에 관련된 업무에 필요한 지도 · 감독을 하여야 한다. <개정 2008. 3. 14., 2013. 3. 23.>

[전문개정 2003. 1. 2.]

제49조의2 (사후관리 시설 및 기술인력)

① 자동차제작자 등은 법 제32조의2제1항에 따라 자기인증을 하여 판매한 자동차의 하자에 대한 무상수리를 위하여 법 제53조제3항에 따른 자동차정비업의 등록기준에 적합한 시설 및 기술인력 등을 확보해야 한다. <개정 2023. 5. 25.>

② 법 제32조의2제2항에서 "국토교통부령으로 정하는 자"란 자동차종합정비업, 소형자동차종합정비업, 자동차전문정비업을 등록한 자 중 해당 자동차를 정비할 수 있는 자를 말한다. <개정 2013.

3. 23., 2014. 10. 6., 2016. 1. 7.>
[본조신설 2010. 2. 18.]

제49조의3 (무상수리기간 및 부품의 공급기간 등)

① 법 제32조의2제1항제1호에 따라 하자가 발생한 자동차의 무상수리의 요건은 다음 각 호와 같다. <개정 2017. 1. 6., 2017. 7. 18., 2022. 4. 14., 2023. 6. 9.>

1. 원동기, 동력전달장치 및 고전원전기장치 : 자동차를 판매한 날(「자동차등록규칙」 제27조제1항제2호에 따른 자동차제작증 상의 양도연월일을 말한다. 이하 이 조 및 제49조의6에서 같다)부터 3년 이내이고 주행거리가 6만킬로미터 이내일 것
2. 제1호 외의 장치 : 자동차를 판매한 날부터 2년 이내이고 주행거리가 4만킬로미터 이내일 것

② 자동차제작자 등은 법 제32조의2제1항제2호에 따라 자기인증을 하여 판매한 자동차의 원활한 정비를 위하여 동일한 형식의 자동차를 최종 판매한 날부터 8년 이상 정비에 필요한 부품을 공급해야 한다. 다만, 비슷한 다른 부품의 사용이 가능한 경우에는 해당 부품을 공급하고 있는 것으로 본다. <개정 2023. 5. 25.>

③ 자동차제작자 등은 법 제32조의2제1항제4호에 따라 판매한 자동차에 사용되는 자동차부품으로서 국토교통부장관이 정하여 고시하는 자동차부품의 소비자 가격 자료를 해당 자동차제작자 등의 인터넷 홈페이지에 공개해야 한다. 다만, 인터넷 홈페이지를 갖추고 있지 않은 자동차제작자 등은 자동차를 판매할 때 해당 가격 자료가 표시된 인쇄물로 공개할 수 있다. <신설 2014. 1. 16., 2023. 5. 25.>

④ 제3항 본문에 따라 인터넷 홈페이지에 공개하는 경우에 자동차제작자 등은 제2항에 따른 부품의 공급 기간 이상 동안 해당 자료를 공개해야 하고, 분기별로 해당 자료를 갱신해야 한다. <신설 2014. 1. 16., 2023. 5. 25.>

⑤ 국토교통부장관은 법 제32조의2제5항에 따라 자동차제작자등에게 이행명령을 하려는 경우에는 해당 자동차제작자 등이 이행해야 할 구체적인 조치사항 및 이행기간 등을 명시하여 서면으로 통지해야 한다. <개정 2013. 3. 23., 2014. 1. 16., 2017. 1. 6., 2018. 6. 27., 2023. 5. 25.>

⑥ 국토교통부장관은 제5항의 이행명령을 하기 전에 무상수리 대상 여부 등 자동차제작자등과 자동차 소유자간의 분쟁을 조정하기 위하여 소비자단체, 성능시험대행자 또는 학계 등 관련 분야 전문가의 의견을 들을 수 있다. <개정 2013. 3. 23., 2014. 1. 16., 2023. 5. 25.>

[본조신설 2010. 2. 18.]

제49조의4 (기술지도 · 교육의 대상 및 방법)

① 법 제32조의2제1항제3호에 따른 기술지도 · 교육 대상은 자동차정비업자로 한다. <개정 2018. 6. 27., 2023. 6. 9.>

② 제1항에 따른 기술지도 · 교육은 다음 각 호의 어느 하나의 방법으로 실시한다.

1. 자동차제작자 등의 인터넷 홈페이지 등을 통한 온라인 교육
2. CD, DVD 등 영상녹화물의 제공을 통한 시청각 교육
3. 교재 및 참고자료의 제공을 통한 서면 교육

③ 제1항 및 제2항에서 규정한 사항 외에 기술지도·교육의 실시에 필요한 세부사항은 국토교통부장관이 정하여 고시한다.

[본조신설 2015. 7. 7.]

제49조의5 (정비 장비·자료의 종류 및 제공방법)

① 법 제32조의2제1항제3호에 따라 제공하여야 하는 장비 및 자료의 종류는 다음 각 호와 같다.
1. 장비 : 고장진단기(고장진단기의 원활한 작동을 위한 소프트웨어를 포함한다)
2. 자료 : 정비매뉴얼(전기회로도, 부품분해조립도, 진단가이드, 전자부품카탈로그 및 차체정비매뉴얼 등을 포함한다)

② 자동차제작자 등은 제1항제2호에 따른 자료를 제공하는 경우에는 해당 자동차제작자 등의 인터넷 홈페이지 등을 통하여 제공하여야 한다. 다만, 인터넷 홈페이지 등을 통하여 자료를 제공하기 어려운 경우에는 인쇄물 등으로 제공할 수 있다.

③ 자동차제작자 등은 새로 제작·조립 또는 수입된 자동차의 현황 등을 고려하여 제1항제2호에 따른 자료를 정기적으로 갱신하여야 한다.

④ 제1항부터 제3항까지에서 규정한 사항 외에 정비 장비·자료의 제공을 위하여 필요한 세부사항은 국토교통부장관이 정하여 고시한다.

[본조신설 2015. 7. 7.]

제49조의6 (무상 제공 자료의 종류 등)

① 법 제32조의2제1항제3호의2에 따라 자동차제작자 등이 무상으로 한국교통안전공단에 제공해야 하는 자료의 종류는 별표 5의2와 같다. <개정 2019. 4. 23., 2023. 5. 25.>

■ 자동차관리법 시행규칙 [별표 5의2] <개정 2021. 8. 27.>

무상 제공 자료의 종류(제49조의6제1항 관련)

1. 검사용 고장진단기 제작을 위한 자료
   가. 자료의 종류
      1) 센서 고장진단코드(diagnostic code) 목록(코드의 명칭과 의미를 포함한다) 및 고장진단코드를 읽기 위하여 필요한 통신규약
      2) 전지(배터리)의 최대·최소 셀 전압(전기자동차에 한정한다)
      3) 검사 중 발생한 고장진단코드 삭제를 위한 자료(연료전지자동차에 한정한다)

나. 자료는 다음의 장치에 관한 것을 포함하여야 한다.

1) 적응순항제어장치(ACC)
2) 코너링조명등
3) 타이어공기압경고장치
4) 조향각도 제어장치
5) 비상자동제동장치
6) 능동형(active) 머리지지대
7) 능동형 후드 시스템
8) 능동형 스태빌라이저(좌우 자세 안정 보조장치)
9) 경사로 밀림방지 장치(HAC)
10) 차로유지지원장치(LKAS)
11) 오토 홀드(auto hold) 장치
12) 사각지대 감지장치(BSD)
13) 바퀴잠김방지식 제동장치(ABS)
14) 에어백
15) 좌석안전띠 프리텐셔너(pre-tensioner)
16) 좌석안전띠 경고장치(SBR)
17) 후측방 접근경고장치(RCTA)
18) 전방충돌경고장치(FCW)
19) 최고속도제한장치
20) 차로이탈경고장치(LDWS)
21) 전기식 제동장치(EBS)
22) 자동차안정성제어장치
23) 조절형 최고속도제한장치(SLA)
24) 지능형 최고속도제한장치(ISA)
25) 전기식 주차제동장치
26) 후미등 결함 알림 시스템
27) 전자식 차고 조절 장치
28) 구동력 제어장치
29) 적응형 전조등
30) 전자제어서스펜션(ECS)
31) 동력지원조향장치(전기식)
32) 전자식 사륜 구동 장치
33) 전자식 댐퍼 조정 장치
34) 긴급제동신호장치

2. 배출가스 관련 장치의 상태 확인을 위한 자료

가. 자료의 종류 : 자동차에 설치된 배출가스 관련 장치의 목록과 해당 장치의 정상 작동 여부를 확인하는데 필요한 통신규약 등 교통안전공단이 요구하는 자료

나. 자료는 다음의 장치에 관한 것을 포함하여야 한다.
1) 실화 감시장치
2) 연료계통 감시장치
3) 기타부품 감시장치
4) 촉매 감시장치
5) 가열식 촉매 감시장치
6) 증발가스계통 감시장치
7) 2차공기 공급계통 감시장치
8) 에어컨계통 감시장치
9) 산소센서 감시장치
10) 가열식 산소센서 감시장치
11) 배기가스 재순환계통 감시장치

3. 다음 각 목의 장치의 모의구동을 위한 자료[통신규약과 암호화 소스(seed key) 작동 알고리즘을 포함한다]
가. 주차보조시스템(PAS) 경보장치, 경음기
나. 창 닦이기
다. 후미등, 차폭등, 전조등, 방향지시등, 안개등, 제동등, 코너링조명등, 주간주행등
라. 소리발생장치(QRTV) 및 절연저항 모니터링 시스템(전기자동차에 한정한다)
마. 고압차단밸브 및 압축수소가스 용기밸브(연료전지자동차에 한정한다)

4. 다음 각 목의 사항을 포함한 정비매뉴얼
가. 전기회로도
나. 부품분해조립도
다. 진단가이드
라. 차체정비매뉴얼

5. 그 밖에 교통안전공단이 필요하다고 인정하여 요구하는 자료

② 자동차제작자 등은 자기인증을 한 자동차를 최초로 판매한 날부터 6개월 이내에 별표 5의2 각 호의 자료를 한국교통안전공단에 제공해야 한다. 다만, 자동차제작자 등이 기한 내에 자료를 제공할 수 없는 부득이한 사유가 있는 경우 그 자료를 제공할 수 없는 사유와 향후 제출 계획을 해당 자동차를 최초로 판매한 날부터 6개월 이내에 한국교통안전공단에 제출한 때에는 한국교통안전공단은 3개월 이내의 범위에서 그 기한을 연장할 수 있다. <개정 2019. 4. 23., 2023. 5. 25.>
③ 자동차제작자 등은 제2항 본문에 따라 제공한 자료의 내용에 변경이 있는 경우 그 내용을 매년 정기적으로 갱신하여 한국교통안전공단에 제공해야 한다. <개정 2019. 4. 23., 2023. 5. 25.>
[본조신설 2017. 7. 18.]

제49조의7 (무상수리계획의 통지 등)

① 법 제32조의2제4항에서 "제작 등의 과정에서 유래한 하자 등 국토교통부령으로 정하는 사유"란 다음 각 호의 사유를 말한다.

1. 제작 등의 과정에서 유래한 하자
2. 설계 과정에서 유래한 하자

② 법 제32조의2제4항에 따라 자동차제작자 등이 제1항에 따른 사유로 무상수리를 하려면 자동차정비업자에게 기술정보자료를 제공한 날부터 10일 이내에 다음 각 호의 사항이 포함된 무상수리계획을 자동차 소유자에게 휴대전화를 이용한 문자메시지(휴대전화 번호를 모르는 경우는 제외한다) 및 우편으로 알려야 한다. <개정 2021. 8. 27., 2023. 5. 25., 2024. 2. 16.>

1. 무상수리 대상
2. 하자의 내용 및 원인
3. 수리방법
4. 무상수리 기간·장소 및 담당부서(연락처를 포함한다)
5. 하자를 수리하지 아니하는 경우 자동차에 미치는 영향과 주의사항

③ 자동차제작자 등은 제2항에 따른 통지를 성능시험대행자에게 대행하게 할 수 있다. <개정 2023. 5. 25.>

[본조신설 2018. 6. 27.]

제3절 자동차 또는 자동차부품의 자료 제공 및 유지 <개정 2003. 1. 2., 2011. 12. 15.>

제50조 (자료의 제공)

① 자동차제작자등 또는 부품제작자 등은 자동차 또는 자동차부품을 판매하는 경우에는 법 제33조제1항 및 제5항에 따라 구매자에게 다음 각 호의 자료를 제공해야 한다. 이 경우 자동차부품은 인터넷 홈페이지에 게시 또는 공고하는 형태로 제공할 수 있다. <개정 2006. 6. 9., 2011. 12. 15., 2017. 1. 6., 2021. 2. 5., 2023. 5. 25.>

1. 자동차 또는 자동차부품 취급설명서
2. 별지 제32호의2서식의 안내문
3. 미완성자동차가 안전기준에 적합함을 증빙하는 서류 및 단계제작자동차의 제작등을 위한 기술자료(미완성자동차를 판매하는 경우만 해당한다)

② 제1항제1호에 따른 자료에는 자동차의 형식 및 사용 등에 관한 다음 각 호의 사항이 포함되어야 한다. <개정 2019. 12. 31., 2022. 10. 26.>

1. 해당 자동차가 법 제30조제5항에 따라 유사한 수준의 안전도 확인방법으로 자동차자기인증을 하였다는 사실(소량생산 자동차를 판매하는 경우에만 해당한다)
2. 「자동차 및 자동차부품의 성능과 기준에 관한 규칙」 제102조제4항에 따라 에어백을 설치한 경우 에어백의 안전한 사용을 위한 다음 각 목의 사항

가. 13세 미만의 어린이는 에어백의 팽창ㆍ충격으로 피해를 입을 수 있다는 사실
나. 어린이에게 뒷자석이 안전하다는 사실
다. 유아용 보조좌석은 앞좌석에 설치하지 말 것
라. 좌석안전띠와 어린이보호장치를 사용할 것
마. 에어백에서 가능한 멀리 떨어져 착석할 것

③ 제1항 각 호에 따른 자료의 제공방법 및 절차 등에 관하여 필요한 세부사항에 관하여는 국토교통부장관이 정하여 고시한다. <개정 2011. 12. 15., 2013. 3. 23., 2017. 1. 6.>

[본조신설 2003. 1. 2.]

제51조 (자료의 보존)

자동차제작자등 또는 부품제작자 등은 법 제33조제2항에 따라 다음 각 호의 자료를 해당 자동차 또는 자동차부품을 판매한 날부터 5년 이상 보존해야 한다. <개정 2006. 6. 9., 2011. 12. 15., 2013. 3. 23., 2014. 1. 16., 2017. 7. 18., 2023. 5. 25.>

1. 수출한 자동차 또는 자동차부품의 제작 결함 시정과 관련된 다음 각목의 자료
   가. 자체적으로 결정하여 시정조치한 사항과 관련된 자료
   나. 외국의 결정에 의한 시정조치 관련자료

1의2. 수입된 자동차 또는 자동차부품과 동종의 자동차 또는 자동차부품에 대한 외국에서의 제작 결함 시정과 관련된 다음 각 목의 자료
   가. 자체적으로 결정하여 시정조치한 사항과 관련된 자료
   나. 외국의 결정에 의하여 시정조치된 사항과 관련된 자료

2. 자동차 소유자에게 시행한 자체 무상점검ㆍ수리내용과 관련한 자료 및 그 안내문
3. 자동차제작자 등이 실시한 자체 유ㆍ무상 점검ㆍ정비 또는 품질개선에 관한 다음 각 목의 자료
   가. 자동차제작자등과 정비업소 사이에 이루어진 정비통신문 또는 기술통신문 등의 기술 통보문
   나. 자동차제작자등과 정비업소 사이에 정기적으로 주고 받은 기술정보 자료
4. 자기인증적합조사 또는 부품자기인증적합조사 및 제작결함조사에 필요한 다음 각 목의 자료
   가. 국토교통부장관이 정하여 고시하는 설계도면
   나. 사양 및 설계변경 관련자료
   다. 자동차의 구조 및 장치의 기능이상으로 제기된 소비자 불만사항
   라. 자동차제작자등 또는 부품제작자 등이 자체적으로 실시한 유ㆍ무상 점검ㆍ정비 및 교환 내역
5. 안전기준의 적합여부 확인을 위한 안전시험 결과 및 제원통보 등 자기인증 관련자료
6. 자동차 또는 자동차부품 구매자 연락처
7. 자동차 또는 자동차부품의 결함 또는 하자와 관련하여 교환 또는 무상수리 등의 목적으로 법 제53조에 따라 등록한 자동차정비업자와 주고받은 기술정보자료
8. 자체적으로 또는 외부 요청으로 조사한 자동차 화재 및 사고 관련 기술분석자료

[본조신설 2003. 1. 2.] [제목개정 2017. 7. 18.]

제52조 (자료의 제출)

① 자동차제작자등 또는 부품제작자 등은 법 제33조제3항제1호 및 제2호에 따른 제작 결함 시정 내용을 그 사실을 안 날부터 14일 이내에 국토교통부장관에게 제출해야 한다. <개정 2008. 3. 14., 2011. 12. 15., 2013. 3. 23., 2014. 1. 16., 2017. 7. 18., 2023. 5. 25.>

② 자동차제작자등 또는 부품제작자 등은 법 제33조제3항제3호에 따른 자체 무상점검 및 수리 내용(법 제47조의2제1항제3호가목에 따른 중대한 하자로서 같은 조 제2항에 따라 하자 재발 통보가 이루어진 경우 해당 하자 관련 자료를 포함한다)을 별지 제32호의3서식의 무상점검 및 수리 내역서에 따라 자체 무상점검 또는 수리를 시행한 날이 속하는 달의 말일부터 20일 이내에 국토교통부장관에게 제출해야 한다. <신설 2017. 7. 18., 2018. 11. 23., 2023. 5. 25., 2024. 2. 16.>

③ 자동차제작자등 또는 부품제작자 등은 별지 제32호의4서식에 따른 기술정보자료 제출서에 법 제33조제3항제4호에 따른 기술정보자료(법 제47조의2제1항제3호가목에 따른 중대한 하자로서 같은 조 제2항에 따라 하자 재발 통보가 이루어진 경우 해당 하자 관련 자료를 포함한다)를 첨부하여 그 기술정보자료를 발행한 날이 속하는 달의 말일부터 20일 이내에 국토교통부장관에게 제출해야 한다. <신설 2017. 7. 18., 2018. 11. 23., 2023. 5. 25., 2024. 2. 16.>

④ 자동차제작자등 또는 부품제작자 등은 별지 제32호의5서식의 화재 및 사고 관련 기술분석자료 제출서에 법 제33조제3항제5호에 따른 기술분석자료와 사고기록장치 및 운행기록계 데이터 사본을 첨부하여 그 기술분석자료를 발행한 날이 속하는 달의 말일부터 20일 이내에 국토교통부장관에게 제출해야 한다. <신설 2017. 7. 18., 2023. 5. 25., 2024. 2. 16.>

⑤ 자동차제작자등 또는 부품제작자 등은 법 제33조제4항에 따라 성능시험대행자로부터 조사에 필요한 자료의 제출을 요구받으면 요구받은 날부터 15일 이내에 해당 자료를 제출해야 한다. <신설 2021. 2. 5., 2023. 5. 25.>

⑥ 성능시험대행자는 자동차제작자등 또는 부품제작자 등이 제5항에 따른 기간 내에 자료를 제출할 수 없는 부득이한 사정이 있다고 인정하는 경우로서 제출기간 만료일의 전일까지 그 사유 등을 제출한 때에는 조사에 지장을 주지 않는 범위에서 그 기한을 연장할 수 있다. <신설 2021. 2. 5., 2023. 5. 25.>

[본조신설 2003. 1. 2.]

제4절 자동차의 안전도 평가 <개정 2003. 1. 2.>

제53조 (자동차안전도평가 연간계획의 수립)

① 국토교통부장관은 법 제33조의2제1항에 따라 자동차제작자 등이 판매한 자동차에 대한 안전도평가를 효율적으로 시행하기 위하여 이에 관한 연간계획을 수립해야 한다. <개정 2008. 3. 14., 2013.

3. 23., 2023. 5. 25.>

② 국토교통부장관은 제1항에 따른 연간계획에 포함되지 않은 자동차에 대하여 자동차제작자등으로부터 안전도평가 요청을 받은 경우에는 그 소요비용을 자동차제작자 등이 부담하는 조건으로 그 자동차에 대한 안전도평가를 실시할 수 있다. <개정 2008. 3. 14., 2013. 3. 23., 2023. 5. 25.>

③ 자동차의 안전도평가에 필요한 세부사항은 국토교통부장관이 정하여 고시한다. <개정 2008. 3. 14., 2013. 3. 23.>

[본조신설 2003. 1. 2.]

제54조 (자동차안전도평가의 시행 등)

① 법 제33조의2제2항의 규정에 의하여 국토교통부장관이 안전도 평가를 성능시험대행자에게 대행하게 한 때에는 성능시험대행자는 평가방법 · 일정 및 인력 등을 포함한 세부추진계획을 수립하여 국토교통부장관에게 보고한 후 이를 시행하여야 한다. <개정 2008. 3. 14., 2013. 3. 23.>

② 성능시험대행자는 자동차안전도 평가를 완료한 때에는 그 결과를 국토교통부장관에게 보고하여야 한다. <개정 2008. 3. 14., 2013. 3. 23.>

③ 국토교통부장관은 제2항의 규정에 의하여 평가결과를 보고 받은 때에는 인터넷 · 언론매체 및 홍보용 책자를 통하여 공표하여야 한다. <개정 2008. 3. 14., 2013. 3. 23.>

[본조신설 2003. 1. 2.]

제8장 자동차의 튜닝 등 <개정 2014. 12. 31.>

제55조 (튜닝의 승인대상 및 승인기준 등)

① 법 제34조제1항에서 "국토교통부령으로 정하는 항목에 대하여 튜닝을 하려는 경우"란 다음 각 호의 구조 · 장치를 튜닝하는 경우를 말한다. 다만, 범퍼의 외관이나 법 제34조의3에 따라 인증을 받은 튜닝부품 등 국토교통부장관이 정하여 고시하는 경미한 구조 · 장치로 튜닝하는 경우는 제외한다. <개정 2006. 6. 9., 2007. 7. 20., 2008. 3. 14., 2010. 2. 18., 2013. 3. 23., 2014. 12. 31., 2017. 1. 6., 2019. 12. 31., 2020. 2. 28., 2022. 4. 14., 2024. 2. 16.>

1. 영 제8조제1항제1호 및 제3호의 사항과 관련된 자동차의 구조
2. 영 제8조제2항제1호 · 제2호(차축으로 한정한다) · 제4호 · 제5호 · 제7호(연료장치 및 고전원 전기장치로 한정한다)부터 제10호까지 · 제12호부터 제14호까지 · 제20호 및 제21호의 장치

② 한국교통안전공단은 제1항에 따른 튜닝승인신청을 받은 경우에는 튜닝 후의 구조 또는 장치가 안전기준 그 밖에 다른 법령에 따라 자동차의 안전을 위하여 적용해야 하는 기준에 적합한 경우에만 승인해야 한다. 다만, 다음 각 호의 어느 하나에 해당하는 튜닝은 승인을 해서는 안 된다.

<개정 1999. 12. 31., 2003. 1. 2., 2006. 6. 9., 2014. 2. 28., 2014. 8. 18., 2014. 12. 31., 2017. 1. 6., 2019. 4. 23., 2020. 2. 28., 2021. 2. 5., 2024. 7. 10.>

1. 제작허용총중량(제작허용총중량이 없는 경우에는 차대 또는 차체가 동일한 자동차로 자기인증되어 제원이 통보된 차종의 총중량을 말한다. 이하 같다)을 넘어서 총중량을 증가시키는 튜닝
2. 삭제 <2024. 7. 10.>
3. 법 제3조제1항 각 호에 따른 자동차의 종류가 변경되는 튜닝. 다만, 다음 각 목의 어느 하나에 해당하는 경우는 제외한다.
   가. 승용자동차와 동일한 차체 및 차대로 제작된 승합자동차의 좌석장치를 제거하여 승용자동차로 튜닝하는 경우(튜닝하기 전의 상태로 회복하는 경우를 포함한다)
   나. 화물자동차를 특수자동차로 튜닝하거나 특수자동차를 화물자동차로 튜닝하는 경우
4. 튜닝전보다 성능 또는 안전도가 저하될 우려가 있는 경우의 튜닝

③ 국토교통부장관은 제2항에 따라 튜닝승인을 하는 때에 적용되는 기준에 관한 세부기준을 별도로 정하여 고시할 수 있다. <신설 2010. 2. 18., 2013. 3. 23., 2014. 12. 31.>

④ 한국교통안전공단은 제2항 단서에도 불구하고 전기자동차 등 신기술을 적용하는 튜닝의 경우 국토교통부장관이 정하여 고시하는 기준에 적합한 때에는 튜닝을 승인할 수 있다. <신설 2010. 2. 18., 2013. 3. 23., 2014. 12. 31.,2021. 2. 5.>

[제목개정 2014. 12. 31.]

제55조의2 (튜닝 작업을 할 수 있는 자동차제작자 등의 요건 등)

① 법 제34조제2항 전단에서 "국토교통부령으로 정하는 자동차제작자등"이란 다음 각 호의 요건을 모두 갖추어 한국교통안전공단의 확인을 받은 자를 말한다. <개정 2017. 7. 18., 2019. 4. 23., 2021. 12. 16.>

1. 자동차제작자등(자동차를 수입하는 자는 제외한다)일 것
2. 자동차 튜닝 작업에 필요한 다음 각 목의 시설 등을 갖출 것. 이 경우 임대차계약 등을 통해 사용권을 확보한 경우에는 그 기간 동안 해당 시설 등을 갖춘 것으로 본다.
   가. 시설면적 : 400㎡ 이상(작업장 · 검차장 · 사무실 · 부품창고 등을 포함한 면적을 말한다)
   나. 시설
      1) 검사시설 : 리프트 또는 피트
      2) 도장시설 : 스프레이건을 포함한 도장시설(직접 도장작업을 하는 경우만 해당한다)
   다. 검사기구 : 제동시험기(영 제8조제2항제5호에 따른 제동장치에 대한 튜닝을 하거나 「자동차 및 자동차부품의 성능과 기준에 관한 규칙」 별표 33에 따른 차량중량이 제원의 허용차 범위를 초과하는 튜닝 작업을 하는 경우만 해당한다)
3. 「국가기술자격법 시행규칙」 별표 2에 따른 자동차정비 분야의 기능사 이상의 자격을 갖춘 인력을 1인 이상 확보할 것

② 제1항에 따른 한국교통안전공단의 확인을 받으려는 자는 별지 제32호의6서식의 자동차제작자 등의 튜닝 작업 확인신청서(전자문서로 된 신청서를 포함한다)에 다음 각 호의 서류를 첨부하여 한국교통안전공단에 제출해야 한다. 다만, 한국교통안전공단이 전산정보처리조직을 통하여 제33조제1항에 따른 자동차제작자등 등록증의 발급 여부를 확인할 수 있는 경우에는 제1호의 서류를 제출한 것으로 본다. <개정 2017. 7. 18., 2019. 4. 23., 2023. 5. 25.>

1. 제33조제1항에 따른 자동차제작자등 등록증
2. 제1항제2호 및 제3호에 따른 요건을 갖춘 것임을 증빙하는 서류
3. 사업계획서(제55조의3에 따른 튜닝 작업의 범위만 해당한다)

③ 한국교통안전공단은 제2항에 따른 신청이 제1항제1호부터 제3호까지의 요건에 적합하다고 인정하는 경우에는 신청인에게 별지 제32호의7서식의 자동차제작자 등의 튜닝 작업 확인증을 발급하여야 한다. 이 경우 한국교통안전공단은 그 결과를 전산정보처리조직에 입력하여야 한다. <개정 2017. 7. 18., 2019. 4. 23.>

④ 제3항에 따라 확인증을 발급받은 자가 확인받은 사항 중 다음 각 호의 어느 하나를 변경하려는 경우에는 변경된 사항에 대하여 한국교통안전공단의 확인을 다시 받아야 한다. 이 경우 변경된 사항의 확인 신청 및 확인증 발급에 관한 사항은 제2항 및 제3항을 준용한다. <개정 2019. 4. 23.>

1. 신청인의 연락처 및 주소
2. 제작자등록번호
3. 사업자등록번호 또는 법인등록번호
4. 제1항제2호 및 제3호에 따른 요건에 관한 사항
5. 사업계획서

⑤ 제1항부터 제4항까지에서 규정한 사항 외에 자동차제작자 등의 튜닝 작업에 관하여 필요한 사항은 국토교통부장관이 정하여 고시한다.

[본조신설 2016. 9. 7.] [제목개정 2023. 5. 25.] [종전 제55조의2는 제56조의2로 이동 <2016. 9. 7.>]

제55조의3 (자동차제작자 등의 튜닝 작업 범위)

법 제34조제2항 후단에 따른 자동차제작자 등의 튜닝 작업 범위는 다음 각 호와 같다.

1. 다음 각 목의 구조 및 장치를 변경하는 작업
   가. 영 제8조제1항제1호에 따른 길이 · 너비 및 높이
   나. 영 제8조제1항제3호에 따른 총중량
   다. 영 제8조제2항제8호에 따른 차체 및 차대
   라. 영 제8조제2항제9호에 따른 연결장치 및 견인장치(피견인자동차의 가목부터 다목까지 및 마목에 따른 구조 및 장치를 튜닝하기 위하여 연결장치 및 견인장치의 튜닝이 수반되는 경우만 해당한다)
   마. 영 제8조제2항제10호에 따른 승차장치 및 물품적재장치

2. 그 밖에 기술발전 등을 고려하여 국토교통부장관이 필요하다고 인정하여 고시하는 작업

[본조신설 2016. 9. 7.]

제56조 (튜닝의 승인신청 등)

① 법 제34조제1항에 따라 자동차의 튜닝 승인을 받으려는 자는 별지 제33호서식의 튜닝 승인 신청서에 다음 각 호의 서류를 첨부하여 한국교통안전공단에 제출해야 한다. <개정 1999. 12. 31., 2003. 1. 2., 2010. 2. 18., 2014. 12. 31., 2017. 1. 6., 2019. 4. 23., 2021. 12. 16.>

1. 별지 제33호의2서식의 튜닝 전·후의 주요제원대비표(제원변경이 있는 경우만 해당한다)
2. 튜닝 전·후의 자동차의 외관도(외관변경이 있는 경우에 한한다)
3. 튜닝하려는 구조·장치의 설계도
4. 삭제 <2014. 2. 28.>

② 제1항에 따른 신청을 받은 한국교통안전공단은 튜닝내용이 제55조에 따른 튜닝 승인 기준에 적합하다고 인정되는 경우에는 신청을 받은 날부터 다음 각 호의 구분에 따른 기간 이내에 별지 제34호서식의 튜닝 승인서를 발급해야 한다. <개정 2021. 12. 16., 2023. 5. 25.>

1. 다음 각 목의 장치를 튜닝하려는 경우 : 1일
   가. 영 제8조제2항제1호에 따른 동력전달장치 및 원동기 중 과급기(원동기 출력 증가를 위해 외부 공기를 원동기에 밀어 넣는 압축기를 말한다)·중간냉각기
   나. 영 제8조제2항제4호, 제5호 및 제9호에 따른 장치
   다. 영 제8조제2항제10호에 따른 물품적재장치 중 픽업형 화물자동차(일반형 화물자동차 중 승용 및 소형 승합자동차와 유사한 외형을 가진 화물자동차를 말한다)의 적재함 덮개
   라. 영 제8조제2항제12호 및 제14호에 따른 장치
2. 제55조제1항 각 호에 따른 구조·장치 중 이 항 제1호 각 목의 장치 외의 구조·장치를 튜닝하려는 경우 : 10일

③ 제2항에 따라 자동차의 튜닝 승인을 받은 자는 자동차정비업자 또는 법 제34조제2항 전단에 따른 자동차제작자등으로부터 튜닝과 그에 따른 정비(법 제34조제2항 전단에 따른 자동차제작자 등의 경우에는 튜닝만 해당한다)를 받고 튜닝 승인을 받은 날부터 45일 이내에 법 제43조제1항제3호의 튜닝검사를 받아야 한다. <개정 2003. 1. 2., 2014. 12. 31., 2016. 9. 7., 2021. 12. 16.>

④ 제3항에 따라 튜닝을 완료한 자동차정비업자 또는 법 제34조제2항 전단에 따른 자동차제작자등은 지체 없이 다음 각 호의 사항을 전산정보처리조직에 입력해야 한다. <개정 2015. 10. 7., 2016. 9. 7., 2021. 12. 16.>

1. 자동차등록번호
2. 사업자등록번호
3. 정비업등록번호 또는 제작자등록번호
4. 업체명 및 대표자 성명

5. 업체 주소 및 전화번호
6. 튜닝작업 완료일자
7. 튜닝작업 내용

⑤ 제3항에 따라 튜닝을 완료한 자동차정비업자 또는 법 제34조제2항 전단에 따른 자동차제작자등은 자동차의 소유자가 튜닝 작업이 완료되었음을 증명하는 확인서를 요구하는 경우에는 별지 제34호의2서식의 튜닝 작업 확인서를 발급해야 한다. <신설 2016. 9. 7., 2021. 12. 16.>

⑥ 시ㆍ도지사는 제3항에도 불구하고 튜닝 승인을 받은 자에게 자동차의 도난ㆍ사고발생ㆍ폐차ㆍ압류 또는 장기간의 정비 등 같은 항에 따른 기간 내에 튜닝검사를 받지 못할 부득이한 사유가 있다고 인정되는 경우에는 45일의 범위에서 그 기간을 한 차례 연장할 수 있다. 이 경우 검사기간을 연장 받으려는 자는 그 검사기간 내에 별지 제34호의3서식에 따른 튜닝검사기간 연장신청서에 다음 각 호의 서류를 첨부하여 시ㆍ도지사에게 제출해야 한다. <신설 2024. 2. 16.>

1. 튜닝승인서
2. 연장 사유를 증명하는 서류

⑦ 시ㆍ도지사는 제6항에 따라 검사기간을 연장하는 경우에는 튜닝승인서에 연장 기간을 기재하여 기간 연장을 신청한 자에게 발급해야 한다. <신설 2024. 2. 16.>

[제목개정 2014. 12. 31.]

제56조의2 (일시적 튜닝의 승인 대상 및 승인 기준)

① 법 제34조제3항에서 "「공직선거법」 제79조제3항에 따른 공개장소에서의 연설ㆍ대담을 위하여 사용하는 자동차 등 국토교통부령으로 정하는 자동차"란 다음 각 호의 어느 하나에 해당하는 자동차를 말한다.

1. 「공직선거법」 제79조제3항에 따른 공개장소에서의 연설ㆍ대담을 위하여 사용하는 자동차
2. 그 밖에 국제적인 행사의 홍보를 위하여 사용하는 자동차 등 국토교통부장관이 사용목적을 고려하여 일시적 튜닝이 필요하다고 인정하여 고시하는 자동차

② 법 제34조제3항에 따른 일시적 튜닝(이하 "일시적 튜닝"이라 한다)의 승인 기준은 다음 각 호와 같다.

1. 튜닝은 해당 자동차의 사용 목적에 필요한 최소한의 범위에서 이루어질 것
2. 튜닝 후 자동차의 길이, 너비, 높이 및 등화장치가 안전기준에 적합할 것
3. 총중량이 제작허용총중량을 초과하지 않을 것
4. 부착물은 진동 또는 충격 등에 의해 헐거워지지 않도록 4군데 이상을 차체 또는 차대나 물품적재장치에 볼트 또는 용접으로 견고하게 고정할 것

③ 국토교통부장관은 제2항 각 호에도 불구하고 제1항제2호에 따른 자동차에 대해서는 별도의 일시적 튜닝 승인 기준을 정하여 고시할 수 있다.

[본조신설 2024. 7. 10.] [종전 제56조의2는 제56조의4로 이동 <2024. 7. 10.>]

제56조의3 (일시적 튜닝의 승인 절차)

① 법 제34조제3항에 따라 제56조의2제1항 각 호의 자동차에 대한 일시적 튜닝을 승인받으려는 자는 별지 제34호의4서식의 일시적 튜닝 승인 신청서에 다음 각 호의 서류를 첨부하여 한국교통안전공단에 제출해야 한다.

1. 일시적 튜닝 대상 자동차를 확인할 수 있는 서류
2. 일시적 튜닝 사유 및 사용기간을 확인할 수 있는 서류
3. 튜닝 전·후의 자동차의 외관도(외관변경이 있는 경우에만 첨부한다)

② 제1항에 따른 신청을 받은 한국교통안전공단은 「전자정부법」 제36조제1항에 따른 행정정보의 공동이용을 통하여 다음 각 호의 사항을 확인해야 한다. 다만, 신청인이 사업자등록증명의 확인에 동의하지 않는 경우에는 해당 서류를 첨부하도록 해야 한다.

1. 법인 등기사항증명서(법인인 경우만 해당한다)
2. 사업자등록증명

③ 한국교통안전공단은 필요한 경우에는 제1항에 따른 신청을 한 자에게 제출 서류의 보완을 요청할 수 있다.

④ 제1항에 따른 신청을 받은 한국교통안전공단은 일시적 튜닝의 내용이 제56조의2제2항에 따른 승인 기준에 적합하다고 인정되는 경우에는 신청을 받은 날부터 10일 이내(제3항에 따른 보완에 걸린 기간은 포함하지 않는다)에 별지 제34호의5서식의 일시적 튜닝 승인서를 발급해야 한다.

⑤ 한국교통안전공단은 제4항에 따라 일시적 튜닝 승인서를 발급하는 경우에는 튜닝작업 기간, 사용기간 및 원상복구 기간을 고려하여 80일 이내의 유효기간을 부여해야 한다.

⑥ 제4항에 따라 일시적 튜닝 승인을 받은 자는 일시적 튜닝 대상 자동차를 제56조의2제1항 각 호의 목적에 따라 사용하기 전까지 자동차정비업자 또는 법 제34조제2항 전단에 따른 자동차제작자등으로부터 튜닝작업과 그에 따른 정비(자동차제작자 등의 경우에는 튜닝만 해당한다)를 받아야 한다.

⑦ 자동차정비업자 또는 법 제34조제2항 전단에 따른 자동차제작자 등은 제6항에 따라 튜닝작업을 완료한 경우에는 지체 없이 다음 각 호의 사항을 전산정보처리조직에 입력해야 한다.

1. 자동차등록번호
2. 사업자등록번호
3. 정비업등록번호 또는 제작자등록번호
4. 업체명 및 대표자 성명
5. 업체 주소 및 전화번호
6. 튜닝작업 완료일자
7. 튜닝작업 내용
8. 일시적 튜닝이 제56조의2제2항 각 호에 따른 기준에 적합하게 이루어졌음을 증명하는 다음 각 목의 정보

가. 등록번호판이 포함된 자동차의 앞면·뒷면 전체와 측면 좌우 전체를 촬영한 사진
나. 「계량에 관한 법률 시행규칙」 제4조에 따른 계량증명서 등 일시적 튜닝을 완료한 자동차의 공차상태(「자동차 및 자동차부품의 성능과 기준에 관한 규칙」에 따른 공차상태를 말한다) 중량을 확인할 수 있는 서류
다. 등화장치의 위치를 변경한 경우 변경한 등화장치의 위치 및 설치상태를 확인할 수 있는 사진
라. 부착물의 고정 부분 각각을 확인할 수 있는 4장 이상의 사진

⑧ 한국교통안전공단은 일시적 튜닝이 제56조의2제2항 각 호에 따른 기준에 적합하게 이루어졌는지를 전산정보처리조직을 통하여 확인할 수 있다.

⑨ 한국교통안전공단은 필요한 경우에는 제6항에 따라 튜닝작업을 완료한 자동차정비업자 또는 자동차제작자등에게 제7항에 따라 입력한 정보의 보완을 요청할 수 있다.

⑩ 제6항에 따라 일시적 튜닝을 받은 자는 제5항에 따른 유효기간 내에 일시적 튜닝을 받은 자동차의 사용을 마치고 해당 자동차를 일시적 튜닝 이전 상태로 원상 복구해야 한다.

[본조신설 2024. 7. 10.] [종전 제56조의3은 제56조의5로 이동 <2024. 7. 10.>]

제56조의4 (튜닝용 부품의 인증 등)

① 법 제34조의3제1항에 따른 튜닝부품의 인증기준은 다음 각 호와 같다.

1. 자동차 및 다른 자동차부품의 기능을 저하시키거나 훼손하지 않을 것
2. 「자동차 및 자동차부품의 성능과 기준에 관한 규칙」에 따른 자동차안전기준 및 부품안전기준에 어긋나지 않을 것

② 제1항에 따른 튜닝부품 인증기준에 관한 세부사항은 국토교통부장관이 정하여 고시한다.

[전문개정 2024. 2. 16.] [제56조의2에서 이동, 종전 제56조의4는 제56조의6으로 이동 <2024. 7. 10.>]

제56조의5 (튜닝부품의 인증방법 및 절차)

① 법 제34조의3제1항에 따라 튜닝부품의 성능·품질 인증을 받으려는 자는 국토교통부장관이 정하여 고시하는 서식에 따른 신청서에 다음 각 호의 서류를 첨부하여 법 제34조의3제2항에 따른 튜닝부품인증기관(이하 "튜닝부품인증기관"이라 한다)에 제출해야 한다.

1. 사업자등록증 사본
2. 인증을 받으려는 튜닝부품의 제원, 구조 및 형식 등이 포함된 제원표
3. 인증을 받으려는 튜닝부품의 외관도
4. 인증을 받으려는 튜닝부품에 관한 사후관리계획서
5. 그 밖에 튜닝부품인증기관이 튜닝부품인증을 위해 필요하다고 인정하여 요청하는 서류

② 튜닝부품인증기관은 제1항에 따른 신청을 받은 경우에는 대상 부품이 튜닝부품인증기준에 적합한지 여부를 심사한 후, 신청을 받은 날부터 30일 이내에 인증 여부를 결정해야 한다.

③ 튜닝부품인증기관은 제2항에도 불구하고 심사에 상당한 시일이 걸리는 등 불가피한 사유가 있는 경우에는 30일 이내의 범위에서 심사기간을 한 차례 연장할 수 있다. 이 경우 심사기간의 연장 사실과 연장 사유를 신청인에게 지체 없이 통보해야 한다.

④ 튜닝부품인증기관은 법 제34조의3제2항에 따라 튜닝부품인증을 하는 경우에는 국토교통부장관이 정하여 고시하는 인증서를 신청인에게 발급하고, 그 사실을 제56조의11에 따른 튜닝부품인증관리 전산망에 입력해야 한다. <개정 2024. 7. 10.>

⑤ 제1항부터 제4항까지에서 규정한 사항 외에 튜닝부품인증에 필요한 세부 절차 및 방법은 국토교통부장관이 정하여 고시한다.

[본조신설 2024. 2. 16.] [제56조의3에서 이동, 종전 제56조의5는 제56조의7로 이동 <2024. 7. 10.>]

제56조의6 (튜닝부품인증의 표시)

① 법 제34조의3제3항에 따른 튜닝부품인증의 표시는 다음 각 호의 기준에 따른다.

1. 튜닝부품에 각인하거나, 견고하게 부착되는 구조로 표시할 것
2. 튜닝부품의 보기 쉬운 위치에 표시할 것
3. 인증표시는 쉽게 지워지지 않고 쉽게 알아볼 수 있도록 선명하게 표시할 것

② 제1항에 따른 튜닝부품인증의 표시절차 및 방법 등에 관한 세부사항은 국토교통부장관이 정하여 고시한다.

[본조신설 2024. 2. 16.] [제56조의4에서 이동, 종전 제56조의6은 제56조의8로 이동 <2024. 7. 10.>]

제56조의7 (튜닝부품인증기관의 지정기준)

국토교통부장관은 법 제34조의3제2항에 따라 별표 5의3에 따른 시설·인력기준을 갖춘 비영리기관·법인 또는 단체를 튜닝부품인증기관으로 지정할 수 있다.

[본조신설 2024. 2. 16.] [제56조의5에서 이동, 종전 제56조의7은 제56조의9로 이동 <2024. 7. 10.>]

■ 자동차관리법 시행규칙 [별표 5의3] <개정 2024. 7. 10.>

튜닝부품인증기관의 시설 및 인력 기준(제56조의7 관련)

1. 시설기준

가. 다음의 요건을 충족하는 전산정보처리시스템을 갖출 것

1) 인증신청, 조회, 인증서·인증마크 발행 및 유통관리를 종합적으로 관리할 수 있을 것

2) 시스템은 외부의 침입을 방지하고 자료를 안전하게 보호 및 관리할 수 있는 보안장치가 되어 있을 것

나. 다음 표에 따른 시험설비를 보유 또는 임차할 것

시험대상 튜닝부품	시험장비명
자동차 휠	· 충격하중 시험기 · 동적 선회 피로 시험기 · 동적 반지름방향 · 피로 시험기
소음기	· 기상측정장비 · 소음측정기기 · RPM 측정기기 · 기밀성 시험기
브레이크 캘리퍼	· 성능 시험기 · 내구 시험기 · 다이나모미터(dynamometer)
브레이크 디스크	· 다이나모미터(dynamometer)
등화장치	· 화전가대 · 조도계 · 색도계 · 적분구 · 진동시험기
영상장치 머리지지대	· 머리지지대 시험장비 · 차실내충격 시험장비
연결장치	· 강도시험기

비고 : 인증기관이 다음의 어느 하나에 해당하는 기관과 튜닝부품의 성능 · 품질 시험에 관한 위탁 또는 대행 계약을 체결한 경우에는 시험설비를 보유한 것으로 본다.

1. 성능시험대행자
2. 인증시험을 수행할 수 있고 국제표준화기구에서 정하는 품질경영시스템을 갖춘 시험기관

2. 인력기준

업무내용	자격요건	인원
가. 튜닝부품인증 전산관리 시스템 개발 및 관리	다음 요건 중 어느 하나 이상을 충족하는 사람 1) 「고등교육법」 제2조에 따른 학교의 정보통신 관련 학과에서 전문학사 이상의 학위를 취득한 사람 2) 정보처리산업기사 자격 또는 이와 동 등이상의 자격을 취득한 사람 3) 정보처리기능사 자격을 취득한 사람으로서 자동차 및 튜닝부품 관련 업계에 4년 이상 종사한 사람	1명 이상
나. 튜닝부품인증기준 마련 및 관리	다음 요건 중 어느 하나 이상을 충족하는 사람 1) 「고등교육법」 제2조에 따른 학교의 기계 관련 학과에서 학사 이상의 학위를 취득한 사람 또는 자동차 및 튜닝부품 관련 업계에 4년 이상 종사한 사람 2) 기계제작 분야 산업기사, 자동차정비산업기사 자격 또는 이와 동등 이상의 자동차정비자격을 취득한 사람으로서 자동차 및 튜닝부품 관련 업계에 2년 이상 종사한 사람	2명 이상

업무내용	자격요건	인원
다. 튜닝부품시험기관 관리 및 튜닝부품제조사 사후관리	다음 요건 중 어느 하나 이상을 충족하는 사람 1) 「고등교육법」 제2조에 따른 학교의 기계 관련 학과에서 전문학사 이상의 학위를 취득한 사람 2) 자동차정비산업기사 자격 또는 이와 동등 이상의 자동차정비자격을 취득한 사람 3) 자동차정비기능사 자격 또는 이와 동등 이상의 자동차정비자격을 취득한 사람으로서 자동차 및 튜닝부품 관련 업계에 4년 이상 종사한 사람	1명 이상

※ 비고 : 위 표에 따른 자동차 및 튜닝부품 관련 업계 종사 경력은 해당 자격을 취득하기 전의 경력을 포함한다.

제56조의8 (튜닝부품인증기관의 지정 절차)

① 국토교통부장관은 법 제34조의3제2항에 따라 튜닝부품인증기관을 지정하려는 경우에는 미리 신청기간 등을 정하여 30일 이상 국토교통부 인터넷 홈페이지에 이를 공고해야 한다.

② 튜닝부품인증기관으로 지정받으려는 자는 제1항에 따른 신청기간 내에 별지 제34호의6서식의 신청서에 다음 각 호의 서류를 첨부하여 국토교통부장관에게 제출해야 한다. <개정 2024. 7. 10.>

1. 별표 5의3에 따른 튜닝부품인증기관의 시설·인력기준을 충족함을 증명하는 서류
2. 다음 각 목의 사항이 포함된 인증업무 사업계획서
   가. 인증업무 수행에 필요한 조직 구성 계획
   나. 재원조달계획
   다. 인증업무의 신뢰성을 확보하기 위한 계획
   라. 인증 수요 추정 및 활성화를 위한 계획

③ 제2항에 따른 신청을 받은 담당 공무원은 「전자정부법」 제36조제1항에 따른 행정정보의 공동이용을 통하여 다음 각 호의 사항을 확인해야 한다. 다만, 신청자가 사업자등록증명 또는 국가기술자격 취득사항의 확인에 동의하지 않는 경우에는 해당 서류를 첨부하도록 해야 한다.

1. 법인 등기사항증명서(법인인 경우만 해당한다)
2. 사업자등록증명
3. 국가기술자격 취득사항

④ 국토교통부장관은 튜닝부품인증기관을 지정하는 경우에는 다음 각 호의 사항을 종합적으로 검토해야 한다.

1. 신청기관의 업무수행의 적정성
2. 연간 튜닝부품 인증 수요
3. 그 밖에 국토교통부장관이 정하여 고시하는 세부사항

⑤ 국토교통부장관은 법 제34조의3제2항에 따라 튜닝부품인증기관을 지정하였을 때에는 별지 제34호의7서식에 따른 튜닝부품인증기관 지정서를 발급하고, 그 사실을 국토교통부 인터넷 홈페이지에 공고해야 한다. <개정 2024. 7. 10.>

[본조신설 2024. 2. 16.] [제56조의6에서 이동, 종전 제56조의8은 제56조의10으로 이동 <2024. 7. 10.>]

第56조의9 (튜닝부품인증기관 지정서의 기재사항 변경 등)

① 튜닝부품인증기관은 다음 각 호에 해당하는 경우에는 별지 제34호의6서식의 신청서에 해당 호에서 정하는 서류를 첨부하여 국토교통부장관에게 제출해야 한다. <개정 2024. 7. 10.>

1. 지정서에 기재된 기관명, 대표자 성명 또는 소재지를 변경하려는 경우 : 다음 각 목에 따른 서류

   가. 튜닝부품인증기관 지정서

   나. 변경사항을 증명하는 서류

2. 지정서를 잃어버렸거나 헐어 못쓰게 되어 재발급받으려는 경우 : 튜닝부품인증기관 지정서(헐어 못쓰게 된 경우만 해당한다)

② 국토교통부장관은 제1항에 따른 신청이 적합하다고 인정하는 경우에는 별지 제34호의7서식에 따른 튜닝부품인증기관 지정서를 발급하고, 그 사실을 국토교통부 인터넷 홈페이지에 공고(제1항 제2호에 따라 지정서를 재발급하는 경우는 제외한다)해야 한다. <개정 2024. 7. 10.>

[본조신설 2024. 2. 16.] [제56조의7에서 이동, 종전 제56조의9는 제56조의11로 이동 <2024. 7. 10.>]

第56조의10 (튜닝부품인증 업무의 대행 등)

① 국토교통부장관은 모든 튜닝부품인증기관의 지정이 취소되거나 업무가 정지되어 튜닝부품인증 업무를 수행할 기관이 없는 경우에는 법 제34조의4제2항에 따라 새로운 튜닝부품인증기관의 지정일 전날이나 튜닝부품인증기관의 업무정지기한일까지 성능시험대행자가 튜닝부품인증 업무를 대행하게 할 수 있다.

② 국토교통부장관은 법 제34조의4제2항에 따라 성능시험대행자에게 튜닝부품인증 업무를 대행하게 하였을 때에는 그 사실을 국토교통부 인터넷 홈페이지에 공고해야 한다.

③ 성능시험대행자는 튜닝부품인증 업무의 수행 결과를 제1항에 따른 대행기한의 다음 날부터 1개월 이내에 국토교통부장관에게 보고해야 한다.

[본조신설 2024. 2. 16.] [제56조의8에서 이동 <2024. 7. 10.>]

第56조의11 (튜닝부품인증의 사후관리)

국토교통부장관은 성능시험대행자로 하여금 튜닝부품인증기관의 튜닝부품인증업무 수행과 튜닝부품 인증을 받은 부품의 성능·품질상태 등을 확인하게 할 수 있고, 이에 필요한 튜닝부품인증관리전산망을 설치·운영하게 할 수 있다.

[본조신설 2024. 2. 16.] [제56조의9에서 이동 <2024. 7. 10.>]

第57조 (해체금지대상 자동차장치)

① 법 제35조 본문에서 "국토교통부령이 정하는 장치"라 함은 영 제8조제2항제1호 내지 제10호의 장치를 말한다. <개정 1999. 12. 31., 2008. 3. 14., 2013. 3. 23.>

② 법 제35조제3호에서 "국토교통부령이 정하는 사유"라 함은 「자동차등록령」 제31조제6항제1호 내지 제3호에 해당하는 경우를 말한다. <개정 2004. 12. 6., 2005. 9. 16., 2008. 3. 14., 2013. 3. 23.>

제8장의2 저속전기자동차에 대한 특례 <신설 2010. 3. 29.>

제57조의2 (저속전기자동차의 기준)

법 제35조의2에서 "국토교통부령으로 정하는 최고속도 및 차량중량 이하의 자동차"란 최고속도가 매시 60킬로미터를 초과하지 않고, 차량 총중량이 1,361킬로그램을 초과하지 않는 전기자동차(이하 "저속전기자동차"라 한다)를 말한다. <개정 2013. 3. 23.>

[본조신설 2010. 3. 29.]

제57조의3 (운행구역의 지정 신청 등)

① 법 제35조의3제1항에 따라 운행구역의 지정 또는 변경을 신청하려는 자는 관할 시장·군수·구청장(이하 "지정권자"라 한다)에게 별지 제34호의8서식의 저속전기자동차 운행구역 지정·변경신청서를 제출하여야 한다. <개정 2024. 2. 16., 2024. 7. 10.>

② 운행구역의 지정 또는 변경 신청을 받은 지정권자는 해당 신청이 타당하다고 인정하는 경우 30일 이내에 운행구역을 지정 또는 변경해야 하며, 타당하지 않다고 인정하는 경우에는 그 이유를 명확하게 기록하여 신청자에게 통보해야 한다. <개정 2021. 8. 27.>

[본조신설 2010. 3. 29.]

제57조의4 (저속전기자동차의 운행허가)

① 법 제35조의3제2항단서에 따라 저속전기자동차 운행허가를 받으려는 자는 별지 제34호의9서식의 저속전기자동차 운행허가신청서를 지정권자에게 제출하여야 한다. <개정 2024. 2. 16., 2024. 7. 10.>

② 제1항의 신청에 따라 저속전기자동차의 운행허가를 하려는 지정권자는 다음 각 호에 해당하는 경우 운행조건을 정하여 별지 제34호의10서식의 저속전기자동차 운행허가증을 신청인에게 발급하여야 한다. <개정 2024. 2. 16., 2024. 7. 10.>

1. 법 제11조부터 제13조까지에 따른 변경등록, 이전등록 및 말소등록
2. 법 제37조와 법 제38조에 따른 자동차의 점검 및 정비
3. 법 제43조에 따른 자동차검사
4. 그 밖에 저속전기자동차의 매매, 폐차 등 저속전기자동차의 운행을 위하여 반드시 필요하다고 지정권자가 인정하는 경우

③ 제2항에 따라 발급 받은 저속전기자동차 운행허가증은 그 자동차의 앞면 창유리의 보기 쉬운

곳에 붙여야 한다.

[본조신설 2010. 3. 29.]

제57조의5 (주민 의견청취)

① 지정권자는 법 제35조의4제1항에 따라 사전에 관련내용을 주민에게 공람시키는 경우 관할 시·군·구의 게시판과 인터넷 홈페이지 등에 공고하고 14일 이상 일반이 열람할 수 있도록 하여야 한다. 이 경우 지정권자는 충분한 의견수렴을 위하여 필요하다고 인정되는 경우 공청회를 개최할 수 있다. <개정 2016. 2. 4.>

② 제1항에 따라 공고된 운행구역 관련내용에 대하여 의견이 있는 자는 지정권자에게 의견서(전자문서로 된 의견서를 포함한다)를 제출할 수 있다.

[본조신설 2010. 3. 29.]

제57조의6 (운행구역의 고시 등)

① 지정권자는 운행구역을 지정하거나 변경 또는 해제한 경우 법 제35조의4제1항 및 제2항에 따라 이를 관보나 공보에 고시하고, 국토교통부장관에게 14일 이내에 그 내용을 통보하여야 한다. <개정 2013. 3. 23.>

② 국토교통부장관은 지정권자가 지정한 운행구역이 교통안전 및 교통흐름을 심각하게 저해하거나 저해할 우려가 있는 경우 운행구역의 변경 또는 해제에 관한 의견을 제시할 수 있다. <개정 2013. 3. 23.>

③ 법 제35조의4제3항에 따른 운행구역 또는 운행제한구역을 나타내는 표지의 종류, 만드는 방식, 표시하는 뜻, 설치기준 및 장소는 별표 5의4에서 정하는 바에 따른다. <개정 2017. 7. 18., 2024. 2. 16.>

[본조신설 2010. 3. 29.]

■ 자동차관리법 시행규칙 [별표 5의4] <개정 2024. 2. 16.>

운행구역 또는 운행제한구역을 나타내는 표지판 등 시설물의 종류, 만드는 방식, 표시하는 뜻, 설치기준 및 장소(제57조의6제3항 관련)

가. 공통기준

만드는 방식(단위 : 밀리미터)	기둥의 규격(단위 : 밀리미터)
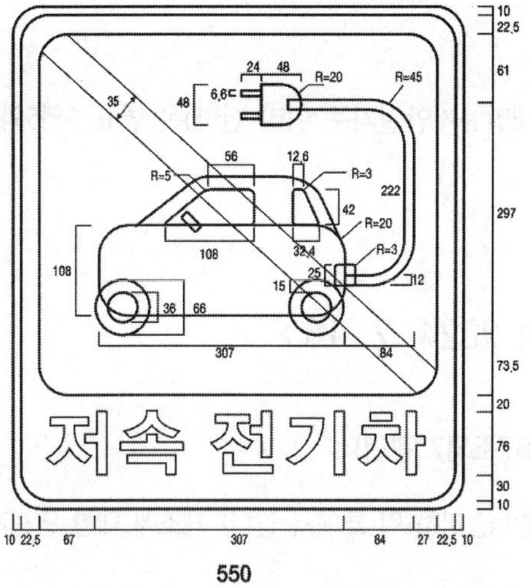	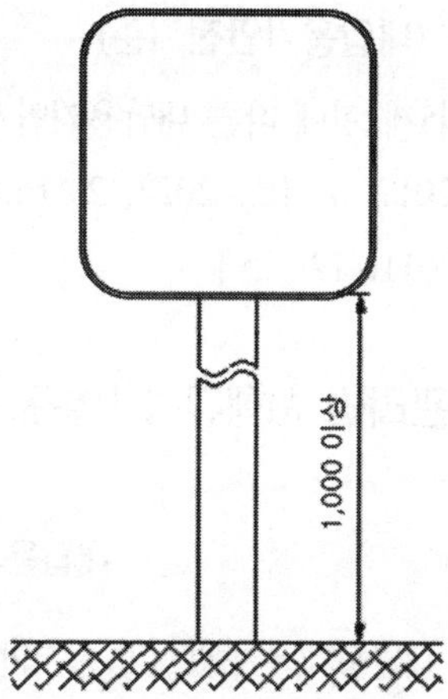

나. 개별기준

일련번호	종류	만드는 방식(단위 : 밀리미터)	표시하는 뜻	설치기준 및 장소
1	저속전기자동차 운행구역 표지판		· 저속전기자동차 운행구역임을 지시하는 것	· 저속전기자동차 운행구역의 입구 그 밖에 필요한 구간의 도로 우측에 설치 · 구간 내에 교차하는 도로가 있을 경우에는 교차로 부근의 도로 우측에 설치
2	저속전기자동차 운행제한구역 표지판		· 저속전기자동차 운행제한구역임을 지시하는 것	· 저속전기자동차의 통행을 금지하는 구역, 도로의 구간 또는 장소의 전면이나 도로의 중앙 또는 우측에 설치

(주) 1. 표지판의 문자와 기호, 그림의 색채는 녹색 또는 백색으로, 바탕은 백색으로, 테두리는 녹색 또는 적색으로 한다.

2. 표지판의 크기는 교통상황에 따라 다음과 같이 기본규격보다 아래와 같이 확대하거나, 0.5배 또는 0.8배 축소할 수 있다.

도로종별	확대비율
고속도로(자동차전용도로 포함)	1.5배, 2배, 2.5배
일반도로	1.3배 1.6배, 2배

3. 반사재료
표지판은 고휘도 반사지 성능이상을 사용하여야 한다.

4. 문자의 서체 및 표지판의 재질
문자의 서체 및 표지판의 재질은 「도로표지 제작·설치 및 관리지침」을 따른다.

제8장의3 내압용기의 안전관리 <신설 2011. 12. 15.>

제57조의7 (내압용기안전기준)

법 제35조의5제2항에 따른 내압용기안전기준(이하 "내압용기안전기준"이라 한다)은 별표 5의5와 같다. <개정 2017. 7. 18., 2024. 2. 16.>

[본조신설 2011. 12. 15.]

■ 자동차관리법 시행규칙 [별표 5의5] <개정 2024. 2. 16.>

내압용기안전기준(제57조의7 관련)

1. 자동차용 내압용기(용기밸브 및 용기안전장치는 제외한다. 이하 이 호에서 같다) 제조에 대한 안전기준
   가. 기술기준
      1) 내압용기의 재료는 그 용기의 안전성을 확보하기 위하여 충전하는 고압가스의 종류·압력·온도 및 사용 환경에 적절할 것
      2) 내압용기의 두께는 그 용기의 안전성을 확보하기 위하여 그 용기에 사용한 재료, 충전하는 고압가스의 종류·압력·온도 및 사용 환경에 적합할 것
      3) 내압용기의 구조는 그 용기의 안전성 및 편리성을 확보하기 위하여 충전하는 고압가스의 종류·압력·온도 및 사용 환경에 적절할 것
      4) 내압용기의 치수는 그 용기의 안전성 및 호환성을 확보하기 위하여 필요한 경우 그 용기의 재료, 충전하는 고압가스의 종류·충전압력·온도 및 사용 환경에 적절할 것
      5) 내압용기의 용접은 그 용기 이음매의 기계적 강도를 확보하기 위하여 필요한 경우 그 용기의 재료 및 구조에 따라 적절한 방법일 것
      6) 내압용기의 열처리는 그 용기의 안전성을 확보하기 위하여 필요한 경우 그 용기의 재료 및 두께에 따라 적절한 방법일 것
      7) 내압용기에는 그 용기의 부식을 방지하기 위하여 필요한 경우 적절한 부식방지 조치를 할 것
      8) 내압용기에는 그 용기의 부속품을 보호하기 위하여 적절한 부속장치를 부착할 것
   나. 검사기준
      1) 내압용기검사는 설계단계검사와 생산단계검사로 구분하여 실시할 것
      2) 설계단계검사는 내압용기가 안전하게 설계되었는지를 명확하게 판정할 수 있도록 제1호가목에 따른 기술기준과 다음의 항목 중 필요한 항목에 대하여 적절한 방법으로 실시할 것
         ① 재료의 기계적·화학적 성능
         ② 용접부의 기계적 성능
         ③ 단열성능
         ④ 내압성능
         ⑤ 기밀성능
         ⑥ 그 밖에 용기의 안전 확보에 필요한 성능

3) 생산단계검사는 설계단계검사에 합격한 내압용기에 대하여 실시하여야 하며, 생산단계검사는 내압용기가 안전하게 제조되었는지를 명확하게 판정할 수 있도록 제1호가목의 기술기준과 다음의 성능 중 필요한 항목에 대하여 적절한 방법으로 실시할 것
① 재료의 기계적 · 화학적 성능
② 용접부의 기계적 성능
③ 단열성능
④ 내압성능
⑤ 기밀성능
⑥ 그 밖에 용기의 안전 확보에 필요한 성능

2. 용기밸브 및 용기안전장치 제조에 대한 안전기준

가. 기술기준
1) 용기밸브 및 용기안전장치(이하 "내압용기 부속품"이라 한다)의 재료는 그 내압용기 부속품의 안전성을 확보하기 위하여 사용하는 고압가스의 종류 · 압력 · 온도 및 사용 환경에 적절할 것
2) 내압용기 부속품의 구조 및 치수는 그 용기부속품의 안전성 · 편리성 및 작동성을 확보하기 위하여 그 내압용기 부속품의 재료, 사용하는 가스의 종류, 사용하는 온도 및 환경에 적절할 것
3) 내압용기 부속품은 그 내압용기 부속품의 재료, 사용하는 가스의 종류 및 사용하는 환경에 따라그 내압용기 부속품의 안전성을 확보하기 위하여 필요한 적절한 성능을 가질 것
4) 용기밸브에는 밸브의 개폐를 표시하는 문자와 개폐방향을 표시(핸들로 개폐하는 액화석유가스용 용기밸브의 경우에는 "열림↔닫힘"으로 표시)할 것

나. 검사기준
1) 내압용기부속품 검사는 제2호가목에 따른 기술기준에의 적합 여부에 대하여 설계단계검사와 생산단계검사로 구분하여 실시할 것
2) 설계단계검사는 내압용기부속품이 안전하게 설계되었는지를 명확하게 판정할 수 있도록 제2호가목에 따른 기술기준과 다음의 성능 중 필요한 항목에 대하여 적절한 방법으로 실시할 것
① 재료의 기계적 · 화학적 성능
② 내압성능
③ 기밀성능
④ 작동성능
⑤ 그 밖에 내압용기 부속품의 안전 확보에 필요한 성능
3) 생산단계검사는 설계단계검사에 합격한 내압용기 부속품에 대하여 실시하여야 하며 생산단계검사는 내압용기 부속품이 안전하게 제조되었는지를 명확하게 판정할 수 있도록 제2호가목에 따른 기술기준과 다음의 성능 중 필요한 항목에 대하여 적절한 방법으로 실시할 것
① 내압성능
② 기밀성능
③ 작동성능
④ 그 밖에 내압용기 부속품의 안전 확보에 필요한 성능

※ 비고
1. 수입내압용기에 대하여 국토교통부장관이 인정한 외국의 인정기준 및 공인검사기관이 인정한

항목에 대하여는 위 표에 따른 기술·검사기준에 적합한 것으로 적용할 수 있다.

2. 위 표 제1호부터 제2호에 따른 내압용기안전기준에 대한 세부기준, 시험방법 및 시험절차 등에 관하여 필요한 세부사항은 국토교통부장관이 정하여 고시한다.

제57조의8 (내압용기검사)

① 법 제35조의6제1항 본문에 따른 내압용기 검사(이하 "내압용기검사"라 한다)의 종류는 다음 각 호와 같다. <개정 2017. 7. 18., 2024. 2. 16.>

1. 설계단계검사 : 최초로 제조·수입되거나 그 형식이 변경된 내압용기에 대하여 별표 5의5의 기준에 따라 물리적·기술적으로 실시하는 검사
2. 생산단계검사 : 제1호에 따른 설계단계검사에 합격한 내압용기와 동일한 형식의 내압용기에 대하여 별표 5의5의 기준에 따라 물리적·기술적으로 실시하는 검사

② 제1항에 따른 내압용기검사를 받으려는 자는 별지 제34호의11서식의 내압용기검사신청서에 해당 내압용기를 첨부하여 한국가스안전공사에 제출하여야 한다. <개정 2024. 2. 16., 2024. 7. 10.>

③ 한국가스안전공사는 제2항에 따라 내압용기검사의 신청을 받은 경우에는 제1항 각 호에 따른 순서대로 해당 검사를 실시하여야 한다.

④ 한국가스안전공사는 제1항제1호에 따른 설계단계검사에 합격한 내압용기에 대하여는 국토교통부장관이 지정하여 고시한 장소에서 제1항제2호에 따른 생산단계검사를 실시한 후 그 결과를 신청인에게 통지하여야 한다. <개정 2013. 3. 23.>

⑤ 제1항부터 제4항까지의 규정에 따른 내압용기검사의 절차·방법 및 결과 통보 등에 관하여 필요한 세부사항은 국토교통부장관이 정하여 고시한다. <개정 2013. 3. 23.>

[본조신설 2011. 12. 15.]

제57조의9 (내압용기의 파기 및 각인 등)

① 법 제35조의6제2항에 따라 불합격된 내압용기를 파기하는 경우에는 다음 각 호의 기준에 따른다. <개정 2021. 8. 27.>

1. 원래의 형태로 가공할 수 없도록 절단 등의 방법으로 파기 할 것
2. 내압용기검사 장소에서 파기하되 해당 검사를 수행하는 검사원의 참관하에 파기할 것
3. 내압용기를 제조·수리 또는 수입하는 자(이하 "내압용기제조자등"이라 한다)로 하여금 직접 파기하도록 할 것

② 법 제35조의6제3항에 따라 합격한 내압용기에 대한 각인 및 표시 방법은 별표 5의6와 같다. <개정 2017. 7. 18., 2024. 2. 16.>

[본조신설 2011. 12. 15.]

■ 자동차관리법 시행규칙 [별표 5의6] <개정 2024. 2. 16.>

내압용기에 대한 각인 및 표시방법(제57조의9 관련)

1. 내압용기에 각인 또는 표시하는 경우에는 다음 각 목의 기준에 따를 것
   가. 내압용기의 어깨부분 또는 프로텍터부분 등 보기 쉬운 곳에 각인할 것
   나. 각인하기가 곤란한 내압용기의 경우에는 다른 금속박판 또는 특수인쇄용지에 각인 또는 인쇄(글씨 크기는 세로 8㎜ 이상, 가로 6㎜ 이상일 것)한표지를 내압용기 외면에 부착한 다음 투명한 수지로 감싸 쉽게 떼어낼 수 없도록 할 것
   다. 가목 및 나목에도 불구하고 라목6)의 "KC"는 다른 금속박판에 각인한 것을 내압용기 외면에 부착할 수 있다.
   라. 다음 사항을 순서에 따라 각인하되 1)부터 5)까지는 내압용기 제조자 또는 수입자가 직접 하고, 6)은 내압용기 검사를 실시한 검사원이 각인할 것
      1) 용기번호
         ① 내압용기 제조자 또는 수입자의 명칭 또는 약호 : 알파벳 5자리 이내
         ② 제조일련번호 : 제조연도 뒤 2자리, 배치번호 4자리, 일련번호 3자리를 띄어쓰기 없이 숫자로 표기(예, YYXXXXXXX)
         ③ 내압시험 합격 연월 : 합격 연도 4자리, 월 2자리를 띄어쓰기 없이 숫자로 표기(예, YYYYMM)
         ④ 내부용적(기호 : V, 단위 : L) : 기호+내부용적(숫자 3자리)+단위를 띄어쓰기 없이 표기
         ⑤ 용기번호 가)부터 라)까지의 항목을 순서대로 한 줄로 이어서 각인할 경우 각 항목을 (-)로 구분하여 표기할 것
      2) 내압용기 중량(기호 : W, 단위 : kgf, 용기에서 분리할 수 있는 용기밸브 및 용기안전장치는 중량에서 제외한다)
      3) 충전가스 명칭
         ① 압축천연가스를 충전하는 내압용기 : CNG
         ② 액화천연가스를 충전하는 내압용기 : LNG
         ③ 액화석유가스를 충전하는 내압용기 : LPG
         ④ 압축수소가스를 충전하는 내압용기 : CHG
      4) 최고 충전압력(기호 : FP, 단위: ㎫)
      5) 내압시험압력(기호 : TP, 단위: ㎫)
      6) “ KC “자의 각인 : 크기 6㎜ × 10㎜
   마. 내압용기 외면에는 다음 기준에 따라 내압용기 제조자 또는 수입자가 표시하도록 할 것
      1) 내압용기 외면의 도색은 회색(압축수소내압용기는 주황색)으로 할 것. 다만, 스테인리스강 등 재질의 특성상 도색이 곤란한 경우에는 내압용기 동체의 외면 상단 둘레에 해당 색상의 폭 10cm 이상의 띠로 쉽게 지워지거나 훼손되지 않도록 표시할 수 있다.
      2) 내압용기 외면에 그 용도를 “자동차용“으로 표시할 것
      3) 내압용기 외면에 가연성가스가 충전되었음을 확인할 수 있도록 다음과 같이 표시할 것

규격 : 변의 길이 10cm, 테두리 1cm

색상 : 테두리 - 빨간색, 바탕 - 흰색, 그림 - 검정색

4) 압축천연가스 및 압축수소가스 내압용기의 외면에는 사용연한(연월)을 표시하고, “이 내압용기에는 한국가스안전공사가 적합하다고 인정한 용기밸브와 용기 안전장치만 부착할 것“의 문구를 표시할 것

2. 내압용기 부속품에 각인하는 경우에는 다음 각 목의 기준에 따를 것

가. 내압용기 부속품의 보기 쉬운 곳에 각인할 것

나. 각인하기가 곤란한 부속품의 경우에는 다른 금속박판에 각인한 것을 해당 내압용기부속품에 부착하는 방식으로 할 것

다. 다음 사항을 순서에 따라 각인하되 1)부터 7)까지는 내압용기 제조자 또는 수입자가 직접 하고, 8)은 내압용기 검사를 실시한 검사원이 각인할 것

1) 내압용기 부속품 제조자 또는 수입자의 명칭 또는 약호

2) 내압용기 부속품의 형식 : 알파벳 또는 숫자 7자리 이내

3) 제조일련번호 : 제조연도 뒤 2자리, 제조 주(週) 2자리, 일련번호 6자리를 띄어쓰기 없이 숫자로 표기(예, YYXXXXXXXX)

4) 내압용기 부속품검사 합격 연월 : 합격 연도 4자리, 월 2자리를 띄어쓰기 없이 숫자로 표기(예, YYYYMM)

5) 내압용기 부속품 중량(기호 : W, 단위 : kgf)

6) 내압시험압력(기호 : TP, 단위 : MPa)

7) 부속품의 기호

① 압축천연가스를 충전하는 내압용기의 부속품 : CNG

② 액화천연가스를 충전하는 내압용기의 부속품 : LNG

③ 액화석유가스를 충전하는 내압용기의 부속품 : LPG

④ 압축수소가스를 충전하는 내압용기의 부속품 : CHG

8) “ “ 자의 각인 : 크기 3㎜ × 5㎜

제57조의10 (내압용기검사의 생략)

① 법 제35조의6제6항에 따라 내압용기검사가 전부 생략되는 내압용기제조자 등은 별지 제34호의12 서식의 내압용기검사 생략신청서에 검사의 생략에 관한 증빙 서류를 첨부하여 국토교통부장관 및 한국가스안전공사에 제출하여야 한다. <개정 2013. 3. 23., 2024. 2. 16., 2024. 7. 10.>

② 제1항에 따라 신청을 받은 국토교통부장관은 해당 내압용기가 영 제9조에 따른 내압용기검사의 생략기준에 해당하는지 여부를 확인하고 그 확인 결과를 신청인에게 통보하여야 한다. <개정 2013.

3. 23.>

③ 국토교통부장관은 필요하다고 인정하는 경우에는 한국가스안전공사에 대하여 제2항에 따른 업무확인 및 통지를 대행하게 할 수 있다. <개정 2013. 3. 23.>

④ 영 제9조 단서에 따라 제조된 내압용기에 대하여는 국토교통부장관이 정하여 고시하는 바에 따라 제57조의8제1항제2호에 따른 생산단계검사의 일부를 생략할 수 있다. <개정 2013. 3. 23.>

⑤ 제1항부터 제3항까지의 규정에 따른 내압용기검사생략의 절차, 방법 및 결과통보 등에 필요한 사항은 국토교통부장관이 정하여 고시하여야 한다. <개정 2013. 3. 23.>

[본조신설 2011. 12. 15.]

제57조의11 (내압용기장착검사)

① 법 제35조의7제1항에 따른 내압용기장착검사(이하 "내압용기장착검사"라 한다)의 종류는 다음 각 호와 같다. <개정 2017. 7. 18., 2024. 2. 16.>

1. 기술검사 : 동일한 형식의 내압용기 및 자동차에 대하여 별표 5의7에 따른 내압용기장착검사기준에 적합한지 여부를 서류로 확인하는 검사

■ 자동차관리법 시행규칙 [별표 5의7] <개정 2024. 2. 16.>

자동차용 내압용기장착검사기준(제57조의11 관련)

1. 자동차에는 그 자동차 및 연료장치의 안전을 확보하기 위하여 필요한 조치를 할 것
2. 내압용기 · 용기밸브 · 안전밸브 · 과류방지밸브 · 역류방지밸브 · 가스충전구 · 가스충전밸브 · 주밸브 · 감압밸브 · 용기고정장치 · 압력계 및 연료계 등 필요한 장치를 적절한 위치에 설치할 것
3. 배관은 사용하는 연료의 취급에 적합한 기계적 성질 및 화학적 성질을 가지는 재료로 제조될 것
4. 고압가스를 안전하게 취급할 수 있는 내압성능을 가지며 그 배관에 대한 손상의 염려가 없도록 설치할 것
5. 자동차에는 그 자동차 및 연료장치의 안전을 확보하기 위하여 사용하는 고압가스의 종류 및 최고충전압력 등 적절한 표시를 할 것
6. 자동차의 내압용기는 자동차의 연료저장의 목적으로만 사용할 것
7. 자동차의 연료장치에 설치하는 제품이 법 제35조의6에 따라 검사를 받아야 하는 제품인 경우에는 그 검사에 합격한 것일 것

※ 비고

제1호부터 제7호까지의 규정에 따른 내압용기장착검사의 세부기준 및 시험방법 등에 관하여 필요한 사항은 국토교통부장관이 정하여 고시한다.

2. 안전검사 : 제1호에 따른 내압용기 및 자동차와 동일한 형식의 내압용기 및 자동차에 대하여 별표 5의7에 따른 내압용기장착검사기준에 적합한지 여부를 물리적 · 기술적으로 확인하는 검사

② 제1항제1호에 따른 기술검사를 받으려는 자는 별지 제34호의13서식의 내압용기 기술검사 신청서에 다음 각 호의 서류를 첨부하여 성능시험대행자에게 제출하여야 한다. <개정 2013. 3. 23., 2024. 2. 16., 2024. 7. 10.>

1. 내압용기 연료장치의 개요에 관한 도면
2. 내압용기의 장착에 관한 도면
3. 내압용기 검사기준에 적합함을 증명하는 서류
4. 그 밖에 내압용기 및 그 가스설비 등에 관한 기술적 자료로서 국토교통부장관이 정하여 고시하는 서류

③ 제2항에 따라 기술검사의 신청을 받은 성능시험대행자는 해당 검사를 실시한 후 별지 제34호의14서식의 내압용기 기술검사 결과서를 신청인에게 교부하여야 한다. 이 경우 내압용기 기술검사 결과서는 동일한 형식의 내압용기 및 자동차에 대한 최초의 기술검사에 대해서만 교부한다. <개정 2024. 2. 16., 2024. 7. 10.>

④ 제3항에 따라 기술검사에 합격한 자가 제1항제2호에 따른 안전검사를 받으려는 경우 별지 제34호의15서식의 내압용기 안전검사신청서를 성능시험대행자에게 제출하여야 한다. <개정 2024. 2. 16., 2024. 7. 10.>

⑤ 성능시험대행자는 제4항에 따른 안전검사에 합격한 경우에는 별지 제34호의16서식의 내압용기장착검사증을 신청인에게 교부하고 별지 제34호의17서식의 내압용기 장착검사필증을 내압용기 주변 보기 쉬운 곳에 부착하여야 한다. <개정 2024. 2. 16., 2024. 7. 10.>

[본조신설 2011. 12. 15.]

제57조의12 (내압용기장착검사 기준)

법 제35조의7제3항에 따른 내압용기장착검사기준은 별표 5의7과 같다. <개정 2017. 7. 18., 2024. 2. 16.>

[본조신설 2011. 12. 15.]

제57조의13 (내압용기재검사)

① 법 제35조의8제1항에 따른 내압용기재검사(이하 "내압용기재검사"라 한다)를 받으려는 자는 자동차등록증을 자동차검사대행자에게 제출하여야 한다. 다만, 법 제35조의8제1항제2호에 따른 내압용기 수시검사의 경우에는 별지 제34호의18서식의 내압용기 수시검사신청서(전자문서로 된 신청서를 포함한다) 및 수시검사 사유에 관한 서류(전자문서를 포함한다)를 함께 첨부하여야 한다. <개정 2016. 12. 30., 2017. 10. 26., 2024. 2. 16., 2024. 7. 10.>

② 제1항에 따라 내압용기 재검사 신청을 받은 자동차검사대행자는 별표 5의9의 내압용기재검사기준에 따라 해당 검사를 실시하여야 한다. 다만, 압축천연가스(다른 연료와 겸용 또는 혼용하는 경우를 포함한다)를 연료로 사용하는 사업용 승합자동차의 경우에는 국토교통부장관이 정하는 바에 따라

내부압력에 대한 특수한 형태의 검사를 추가할 수 있다. <개정 2013. 3. 23., 2017. 7. 18., 2024. 2. 16.>

■ 자동차관리법 시행규칙 [별표 5의9] <개정 2024. 2. 16.>

내압용기재검사기준 및 방법(제57조의13제2항 관련)

1. 일반 기준 및 방법

가. 일반기준

(1) 자동차소유자는 자동차의 내압용기재검사에 지장이 없도록 내압용기를 깨끗하게 세척하고 건조한 상태로 제시하여야 한다.

(2) 연료장치는 「자동차안전기준에 관한 규칙」 및 별표 5의3, 별표 5의6의 기준에 적합하여야 한다.

(3) 압축천연가스 및 압축수소가스 내압용기의 사용연한은 법 제35조의6에 따른 내압용기검사를 받은 날부터 15년 이내의 범위에서 국토교통부장관이 정하여 고시하는 연한으로 한다.

(4) 가스누출검사는 연료가 충전된 상태에서 연료계통 및 내압용기를 가스누출감지기 및 감지액 등을 사용하여 실시하여야 한다.

(5) 자동차의 등록번호 및 차대번호 표기내용이 등록증과 다른 경우에는 자동차등록관청에 보고하여야 한다.

나. 상세정밀검사

(1) 환기시설을 갖춘 검차장에서 내압용기가 자동차에 장착된 상태로 누출검사를 실시한 다음 2명이 상호 교차로 맨눈 및 검사기기로 내압용기 등을 검사한다.

(2) 내압용기를 맨눈으로 직접 확인할 수 없는 부분은 반사경 등 기계・기구를 이용하여 확인하여야 한다. 다만, 내압용기 고정장치 설치 또는 차체 구조상 곤란한 부분은 계측기 및 맨눈검사를 생략할 수 있다.

(3) 공간이 협소하여 계측기 측정이 곤란한 경우에는 부식 등의 깊이 측정을 생략하고, 맨눈으로 판정할 수 있다.

(4) 검사는 초음파두께측정기, 내시경 및 아들자 캘리퍼스(버니어캘리퍼스: 아들자가 달려 두께나 지름을 재는 기구) 등 결함 측정 장비와 확대경 및 전자장치진단기 등 보조 장비를 사용하여 검사한다.

(5) 수소전기차 내압용기를 검사하려는 경우에는 연료계통의 화재를 감지 할 수 있는 열화상카메라와 가스가 누출될 경우 이를 자동으로 감지하고 강제로 환기할 수 있는 장치를 설치해야 한다.

2. 상세정밀검사의 기준 및 방법

<table>
<tr><th colspan="2">항목</th><th>검사기준</th><th>검사방법</th></tr>
<tr><td colspan="2">동일성 및 표시사항 확인</td><td>가. 자동차의 등록번호 및 차대번호 표기가 등록증 내용과 일치할 것
나. 내압용기(용기밸브를 포함한다)의 각인 또는 각인 표시사항이 법령에 적합할 것</td><td>가. 자동차의 등록번호 및 차대번호 표기가 일치한지 여부 확인
나. 각인 또는 각인 표시사항이 법령에 적합한지 여부 및 등록된 내용과 일치한지 여부 확인</td></tr>
<tr><td rowspan="5">손상</td><td>절상/ 긁힘/ 홈/ 마모</td><td>가. 손상 깊이는 금속재 0.5㎜이하, 복합재 1.25㎜이하일 것
나. 복합재의 섬유는 끊어짐, 노출 또는 탈락이 없을 것 다만, 섬유의 끊어짐이 원주방향으로 발생한 홈(실선)의 경우 금속라이너의 부식이 없는 경우에는 그러하지 아니하다.</td><td>절상·긁힘·홈·마모에 의한 손상깊이 등을 계측기 및 감각기관으로 확인</td></tr>
<tr><td>마모</td><td>복합재의 마모깊이는 1.25㎜ 미만일 것</td><td>용기의 마모를 감각기관으로 확인하고 손상의 정도를 계측기로 측정</td></tr>
<tr><td>응력균열</td><td>용기의 재질이 응력(변형력)을 받아 용기 또는 복합재에 균열 또는 손상이 없을 것</td><td>용기 및 복합재의 응력균열 등의 손상 여부를 감각기관으로 확인</td></tr>
<tr><td>함몰 (우그러짐)</td><td>손상된 깊이가 1.6㎜ 미만이고, 그 손상의직경 또는 길이가 50㎜</td><td>손상의 깊이, 직경 및 길이를 계측기로 확인</td></tr>
<tr><td>충격손상</td><td>복합재가 충격·사고 등에 의한 타격손상 면적이 $1cm^2$ 미만일 것</td><td>충격·사고 등에 의한 타격 면적을 계측기로 확인</td></tr>
<tr><td rowspan="4">부식</td><td>오목부식 (공식)</td><td>화학물질, 산화물 또는 녹에 의해 발생한 작은 구멍(공식)이 용기 최소두께의 25% 미만일 것</td><td>녹 등에 의해 발생한 구멍의 깊이를 계측기로 확인</td></tr>
<tr><td>일반부식</td><td>화학적 산화 또는 녹으로 인한 부식의 깊이는 용기 최소두께의 15% 미만이고 부식의 넓이가 용기면적의 25% 미만 일 것</td><td>화학적 산화 또는 녹으로 인한 부식된 면적 및 깊이를 계측기로 확인</td></tr>
<tr><td>선형부식</td><td>공식의 간격이 한 개의 공식 너비보다 큰 경우로서 그 부식 깊이가 용기 최소두께의 10% 미만이고, 그 부식의 길이는 100㎜ 미만일 것</td><td>선상부식의 깊이 및 길이를 계측기로 확인</td></tr>
<tr><td>섬유층 아래 부식</td><td>복합재 표면 또는 복합재의 끝과 인접한 금속라이너 표면에 부식이 없을 것</td><td>복합재료와 금속라이너 경계층또는 연결부분의 부식여부를 감각기관으로 확인(필요시 접착테이프를 분리한다)</td></tr>
<tr><td rowspan="4">외적영향결함</td><td>그을림</td><td>탄화된 흔적이나 그을림이 없거나 물에 씻겨 질 것</td><td>탄화된 흔적이나 그을림을 물로 씻은 후 감각기관으로 확인</td></tr>
<tr><td>화학물질 침투</td><td>화학물질의 침투로 재질의 용해 등의 변형이 없거나 그 영향으로 영구적인 변색 또는 손상이 없을 것</td><td>화학물질의 침투 여부를 감각기관으로 확인</td></tr>
<tr><td>자외선 상해</td><td>복합재의 내압부 재료가 자외선에 의한 영향을 받지 않을 것. 이 경우 복합재 표면의 광택이 퇴색되거나 백색으로 변색되는 경우는 손상이 없는 것으로 본다.</td><td>자외선에 의한 손상여부를 감각기관으로 확인</td></tr>
<tr><td>열해(熱害 : 열로 인한 피해)</td><td>금속재 및 복합재에 화염 또는 전기 아크에 의한 열 손상이 없을 것</td><td>화염 또는 전기 아크 등 열에 의한 손상 여부를 감각기관으로 확인</td></tr>
</table>

항목		검사기준	검사방법
변형	부풀음	용기의 부풀음 또는 휨이 없을 것	부풀음 여부를 감각기관으로 확인
	기포/들뜸	용기의 표면에 기포 또는 들뜸이 없을 것	기포 또는 들뜸 여부를 감각기관으로 확인
압력방출 장치		손상 깊이는 0.5mm 미만일 것	감각기관 및 계측기로 확인
연료장치		연료장치의 설치 및 작동상태가 양호할 것 연료계통에 가스누출이 없을 것	연료장치의 설치 및 작동상태를 감각기관으로 확인 가스누출감지기로 가스누출여부 확인
수소전기차 밸브장치 및 센서		고압차단밸브 및 수소가스 용기밸브, 수소가스 누출감지센서, 용기센서의 작동상태가 양호할 것	밸브 및 센서의 작동상태를 전자장치진단기로 확인

③ 제2항에 따라 내압용기 재검사를 실시한 검사대행자는 별지 제34호의19서식의 내압용기재검사결과표를 신청인에게 발급하고 그 검사결과를 국토교통부장관에게 보고하여야 한다. 다만, 「자동차종합검사의 시행 등에 관한 규칙」 제20조에 따른 자동차검사 전산정보처리조직(이하 "자동차검사전산정보처리조직"이라 한다)에 그 결과를 입력한 경우에는 보고를 생략할 수 있다. <개정 2013. 3. 23., 2024. 2. 16., 2024. 7. 10.>

④ 제1항부터 제3항까지의 규정에 따른 내압용기 재검사의 절차·방법 및 통보 등에 필요한 세부사항은 국토교통부장관이 정하여 고시한다. <개정 2013. 3. 23.>

[본조신설 2011. 12. 15.]

제57조의14 (내압용기 정기검사 및 수시검사)

① 법 제35조의8제1항제1호에서 "국토교통부령으로 정하는 기간"이란 다음 각 호의 어느 하나에 해당하는 날부터 비사업용 승용자동차의 경우에는 4년, 그 밖의 자동차의 경우에는 3년의 기간을 말한다. 다만, 해당 자동차에 장착된 내압용기의 정기검사 유효기간이 각각 다른 경우에는 가장 먼저 도래하는 정기검사 유효기간에 따른다. <개정 2013. 3. 23.>

1. 법 제35조의7에 따른 내압용기 장착검사를 받은 경우 : 신규등록한 날
2. 법 제35조의8제1항제1호에 따른 정기검사를 받은 경우 : 다음 각 목의 구분에 따른 날
   가. 내압용기 정기검사의 기간 이내에 정기검사를 받은 경우 : 정기검사 유효기간 만료일의 다음날
   나. 가목 외의 기간에 정기검사를 받은 경우 : 정기검사를 받은 날의 다음날
3. 법 제35조의8제1항제2호에 따른 수시검사를 받은 경우 : 수시검사를 받은 날
4. 법 제43조제1항제3호에 따른 구조변경검사를 받은 경우 : 구조변경검사를 받은 날

② 법 제35조의8제1항제1호에 따른 정기검사의 검사기간은 그 유효기간 만료일 전후 각각 46일 이내로 한다. 이 경우 해당 검사기간 이내에 적합판정을 받은 경우에는 정기검사 유효기간의 만료일에 정기검사를 받은 것으로 본다. <개정 2019. 4. 23.>

③ 시 · 도지사는 제2항의 규정에도 불구하고 교통사고 등 검사기간 이내에 검사를 받지 못할 불가피한 사유가 있다고 인정되는 경우에는 국토교통부장관이 정하여 고시하는 바에 따라 1월의 범위에서 그 기간을 연장할 수 있다. <개정 2013. 3. 23.>

④ 법 제35조의8제1항제2호에서 "국토교통부령으로 정하는 사유"란 다음 각 호의 어느 하나에 해당하는 사유를 말한다. <개정 2013. 3. 23.>

1. 내압용기를 교체한 경우
2. 자동차 소유자 또는 그 사용에 관한 정당한 권리를 가진 자가 신청하는 경우
3. 자동차의 전복(顚覆), 화재, 추락 등 국토교통부장관이 정하여 고시하는 사고가 발생한 경우

[본조신설 2011. 12. 15.]

제57조의15 (내압용기의 파기 및 각인 등)

① 법 제35조의8제2항에 따라 불합격한 내압용기를 파기하는 경우에는 다음 각 호의 기준에 따른다. <개정 2012. 8. 10., 2013. 3. 23., 2021. 8. 27., 2023. 6. 9.>

1. 자동차소유자에 대하여 국토교통부장관이 정하여 고시하는 자동차정비업자로 하여금 해당 내압용기를 탈착하도록 조치하게 할 것
2. 다음 각 목의 어느 하나에 해당하는 자로서 국토교통부장관이 고시하는 자로 하여금 파기하게 할 것
   가. 법 제53조에 따라 자동차해체재활용업을 등록한 자(이하 "자동차해체재활용업자"라 한다)
   나. 내압용기제조자등
3. 자동차검사대행자의 참관 하에 파기할 것
4. 원래의 형태로 가공할 수 없도록 절단 등의 방법으로 파기할 것

② 제1항제1호 및 제2호에 따른 자동차정비업자 · 자동차해체재활용업자 또는 내압용기제조자 등은 내압용기의 탈착 또는 파기 이후에 다음 각 호의 구분에 따른 서류를 자동차검사대행자에게 발급하고, 그 발급한 날부터 2년간 보관하여야 한다. 다만, 자동차검사 전산정보처리조직에 입력한 경우에는 그러하지 아니하다. <개정 2012. 8. 10., 2024. 2. 16., 2024. 7. 10.>

1. 제1항제1호에 따른 자동차정비업자 : 별지 제34호의20서식의 내압용기 교체증명서
2. 제1항제2호에 따른 자동차해체재활용업자 또는 내압용기제조자등 : 별지 제34호의21서식의 내압용기 파기증명서

③ 법 제35조의8제3항에 따른 내압용기재검사에 합격한 내압용기의 각인 및 표시방법은 별표 5의8과 같다. <개정 2017. 7. 18., 2024. 2. 16.>

[본조신설 2011. 12. 15.]

■ 자동차관리법 시행규칙 [별표 5의8] <개정 2024. 2. 16.>

내압용기의 각인 및 표시방법(제57조의15 관련)

1. 합격표시 등

내압용기재검사에 합격한 내압용기에 대하여는 다음 사항을 각인할 것. 다만, 각인하기가 곤란한 내압용기의 경우에는 다목과 같은 합격표의 부착으로 각인을 갈음할 수 있다.

가. 내압용기재검사기관의 명칭 또는 약호

나. 내압용기재검사의 연월

다. 내압용기재검사 합격표

내압용기재검사 합격표			
자동차등록번호			합격인
재검사 연월일			
유효기간 만료일			
충전가스명			
최고충전압력(MPa)		개수	
번호	용기의 번호	부속품의 기호와 번호	
1			
2			
3			
4			
5			
6			
7			
8			
9			
10			

(가로 80, 세로 80)

※ 비고
1. 재질은 금속박판 또는 특수인쇄용지로 한다.
2. 글자의 표기는 3년 이상 잘 지워지지 않는 방법으로 인쇄한다.
3. 합격인은 직경 15㎜인 원형인 "합"자 표시를 한다.
4. 유효기간 만료일은 해당자동차에 장착되어 있는 내압용기 중 가장 짧은 기간을 말한다.
5. 최고충전압력은 해당자동차에 장착되어 있는 내압용기 중 가장 낮은 압력을 말한다.
6. 합격표는 연료충전구 덮개 안쪽에 붙여야 한다. 다만, 이것이 곤란한 경우 충전구 가까이 보기 쉬운 곳에 붙여야 한다.

제57조의16 (내압용기에 대한 위해방지 조치)

① 국토교통부장관은 법 제35조의10제1항에 따라 내압용기를 조사하게 하는 경우에는 조사 대상 · 내

용・일정 및 비용 등이 포함된 조사계획을 수립하도록 하여야 한다. <개정 2013. 3. 23.>

② 국토교통부장관은 법 제35조의10제2항 및 제3항에 따라 내압용기 회수・교환 및 환불・공표(이하 "회수등"이라 한다)를 명하는 경우에는 내압용기제조자등에게 다음 각 호의 사항을 서면으로 통지하여야 한다. <개정 2013. 3. 23.>

1. 제품명, 제조일련번호 및 내용적(內容積)
2. 제조 또는 수입 연월일
3. 제조자 또는 수입자의 명칭
4. 내압용기 결함의 내용
5. 회수 등을 위한 절차 및 방법 등에 관한 사항

③ 제2항에 따른 명령을 받은 내압용기제조자 등은 그 명령을 받은 날부터 30일 이내에 다음 각 호의 사항이 포함된 이행계획을 국토교통부장관에게 제출하여야 한다. 이 경우 결함사실에 대한 공표의 경우에는 전국을 단위로 하여 발행되는 2개 이상의 중앙일간지에의 게재계획이 포함되어야 한다. <개정 2013. 3. 23.>

1. 회수 등의 대상 및 내용
2. 회수 등을 위한 절차 및 방법
3. 회수 등에 따른 보상조치
4. 그 밖에 제작결함의 효율적 시정을 위하여 국토교통부장관이 필요하다고 인정하는 사항

④ 국토교통부장관은 제3항에 따른 이행계획이 법령에 위배되거나 적절하지 아니하다고 인정되는 경우에는 해당 이행계획을 제출받은 날부터 1개월 이내에 조정・보완을 명할 수 있다. 이 경우 내압용기제조자 등은 특별한 사정이 없는 한 이에 응해야 한다. <개정 2013. 3. 23.>

⑤ 내압용기제조자 등은 분기별로 제3항에 따른 회수 등에 대한 이행계획의 운영실적을 국토교통부장관에게 보고하여야 한다. <개정 2013. 3. 23.>

⑥ 제2항부터 제5항까지에서 규정한 사항 외에 회수 등의 절차・방법 및 기준 등에 관하여 필요한 세부사항은 국토교통부장관이 정하여 고시한다. <개정 2013. 3. 23.>

[본조신설 2011. 12. 15.]

제57조의17 (내압용기의 자료제공 등)

① 내압용기제조자 등은 법 제35조의11제1항에 따라 내압용기 구매자에게 다음 각 호의 내용이 포함된 내압용기 설명서를 제공하여야 한다. <개정 2013. 3. 23.>

1. 내압용기의 제원에 관한 사항
2. 내압용기 사용 및 안전관리에 관한 사항
3. 그 밖에 내압용기에 안전과 효율적 관리를 위하여 국토교통부장관이 필요하다고 인정하는 사항

② 법 제35조의11제2항 및 제3항에 따라 내압용기제조자 등이 보관하여야 하는 자료의 종류 및

보존기간, 국토교통부장관에의 보고자료 대상 및 보고기간에 관하여는 제51조 및 제52조를 준용한다. <개정 2013. 3. 23.>

[본조신설 2011. 12. 15.]

제9장 자동차의 점검 및 정비 등

제1절 점검 및 정비

제58조 삭제 〈1999. 12. 31.〉

제59조 삭제 〈2013. 12. 12.〉

제59조의2 삭제 〈2013. 12. 12.〉

제60조 삭제 〈2013. 12. 12.〉

제61조 삭제 〈2013. 12. 12.〉

제62조(자동차사용자의 정비작업의 범위)

법 제36조에 따른 자동차사용자의 정비작업의 범위는 별표 9와 같다. 다만, 제55조제1항 각 호에서 정한 튜닝작업은 제외한다. <개정 2013. 12. 12., 2014. 12. 31.>

■ 자동차관리법 시행규칙 [별표 9] 〈개정 2021. 8. 27.〉

자동차사용자의 정비작업의 범위(제62조 관련)

1. 자동차정비시설등을 갖추지 아니한 경우
   가. 원동기
   - 에어클리너엘리먼트의 교환
   - 오일펌프를 제외한 윤활장치의 점검 · 정비
   - 디젤분사펌프 및 가스용기를 제외한 연료장치의 점검 · 정비
   - 냉각장치의 점검 · 정비
   - 머플러의 교환

   나. 동력전달장치
   - 오일의 보충 및 교환
   - 액셀레이터케이블의 교환
   - 클러치케이블의 교환

다. 제동장치
- 오일의 보충 및 교환
- 브레이크 호스·페달 및 레버의 점검·정비
- 브레이크라이닝의 교환

라. 주행 장치
- 허브베어링을 제외한 주행 장치의 점검·정비
- 허브베어링의 점검·정비(브레이크라이닝의 교환 작업을 하는 경우에 한한다)

마. 완충장치
- 다른 장치와 분리되어 설치된 쇼크업소버(충격흡수장치)의 교환

바. 전기장치
- 전조등, 속도표시등 및 고전원전기장치를 제외한 전기장치의 점검·정비

사. 기타
- 안전벨트를 제외한 차내 설비의 점검·정비
- 금·도장 및 용접을 제외한 차체의 점검·정비
- 세차 및 섀시 각부의 급유

2. 자동차정비 시설 등을 갖춘 경우

가. 자동차정비 시설 등을 모두 갖춘 경우
- ·자가 자동차의 점검·정비

나. 차고 및 기계·기구를 갖추고, 자동차정비에 관한 산업기사 이상 또는 기능사 이상의 자격을 가진 사람 1명을 갖춘 경우

(1) 원동기
- ·실린더헤드 및 타이밍벨트의 점검·정비(원동기의 종류에 따라 매연측정기· 일산화탄소측정기 또는 탄화수소측정기를 갖춘 경우에 한한다)
- ·윤활장치의 점검·정비
- ·디젤분사펌프 및 가스용기를 제외한 연료장치의 점검·정비
- ·냉각장치의 점검·정비
- ·배기장치의 점검·정비
- ·플라이휠(flywheel) 및 센터베어링(center bearing)의 점검·정비

(2) 동력전달장치
- ·클러치의 점검·정비
- ·변속기의 점검·정비
- ·차축 및 추진축의 점검·정비
- ·변속기와 일체형으로 된 차동기어의 교환·점검·정비

(3) 조향장치
- ·조향핸들의 점검·정비

(4) 제동장치
- ·오일의 보충 및 교환

- 브레이크 파이프 · 호스 · 페달 및 레버와 공기탱크의 점검 · 정비
- 브레이크라이닝 및 케이블의 점검 · 정비

(5) 주행 장치
- 차륜(허브베어링을 포함한다)의 점검 · 정비(차륜정렬은 부품의 탈거등을 제외한 단순조정에 한한다)

(6) 완충장치
- 쇼크업소버의 점검 · 정비
- 코일스프링(쇼크업소버의 선행 작업)의 점검 · 정비

(7) 전기 · 전자장치
- 전조등 및 속도표시등을 제외한 전기 · 전자장치의 점검 · 정비

(8) 기타
- 판금 또는 용접을 제외한 차체의 점검 · 정비
- 부분도장
- 차내 설비의 점검 · 정비
- 세차 및 섀시 각부의 급유

비고 : "자동차정비시설등"이라 함은 다음 표에 규정된 사항을 말한다.

구분	내용
1.차고	보유자동차의 일상점검과 정비에 지장이 없는 면적의 차고를 갖출 것
2.기계 · 기구	가. 휠 밸런서 나. 공기압축기 다. 검차시설(핏트 또는 리프트) 라. 스프레이건 마. 부동액회수재생기(당해 사업장에서 발생하는 폐부동액을 폐기물관리법 제25조의 규정에 의하여 위탁처리하는 경우에는 이를 갖춘 것으로 본다)
3.시설 · 장비	시 · 도의 조례로 정하는 자동차종합정비업 및 소형자동차종합 정비업 시설기준과 같다. 다만, 작업장 면적과 점검 · 정비 및 검사용기계 · 기구는 이를 적용하지 아니한다.
4.기술인력	가. 정비책임자 1명을 포함하여 「국가기술자격법」에 따른 자동차정비에 관한 산업기사 이상 또는 기능사 이상의 자격을 가진 사람이 2명 이상일 것 나. 정비요원 총 수의 5분의 1 이상은 「국가기술자격법」에 따른 자동차정비에 관한 기능사 이상의 자격을 가진 사람일 것

제2절 점검 및 정비명령 등

제63조(점검 · 정비 · 검사 또는 원상복구의 명령)

① 시장 · 군수 · 구청장은 법 제37조제1항에 따라 점검 · 정비 · 검사 등을 명하려는 경우에는 다음 각 호의 구분에 따라 해당 호에서 정하는 서식에 따른다. 이 경우 명령의 이행기간을 명시하여야 하며, 「자동차 및 자동차부품의 성능과 기준에 관한 규칙」 제54조에 따른 최고속도제한장치의 미설치, 무단 해체 · 해제 및 미작동 자동차에 대하여는 10일 이내의 이행기간을 부여하여야 한다. <개정 1998. 5. 26., 1999. 12. 31., 2017. 10. 26., 2023. 8. 11.>

1. 점검 · 정비 · 임시검사 또는 원상복구: 별지 제37호서식의 자동차점검 · 정비 등 명령서

2. 정기검사: 별지 제37호의2서식의 자동차정기검사명령서

② 제1항에 따라 점검 · 정비 또는 원상복구명령을 받은 자동차에 대한 점검 · 정비 또는 원상복구는 법 제53조 및 영 제12조제1항에 따른 자동차정비업을 등록한 자(이하 "정비업자"라 한다)가 그 사업장 안에서 시행한다. <개정 2013. 12. 12.>

③ 제1항에 따라 점검 · 정비 또는 원상복구명령을 받은 자동차를 점검 · 정비한 정비업자는 별지 제36호서식의 점검 · 정비기록부 3부를 작성하여 1부는 작성일부터 10일 이내에 시장 · 군수 또는 구청장에게 제출(점검 · 정비 또는 원상복구 명령서를 첨부한다)하고, 1부는 자동차소유자에게 발급하며, 1부는 2년간 보관하여야 한다. 다만, 정비업자가 전산정보처리조직에 의하여 점검 · 정비결과를 기록 · 보관한 때에는 점검 · 정비기록부를 보관한 것으로 본다. <개정 2013. 12. 12.>

④ 법 제37조제1항제5호에서 "국토교통부령으로 정하는 기준에 따라 안전운행에 지장이 있다고 인정되는 자동차"란 천재지변 · 화재 또는 침수로 법 제26조제2항에 따라 시장 · 군수 · 구청장이 일정한 곳으로 옮긴 자동차를 말한다. <신설 2023. 8. 11.>

[제목개정 1998. 5. 26.]

제63조의2 (정기검사기간이 지난 자동차에 대한 검사명령)

① 시장 · 군수 또는 구청장은 제77조제2항에 따른 정기검사기간이 끝난 후 30일이 지난날까지 정기검사를 받지 아니한 자동차의 소유자에 대하여는 지체 없이 법 제37조제1항에 따라 정기검사를 명하여야 한다. 이 경우 9일 이상의 이행기간을 주어야 한다.

② 시장 · 군수 또는 구청장은 제1항에 따른 정기검사를 명하는 경우에는 법 제37조제3항 전단에 따라 자동차 운행정지가 될 수 있다는 사실을 알려야 한다. <개정 2022. 4. 14.>

[본조신설 2007. 7. 20.]

제63조의3 (점검 · 정비 · 검사 또는 원상복구 명령 이행기간의 연장)

① 시장 · 군수 또는 구청장은 다음 각 호의 어느 하나에 해당하는 경우 자동차소유자의 신청에 따라 필요하다고 인정되는 기간 동안 제63조제1항 각 호 외의 부분 후단에 따른 점검 · 정비 · 검사 또는 원상복구명령의 이행기간을 연장할 수 있다. <개정 2023. 8. 11.>

1. 자동차가 도난 된 경우
2. 자동차가 압류된 경우
3. 사고 발생으로 장기간의 자동차 정비가 필요한 경우
4. 그 밖에 부득이한 사유가 있다고 시장 · 군수 또는 구청장이 인정하는 경우

② 제1항에 따라 이행기간의 연장을 받으려는 자는 별지 제45호서식의 신청서에 자동차등록증과 그 사유를 증명하는 서류를 첨부하여 시장 · 군수 또는 구청장에게 제출하여야 한다.

[본조신설 2017. 10. 26.]

제64조 (운행정지명령)

① 시장·군수 또는 구청장은 법 제37조제2항 후단 또는 같은 조 제3항 전단에 따라 자동차의 운행정지명령을 하려면 해당 자동차의 소유자에게 별지 제38호서식의 운행정지명령서를 발급하고 해당 자동차의 전면유리창 우측 상단에 별표 10의 자동차운행정지표지를 붙여야 한다. <개정 1999. 12. 31., 2007. 7. 20., 2010. 2. 18., 2022. 4. 14.>

■ 자동차관리법 시행규칙 [별표 10] <개정 2022. 4. 14.>

자동차운행정지표지(제64조제1항 관련)

자동차운행정지
자동차운행정지 자동차등록번호 : 위의 자동차에 대하여 「자동차관리법」 제37조제2항 후단 또는 같은 조 제3항 전단에 따라 운행정지를 명합니다. ※ 이 표지는 「자동차관리법」 제37조에 따른 점검·정비 또는 원상복구명령을 이행한 경우, 같은 법 제43조제1항제2호에 따른 정기검사에 합격한 경우, 같은 법 제43조의2에 따른 종합검사에서 적합 판정을 받은 경우 또는 같은 법 제43조제1항제4호에 따른 임시검사에 합격한 경우가 아니면 떼어내지 못합니다. 시장·군수·구청장[인]

비고
1. 바탕색은 백색으로, 문자는 적색으로 합니다.
2. 이 표지는 자동차의 전면유리 우측상단에 붙입니다.

134㎜×190㎜

(인쇄용지(특급) 120g/㎡)

② 제1항에 따라 부착된 자동차운행정지표지는 부착위치를 변경하거나 훼손해서는 안 되며, 다음 각 호의 경우가 아니면 떼어내지 못한다. <개정 2022. 4. 14.>

1. 법 제37조에 따른 점검 · 정비 또는 원상복구명령을 이행한 경우
2. 법 제43조제1항제2호에 따른 정기검사에 합격하거나 법 제43조의2에 따른 종합검사에서 적합 판정을 받은 경우
3. 법 제43조제1항제4호에 따른 임시검사에 합격한 경우

제64조의2 (자동차 등록번호판의 영치 등)

① 시장 · 군수 또는 구청장은 자동차의 소유자가 제63조의2제1항에 따른 이행기간에 검사명령을 이행하지 않아 법 제37조제3항 후단에서 준용하는 법 제24조의2제3항제3호에 따라 해당 자동차의 등록번호판을 영치한 경우에는 자동차소유자의 성명 · 주소, 자동차의 종류 · 등록번호 및 영치일시 등이 기재된 별지 제39호서식의 영치증을 자동차소유자에게 발급해야 한다. <개정 2022. 4. 14.>

② 시장 · 군수 또는 구청장은 등록번호판이 영치된 자동차의 소유자가 제63조의2제1항에 따른 정기검사명령을 이행하고 등록번호판 영치의 해제를 요청하는 경우에는 즉시 해당 자동차의 등록번호판을 반환하여야 한다.

[본조신설 2007. 7. 20.]

제3절 삭제 <1999. 12. 31.>

제65조 삭제 〈1999. 12. 31.〉

제66조 삭제 〈1999. 12. 31.〉

제67조 삭제 〈1999. 12. 31.〉

제10장 기계 · 기구의 관리

제1절 기계 · 기구의 정밀도검사

제68조 (정밀도검사의 대상 · 기준 등)

① 법 제40조제1항의 규정에 의한 정밀도검사를 받아야 하는 기계 · 기구는 다음 각호와 같다. <개정 2003. 1. 2.>

1. 제동시험기
2. 전조등시험기
3. 사이드슬립측정기

4. 속도계시험기

5. 택시미터주행검사기

6. 가스누출감지기

② 제1항 각호의 1에 해당하는 기계 · 기구를 제작 · 조립 또는 수입하여 판매하는 자는 당해기계 · 기구를 설치한 날부터 30일 이내에 정밀도검사(이하 "최초정밀도검사"라 한다)를 받아야 한다. 이 경우 당해 기계 · 기구에는 그 형식 · 제작번호 및 제작일자를 표시하여야 한다.

③ 제1항 각호의 기계 · 기구를 사용하는 자는 제2항의 규정에 의한 최초정밀도검사 또는 제4항의 규정에 의한 구조변경정밀도검사를 받은 날부터 12월이 되는 날이 속하는 달마다 정밀도검사(이하 "정기정밀도검사"라 한다)를 받아야 한다. 다만, 시 · 도지사는 천재지변 기타 부득이한 사유로 인하여 필요하다고 인정하는 때에는 그 기간을 조정할 수 있다. <개정 1998. 5. 26.>

④ 최초정밀도검사 또는 정기정밀도검사를 받은 기계 · 기구를 사용하는 자가 당해기계 · 기구의 구조 또는 장치를 변경하여 사용하고자 하는 때에는 변경된 구조 또는 장치에 대한 정밀도검사(이하 "구조변경정밀도검사"라 한다)를 받아야 하며, 그 설치위치를 변경하여 사용하고자 하는 때에는 다시 최초정밀도검사를 받아야 한다.

⑤ 법 제40조제2항의 규정에 의한 정밀도검사의 기준및 방법은 별표 12에 의한다.

■ 자동차관리법 시행규칙 [별표 12] <개정 2021. 8. 27.>

기계 · 기구의 정밀도검사기준 및 검사방법(제68조제5항 관련)

1. 검사기준

가. 제동시험기

(1) 형식의 구분

(가) 측정방식에 의한 구분

1) 롤러구동형 : 시험기의 롤러위에 자동차의 바퀴를 올려놓고 롤러를 구동시킨 상태에서 자동차바퀴를 제동할 때에 발생하는 회전력의 반력을 검출하여 제동력을 측정하는 제동시험기(이하 "롤러구동형 제동시험기"라 한다)

2) 차륜구동형 : 시험기의 롤러위에 자동차의 바퀴를 올려놓고 바퀴의 구동에 의하여 롤러를 회전시켜 일정속도에서 제동할 때의 롤러의 감속도를 검출하여 각 바퀴의 제동력을 측정하거나 적합여부를 판정하는 형식

3) 복합형 : 롤러구동형 제동시험기 중 속도계시험기와 복합하여 동일한 롤러에서 자동차의 제동력을 측정하는 형식

(나) 판정방식에 의한 구분

1) 단순형 : 롤러구동형 제동시험기 중 각 바퀴의 제동력만을 측정하는 형식

2) 판정형 : 각 바퀴의 제동력을 측정하여 합계 및 차이를 지시하거나 실제 측정한 자동차의 축하중 또는 차량중량에 대한 제동력의 비율로 지시하여 제동능력의 적합여부를 판정하는

형식(차륜구동형 포함)

(2) 구조장치의 작동 및 설치상태에 대한 검사기준

(가) 지시계 : 제동력 등 각 지시값은 과도한 변동이 없는 상태일 것

(나) 롤러

1) 롤러는 기준직경의 2% 이상 과도하게 손상 또는 마모된 부분이 없을 것

2) 롤러는 2개 이상으로 구성되어야 하고 롤러의 직경은 100㎜ 이상이어야 하며, 롤러의 안쪽 폭은 850㎜ 이하(허용축하중 3톤 이하는 650㎜ 이하), 바깥쪽 폭은 2,850㎜ 이상(허용축하중 3톤 이하는 2,400㎜ 이상)이어야 한다(차륜구동형 제외)

3) 전・후 롤러 중심축의 간격은 다음 식에 의해 계산된 최소값과 최대값 이내이어야 한다.

롤러 중심축 간격(밀리미터) = (619.13 + D) × Sin 31.5°~37.5°

여기서, D : 롤러의 직경(밀리미터)

(다) 제동력전달장치 : 감속기와 전동기는 구동중 심한 이상음 또는 진동이 없을 것

(라) 판정장치 : 판정형 및 차륜구동형 제동시험기의 제동력 판정장치는 작동에 이상이 없을 것

(마) 기록장치

1) 자동차검사에 사용되는 기기는 기록장치의 작동에 이상이 없을 것

2) 자동차검사에 사용되는 기기는 판정 즉시 그 결과를 제80조제1항 단서에 따른 전산정보처리조직에 실시간 전송할 것

(바) 중량설정장치 : 판정형 제동시험기의 중량설정장치는 작동 및 기능에 이상이 없을 것.

(사) 기타 장치 및 표시

1) 리프트 또는 롤러고정장치등 자동차의 입・퇴출용 장치의 작동에 이상이 없을 것

2) 자동차바퀴의 이탈방지장치는 손상이 없고 그 작동에 이상이 없을 것

3) 제동시험기의 형식, 제작번호, 허용축하중(중량), 제작일자 및 제작회사가 확실하게 표시되어 있을 것

(아) 제동시험기는 자동차의 점검·정비 또는 검사를 원활히 수행할 수 있도록 설치되어 있을 것

(3) 정밀도에 대한 검사기준

(가) 제동력지시 및 중량설정지시의 정밀도는 설정하중에 대하여 다음의 허용오차 범위 이내일 것

1) 좌・우제동력지시 : ±5% 이내(차륜구동형은 ±2%이내)

2) 좌・우합계제동력지시 : ±5% 이내

3) 좌・우차이제동력지시 : ±5% 이내

4) 중량설정지시 : ±5% 이내

(나) 판정정밀도는 축하중에 대하여 다음의 허용오차 범위이내일 것

1) 좌・우제동력합계 판정 : ±2% 이내

2) 좌・우제동력차이 판정 : ±2% 이내

나. 전조등시험기

(1) 형식의 구분

(가) 측정방식에 의한 구분

1) 집광식 : 전조 등의 빛을 수광부 중앙의 집광렌즈로 모아 광전지에 비추어 광도 및 광축을 측정하는 방식

2) 투영식 : 수광부 중앙의 집광렌즈와 상・하・좌・우 4개의 광전지, 또는 카메라를 설치하

여 투영스크린에 전조 등의 모양을 비추어 광도 및 광축을 측정하는 방식

(나) 판정방식에 의한 구분

1) 수동형

① 단순형 : 사람의 힘으로 전조등시험기를 전조 등의 정면에 위치하도록 하여 광도 및 광축을 측정하는 형식

② 판정형 : 사람의 힘으로 전조등시험기를 전조 등의 정면에 위치하도록 하여 광도 및 광축을 자동 측정 · 판정하는 형식

2) 자동형 : 전조등시험기가 전조 등의 광축을 스스로 이동하여 광도 및 광축을 자동측정, 판정하는 형식

(2) 구조 · 장치의 작동 및 설치상태에 대한 검사기준

(가) 지시계 : 광도 및 광축 지시값은 과도한 변동이 없는 상태일 것

(나) 정대장치 : 차량을 정면으로 조준하기 위한 조준기 등의 기능에 이상이 없을 것

(다) 수광부지지대 및 이동장치 : 지주와 레일은 견고하게 설치되고 상하좌우로 원활하게 이동할 수 있을 것. 다만, 수평을 유지하는 장소에 설치되었거나 수평을 유지할 수 있는 다른 장치가 설치된 경우에는 레일을 설치하지 아니 할 수 있다.

(라) 판정장치 : 자동형기기는 판정장치의 작동에 이상이 없을 것

(마) 기록장치

1) 자동차검사에 사용되는 기기는 기록장치의 작동에 이상이 없을 것

2) 자동차검사에 사용되는 기기는 판정 즉시 그 결과를 제80조제1항 단서에 따른 전산정보처리조직에 실시간 전송할 것

(바) 형식등 표시 : 전조등시험기의 형식 · 제작번호 · 제작일자 및 제작회사가 확실하게 표시되어 있을 것

(사) 전조등시험기는 자동차의 점검 · 정비 또는 검사를 원활히 수행할 수 있도록 설치되어 있을 것

(3) 정밀도에 대한 검사기준

전조등시험기의 광도지시 · 광축편차 및 판정정밀도는 설정값에 대하여 다음의 허용오차 범위이내일 것

(가) 광도지시 : ±15% 이내

(나) 광축편차 : ±29/174㎜(1/6도) 이내

(다) 판정정밀도

1) 광도 : ±1,000㏅ 이내

2) 광축 : ±29/174㎜(1/6도) 이내

다. 사이드슬립측정기

(1) 형식의 구분

(가) 측정방식에 의한 구분

1) 답판 연동형 : 자동차의 조향바퀴를 연동하는 양쪽 답판 위에 통과시켜 주행에 의하여 발생되는 옆미끄럼량을 측정하는 형식

2) 단일 답판형 : 자동차의 한쪽 조향바퀴만을 답판위에 통과시켜 주행에 의하여 발생되는 옆미끄럼량을 측정하는 형식

(나) 판정방식에 의한 구분

1) 단순형 : 자동차의 옆미끄럼량을 측정하여 지시 또는 지시 및 판정하는 형식

2) 자동형 : 제동시험기 및 속도계시험기와 복합하여 자동차의 옆미끄럼량을 측정하여 지시 및 판정하는 형식

(2) 구조·장치의 작동 및 설치상태에 대한 검사기준

(가) 답판 : 답판의 윗면은 자동차바퀴와의 사이에 적당한 마찰계수를 가져야 하며, 수평을 유지하여야 하고, 답판의 이동에 소요되는 작동력은 다음의 허용오차 범위이내일 것

1) 작동시작점 : 4㎏ 이내

2) 5밀리미터점 : 8㎏ 이내

3) 답판의 크기 : 답판(이동식 검사장비인 답판은 제외한다)의 가로와 세로는 각각 1,000㎜ 이상(허용축하중 3톤 이하는 880㎜ 이상)

4) 답판의 폭 : 답판(단일 답판형은 제외한다)의 안쪽 폭은 850㎜ 이하(허용축하중 3톤 이하는 650㎜ 이하), 바깥쪽 폭은 2,850㎜ 이상(허용축하중 3톤 이하는 2,400㎜ 이상)이어야 한다.

(나) 지시계 : 지시값의 과도한 떨림이 없이 옆미끄럼량을 인(IN) 또는 아웃(OUT)으로 확실하게 나타내며 최소눈금값은 0.1㎜ 이내일 것(아날로그 방식 제외)

(다) 판정장치 : 자동형기기는 판정장치의 작동에 이상이 없을 것

(라) 기록장치

1) 자동차검사에 사용되는 기기는 기록장치의 작동에 이상이 없을 것

2) 자동차검사에 사용되는 기기는 판정 즉시 그 결과를 제80조제1항 단서에 따른 전산정보처리조직에 실시간 전송할 것

(마) 형식등 표시 : 사이드슬립측정기의 형식·제작번호·제작일자 및 제작회사가 확실하게 표시되어 있을 것

(바) 사이드슬립측정기는 자동차의 점검·정비 또는 검사를 원활히 수행할 수 있도록 설치되어 있을 것

(3) 정밀도에 대한 검사기준

미끄럼량의 지시 및 판정에 대한 정밀도는 다음의 허용오차 범위 이내일 것

(가) 0점 지시 : ±0.2㎜/m(m/㎞) 이내

(나) 5밀리미터 지시 : ±0.2㎜/m(m/k㎞) 이내

(다) 판정정밀도 : ±0.2㎜/m(m/k㎞) 이내

라. 속도계시험기

(1) 형식의 구분

(가) 측정방식에 의한 구분

1) 차륜구동형(표준형) : 자동차바퀴의 구동에 의하여 롤러를 회전시켜 측정하는 형식

2) 롤러구동형(자력식) : 시험기롤러의 구동에 의하여 자동차의 바퀴를 회전시켜 측정하는 형식

3) 복합형 : 속도계시험기 중 롤러구동형 제동시험기와 복합하여 동일한 롤러에서 자동차의 속도를 측정하는 형식

(나) 판정방식에 의한 구분

1) 단순형 : 자동차의 주행속도를 측정하여 지시 또는 지시 및 판정하는 형식

2) 자동형 : 제동시험기 및 사이드슬립측정기와 복합하여 자동차의 주행속도를 측정하여 지시 및 판정하는 형식

(2) 구조·장치의 작동 및 설치상태에 대한 검사기준

(가) 지시계 : 속도지시값은 과도한 변동이 없는 상태일 것

(나) 롤러

1) 롤러 등 회전부는 지시계가 지시하는 최고속도에 상당하는 회전수로 작동하는 경우라도 과도한 진동 및 이음이 없을 것

2) 롤러는 기준직경의 2% 이상 과도하게 손상 또는 마모된 부분이 없을 것

3) 롤러는 2개 이상으로 구성되어야 하고 롤러의 직경은 100㎜ 이상이어야 하며, 롤러의 안쪽 폭은 850㎜ 이하(허용축하중 3톤 이하는 650㎜ 이하), 바깥쪽 폭은 2,850㎜ 이상(허용축하중 3톤 이하는 2,400㎜ 이상)이어야 한다. 다만, 롤러구동형 롤러 및 이동식 검사장비인 롤러는 그러하지 아니하다.

4) 전·후 롤러 중심측의 간격은 다음 식에 의해 계산된 최소값과 최대값 이내이어야 한다.

롤러 중심축 간격(㎜) = (619.13 + D) × Sin 31.5°~37.5°

여기서, D : 롤러의 직경(㎜)

(다) 판정장치 : 자동형기기는 판정장치의 작동에 이상이 없을 것

(라) 기록장치

1) 자동차검사에 사용되는 기기는 기록장치의 작동에 이상이 없을 것

2) 자동차검사에 사용되는 기기는 판정 즉시 그 결과를 제80조제1항 단서에 따른 전산정보처리조직에 실시간 전송할 것

(마) 롤러고정장치 : 자동차를 롤러에 안전하게 진입 및 퇴출시킬 수 있는 롤러고정장치의 작동상태에 이상이 없을 것

(바) 바퀴이탈방지장치 : 바퀴이탈방지장치는 손상이 없는 상태에서 이상 없이 작동할 것

(사) 리프트 : 자동차의 입·퇴출용 리프트의 작동에 이상이 없을 것

(아) 형식 등 표시 : 속도계시험기의 형식·제작번호·허용축하중(중량)·제작일자 및 제작회사가 확실하게 표시되어 있을 것

(자) 속도계시험기는 자동차의 점검·정비 또는 검사를 원활히 수행할 수 있도록 설치되어 있을 것

(3) 정밀도에 대한 검사기준

(가) 지시 : 설정속도(매시 35㎞ 이상)의 ±3% 이내

(나) 판정 : 판정기준값의 1㎞ 이내

마. 택시미터주행검사기

(1) 형식의 구분

(가) 외부검출형 : 회전롤러 외부에 설치한 광화이버 센서 또는 근접센서로 회전수를 검출하여 거리를 측정하는 형식

(나) 내부검출형 : 회전롤러축에 장착된 엔코더 또는 휠톤 스피드센서로 회전수를 검출하여 거리를 측정하는 형식

(2) 구조·장치의 작동 및 설치상태에 대한 검사기준

(가) 지시계 : 지시거리등 각 지시값은 과도한 변동이 없는 상태일 것

(나) 회전수검출기 : 검출센서, 연결선, 연결단자의 단선 및 파손등 이상이 없을 것

(다) 보정장치 : 실제주행 거리와 주행검사기 주행거리의 오차를 보정하는 보정장치의 작동에 이상이 없을 것

(라) 형식등 표시 : 택시미터주행검사기의 형식, 제작번호, 제작일자 및 제작사가 확실하게 표시되어 있을 것

(마) 롤러

1) 롤러 등 회전부는 지시계가 지시하는 최고속도에 상당하는 회전수로 작동하는 경우라도 과도한 진동 및 이음이 없을 것

2) 롤러는 기준직경의 2% 이상 과도하게 손상 또는 마모된 부분이 없을 것

3) 롤러는 2개 이상으로 구성되어야 한다.

4) 전·후 롤러 중심측의 간격은 다음 식에 의해 계산된 최소값과 최대값 이내이어야 한다.

롤러 중심축 간격(㎜) = (619.13 + D) × Sin 31.5°~37.5°

여기서, D : 롤러의 직경(㎜)

(바) 판정장치 : 자동형기기는 판정장치의 작동에 이상이 없을 것

(사) 기록장치

1) 자동차검사에 사용되는 기기는 기록장치의 작동에 이상이 없을 것

2) 자동차검사에 사용되는 기기는 판정 즉시 그 결과를 제80조제1항 단서에 따른 전산정보처리조직에 실시간 전송할 것

(3) 정밀도에 대한 검사기준

(가) 거리지시 : 기준기의 시험펄스값에 해당하는 주행거리를 지시할 것

(나) 보정치 : 롤러직경의 3%이내

(다) 판정장치 : 수리검정 또는 사용검정의 각각 거리허용차 범위에 적합하게 판정할 것

바. 가스누출감지기

(1) 형식의 구분

(가) 접촉연소형 : 접촉연소에 의한 촉매의 온도변화를 전기저항으로 변환하여 측정하는 형식

(나) 반도체형 : 가스흡착에 의한 반도체의 전도도 변화량을 측정하는 형식

(다) 기타형식 : 접촉연소형 또는 반도체형 이외의 형식

(2) 구조·장치의 작동 및 설치상태에 대한 검사기준

(가) 채취부 : 채취구, 호스, 필터는 균열 및 파손 등 이상이 없을 것

(나) 지시계 : 가스의 누출량에 따라 순차적으로 연속된 데이터 또는 판정기준값 초과 여부를 지시(숫자, 지침, LED, 점멸등 등)하고 작동에 이상이 없을 것

(다) 경보장치 : 측정농도에 따른 경보기능에 이상이 없을 것

(라) 형식등 표시 : 가스누출감지기의 형식, 제작번호, 측정가스성분, 제작일자 및 제작사가 확실하게 표시되어 있을 것

(3) 정밀도에 대한 검사기준

폭발하한값(LEL) 20%이내에서 가스누출을 감지하여야 한다.

2. 검사방법

가. 제동시험기

(1) 좌・우제동력

(가) 단순형 및 판정형 제동시험기는 최대제동력 지시값의 10% 이상에서 좌측 및 우측에 대하여 세가지 이상의 하중을 설정하여 측정할 것

(나) 차륜구동형 제동시험기는 전・후・좌・우 롤러 각각에 대하여 세가지 이상의 압력을 주어 해당제동력을 측정할 것

(2) 좌・우합계제동력

최대제동력 지시값의 10% 이상에서 좌측 및 우측에 대하여 세가지 이상의 하중을 설정하여 좌・우 합계 지시값을 측정할 것

(3) 좌・우차이 제동력

최대제동력차이 지시값의 10% 이상에서 좌・우 각각에 대하여 한가지 이상의 편하중을 설정하여 측정할 것

(4) 중량설정

자동중량설정장치가 있는 경우에는 100㎏ 이상의 하중으로 세가지 이상의 값을 설정하여 측정할 것

(5) 합계제동력 판정점

좌・우합계제동력 지시값을 설정중량에 대하여 주제동력 및 주차제동판정으로 나누어 각각 측정할 것. 다만, 판정점 기억방식은 판정기준값 설정상태의 적합성 확인으로 이에 갈음할 수 있다.

(6) 차이제동력 판정점

좌・우제동력차이 지시값을 설정중량에 대한 차이 판정값으로 나누어 측정 할 것. 다만, 판정점 기억방식은 판정기준값 설정상태의 적합성 확인으로 이에 갈음할 수 있다.

(7) 구조・장치의 작동상태

각 구조・장치의 작동상태가 검사기준에 적합한지의 여부를 감각기관으로 확인할 것

나. 전조등시험기

(1) 교정기의 상하좌우향 광축을 각각 0(영)㎜로 설정한 상태에서 교정기의 광도를 다음과 같이 측정할 것

(가) 주행빔(상향등)의 경우 교정기의 광도를 1만㏅, 2만㏅ 및 3만㏅ 등 세가지 이상의 광도로 측정할 것

(나) 변환빔(하향등)의 경우 교정기의 광도를 2천㏅, 5천㏅, 8천㏅ 및 1만㏅ 등 네가지 이상의 광도로 측정할 것

(2) 광축 편차지시

(가) 주행빔(상향등)의 경우 광도변화에 따른 광축의 편차는 2만㏅의 광도기준값이 상・하・좌・우 광축을 각각 0(영)㎜로 조정한 상태에서 광도를 1만㏅ 및 3만㏅로 각각 변화시켜 광축지시의 편차를 측정할 것

(나) 주행빔(상향등)의 경우 각도변화에 따른 광축의 편차는 광도를 2만㏅로 설정하여 좌・우・하향 174㎜(1도) 및 348㎜(2도), 상향 174㎜(1도)에서 각각 측정할 것

(다) 변환빔(하향등)의 경우 광도변화에 따른 광축의 편차는 8천cd의 광도기준값이 상·하·좌·우 광축을 각각 0(영)mm로 설정한 상태에서 8천cd 미만 광도 및 8천cd 초과 광도로 각각 변화시켜 광축지시의 편차를 측정할 것

(라) 변환빔(하향등)의 경우 각도변화에 따른 광축의 편차는 광도를 8천cd로 설정하여 상·하·좌·우향 0(영)mm, 하·좌·우향 174mm(1도) 및 상향 87mm(0.5도)에서 각각 측정할 것

(3) 판정점

안전기준에서 정한 광도 및 광축의 기준에 대한 적정 판정여부를 확인할 것. 다만, 판정점 기억방식은 판정기준값 설정상태의 적합성 확인으로 이에 갈음 할 수 있다.

(4) 구조·장치의 작동상태

각 구조·장치의 작동상태가 검사기준에 적합한지의 여부를 확인할 것.

다. 사이드슬립측정기

(1) 0(영)mm점 지시

검출장치 부착측 답판을 내측 및 외측으로 3mm 밀었다가 놓은 후 답판의 복원성 및 0(영)mm점 지시를 확인할 것

(2) 5mm점 지시

답판에 대하여 내측 및 외측으로 각각 5mm를 밀어 그때의 지시값을 측정할 것(답판의 길이는 1m를 기준으로 하여야 한다)

(3) 판정점

지시검출측 답판을 인(IN) 및 아웃(OUT)으로 5밀리미터 밀어 판정점을 확인할 것. 다만, 판정점 기억방식은 판정기준값 설정상태의 적합성 확인으로 이에 갈음 할 수 있다.

(4) 구조·장치의 작동상태

각 구조·장치의 작동상태가 검사기준에 적합한지의 여부를 확인할 것

라. 속도계시험기

(1) 속도지시

매시 30km이상 매시 100km이하의 속도에서 두가지 이상의 값으로 측정할 것

(2) 판정점

매시 40km의 속도에서 정 25%점과 부 10%점에서 정상판정여부를 확인할 것. 다만, 판정점 기억방식은 판정기준값 설정상태의 적합성 확인으로 이에 갈음할 수 있다.

(3) 구조·장치의 작동상태

각 구조·장치의 작동상태가 검사기준에 적합한지의 여부를 확인할 것

마. 택시미터주행검사기

(1) 지시계 : 기준기로 기본거리 및 이후거리에 해당하는 펄스값을 주행검사기에 부여하여 지시값을 확인할 것

(2) 판정장치 : 기준기로 거리의 허용차(수리검정 0～4%, 사용검정 -1～+5%)에 해당하는 펄스값을 부여하여 판정여부를 확인할 것

(3) 각 구조·장치의 작동상태가 검사기준에 적합한지의 여부를 감각기관으로 확인 할 것

바. 가스누출감지기

(1) 표준가스를 사용하여 감지기능의 정상작동 여부를 확인할 것

(2) 각 구조·장치의 작동상태가 검사기준에 적합한지의 여부를 감각기관으로 확인 할 것

제69조 (정밀도검사의 신청 등)

① 제68조의 규정에 의하여 정밀도검사를 받고자 하는 자는 검사를 받고자 하는 날의 1일전까지 별지 제42호서식의 기계 · 기구(최초 · 정기 · 구조변경)정밀도검사신청서에 다음 각호의 서류를 첨부하여 한국교통안전공단에 제출하여야 한다. 다만, 한국교통안전공단이 정비연합회와 협의하여 검사예정일을 정하여 이를 통보한 경우에는 검사예정일까지 신청서 및 첨부서류를 제출할 수 있으며, 정밀도검사를 받고자 하는 기계 · 기구가 이미 정밀도검사를 받은 기계 · 기구와 구조장치가 동일한 제원인 경우에는 첨부서류를 생략할 수 있다. <개정 1998. 5. 26., 1999. 12. 31., 2017. 10. 26., 2019. 4. 23.>

1. 주요제원에 관한 서류(최초정밀도검사 및 구조변경정밀도검사를 신청하는 경우에 한한다)
2. 주요구조 및 장치에 관한 도면(최초정밀도검사 및 구조변경정밀도검사를 신청하는 경우에 한한다)
3. 사용방법 및 교정에 관한 설명서(최초정밀도검사 및 구조변경정밀도검사를 신청하는 경우에 한한다)
4. 변경된 내용(구조변경정밀도검사를 신청하는 경우에 한한다)

② 한국교통안전공단은 제1항 본문의 규정에 의하여 기계 · 기구의 정밀도검사신청을 받은 때에는 검사예정일을 신청인에게 통보하여야 한다. <개정 1999. 12. 31., 2019. 4. 23.>

③ 제68조제3항 단서의 규정(천재지변의 경우를 제외한다)에 의하여 정밀도검사기간의 조정을 받고자 하는 기계 · 기구의 사용자는 당해기계 · 기구의 검사예정일이 경과하기 전까지 별지 제43호서식의 기계 · 기구정밀도검사기간조정신청서에 그 사유를 증명하는 서류를 첨부하여 시 · 도지사에게 제출하여야 한다. 이 경우 시 · 도지사는 정밀도검사기간의 조정을 한 때에는 당해기계 · 기구의 사용자 및 한국교통안전공단에 그 사실을 통보하여야 한다. <개정 1998. 5. 26., 1999. 12. 31., 2019. 4. 23.>

④ 제1항의 규정에 의한 정밀도검사신청을 받은 한국교통안전공단은 제68조제5항의 규정에 의한 기준에의 적합여부를 검사하여 그 결과를 신청인에게는 지체 없이 통지하고, 시 · 도지사에게는 적합하지 아니하다고 인정되는 경우에는 지체 없이 그 결과를 보고하고, 적합하다고 인정되는 경우에는 검사한 날이 속하는 달의 다음달 15일까지 그 결과를 보고하여야 하며, 기계 · 기구의 사용자는 한국교통안전공단이 최초정밀도검사결과 적합하다고 인정하여 발급한 별표 13의 기계 · 기구정밀도검사합격표를 해당 기계 · 기구의 보기 쉬운 곳에 부착 · 관리하여야 한다. <개정 1998. 5. 26., 1999. 12. 31., 2003. 1. 2., 2010. 2. 18., 2019. 4. 23.>

■ 자동차관리법 시행규칙 [별표 13] <개정 2019. 4. 23.>

기계 · 기구의 정밀도검사 합격표(제69조제4항 관련)

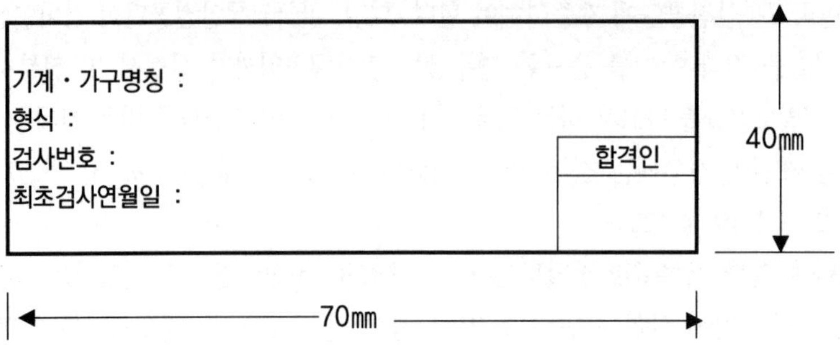

※ 비고
1. 재질 : 알미늄판 또는 동판
2. 글자의 표기는 지워지지 아니하는 인쇄 또는 각인
3. 합격인 : 직경 15㎜인 원형인("합"자 각인)

4. 기계 · 기구의 명칭은 다음 약호를 사용할 수 있다.
 가. AT : 사이드슬립측정기
 나. BT : 제동시험기
 다. ST : 속도계시험기
 라. HT : 전조등시험기
 마. BST : BT와 ST의 복합기기
 바. GT : 가스누출감지기
 사. TT : 택시미터주행검사기

⑤ 정밀도검사를 받지 아니하거나 정밀도검사에 불합격한 기계 · 기구는 이를 사용할 수 없다.

제2절 삭제 〈1999. 12. 31.〉

제70조 삭제 〈1999. 12. 31.〉

제71조 삭제 〈1999. 12. 31.〉

제72조 삭제 〈1999. 12. 31.〉

제11장 자동차의 검사 및 검사대행자의 지정 등

제1절 자동차의 검사

제73조 (자동차의 검사기준 및 방법)

법 제43조제1항의 규정에 의한 자동차의 검사는 자동차검사대행자 및 법 제45조제1항의 규정에 의한 지정정비사업자(이하 "지정정비사업자"라 한다)가 시설・장비・기술인력 및 기타 필요한 설비를 갖춘 곳(이하 "자동차검사시설"이라 한다)에서 실시하며, 검사기준 및 방법은 별표 15와 같다. 다만, 국토교통부장관은 자동차검사대행자로 하여금 다음 각호의 지역에 대하여 국토교통부장관이 정하는 방법에 의하여 자동차의 출장검사(이동식 검사장비에 의한 검사를 포함한다. 이하 같다)를 하게 할 수 있다. <개정 2008. 3. 14., 2010. 2. 18., 2013. 3. 23.>

1. 섬지역(제주도 및 육지와 연결된 섬을 제외한다)
2. 자동차검사대행자의 자동차검사시설(이하 "자동차검사소"라 한다)로부터 멀리 떨어지거나 자동차검사소가 부족하여 출장검사가 필요하다고 인정하는 지역

■ 자동차관리법 시행규칙 [별표 15] 〈개정 2023. 8. 11.〉

자동차검사기준 및 방법(제73조 관련)

1. 일반기준 및 방법
   가. 자동차의 검사항목 중 제원측정은 공차(空車)상태에서 시행하며 그 외의 항목은 공차상태에서 운전자 1명이 승차하여 시행한다. 다만, 긴급자동차 등 부득이한 사유가 있는 경우 또는 적재물의 중량이 차량중량의 20퍼센트 이내인 경우에는 적차(積車)상태에서 검사를 시행할 수 있다.
   나. 자동차의 검사는 이 표에서 정하는 검사방법에 따라 검사기기・계측기・감각기관 또는 서류확인 등에 의하여 시행하여야 한다. 다만, 자동차의 상태 등을 고려하여 감각기관・서류 등으로 식별하는 것이 적합하다고 판단되는 다음의 경우에는 검사기기 또는 계측기에 의한 검사를 생략할 수 있다.
      1) 자동차의 제원측정 시 구조 및 제원이 자동차등록증, 자기인증(제원표) 또는 튜닝승인 내용과 변동이 없는 경우
      2) 타이어 요철형 무늬의 깊이, 배기관의 열림 방향, 경적음, 배기소음 및 타이어공기압이 안전기준에 적합하다고 인정되는 경우
      3) 삭제 <2021. 10. 14.>
      4) 「소방기본법」, 「계량에 관한 법률」이나 그 밖의 다른 법령의 적용을 받는 부분에 대하여 관계서류를 제시할 때 그 항목을 확인하는 경우
      5) 검사시설이 없는 지역의 출장검사인 경우
      6) 특수한 구조로 검차장의 출입이나 검사기기로 측정이 곤란한 자동차인 경우
      7) 전자제어장치 등의 장치가 없거나 전자장치진단기와 통신이 되지 아니하여 각종 센서를 진단할 수 없는 경우

2. 신규검사 및 정기검사

가. 비사업용 자동차

항목	검사 기준	검사 방법
1) 동일성 확인	자동차의 표기와 등록번호판이 자동차등록증에 기재된 차대번호·원동기형식 및 등록번호가 일치하고, 등록번호판 및 봉인의 상태가 양호할 것	자동차의 차대번호 및 원동기 형식의 표기 확인 등록번호판 및 봉인상태 확인
2) 제원측정	제원표에 기재된 제원과 동일하고, 제원이 안전기준에 적합할 것	길이·너비·높이·최저지상고, 뒤 오우버행(뒤차축중심부터 차체후단까지의 거리) 및 중량을 계측기로 측정하고 제원허용차의 초과 여부 확인
3) 원동기	가) 시동상태에서 심한 진동 및 이상음이 없을 것	공회전 또는 무부하 급가속상태에서 진동·소음 확인
	나) 원동기의 설치상태가 확실할 것	원동기 설치상태 확인
	다) 점화·충전·시동장치의 작동에 이상이 없을 것	점화·충전·시동장치의 작동상태 확인
3) 원동기	라) 윤활유 계통에서 윤활유의 누출이 없고, 유량이 적정할 것	윤활유 계통의 누유 및 유량 확인
	마) 팬벨트 및 방열기 등 냉각 계통의 손상이 없고 냉각수의 누출이 없을 것	냉각계통의 손상 여부 및 냉각수의 누출 여부 확인
4) 동력 전달장치	가) 손상·변형 및 누유가 없을 것	변속기의 작동 및 누유 여부 확인 추진축 및 연결부의 손상·변형 여부 확인
	나) 클러치 페달 유격이 적정하고, 자동변속기 선택레버의 작동상태 및 현재 위치와 표시가 일치할 것	클러치 페달 유격 적정 여부, 자동변속기 선택레버의 작동상태 및 위치표시 확인
5) 주행장치	가) 차축의 외관, 휠 및 타이어의 손상·변형 및 돌출이 없고, 수나사 및 암나사가 견고하게 조여 있을 것	차축의 외관, 휠 및 타이어의 손상·변형 및 돌출 여부 확인 수나사·암나사의 조임 상태 확인
	나) 타이어 요철형 무늬의 깊이는 안전기준에 적합하여야 하며, 타이어 공기압이 적정할 것	타이어 요철형 무늬의 깊이 및 공기압을 계측기로 확인
	다) 흙받이 및 휠하우스가 정상적으로 설치되어 있을 것	흙받이 및 휠하우스 설치상태 확인
	라) 가변축 승강조작장치 및 압력조절장치의 설치위치는 안전기준에 적합할 것	가변축 승강조작장치 및 압력 조절장치의 설치위치 및 상태 확인
6) 조종장치	조종장치의 작동상태가 정상일 것	시동·가속·클러치·변속·제동·등화·경음·창닦이기·세정액분사장치 등 조종장치의 작동 확인
7) 조향장치	가) 조향바퀴 옆미끄럼량은 1미터 주행에 5밀리미터 이내일 것	조향핸들에 힘을 가하지 아니한 상태에서 사이드슬립측정기의 답판 위를 직진할 때 조향바퀴의 옆미끄럼량을 사이드슬립측정기로 측정
	나) 조향 계통의 변형·느슨함 및 누유가 없을 것	기어박스·로드암·파워실린더·너클 등의 설치상태 및 누유 여부 확인
	다) 동력조향 작동유의 유량이 적정할 것	동력조향 작동유의 유량 확인

항목	검사 기준	검사 방법
8) 제동장치	가) 제동력 (1) 모든 축의 제동력의 합이 공차중량의 50퍼센트 이상이고 각축의 제동력은 해당 축하중의 50퍼센트(뒤축의 제동력은 해당 축하중의 20퍼센트) 이상일 것 (2) 동일 차축의 좌·우 차바퀴 제동력의 차이는 해당 축하중의 8퍼센트 이내일 것 (3) 주차제동력의 합은 차량 중량의 20퍼센트 이상일 것	주제동장치 및 주차제동장치의 제동력을 제동시험기로 측정
	나) 제동계통 장치의 설치상태가 견고하여야 하고, 손상 및 마멸된 부위가 없어야 하며,오일이 누출되지 아니하고 유량이 적정할 것	제동계통 장치의 설치상태 및 오일 등의 누출 여부 및 브레이크 오일량이 적정한지 여부 확인
	다) 제동력 복원상태는 3초 이내에 해당 축하중의 20퍼센트 이하로 감소될 것	주제동장치의 복원상태를 제동시험기로 측정
8) 제동장치	라) 피견인자동차 중 안전기준에서 정하고 있는 자동차는 제동장치 분리 시 자동으로 정지가 되어야 하며, 주차브레이크 및 비상브레이크 작동상태 및 설치상태가 정상일 것	피견인자동차의 제동공기라인 분리 시 자동 정지 여부, 주차 및 비상브레이크 작동 및 설치상태 등 확인
9) 완충장치	가) 균열·절손 및 오일 등의 누출이 없을 것	스프링·쇼크업소버의 손상 및 오일 등의 누출 여부 확인
	나) 부식·절손 등으로 판스프링의 변형이 없을 것	판스프링의 설치상태 확인
10) 연료장치	작동상태가 원활하고 파이프·호스의 손상·변형·부식 및 연료누출이 없을 것	가) 연료장치의 작동상태, 손상·변형·부식 및 조속기 봉인상태 확인 나) 가스를 연료로 사용하는 자동차는 가스누출감지기로 연료누출 여부 확인 및 가스저장용기의 부식상태 확인 다) 연료의 누출여부 확인(연료탱크의 주입구 및 가스배출구로의 자동차의 움직임에 의한 연료누출 여부 포함)
11) 전기 및 전자장치	가) 전기장치 (1) 축전지의 접속·절연 및 설치상태가 양호할 것 (2) 전기배선의 손상이 없고 설치상태가 양호할 것	가) 축전지와 연결된 전기배선 접속단자의 흔들림 여부 확인 나) 전기배선의 손상·절연 여부 및 설치상태를 육안으로 확인
	나) 고전원전기장치 (1) 고전원전기장치의 접속·절연 및 설치상태가 양호할	가) 고전원전기장치(구동축전지, 전력변환장치, 구동전동기, 충전접속구 등)의 설치상태, 전기배선 접속단자의 접속·절연상태 등을 맨눈으로 확인
	(2) 고전원 전기배선의 손상이 없고 설치상태가 양호할 것	나) 구동축전지와 전력변환장치, 전력변환장치와 구동전동기, 전력변환장치와 충전접속구 사이의 고전원 전기배선의 절연 피복 손상 또는 활선 도체부의 노출여부를 맨눈으로 확인
	(3) 구동축전지는 차실과 벽 또는 보호판으로 격리되는 구조일 것	다) 구동축전지와 차실 사이가 벽 또는 보호판 등으로 격리여부 확인

항목	검사 기준	검사 방법
	(4) 차실 내부 및 차체 외부에 노출되는 고전원전기장치간 전기배선은금속 또는 플라스틱 재질의 보호기구를 설치할 것	라) 맨눈으로 확인이 가능한 고전원 전기배선 보호기구의 고정, 깨짐, 손상 여부 등을 확인
	(5) 「자동차 및 자동차부품의 성능과 기준에 관한 규칙」 별표 5 제1호가목에 따른 고전원전기장치 활선도체부의 보호기구는 공구를 사용하지 않으면 개방·분해 및 제거되지 않는 구조일 것	마) 고전원전기장치 활선도체부의 보호기구 체결상태 및 공구를 사용하지 않고 개방·분해 및 제거 가능 여부 확인. 다만, 차실, 벽, 보호판 등으로 격리된 경우 생략 가능
	(6) 고전원전기장치의 외부 또는 보호기구에는 「자동차 및 자동차부품의 성능과 기준에 관한 규칙」 별표 5 제4호에 따른 경고표시가 되어 있을 것	바) 고전원전기장치의 외부 또는 보호기구에 부착 또는 표시된 경고표시의 모양 및 식별가능성 여부를 맨눈으로 확인
	(7) 고전원전기장치 간 전기배선(보호기구 내부에 위치하는 경우는 제외한다)의 피복은 주황색일 것	사) 맨눈으로 확인 가능한 구동축전지와 전력변환장치, 전력변환장치와 구동전동기, 전력변환장치와 충전접속구에 사용되는 전기배선의 색상이 주황색인지 여부 확인
	(8) 전기자동차 충전접속구의 활선도체부와 차체 사이의 절연저항은 최소 1MΩ 이상일 것	아) 절연저항시험기를 이용하여 충전접속구 각각의 활선도체부(+극 및 -극)와 차체 사이에 충전전압 이상의 시험전압을 인가하여 절연저항 측정
11) 전기 및 전자장치	(9) 구동축전지, 전력변환장치, 구동전동기, 연료전지 등 고전원전기장치의 절연상태가 양호할 것	자) 전자장치진단기로 고전원전기장치의 절연저항 관련 고장진단코드를 확인. 다만, 전자장치진단기로 진단되지 않는 경우에는 계기장치의 고장경고등 점등여부 확인
	(10) 구동축전지, 전력변환장치, 구동전동기, 연료전지 등 고전원전기장치의 작동에 이상이 없을 것	차) 전자장치진단기로 고전원전기장치의 고장진단코드를 확인. 다만, 전자장치진단기로 진단되지 않는 경우에는 계기장치의 고장경고등 점등여부 확인
	다) 전자장치 (1) 원동기 전자제어 장치가 정상적으로 작동할 것 (2) 바퀴잠김방지식 제동장치, 구동력제어장치, 전자식차동제한장치, 차체자세제어장치, 에어백, 순항제어장치, 차로이탈경고장치 및 비상자동제동장치 등 안전운전 보조 장치가 정상적으로 작동할 것	가) 전자장치진단기로 각종 센서의 정상 작동 여부를 확인. 다만, 차로이탈경고장치가 전자장치진단기로 진단되지 않는 경우에는 맨눈으로 설치 여부 확인
	(3) 저소음자동차의 경고음발생장치가 정상적으로 작동할 것	나) 전자장치진단기로 경고음발생장치의 고장진단코드를 확인. 다만, 전자장치진단기로 진단되지 않는 경우에는 주행상태에서 경고음 발생 여부 확인
	(4) 후방보행자 안전장치가 정상적으로 작동할 것	다) 후방보행자 안전장치의 작동상태 확인

항목	검사 기준	검사 방법
12) 차체 및 차대	가) 차체 및 차대의 부식·절손 등으로 차체 및 차대의 변형이 없을 것	차체 및 차대의 부식 및 부착물의 설치상태 확인
	나) 후부안전판 및 측면보호대의 손상·변형이 없을 것	후부안전판 및 측면보호대의 설치상태 확인
	다) 최대적재량의 표시가 자동차등록증에 기재되어 있는 것과 일치할 것	최대적재량(탱크로리는 최대적재량·최대적재용량 및 적재품명) 표시 확인
	라) 차체에는 예리하게 각이 지거나 돌출된 부분이 없을 것	차체의 외관 확인
	마) 어린이운송용 승합자동차의 색상 및 보호표지는 안전기준에 적합할 것	차체의 색상 및 보호표지 설치 상태 확인
13) 연결장치 및 견인장치	가) 변형 및 손상이 없을 것	커플러 및 킹핀의 변형 여부 확인
	나) 차량 총중량 0.75톤 이하 피견인자동차의 보조연결장치가 견고하게 설치되어 있을 것	보조연결장치 설치상태 확인
14) 승차장치	가) 안전기준에서 정하고 있는 좌석·승강구·조명·통로·좌석안전띠 및 비상구 등의 설치상태가 견고하고, 파손되어 있지 아니하며 좌석수의 증감이 없을 것	좌석·승강구·조명·통로·좌석안전띠 및 비상구 등의 설치상태와 비상탈출용 장비의 설치상태 확인
	나) 머리지지대가 설치되어 있을 것	승용자동차 및 경형·소형 승합자동차의 앞좌석(중간좌석 제외)에 머리지지대의 설치 여부 확인
	다) 어린이운송용 승합자동차의 승강구가 안전기준에 적합할 것	승강구 설치상태 및 규격 확인
15) 물품적재 장치	가) 적재함 바닥면의 부식으로 인한 변형이 없을 것 나) 적재량의 증가를 위한 적재함의 개조가 없을 것 다) 물품적재장치의 안전잠금장치가 견고할 것 라) 청소용 자동차등 안전기준에서 정하고 있는 차량에는 덮개가 설치되어 있어야 하고, 설치상태가 양호할 것	가) 물품의 적재장치 및 안전시설 상태 확인(변경된 경우 계측기 등으로 측정) 나) 청소용 자동차등 안전기준에서 정하고 있는 차량의 덮개 설치여부를 확인
16) 창유리	가) 접합유리 및 안전유리로 표시된 것일 것	유리(접합·안전)규격품 사용여부 확인
	나) 「자동차 및 자동차부품의 성능과 기준에 관한 규칙」 제94조제3항에 따른 어린이운송용 승합자동차의 모든 창유리의 가시광선 투과율 기준에 적합할 것	창유리의 가시광선 투과율을가시광선투과율 측정기로 측정하거나 선팅 여부를 맨눈으로 확인
17) 배기가스 발산 방지 및 소음 방지장치	가) 배기소음 및 배기가스농도는 운행차 허용기준에 적합할 것	배기소음 및 배기가스농도를 측정기로 측정
	나) 배기관·소음기·촉매장치의 손상·변형·부식이 없을 것	배기관·촉매장치·소음기의 변형 및 배기계통에서의 배기가스누출 여부 확인
	다) 측정결과에 영향을 줄 수 있는 구조가 아닐 것	측정결과에 영향을 줄 수 있는 장치의 훼손 또는 조작 여부 확인

항목	검사 기준	검사 방법
18) 등화장치	가) 변환빔의 광도는 3천칸델라 이상일 것	좌·우측 전조등(변환빔)의 광도와 광도점을 전조등시험기로 측정하여 광도점의 광도 확인
	나) 변환빔의 진폭은 10미터 위치에서 다음 수치 이내일 것 설치높이 ≤ 1.0m / 설치 높이 〉 1.0m -0.5%~-2.5% / -1.0%~-3.0%	좌·우측 전조등(변환빔)의 컷오프선 및 꼭지점의 위치를 전조등시험기로 측정하여 컷오프선의 적정 여부 확인
	다) 컷오프선의 꺾임점(각)이 있는 경우 꺾임점의 연장선은 우측 상향일 것	변환빔의 컷오프선, 꺾임점(각), 설치상태 및 손상여부 등 안전기준 적합 여부를 확인
	라) 정위치에 견고히 부착되어 작동에 이상이 없고, 손상이 없어야 하며, 등광색이 안전 기준에 적합할 것	전조등·방향지시등·번호등·제동등·후퇴등·차폭등·후미등·안개등 및 비상점멸표시등과 그 밖의 등화장치의 점등·등광색 및 설치상태 확인
	마) 후부반사기 및 후부반사판의 설치상태가 안전기준에 적합할 것	후부반사기 및 후부반사판의 설치상태 확인
	바) 어린이운송용 승합자동차에 설치된 표시 등이 안전기준에 적합할 것	표시등 설치 및 작동상태 확인
	사) 안전기준에서 정하지 아니한 등화 및 안전기준에서 금지한 등화가 없을 것	안전기준에 위배되는 등화설치 여부 확인
19) 경음기 및 경보장치	경음기의 음색이 동일하고, 경적음·싸이렌음의 크기는 안전기준상 허용기준 범위 이내일 것	경적음이 동일한 음색인지 확인 경적음 및 싸이렌음의 크기를 소음측정기로 확인(경보장치는 신규검사로 한정함)
20) 시야확보 장치	가) 후사경은 좌·우 및 뒤쪽의 상황을 확인할 수 있고, 돌출거리가 안전기준에 적합할 것	후사경 설치상태 확인
	나) 창닦이기 및 세정액 분사장치는 기능이 정상적일 것	창닦이기 및 세정액 분사장치의 작동 및 설치상태 확인
	다) 어린이운송용 승합자동차에는 광각 실외후사경이 설치되어 있을 것	광각 실외후사경 설치 여부 확인
21) 계기장치	가) 모든 계기가 설치되어 있을 것	계기장치의 설치 여부 확인
	나) 속도계의 지시오차는 정 25%, 부 10% 이내일 것	매시 40km의 속도에서 자동차속도계의 지시오차를 속도계시험기로 측정
	다) 최고속도제한장치, 운행기록장치 및 주행기록계의 설치 및 작동상태가 양호할 것	최고속도제한장치, 운행기록장치 및 주행기록계의 설치상태 및 정상작동 여부 확인
22) 소화기 및 방화장치	소화기가 설치위치에 설치되어 있을 것	소화기의 설치 여부 확인
23) 내압용기	용기 등이 관련 법령에 적합하고 견고하게 설치되어 있으며, 용기의 변형이 없고 사용연한 이내 일 것	용기 등이 「자동차관리법」에 따른 합격품인지 여부, 설치상태 및 변형·손상 여부 및 사용연한 확인
24) 기타	어린이운송용 승합자동차의 색상 및 보호표지 등 그 밖의 구조 및 장치가 안전기준 및 국토교통부장관이 정하는 기준에 적합할 것	그 밖의 구조 및 장치가 안전기준 및 국토교통부장관이 정하는 기준에 적합한지를 확인

나. 사업용자동차

항목	검사 기준	검사 방법
1) 동일성 확인	자동차의 표기와 등록번호판이 자동차등록증에 기재된 차대번호·원동기형식 및 등록번호가 일치하고, 등록번호판 및 봉인의 상태가 양호할 것	자동차의 차대번호 및 원동기 형식의 표기 확인 등록번호판 및 봉인상태 확인
2) 제원측정	제원표에 기재된 제원과 동일하고, 제원이 안전기준에 적합할 것	길이·너비·높이·최저지상고, 뒤 오우버행(뒤차축중심부터 차체후단까지의 거리) 및 중량을 계측기로 측정하고 제원허용차의 초과 여부 확인
3) 원동기	가) 시동상태에서 심한 진동 및 이상음이 없을 것	공회전 또는 무부하 급가속상태에서 진동·소음 확인
	나) 원동기의 설치상태가 확실할 것	원동기 설치상태 확인
	다) 점화·충전·시동장치의 작동에 이상이 없을 것	점화·충전·시동장치의 작동상태 확인
	라) 윤활유 계통에서 윤활유의 누출이 없고, 유량이 적정할 것	윤활유 계통의 누유 및 유량확인
	마) 팬벨트 및 방열기 등 냉각 계통의 손상이 없고 냉각수의 누출이 없을 것	냉각 계통의 손상 여부 및 냉각수의 누출 여부 확인
4) 동력 전달장치	가) 손상·변형 및 누유가 없을 것	변속기의 작동 및 누유 여부 확인 추진축 및 연결부의 손상·변형 여부 확인
	나) 클러치 페달 유격이 적정하고, 자동변속기 선택레버의 작동상태 및 현재 위치와 표시가 일치할 것	클러치 페달 유격 적정 여부, 자동변속기 선택레버의 작동상태 및 위치표시 확인
5) 주행장치	가) 차축의 외관, 휠 및 타이어의 손상·변형 및 돌출이 없고, 수나사 및 암나사가 견고하게 조여 있을 것	차축의 외관, 휠 및 타이어의 손상·변형 및 돌출 여부 확인 수나사·암나사의 조임 상태 확인
	나) 타이어 요철형 무늬의 깊이는 안전기준에 적합하여야 하며, 타이어 공기압이 적정할 것	타이어 요철형 무늬 깊이 및 공기압을 계측기로 확인
	다) 흙받이 및 휠하우스가 정상적으로 설치되어 있을 것	흙받이 및 휠하우스 설치상태 확인
	라) 가변축 승강조작장치 및 압력조절장치의 설치위치는 안전기준에 적합할 것	가변축 승강조작장치 및 압력 조절장치의 설치위치 및 상태 확인
	마) 여객자동차운송사업용 버스의 앞바퀴에는 재생타이어를 사용하지 아니할 것	재생타이어 장착 여부 확인
	바) 시외우등고속버스, 시외고속버스 및 시외직행버스의 앞바퀴는 튜브가 없는 타이어(Tubeless Tire)를 사용할 것	튜브가 없는 타이어(Tubeless Tire)의 장착 여부 확인
6) 조종장치	조종장치의 작동상태가 정상일 것	시동·가속·클러치·변속·제동·등화·경음·창닦이기·세정액분사장치 등 조종장치의 작동 확인
7) 조향장치	가) 조향바퀴 옆미끄럼량은 1m 주행에 5㎜ 이내일 것	조향핸들에 힘을 가하지 아니한 상태에서 사이드슬립측정기의 답판 위를 직진할 때 조향바퀴의 옆미끄럼량을 사이드슬립측정기로 측정
	나) 조향계통의 변형·느슨함 및 누유가 없을 것	기어박스·로드암·파워실린더·너클 등의 설치상태 및 누유 여부 확인

항목	검사 기준	검사 방법
7) 조향장치	다) 동력조향 작동유의 유량이 적정할 것	동력조향 작동유의 유량 확인
8) 제동장치	가) 제동력 (1) 모든 축의 제동력의 합이 공차중량의 50% 이상이고 각축의 제동력은 해당 축하중의 50%(뒤축의 제동력은 해당 축하중의 20%) 이상일 것 (2) 동일 차축의 좌·우 차바퀴 제동력의 차이는 해당 축하중의 8% 이내일 것 (3) 주차제동력의 합은 차량 중량의 20% 이상일 것	주제동장치 및 주차제동장치의 제동력을 제동시험기로 측정
	나) 제동계통 장치의 설치상태가 견고하여야 하고, 손상 및 마멸된 부위가 없어야 하며, 오일이 누출되지 아니하고 유량이 적정할 것	제동계통 장치의 설치상태 및 오일 등의 누출 여부 및 브레이크 오일량이 적정한지 여부 확인
	다) 제동력 복원상태는 3초 이내에 해당 축하중의 20% 이하로 감소될 것	주제동장치의 복원상태를 제동시험기로 측정
	라) 피견인자동차 중 안전기준에서 정하고 있는 자동차는 제동장치 분리 시 자동으로 정지가 되어야 하며, 주차브레이크 및 비상브레이크 작동상태 및 설치상태가 정상일 것	피견인자동차의 제동공기라인 분리 시 자동 정지 여부, 주차 및 비상브레이크 작동 및 설치상태 등 확인
	마) 드럼과 라이닝(또는 디스크와 패드)의 간격 및 마모상태가 정상일 것	점검구 등을 통하여 확인. 다만, 점검구 또는 감각기관으로 드럼과 라이닝(또는 디스크와 패드)의 간격 및 마모상태 확인이 곤란한 차량의 경우에는 제동력 검사로 갈음할 수 있다.
9) 완충장치	가) 균열·절손 및 오일 등의 누출이 없을 것	스프링·쇼크업소버의 손상 및 오일 등의 누출 여부 확인
	나) 부식·절손 등으로 판스프링의 변형이 없을 것	판스프링의 설치상태 확인
10) 연료장치	작동상태가 원활하고 파이프·호스의 손상·변형·부식 및 연료누출이 없을 것	가) 연료장치의 작동상태, 손상·변형·부식 및 조속기 봉인상태 확인 나) 가스를 연료로 사용하는 자동차는 가스누출감지기로 연료누출 여부 확인 및 가스저장용기의 부식상태 확인 다) 연료의 누출 여부 확인(연료탱크의 주입구 및 가스배출구로의 자동차의 움직임에 의한 연료누출 여부포함)
11) 전기 및 전자장치	나) 고전원전기장치 (1) 고전원전기장치의 접속·절연 및 설치상태가 양호할 것	가) 고전원전기장치(구동축전지, 전력변환장치, 구동전동기, 충전접속구 등)의 설치상태, 전기배선 접속단자의 접속·절연상태 등을 맨눈으로 확인
	(2) 고전원 전기배선의 손상이 없고 설치상태가 양호할 것	나) 구동축전지와 전력변환장치, 전력변환장치와 구동전동기, 전력변환장치와 충전접속구 사이의 고전원 전기배선의 절연 피복 손상 또는 활선 도체부의 노출여부를 맨눈으로 확인
	(3) 구동축전지는 차실과 벽 또는 보호판으로 격리되는 구조일 것	다) 구동축전지와 차실 사이가 벽 또는 보호판 등으로 격리여부 확인

항목	검사 기준	검사 방법
11) 전기 및 전자장치	(4) 차실 내부 및 차체 외부에 노출되는 고전원전기장치간 전기배선은 금속 또는 플라스틱 재질의 보호기구를 설치할 것	라) 맨눈으로 확인이 가능한 고전원 전기배선 보호기구의 고정, 깨짐, 손상 여부 등을 확인
	(5) 「자동차 및 자동차부품의 성능과 기준에 관한 규칙」 별표 5 제1호가목에 따른 고전원전기장치 활선도체부의 보호기구는 공구를 사용하지 않으면 개방·분해 및 제거되지 않는 구조일 것	마) 고전원전기장치 활선도체부의 보호기구 체결상태 및 공구를 사용하지 않고 개방·분해 및 제거 가능 여부 확인. 다만, 차실, 벽, 보호판 등으로 격리된 경우 생략 가능
	(6) 고전원전기장치의 외부 또는 보호기구에는 「자동차 및 자동차부품의 성능과 기준에 관한 규칙」 별표 5 제4호에 따른 경고표시가 되어 있을 것	바) 고전원전기장치의 외부 또는 보호기구에 부착 또는 표시된 경고표시의 모양 및 식별가능성 여부를 맨눈으로 확인
	(7) 고전원전기장치 간 전기배선(보호기구 내부에 위치하는 경우는 제외한다)의 피복은 주황색일 것	사) 육안으로 확인 가능한 구동축전지와 전력변환장치, 전력변환장치와 구동전동기, 전력변환장치와 충전접속구에 사용되는 전기배선의 색상이 주황색인지 여부 확인
	(8) 전기자동차 충전접속구의 활선도체부와 차체 사이의 절연저항은 최소 1MΩ 이상일 것	아) 절연저항시험기를 이용하여 충전접속구 각각의 활선도체부(+극 및 -극)와 차체 사이에 충전전압 이상의 시험전압을 인가하여 절연저항 측정
	(9) 구동축전지, 전력변환장치, 구동전동기, 연료전지 등 고전원전기장치의 절연상태가 양호할 것	자) 전자장치진단기로 고전원전기장치의 절연저항 관련 고장진단코드를 확인. 다만, 전자장치진단기로 진단되지 않는 경우에는 계기장치의 고장경고등 점등 여부 확인
	(10) 구동축전지, 전력변환장치, 구동전동기, 연료전지등 고전원전기장치의 작동에 이상이 없을 것	차) 전자장치진단기로 고전원전기장치의 고장진단코드를 확인. 다만, 전자장치진단기로 진단되지 않는 경우에는 계기장치의 고장경고등 점등여부 확인
	다) 전자장치 (1) 원동기 전자제어 장치가 정상적으로 작동할 것 (2) 바퀴잠김방지식 제동장치, 구동력제어장치, 전자식차동제한장치, 차체자세제어장치, 에어백, 순항제어장치, 차로이탈경고장치 및 비상자동제동장치 등 안전운전 보조 장치가 정상적으로 작동할 것	가) 전자장치진단기로 각종 센서의 정상 작동 여부를 확인. 다만, 차로이탈경고장치가 전자장치진단기로 진단되지 않는 경우에는 맨눈으로 설치 여부 확인
	(3) 저소음자동차의 경고음발생장치가 정상적으로 작동할 것	나) 전자장치진단기로 경고음발생장치의 고장진단코드를 확인. 다만, 전자장치진단기로 진단되지 않는 경우에는 주행상태에서 경고음 발생 여부 확인
	(4) 후방보행자 안전장치가 정상적으로 작동할 것	다) 후방보행자 안전장치의 작동상태 확인
12) 차체 및 차대	가) 차체 및 차대의 부식·절손 등으로 차체 및 차대의 변형이 없을 것	차체 및 차대의 부식 및 부착물의 설치상태 확인
	나) 후부안전판 및 측면보호대의 손상·변형이 없을 것	후부안전판 및 측면보호대의 설치상태 확인

항목	검사 기준	검사 방법
12) 차체 및 차대	다) 최대적재량의 표시가 자동차등록증에 기재되어 있는 것과 일치할 것	최대적재량(탱크로리는 최대적재량·최대 적재용량 및 적재품명)표시 확인
	라) 차체에는 예리하게 각이 지거나 돌출된 부분이 없을 것	차체의 외관 확인
	마) 어린이운송용 승합자동차의 색상 및 보호표지는 안전기준에 적합할 것	차체의 색상 및 보호표지 설치 상태 확인
13) 연결장치 및 견인장치	가) 변형 및 손상이 없을 것	커플러 및 킹핀의 변형 여부 확인
	나) 차량 총중량 0.75톤 이하 피견인자동차의 보조연결장치가 견고하게 설치되어 있을 것	보조연결장치 설치상태 확인
14) 승차장치	가) 안전기준에서 정하고 있는 좌석·승강구·조명·통로·좌석안전띠 및 비상구 등의 설치상태가 견고하고, 파손되어 있지 아니하며 좌석수의 증감이 없을 것	좌석·승강구·조명·통로·좌석안전띠 및 비상구 등의 설치상태와 비상탈출용 장비의 설치상태 확인
	나) 머리지지대가 설치되어 있을 것	승용자동차 및 경형·소형승합자동차의 앞좌석(중간좌석 제외)에 머리지지대의 설치 여부 확인
	다) 어린이운송용 승합자동차의 승강구가 안전기준에 적합할 것	승강구 설치상태 및 규격 확인
	라) 입석손잡이가 규정대로 설치되어 있고 손상이 없을 것	입석손잡이 설치상태 확인
	마) 일반시외, 시내, 마을, 농어촌 버스의 승강구 안전장치 및 가속페달잠금장치의 작동이 정상적으로 작동할 것	일반시외, 시내, 마을, 농어촌 버스의 승강구 안전장치 및 가속페달잠금장치의 작동이 정상적으로 작동하는지 확인
	바) 승합자동차(15인 이하 제외)의 운전자의 좌석 뒤에는 승객석과 분리될 수 있는 보호봉 또는 칸막이벽시설을 설치되어 있을 것	승합자동차(15인 이하 제외)의 운전자의 좌석 뒤에는 승객석과 분리될 수 있는 보호봉 또는 칸막이벽시설을 설치되어 있는지 확인
15) 물품적재 장치	가) 적재함 바닥면의 부식으로 인한 변형이 없을 것 나) 적재량의 증가를 위한 적재함의 개조가 없을 것 다) 물품적재장치의 안전잠금장치가 견고할 것 라) 청소용 자동차등 안전기준에서 정하고 있는 차량에는 덮개가 설치되어 있어야 하고, 설치상태가 양호할 것	가) 물품의 적재장치 및 안전시설 상태 확인(변경된 경우 계측기 등으로 측정) 나) 청소용 자동차등 안전기준에서 정하고 있는 차량의 덮개 설치여부를 확인
16) 창유리	가) 접합유리 및 안전유리로 표시된 것일 것	유리(접합·안전)규격품 사용 여부 확인
	나) 「자동차 및 자동차부품의 성능과 기준에 관한 규칙」 제94조제3항에 따른 어린이운송용 승합자동차의 모든 창유리의 가시광선 투과율 기준에 적합할 것	창유리의 가시광선 투과율을가시광선투과율 측정기로 측정하거나 선팅 여부를 맨눈으로 확인
17) 배기가스 발산방지 및 소음방지 장치	가) 배기소음 및 배기가스농도는 운행차 허용기준에 적합할 것	배기소음 및 배기가스농도를 측정기로 측정

<table>
<tr><th>항목</th><th colspan="2">검사 기준</th><th>검사 방법</th></tr>
<tr><td rowspan="2">17) 배기가스 발산방지 및 소음방지장치</td><td colspan="2">나) 배기관·소음기·촉매장치의 손상·변형·부식이 없을 것</td><td>배기관·촉매장치·소음기의 변형 및 배기계통에서의 배기가스누출 여부 확인</td></tr>
<tr><td colspan="2">다) 측정결과에 영향을 줄 수 있는 구조가 아닐 것</td><td>측정결과에 영향을 줄 수 있는 장치의 훼손 또는 조작 여부확인</td></tr>
<tr><td rowspan="10">18) 등화장치</td><td colspan="2">가) 변환빔의 광도는 3천㏅ 이상일 것</td><td>좌·우측 전조등(변환빔)의 광도와 광도점을 전조등시험기로 측정하여 광도점의 광도 확인</td></tr>
<tr><td colspan="2">나) 변환빔의 진폭은 10미터 위치에서 다음 수치 이내일 것</td><td rowspan="3">좌·우측 전조등(변환빔)의 컷오프선 및 꼭지점의 위치를 전조등시험기로 측정하여 컷오프선의 적정 여부 확인</td></tr>
<tr><td>설치높이
≤ 1.0m</td><td>설치 높이
〉 1.0m</td></tr>
<tr><td>-0.5%
~-2.5%</td><td>-1.0%
~-3.0%</td></tr>
<tr><td colspan="2">다) 컷오프선의 꺾임점(각)이 있는 경우 꺾임점의 연장선은 우측 상향일 것</td><td>변환빔의 컷오프선, 꺾임점(각), 설치상태 및 손상여부 등 안전기준 적합 여부를 확인</td></tr>
<tr><td colspan="2">라) 정위치에 견고히 부착되어 작동에 이상이 없고, 손상이 없어야 하며, 등광색이 안전 기준에 적합할 것</td><td>전조등·방향지시등·번호등·제동등·후퇴등·차폭등·후미등·안개등 및 비상점멸표시등과 그 밖의 등화장치의 점등·등광색 및 설치상태 확인</td></tr>
<tr><td colspan="2">마) 후부반사기 및 후부반사판의 설치상태가 안전기준에 적합할 것</td><td>후부반사기 및 후부반사판의 설치상태 확인</td></tr>
<tr><td colspan="2">바) 어린이운송용 승합자동차에 설치된 표시 등이 안전기준에 적합할 것</td><td>표시등 설치 및 작동상태 확인</td></tr>
<tr><td colspan="2">사) 택시의 윗부분에 설치된 택시 안내 등이 정상적으로 작동할 것</td><td>택시의 윗부분에 설치된 택시 안내 등이 정상적으로 작동하는지 확인</td></tr>
<tr><td colspan="2">아) 안전기준에서 정하지 아니한 등화 및 안전 기준에서 금지한 등화가 없을 것</td><td>안전기준에 위배되는 등화설치 여부 확인</td></tr>
<tr><td>19) 경음기 및 경보장치</td><td colspan="2">경음기의 음색이 동일하고, 경적음·싸이렌음의 크기는 안전기준상 허용기준 범위 이내일 것</td><td>경적음이 동일한 음색인지 확인
경적음 및 싸이렌음의 크기를 소음측정기로 확인(경보장치는 신규검사로 한정함)</td></tr>
<tr><td rowspan="3">20) 시야확보 장치</td><td colspan="2">가) 후사경은 좌·우 및 뒤쪽의 상황을 확인할 수 있고, 돌출거리가 안전기준에 적합할 것</td><td>후사경 설치상태 확인</td></tr>
<tr><td colspan="2">나) 창닦이기 및 세정액 분사장치는 기능이 정상적일 것</td><td>창닦이기 및 세정액 분사장치의 작동 및 설치상태 확인</td></tr>
<tr><td colspan="2">다) 어린이운송용 승합자동차에는 광각 실외후사경이 설치되어 있을 것</td><td>광각 실외후사경 설치 여부 확인</td></tr>
<tr><td rowspan="3">21) 계기장치</td><td colspan="2">가) 모든 계기가 설치되어 있을 것</td><td>계기장치의 설치 여부 확인</td></tr>
<tr><td colspan="2">나) 속도계의 지시오차는 정 25%, 부 10% 이내일 것</td><td>매시 40㎞ 속도에서 자동차속도계의 지시오차를 속도계시험기로 측정</td></tr>
<tr><td colspan="2">다) 최고속도제한장치, 운행기록장치 및 주행기록계의 설치 및 작동상태가 양호할 것</td><td>최고속도제한장치, 운행기록장치 및 주행기록계의 설치상태 및 정상작동 여부 확인</td></tr>
<tr><td>22) 소화기 및방화장치</td><td colspan="2">소화기가 설치위치에 설치되어 있을 것</td><td>소화기의 설치 여부 확인</td></tr>
</table>

항목	검사 기준	검사 방법
23) 내압용기	용기 등이 관련 법령에 적합하고 견고하게 설치되어 있으며, 용기의 변형이 없고 사용연한 이내일 것	용기 등이 「자동차관리법」에 따른 합격품인지 여부, 설치상태 및 변형·손상 여부 및 사용연한 확인
24) 기타	어린이운송용 승합자동차의 색상 및 보호표지 등 그 밖의 구조 및 장치가 안전기준 및 국토교통부장관이 정하는 기준에 적합할 것	그 밖의 구조 및 장치가 안전기준 및 국토교통부장관이 정하는 기준에 적합한지를 확인

3. 튜닝검사

가. 법 제34조에 따른 자동차 튜닝과 관련된 검사항목(튜닝승인 내용대로 변경하였는지 등)은 신규검사의 기준 및 방법에 따라 실시한다. 다만, 「자동차안전기준에 관한 규칙」 제6조 및 제8조에 따른 자동차의 중량 측정 및 최대안전경사각도의 측정은 필요한 경우만 실시한다.

나. 법 제2조제4호의2에 따른 내압용기(액화석유가스를 사용하는 내압용기는 제외한다)를 설치하거나 교체하는 경우에는 국토교통부장관이 정하는 바에 따라 내압용기장착검사를 추가로 시행한다.

다. 고전원전기장치가 장착된 자동차(전기자동차, 하이브리드자동차 및 연료전지자동차를 포함한다)로 튜닝하려는 경우에는 가목에 따른 검사 외에 다음의 검사를 추가로 실시하여야 한다.

항목	검사 기준	검사 방법
1) 고전원전기장치의 활선도체부의 직접 접촉가능 여부 확인	차실내부 또는 수화물 공간의 활선도체부는 철사 접근방지 보호등급(IPXXD) 접근 시 직접 접촉되지 말아야 하며, 그 외의 공간 및 고전압회로 차단장치는 손가락 접근방지 보호등급IPXXB) 접근 시 직접 접촉되지 않을 것	손가락 접근방지 보호등급(IPXXB) 및 철사 접근방지 보호등급(IPXXD) 시험방법을 적용하여 통전(通電) 여부 확인. 다만, 통전 여부의 확인을 위하여 일부 부품을 개방·분해·제거가 필요한 경우는 제외
2) 고전원전기장치의 절연저항 확인	고전원전기장치의 활선도체부와 차체 사이의 절연저항은 100Ω/V(DC), 500Ω/V(AC) 이상일 것	절연저항시험기를 이용하여 고전원전기장치의 활선도체부와 차체 사이의 절연저항 측정

4. 임시검사

제2호에 따른 신규검사 및 정기검사의 검사항목(정비명령과 임시검사 명령을 같이 받은 자동차의 경우에는 정비명령과 관련된 검사항목으로 한정한다), 기준 및 검사방법에 따라 실시한다.

5. 수리검사

가. 제2호에 따른 신규검사 및 정기검사의 검사항목, 기준 및 검사방법에 따라 실시한다.

나. 가목에 따른 검사 외에 다음의 검사를 추가로 실시하여야 한다.

항목	검사 기준	검사 방법
1) 자동차 하부의 연결부위 확인	자동차 하부의 연결부위에 유격, 체결상태 불량이 없고 연결부위의 장치나 부품이 변형되거나 손실되지 않을 것	연결부위의 유격, 체결상태 불량 또는 연결부위의 장치나 부품의 변형, 손실 여부 확인

항목	검사 기준	검사 방법
2) 차축의 뒤틀림 여부 및 좌우대칭 확인	차축의 뒤틀림이 없고 좌우대칭 상태가 양호할 것	가) 자동차 앞 부분과 뒷 부분의 각각 4개 이상 지점의 가로, 세로 및 대각선 길이를 계측자 등으로 측정 나) 자동차의 축간거리 및 윤간거리를 계측자 등으로 측정 다) 휠얼라인먼트 측정결과와 사이드슬립 측정값의 비교(휠얼라인먼트 측정 결과를 제출받은 경우에 한정한다)
3) 각종 오일의 유량 및 오염 여부 확인	엔진오일 등 각종 오일의 유량이 적정하고 오염되지 않았을 것	엔진오일 등 각종 오일의 유량 및 오염 여부 확인(확인이 불가능한 경우에는 그러하지 아니하다)

다. 고전원전기장치가 장착된 자동차(전기자동차, 하이브리드자동차 및 연료전지자동차를 포함한다)의 경우에는 가목 및 나목에 따른 검사 외에 다음의 검사를 추가로 실시하여야 한다.

항목	검사 기준	검사 방법
1) 고전원전기장치의 활선도체부의 직접 접촉가능 여부 확인	차실내부 또는 수화물 공간의 활선도체부는 철사 접근방지 보호등급(IPXXD) 접근 시 직접 접촉되지 말아야 하며, 그 외의 공간 및 고전압회로 차단장치는 손가락 접근방지 보호등급(IPXXB) 접근 시 직접 접촉되지 않을 것	손가락 접근방지 보호등급(IPXXB) 및 철사 접근방지 보호등급(IPXXD) 시험방법을 적용하여 통전 여부 확인. 다만, 통전 여부의 확인을 위하여 일부 부품을 개방·분해·제거가 필요한 경우는 제외
2) 고전원전기장치의 절연저항 확인	고전원전기장치의 활선도체부와 차체 사이의 절연저항은 100Ω /V(DC), 500Ω /V(AC) 이상일 것	절연저항시험기를 이용하여 고전원전기장치의 활선도체부와 차체 사이의 절연저항 측정

6. 정기검사 중 환경 관련 항목에 대하여는 「대기환경보전법 시행규칙」 제78조 및 제87조와 「소음·진동관리법 시행규칙」 제40조 및 제44조에 따른 기준 및 방법에 따라 실시한다.

제74조 (검사의 유효기간)

① 법 제43조제1항제2호에서 "일정 기간"이라 함은 별표 15의2에서 정하는 기간을 말한다. <개정 1998. 5. 26., 2010. 2. 18.>

■ 자동차관리법 시행규칙 [별표 15의2] <개정 2023. 10. 31.>

자동차검사의 유효기간(제74조제1항 관련)

구분				검사유효기간
차종	사업용 구분	규모	차령	
승용자동차	비사업용	경형·소형·중형·대형	모든 차령	2년[신조차(新造車)로서 법 제43조제5항에 따라 신규검사를 받은 것으로 보는 자동차의 최초 검사 유효기간은 4년]

구분				검사유효기간
차종	사업용 구분	규모	차령	
승용자동차	사업용	경형・소형・중형・대형	모든 차령	1년(신조차로서 법 제43조제5항에 따라 신규검사를 받은 것으로 보는 자동차의 최초 검사 유효기간은 2년)
승합자동차	비사업용	경형・소형	차령이 4년 이하인 경우	2년
			차령이 4년 초과인 경우	1년
		중형・대형	차령이 8년 이하인 경우	1년(신조차로서 법 제43조제5항에 따라 신규검사를 받은 것으로 보는 자동차 중 길이 5.5미터 미만인 자동차의 최초 검사 유효기간은 2년)
			차령이 8년 초과인 경우	6개월
	사업용	경형・소형	차령이 4년 이하인 경우	2년
			차령이 4년 초과인 경	1년
		중형・대형	차령이 8년 이하인 경우	1년
			차령이 8년 초과인 경우	6개월
화물자동차	비사업용	경형・소형	차령이 4년 이하인 경우	2년
			차령이 4년 초과인 경우	1년
		중형・대형	차령이 5년 이하인 경우	1년
			차령이 5년 초과인 경우	6개월
	사업용	중형	차령이 5년 이하인 경우	1년
			차령이 5년 초과인 경우	6개월
		대형	차령이 2년 이하인 경우	1년
			차령이 2년 초과인 경우	6개월
특수자동차	비사업용 및 사업용	경형・소형・중형・대형	차령이 5년 이하인 경우	1년
			차령이 5년 초과인 경우	6개월

※ 비고

1. 위 표에도 불구하고, 10인 이하를 운송하기에 적합하게 제작된 자동차(법 제3조제1항제2호 가목 및 나목에 따른 자동차를 제외한다)로서 2000년 12월 31일 이전에 등록된 승합자동차의 경우에는 승용자동차의 검사 유효기간을 적용한다.
2. 위 표에도 불구하고, 피견인자동차에는 비사업용 승용자동차의 검사 유효기간을 적용한다.

② 제1항의 규정에 의한 검사유효기간은 신규등록을 하는 자동차의 경우에는 신규등록일부터 기산하

고, 정기검사를 받는 자동차의 경우에는 정기검사를 받은 날의 다음날부터 기산한다. <개정 1999. 12. 31.>

③ 제77조제2항의 규정에 의한 정기검사의 기간중에 정기검사를 받아 합격한 자동차의 검사유효기간은 제2항의 규정에 불구하고 종전 검사유효기간만료일의 다음날부터 기산한다.

④ 검사의 유효기간을 산정함에 있어 튜닝 등으로 규모별 세부기준이 변경된 자동차의 경우에는 신규등록한 때의 규모를 기준으로 한다. <신설 2003. 1. 2., 2014. 12. 31.>

제75조 (검사유효기간의 연장 등)

① 시・도지사는 법 제43조제4항에 따라 제74조에 따른 검사유효기간을 연장하거나 유예하고자 하는 때에는 다음 각 호의 구분에 의한다. <개정 2003. 1. 2., 2007. 7. 20., 2016. 1. 7., 2019. 12. 9.>

1. 전시・사변 또는 이에 준하는 비상사태로 인하여 관할지역안에서 자동차의 검사업무를 수행할 수 없다고 판단되는 때에는 그 검사를 유예할 것. 이 경우 대상자동차・유예기간 및 대상지역등을 공고하여야 한다.
2. 자동차의 도난・사고발생・폐차・압류 또는 장기간의 정비 기타 부득이한 사유가 인정되는 경우에는 자동차소유자의 신청에 의하여 필요하다고 인정되는 기간동안 당해자동차의 검사유효기간을 연장하거나 그 검사를 유예할 것
3. 제73조의 규정에 의한 섬지역의 출장검사인 경우에는 자동차검사대행자의 요청에 의하여 필요하다고 인정되는 기간동안 당해 자동차의 검사유효기간을 연장할 것
4. 법 제59조제1항제1호에 따라 신고된 매매용 자동차의 검사유효기간 만료일이 도래하는 경우에는 같은 항 제2호 또는 제3호에 따른 신고 전까지 해당 자동차의 검사유효기간을 연장할 것

② 제1항제2호에 따라 자동차검사유효기간의 연장 또는 자동차검사의 유예를 받으려는 자는 별지 제45호서식의 검사유효기간연장(검사유예)신청서에 자동차등록증과 그 사유를 증명하는 서류를 첨부하여 시・도지사에게 제출하여야 한다. <개정 2007. 7. 20.>

③ 자동차소유자가 검사유효기간 내에 발생한 다음 각 호의 어느 하나에 해당하는 사유로 인하여 해당 자동차를 운행하지 못하여 검사유효기간 내에 검사를 받지 못한 경우 그 사유가 종료된 날까지 검사유효기간이 연장된 것으로 본다. 이 경우 검사는 연장된 검사유효기간 만료일 후 31일 이내에 받아야 한다. <개정 2013. 12. 12.>

1. 법 제37조제2항 후단에 따른 운행정지명령을 받은 경우
2. 「지방세법」 제131조제1항에 따라 자동차등록번호판이 영치된 경우
3. 「여객자동차 운수사업법」 제16조제2항 또는 「화물자동차 운수사업법」 제18조제1항에 따라 휴업신고를 한 경우
4. 「여객자동차 운수사업법」 제85조제1항 또는 「화물자동차 운수사업법」 제19조제1항에 따라 사업정지 처분을 받은 경우

第76조 (신규검사의 신청)

법 제43조제1항제1호의 규정에 의한 신규검사를 받고자 하는 자는 별지 제46호서식의 신규검사신청서에 제39조제1항제3호에 따른 자동차 제원표를 첨부하여 자동차검사대행자에게 제출하고 해당 자동차를 그 자동차의 출처를 증명하는 서류와 함께 제시하여야 한다. 다만, 이미 자기인증된 자동차와 같은 제원의 자동차인 경우에는 제원표를 첨부하지 아니할 수 있다. <개정 2003. 1. 2., 2010. 2. 18.>

第77조 (정기검사의 신청 등)

① 법 제43조제1항제2호에 따른 정기검사를 받으려는 자는 다음 각 호의 서류를 자동차검사대행자 또는 지정정비사업자에게 제출하고 해당 자동차를 제시해야 한다. 다만, 자동차검사대행자 또는 지정정비사업자가 전산정보처리조직을 통하여 「자동차손해배상보장법」 제5조에 따른 보험 등(이하 이 조에서 "보험등"이라 한다)의 가입 여부를 확인할 수 있는 경우에는 제2호의 보험 등의 가입증명서를 제출한 것으로 본다. <개정 1998. 5. 26., 2003. 1. 2., 2005. 9. 16., 2013. 12. 12., 2017. 10. 26., 2020. 10. 16., 2021. 10. 14.>

1. 삭제 <2021. 10. 14.>
2. 보험 등의 가입증명서
3. 「산업안전보건법」 제94조제1항에 따른 안전검사합격증명서(크레인, 이삿짐 운반용 리프트 및 고소작업대를 장착한 자동차에 한정한다)

② 정기검사의 기간은 검사유효기간만료일(제75조의 규정에 의하여 검사유효기간을 연장 또는 유예한 경우에는 그 만료일을 말한다)전후 각각 31일 이내로 하며, 이 기간내에 정기검사에서 적합판정을 받은 경우에는 검사유효기간만료일에 정기검사를 받은 것으로 본다. <개정 2003. 1. 2., 2009. 3. 30.>

③ 제2항에도 불구하고 정기검사 기간이 지난 자동차로서 소유권 변동이 발생한 자동차의 정기검사 기간은 이전등록을 한 날부터 31일 이내로 한다. <신설 2019. 4. 23.>

[제목개정 2019. 4. 23.]

第77조의2 (검사기간 경과의 통지)

시·도지사는 등록된 자동차 중 제77조제2항 및 제3항에 따른 정기검사기간이 지난 자동차를 조사하여 그 기간이 경과한 날부터 10일 이내와 20일 이내에 각각 그 소유자에게 다음 각 호의 사항을 우편 또는 휴대전화를 이용한 문자메시지로 통지해야 한다. <개정 2007. 7. 20., 2020. 10. 16., 2023. 5. 25.>

1. 정기검사기간이 지난 사실
2. 정기검사의 유예가 가능한 사유 및 그 신청방법
3. 정기검사를 받지 아니하는 경우에 부과되는 과태료의 금액 및 근거 법규

[본조신설 1999. 12. 31.] [제목개정 2007. 7. 20.]

제78조 (튜닝검사의 신청)

법 제43조제1항제3호에 따른 튜닝검사를 받으려는 자는 별지 제47호서식의 자동차검사신청서에 다음 각 호의 서류를 첨부하여 자동차검사대행자에게 제출하고 해당 자동차를 제시해야 한다. <개정 2003. 1. 2., 2010. 2. 18., 2014. 12. 31., 2020. 2. 28., 2021. 10. 14., 2021. 12. 16.>

1. 「자동차등록규칙」 제40조제1항에 따른 말소등록사실증명서
2. 제56조제2항에 따라 발급받은 튜닝 승인서
3. 별지 제33호의2서식의 튜닝 전·후의 주요 제원 대비표
4. 튜닝 전·후의 자동차외관도(외관의 변경이 있는 경우만 해당한다)
5. 튜닝하려는 구조·장치의 설계도
6. 삭제 <2015. 10. 7.>

[제목개정 2014. 12. 31.]

제79조 (임시검사의 신청)

법 제43조제1항제4호에 따른 임시검사를 받으려는 자는 별지 제47호서식의 자동차검사신청서를 자동차검사대행자에게 제출하고 해당 자동차를 제시해야 한다. 이 경우 제63조제1항제1호에 따른 점검·정비·임시검사 또는 원상복구 명령에 따라 임시검사를 신청하는 경우에는 자동차점검·정비 등 명령서를 첨부해야 한다.

[전문개정 2023. 8. 11.]

제79조의2 (수리검사의 신청 등)

법 제43조제1항제5호에 따른 수리 검사를 받으려는 자는 별지 제47호서식의 자동차검사신청서에 다음 각 호의 서류를 첨부하여 자동차검사대행자에게 제출하고 해당 자동차를 제시해야 한다. 다만, 제4호부터 제6호까지의 서류는 자동차검사대행자가 제출을 요구하는 경우에만 해당 서류를 첨부해야 한다. <개정 2021. 8. 27., 2021. 10. 14.>

1. 삭제 <2021. 10. 14.>
2. 자동차정비업자가 발급한 별지 제89호의2서식의 자동차점검·정비명세서(전손 처리된 이후의 수리에 관한 자동차점검·정비명세서를 말한다)
3. 다음 각 목의 구조 또는 장치에 판금, 절단 또는 용접 작업을 한 경우 해당 구조 또는 장치의 방청(녹 방지) 또는 실링(sealing) 작업 전 사진(등록번호판이 함께 촬영된 사진이어야 하며, 해당 구조 또는 장치에 부품 교체가 있는 경우 교체부품의 사진이 포함되어야 한다)
   가. 크로스멤버
   나. 사이드멤버
   다. 휠하우스
   라. 대쉬패널

마. 플로어패널

바. 패키지트레이

사. 차대

4. 보험회사가 발급한 전손 처리에 관한 확인서(사고일자, 사고원인 및 고장 또는 파손이 된 구조나 장치의 명칭이 기재된 것을 말한다)
5. 휠얼라인먼트 측정 결과
6. 손상된 구조 또는 장치(제3호 각 목의 구조 또는 장치는 제외한다)에 대한 수리 전 사진

[본조신설 2017. 2. 14.]

第80조 (검사의 실시 등)

① 제76조부터 제79조까지 및 제79조의2에 따른 검사신청을 받은 자동차검사대행자 또는 지정정비사업자는 제73조에 따라 검사를 실시(법 제43조제1항제2호에 따른 정기검사의 경우에는 「자동차손해배상 보장법」 제42조에 따라 해당 자동차가 같은 법 제5조에 따른 보험 등에 가입되어 있는 경우에만 검사를 하여야 한다)하고, 법 제43조제2항 및 법 제45조제6항에 따라 확인한 검사결과를 별지 제48호서식의 자동차검사표에 기록하고 이를 작성일부터 2년간 보관하여야 한다. 다만, 그 결과를 자동차검사 전산정보처리조직에 입력하는 경우에는 그러하지 아니하다. <개정 1998. 5. 26., 2010. 2. 18., 2017. 2. 14., 2017. 10. 26.>

② 자동차검사대행자 또는 지정정비사업자는 제1항에 따른 검사결과에 대하여 적합 여부를 판정해야 한다. 이 경우 정기검사 또는 수리검사를 실시한 결과 적합하지 않은 사항이 있는 경우에는 해당 사항이 다음 각 호(제20호부터 제22호까지의 사항은 수리검사의 경우에만 해당한다)의 어느 하나에 해당하지 않으면 적합 판정을 하고 해당 자동차소유자에게 그 시정을 권고할 수 있다. <개정 1998. 5. 26., 1999. 2. 19., 1999. 12. 31., 2001. 4. 19., 2003. 1. 2., 2005. 9. 16., 2010. 2. 18., 2010. 6. 30., 2011. 12. 15., 2013. 12. 12., 2014. 12. 31., 2016. 9. 7., 2017. 2. 14., 2017. 10. 26., 2019. 12. 9., 2020. 2. 28., 2020. 10. 16., 2021. 8. 27., 2021. 10. 14., 2022. 4. 14., 2023. 5. 25.>

1. 동일성 확인

가. 자동차의 차대번호 및 원동기형식(구동전동기형식은 제외한다)이 등록원부와 다른 경우[자형(字形)의 위조・변조 및 식별할 수 없을 정도의 훼손을 포함한다]

나. 등록번호가 등록원부와 다르거나 등록번호판이 망실된 경우, 등록번호판 또는 봉인의 문자나 문양이 식별할 수 없을 정도로 훼손된 경우(적법한 등록번호판이 아닌 경우를 포함한다)

다. 영 제8조제1항에 따른 구조의 제원허용오차 초과 또는 안전기준 부적합

2. 주행장치

가. 차축 및 휠의 휨 또는 균열

나. 타이어의 손상 및 요철무늬의 깊이가 허용기준을 초과하여 마모

다. 휠 및 타이어의 돌출

3. 조향장치의 용접, 갈라지거나 금이 가고 파손되는 등의 심한 변형ㆍ누유 및 안전기준에 위배되는 유격

4. 제동장치중 제동시험기에 의한 검사결과 허용기준 초과 및 제동계통의 손상 및 누유

5. 다음 각 목의 어느 하나에 해당하는 사항

 가. 연료장치 중 조속기(연료 분사량 조정기) 봉인탈락

 나. 액화석유가스를 충전하는 용기의 심한 부식

 다. 연료의 누출

6. 전기ㆍ전자장치

 가. 엔진정지 또는 화재발생의 우려가 있는 결함

 나. 차로이탈경고장치 및 비상자동제동장치의 미설치 또는 설치상태의 불량

 다. 「환경친화적 자동차의 개발 및 보급 촉진에 관한 법률」 제2조제3호, 제5호 및 제6호에 따른 전기자동차, 하이브리드자동차 및 수소전기자동차의 경고음발생장치 미설치 또는 작동상태의 불량

 라. 고전원전기장치의 절연상태 또는 작동상태의 불량

7. 차체 및 차대

 가. 차체 및 차대의 심한 부식, 심한 변형 또는 절손(완전 파손)

 나. 후부안전판 및 측면보호대의 심한 손상ㆍ훼손 또는 미설치(설치상태가 안전기준에 적합하지 않은 경우를 포함한다)

 다. 안전기준에 위배되는 차체의 외형 또는 부착물

8. 견인차 및 피견인차의 연결 장치의 변형 또는 손상

9. 물품적재장치 중 「위험물 안전관리법」에 따른 위험물, 「화학물질관리법」에 따른 유해화학물 및 「폐기물관리법」에 따른 폐기물 등 운반차량의 적재장치 부식ㆍ변형

10. 창유리의 규격품 미사용, 일부 탈락ㆍ구멍 등 심한 훼손

11. 「대기환경보전법」 제62조 및 「소음ㆍ진동관리법」 제37조제1항에 따른 운행차정기검사의 허용기준 위배

12. 등화장치

 가. 전조등ㆍ방향지시등ㆍ번호등ㆍ후미등 및 제동 등의 점등상태 불량 또는 등색과 설치상태의 기준 부적합, 택시표시 등의 자동점등상태 불량

 나. 전조 등의 전조등시험기에 의한 검사결과 기준미달

 다. 차량총중량 7.5톤 이상인 화물자동차와 특수자동차 뒷면의 후부반사판 또는 후부반사지 미설치(설치상태의 불량을 포함한다)

 라. 안전기준에 위배되는 등화설치

13. 계기장치중 운행기록장치ㆍ속도제한장치의 미설치(설치상태의 불량을 포함한다) 및 속도계시

험기에 의한 검사결과 허용기준 초과

14. 법 제34조에 따른 승인을 받지 아니하고 튜닝한 자동차의 구조·장치
15. 좌석안전띠가 없는 경우나 좌석안전띠의 심한 손상
16. 삭제 <2021. 10. 14.>
17. 「자동차 및 자동차부품의 성능과 기준에 관한 규칙」 제53조의4에 따른 어린이 하차확인장치의 미설치(설치상태의 불량을 포함한다) 및 안전기준 위배
18. 「자동차 및 자동차부품의 성능과 기준에 관한 규칙」 제94조제3항에 따른 어린이운송용 승합자동차의 모든 창유리 또는 창의 가시광선 투과율 미달
19. 완충장치 중 판스프링의 심한 변형 또는 절손
20. 조향바퀴의 옆 미끄러짐량 측정결과 허용기준 초과
21. 자동차 하부의 연결부위의 유격(裕隔), 체결상태 불량 또는 연결부위의 장치나 부품의 변형, 손실
22. 차체 또는 차대의 수평투영면적의 2분의 1을 초과하여 차체 또는 차대를 교체한 경우(차체의 경우 별지 제25호서식의 자동차 제원표상의 길이와 너비를 기준으로 측정한다)

③ 자동차검사대행자 또는 지정정비사업자는 제2항에 따라 검사결과를 판정한 자동차 중 부적합 판정을 한 자동차에 대해서는 별지 제49호서식의 검사부적합 통지서 또는 별지 제48호의3서식의 자동차 기능 종합 진단서에 그 사유 등을 기재하여 신청인에게 발급(정기검사의 경우 전산정보처리조직을 통하여 발급하는 것을 포함한다)해야 하며, 적합 판정(시정권고사항을 포함한다)을 한 자동차에 대해서는 다음 각 호의 구분에 따른 조치를 해야 한다. <개정 1998. 5. 26., 2003. 1. 2., 2010. 2. 18., 2014. 12. 31., 2017. 2. 14., 2021. 10. 14., 2023. 5. 25.>

1. 신규검사 : 별지 제50호서식의 신규검사증명서의 발급
2. 정기검사 : 전산정보처리조직에 검사유효기간 기재
3. 튜닝검사 : 전산정보처리조직에 튜닝사항 및 튜닝작업 정비업체 기재, 별지 제50호의2서식의 튜닝검사증명서 발급
4. 임시검사 : 전산정보처리조직에 검사적합 여부를 기재

4의2. 수리검사 : 전산정보처리조직에 전손 처리 사유, 주행거리 및 검사연월일 기재, 별지 제50호의3서식의 자동차 수리검사 증명서의 발급

5. 시정권고사항이 있는 자동차 : 별지 제49호서식의 시정권고통지서의 발급

④ 자동차검사대행자 또는 지정정비사업자는 제3항의 조치를 한 때에는 그 사실을 지체없이 시·도지사에게 보고하여야 한다. 다만, 그 결과를 자동차검사 전산정보처리조직에 입력하는 경우에는 그러하지 아니하다. <개정 2010. 2. 18., 2011. 12. 15.>

⑤ 삭제 <2005. 2. 5.>

⑥ 자동차검사대행자 또는 지정정비사업자는 크레인, 이삿짐 운반용 리프트 및 고소작업대를 장착한 자동차가 「산업안전보건법」 제93조에 따른 안전검사를 받지 아니한 경우에는 그 사실을 확인한

날부터 1주일 이내에 고용노동부장관에게 통지해야 한다. 다만, 자동차검사 전산정보처리조직에 입력하는 경우에는 그러하지 아니하다. <신설 2017. 10. 26., 2021. 10. 14.>

제80조의2 (자동차기능종합진단 등)

① 제77조제2항에 따라 정기검사를 한 때에는 별지 제48호서식의 자동차검사표 또는 별지 제48호의2서식의 자동차정기검사결과표를 작성하여 1부를 검사신청인에게 발급하고, 1부를 제80조제1항에 따라 보관하여야 한다. 이 경우 제80조제3항의 검사부적합통지서의 발급은 자동차정기검사결과표의 발급으로 갈음한다.

② 자동차검사대행자 및 지정정비사업자는 법 제43조제1항제2호에 따라 정기검사를 시행함에 있어서 정기검사항목과 중요부품에 대한 진단결과를 전산처리하는 경우에는 제1항에 따른 자동차검사표 또는 자동차정기검사결과표에 갈음하여 별지 제48호의3서식의 자동차기능종합진단서를 자동차소유자에게 발급할 수 있다.

[전문개정 2010. 2. 18.]

제80조의3 (검사장면의 영상관리)

① 자동차검사대행자 및 지정정비사업자는 법 제43조제1항제2호에 따른 정기검사를 실시하는 경우에는 정기검사의 실시장면을 촬영하고 촬영된 검사장면을 2년간 보존하여야 한다. 다만, 촬영된 검사장면을 자동차검사 전산정보처리조직에 입력하는 경우에는 그러하지 아니하다. <개정 2010. 2. 18., 2017. 10. 26.>

② 자동차검사대행자 및 지정정비사업자는 제1항에 따라 정기검사의 실시장면을 촬영하는 경우에는 등록번호판이 포함된 자동차의 앞면 및 뒷면 전체를 촬영해야 한다. 이 경우 앞면은 검사진로로 진입할 때에, 뒷면은 검사진로로부터 진출할 때에 각각 촬영해야 한다. <개정 2021. 10. 14.>

③ 제2항에도 불구하고 제81조제1항에 따른 재검사 중 자동차검사대행자 및 지정정비사업자의 육안으로 적합 여부 판정이 가능한 재검사의 실시장면을 촬영하는 경우에는 등록번호판이 포함된 자동차의 앞면 또는 뒷면 전체를 선택하여 촬영할 수 있다. <신설 2023. 5. 25.>

④ 자동차검사대행자 및 지정정비사업자는 제1항 단서에 따라 촬영된 검사장면을 자동차검사 전산정보처리조직에 입력하는 경우 등록번호판의 등록번호가 식별될 수 있도록 선명한 화질의 검사장면을 전송해야 한다. <신설 2021. 10. 14., 2023. 5. 25.>

[본조신설 2006. 3. 15.]

제81조 (재검사)

① 법 제43조에 따른 검사결과 제80조에 따라 부적합 판정을 받은 자동차의 소유자가 재검사를 받으려는 경우(재검사기간 내에 법 제13조에 따라 말소등록한 경우는 제외한다)에는 다음 각 호의 구분에 따른 기간(이하 "재검사기간"이라 한다) 내에 해당 자동차를 검사한 자동차검사대행자 또는 지정정

비사업자에게 제80조제3항에 따른 검사부적합 통지서 또는 자동차기능종합진단서와 자동차를 제시해야 한다. <개정 1998. 5. 26., 2010. 2. 18., 2014. 12. 31., 2017. 2. 14., 2017. 10. 26., 2019. 4. 23., 2019. 12. 9., 2021. 10. 14.>

1. 신규검사・튜닝검사 및 임시검사 : 검사부적합 통지서 또는 자동차 기능 종합 진단서를 발급받은 날부터 10일이내
2. 정기검사 : 제77조제2항에 따른 검사기간 만료후 10일이내. 다만, 다음 각 목의 어느 하나에 해당하는 경우에는 자동차검사부적합통지서를 발급받은 날부터 10일이내
   가. 검사기간 시작 전이나 경과 후에 정기검사를 신청한 경우
   나. 다음의 어느 하나에 해당하는 사유로 부적합 판정을 받은 경우
      1) 최고속도제한장치의 미설치, 무단 해체・해제 및 미작동
      2) 「대기환경보전법」 제62조에 따른 운행차정기검사의 허용기준 위배
3. 수리검사 : 검사부적합 통지서 또는 자동차 기능 종합 진단서를 발급받은 날부터 30일 이내

② 제1항에 따른 기간을 산정하는 경우에는 다음 각 호의 어느 하나에 해당하는 날은 제외한다. <신설 2023. 5. 25.>

1. 토요일 및 일요일
2. 「공휴일에 관한 법률」에 따른 공휴일 및 대체공휴일
3. 「근로자의 날 제정에 관한 법률」에 따른 근로자의 날

③ 제1항에도 불구하고 다음 각 호의 어느 하나에 해당하는 사유로 부적합 판정을 받은 자동차의 소유자는 제80조제3항에 따른 검사부적합 통지서 또는 자동차기능종합진단서에 부적합 사유를 정비한 부분과 자동차의 등록번호판이 함께 보이는 전체 사진을 첨부하여 전산정보처리조직을 통해 재검사를 신청할 수 있다. 다만, 자동차검사대행자 또는 지정정비사업자가 전산정보처리조직을 통하여 제80조제3항에 따른 검사부적합 통지서 또는 자동차기능종합진단서를 확인할 수 있는 경우에는 이를 제출한 것으로 본다. <신설 2023. 5. 25.>

1. 제80조제2항제1호나목 중 등록번호판의 망실, 등록번호판 또는 봉인의 훼손에 관한 사항에 해당하는 경우
2. 제80조제2항제12호가목(전조 등은 제외한다)에 해당하는 경우

④ 제3항에 따라 재검사의 신청을 받은 자동차검사대행자 또는 지정정비사업자는 신청자가 제출한 사진만으로 적합 여부 판정이 불가능하다고 판단되는 경우에는 사진의 보완 또는 추가 제출을 요청할 수 있다. <신설 2023. 5. 25.>

⑤ 제1항 및 제3항에 따른 재검사의 신청을 받은 자동차검사대행자 또는 지정정비사업자는 부적합한 항목에 대하여 다시 검사를 실시해야 한다. <개정 2023. 5. 25.>

⑥ 제1항에 따른 재검사기간 내에 적합판정을 받은 경우에는 제80조제3항에 따라 자동차검사부적합통지서 또는 자동차기능종합진단서를 발급받은 날에 검사를 받은 것으로 본다. <개정 1998. 5. 26., 2010. 2. 18., 2023. 5. 25.>

제2절 자동차검사대행자

제82조 (자동차검사대행자의 검사시설기준)

자동차검사대행자는 자동차검사소에 별표 16의 규정에 의한 자동차검사시설 및 기술인력과 「대기환경보전법 시행규칙」 별표 23과 「소음·진동관리법 시행규칙」 별표 16에 따른 운행차정기검사대행자의 검사장비 및 기술인력기준을 갖추어야 한다. <개정 1998. 5. 26., 1999. 12. 31., 2005. 9. 16., 2010. 2. 18., 2010. 6. 30.>

■ 자동차관리법 시행규칙 [별표 16] <개정 2020. 10. 16.>

자동차검사대행자의 시설·기술인력기준(제82조 관련)

1. 검사시설

가. 용지는 충분히 활용될 수 있는 모양으로 하되, 본검사소는 1,000㎡ 이상, 소규모검사소는 330㎡ 이상 확보하여야 한다.

나. 용지 중 수검차량의 진입·진출로 및 주차장은 시멘트 또는 아스팔트 등으로 견고하게 포장되어야 한다.

다. 검차장은 1검사진로 당 65㎡ 이상 확보하여야 한다.

라. 사무실은 수검자의 불편이 없도록 충분히 확보하여야 한다.

2. 검사장비

품명	비고
가. 사이드슬립측정기 나. 제동시험기 다. 속도계시험기 라. 전조등시험기 마. 소음측정기 바. 광투과식 매연측정기 사. 일산화탄소측정기 아. 탄화수소측정기 자. 가스누출감지기 차. 공기과잉률측정기 카. 영상촬영용사진기 타. 전자장치진단기 파. 4주(柱)식 리프트(씨저스 리프트를 포함한다) 하. 계측자 거. 휴대용 내시경 너. 절연저항시험기 더. 국제보호등급(International Protection Code) 시험기 러. 매연 포집시설 머. 가시광선투과율 측정기	1) 사이드슬립측정기, 제동시험기, 속도계시험기, 전조등시험기, 광투과식 매연측정기, 일산화탄소측정기, 탄화수소측정기, 공기과잉률측정기, 전자장치진단기는 제80조제1항 단서에 따른 전산정보처리조직과 실시간 통신 및 측정결과가 자동 입력되는 기능이 있어야 한다. 2) 1개의 검사기기로 2 이상의 품명에 대한 검사를 할 수 있는 때에는 다른 품명의 검사기기를 갖추지 아니할 수 있다. 3) 영상촬영용 사진기는 촬영된 검사장면이 제80조제1항 단서에 따른 전산정보처리조직에 실시간 전송되는 기능이 있어야 한다. 4) 전자장치진단기는 원동기부분전자제어장치 및 섀시(동력전달장치 포함), 에어백(Air Bag) 등에 관련된 센서를 진단할 수 있어야 한다. 5) 기타 하체유격검출기, 완충장치(쇼크업소버)측정기, 하체영상촬영장치, 타이어 트레드 깊이 자동 측정장치, 자동제원측정기, 등록번호판 자동인식장치 등을 갖추어 검사에 활용할 수 있다. 6) 국제보호등급 시험기는 손가락 접근방지 보호등급(IPXXB) 검사를 위한 손가락모형 시험기와 철사 접근방지 보호등급(IPXXD) 검사를 위한 철사모형 시험기를 갖춰야 한다. 7) 자동차 상단부에 설치된 고전원전기장치를 검사하려면 검사용 리프트 또는 사다리를 이용하여야 한다. 8) 고전원전기장치를 검사하려면 자동차 고전원 이상의 전압을 차단할 수 있는 절연장갑, 절연화, 절연매트, 보안경 및 앞치마를 착용하여야 한다. 9) 매연 포집시설은 자동차 배기관에서 직접 포집하여 정화 후 배출하는 구조로서, 매연 포집시설의 배출허용기준은 매연 농도 40% 이하이어야 한다.

주 : 각 목의 검사장비는 1대 이상 확보하여야 한다. 다만, 수리 검사를 실시하지 않는 검사소의 경우에는 파목부터 거목까지의 검사 장비를 확보하지 않을 수 있다.

3. 검사기술인력

가. 검사책임자 : 검사소당 1명(검사책임자는 검사진로 당 검사원수에 포함한다)

나. 검사원

검사진로 당 연간 검사대수	검사진로 당 검사원수
(가) 7천대 미만	1인 이상
(나) 7천대 이상 1만5천대 미만	2인 이상
(다) 1만5천대 이상 2만5천대 미만	3인 이상
(라) 2만5천대 이상	4인 이상

주 : 1. 자동차종합검사 시행지역은 종합검사대행자의 기술인력 기준을 적용하고, 가목 및 나목의 검사기술인력을 중복하여 갖추지 아니할 수 있다.

2. 출장검사를 행하는 검사소의 경우에는 다음 산식에 의한 검사원을 가산(소수점 이하는 1인으로 산정)하되, 출장검사업무를 수행하지 아니하는 일수는 본검사소의 검사진로 당 검사인원으로 산정한다.
1주당 출장검사횟수/6

3. 검사진로 당 연간 검사대수(출장검사 대수를 제외한다)에는 자동차관리법령에 의하여 수행하는 모든 검사업무의 실적을 합산하되, 차대번호 등의 표기, 안전검사, 신규검사, 튜닝승인, 튜닝검사 및 수리검사의 실적은 1대를 2대로 환산하여 적용한다.

4. 고전원전기장치의 검사는 제55조 및 제131조에 따른 「자동차 튜닝에 관한 규정」에 따른 고전원전기장치 등 취급자 안전교육을 받은 기술 인력이 시행하여야 한다.

제83조 (자동차검사대행자의 지정신청 등)

① 자동차검사대행자로 지정받고자 하는 자는 별지 제53호서식의 자동차검사대행자지정신청서에 다음 각호의 서류를 첨부하여 국토교통부장관에게 제출하여야 한다. <개정 2008. 3. 14., 2013. 3. 23.>

1. 삭제 <2001. 4. 19.>
2. 제82조의 규정에 의한 자동차검사시설의 확보를 증명하는 서류(설비 및 기기일람표와 그 배치도를 포함한다)
3. 사업계획서
4. 검사업무규정(시설・기술인력관리 및 검사시행절차등 검사수행에 필요한 사항을 포함하여야 한다)

② 국토교통부장관은 제1항의 신청을 받은 경우 그 신청내용이 적합하다고 인정될 때에는 업무개시일을 정하여 별지 제54호서식의 자동차검사대행자지정서를 신청인에게 발급하여야 한다. <개정 2008. 3. 14., 2010. 2. 18., 2013. 3. 23.>

제84조 (자동차검사소의 배치)

자동차검사소의 배치기준은 자동차검사소의 지역적인 분포의 균형, 검사수요와 별표 17의 자동차검사

시설별 연간검사능력대수를 고려하여 자동차검사대행자가 정한다. <개정 2001. 4. 19.>
[전문개정 1999. 2. 19.]

■ 자동차관리법 시행규칙 [별표 17] 〈개정 2013.3.23〉

자동차검사시설별 연간검사능력대수(제84조 관련)

검사시설	진로수	연간검사능력
1. 자동제어방식 검사기기(모든 검사기기가 자동제어방식인 경우)	1개진로 마다	4만대 이하
2. 반자동제어방식 검사기기(전조등시험기가 반자동 또는 수동인 경우)	1개진로 마다	2만5천대 이하

주 : 다음 각호의 경우에는 연간검사능력대수를 초과하여 검사능력을 산정할 수 있다.
1. 1일 근무시간이 8시간을 초과한 때
2. 별표16제3호의 검사진로당 검사원수를 초과한 때
3. 국토교통부장관이 성능이 우월하다고 인정하는 검사기기를 설치한 때

제85조 삭제 〈1999. 2. 19.〉

제3절 지정정비사업자

제86조 (지정정비사업자의 검사시설기준 등)

① 법 제45조제1항에서 "자동차정비업자중 일정한 시설과 기술인력을 확보한 자"라 함은 영 제12조제1항의 규정에 의한 자동차종합정비업 또는 소형자동차종합정비업을 경영하는 자(제131조제2항의 규정에 의하여 등록한 자를 제외한다)로서 별표 18의 규정에 의한 시설 및 기술인력과 「대기환경보전법 시행규칙」 별표 23과 「소음·진동관리법 시행규칙」 별표 16에 따른 운행차정기검사대행자의 검사장비 및 기술인력기준에 적합한 사업장을 확보한 자를 말한다. <개정 1998. 5. 26., 2005. 9. 16., 2010. 2. 18., 2010. 6. 30., 2016. 1. 7.>
② 지정정비사업자의 검사업무의 범위는 별표 18 제1호의 규정에 의한다. <개정 1998. 5. 26.>

■ 자동차관리법 시행규칙 [별표 18] 〈개정 2024. 11. 12.〉

지정정비사업자의 검사업무의 범위와 시설 및 기술인력기준(제86조 관련)

1. 검사업무의 범위 및 시설기준

검사업무의 범위		자동차종합정비업자 차령이 6년을 초과한 사업용 대형 승합자동차를 제외한 모든 자동차에 대한 정기검사	소형자동차종합정비업자 승용자동차와 경형 및 소형의 승합·화물·특수자동차에 대한 정기검사
검차장 시설(피트 또는 리프트)	면적	피트 : 65m² 이상 리프트 : 60m² 이상	피트 : 36m² 이상 리프트 : 32m² 이상
	검사진로(길이×너비×높이)	피트 : 13m×5m×4m 이상 리프트 : 12m×5m×4m 이상	피트 : 9m×4m×2.5m 이상 리프트 : 8m×4m×4m 이상
	피트(길이×너비×깊이)	8m×0.8m×1.5m 이상	5m×0.75m×1.5m 이상
	리프트(길이×너비×상승높이×용량)	4m×2m×1.5m×4,000kgf 이상	4m×2m×1.5m×4,000kgf 이상
	진입·진출로	대형자동차(연결자동차를 포함한다)의 진입·진출에 지장이 없어야 한다.	승용자동차와 경형 및 소형의 승합·화물·특수자동차의 진입·진출에 지장이 없어야 한다.
검사용 기계·기구	사이드슬립측정기	허용축하중 10,000kgf 이상의 것 1대 이상	허용축하중 1,500kgf 이상의 것 1대 이상
	제동시험기	허용축하중 10,000kgf 이상의 것 1대 이상	허용축하중 1,500kgf 이상의 것 1대 이상
	속도계시험기	허용축하중 10,000kgf 이상의 것 1대 이상	허용축하중 1,500kgf 이상의 것 1대 이상
검사용 기계·기구	전조등시험기	1대 이상	
	전자장치진단기	1대 이상	
	배기가스(CO/HC)·공기과잉률측정기	각 1대 이상(겸용의 경우에는 이를 갖춘 것으로 본다)	
	매연측정기	1대 이상	
	매연 포집시설	자동차 배기관에서 직접 포집하여 정화 후 배출되는 구조로서, 매연 포집시설의 배출허용기준은 매연 농도 40% 이하일 것	
	가스누출감지기	1대 이상	
	소음측정기	보통소음계 또는 정밀소음계 1대 이상	
	영상촬영용사진기	1대 이상	
	절연저항시험기	1대 이상	
	가시광선투과율 측정기	1대 이상	
	기타	표준가스 및 매연표준지(검·교정용품), 영상보관용단말기	
전기식 택시미터 사용 검정기기	주행검사기	거리의 오차를 측정할 수 있는 기기 1대 이상	
사무실	면적	10m² 이상(다른 사무실 겸용가능)	

주 :

1. 검사전용진로는 1개에 한한다.
2. 검차장에 별도의 진출로가 없는 자동차종합정비업자의 경우에는 승합·화물·특수자동차 중 대형자동차를 검사할 수 없고, 검차장에 별도의 진출로가 없는 소형자동차종합정비업자의 경우에는 길이 7미터 이상의 자동차를 검사할 수 없

으며, 검차장에 별도의 진출로가 없는 자동차종합정비업자 및 소형자동차종합정비업자는 연간 9천600대를 초과하여 검사할 수 없다.

3. 리프트는 자동차의 진입·진출에 지장이 없도록 설치되어야 한다.
4. 자동차종합정비업자가 리프트를 설치하여 모든 자동차를 검사할 수 없을 경우에는 리프트와 함께 피트를 설치하여야 한다.
5. 검사용 기계·기구 중 사이드슬립측정기·제동시험기·속도계시험기는 순차진행에 의하여 검사결과가 자동으로 판정·기록되고 경형자동차를 측정할 수 있는 구조이어야 한다. 이 경우 제동시험기는 자동차 축하중을 자동으로 설정하는 구조이어야 한다.
6. 사이드슬립측정기·제동시험기·속도계시험기 및 전조등시험기의 전(前)방향 8미터 이상(소형자동차종합정비업자의 경우에는 5미터 이상)은 수평을 유지하여야 한다.
7. 전기식 택시미터주행검사기는 주롤러의 원주길이가 500㎜ 이상이고, 회전수를 검출하는 검출기는 1회전 당 1펄스 또는 1회전을 검출하는 구조이어야 한다.
8. 위 표 중 승용자동차에는 10인 이하를 운송하기에 적합하게 제작된 자동차(제2조제1항제2호 가목부터 다목까지에 해당하는 자동차를 제외한다)로서 2000년 12월 31일 이전에 등록된 승합자동차를 포함한다.
9. 사이드슬립측정기, 제동력시험기, 속도계시험기, 전조등시험기, 전자장치진단기, 배출가스·공기과잉률측정기 및 매연측정기, 영상촬영용사진기 및 택시미터주행검사기는 제80조제1항 단서에 따른 전산정보처리조직과 실시간 통신 및 측정결과가 자동 입력되는 기능이 있어야 한다.
10. 지정정비사업자는 그밖에도 하체유격검출기, 완충장치(쇼크업소버)측정기, 하체영상촬영장치 등을 갖추어 검사에 활용할 수 있다.
11. 「여객자동차 운수사업법」 제2조제2호에 따른 여객자동차 운수사업을 경영하는 자 또는 「화물자동차 운수사업법」 제2조제2호에 따른 화물자동차 운수사업을 경영하는자가 「자동차관리법」 제45조에 따라 정기검사를 수행하는 지정정비사업자와 동일한 경우에는 해당 운수사업에 사용하는 자동차의 정기검사는 자동차검사대행자 또는 다른 지정정비사업자로부터 받아야 한다.
12. 고전원전기장치를 검사하려면 자동차 고전원 이상의 전압을 차단할 수 있는 절연장갑, 절연화, 절연매트, 보안경 및 앞치마를 착용하여야 한다.
13. 검사용 기계·기구 및 전기식 택시미터 사용검정기기에 대한 임차계약을 통해 사용권을 확보한 경우 그 계약기간 중에는 해당 기준을 갖춘 것으로 본다.

2. 검사능력별 기술인력 확보수준

진로 당 월간검사대수	검사진로 당 최소인원수
(가) 800대 이하	1인
(나) 800대 초과 1천500대 이하	2인
(다) 1천500대 초과	3인

주 :

1. 진로 당 월간검사대수는 자동제어방식 검사기기(모든 검사기기가 자동제어 방식인 경우를 말한다)의 경우에는 2천600대를 초과할 수 없고, 반자동 제어방식 검사기기(전조등시험기가 반자동 또는 수동인 경우를 말한다)의 경우에는 2천대를 초과할 수 없다.
2. 지정정비사업자의 검사원은 검사책임자를 대신할 수 있으며, 검사원이 2인 이상인 경우에는 자동차정비산업기사 이상인 자가 포함되어야 한다.
3. 고전원전기장치의 검사는 제55조 및 제133조에 따른 「자동차 튜닝에 관한 규정」에 따른 고전원전기장치 등 취급자 안전교육을 받은 기술인력이 시행하여야 한다.

제87조 (지정정비사업자의 지정신청 등)

① 지정정비사업자로 지정받고자 하는 자동차정비업자는 별지 제57호서식의 지정정비사업자지정신청서에 다음 각호의 서류를 첨부하여 시・도지사에게 제출하여야 한다. <개정 1999. 12. 31.>

1. 삭제 <1999. 12. 31.>
2. 제86조제1항의 규정에 의한 시설 및 기술인력의 확보를 증명하는 서류
3. 검사업무규정(시설・기술인력관리 및 검사시행절차등 검사수행에 필요한 사항을 포함한 것을 말한다)
4. 설비 및 기기일람표와 그 배치도

② 시・도지사는 제1항의 신청을 받은 경우 신청서류의 검토 및 현지확인을 한 후 제86조제1항의 규정에 의한 기준에 적합하다고 인정되는 때에는 검사업무개시일을 정하여 별지 제58호서식의 지정정비사업자지정서를 신청인에게 발급하고, 그 사실을 한국교통안전공단 및 정비연합회에 통보하여야 한다. <개정 2010. 2. 18., 2019. 4. 23.>

③ 삭제 <1999. 2. 19.>

④ 삭제 <1999. 2. 19.>

제87조의2 (지정정비사업자의 변경지정 신청 등)

① 법 제45조제2항 후단에서 "국토교통부령으로 정하는 중요한 사항"이란 다음 각 호의 어느 하나에 해당하는 사항을 말한다.

1. 검사진로의 위치 또는 길이, 너비, 높이 등 형태
2. 검사진로 내의 피트・사이드슬립측정기・제동시험기・속도계시험기 및 전조등시험기의 배치순서
3. 검사업무의 범위

② 법 제45조제2항 후단에 따라 변경 지정을 신청하려는 자는 별지 제57호의2서식의 지정정비사업자 변경지정신청서에 지정정비사업자 지정서 원본 및 변경하려는 사항을 증명하는 서류를 첨부하여 시・도지사에게 제출해야 한다.

③ 제2항에 따른 변경지정신청서의 처리에 관하여는 제87조제2항을 준용한다.

④ 법 제45조제2항 단서에 따라 변경 신고를 하려는 자는 별지 제57호의3서식의 지정정비사업자 지정변경신고서에 지정정비사업자 지정서 원본 및 변경하려는 사항을 증명하는 서류를 첨부하여 시・도지사에게 제출해야 한다.

⑤ 시・도지사는 제4항에 따른 변경신고서를 접수한 때에는 별지 제58호서식의 지정정비사업자 지정서에 변경내용을 적어 발급해야 한다.

[본조신설 2020. 2. 28.]

제88조 (지정정비사업자의 휴업 · 폐업 신고 등)

법 제45조제8항에 따라 사업의 전부 또는 일부를 휴업 또는 폐업하려는 자는 그 휴업 또는 폐업 예정일 전까지 별지 제58호의2서식의 지정정비사업자 휴업 · 폐업신고서에 지정정비사업자 지정서를 첨부하여(폐업의 경우만 해당한다) 시 · 도지사에게 신고하여야 한다.

[본조신설 2010. 2. 18.]

제89조 (지정정비사업자 등의 지정취소 통보 등)

① 법 제45조의3제3항에서 "국토교통부령으로 정하는 사유"란 법 제45조의3제1항제1호, 제4호 부터 제6호까지, 제8호, 제8호의2 및 제9호부터 제14호까지에 해당하는 사유를 말한다.

② 법 제45조의3제3항에 따라 시 · 도지사 또는 시장 · 군수 · 구청장은 지정정비사업자 또는 종합검사 지정정비사업자의 지정취소 사실을 자동차 소유자에게 우편 또는 휴대전화를 이용한 문자메세지로 알려야 한다. 다만, 자동차 소유자의 주소 · 거소 또는 그 밖에 통지할 장소를 알 수 없는 때에는 해당 시 · 도 또는 시 · 군 · 구의 공보 및 인터넷 홈페이지에 공고로 통지를 갈음할 수 있다.

[본조신설 2018. 6. 27.]

제4절 기술인력의 직무 등

제90조 (기술인력의 구분 및 직무 등)

① 법 제46조제1항의 규정에 의한 기술인력의 구분 · 자격 및 직무는 별표 19와 같다. <개정 2021. 10. 14.>

■ 자동차관리법 시행규칙 [별표 19] <개정 2023. 6. 9.>

기술인력의 구분 · 자격 및 직무(제90조 관련)

1. 수리검사

구분	자격	직무
검사책임자	자동차검사대행자의 검사원으로서 10년 이상 근무한 경력이 있는 사람 가운데 다음 각 목의 어느 하나의 자격을 갖춘 사람 가. 자동차성능·상태점검 업무에 근무한 경력이 있는 사람 나. 수리검사 업무에 근무한 경력이 있는 사람	수리검사 업무 총괄
검사원	자동차검사대행자의 검사원으로서 5년 이상 근무한 경력이 있는 사람 가운데 다음 각 목의 어느 하나의 자격을 갖춘 사람 가. 자동차성능·상태점검 업무에 근무한 경력이 있는 사람 나. 자동차성능·상태점검에 관한 교육을 받은 사람 다. 제92조에 따라 교통안전공단 또는 정비연합회가 실시하는 수리검사에 관한 교육을 받은 사람	수리검사의 실시 및 적합여부 판정

2. 내압용기 검사

구분	자격	직무
검사책임자	자동차검사대행자의 내압용기검사원으로서 8년 이상 근무한 경력이 있는 사람	내압용기재검사·내압용기장착검사 업무 총괄
검사원	자동차검사대행자의 내압용기검사원으로서 「국가기술자격법」에 따른 산업기사(안전관리, 기계제작, 기계장비설비·설치, 자동차 및 금속재료 직무분야만 해당한다) 이상의 자격을 가진 사람	내압용기재검사·내압용기장착검사 실시와 적합여부 판정

3. 수리검사·내압용기검사 외의 검사

구분	자격	직무
검사책임자	가. 자동차검사주무로서 4년 이상 근무한 경력이 있는 사람 나. 국가 또는 지방자치단체의 6급이상의 기계직공무원으로서 자동차검사 및 정비업무에 5년 이상 근무한 경력이 있는 사람	자동차검사소의 검사업무 총괄
검사주무	가. 자동차정비기사의 국가기술자격을 가진 사람으로서 자동차검사업무에 4년 이상 근무한 경력이 있는 사람 나. 자동차정비산업기사 이상의 국가기술자격을 가진 사람으로서 자동차검사업무에 5년 이상 근무한 경력이 있는 사람	1) 자동차검사진로의 검사업무관리 및 적합여부 판정 2) 자동차검사의 실시 및 적합여부 판정 3) 검사시설의 관리
검사원	가. 자동차정비산업기사 이상의 국가기술자격을 가진 사람 나. 자동차정비기능사의 국가기술자격을 가진 사람으로서 자동차검사 또는 정비업무에 3년 이상 근무한 경력이 있는 사람 다. 삭제 〈2021. 2. 5.〉	1) 자동차검사의 실시 및 적합여부 판정 2) 검사시설의 관리 3) 삭제 〈2021. 2. 5.〉

주 :

1. 자동차검사업무에 근무한 경력이란 자동차검사소·정비업체 또는 자동차제작 회사에서 자동차의 점검 또는 검사업무에 종사하거나 자동차정비 및 검사용 기계·기구정밀도검사 업무에 종사한 기간을 말한다.
2. 기술 인력이 검사책임자가 되기 위하여 필요한 검사주무 경력에는 다음과 같이 해당 기술 인력의 검사원 경력을 포함한다. 다만, 검사주무 경력으로 볼 수 있는 경력은 2년 6개월을 초과할 수 없다.
   가. 자동차정비기사 이상의 기술 인력인 경우 검사원 경력에서 3년을 뺀 나머지 경력의 2분의 1을 검사주무 경력으로 본다.
   나. 자동차정비산업기사인 기술 인력인 경우 검사원 경력에서 5년을 뺀 나머지 경력의 2분의 1을 검사주무 경력으로 본다.
3. 자동차정비기능사의 국가기술자격을 가진 검사원이 자동차정비산업기사 또는 자동차정비기사의 자격을 신규 취득한 경우에는 해당 자격 취득 전의 검사 근무경력을 다음과 같이 인정한다.
   가. 자동차정비기사자격을 신규 취득한 경우 : 근무경력의 5분의 4를 검사기사로서 근무한 경력으로 본다.
   나. 자동차정비산업기사자격을 신규 취득한 경우 : 검사원으로서 근무한 경력 의 7분의 5를 자동차정비산업기사로서 근무한 경력으로 본다.
4. 자동차정비산업기사의 국가기술자격을 가진 검사원이 자동차정비기사의 국가기술자격을 신규 취득한 경우에는 해당 자격 취득 전 근무경력의 5분의 4를 정비기사로서 근무한 경력으로 본다.
5. 내압용기검사원으로 근무한 경력이란 내압용기재검사 또는 내압용기장착검사 업무에 종사한 기간을 말한다.

② 제1항의 기술 인력은 그가 소속한 자동차검사대행자 또는 지정정비사업자외의 자에게 동시에 소속할 수 없으며, 지정정비사업자는 소속기술 인력으로 하여금 법 제43조의 규정에 의한 자동차검사를 받기 위하여 제시된 자동차에 대하여 정비업무(교정 및 조정 작업을 제외한다)를 수행하게 하여서는 아니된다. <개정 1999. 12. 31.>

③ 제2항의 규정에 의한 교정 및 조정 작업은 무상으로 한다. <신설 1999. 12. 31.>

제91조 (기술인력의 확보보고 등)

① 지정정비사업자는 기술인력을 선임한 경우에는 그 기술인력의 해당 자격증 사본 등 별표 19에 따른 자격사항을 증명하는 서류와 별지 제58호의3서식의 교육수료증을 첨부하여 시 · 도지사에게 지체 없이 보고하여야 한다. 다만, 해당 사항을 전산정보처리조직에 입력한 경우에는 이를 보고한 것으로 본다. <개정 2017. 10. 26., 2021. 10. 14.>

② 지정정비사업자는 기술인력을 해임한 경우(제92조제2항에 따라 해임한 경우를 포함한다)에는 국토교통부장관 또는 시 · 도지사에게 지체 없이 보고하여야 한다. 다만, 해당 사항을 전산정보처리조직에 입력한 경우에는 이를 보고한 것으로 본다. <개정 2017. 10. 26., 2021. 10. 14.>

③ 지정정비사업자는 검사책임자 또는 검사주무가 사고로 인하여 직무를 수행할 수 없는 경우에는 즉시 직무대행자를 지정하여야 한다. 이 경우 대행기간은 30일을 초과하지 못한다. <개정 1999. 12. 31.>

제92조 (기술인력의 해임명령 등)

① 국토교통부장관 또는 시 · 도지사는 법 제46조제2항에 따라 기술인력의 해임명령 또는 직무정지명령을 하고자 하는 때에는 그 사유를 명시한 서면에 의한다. <개정 2008. 3. 14., 2013. 3. 23., 2017. 10. 26.>

② 자동차검사대행자 및 지정정비사업자는 제1항에 따른 해임명령을 받은 때에는 해임명령을 받은 날부터 30일이내에 해당 기술인력을 해임하여야 한다. <개정 1999. 2. 19., 2017. 10. 26.>

[제93조에서 이동, 종전 제92조는 제93조로 이동 <2021. 10. 14.>]

제93조 (기술인력의 교육)

① 법 제46조의2제1항에 따라 자동차검사대행자 및 지정정비사업자가 갖추어야 할 기술인력은 다음 각 호의 구분에 따른 자동차검사에 관한 교육(이하 “검사원교육”이라 한다)을 받아야 한다.

1. 신규교육 : 검사업무를 수행하기 전에 기술인력이 최초로 받아야 하는 교육
2. 정기교육 : 기술인력이 신규교육을 받은 연도를 기준으로 3년(신규교육 또는 직전의 정기교육을 받은 날부터 기산하여 3년이 되는 날이 속하는 해의 1월 1일부터 12월 31일까지를 말한다)마다 받아야 하는 교육

② 검사원교육의 내용 및 방법은 별표 20과 같다.

■ 자동차관리법 시행규칙 [별표 20] <개정 2021. 10. 14.>

검사원의 교육내용 및 방법(제93조제2항 관련)

1. 교육내용

가. 신규교육

교육과목	교육시간	교육내용
인성교육 및 자동차 관련 법령	20시간 이상	· 자동차검사 기술자로서 갖추어야 할 기본지식 및 자세 함양 · 자동차 관련 법령(「자동차관리법」, 「자동차 및 자동차부품의 성능과 기준에 관한 규칙」, 「자동차종합검사의 시행 등에관한 규칙」, 「여객자동차 운수사업법」, 「대기환경보전법」, 「구급차의 기준 및 응급환자이송업의 시설 등 기준에 관한 규칙」 등) · 검사소 지도점검 및 부실검사 사례(처분조항 및 사례 포함) · 자동차 튜닝에 관한 규정 및 불법튜닝 사례 · 검사기술능력 향상을 위한 교육 · 자동차검사 및 정비관련 신기술 · 전기자동차, 수소자동차 및 자율주행자동차 등 첨단자동차의 구조 및 안전에 관한 사항
자동차 검사기기	5시간 이상	· 검사기기의 구조기준 및 취급요령 · 자동차검사 관리시스템 및 검사업무 전산처리 절차 및 방법
자동차 검사실무	10시간 이상	· 검사실습(첨단자동차의 검사에 관한 실습을 포함한다) 및 행정관리 요령

나. 정기교육

교육과목	교육시간	교육내용
인성교육 및 자동차 관련 법령	8시간 이상	· 자동차검사 기술자로서 갖추어야 할 기본지식 및 자세 함양 · 자동차관리법령 · 검사소 지도점검 및 부실검사 사례(처분조항 및 사례포함) · 자동차 튜닝에 관한 규정 및 불법튜닝 사례 · 검사기술능력 향상을 위한 교육 · 자동차검사 및 정비관련 신기술 · 전기자동차, 수소자동차 및 자율주행자동차 등 첨단자동차의 구조 및 안전에 관한 사항
자동차 검사기기	2시간 이상	· 검사기기의 구조기준 및 취급요령 · 자동차검사 관리시스템 및 검사업무 처리방법
자동차 검사실무	4시간 이상	· 검사실습(첨단자동차의 검사에 관한 실습을 포함한다) 및 행정관리 요령

2. 교육방법

교육과목	교육내용
인성교육 및 자동차 관련 법령	이론교육
자동차 검사기기	이론 및 실습교육
자동차 검사실무	

※ 비고

1. 자동차 검사기기 및 검사실무는 실습교육이 50%이상 되도록 편성해야 한다.
2. 신규교육은 4시간 이상, 정기교육은 2시간 이상 결강하면 해당 교육을 이수하지 않은 것으로 처리한다.

③ 법 제46조의2제3항에 따른 전문교육기관 중 자동차검사대행자 및 지정정비사업자가 갖추어야 할 기술인력에 대한 검사원교육을 담당하는 전문교육기관(이하 "전문교육기관"이라 한다)은 검사원교육을 받은 기술인력에게 별지 제58호의3서식의 교육수료증을 발급해야 한다.

④ 전문교육기관은 검사원교육을 실시한 경우에는 7일 이내에 이수자의 성명, 생년월일 및 교육수료일 등을 법 제69조에 따른 전산정보처리조직에 입력해야 한다.

[전문개정 2021. 10. 14.] [제92조에서 이동, 종전 제93조는 제92조로 이동 <2021. 10. 14.>]

제93조의2 (전문교육기관의 지정)

① 전문교육기관의 지정기준은 다음 각 호와 같다.

1. 다음 각 목의 어느 하나에 해당하는 법인 · 단체 또는 기관일 것
   가. 한국교통안전공단
   나. 제149조에 따른 자동차정비사업조합연합회
   다. 제149조에 따라 국토교통부장관의 인가를 받아 설립된 연합회로서 법 제43조에 따른 자동차검사와 관련된 기관 또는 단체
2. 별표 20의2에 따른 시설, 장비 및 인력을 갖출 것

■ 자동차관리법 시행규칙 [별표 20의2] <신설 2021. 10. 14.>

전문교육기관의 지정기준(제93조의2제1항 관련)

1. 시설 · 장비 기준

구분	기준
가. 사무실	30㎡ 이상(타 사무실과 공용으로 사용할 수 있음)
나. 강의실	60㎡ 이상
다. 실습실	100㎡ 이상, 검사진로 1개소 이상
라. 전산시스템	인터넷 교육 신청 및 접수, 출 · 결석 상황관리, 수료증 발급 및 교육이력의 기록 및 · 관리 등에 필요한 교육전산시스템
마. 실습장비	1) 엔진 1대 이상 2) 전기자동차 1대 이상 3) 내연기관자동차 3대 이상(승용차, 승합차 및 화물차 각 1대 이상) 4) 전기자동차 검사를 위한 검사기기 및 안전장비 1조 이상 5) 별표 18 제1호에 따라 자동차종합정비업자가 갖추어야 하는검사용 기계 · 기구 6) 택시미터 사용 검정기기 1대 이상

※ 비고

1. 교육시설은 교육기관이 소유하거나 교육을 시행하는 동안 임대차계약이 유지되어야 하고, 강의실 및 실습실은 인접한 토지 내에 있어야 한다.
2. 강의실에는 책상 · 의자 및 빔 프로젝터 · 환등기 · 스크린 등 교육에 적합한 비품을 갖추어야 한다.
3. 실습실에는 실습과목에 필요한 장비와 안전을 위한 소방설비를 갖추어야 한다.
4. 검사진로의 길이 · 너비 · 높이는 별표 18 제1호에 따라 자동차종합정비업자가 갖추어야 하는 검사진로의 길이 · 너비 · 높이에 따른다. 이 경우 검사진로 길이는 9m 이상으로 할 수 있다.

2. 인력 기준

가. 교육업무 담당 직원은 1명 이상 배치해야 한다.

나. 전임강사는 2명 이상 배치해야 한다.

다. 강사의 자격기준

구분	기준	인원
1) 인성교육	가) 고객만족, 갈등관리 등 고객응대 관련 분야 업무·연구 경력이 10년 이상 또는 강의 경력이 5년 이상인 사람 나) 자동차검사 분야에서 실무 경력이 10년 이상 또는 연구·교수 경력이 1년 이상인 사람	1명 이상 (자동차 검사기기 (전산 외) 및 자동차 검사실무겸임 가능)
2) 자동차 관련 법령	가) 국가 또는 지방자치단체 공무원으로 자동차검사(자동차 배출가스검사를 포함한다) 분야에서 업무 경력이 1년 이상인 사람 나) 자동차검사 분야에서 실무 경력이 10년 이상 또는 연구·교수경력이 1년 이상인 사람	
3) 자동차 검사기기 (전산)	가) 자동차검사 전산분야에서 실무 경력이 5년 이상인 사람 나) 자동차검사 분야에서 실무 경력이 10년 이상인 사람	
4) 자동차 검사기기 (전산 외) 및 자동차 검사실무	가) 자동차검사대행자 또는 정비산업기사 이상의 기술자격을 소지하고 자동차검사 또는 정비 분야에서 실무 경력이 5년 이상인 사람 나) 자동차 및 기계공학 계열의 학사학위 이상의 학위를 소지하고 자동차검사 분야에서 실무 또는 연구경력이 5년 이상인 사람 다) 자동차검사용 기계·기구(제동시험기, 전조등시험기 등) 또는 자동차배출가스 측정 장비(차대동력계, 배출가스분석기, 매연측정기 등)의 형식승인, 정도검사 분야에서 실무 경력이 5년 이상인 사람 라) 「고등교육법」에 따른 대학에서 자동차·기계·전기·전자계열의 관련 학과를 졸업하고 자동차검사 분야에서 실무 또는 연구 경력이 5년 이상인 사람 마) 「고등교육법」 제16조 및 「대학교원 자격기준 등에 관한 규정」 제2조에 따른 교수·부교수·조교수의 자격을 갖추고 자동차검사 분야에서 실무 또는 연구 경력이 2년 이상인 사람	2명 이상

※ 비고 : 외부강사의 경우 최소 1년 이상의 강의가 가능하여야 한다.

② 전문교육기관으로 지정을 받으려는 자는 별지 제58호의4서식의 전문교육기관 지정신청서에 다음 각 호의 서류를 첨부하여 국토교통부장관에게 제출해야 한다.

1. 시설·장비 및 인력 보유 현황
2. 교육과정편성표(교육내용을 포함한다) 및 운영계획서

③ 제2항에 따라 신청을 받은 국토교통부장관은 「전자정부법」 제36조제1항에 따른 행정정보의 공동이용을 통하여 법인 등기사항증명서 및 사업자등록증을 확인해야 한다. 다만, 신청인이 사업자등록증의 확인에 동의하지 않는 경우에는 그 사본을 제출하도록 해야 한다.

④ 국토교통부장관은 제2항에 따라 지정을 신청한 자가 제1항 각 호의 지정기준에 적합한 경우에는 전문교육기관으로 지정하고 별지 제58호의5서식의 전문교육기관 지정서를 발급해야 한다.

⑤ 제4항에 따라 지정된 전문교육기관은 매년 12월 말일까지 제1항에 따른 교육계획을 수립하여 국토교통부장관에게 보고해야 한다.

⑥ 제5항에도 불구하고 지정을 신청한 연도의 교육계획은 제2항제2호에 따른 운영계획서와 함께

제출해야 한다.

[본조신설 2021. 10. 14.]

제93조의3 (전문교육기관의 지정해제)

① 국토교통부장관은 전문교육기관이 다음 각 호의 어느 하나에 해당하는 경우 지정을 해제할 수 있다.

1. 제93조의2제1항에 따른 지정기준에 미달하게 된 경우
2. 거짓이나 그 밖의 부정한 방법으로 지정을 받은 경우
3. 교육을 이수하지 않은 사람에게 교육수료증을 발급하는 등 출・결석 사항과 교육 이수사항의 기록 및 관리가 부실한 경우

② 국토교통부장관이 제1항에 따라 전문교육기관의 지정을 해제하려는 경우에는 청문을 실시해야 한다.

[본조신설 2021. 10. 14.]

제12장 택시미터의 검정 등

제1절 택시미터의 검정

제94조 (택시미터의 종류 및 구조)

① 법 제47조제1항에 따라 검정을 받아야 하는 택시요금미터(이하 "택시미터"라 한다)의 종류 및 구조는 다음 각 호와 같다.

1. 전기식 택시미터 : 자동차에 부착된 상태로 거리와 시간을 측정하여 택시 승차요금을 산정하는 택시미터로서 전기로 작동하는 방식의 택시미터
2. 애플리케이션식 택시미터 : 위성위치확인시스템(GPS)을 통해 실시간으로 파악되는 자동차의 위치정보를 기반으로 시간, 거리 및 속도를 계산하여 승차요금을 산정하는 택시미터로서 「이동통신단말장치 유통구조 개선에 관한 법률」 제2조제4호에 따른 이동통신단말장치에 설치된 애플리케이션으로 작동하는 방식의 택시미터

② 누구든지 전기식 택시미터의 기본・주행・할증요금을 표시하는 요금장치(이하 "요금장치"라 한다) 또는 애플리케이션식 택시미터의 기본・주행・할증요금을 표시하는 기능(이하 "요금산정기능"이라 한다)을 개조해서는 안 된다. 다만, 택시요금체계의 변경으로 인하여 시・도지사가 정하는 기간 내에 요금장치를 개조하는 경우에는 그렇지 않다. <개정 2022. 3. 10.>

[전문개정 2021. 8. 27.]

제95조 (검정의 종류 및 범위 등)

① 법 제47조제1항에 따라 택시미터를 제작·수리·수입 또는 사용하는 자는 다음 각 호의 구분에 따른 택시미터 검정을 받아야 한다. <개정 2022. 3. 10.>

1. 제작검정 : 택시미터를 제작 또는 수입한 때에 실시하는 검정
2. 수리검정 : 택시미터에 대하여 다음 각 목의 어느 하나에 해당하는 행위를 한 때에 실시하는 검정
   가. 전기식 택시미터를 자동차에 부착하는 행위
   나. 제94조제2항 단서에 따라 시·도지사가 정하는 기간 내에 전기식 택시미터의 요금장치를 개조하는 행위
   다. 제6항에 따른 검정봉인이 파손되어 이를 수리하거나 검정봉인을 파손하고 수리하는 행위
   라. 전기식 택시미터의 요금장치 또는 애플리케이션식 택시미터의 요금산정기능과 관련하여 새로운 기능을 추가하는 행위
   마. 그 밖에 국토교통부장관이 정하여 고시하는 수리행위
3. 사용검정 : 다음 각 목의 어느 하나에 해당하는 검정
   가. 전기식 택시미터에 대하여 법 제43조제1항제2호에 따른 자동차의 정기검사를 할 때 실시하는 검정. 이 경우 제77조제2항에 따른 정기검사 기간 이내에 제2호에 따른 수리검정을 받은 경우에는 사용검정을 받은 것으로 본다.
   나. 전기식 택시미터에 대하여 「여객자동차 운수사업법 시행규칙」 제107조에 따른 차령연장을 위한 검사를 할 때 실시하는 검정. 이 경우 「여객자동차 운수사업법 시행령」 별표 2에 따른 차령기간이 만료되기 전 2개월 이내에 수리검정을 받은 경우에는 사용검정을 받은 것으로 본다.
   다. 애플리케이션식 택시미터에 대하여 법 제47조제2항에 따른 택시미터전문검정기관(이하 "택시미터전문검정기관"이라 한다)이 애플리케이션식 택시미터의 사용을 시작한 연도의 다음 연도부터 매년 1회 이상 실시하는 검정

② 제1항에 따른 택시미터 검정의 범위는 다음 각 호의 구분에 따른다.

1. 전기식 택시미터 : 거리를 측정하는 측정장치(변속기에 부착되어 속도를 측정하는 부분을 말한다)에서부터 요금장치까지
2. 애플리케이션식 택시미터 : 위성위치확인시스템으로파악된 자동차 위치정보를 기반으로 시간, 거리 및 속도를 계산하는 기능에서부터 요금을 계산하는 기능 및 요금산정기능까지

③ 전기식 택시미터에 대해 법 제47조제1항에 따른 검정을 받으려는 자는 별지 제59호서식의 전기식 택시미터 제작·수리·사용 검정신청서를 시·도지사 또는 택시미터전문검정기관에 제출해야 한다. 다만, 제1항제3호가목 및 나목에 따른 사용검정의 경우에는 별지 제59호서식의 신청서 대신 자동차등록증을 제출할 수 있다.

④ 애플리케이션식 택시미터에 대해 법 제47조제1항에 따른 검정을 받으려는 자는 별지 제59호의2서

식의 애플리케이션식 택시미터 제작 · 수리 · 사용 검정신청서에 애플리케이션식 택시미터의 검정기준에 따른 검정항목별 증빙자료를 첨부하여 택시미터전문검정기관에 제출해야 한다. <개정 2022. 3. 10.>

⑤ 시 · 도지사 또는 택시미터전문검정기관은 검정에 필요하다고 인정될 경우 택시미터를 제작 · 수리 · 수입 또는 사용하는 자에게 검정에 필요한 자료 등의 제출을 요구할 수 있다.

⑥ 택시미터의 검정기준 · 방법, 검정봉인 및 그 밖에 검정의 시행에 관하여 필요한 사항은 국토교통부장관이 정하여 고시한다.

[전문개정 2021. 8. 27.]

제2절 택시미터전문검정기관의 지정

제96조 (택시미터전문검정기관의 지정신청 등)

① 법 제47조제2항에 따라 전기식 택시미터전문검정기관으로 지정받으려는 자는 별지 제60호서식의 전기식 택시미터(제작 · 수리 · 사용)전문검정기관지정신청서에 다음 각 호의 서류(신청인이 지정정비사업자인 경우에는 지정정비사업자지정서 사본을 말한다)를 첨부하여 국토교통부장관(수리 및 사용검정인 경우에는 시 · 도지사를 말한다. 이하 이 항에서 같다)에게 제출해야 한다. 이 경우 국토교통부장관은 「전자정부법」 제36조제1항에 따른 행정정보의 공동이용을 통하여 법인 등기사항증명서(신청인이 법인인 경우만 해당한다)를 확인해야 한다.

1. 사업계획서
2. 검정요원의 명단 및 자격을 증명하는 서류
3. 전기식 택시미터 검정설비의 명세서 및 그 소재지를 기재한 서류

② 법 제47조제2항에 따라 애플리케이션식 택시미터전문검정기관으로 지정받으려는 자는 별지 제60호의2서식의 애플리케이션식 택시미터(제작 · 수리 · 사용)전문검정기관 지정신청서에 다음 각 호의 서류를 첨부하여 국토교통부장관에게 제출해야 한다. 이 경우 국토교통부장관은 「전자정부법」 제36조제1항에 따른 행정정보의 공동이용을 통하여 법인 등기사항증명서(신청인이 법인인 경우만 해당한다)를 확인해야 한다.

1. 사업계획서
2. 애플리케이션식 택시미터 검정설비의 명세서
3. 별표 21의2 제2호에 따른 검정기관의 권한 기준을 갖추었음을 증명하는 서류(사용검정의 경우만 해당한다)

③ 국토교통부장관 또는 시 · 도지사는 제1항 또는 제2항에 따라 택시미터전문검정기관의 지정을 신청한 자가 다음 각 호의 구분에 따른 요건을 갖춘 경우에는 검정업무개시일을 정하여 별지 제61호서식의 택시미터(제작 · 수리 · 사용)전문검정기관지정서를 발급해야 한다.

1. 전기식 택시미터전문검정기관 : 다음 각 목의 어느 하나의 요건을 갖춘 경우
   가. 별표 18의 지정정비사업자의 검사시설기준(신청인이 지정정비사업자인 경우만 해당한다)

나. 별표 21의 전기식 택시미터검정설비 및 검정요원자격기준

2. 애플리케이션식 택시미터전문검정기관 : 다음 각 목의 요건을 모두 갖춘 경우

가. 별표 21의2 제1호의 애플리케이션식 택시미터검정설비

나. 별표 21의2 제2호의 검정기관 권한 기준(사용검정의 경우만 해당한다)

[전문개정 2023. 5. 25.]

■ 자동차관리법 시행규칙 [별표 21] <개정 2023. 5. 25.>

전기식 택시미터검정설비 및 검정요원자격기준(제96조제2항 관련)

1. 검정설비기준

검정종류	검정항목	검정설비명	검정설비규격	수량
제작검정	기차	전기식택시미터용 기준기 및 시험장치	펄스범위 : 9,999펄스 이상 펄스속도 : 0~60펄스/초 이상의 것 · 기본, 이후 1차 및 2차에 대한 시간, 거리 구동시험에 따른 입력, 표시장치가 있을 것 · 전압을 0~30V까지 가변할 수 있는 장치로 갖춘 것 · 전압 및 전류표시기능이 있을 것 · 시간, 거리병산제에 따른 시험속도를 가변 시험할 수 있을 것	1
	시간의 오차	스톱워치	최소눈금값이 0.1s 이하인 것	1
	노이즈(기계 동작을 방해하는 전기 신호)시험	노이즈시험기	펄스높이 : 300v 이상 펄스 폭 : 1㎲ 펄스상승시간 : 1ns 펄스극성 : +, - 펄스위상 : 0~360 주파수 : 60Hz	1
	파형시험	오실로스코프(전압의 변화를 화면으로 보여주는 장치)	200㎒ 이상	1
	전압변동	전압조정기	DC0~30V까지 조정이 가능한 것	1
	온도시험	항온조	온도조정범위 : -10~35° 이상 정도 : ±1℃ 내면의 크기 : 70×70×50cm 이상의 것	1
	전압, 전류저항 측정	멀티미터(multimeter, 휴대용 전류 전압계)	전류·전압 및 저항을 측정할 수 있는 0.2급 이상의 것	1
	진동시험	진동시험기	이중진폭(double amplitude) 1밀리미터 이상, 진동수 60㎐, 최대가속도가 20㎨로 72시간 연속 측정할 수 있는 것	1
수리검정	기차	전기식택시미터용 기준기	펄스범위 : 9,999펄스 이상 펄스속도 : 0~60펄스/초 이상의 것	1
	시간의 오차	스톱워치	최소눈금값이 0.1s 이하의 것	

검정종류	검정항목	검정설비명	검정설비규격	수량
수리검정	거리의 오차	주행검사기	〈주롤러〉 주롤러의 원주길이는 500밀리미터 이상 〈검출기〉 회전수를 검출하는 검출기는 1회전당 1펄스 또는 1회전을 검출하는 구조	1
수리검정	거리의 오차	주행검사기	〈지시부〉 · 기본표시숫자 : 5자리 이상 · 이후표시숫자 : 5자리 이상 · 기본, 이후 롤러회전수 표시값에 5퍼센트 이내에서 경보음을 발생하는 기능이 있을 것 · 시험이 끝나면 "0" 점으로 복귀하는 장치가 있을 것 〈안전장치〉 주행장치에 따른 자동차의 탈출 방지장치를 갖추어야 한다.	
사용검정	거리의 오차	주행검사기	수리검정과 동일	

주 : 시·도지사는 수리검정시 주행검사기를 주행코스로 대체할 수 있다.

2. 검정요원 자격기준
   가. 「고등교육법」에 따른 4년제 대학 또는 이와 동등 이상의 학교에서 기계공학과·전기공학과·전자공학과·물리학과 또는 이에 준하는 학과의 학사학위를 소지한 사람
   나. 「국가기술자격법」에 따른 자동차정비기사·자동차정비기능사·계량기사·계량기능사·정밀 측정기사 또는 정밀측정기능사자격을 취득한 사람
   다. 국토교통부장관이 지정하는 기관 또는 단체에서 35시간 이상 택시미터 검정관련 교육을 이수한 사람
   라. 그 밖에 가목부터 다목까지의 어느 하나에 해당하는 사람과 동등 이상의 능력이 있다고 국토교통부장관이 인정하는 사람

■ 자동차관리법 시행규칙 [별표 21의2] <신설 2023. 5. 25.>

애플리케이션식 택시미터 검정설비 및 검정기관 권한 기준(제96조제2항 및 제3항 관련)

1. 검정설비 기준
   가. 제작·수리검정
      1) 데이터 송·수신

검정시스템명	검정시스템 규격	수량
운행 데이터 수집 시스템	· 실시간으로 데이터 수집처리가 가능할 것	1식 이상
통신규약 검증 시스템	· 제95조제6항에 따라 국토교통부장관이 고시하는 애플리케이션식 택시미터 관련 표준통신규약에 따라 데이터를 송·수신하고 처리할 수 있을 것	1식 이상

2) 운임산정

검정시스템명	검정시스템 규격	수량
비정상적 좌표 검출 및 실제 운행 여부 검증 시스템	· 운임산정 내역(비정상적 좌표를 포함한 내역을 말한다)을 검출할 수 있을 것 · 애플리케이션식 택시미터가 생성하는 데이터 외의 데이터와 결합하여 실제 지정 택시에서의 사용 여부를 확인할 수 있을 것	1식 이상
운임 기준 준수 및 산정내역 분석 시스템	· 운임 기준 준수 및 허용차 검사를 할 수 있을 것	1식 이상

나. 사용검정

1) 데이터 송·수신

검정시스템명	검정시스템 규격	수량
운행 데이터 수집 시스템	· 실시간으로 데이터 수집처리가 가능할 것 · 전국 택시 전체를 수용할 수 있을 것	1식 이상
통신규약 검증 시스템	· 제95조제6항에 따라 국토교통부장관이 고시하는 애플리케이션식 택시미터 관련 표준통신규약에 따라 데이터를 송·수신하고 처리할 수 있을 것	1식 이상

2) 운임산정

검정시스템명	검정시스템 규격	수량
비정상적 좌표 검출 및 실제 운행 여부 검증 시스템	· 운임산정 내역(비정상적 좌표를 포함한 내역을 말한다)을 검출할 수 있을 것 · 애플리케이션식 택시미터가 생성하는 데이터 외의 데이터와 결합하여 실제 지정 택시에서의 사용 여부를 확인할 수 있을 것	1식 이상
운임 기준 준수 및 산정내역 분석 시스템	· 운임 기준 준수 및 허용차 검사를 할 수 있을 것 · 최근 영업데이터 중 무작위로 추출하여 검사할 수 있을 것	1식 이상

3) 운전자 및 차량 정보 입력

검정시스템명	검정시스템 규격	수량
운전자 및 차량 검증 시스템	· 택시운전자격증번호 및 자동차등록번호를 받아 유효성을 확인할 수 있을 것 · 「여객자동차 운수사업법」 제22조의2제1항에 따른 운수종사자 관리시스템(이하 이 별표에서 "운수종사자 관리시스템"이라 한다), 이 법 제69조제1항에 따른 전산정보처리조직(이하 이 별표에서 "자동차관리정보시스템"이라 한다)과 연계하여 최신의 정보를 이용할 것 · 유효성을 검증받지 않은 영업을 검출할 수 있을 것	1식 이상

2. 검정기관 권한 기준 : 사용검정 검정기관의 경우 다음 각 목의 권한을 모두 갖출 것

가. 「택시운송사업의 발전에 관한 법률 시행규칙」 제10조에 따른 택시 운행정보의 실시간 수집 및 처리가 가능한 시스템을 구축·운영할 수 있는 권한

나. 운수종사자 관리시스템의 정보를 연계하여 활용할 수 있는 권한

다. 자동차관리정보시스템의 정보를 연계하여 활용할 수 있는 권한

제97조 삭제 〈1999. 2. 19.〉

제98조 (검정기관의 폐지신고)

택시미터전문검정기관이 그 지정 취소를 요청하려는 경우에는 폐지예정일부터 3개월 이전에 별지 제62호서식의 택시미터전문검정기관지정폐지신고서(전자문서로 된 신고서를 포함한다)를 국토교통부장관 또는 시·도지사에게 제출해야 한다. 다만, 지정정비사업자로서 전기식 택시미터전문검정기관 지정을 폐지하려는 경우에는 폐지예정일부터 10일 이전에 제출할 수 있다.
[전문개정 2023. 5. 25.]

제12장의2 자동차의 교환 또는 환불 등 <신설 2018. 11. 23.>

제98조의2 (자동차의 교환 또는 환불 요건 등)

① 법 제47조의2제1항제1호에서 "신차로의 교환 또는 환불 보장 등 국토교통부령으로 정하는 사항이 포함된 서면계약"이란 다음 각 호의 사항이 포함된 서면계약을 말한다. <개정 2019. 8. 20.>

1. 총 판매가격
2. 인도 날짜
3. 하자발생 시 신차로의 교환 또는 환불 보장(자동차제작자 등이 발행하는 제품안내서 등에 교환·환불 보장에 관한 사항이 기재된 경우를 포함하며, 서면계약의 특약 등으로 교환·환불 보장을 배제하지 않아야 한다)
4. 법 제47조의7제2항에 따라 같은 조 제1항에 따른 자동차안전·하자심의위원회(이하 "자동차안전·하자심의위원회"라 한다)가 제정한 교환·환불중재 규정(이하 "교환·환불중재 규정"이라 한다) 또는 교환·환불중재 규정이 게시된 인터넷 홈페이지 주소 및 그 수락 사실(자동차제작자 등이 교환·환불중재 규정을 수락한 경우에 한한다)
5. 자동차제작자 등이 신차 매매계약을 체결할 때 교환·환불중재 규정의 요지를 구매자에게 설명하고 구매자가 이를 이해하였다는 서명(자동차제작자 등이 교환·환불중재 규정을 수락한 경우에 한하며, 서명의 경우 「전자서명법」 제2조제2호에 따른 전자서명을 포함한다)
6. 법 제47조의2제2항에 따라 하자재발 통보를 받을 자동차제작자 등의 대표자 및 주소

② 자동차제작자등으로부터 자동차의 판매를 위탁받은 자가 자동차를 판매하는 경우에는 법 제47조의2제1항제1호에 따른 서면계약에 자동차제작자 등이 같은 조에 따른 교환 또는 환불 요구의 대상임을 명시하여야 한다.

③ 법 제47조의2제1항제3호가목에서 "국토교통부령으로 정하는 구조 및 장치"란 다음 각 호의 어느 하나에 해당하는 장치를 말한다.

1. 원동기(동력발생장치) 및 동력전달장치
2. 주행장치
3. 조종장치
4. 조향장치
5. 제동장치
6. 완충장치
7. 연료장치
8. 자동차 주행과 관련된 전기·전자장치
9. 차대(차대가 없는 구조의 자동차는 차체를 말한다)

[본조신설 2018. 11. 23.] [종전 제98조의2는 제98조의7로 이동 <2018. 11. 23.>]

제98조의3 (하자재발 사실의 통보)

① 법 제47조의2제2항에 따라 하자차량소유자가 같은 증상의 하자가 재발한 사실을 통보하려면 서면 또는 전자문서(자동차안전·하자심의위원회가 관리하는 정보처리시스템에서 전자문서로 하자재발 통보서를 작성·제출하는 경우를 포함한다)로 별지 제62호의2서식에 따른 하자재발 통보서를 작성하여 자동차제작자등에게 통보하여야 한다.

② 자동차제작자 등은 제1항에 따라 통보를 받은 경우 지체없이 하자차량소유자에게 접수사실을 통지한 후 관련 서류를 보관·관리하여야 한다.

[본조신설 2018. 11. 23.]

제98조의4 (교환 또는 환불을 위한 중재신청 요건 등)

① 법 제47조의4제1항제1호에서 "국토교통부령으로 정하는 바에 따라 사전에 제47조의7제2항제1호 나목에 따른 교환·환불중재 규정을 수락한 경우"란 자동차제작자 등이 자동차를 판매하기 전에 국토교통부와 자동차안전·하자심의위원회에 교환·환불중재 규정을 수락한다는 의사를 서면으로 통지한 경우를 말한다.

② 법 제47조의4제1항제2호에서 "국토교통부령으로 정하는 바에 따라 교환·환불중재 규정을 수락한 경우"란 하자차량소유자가 다음 각 호의 구분에 따른 자에게 교환·환불중재 규정을 수락한다는 의사를 서면으로 통지(별지 제62호의3서식에 따른 교환·환불중재 신청서에 서명하여 제출하는 경우를 포함한다)한 경우를 말한다.

1. 매매계약을 체결하는 경우 : 자동차제작자등
2. 교환·환불중재를 신청하는 경우 : 자동차안전·하자심의위원회

③ 하자차량소유자가 법 제47조의4제1항에 따라 교환 또는 환불을 위한 중재를 신청하려면 별지 제62호의3서식에 따른 자동차 교환·환불중재 신청서(전자문서로 된 신청서를 포함한다)에 다음 각 호의 서류를 첨부하여 자동차안전·하자심의위원회에 제출하여야 한다. <개정 2019. 8. 20.>

1. 법 제47조의2제1항제3호에 따른 수리내역 등 교환 또는 환불에 해당함을 증명하는 자료
2. 신청인의 신분증 사본(법인의 경우 법인등기부등본 및 법인인감증명서)
3. 위임장 및 위임인의 신분증 사본(법인의 경우 법인등기부등본 및 법인인감증명서)과 대리인임을 증명하는 서류(대리인이 신청하는 경우로 한정한다)
4. 그 밖에 신청인의 주장을 증명할 수 있는 자료

[본조신설 2018. 11. 23.]

제98조의5 (사실조사 요청 등)

① 법 제47조의4제5항에 따라 자동차안전·하자심의위원회가 성능시험대행자에게 사실조사를 의뢰하려면 다음 각 호의 사항을 명확히 하여 의뢰해야 한다. <개정 2023. 5. 25.>

1. 교환 또는 환불중재 사건번호
2. 하자자동차의 차명·차대번호 및 등록번호
3. 소유자의 성명·전화번호 및 주소
4. 사실조사 의뢰일
5. 사실조사 의뢰 내용

② 제1항에 따라 사실조사를 의뢰받은 성능시험대행자는 30일 이내에 사실조사를 완료한 후 다음 각 호의 사항이 포함된 사실조사 결과보고서를 자동차안전·하자심의위원회에 제출하여야 한다. 다만, 부득이한 경우 자동차안전·하자심의위원회와의 협의를 거쳐 15일의 범위에서 그 기간을 한 차례만 연장할 수 있다.

1. 교환 또는 환불중재 사건번호
2. 사실조사의 결과
3. 하자의 유무 및 판단 근거
4. 보고서 작성일
5. 조사자의 성명과 서명

③ 성능시험대행자는 사실조사를 위하여 필요한 경우 법 제47조의4제5항에 따라 자동차안전·하자심의위원회에 자동차제작자등과 하자차량소유자에게 필요한 자료 제출의 요구를 건의할 수 있다. <개정 2023. 5. 25.>

④ 자동차안전·하자심의위원회는 교환·환불중재의 당사자가 사실조사 시 참관을 요청하는 경우에는 사실조사의 참관을 허용할 수 있다. 이 경우 자동차안전·하자심의위원회는 즉시 해당 성능시험대행자에게 그 사실을 통지하여야 한다.

[본조신설 2018. 11. 23.]

제98조의6 (환불 기준 등)

① 법 제47조의6제3항에서 "국토교통부령으로 정하는 기준"이란 다음의 계산식에 따라 산정된 금액을

말한다. 다만, 해당 자동차의 결함 또는 하자와 무관한 사고 등으로 자동차의 가치가 현저히 훼손된 경우에는 법 제47조의9에 따른 중재부가 산정한 금액을 말한다.

$$환불금액 = 총판매가격 \times (1 - \frac{환불시\ 주행거리(㎞)}{150,000}) + 필수비용(취득세,\ 등록번호판발급수수$$

② 법 제47조의6제4항에서 "국토교통부령으로 정하는 사유"란 해당 하자차량과 동일한 차량의 생산 종료·중단 또는 차량의 성능 개선 등으로 인하여 해당 차량과 같은 품질 또는 기능이 보장되지 아니하여 교환이 불가능한 경우를 말한다.

[본조신설 2018. 11. 23.]

제13장 이륜자동차의 관리

제1절 이륜자동차의 사용신고 등

제98조의7 (사용신고 대상 이륜자동차)

법 제48조제1항에서 "국토교통부령으로 정하는 이륜자동차"란 최고속도가 매시 25킬로미터 이상인 이륜자동차를 말한다. 다만, 다음 각 호의 어느 하나에 해당하는 이륜자동차로서 국토교통부장관이 정하여 고시하는 이륜자동차는 제외한다. <개정 2013. 3. 23.>

1. 산악지형이나 비포장도로에서 주로 사용할 목적으로 제작된 이륜자동차 중 차동장치가 없는 이륜자동차
2. 그 밖에 주된 용도가 도로 운행 목적이 아닌 것으로서 조향장치 및 제동장치 등을 손으로 조작할 수 없거나 자동차의 주요한 구조적 장치의 설치 또는 장착 등이 현저히 곤란한 이륜자동차

[본조신설 2011. 12. 15.] [제98조의2에서 이동 <2018. 11. 23.>]

제99조 (이륜자동차의 사용신고 및 번호지정)

① 법 제48조제1항에 따라 이륜자동차의 소유자가 이륜자동차의 사용신고 및 이륜자동차번호의 지정을 받으려는 경우에는 별지 제63호서식의 이륜자동차사용신고서에 다음 각 호의 서류를 첨부하여 특별자치시장·시장·군수 또는 구청장 (법 제77조제9항에 따라 권한이 위임된 경우에는 읍장·면장·동장 또는 출장소장을 말한다. 이하 이 장에서 같다)에게 제출해야 한다. <개정 1999. 12. 31., 2003. 1. 2., 2010. 2. 18., 2015. 6. 4., 2021. 8. 27., 2023. 5. 25.>

1. 소유권을 증명하는 서류(제2호, 제2호의2, 제4호 및 이 조 제2항 단서에 따른 서류로써 소유권을 증명할 수 없는 경우만 해당한다)
2. 별지 제63호의2서식의 이륜자동차제작증(신규로 제작·조립한 이륜자동차에 한한다)

2의2. 별지 제72호의2서식의 이륜자동차실측확인서(해당하는 경우에 한한다)

3. 삭제 <2023. 5. 25.>

4. 이륜자동차사용폐지증명서(제103조의 규정에 의하여 사용을 폐지한 이륜자동차를 다시 사용신고하는 경우에 한한다)

② 제1항에 따른 신고를 받은 특별자치시장 · 시장 · 군수 또는 구청장은 해당 이륜자동차가 수입한 이륜자동차인 경우에는 「전자정부법」 제36조제1항에 따른 행정정보의 공동이용을 통하여 「관세법 시행령」 제116조제2항에 따른 수입신고필증을 확인해야 한다. 다만, 신고인이 확인에 동의하지 않는 경우에는 해당 서류 또는 이를 대신할 세관의 증명서를 첨부하게 해야 한다. <신설 2023. 5. 25.>

③ 제1항의 규정에 의하여 이륜자동차의 사용신고를 받은 특별자치시장 · 시장 · 군수 또는 구청장은 해당 이륜자동차에 대하여 이륜자동차의 번호를 지정하고 별책 4의 이륜자동차대장을 작성 · 관리한 후 별지 제64호서식의 이륜자동차사용신고필증을 신고인에게 발급(전자문서에 의한 발급을 포함한다)하여야 한다. <개정 1999. 12. 31., 2007. 12. 13., 2010. 2. 18., 2021. 8. 27., 2023. 5. 25.>

④ 특별자치시장 · 시장 · 군수 또는 구청장이 제3항에 따라 이륜자동차의 번호를 지정하는 경우에는 「자동차등록령」 제21조에 따른 자동차등록번호의 부여방법을 준용한다. 이 경우 "등록번호"는 "이륜자동차번호"로, "말소등록"은 "사용폐지신고"로, "등록번호판"은 "이륜자동차번호판"으로, "신규등록"은 "사용신고"로 본다. <개정 1999. 12. 31., 2005. 9. 16., 2021. 8. 27., 2023. 5. 25.>

제100조 (이륜자동차번호판의 부착 등)

① 법 제49조제1항에 따른 이륜자동차번호판에는 제99조제1항에 따른 이륜자동차의 사용신고를 받은 특별자치시장 · 시장 · 군수 또는 구청장이 속하는 시 · 도의 표시를 하여야 한다. 다만, 제101조제1항에 따라 변경신고를 하는 경우에는 이륜자동차 소유자의 요청에 따라 변경신고를 받은 특별자치시장 · 시장 · 군수 또는 구청장이 속하는 시 · 도의 표시를 할 수 있다. <개정 2015. 6. 4., 2021. 8. 27.>

② 특별자치시장 · 시장 · 군수 또는 구청장은 제99조제2항의 규정에 따라 이륜자동차의 사용신고필증을 발급하는 경우에는 해당 이륜자동차가 신고내용과 동일한지 여부를 확인한 후 이륜자동차번호판을 이륜자동차의 뒷부분에 붙이고 왼쪽의 접착부분에 봉인을 하여야 한다. 다만, 법 제49조제2항 단서의 규정에 해당하는 경우에는 이륜자동차의 사용신고를 하는 자에게 이륜자동차번호판 및 봉인을 발급하여야 한다. <개정 1999. 12. 31., 2010. 2. 18., 2021. 8. 27.>

③ 이륜자동차의 소유자는 이륜자동차번호판 또는 봉인이 떨어지거나 알아보기 어렵게 된 경우에는 지체 없이 특별자치시장 · 시장 · 군수 또는 구청장에게 이를 다시 부착 · 봉인하여 줄 것을 신청해야 하며, 그 신청절차 및 제출서류에 관하여는 제5조제4항을 준용한다. 이 경우 "등록번호판"은 "이륜자동차번호판"으로, "자동차등록증"은 "이륜자동차사용신고필증"으로 본다. <개정 1999. 12. 31., 2003. 1. 2., 2015. 6. 4., 2021. 8. 27., 2023. 6. 9.>

④ 이륜자동차의 소유자는 이륜자동차번호판을 멸실한 경우에는 지체없이 이륜자동차사용신고필증을 첨부하여 이륜자동차번호판이 멸실된 이륜자동차 사용본거지의 특별자치시장ㆍ시장ㆍ군수ㆍ구청장에게 새로운 이륜자동차번호판의 부착ㆍ봉인을 신청해야 한다. <신설 2021. 8. 27.>

⑤ 이륜자동차의 소유자는 이륜자동차번호판을 분실하거나 도난당한 경우에는 지체없이 다음 각호의 서류를 첨부하여 특별자치시장ㆍ시장ㆍ군수 또는 구청장에게 새로운 이륜자동차번호판의 부착ㆍ봉인을 신청해야 한다. <신설 2003. 1. 2., 2015. 6. 4., 2021. 8. 27.>

1. 이륜자동차사용신고필증
2. 경찰관서에서 발급하는 분실 또는 도난신고확인서

⑥ 제4항 및 제5항에 따른 신청을 받은 시장ㆍ군수 또는 구청장은 다음 각호의 조치를 하여야 한다. <신설 2003. 1. 2., 2010. 2. 18., 2015. 6. 4., 2021. 8. 27.>

1. 이륜자동차대장의 변경기재
2. 이륜자동차사용신고필증의 기재사항 변경 및 발급
3. 새로운 이륜자동차번호의 지정 및 이륜자동차번호판의 발급

⑦ 제2항의 규정은 제3항의 규정에 의하여 이륜자동차번호판을 다시 부착하고 봉인하는 경우에 이를 준용한다. <신설 1999. 12. 31., 2021. 8. 27.>

⑧ 제1항부터 제7항까지에 따른 이륜자동차번호판과 봉인의 재질ㆍ규격ㆍ문자배열 및 도색 등 필요한 사항은 국토교통부장관이 정하여 고시한다. <신설 2015. 6. 4., 2021. 8. 27.>

[제목개정 2023. 6. 9.]

제101조 (신고사항의 변경신고)

① 이륜자동차의 소유자는 제99조의 규정에 의하여 신고한 사항중 이륜자동차의 사용본거지, 소유자의 성명(명칭) 또는 주민등록번호가 변경되거나 이륜자동차의 소유권이 이전된 경우에는 법 제48조제2항의 규정에 의하여 다음 각호의 구분에 따라 별지 제65호서식의 이륜자동차신고사항변경신고서(전자문서로 된 신고서를 포함한다)를 시장ㆍ군수 또는 구청장에게 제출하여야 한다. <개정 1999. 12. 31., 2004. 11. 29., 2010. 2. 18., 2014. 2. 28.>

1. 이륜자동차의 사용본거지가 변경되거나 소유자의 성명(명칭) 또는 주민등록번호가 변경된 경우 : 그 사유가 발생한 날부터 30일 이내
2. 소유권이 이전된 경우
   가. 매매의 경우 : 매수한 날(잔금지급일)부터 15일이내
   나. 증여의 경우 : 증여를 받은 날부터 20일이내
   다. 상속의 경우 : 상속개시일이 속하는 달의 말일부터 6개월 이내
   라. 기타의 경우 : 그 사유가 발생한 날부터 15일이내

② 제1항의 이륜자동차신고사항변경신고서에는 다음 각호의 서류(전자문서를 포함한다) 등을 첨부하여야 한다. 다만, 「전자정부법」 제36조제1항에 따른 행정정보의 공동이용을 통하여 첨부서류에

대한 정보를 확인할 수 있는 경우에는 그 확인으로 첨부서류에 갈음할 수 있다. <개정 2003. 1. 2., 2004. 11. 29., 2005. 9. 16., 2010. 2. 18., 2011. 4. 11., 2015. 6. 4.>

1. 이륜자동차사용신고필증(분실한 경우에는 그 사유로 대체할 수 있다)
2. 변경신고사항을 증명하는 서류
3. 이륜자동차번호판(제100조제1항 단서에 따라 시 · 도 표시의 변경을 요청하는 경우에만 해당한다)

③ 제1항에 따른 신고를 받은 시장 · 군수 또는 구청장은 다음 각호의 조치를 하여야 한다. <개정 1999. 12. 31., 2003. 1. 2., 2010. 2. 18., 2015. 6. 4.>

1. 이륜자동차대장의 변경기재
2. 이륜자동차사용신고필증의 기재사항 변경 및 발급
3. 변경전 이륜자동차번호판의 회수 및 새로운 이륜자동차번호판의 발급 및 봉인(제100조제1항 단서에 따라 시 · 도 표시의 변경을 요청하는 경우에만 해당한다)

④ 삭제 <2010. 2. 18.>

⑤ 제1항의 규정에 불구하고 이륜자동차소유자가 「주민등록법」에 따른 전입신고와 성명 및 주민등록번호의 정정신고를 한 때에는 그 변경신고를 한 것으로 본다. <개정 2003. 1. 2., 2005. 9. 16., 2010. 2. 18., 2014. 10. 31.>

제101조의2 (양도인의 소유권이전 변경신고)

① 법 제48조제3항 단서에 따라 양도인이 이륜자동차 소유권 이전에 관한 변경신고를 하려는 경우에는 제101조제2항의 서류를 시장 · 군수 또는 구청장에게 제출하여야 한다.

② 제1항의 서류를 제출받은 시장 · 군수 또는 구청장은 지체 없이 양수인에게 7일 이상 15일 이내의 기간을 정하여 이륜자동차 소유권 이전에 관한 변경신고를 할 것을 최고하여야 한다.

③ 시장 · 군수 또는 구청장은 제2항에 따른 최고기간에 양수인이 이의를 제기하지 아니하거나 소유권 이전신고를 하지 아니한 때에는 제1항에 따른 양도인의 서류제출을 소유권 이전신고로 보아 제101조제3항에 따른 조치를 하고 신고절차를 마쳐야 한다.

④ 시장 · 군수 또는 구청장은 제3항에 따라 소유권 이전신고를 마친 경우에는 양도인 및 양수인에게 그 사실을 알리고 양수인에게 이륜자동차사용신고필증 및 이륜자동차번호판(이륜자동차의 번호가 변경되는 경우만 해당한다)을 교체하도록 통보하여야 한다. <개정 2015. 6. 4.>

[본조신설 2010. 2. 18.]

제102조 (사용신고필증의 재발급)

① 이륜자동차의 소유자는 이륜자동차사용신고필증을 잃어버리거나 식별이 곤란하게 되어 재발급을 받고자 하는 때에는 별지 제67호서식의 이륜자동차사용신고필증재발급신청서(전자문서로 된 신청서를 포함한다)를 시장 · 군수 또는 구청장에게 제출하여야 한다. <개정 1999. 12. 31., 2004.

11. 29., 2010. 2. 18.>

② 제1항의 규정에 의하여 신청을 받은 시장·군수 또는 구청장은 이륜자동차대장을 대조·확인한 후 이륜자동차사용신고필증을 발급(전자문서에 의한 발급을 포함한다)하고, 재발급한 사실을 이륜자동차대장 및 이륜자동차사용신고필증에 기재하여야 한다. <개정 1999. 12. 31., 2010. 2. 18., 2012. 7. 12.>

③ 신청인이 전산정보처리조직을 통하여 이륜자동차사용신고필증의 재발급을 신청한 경우 전산정보처리조직 운영기관(「자동차관리법 시행령」 제19조제8항에 따라 권한을 위탁받은 한국교통안전공단을 말한다)의 장은 이륜자동차사용신고필증의 내용이 틀림없음을 증명하는 내용의 증명문을 덧붙여 적고, 이륜자동차사용신고필증이 여러 장인 경우에는 연속성을 확인할 수 있는 조치 및 위조·변조 방지조치를 하여 발급하여야 한다. <신설 2014. 10. 31., 2019. 4. 23.>

[제목개정 2010. 2. 18.]

제103조 (사용폐지신고 등)

① 이륜자동차의 소유자는 이륜자동차의 사용을 폐지하고자 하는 때에는 그 사유가 발생한 날부터 15일 이내에 별지 제68호서식의 이륜자동차사용폐지신고서(전자문서로 된 신고서를 포함한다)에 다음 각호의 서류(전자문서를 포함한다)를 첨부하여 시장·군수 또는 구청장에게 제출하여야 한다. 다만, 「전자정부법」 제36조제1항에 따른 행정정보의 공동이용을 통하여 첨부서류에 대한 정보를 확인할 수 있는 경우에는 그 확인으로 첨부서류에 갈음할 수 있다. <개정 1999. 12. 31., 2003. 1. 2., 2004. 11. 29., 2005. 9. 16., 2010. 2. 18., 2011. 4. 11., 2015. 6. 4.>

1. 이륜자동차사용신고필증(분실한 경우를 제외한다)
2. 이륜자동차번호판(멸실, 분실 또는 도난의 경우는 제외한다)
3. 경찰관서에서 발급하는 분실 또는 도난신고확인서(분실 또는 도난당한 경우에 한한다)
4. 사용폐지사유를 증명하는 서류(멸실이나 그 밖의 사유로 인한 사용폐지의 경우에 한한다)

② 시장·군수 또는 구청장은 제1항의 규정에 의하여 사용폐지신고를 받은 때에는 당해이륜자동차대장에 그 사유와 신고연월일을 기재하고 사용폐지신고한 이륜자동차대장을 폐쇄하여야 한다. <개정 1999. 12. 31.>

③ 시장·군수 또는 구청장은 제1항의 규정에 의하여 사용폐지신고를 한 이륜자동차를 다시 사용하고자 하는 자에 대하여는 별지 제69호서식의 이륜자동차사용폐지증명서를 발급(전자문서에 의한 발급을 포함한다)하고, 그 사실을 해당 이륜자동차의 사용폐지신고 당시의 이륜자동차대장에 기재하여야 한다. <개정 1999. 12. 31., 2010. 2. 18., 2012. 7. 12.>

④ 신청인이 전산정보처리조직을 통하여 이륜자동차사용폐지증명서의 재발급을 신청한 경우 발급방법에 관하여는 제102조제3항을 준용한다. <신설 2014. 10. 31.>

제104조 (사용신고를 위한 운행)

이륜자동차의 소유자는 법 제48조제1항의 규정에 의한 사용신고를 하기 위하여 이륜자동차를 일시 운행하고자 하는 때에는 제99조제1항에 규정된 이륜자동차의 사용신고에 필요한 서류를 휴대하여야 한다.

제104조의2 (차대번호 등의 표기 등)

이륜자동차의 차대번호 및 원동기형식의 표기에 관하여는 제14조 내지 제21조의 규정을 준용한다.
[본조신설 2003. 1. 2.]

제2절 이륜자동차의 자기인증등 <개정 2003. 1. 2.>

제105조 (이륜자동차의 제원통보 등)

① 이륜자동차 제작자 등은 법 제30조제4항 및 법 제52조에 따라 해당 이륜자동차의 제원을 이륜자동차 판매개시 10일전까지 별지 제70호서식의 이륜자동차 제원통보서에 다음 각호의 서류를 첨부하여 성능시험대행자에게 제출하여야 한다. 통보한 이륜자동차의 제원이 변경되는 경우(「자동차 및 자동차부품의 성능과 기준에 관한 규칙」 별표 33의 규정에 의한 제원의 허용차 범위이내의 변경은 제외한다)에도 또한 같다. <개정 2005. 9. 16., 2010. 2. 18., 2017. 1. 6.>

1. 별지 제71호서식의 이륜자동차 제원표
2. 이륜자동차의 외관도
3. 별지 제9호서식의 차대번호 및 원동기형식 표기시행통보서

② 제1항의 규정에 의하여 통보받은 제원의 관리 등에 관하여는 제39조제2항 내지 제4항의 규정을 준용한다.

[전문개정 2003. 1. 2.]

제106조 (이륜자동차의 자기인증표시 등)

① 이륜자동차의 자기인증에 관하여는 제39조의2의 규정을 준용한다.

② 제1항의 규정에 의한 자기인증의 표시는 다음 각호의 방법에 의한다.

1. 이륜자동차 조향축 부근 잘보이는 위치에 부착할 것
2. 제1호의 위치에 부착이 곤란한 경우 성능시험대행자와 협의하여 이륜자동차 사용자가 잘 보이는 위치에 부착할 것

[본조신설 2003. 1. 2.]

제106조의2 (이륜자동차의 실측확인 등)

① 자기인증능력의 기준에 미달하는 이륜자동차 제작자 등은 제작등을 하는 당해 이륜자동차에 대한

안전도 확인 및 제원측정을 위하여 별지 제72호서식의 이륜자동차 실측확인신청서에 다음 각호의 서류를 첨부하여 성능시험대행자에게 제출하여야 한다.

1. 별지 제71호서식의 이륜자동차 제원표 및 외관도
2. 수입면장 또는 수입사실증명서(수입 이륜자동차에 한한다)

② 성능시험대행자는 제1항의 규정에 의하여 이륜자동차의 실측확인 신청을 받은 경우에는 실측확인을 하여 해당 이륜자동차가 법 제50조의 규정에 의한 이륜자동차의 안전기준에 적합하다고 인정될 때에는 별지 제72호의2서식의 이륜자동차실측확인서를 신청인에게 발급하여야 한다. <개정 2010. 2. 18.>

[본조신설 2003. 1. 2.]

제106조의3 (이륜자동차에 대한 준용)

제32조(제1항제4호 및 제5호를 제외한다), 제33조, 제34조(제3호를 제외한다), 제40조 내지 제48조, 제49조의3제3항, 제5항 및 제6항 및 제50조 내지 제54조의 규정은 이륜자동차에 관하여 이를 준용한다. <개정 2024. 7. 10.>

[본조신설 2003. 1. 2.]

제3절 이륜자동차의 튜닝 등 <개정 2014. 12. 31.>

제107조 (이륜자동차 튜닝의 승인대상 및 승인기준 등)

① 이륜자동차를 튜닝하는 경우 한국교통안전공단의 승인을 얻어야 하는 구조・장치는 다음 각 호와 같다. <개정 1999. 12. 31., 2003. 1. 2., 2014. 12. 31., 2017. 1. 6., 2019. 4. 23., 2021. 2. 5., 2024. 2. 16.>

1. 길이・너비・높이 및 중량분포와 관련된 구조
2. 원동기 및 동력전달장치, 조향장치, 제동장치, 차체, 승차장치 및 물품적재장치, 소음방지장치 및 등화장치

② 제1항에도 불구하고 방풍장치나 법 제34조의3에 따라 인증을 받은 튜닝부품 등 국토교통부장관이 정하여 고시하는 경미한 구조・장치로 튜닝하는 경우는 제1항에 따른 승인 대상에서 제외한다. <신설 2024. 2. 16.>

③ 제55조제2항부터 제4항까지의 규정은 이륜자동차에 관하여 이를 준용한다. <개정 2021. 2. 5., 2024. 2. 16.>

[제목개정 2014. 12. 31.]

제108조 (이륜자동차의 튜닝승인 신청 등)

① 이륜자동차의 튜닝승인을 받으려는 자는 별지 제73호서식의 이륜자동차 튜닝승인신청서에 다음 각호의 서류를 첨부하여 한국교통안전공단에 제출하여야 한다. <개정 1999. 12. 31., 2003. 1.

2., 2014. 12. 31., 2019. 4. 23., 2024. 2. 16.>

1. 별지 제73호의2서식에 따른 이륜자동차 튜닝 전·후 주요제원대비표(제원변경이 있는 경우만 해당한다)
2. 튜닝 전·후의 이륜자동차의 외관도(외관변경이 있는 경우만 해당한다)
3. 튜닝하려는 구조·장치의 설계도

② 한국교통안전공단은 제1항에 따른 신청내용이 제107조에 따른 이륜자동차의 튜닝승인대상 및 승인기준에 적합하다고 인정될 때에는 10일 이내에 별지 제74호서식의 이륜자동차 튜닝승인서에 튜닝 후의 이륜자동차를 제시할 장소를 명시하여 신청인에게 발급하여야 한다. <개정 1999. 12. 31., 2003. 1. 2., 2010. 2. 18., 2014. 12. 31., 2019. 4. 23., 2024. 2. 16.>

③ 제2항에 따라 이륜자동차의 튜닝승인을 받은 자는 튜닝승인을 받은 날부터 45일 이내에 한국교통안전공단으로부터 지정된 장소에서 해당 이륜자동차의 튜닝된 구조·장치가 안전기준에 적합한지 여부를 확인받아야 한다. <개정 2024. 2. 16.>

④ 한국교통안전공단은 제3항에도 불구하고 튜닝승인을 받은 자에게 이륜자동차의 도난·사고발생·폐차·압류 또는 장기간의 정비 등 제3항에 따른 기간(이하 이 조에서 "확인기간"이라 한다) 내에 이륜자동차를 제시하지 못할 부득이한 사유가 있다고 인정되는 경우에는 45일의 범위에서 그 기간을 한 차례 연장할 수 있다. 이 경우 확인기간을 연장받으려는 자는 그 확인기간 내에 별지 제74호의2서식의 신청서에 다음 각 호의 서류를 첨부하여 한국교통안전공단에 제출해야 한다. <개정 2024. 2. 16.>

1. 이륜자동차 튜닝승인서
2. 연장 사유를 증명하는 서류

⑤ 한국교통안전공단은 제4항에 따라 확인기간을 연장하는 경우에는 이륜자동차 튜닝승인서에 연장기간을 기재하여 기간 연장을 신청한 자에게 발급해야 한다. <신설 2024. 2. 16.>

[제목개정 2014. 12. 31.]

제108조의2 (이륜자동차의 튜닝 결과 보고 및 확인)

① 한국교통안전공단은 제108조제3항에 따라 이륜자동차의 튜닝된 구조·장치가 안전기준에 적합하다고 확인한 경우에는 튜닝 사항을 이륜자동차사용신고필증에 적고 그 결과를 시장·군수 또는 구청장에게 보고해야 한다. 다만, 그 결과를 전산정보처리조직에 입력한 경우에는 이를 보고한 것으로 본다.

② 튜닝승인을 받은 자는 이륜자동차의 튜닝된 구조·장치가 제108조제3항에 따라 안전기준에 적합하지 않다는 확인을 받은 경우에는 10일 이내에 같은 조 제2항에 따른 장소에서 해당 이륜자동차의 안전기준 적합 여부를 다시 확인받아야 한다.

③ 제2항에 따른 기간을 산정하는 경우에는 다음 각 호의 어느 하나에 해당하는 날은 제외한다.

1. 토요일 및 일요일

2. 「공휴일에 관한 법률」에 따른 공휴일 및 대체공휴일
3. 「근로자의 날 제정에 관한 법률」에 따른 근로자의 날

④ 한국교통안전공단은 다음 각 호의 경우에는 그 사실을 시장・군수 또는 구청장에게 보고해야 한다. 다만, 그 사실을 전산정보처리조직에 입력한 경우에는 이를 보고한 것으로 본다.
1. 제2항에 따라 재확인한 이륜자동차의 튜닝된 구조・장치가 안전기준에 적합하다고 확인한 경우
2. 제2항에 따라 재확인한 이륜자동차의 튜닝된 구조・장치가 안전기준에 적합하지 않다고 확인한 경우
3. 튜닝승인을 받은 자가 제2항에 따라 10일 이내에 재확인을 받지 않은 경우

⑤ 시장・군수 또는 구청장은 제1항 및 제4항에 따른 보고를 받은 경우에는 다음 각 호의 구분에 따라 조치해야 한다.
1. 제1항 및 제4항제1호에 따라 이륜자동차의 튜닝된 구조・장치가 안전기준에 적합하다고 보고받은 경우 : 별책 4의 이륜자동차대장에 그 튜닝사실을 기재할 것
2. 제4항제2호 및 제3호에 따른 사실을 보고받은 경우 : 튜닝된 이륜자동차를 튜닝승인된 내용과 같도록 하거나 튜닝 전 상태로 원상회복하도록 하기 위하여 제109조에 따른 정비명령과 제110조에 따른 운행정지명령을 할 것

[본조신설 2024. 2. 16.]

제109조 (이륜자동차의 정비명령)

① 시장・군수 또는 구청장은 이륜자동차의 정비를 명령을 하고자 하는 때에는 별지 제75호서식의 이륜자동차정비명령서에 의하고, 이륜자동차사용신고필증에 정비를 명한 사실 및 제110조의 규정에 의하여 운행정지를 명한 사실(운행정지명령을 한 경우에 한한다)을 기재하여야 한다. <개정 1999. 12. 31.>

② 제1항의 규정에 의한 정비명령을 받은 이륜자동차의 소유자는 정비를 완료하고 정비명령서 및 이륜자동차사용신고필증과 함께 이륜자동차를 시장・군수 또는 구청장에게 제시하여야 한다. <개정 1999. 12. 31.>

③ 시장・군수 또는 구청장은 제2항의 규정에 의하여 제시된 이륜자동차에 대하여 정비내용을 확인하고, 당해이륜자동차가 정비명령에 따라 정비된 경우에는 이륜자동차사용신고필증에 이를 기재하여야 한다. <개정 1999. 12. 31.>

제110조 (이륜자동차의 운행정지명령)

① 시장・군수 또는 구청장은 이륜자동차의 운행정지를 명하는 때에는 별지 제76호서식의 이륜자동차운행정지명령서에 의한다. <개정 1999. 12. 31.>

② 이륜자동차의 소유자는 제1항의 규정에 의한 운행정지명령서를 찢거나 더럽혀서는 아니되며, 정비

를 완료한 때에는 운행정지명령서를 시장 · 군수 또는 구청장에게 제출하여야 한다. <개정 1999. 12. 31.>

제14장 자동차관리사업 등 <개정 2023. 6. 9.>

제1절 통칙

제111조 (등록신청 등)

① 법 제53조제1항에 따라 자동차관리사업의 등록을 하려는 자는 사업장마다 별지 제77호서식의 자동차관리사업등록신청서(전자문서로 된 신청서를 포함한다)에 다음 각 호의 서류(전자문서를 포함한다)를 첨부하여 시장 · 군수 또는 구청장에게 제출해야 한다. 이 경우 제2호의 서류는 자동차 정비업 및 자동차해체재활용업의 경우에만 제출한다. <개정 2022. 3. 10.>

1. 사업장(자동차해체재활용업의 경우에는 제140조제1항에 따른 자동차해체재활용영업소를 포함한다. 이하 같다)의 위치도 및 평면도
2. 시설의 일람표(임대차계약을 통하여 사용권을 확보한 경우에는 이를 증명하는 서류를 포함한다) 및 그 예정배치도
3. 사업계획서(소요자금 및 종사원 확보계획이 포함된 것을 말한다)

② 제1항에 따른 등록신청서를 제출받은 시장 · 군수 또는 구청장은 「전자정부법」 제36조제1항에 따른 행정정보의 공동이용을 통하여 법인 등기사항증명서(신청인이 법인인 경우로 한정한다) 및 토지이용계획정보를 확인해야 한다. <신설 2022. 3. 10.>

③ 시장 · 군수 또는 구청장은 제1항에 따른 등록신청이 다음 각 호의 어느 하나에 해당하는 경우를 제외하고는 등록을 해 주어야 한다. <개정 2011. 12. 15., 2022. 3. 10.>

1. 법 제53조제3항에 따른 등록기준을 갖추지 못한 경우
2. 법 제53조제4항에 따른 등록의 제한사유에 해당한다고 인정되는 경우
3. 법 제54조제1항에 따른 결격사유에 해당하는 경우
4. 제4항의 각 호의 서류를 그 확보기간 내에 제출하지 않는 경우
5. 그 밖에 법 또는 다른 법령에 따른 제한에 해당하는 경우

④ 시장 · 군수 · 구청장은 제1항에 따른 등록신청이 제3항제1호 및 제2호에 해당하지 않는다고 인정하는 경우에는 시설 및 인력의 확보기간을 정하여 다음 각 호의 서류를 제출할 것을 신청인에게 통지해야 한다. <신설 2011. 12. 15., 2022. 3. 10.>

1. 사업장의 대지 및 건물에 대한 사용권이 있음을 증명하는 서류
2. 시설의 일람표와 그 배치도(자동차매매업인 경우를 제외한다)
3. 법 제53조제3항의 규정에 의한 자동차관리사업의 등록기준에 적합함을 증명하는 서류

4. 자동차정비에 관한 기술적인 업무를 담당하는 자(이하 "정비요원"이라 한다)의 자격증사본 및 취업승낙서(자동차정비업만 해당한다)

5. 법 제53조제4항의 규정에 의한 조건을 붙인 경우에는 그 이행사실을 증명하는 서류

⑤ 제4항에 따른 시설 및 정비요원의 확보기간은 12개월 이내로 한다. 다만, 다음 각 호의 사유가 있는 경우에는 한 차례만 그 사유의 해소에 필요한 기간을 정하여 확보기간을 연장할 수 있다. <개정 1999. 12. 31., 2011. 12. 15., 2022. 3. 10.>

1. 시장·군수 또는 구청장이 법 제53조제4항의 규정에 의하여 공익상 필요하다고 인정하여 붙인 조건의 이행을 위한 경우
2. 천재지변등으로 인한 경우
3. 다른 법령의 규정에 의한 행정기관의 인가·허가·심의 등이 지연되는 경우

⑥ 시장·군수 또는 구청장은 제4항에 따라 시설 및 정비요원의 확보통지를 받은 자가 정당한 사유없이 기간 내에 시설을 갖추지 않는 경우에는 시설 및 정비요원의 확보통지를 취소해야 한다. <개정 1999. 12. 31., 2011. 12. 15., 2018. 11. 23., 2022. 3. 10.>

⑦ 시장·군수 또는 구청장은 제4항에 따라 시설 및 정비요원의 확보통지를 받은 자가 정해진 기간 내에 시설 및 정비요원을 갖추고 제4항 각 호의 서류를 제출한 경우에는 별책 5의 자동차관리사업등록대장에 다음 각 호의 사항(이하 "등록사항"이라 한다)을 등록하고 사업개시일을 정하여 별지 제78호서식의 자동차관리사업등록증을 신청인에게 발급해야 한다. <개정 1999. 12. 31., 2010. 2. 18., 2011. 12. 15., 2018. 11. 23., 2022. 3. 10.>

1. 상호 또는 명칭
2. 대표자 및 임원의 성명·주소
3. 사업장의 소재지
4. 사업장의 대지면적 및 건물면적
5. 기계·기구명세(법 제40조제1항에 따른 정밀도검사를 받아야 하는 대상으로 한정한다)

⑧ 제7항의 자동차관리사업등록대장은 전자적 처리가 불가능한 특별한 사유가 없으면 전자적 처리가 가능한 방법으로 작성·관리해야 한다. <신설 2007. 12. 13., 2011. 12. 15., 2018. 11. 23., 2022. 3. 10.>

제111조의2 (자동차관리사업 등록기준)

법 제53조제3항 본문 및 단서에 따른 자동차관리사업의 등록기준은 별표 21의3과 같다. <개정 2023. 5. 25.>

[본조신설 2012. 11. 23.]

■ 자동차관리법 시행규칙 [별표 21의3] <개정 2023. 5. 25.>

자동차관리사업의 등록기준(제111조의2 관련)

1. 자동차매매업의 등록기준

구분	기준
가. 전시시설 연면적	· 660㎡ 이상으로 하되, 매매업자 3명 이상이 같은 장소에서 공동으로 사업장을 사용하는 경우에는 매매업자 각 1명에게 적용하는 면적기준(660㎡)의 30퍼센트 범위에서 완화할 수 있다.
나. 전시시설의 구조	· 전시시설 외부에서 차량이 보이지 않도록 시설을 갖추되, 주거 및 도시미관과 조화되도록 설치해야 한다. 다만, 사업장 외벽을 전시용 유리창(Show Window) 등으로 하는 경우에는 그러하지 아니하다.
다. 사무실	· 사무실은 전시시설과 붙어있거나 같은 건물에 위치해야 한다. 다만, 다음의 요건을 모두 갖춘 경우에는 전시시설의 경계선으로부터 반경 100미터 이내의 건물에 사무실을 둘 수 있다. 1) 사무실과 전시시설을 도보로 이동할 수 있어 매수인이 계약을 체결하는 데 불편함과 위험을 느끼지 않을 것 2) 적법하게 매매업의 운영이 가능하다고 해당 시장·군수·구청장이 인정한 건물에 위치한 사무실일 것
라. 기타	· 그밖에 자동차매매업에 필요한 기준은 시·도 또는 인구 50만 이상 시의 조례로 정할 수 있다.

주)
1. "전시시설"이란 자동차 전시용 시설(사무실은 제외한다)을 말한다.
2. 전시시설의 연면적을 산정할 때에는 전체 전시시설의 연면적의 합계에서 비전시시설(공용통로, 화장실, 계단, 복도 및 엘리베이터 등 자동차를 직접 전시하는 시설 이외의 시설을 말한다)을 제외하고 계산하되, 두 곳 이상의 장소가 다음 각 목의 어느 하나에 해당하는 경우에는 각 장소의 면적을 합산하여 계산할 수 있다.
   가. 서로 다른 필지인 경우로서 매매자동차를 도로를 거치지 않고 다른 장소로 이동하는 것이 가능한 경우
   나. 서로 다른 건물에 위치한 경우로서 공중보행통로 등을 이용하여 자동차매매업자 등이 다른 건물로 이동하는 것이 가능한 경우
3. 위 표 나목의 기준은 특별시 및 광역시 중 인구 50만 이상의 자치구에 한정하여 적용한다. 다만, 해당 자치구의 구청장이 해당 전시시설이 위치한 토지의 용도지역 및 지역 주민의 의견 등을 고려하여 필요하지 않다고 인정하는 경우에는 적용하지 않는다.

2. 자동차정비업의 등록기준

구분		자동차 종합 정비업	소형 자동차 종합 정비업	소형 자동차 종합 정비업	자동차 원동기 정비업
가. 시설면적	작업장·검차장·사무실·부품창고 등을 포함한 면적	1,000㎡ 이상	400㎡ 이상	50㎡ 이상	300㎡ 이상
나. 시설·장비	1) 검사시설(핏트 또는 리프트)	○	○	○	–
	2) 체인부록(1톤 이상)	–	–	–	○
	3) 도장(塗裝)시설(스프레이건 포함)	○	○	–	–
	4) 부동액회수재생기	○	○	○	○
다. 정비·검사기구	1) 제동시험기	○	○	–	–
	2) 전조등시험기	○	○	–	–
	3) 사이드슬립측정기	○	○	–	–

구분		자동차 종합 정비업	소형 자동차 종합 정비업	소형 자동차 종합 정비업	자동차 원동기 정비업
다. 정비 · 검사기구	4) 속도계시험기	○	○	-	-
	5) 일산화탄소측정기	○	○	○	○
	6) 탄화수소측정기	○	○	○	○
	7) 매연측정기	○	○	○	○
라. 시험 · 측정기	1) 연료분사펌프시험기	○	○	-	○
	2) 압력측정기	○	○	-	○
	3) 회전반경측정기	○	○	○	-
	4) 휠밸런스	○	○	○	-
	5) 토인측정기	○	○	○	-
	6) 캠버캐스터측정기	○	○	○	-
	7) 엔진종합시험기	-	-	-	○
	8) 노즐시험기	-	-	-	○
마. 공작 기계	1) 실린더보링머신	-	-	-	○
	2) 실린더호닝머신	-	-	-	○
	3) 밸브 시트 그라인더(연마기)	-	-	-	○
	4) 밸브시트카터	-	-	-	○
	5) 크랭크연마기	-	-	-	○

주)

1. 둘 이상의 정비 · 검사기구 또는 시험 · 측정기의 기능을 모두 가진 하나의 정비 · 검사기구 또는 시험 · 측정기를 갖춘 경우에는 해당 기능을 가진 각각의 하나의 정비 · 검사기구 또는 시험 · 측정기를 모두 갖춘 것으로 본다.
2. 제131조제2항제3호에 따라 등록된 자동차정비업의 경우에는 일산화탄소측정기, 탄화수소측정기, 매연측정기, 연료분사펌프시험기 및 압력측정기를 갖추지 않을 수 있다.
3. 나목부터 마목까지의 시설·장비 등은 임대차 계약을 통하여 사용권을 확보하고, 그 사실을 서류를 통해 증명하는 경우에는 그 계약기간 중에는 해당 시설·장비 등을 갖춘 것으로 본다.
4. 가목부터 마목까지의 기준 외에 자동차정비업에 필요한 기준은 시 · 도 또는 인구 50만 이상 시의 조례로 정할 수 있다.

3. 자동차해체재활용업의 등록기준

구분		기준	
		세부기준	면적 또는 대수
가. 시설기준	1) 시설 면적	해체작업장, 보관창고, 사무실 등을 포함할 것	4,500㎡ 이상
	2) 해체작업장		600㎡ 이상
	3) 부품보관창고		600㎡ 이상
나. 장비기준	1) 구난차	권상능력(물건을 매달아 올리거나 내리는 힘) 3톤 이상을 갖출 것	1대 이상
	2) 지게차	인양능력(끌어서 높은 곳으로 끌어올리는 능력) 3.5톤 이상을 갖출 것	1대 이상
	3) 중량계	계량능력(무게를 재는 능력) 20톤 이상을 갖출 것	1대 이상
	4) 압축기	압축능력(압력을 가하여 부피를 줄이는 능력) 10㎥ 이상을 갖출 것	압축기 · 파쇄기 · 전단기 · 용해로 중 선택하여 1대 이상
	5) 파쇄기	가압능력(압력을 가하는 능력) 500HP 이상 또는 생산능력 5톤/hr 이상을 갖출 것	

<table>
<tr><th colspan="2" rowspan="2">구분</th><th colspan="2">기준</th></tr>
<tr><th>세부기준</th><th>면적 또는 대수</th></tr>
<tr><td rowspan="2">나. 장비기준</td><td>6) 전단기</td><td>전단능력(절단하는 능력) 800톤 이상 또는 처리능력 15톤/hr 이상을 갖출 것</td><td rowspan="2"></td></tr>
<tr><td>7) 용해로</td><td>용해능력(녹이는 능력) 1회당 5톤 이상을 갖출 것</td></tr>
</table>

주)

1. 가목 및 나목 외에 자동차해체재활용업에 필요한 기준은 시・도 또는 인구 50만 이상 시의 조례로 정할 수 있다.
2. 나목의 장비는 임대차 계약을 통하여 사용권을 확보하고, 그 사실을 서류를 통해 증명하는 경우에는 그 계약기간 중에는 해당 장비를 갖춘 것으로 본다.

제112조 (변경등록)

① 자동차관리사업자는 등록사항을 변경하고자 하는 때에는 별지 제79호서식의 자동차관리사업변경등록신청서에 다음 각호의 서류를 첨부하여 변경 후 15일 이내에 시장・군수 또는 구청장에게 제출하여야 한다. 다만, 영 제11조의 규정에 의한 경미한 등록사항의 변경과 제113조제1항의 규정에 의한 양도・양수 등의 신고를 한 대표자변경인 경우에는 그러하지 아니하다. <개정 1999. 12. 31., 2010. 2. 18.>

1. 자동차관리사업등록증
2. 변경하고자 하는 사항을 증명하는 서류 및 도면

② 자동차관리사업 변경등록에 관하여는 제111조(제4항제4호를 제외한다)를 준용한다. <개정 2018. 11. 23., 2022. 3. 10.>

제113조 (양도・양수 등의 신고)

① 법 제55조제1항 및 제2항의 규정에 의하여 자동차관리사업의 양도・양수 또는 합병의 신고를 하고자 하는 자는 별지 제80호서식의 자동차관리사업양도・양수(합병)신고서에 다음 각호의 서류를 첨부하여 시장・군수 또는 구청장에게 제출하여야 한다. 다만, 제1호 및 제2호의 서류는 자동차관리사업의 양도・양수 사실을 객관적으로 확인할 수 있는 법원의 확정판결문 사본으로 대신할 수 있다. <개정 1999. 12. 31., 2018. 6. 27.>

1. 자동차관리사업등록증
2. 양도・양수 또는 합병사실을 증명하는 서류
3. 삭제 <2003. 1. 2.>
4. 양수인이 사업장의 대지 및 건물에 대한 사용권이 있음을 증명하는 서류
5. 법 제53조제3항의 규정에 의한 자동차관리사업의 등록기준에 적합함을 증명하는 서류(양도・양수 또는 합병으로 인하여 자동차관리사업의 등록사항이 변경되는 경우에 한한다)

② 시장・군수 또는 구청장은 제1항의 규정에 의하여 자동차관리사업을 양수하고자 하는 자 또는 합병하고자 하는 법인의 임원이 법 제54조의 규정에 의한 결격사유에 해당되지 아니하는 때에는

그 신고를 수리하고 자동차관리사업등록증을 재발급하여야 한다. <개정 1999. 12. 31., 2010. 2. 18.>

③ 법 제55조제4항의 규정에 의하여 사업의 전부 또는 일부를 휴업 또는 폐업하고자 하는 자는 그 휴업 또는 폐업예정일전까지 별지 제81호서식의 자동차관리사업휴업·폐업신고서에 자동차관리사업등록증을 첨부(폐업의 경우에만 해당한다)하여 시장·군수 또는 구청장에게 제출하여야 한다. <개정 1999. 2. 19., 1999. 12. 31., 2001. 4. 19., 2003. 1. 2., 2010. 2. 18.>

제114조 삭제 〈1999. 2. 19.〉

제115조 (사업의 개선명령대상 등)

① 법 제56조제1항제4호에서 "국토교통부령으로 정하는 사항"이란 다음 각 호의 사항을 말한다. <개정 2008. 3. 14., 2010. 2. 18., 2013. 3. 23., 2018. 11. 23.>

1. 종사원의 관리에 관한 사항
2. 서류 또는 장부의 작성내용에 관한 사항
3. 사업의 집단화에 관한 사항
4. 매매자동차의 보관·관리에 관한 사항(자동차매매업의 경우에 한한다)
5. 영업소의 설치에 관한 사항(자동차해체재활용업의 경우에만 해당한다)

② 법 제56조제2항제3호에서 "국토교통부령으로 정하는 사항"이란 다음 각 호의 사항을 말한다. <신설 2018. 11. 23., 2023. 6. 9.>

1. 이용자 불만 접수 및 처리 등에 관한 사항
2. 인터넷 홈페이지(휴대전화에서 사용되는 응용프로그램을 포함한다)를 통하여 제공되는 정보의 관리에 관한 사항
3. 자동차의 주행거리, 자동차등록번호, 법 제53조에 따라 자동차매매업을 등록한 자(이하 "자동차매매업자"라 한다)의 매입희망가격, 최종 매입가격 및 자동차매매업자의 자동차관리사업 등록번호의 보관·관리에 관한 사항

제116조 (자동차관리사업자 등의 전송 의무)

① 법 제58조제10항에 따라 자동차관리사업자 및 자동차성능·상태점검자(자동차성능·상태점검자는 법 제58조제2항 전단에 따라 자동차성능·상태점검 신고를 한 자를 말하며, 이하 "자동차관리사업자등"이라 한다)가 전산정보처리조직에 전송해야 하는 사항은 다음 각 호의 구분과 같다. <개정 2014. 12. 31., 2015. 7. 7., 2018. 1. 18., 2023. 5. 25., 2023. 6. 9.>

1. 자동차매매업자 : 별지 제82호서식의 자동차성능·상태점검기록부(자동차가격조사·산정서) 중 다음 각 목의 사항

   가. 자동차 기본정보

나. 자동차 종합상태

다. 사고 · 교환 · 수리 등 이력

라. 자동차 세부 상태

마. 자동차 가격을 조사 · 산정한 내용(매수인이 가격조사 · 산정을 원한 경우에 한정한다)

2. 자동차정비업자 : 별지 제89호의2서식의 점검 · 정비명세서 중 다음 각 목의 사항

가. 등록번호

나. 주행거리

다. 점검 · 정비의뢰일자

라. 사업자등록번호

마. 정비업등록번호

바. 업체명(대표자)

사. 주소(전화번호)

아. 점검 · 정비완료일자

자. 출고일자

차. 정비책임자

카. 별표 21의4에 따른 작업내용 구분

■ 자동차관리법 시행규칙 [별표 21의4] <개정 2023. 5. 25.>

작업내용 구분(제116조 관련)

차체(보디)(B)		엔진(E)	
1	전조등(헤드램프)(좌/우)	1	엔진
2	후미등(콤비네이션램프)(좌/우)	2	엔진커버(타이밍커버)
3	전면범퍼(프런트범퍼)	3	스로틀보디
4	후면범퍼(리어범퍼)	4	인젝터
5	보닛(후드)	5	타이밍벨트
6	전 · 후패널	6	에어컴프레서(공기압축기)
7	전 · 후펜더(좌/우)	7	디스트리뷰터(배전기)
8	앞문(프런트도어)(좌/우)	8	에어컨컨덴서
9	사이드미러(좌/우)	9	에어컨 컴프레서(에어컨 압축기)
10	뒷문(리어도어)(좌,우)	10	라디에이터(방열기)
11	트렁크리드(트렁크덮개)	11	발전기
12	백도어	12	시동전동기
13	윈도모터	13	헤드개스켓
14	트렁크플로어	14	연료분사펌프

차체(보디)(B)		엔진(E)	
15	휠하우스(좌·우)		
16	필러패널		
17	사이드패널		
18	대시패널		
19	크로스멤버		
20	루프패널		

의장(D)		고전원전기장치(H)	
1	대시보드(크래쉬패드)	1	구동축전지
2	계기판	2	전력변환장치
3	히터 유니트	3	구동전동기
4	콤비네이션 스위치	4	연료전지
5	전자제어장치(ECU)	5	감속기
6	와이퍼모터/링키지(linkage)		
7	에어백모듈	**샤시(S)**	
8	안전벨트	1	변속기(트랜스미션)
9	침수차량 정비(엔진·전기·하체)	2	등속조인트(CV조인트)
		3	프로펠러 샤프트(프로펠러 축)
		4	프런트 서스펜션(전면 완충장치)
		5	리어 서스펜션(후면 완충장치)
		6	제동 마스터백/실린더
		7	쇼크 업소버(완충장치)
		8	바퀴잠김방지식 제동장치(ABS) 모듈
		9	파워스티어링기어
		10	스티어링샤프트
		11	로우암
		12	파워스티어링펌프
		13	캘리퍼/휠실린더
		14	차동기어

3. 자동차해체재활용업자 : 제143조제2항제2호에 따른 폐차인수증명서발급대장 중 다음 각 목의 사항과 같은 조 제3항에 따라 촬영한 사진

가. 발급번호

나. 발급연월일

다. 등록번호

라. 차종

마. 차명·형식

바. 연식·주행거리

사. 소유자 주소 · 성명

아. 폐차처리 요구자 주소 · 성명

자. 삭제 <2015. 7. 7.>

차. 삭제 <2015. 7. 7.>

4. 자동차성능 · 상태점검자: 별지 제82호서식의 자동차성능 · 상태점검기록부(자동차가격조사 · 산정서) 중 다음 각 목의 사항

가. 자동차 기본정보

나. 자동차 종합상태

다. 사고 · 교환 · 수리 등 이력

라. 자동차 세부 상태

② 자동차관리사업자 등은 제1항의 사항을 전송하려는 경우에는 다음 각 호의 구분에 따른 시기까지 전송해야 한다. <개정 2023. 6. 9.>

1. 자동차매매업자 : 자동차이전등록 이전
2. 자동차정비업자 : 자동차 점검 · 정비명세서 발급 후 72시간 이내
3. 자동차해체재활용업자 : 폐차인수증명서 발급 이전
4. 자동차성능 · 상태점검자 : 법 제58조제1항에 따라 같은 항 제1호에 따른 자동차성능 · 상태점검(이하 "자동차성능 · 상태점검"이라 한다)을 한 날부터 3일 이내

③ 자동차관리사업자 등은 법 제67조에 따른 조합 등 또는 법 제68조에 따른 연합회를 통하여 제1항 각 호에 따른 사항을 전송할 수 있다. <개정 2023. 6. 9.>

[본조신설 2013. 9. 6.] [제목개정 2023. 6. 9.]

제117조 (검사 및 단속 주기 등)

① 시 · 도지사, 시장 · 군수 또는 구청장은 분기마다 1회 이상 다음 각 호에 해당하는 조치를 해야 한다. <개정 2014. 1. 16., 2023. 5. 25.>

1. 법 제72조제2항에 따른 자동차관리사업자에 대한 검사
2. 법 제73조제1항제3호에 따른 무등록자동차관리사업행위 단속

② 시 · 도지사, 시장 · 군수 또는 구청장은 법 제73조제3항의 규정에 의하여 법 제67조의 규정에 의한 조합 등 또는 법 제68조의 규정에 의한 연합회에 단속업무에 필요한 인력의 협조를 요청하는 때에는 인원수, 자격기준, 소요기간등 협조사항을 구체적으로 명시하여 요청하여야 하며, 단속에 참여하는 인력에 대해서는 보안서약서를 받는 등 단속정보에 대한 보안유지 방안을 마련하여야 한다. <개정 1999. 12. 31., 2014. 1. 16.>

[전문개정 1998. 5. 26.] [제목개정 2014. 1. 16.]

제117조의2 (모범사업자의 지정 기준 등)

① 법 제58조의2의 규정에 의하여 모범사업자로 지정받고자 하는 자는 시장・군수 또는 구청장에게 이를 신청하여야 한다.

② 제1항에 따른 모범사업자 지정신청을 받은 시장・군수 또는 구청장은 별표 21의5에 따른 모범사업자의 지정 기준에 적합한지를 검토하여 그 지정 기준에 적합한 경우에는 모범사업자지정증 및 표지판을 발급해야 한다. <개정 2010. 2. 18., 2013. 9. 6., 2023. 5. 25.>

■ 자동차관리법 시행규칙 [별표 21의5] <개정 2023. 5. 25.>

모범사업자의 지정기준(제117조의2 관련)

1. 공통사항(매매업・정비업・폐차업)

가. 사업자

(1) 고객의 서비스 향상을 위하여 정기적으로 종사원에 대하여 교육을 실시하여야 한다.

(2) 고객이 불만을 제기하는 경우 최대한 해결할 수 있도록 노력하여야 한다.

(3) 자동차관리사업을 3년 이상 경영한 자이어야 한다.

(4) 최근 2년 이내 자동차관리법령에 위반한 사실이 없어야 하며, 관련법령을 준수한 자이어야 한다.

(5) 사업자는 수수료・요금 또는 가액을 이용자가 보기 쉬운 곳에 게시한 자이어야 한다.

나. 종사원

(1) 작업에 지장이 없는 한 종사원증을 항상 패용하여야 한다.

(2) 친절하고 예의바른 태도로 고객과 상담하여야 한다.

(3) 고객에게 호객행위와 불법적인 알선행위를 하지 아니하여야 한다.

2. 사업장의 시설 및 환경

가. 매매업

(1) 사무실과 전시장 주변 환경은 청결을 유지하고 질서 있게 관리되어야 한다.

(2) 사무실의 구조와 면적은 이용하기에 편리하여야 한다.

(3) 상품용 차량은 전시장에 주차하여야 한다.

나. 정비업

(1) 폐기물관리법령의 규정에 의한 폐유・폐부동액・폐수 및 폐걸레 등에 대한 처리시설을 갖추어야 한다.

(2) 도장작업시설은 페인트의 날림 등으로 인한 환경오염을 방지할 수 있는 시설을 갖추어야 하고, 작업장은 콘크리트 등으로 포장하여 폐유가 지하로 스며드는 것을 방지하여야 하며, 오·폐수를 처리할 수 있는 정화시설을 갖추어야 한다.

(3) 소음・진동규제 법령에 의한 소음・진동방지설비를 갖추어야 한다.

(4) LPG연료사용자동차의 정비업자는 용기내부의 잔류가스처리설비 또는 잔류가스 연소장치,

가스누출감지기, 소화기등 안전설비를 갖추어야 한다.

(5) 자동차의 정비용 부품은 국가가 인정하는 기관의 품질인정표시를 받은 규격품을 사용하여야 한다.

다. 폐차업

(1) 폐기물관리법령의 규정에 의한 폐유·폐부동액·폐수 및 폐걸레 등에 대한 처리시설을 갖추어야 한다.

(2) 작업장을 콘크리트 등으로 포장하여 폐유가 지하로 스며드는 것을 방지하여야 하고, 외부와 분리되도록 작업장에 울타리를 설치하여 주변 환경을 해치지 아니하도록 한다.

(3) 작업장 면적 중 300㎡ 이상의 옥내작업장을 갖추어야 한다.

(4) LPG차량의 폐차를 위하여 용기내부의 잔류가스 처리설비 또는 잔류가스 연소장치, 가스누출감지기, 소화기 등 안전설비를 갖추어야 한다.

(5) 재활용 부품의 관리를 위하여 300㎡의 부품저장고를 설치하여야 한다.

③ 제2항의 규정에 의하여 모범사업자로 지정된 자에 대하여는 법 제72조제2항의 규정에 의한 검사를 모범사업자로 지정된 날부터 일정기간 이를 행하지 아니할 수 있다.

④ 시장·군수 또는 구청장은 법 제58조의2제2항의 규정에 의하여 모범사업자의 지정을 취소하고자 하는 경우에는 청문을 실시하여야 한다. <개정 2010. 2. 18.>

⑤ 모범사업자의 지정 및 취소절차 등에 관하여 필요한 세부사항은 특별자치도·시·군·구의 조례로 정한다. <개정 2013. 9. 6.>

[본조신설 2003. 1. 2.]

제2절 자동차매매업

제118조 삭제 〈1999. 12. 31.〉

제119조 삭제 〈1999. 12. 31.〉

제120조(중고자동차의 성능고지 등)

① 자동차매매업자는 자동차성능·상태점검 내용을 고지하려는 경우에는 자동차성능·상태점검자가 법 제58조제2항에 따라 신고한 사업장에서 해당 자동차의 성능·상태를 점검하고 그 점검 내용을 보증하여 발행하는 별지 제82호서식의 자동차성능·상태점검기록부(자동차가격조사·산정서)를 매수인에게 발급해야 하고, 그 사본(전자문서를 포함한다)을 발급일부터 1년간 보관해야 한다. <개정 2023. 6. 9.>

② 제1항에 따른 자동차성능·상태점검기록부(자동차가격조사·산정서)의 발급은 해당 기록부의 발급일을 기준으로 120일 이내에 이루어진 자동차성능·상태점검으로 한정한다. <개정 2023. 6. 9.>

③ 제1항에 따른 고지에는 자동차성능·상태점검 내용에 허위 또는 오류가 있는 경우 계약 또는 관계법령에 따라 자동차매매업자 및 자동차성능·상태점검자가 매수인에 대하여 지는 책임 등에

관한 사항이 포함되어야 한다. <개정 2005. 2. 5., 2018. 11. 23., 2023. 6. 9.>

④ 법 제58조제4항에서 "자동차의 이력 및 판매자정보 등 국토교통부령으로 정하는 사항"이란 다음 각 호의 사항을 말한다. <신설 2011. 12. 15., 2013. 3. 23., 2018. 1. 18., 2018. 6. 27., 2023. 6. 9.>

1. 자동차등록번호, 주요제원 및 선택적 장치에 관한 사항
2. 자동차의 압류 및 저당에 관한 정보
3. 별지 제82호서식의 자동차성능 · 상태점검기록부(자동차가격조사 · 산정서)
4. 중고자동차 제시신고번호
5. 자동차매매업자, 매매사업조합의 상호, 주소 및 전화번호에 관한 사항
6. 매매종사원의 사원증번호 및 성명에 관한 사항

⑤ 법 제58조의5 각 호의 어느 하나에 해당하는 자(이하 이 조에서 "자동차가격 조사 · 산정자"라 한다)는 법 제58조제1항제4호에 따른 자동차가격 조사 · 산정 업무를 하려는 장소를 별도로 두어야 한다. <신설 2016. 1. 7., 2023. 6. 9.>

⑥ 자동차매매업자는 법 제58조제1항제4호에 따라 자동차가격을 조사 · 산정한 내용을 고지하려는 경우에는 자동차가격 조사 · 산정자가 제5항에 따른 장소에서 해당 자동차의 가격을 조사 · 산정하고 그 조사 · 산정 내용을 보증하여 발행하는 별지 제82호서식의 자동차성능 · 상태점검기록부(자동차가격조사 · 산정서)를 매수인에게 발급해야 하며, 그 사본(전자문서를 포함한다)을 발급일부터 1년간 보관해야 한다. <신설 2016. 1. 7., 2018. 1. 18., 2018. 6. 27., 2023. 6. 9.>

⑦ 제6항에 따른 고지에는 자동차가격을 조사 · 산정한 내용에 허위 또는 오류가 있는 경우 계약 또는 관계법령에 따라 자동차가격 조사 · 산정자가 매수인에 대하여 지는 책임 등에 관한 사항이 포함되어야 한다. 이 경우 보증의 범위는 자동차 인도일로부터 30일 이상 또는 주행거리 2천킬로미터 이상으로 하여야 한다. <신설 2016. 1. 7.>

제121조 (매매자동차의 관리)

① 자동차매매업자는 법 제59조제1항 본문에 따라 같은 항 각 호의 사유가 발생한 경우에는 지체 없이 다음 각 호의 구분에 따른 신고서를 자동차매매사업조합에 제출해야 한다. 이 경우 제1호에 따른 신고를 할 때에는 제시된 자동차의 앞면 등록번호판을 해당 자동차매매사업조합 또는 시장 · 군수 · 구청장이 보관하도록 해야 한다. <신설 2023. 6. 9.>

1. 매매용 자동차가 사업장에 제시된 경우 그 제시신고: 별지 제83호서식의 중고자동차 제시신고서
2. 매매용 자동차가 팔린 경우 그 매도신고 : 별지 제84호서식의 중고자동차 매도신고서
3. 매매용 자동차가 팔리지 않고 그 소유자에게 반환된 경우 그 반환신고 : 별지 제85호서식의 중고자동차 반환신고서

② 제1항에 따른 신고서에는 다음 각 호의 구분에 따른 서류를 첨부해야 한다. <개정 2023. 6. 9.>

1. 제1항제1호의 경우 : 다음 각 목의 서류
   가. 양도증명서 사본(매수의 경우만 해당한다)

나. 소유자명의의 매매알선위탁서(알선위탁의 경우만 해당한다)

다. 자동차등록증

2. 제1항제2호의 경우 : 다음 각 목의 서류

가. 양도증명서 사본

나. 상품용 표지

3. 제1항제3호의 경우 : 다음 각 목의 서류

가. 매매알선위탁계약 해약서

나. 상품용 표지

③ 자동차매매업자는 법 제59조제2항제1호에 따라 중고자동차의 매매 또는 매매의 알선을 하려는 때에는 해당 자동차의 잘 보이는 곳에 별표 23의 상품용표지를 부착해야 한다. <개정 2001. 4. 19., 2010. 2. 18., 2023. 6. 9.>

■ 자동차관리법 시행규칙 [별표 23] 〈개정 2010.2.18〉

중고자동차의 상품용 표지(제121조제3항 관련)

<table>
<tr><td colspan="4">중고자동차의 상품내역</td></tr>
<tr><td>자동차등록번호</td><td></td><td>거래유형</td><td>□ 매매
□ 매매의 알선</td></tr>
<tr><td>연식</td><td>년식</td><td>주행거리</td><td>km</td></tr>
<tr><td>체납세액</td><td>원</td><td>체납벌과금액</td><td>원</td></tr>
<tr><td>저당설정가액</td><td>원</td><td>할부채무액</td><td>원</td></tr>
<tr><td>차종/정원</td><td>/</td><td>배기량</td><td>cc</td></tr>
<tr><td>연료종류</td><td></td><td>변속기종류</td><td></td></tr>
<tr><td>주요장비(옵션)</td><td colspan="3"></td></tr>
<tr><td>검사유효기간</td><td colspan="3">년 월 일 ~ 년 월 일</td></tr>
<tr><td>사고경력
(세부내용)</td><td colspan="3"></td></tr>
<tr><td>거래예정가액</td><td colspan="3">원부터 원까지</td></tr>
<tr><td colspan="4">년 월 일
○○자동차매매업소 (인)</td></tr>
<tr><td colspan="4">【기재시 참고사항】
※ 차종/정원 : 승용·승합·화물·특수/승차정원
※ 연료 종류 : 휘발유(GSL), 경유(DSL), LPG, 전기, 수소가스
※ 변속기종류 : 자동(A/T), 수동(M/T), 세미오토(SAT), 무단변속기(CVT)
※ 주요장비(옵션) : 파워핸들(PS), 파워윈도우(PW), 자동잠금장치(ADL),에어컨(AC), 에어백(AB), 미끄럼방지장치(ABS), 트랙션컨트롤시스템(TCS),선루프(SR), CD체인져(CDC), 텔레비젼(TV), 알루미늄휠(AW), 가죽시트(LS),네비게이션시스템(NAV)</td></tr>
</table>

④ 제2항에 따라 신고를 받거나 자동차 앞면 등록번호판을 보관하는 자동차매매사업조합은 별책

6의 중고자동차제시 · 매도신고기록대장(전자문서를 포함한다)을 작성 · 관리하여야 하며, 자동차 앞면 등록번호판을 보관하는 시장 · 군수 · 구청장은 등록번호판보관대장(전자문서를 포함한다)을 작성 · 관리하여야 한다. <개정 2001. 4. 19., 2010. 2. 18., 2018. 6. 27.>

⑤ 자동차매매사업조합은 제4항에 따라 중고자동차제시 · 매도신고기록대장을 작성한 때에는 영 제19조제6항에 따라 대장을 작성한 다음달 10일까지 해당 대장 사본을 시장 · 군수 또는 구청장에게 제출해야 한다. <개정 1999. 12. 31., 2010. 2. 18., 2023. 5. 25.>

⑥ 자동차매매업자는 법 제59조제2항제2호에 따라 별책 7의 중고자동차매매관리대장(전자문서를 포함한다)을 연도별로 관리하고, 이를 3년간 보관해야 한다. <개정 1999. 2. 19., 2010. 2. 18., 2018. 6. 27., 2023. 6. 9.>

제122조 (매매알선수수료 등)

① 법 제65조제1항에 따라 자동차매매업자가 받을 수 있는 수수료 및 관리비용은 다음 각 호와 같다. <개정 1999. 12. 31., 2003. 1. 2., 2016. 1. 7., 2023. 6. 9.>

1. 매매알선수수료 : 자동차 소유자와 자동차 구매자 간의 자동차 매매를 알선하는 데에 소요되는 실제비용
2. 등록신청대행수수료 : 등록신청대행에 소요되는 실제비용
3. 관리비용 : 매매용 자동차의 보관 · 관리에 소요되는 실제비용. 다만, 그 금액은 해당 지역의 공영주차장의 주차요금을 초과할 수 없다.
4. 자동차가격 조사 · 산정 수수료 : 자동차가격 조사 · 산정에 소요되는 실제비용(자동차가격 조사 · 산정 내용을 고지한 경우만 해당한다)

② 자동차매매업자는 제1항 각 호에 따른 수수료 또는 요금 외에 별도의 금액을 받을 수 없다. <개정 2023. 6. 9.>

제123조 (매매사원증의 관리 등)

① 자동차매매업자는 매매종사원을 채용한 경우에는 법 제59조제2항제3호에 따라 제149조제1항에 따른 자동차매매사업조합연합회로부터 별표 24의 자동차매매사원증(이하 "매매사원증"이라 한다)을 발급받아 영업기간 중 이를 달도록 해야 한다. <개정 1999. 2. 19., 2010. 2. 18., 2012. 11. 23., 2018. 6. 27., 2023. 6. 9., 2024. 7. 31.>

■ 자동차관리법 시행규칙 [별표 24] <개정 2012.11.23>

자동차매매사원증(제123조제1항 관련)

(앞 쪽)

연도 표기

자동차매매사원증

사진 (2.8㎝×4㎝)

자동차매매사원증 번호 :

업체명 :

성명 :

발급기관 : 자동차매매사업조합연합회 ㉑

85㎜×54㎜(보존용지(1종) 120g/m^2 또는 플라스틱)

(뒤 쪽)

유효기간 :

생년월일 :

조합명 :

이 증을 습득하신 분은 가까운 우체통에 넣어주시기 바랍니다.

85㎜×54㎜(보존용지(1종) 120g/m^2 또는 플라스틱)

주) 자동차매매사원증의 글자크기는 다음과 같고, 제1호의 글자체는 헤드라인체로, 제2호부터 제8호까지의 글자체는 굴림체로 표시하며, 앞면 연도 표기의 크기는 17포인트로, 글자체는 헤드라인체로 표시한다.

명칭	크기	명칭	크기	명칭	크기	명칭	크기
1. 자동차매매 사원증	16 포인트	3. 업체명	16 포인트	5. 발급기관	15 포인트	7. 생년월일	15 포인트
2. 자동차매매 사원증 번호	15 포인트	4. 성명	16 포인트	6. 유효기간	15 포인트	8. 조합명	15 포인트

② 자동차매매업자는 다음 각 호의 구분에 따른 조치를 취해야 한다. <개정 2012. 11. 23., 2018. 6. 27., 2023. 6. 9., 2024. 7. 31.>

1. 폐업하거나 매매종사원과의 고용관계가 종료된 경우 : 지체 없이 매매사원증을 제149조제1항에 따른 자동차매매사업조합연합회에 반납
2. 휴업하거나 사업의 정지처분을 받은 경우 : 지체 없이 매매사원증을 그 기간 동안 제149조제1항에 따른 자동차매매사업조합연합회에 보관
3. 고용 중인 매매종사원의 매매사원증 유효기간이 만료된 경우 : 지체 없이 제149조제1항에 따른 자동차매매사업조합연합회로부터 매매사원증을 재발급

③ 제149조제1항에 따른 자동차매매사업조합연합회는 제1항 및 제2항에 따라 매매사원증을 발급하거나 반납받은 경우 또는 이를 보관하게 된 경우에는 5일 이내에 그 명단을 시장·군수·구청장에게 제출하여야 한다. <개정 2012. 11. 23., 2024. 7. 31.>

④ 삭제 <2012. 11. 23.>

제123조의2 (매매종사원에 대한 교육)

① 법 제59조제2항제4호에 따라 매매종사원이 받아야 하는 교육은 제149조제1항에 따른 자동차매매사업조합연합회가 실시하는 다음 각 호의 교육을 말한다. <개정 2024. 7. 31.>

1. 신규교육 : 새로 채용된 매매종사원에 대한 8시간 이상의 교육
2. 보수교육 : 매매사원증의 유효기간 만료에 따라 매매사원증 재발급대상 매매종사원에 대한 4시간 이상의 교육

② 제1항 각 호에 따른 교육은 다음 각 호의 구분에 따른 시기에 실시한다. <신설 2024. 7. 31.>

1. 신규교육 : 매매사원증 신규 발급 전
2. 보수교육 : 매매사원증 재발급 전

③ 제1항에 따른 교육과목은 다음 각 호와 같다. <개정 2024. 7. 31.>

1. 자동차매매 관련 법령
2. 회계관리
3. 고객응대 예절
4. 자동차매매 관련 전산처리 방법

[본조신설 2018. 6. 27.]

제2절의2 자동차성능·상태점검자 <신설 2023. 6. 9.>

제123조의3 (자동차성능·상태점검의 신고)

① 자동차성능·상태점검을 하려는 자가 법 제58조제2항 전단에 따라 사업장별로 갖추어야 하는 기준은 다음 각 호와 같다.

1. 다음 각 목의 어느 하나에 해당하는 자일 것

가. 영 제12조제1항제1호 또는 제2호에 따른 자동차정비업을 등록한 자
나. 자동차성능·상태점검 및 보증을 목적으로 국토교통부장관의 허가를 받아 설립된 단체

2. 별표 24의2에 따른 시설·장비 및 성능점검원의 자격기준을 갖출 것

■ 자동차관리법 시행규칙 [별표 24의2] <개정 2023. 6. 9.>

성능·상태점검자의 시설·장비기준 등(제123조의3제1항제2호 관련)

구분	자격
성능점검원	다음 각 호의 어느 하나에 해당하는 자격 및 경력을 갖춘 사람 1. 「국가기술자격법」에 따른 자동차정비 또는 자동차검사에 관한 산업기사 이상의 자격이 있는 사람 2. 「국가기술자격법」에 따른 자동차정비 또는 자동차검사에 관한 기능사 이상의 자격을 취득한 후 자동차정비 업무, 자동차검사 업무 또는 자동차성능·상태점검 업무에 3년 이상 종사한 경력이 있는 사람 3. 「자격기본법」에 따라 국토교통부장관으로부터 공인받은 자동차 진단평가에 관한 자격을 갖춘 사람으로서 「국가기술자격법」에 따른 자동차정비에 관한 기능사 이상의 자격을 취득한 후 자동차정비 업무, 자동차검사 업무 또는 자동차성능·상태점검 업무에 1년 이상 종사한 경력이 있는 사람
시설·장비	1. 피트 또는 리프트 2. 자기 진단기(스캐너) 3. 도막(도료 도포막)측정기 4. 개라지 잭(garage jack) 5. 청진기 6. 전기회로시험기 7. 타이어딥게이지 8. 배터리전압측정기 9. 비중계 10. 가스누출감지기 11. 배기가스측정기(매연측정기, 일산화탄소측정기, 탄화수소측정기) 12. 절연저항시험기, 절연장갑·절연화·절연매트·보안경 및 앞치마 등의 보호장구(고전원 전기장치 항목을 점검하려는 경우에 한한다)

비고
1. 1개의 시설·장비로 2 이상의 성능·상태를 점검할 수 있는 때에는 다른 품명의 시설·장비를 갖추지 않을 수 있다.
2. 법 제58조제2항 전단에 따라 자동차성능·상태점검 신고를 하려는 자가 다음 각 호의 요건을 모두 갖춘 경우에는 시설·장비를 중복하여 갖추지 않을 수 있다.
   가. 「자동차관리법 시행령」 제12조제1항제1호 또는 제2호에 따라 자동차정비업을 등록한 자일 것
   나. 자동차성능·상태점검 업무를 수행하는 사업장이 자동차정비업 사업장이거나 이에 맞닿은 장소일 것
3. 시설·장비는 임대차 계약을 통하여 사용권을 확보하고, 그 사실을 서류를 통해 증명하는 경우에는 그 계약기간 중에는 해당 시설·장비를 갖춘 것으로 본다.

② 자동차성능·상태점검을 하려는 자는 별지 제85호의2서식의 자동차성능·상태점검 신고서에 다음 각 호의 서류를 첨부하여 관할 시장·군수·구청장에게 제출해야 한다.

1. 제1항제1호 각 목에 해당하는 자임을 증명하는 서류
2. 별표 24의2에 따른 시설·장비 및 성능점검원의 자격기준을 갖추었음을 증명하는 서류

③ 제2항에 따른 신고서를 제출받은 시장·군수·구청장은 「전자정부법」 제36조제1항에 따른 행정정보의 공동이용을 통하여 다음 각 호의 사항을 확인해야 한다. 다만, 신청인이 국가기술자격 취득사항의 확인에 동의하지 않는 경우에는 국가기술자격증 사본을 첨부하도록 해야 한다.

1. 법인 등기사항증명서(법인만 해당한다)
2. 국가기술자격 취득사항

④ 시장·군수·구청장은 신고 내용을 검토하여 제1항에 따른 기준에 적합하면 신고를 수리하고 별지 제85호의3서식의 자동차성능·상태점검 신고증을 신고자에게 발급해야 한다.

[본조신설 2023. 6. 9.]

제123조의4 (자동차성능·상태점검의 변경 및 폐쇄 신고)

① 법 제58조제2항 후단에서 "국토교통부령으로 정하는 중요한 사항"이란 다음 각 호의 어느 하나에 해당하는 사항을 말한다.

1. 자동차성능·상태점검 사업장의 소재지
2. 자동차성능·상태점검자의 성명 및 주소(자동차성능·상태점검자가 법인인 경우에는 법인의 명칭 및 주소를 말한다)
3. 성능점검원의 변경

② 자동차성능·상태점검자가 제1항 각 호의 사항을 변경하거나 사업장을 폐쇄하려는 경우에는 그 사유가 발생한 날부터 30일 이내에 별지 제85호의2서식의 자동차성능·상태점검 신고서에 다음 각 호의 서류를 첨부하여 시장·군수·구청장에게 제출해야 한다.

1. 해당 사유를 증명하는 서류
2. 자동차성능·상태점검 신고증(사업장을 폐쇄하려는 경우로 한정한다)

③ 제2항에 따른 신고서를 제출받은 시장·군수·구청장은 그 내용을 검토하여 적합하면 신고를 수리하고, 별지 제85호의3서식의 자동차성능·상태점검 신고증(변경신고를 수리한 경우로 한정한다)을 신고자에게 발급해야 한다.

[본조신설 2023. 6. 9.]

제123조의5 (자동차성능·상태점검 내용의 제공)

① 자동차성능·상태점검자는 법 제58조제8항제1호에 따라 의뢰받은 자동차성능·상태점검의 내용과 점검 장면을 촬영한 사진(법 제58조제3항에 따라 신고한 사업장 내에서 해당 자동차의 등록번호판이 포함되도록 앞·뒷면 전체를 촬영한 사진을 포함한다)을 그 의뢰를 한 자에게 제공해야 한다.

② 자동차성능·상태점검자는 제1항에 따라 자동차성능·상태점검의 내용을 제공하는 경우에는 별지 제82호서식의 자동차성능·상태점검기록부(자동차가격조사·산정서)를 발행하는 방법으로 제공한다.

[본조신설 2023. 6. 9.]

제123조의6 (자동차성능 · 상태점검자에 대한 교육)

① 자동차성능 · 상태점검자는 법 제58조제8항제3호에 따라 다음 각 호의 교육을 이수해야 한다.

1. 신규교육 : 자동차성능 · 상태점검 업무를 처음 수행하기 전에 받아야 하는 교육
2. 정기교육 : 신규교육을 받은 연도를 기준으로 3년(신규교육 또는 직전의 정기교육을 받은 날부터 기산하여 3년이 되는 날이 속하는 해의 1월 1일부터 12월 31일까지를 말한다)마다 받아야 하는 교육

② 자동차성능 · 성능점검자에 대한 교육 내용 및 방법은 별표 24의3과 같다.

■ 자동차관리법 시행규칙 [별표 24의3] <신설 2023. 6. 9.>

자동차성능 · 상태점검자에 대한 교육 내용 및 방법(제123조의6제2항 관련)

1. 교육내용

가. 신규교육

교육과목	교육시간	교육내용
1) 인성교육 및 자동차 관련 법령	10시간 이상	· 성능점검자로서 갖추어야 할 기본지식 및 자세 함양 · 자동차 관련 법령(「자동차관리법」, 「자동차 및 자동차부품의 성능과 기준에 관한 규칙」, 「자동차종합검사의 시행 등에관한 규칙」, 「대기환경보전법」 등 · 자동차 튜닝에 관한 규정 및 불법튜닝 사례 · 자동차성능 · 상태점검 기술능력 향상을 위한 교육 · 자동차성능 · 상태점검자 지도점검 및 부실점검 사례(처분조항 및 사례 포함) · 전기자동차, 수소자동차 및 자율주행자동차 등 첨단자동차의 구조 및 안전에 관한 사항
2) 손해배상책임 관련	2시간 이상	· 자동차성능 · 상태점검자의 보증범위 · 자주 발생하는 피해보상 사례 · 부정한 보험청구 사례
3) 자동차성능 · 상태 점검 기기	1시간 이상	· 점검기기의 구조 및 취급요령 등 · 전산정보처리조직 운영 절차 및 입력 방법 등
4) 자동차성능 · 상태 점검 실무	3시간 이상	· 자동차성능 · 상태점검 실습 및 중고자동차성능 · 상태점검 기록부 작성 요령 · 정비 · 튜닝 · 보험 · 화재 · 침수 등 이력 확인 요령 등

나. 정기교육

교육과목	교육시간	교육내용
1) 인성교육 및 자동차 관련 법령	4시간 이상	· 성능점검자로서 갖추어야 할 기본지식 및 자세 함양 · 자동차 관련 법령(「자동차관리법」, 「자동차 및 자동차부품의 성능과 기준에 관한 규칙」, 「자동차종합검사의 시행 등에관한 규칙」, 「대기환경보전법」 등 · 자동차 튜닝에 관한 규정 및 불법튜닝 사례 · 자동차성능 · 상태점검 기술능력 향상을 위한 교육 · 자동차성능 · 상태점검자 지도점검 및 부실점검 사례(처분조항 및 사례 포함) · 전기자동차, 수소자동차 및 자율주행자동차 등 첨단자동차의 구조 및 안전에 관한 사항

교육과목	교육시간	교육내용
2) 손해배상책임 관련	1시간 이상	· 자동차성능 · 상태점검자의 보증범위 · 자주 발생하는 피해보상 사례 · 부정한 보험청구 사례
3) 자동차성능 · 상태 점검 기기	1시간 이상	· 점검기기의 구조 및 취급요령 등 · 전산정보처리조직 운영 절차 및 입력 방법 등
4) 자동차성능 · 상태 점검 실무	2시간 이상	· 자동차성능 · 상태점검 실습 및 중고자동차성능 · 상태점검 기록부 작성 요령 · 정비 · 튜닝 · 보험 · 화재 · 침수 등 이력 확인 요령 등

※ 비고 : 신규교육은 2시간 이상, 정기교육은 1시간 이상 결강하면 해당 교육을 이수하지 않은 것으로 처리한다.

2. 교육방법

가. 인성교육 및 자동차 관련 법령 및 손해배상책임 관련 교육은 이론교육으로 실시한다.

나. 자동차성능 · 상태점검 기기 및 자동차성능 · 상태점검 실무 교육은 이론 및 실습교육으로 실시한다. 이 경우 실습교육은 각 교육과목별 교육시간의 50퍼센트 이상이 되도록 편성해야 한다.

③ 제1항에 따른 교육은 다음 각 호의 어느 하나에 해당하는 기관으로서 국토교통부장관이 고시하는 기관이 실시할 수 있다.

1. 한국교통안전공단
2. 자동차 검사 · 정비 관련 단체 또는 자동차성능 · 상태점검 관련 단체

④ 국토교통부장관은 제3항에 따라 교육기관을 정하여 고시하는 경우에는 교육시설, 장비, 인력 등을 고려해야 한다.

⑤ 제1항부터 제4항까지에서 규정한 사항 외에 교육 이수 시기, 교육 실시 등 자동차상태 · 성능점검자 교육에 관해 필요한 사항은 국토교통부장관이 정하여 고시한다.

[본조신설 2023. 6. 9.]

제123조의7 (자동차성능 · 상태점검 내용의 기록 · 관리 등)

① 자동차성능 · 상태점검자는 자동차성능 · 상태점검을 수행한 경우에는 법 제58조제9항에 따라 제123조의5에 따른 자동차성능 · 상태점검 내용을 기록 · 관리해야 한다.

② 자동차성능 · 상태점검자는 법 제58조제9항에 따라 다음 각 호의 자료를 발행일부터 1년간 보관해야 한다.

1. 별지 제82호서식의 자동차성능 · 상태점검기록부(자동차가격조사 · 산정서) 사본
2. 제123조의5제1항에 따른 사진(전자적 파일 형태를 포함하며, 제1호에 포함된 사진으로 한정한다)

[본조신설 2023. 6. 9.]

제123조의8 (자동차성능 · 상태점검자의 보증 책임)

① 자동차성능 · 상태점검자는 법 제58조의4에 따라 자동차성능 · 상태점검기록부(자동차가격조사 ·

산정서)를 자동차매매업자에게 발행하는 경우에는 해당 자동차에 대한 자동차성능·상태점검 내용을 보증하여 발행해야 한다.

② 제1항 및 제120조제1항에 따른 자동차매매업자의 고지에 포함되는 자동차성능·상태점검에 대한 보증은 국토교통부장관이 정하여 고시한 보증범위를 자동차인도일부터 30일 이상 또는 주행거리 2천킬로미터 이상으로 해야 한다.

[본조신설 2023. 6. 9.]

제3절 자동차경매장

제124조 (자동차경매장의 시설기준 및 인력기준)

① 법 제60조제1항에 따른 자동차경매장(이하 "경매장"이라 한다)을 개설·운영하고자 하는 자가 갖추어야 할 시설기준 및 인력기준은 별표 25와 같다. <개정 2007. 6. 7., 2010. 2. 18.>

■ 자동차관리법 시행규칙 [별표 25] <개정 2023. 6. 9.>

자동차경매장의 시설기준 및 인력기준(제124조 관련)

1. 시설기준

시설기준	기준면적	시설내역
가. 주차장	2,300㎡ 이상	경매참가자동차의 보관·주차 장소
나. 경매실	140㎡ 이상	1) 경매참가자용 좌석 : 70석 이상 2) 전광판 : 1대 이상 3) 환등기 : 1대 이상 4) 방송시설 : 1실 이상
다. 사무실		참가 접수, 등록, 안전점검 결과의 조회, 경매가격의 조정 등을 위한 시설
라. 성능점검·검사시설	50㎡ 이상	1) 피트 또는 리프트 : 인상능력(물건을 끌어올리는 능력) 3톤 이상 2) 휠 밸런서 3) 압력측정기 : 0~70kg/㎠ 4) 개라지 잭(garage jack) : 인상능력 1.5톤 이상 5) 전류시험 : 0~±60A 6) 타이어 게이지 : 0~84kg/㎠

주)

1) 성능점검·검사시설은 임대차 계약을 통하여 사용권을 확보하고, 그 사실을 서류를 통해 증명하는 경우에는 그 계약기간 중에는 해당 점검·검사시설을 갖춘 것으로 본다.
2) 자동차성능·상태점검자와의 계약을 통해 성능점검 수행이 가능하고, 그 사실을 서류를 통해 증명하는 경우에는 그 계약기간 중에는 성능점검·검사 시설 및 인력기준을 갖춘 것으로 본다.

2. 인력기준 : 다음 각 목의 어느 하나에 해당하는 사람을 1명 이상 확보할 것
   가. 「국가기술자격법」에 따른 자동차정비에 관한 산업기사 이상의 자격이 있는 사람
   나. 「국가기술자격법」에 따른 자동차정비에 관한 기능사 이상의 자격을 취득한 후 자동차정비

업무, 자동차검사 업무 또는 자동차성능·상태점검 업무에 3년 이상 종사한 경력을 갖춘 사람

다. 「자격기본법」에 따라 국토교통부장관으로부터 공인받은 자동차 진단평가에 관한 자격을 갖춘 사람으로서 「국가기술자격법」에 따른 자동차정비에 관한 기능사 이상의 자격을 취득한 후 자동차정비 업무, 자동차검사 업무 또는 자동차성능·상태점검 업무에 1년 이상 종사한 경력이 있는 사람

② 경매장을 개설·운영하려는 자는 경매에 출품하는 자동차의 수집에 전용하는 경매장영업소를 설치·운영할 수 있다. <신설 2010. 2. 18.>

③ 제2항에 따른 경매장영업소의 면적은 150제곱미터 이상(영업에 필요한 사무실을 포함한다)으로 한다. <신설 2010. 2. 18., 2022. 3. 10.>

제125조 삭제 〈1999. 12. 31.〉

제126조(경매장개설승인)

① 경매장을 개설·운영하려는 자는 별지 제86호서식의 경매장개설·운영승인신청서(전자문서로 된 신청서를 포함한다)에 다음 각 호의 서류(전자문서를 포함한다)를 첨부하여 시·도지사에게 제출해야 한다. 이 경우 시·도지사는 「전자정부법」 제36조제1항에 따른 행정정보의 공동이용을 통하여 법인 등기사항증명서(신청인이 법인인 경우만 해당한다) 및 토지이용계획정보를 확인해야 한다. <개정 1999. 12. 31., 2001. 4. 19., 2003. 1. 2., 2004. 11. 29., 2005. 9. 16., 2006. 8. 7., 2010. 2. 18., 2011. 4. 11., 2022. 3. 10.>

1. 경매장시설과 소요자금 및 인력의 확보계획서
2. 삭제 <1999. 12. 31.>
3. 삭제 <2022. 3. 10.>
4. 경매장시설의 일람표[성능점검·검사시설에 대하여 임대차계약을 통해 사용권을 확보한 경우에는 이를 증명하는 서류를 포함한다(자동차성능·상태점검자가 성능점검을 대행하는 경우도 같다). 제2항제2호에서 같다]와 그 예정배치도
5. 삭제 <2006. 8. 7.>

② 시·도지사는 제1항에 따른 신청을 받은 경우 그 신청내용이 적합하다고 인정되면 경매장시설 및 인력의 확보기간을 정하여 다음 각 호의 서류를 제출할 것을 신청인에게 통지해야 한다. <개정 1999. 12. 31., 2007. 6. 7., 2022. 3. 10.>

1. 경매장(경매장영업소가 있는 경우에는 경매장영업소를 포함한다)의 대지 및 건물에 대한 사용권이 있음을 증명하는 서류
2. 경매장시설의 일람표와 배치도
3. 해당 인력의 관련 국가기술자격증 사본 및 취업승낙서(자동차성능·상태점검자가 성능점검을

대행하는 경우에는 자동차성능 · 상태점검자의 관련 국가기술자격증 사본과 대행계약서를 말한다)

③ 시 · 도지사는 제2항에 따라 경매장시설의 확보통지를 받은 자가 정하여진 기간 내에 이를 갖추고 제2항 각 호의 서류를 제출한 경우에는 사업개시일을 정하여 경매장개설 · 운영을 승인하고 별지 제87호서식의 경매장개설 · 운영승인서를 발급해야 한다. <개정 1999. 12. 31., 2010. 2. 18., 2022. 3. 10.>

④ 삭제 <1999. 12. 31.>

⑤ 제111조제5항 및 제6항의 규정은 경매장개설 · 운영의 승인에 관하여 이를 준용한다. 이 경우 "시설 및 정비요원"은 "경매장시설 및 인력"으로 본다. <개정 1999. 12. 31., 2007. 6. 7., 2011. 12. 15., 2022. 3. 10.>

제127조 (변경승인 등)

① 경매장의 개설 · 운영승인을 얻은 자(이하 "경매장개설자"라 한다)가 다음 각호의 사항을 변경하고자 하는 경우에는 법 제60조제1항에 따른 변경승인을 얻어야 한다. <개정 1999. 12. 31., 2007. 6. 7., 2010. 2. 18.>

1. 상호 또는 명칭
2. 대표자 또는 임원
3. 경매장소재지 또는 경매장시설(대지 또는 건물면적의 100분의 30미만의 증 · 개축을 제외한다)
4. 삭제 <1999. 12. 31.>
5. 성능점검 · 검사책임자
6. 경매장영업소의 설치 또는 이전

② 제1항의 규정에 의한 변경승인을 얻고자 하는 경매장개설자는 별지 제88호서식의 경매장개설 · 운영변경승인신청서에 다음 각호의 서류를 첨부하여 시 · 도지사에게 제출하여야 한다.

1. 경매장개설 · 운영승인서
2. 변경하고자 하는 사항을 증명하는 서류 및 도면

③ 제126조제2항 내지 제5항의 규정은 변경승인에 관하여 이를 준용한다.

제128조 (경매대상자동차에 대한 점검 · 검사 등)

① 경매장개설자는 법 제60조제3항제1호의 규정에 따라 경매대상자동차에 관하여 다음 각호의 사항을 점검 · 검사하여야 한다.

1. 경매대상자동차에 표기된 차대번호 및 원동기형식이 당해자동차의 등록원부에 기재된 내용과 동일한지의 여부
2. 경매대상자동차를 출품한 자가 당해자동차의 소유자이거나 소유자로부터 정당하게 권한을 위임받은 자인지의 여부
3. 경매대상자동차의 구조 · 장치에 대한 안전 및 성능상태가 안전기준에 적합한지의 여부

② 경매장개설자는 제1항의 규정에 의한 점검・검사결과를 별지 제89호서식의 경매대상자동차점검・검사기록부에 작성하여 경매에 참가하는 자에게 고지하고 이를 점검・검사일부터 1년간 보관하여야 한다. 다만, 고지내용을 포함하는 컴퓨터화면・사진・필름 기타 영상매체를 통하여 경매에 참가하는 자가 점검・검사결과를 알 수 있도록 공개한 경우에는 이를 고지한 것으로 본다.

③ 경매자개설자는 별표 25의 인력기준에 해당하는 자에게 성능점검・검사시설에서 제1항의 점검・검사를 실시하도록 하여야 한다. <개정 2007. 6. 7.>

제129조 (경매보증금 등)

① 경매장개설자가 법 제62조에 따른 경매보증금을 받고자 하는 경우에는 그 금액 및 납부절차를 사전에 고지하여야 한다. <개정 2010. 2. 18.>

② 법 제65조제1항의 규정에 의하여 경매장개설자인 자동차매매업자 또는 자동차매매업자로 구성되는 조합이 받을 수 있는 경매출품수수료는 다음 각호와 같다.

1. 출품료 : 경매장시설물의 사용과 경매대상자동차의 성능점검・등록원부조회등 경매진행에 소요되는 비용
2. 경매수수료 : 경매대상자동차가 경락되었을 경우 출품자 및 경락자가 경매장개설자에게 납부하는 수수료. 이 경우 경매장개설자는 수수료금액을 사전에 고지하여야 한다.

[전문개정 1999. 12. 31.]

제130조 (경매장에 관한 준용규정)

① 제121조제6항・제122조(경매출품수수료 및 보증금을 제외한다) 및 제123조의 규정은 경매장의 개설・운영에 관하여 이를 준용한다. <개정 1999. 12. 31.>

② 삭제 <2010. 2. 18.>

③ 삭제 <1999. 12. 31.>

제4절 자동차정비업

제131조 (자동차정비업의 작업범위)

① 영 제12조제1항 각 호의 자동차정비업(이하 "정비업"이라 한다)의 종류별 정비작업범위는 다음 각호와 같다. <개정 2001. 6. 30., 2007. 6. 7., 2011. 12. 15., 2014. 10. 6., 2014. 12. 31., 2016. 1. 7.>

1. 자동차종합정비업 : 모든 종류의 자동차에 대한 점검・정비 및 튜닝작업
2. 소형자동차종합정비업 : 승용자동차・경형 및 소형의 승합・화물・특수자동차에 대한 점검・정비 및 튜닝작업
3. 자동차전문정비업 : 별표 26에 따른 자동차전문정비업의 작업제한범위에 속하지 아니하는 구조・장치에 대한 점검・정비 및 튜닝

■ 자동차관리법 시행규칙 [별표 26] <개정 2020. 10. 16.>

자동차전문정비업의 작업제한범위(제131조제1항제3호 관련)

장치명	제한되는 직업 범위
1. 원동기 장치	・엔진 교환, 엔진 분해정비 중 실린더 블록의 분해정비 및 엔진 탈・부착(엔진 밑에 있는 기기나 장치의 정비를 위해 부득이한 경우의 엔진 단순 탈・부착은 제외한다) ・디젤분사펌프(코먼레일형식은 제외한다)의 탈・부착, 정비
2. 연료 장치	・법 제2조제4호의2에 따른 내압용기 및 내압용기에 부착된 용기 부속품의 탈・부착, 정비
3. 조향 장치	・조향기어의 탈・부착(변속기, 크로스멤버 등 조향기어 주변의 기기나 장치의 정비를 위해 조향기어 고정 볼트를 풀고 조이는 것은 제외한다) ・조향기어의 정비
4. 제동 장치	・ABS 및 ASR모듈레이터 탈・부착, 정비 ・브레이크 챔버 탈・부착, 정비 ・분리식 배력장치 탈・부착, 정비(일체식 배력장치는 제외한다)
5. 완충 장치	・없음
6. 전기・전자 장치	・전조등 탈・부착, 정비(전구교환 및 전조등 하부에 부착기기나 장치의 정비를 위해 부득이한 경우의 단순 탈・부착은 제외한다)
7. 기타 장치	・차체, 차체 구성품 및 프레임의 판금・용접・도장

주 : 자동차전문정비업자가 전조등시험기를 갖춘 때에는 위 표 제6호의 작업을 할 수 있다.

4. 원동기전문정비업 : 자동차원동기의 재생정비 및 튜닝

② 시장・군수 또는 구청장은 제1항 각 호에 따른 정비작업의 범위에서 사업자의 신청이 있는 경우에는 점검・정비대상 자동차를 다음 각 호와 같이 한정하여 정비업등록을 하게 할 수 있다. <개정 1999. 12. 31., 2021. 10. 14.>

1. 사후관리를 목적으로 정비업등록을 하고자 하는 경우 : 자기가 제작등을 하여 판매하는 자동차
2. 자가정비목적으로 정비업등록을 하고자 하는 경우 : 자기가 소유한 자동차
3. 전기에너지만을 동력원으로 사용하는 자동차를 대상으로 하는 정비업등록을 하려는 경우: 「환경친화적 자동차의 개발 및 보급 촉진에 관한 법률」 제2조제3호에 따른 전기자동차 및 제6호에 따른 수소전기자동차

③ 제55조제4항에 따른 자동차에 대한 점검・정비 및 튜닝작업의 범위와 기술인력의 자격기준 등에 대하여는 국토교통부장관이 정하여 고시할 수 있다. <신설 2010. 2. 18., 2013. 3. 23., 2014. 12. 31.>

제132조 (정비업의 제외사항)

법 제2조제8호 단서에서 "국토교통부령으로 정하는 것"이라 함은 다음 각호의 작업을 말한다. 다만, 제55조의 규정에 의한 튜닝승인대상이 되는 작업을 제외한다. <개정 2008. 3. 14., 2010. 2. 18.,

2013. 3. 23., 2014. 12. 31., 2019. 4. 23.>

1. 오일의 보충 · 교환 및 세차
2. 에어크리너엘리먼트 및 휠터류의 교환
3. 배터리 · 전기배선 · 전구교환(전조등 및 속도표시등을 제외한다) 기타 전기장치(고전원전기장치는 제외한다)의 점검 · 정비
4. 냉각장치(워터펌프는 제외한다)의 점검 · 정비
5. 타이어(휠얼라인먼트는 제외한다)의 점검 · 정비
6. 판금 · 도장 또는 용접이 수반되지 않는 차내설비 및 차체의 점검 · 정비. 다만, 범퍼 · 본넷트 · 문짝 · 휀다 및 트렁크리드의 교환을 제외한다.

제133조 (표준정비시간의 공개방법 등)

① 법 제58조제5항제4호에 따라 정비업자는 표준정비시간을 해당 정비업자의 인터넷 홈페이지에 게시하고, 인쇄물을 사업장에 비치하는 방법으로 공개해야 한다. 다만, 인터넷 홈페이지를 갖추고 있지 않은 정비업자는 인쇄물을 사업장에 비치하는 방법으로 공개해야 한다. <개정 2023. 6. 9.>

② 제1항에 따른 표준정비시간은 제145조에 따라 설립된 자동차정비사업조합 · 자동차전문정비사업조합이 업종별, 자동차의 종류별, 작업의 종류별로 구분하여 정한다.

③ 자동차정비사업자 단체는 제2항에 따른 표준정비시간을 작성하여 해당 자동차정비사업자 단체의 인터넷 홈페이지에 이를 게시하고 인쇄물로 발간하는 방법으로 공개해야 한다. <개정 2023. 6. 9.>

④ 법 제58조제5항제5호에서 "국토교통부령으로 정하는 주요 정비 작업"이란 별표 26의2에 따른 정비 작업을 말한다. <개정 2023. 6. 9.>

■ 자동차관리법 시행규칙 [별표 26의2] <개정 2019. 4. 23.>

주요 정비 작업(제133조제4항 관련)

정비업종		직업항목
정비업 공통 (종합 · 소형 · 전문 정비업)	교환	엔진오일
		오토미션 오일
		브레이크 오일
		부동액
		팬벨트
		브레이크 앞 패드
		발전기
		시동모터
		디젤연료 필터
		에어컨가스 보충

<table>
<tr><th colspan="2">정비업종</th><th>직업항목</th></tr>
<tr><td rowspan="7">정비업 공통
(종합·소형·전문 정비업)</td><td rowspan="7">교환</td><td>타이어펑크(간이식)</td></tr>
<tr><td>타이어펑크(탈착식)</td></tr>
<tr><td>구동축전지</td></tr>
<tr><td>전력변환장치</td></tr>
<tr><td>구동전동기</td></tr>
<tr><td>연료전지</td></tr>
<tr><td>감속기</td></tr>
<tr><td rowspan="23">종합·소형 정비업</td><td rowspan="8">교환 및 탈부착</td><td>범퍼(앞/뒤)</td></tr>
<tr><td>후드</td></tr>
<tr><td>펜더(흙받기)</td></tr>
<tr><td>도어(앞/뒤)</td></tr>
<tr><td>슬라이딩 도어(옆)</td></tr>
<tr><td>트렁크리드</td></tr>
<tr><td>패널(앞/뒤)</td></tr>
<tr><td>루프패널</td></tr>
<tr><td rowspan="15">판금·도장 작업</td><td>범퍼(앞/뒤)</td></tr>
<tr><td>후드</td></tr>
<tr><td>펜더(흙받기)(앞/뒤)</td></tr>
<tr><td>도어(앞/뒤)</td></tr>
<tr><td>도어(슬라이딩)</td></tr>
<tr><td>루프 패널</td></tr>
<tr><td>루프 사이드패널</td></tr>
<tr><td>트렁크리드</td></tr>
<tr><td>윈도 필러</td></tr>
<tr><td>사이드 스텝패널</td></tr>
<tr><td>센터 필러</td></tr>
<tr><td>사이드 미러</td></tr>
<tr><td>패널(앞/뒤)</td></tr>
<tr><td>패널 외측 방청 도장</td></tr>
<tr><td>조색</td></tr>
</table>

⑤ 법 제58조제5항제5호에 따라 정비업자는 이 조 제4항에 따른 주요 정비 작업에 대한 시간당 공임 및 표준정비시간을 다음 각 호의 방법으로 사업장 내에 게시해야 한다. <개정 2014. 12. 31., 2021. 10. 14., 2023. 6. 9.>

1. 사업장 내의 사무실과 그 밖의 잘 보이는 곳에 게시물을 붙일 것
2. 게시물의 크기는 가로 75㎝ 이상, 세로 100㎝ 이상일 것. 다만, 자동차전문정비업자의 경우에는 가로 55㎝ 이상, 세로 40㎝ 이상으로 한다.

⑥ 제1항부터 제5항까지에서 규정한 사항 외에 표준정비시간의 공개, 주요 정비 작업에 대한 시간당 공임 및 표준정비시간의 게시 등에 관한 세부사항은 국토교통부장관이 정하여 고시한다.

[본조신설 2014. 10. 6.]

제134조 (자동차정비업자의 사후관리 등)

① 정비업자가 법 제58조제5항제7호에 따라 해야 하는 사후관리사항은 다음 각 호와 같다. <개정 2006. 6. 9., 2007. 7. 20., 2010. 2. 18., 2012. 8. 10., 2013. 12. 12., 2014. 10. 6., 2023. 6. 9.>

1. 점검 · 정비견적서(등록번호 · 견적일 · 견적내용 및 견적금액 등이 포함되어야 한다)와 점검 · 정비내역(등록번호, 점검 · 정비의뢰일, 점검 · 정비완료일, 점검 · 정비작업의 내용 등이 포함되어야 하고, 법 제71조제2항 단서에 따라 주행거리를 변경하는 경우에는 그 변경 사유, 해당 증명서 또는 확인서의 발급기관명, 발급일자 및 발급번호 등이 포함되어야 한다)의 기록 및 보존(문서 또는 전산자료의 형태로 보존하되, 견적일 또는 점검 · 정비완료일부터 1년까지로 한다)
2. 점검 · 정비의 잘못으로 인하여 다음 각 목의 구분에 따른 기간 중에 발생하는 고장 등에 대한 무상점검 · 정비

   가. 차령 1년 미만 또는 주행거리 2만km 이내의 자동차 : 점검 · 정비일부터 90일 이내

   나. 차령 3년 미만 또는 주행거리 6만km 이내의 자동차 : 점검 · 정비일부터 60일 이내

   다. 차령 3년 이상 또는 주행거리 6만km 이상의 자동차 : 점검 · 정비일부터 30일 이내

② 정비업자는 정비를 의뢰한 자에게 별지 제89호의3서식의 점검 · 정비견적서와 별지 제89호의2서식의 자동차점검 · 정비명세서를 발급하고, 제1항제2호의 사후관리내용을 고지하여야 한다. 다만, 다음 각 목의 어느 하나에 해당하는 경우 점검 · 정비견적서는 발급하지 않을 수 있다. <개정 1999. 2. 19., 1999. 12. 31., 2001. 4. 19., 2009. 4. 8., 2010. 2. 18., 2019. 12. 9.>

가. 무상수리를 하는 경우

나. 제132조 각 호의 어느 하나에 해당하는 정비를 하는 경우

③ 정비업자는 정비의뢰자의 요구 또는 동의 없이 임의로 자동차를 정비하여서는 아니 되고, 정비에 필요한 신부품 · 재생품 등은 정비의뢰자가 선택할 수 있도록 알려주어야 하며, 중고 또는 재생품을 사용하여 정비할 경우에는 그 이상여부를 확인하여야 한다. <개정 2003. 1. 2.>

④ 원동기정비업자는 원동기의 재생정비를 시행한 경우 정비의뢰자에게 별지 제92호서식의 재생정비 사실확인서를 발급하여야 한다. <신설 2003. 1. 2.>

제135조 (정비책임자의 선임 등)

① 정비업자는 법 제64조에 따라 다음 각 호의 어느 하나에 해당하는 자를 정비책임자로 선임하여야 하며, 정비책임자를 선임 또는 해임한 때에는 그날부터 20일 이내에 별지 제90호서식의 정비책임자 선임(해임)신고서를 제145조제1항제2호에 따른 자동차정비사업조합(자동차전문정비업의 등록을 한 자의 경우에는 제145조제1항제2호의2에 따른 자동차전문정비사업조합을 말한다)에 제출하여야 한다. 이 경우 선임신고인 경우에는 그 자격이 있음을 증명하는 서류를 첨부하여야 한다. <개정 1998. 5. 26., 1999. 12. 31., 2005. 2. 5., 2005. 9. 16., 2007. 6. 7., 2014. 10. 6.>

1. 「국가기술자격법」에 따른 자동차정비 또는 자동차검사에 관한 산업기사 이상의 자격이 있는 자

2. 「국가기술자격법」에 따른 자동차정비 또는 자동차검사에 관한 기능사의 자격을 취득한 후 자동차의 정비 또는 검사분야에 3년 이상 종사한 자
3. 삭제 <2005. 2. 5.>
4. 6급 이상의 기술직공무원으로서 자동차의 정비 또는 검사업무에 2년 이상 종사한 자

② 자동차정비사업조합은 제1항의 규정에 의한 정비책임자선임 또는 해임신고서를 접수한 때에는 다음달 10일까지 별지 제91호서식의 정비책임자선임(해임)보고서를 시장·군수 또는 구청장 및 정비연합회(자동차전문정비사업조합의 경우에는 전문정비연합회를 말한다)에 제출하여야 한다. <개정 1999. 12. 31., 2014. 10. 6.>

③ 삭제 <1999. 2. 19.>

제136조 (정비책임자의 직무 등)

① 법 제64조제3항에 따른 정비책임자의 직무는 다음 각 호와 같다. <개정 1999. 12. 31., 2007. 7. 20., 2015. 10. 7., 2023. 5. 25.>
1. 자동차의 점검·정비총괄
2. 정비요원의 업무에 관한 지휘·감독
3. 자동차정비기술에 관한 교육
4. 주행거리계를 수리하거나 교체하는 경우에는 법 제71조제2항 단서 및 영 제14조의6에 따른 주행거리계의 변경 사유 및 증명 자료의 확인

② 정비업자는 정비책임자에게 사고가 있을 때에는 정비책임자의 자격요건을 갖춘 자로 하여금 즉시 제1항의 직무를 대행하게 하여야 한다. 이 경우 직무대행기간은 1월을 초과할 수 없다.

[제목개정 2023. 5. 25.]

제137조 (정비요금 등)

① 법 제65조제1항에 따라 정비업자가 받을 수 있는 수수료 또는 요금은 다음 각호와 같다. <개정 1998. 5. 26., 1999. 2. 19., 1999. 12. 31., 2005. 9. 16., 2007. 6. 7., 2015. 10. 7.>
1. 삭제 <2013. 12. 12.>
2. 정비요금 : 정비에 드는 실제비용
3. 구난·견인을 위한 출장요금 : 정비의뢰된 자동차의 구난·견인에 소요되는 실제비용.
4. 관리비용 : 정비사업장에 72시간이상 계속하여 방치한 후 정비를 하지 아니하고 다른 장소로 이동하거나 정비완료사실을 자동차소유자에게 통보한 이후에도 통보한 날부터 72시간이상 계속하여 정비사업장에 방치하는 자동차의 보관·관리에 소요되는 실제비용. 다만, 그 금액은 당해지역의 공영주차장의 주차요금을 초과할 수 없으며, 입고일 또는 정비완료사실통보일부터 72시간이내의 기간은 이를 징수할 수 없다.
5. 견적요금 : 견적을 산출하는데 소요되는 실제비용(교통사고 등의 처리를 목적으로 견적서만을

발행하는 경우에 한한다)

6. 진단요금 : 자동차의 고장 진단에 소요되는 실제비용(제2호에 따른 정비요금을 받지 아니하는 경우로서 미리 진단요금을 받을 것을 고지한 경우로 한정한다)

② 정비업자는 제1항 각호의 규정에 의한 수수료 또는 요금 외에는 이를 받을 수 없다.

③ 삭제 <1999. 2. 19.>

[제목개정 2013. 12. 12.]

제5절 자동차해체재활용업 <개정 2010. 2. 18.>

제138조 (해체재활용대상자동차장치)

① 법 제2조제5호에서 "국토교통부령으로 정하는 자동차의 장치"란 다음 각 호의 장치를 말한다. <개정 1999. 2. 19., 1999. 12. 31., 2003. 1. 2., 2007. 6. 7., 2008. 3. 14., 2010. 2. 18., 2011. 12. 15., 2012. 8. 10., 2013. 3. 23., 2016. 1. 7., 2021. 8. 27., 2023. 6. 9.>

1. 차대번호가 표기된 차대 또는 차체
2. 조향장치중 조향기어기구
3. 제동장치중 마스터실린더와 배력장치
4. 내압용기. 다만, 법 제35조의6제1항에 따라 내압용기검사를 받은 날부터 8년 이하인 압축천연가스 및 액화천연가스 내압용기는 제외한다.
5. 에어백 모듈

② 법 제58조제6항제1호의2에서 "국토교통부령으로 정하는 장치"란 자동차의 장치 중 다음 각 호에 따른 장치 외의 모든 장치를 말한다. <개정 2023. 6. 9.>

1. 차대번호가 표기된 차대 또는 차체
2. 내압용기
3. 에어백 모듈

③ 해체재활용과정에서 회수되어 자동차 수리용으로 재사용되는 중고부품은 자동차안전기준등에 저촉되지 아니 하여야 한다. <신설 2003. 1. 2., 2010. 2. 18.>

④ 자동차해체재활용업자는 재사용되는 다음 각호의 주요 기능성장치 또는 부품에 업체명, 전화번호, 사용된 차종, 그 형식 및 연식, 부품의 명칭, 주행거리가 기재된 표지를 부착하여야 한다. 다만, 주요기능성장치 또는 부품을 수출신고를 하고 수출하거나 수출업자에게 판매한 경우는 그러하지 아니하다. <신설 2003. 1. 2., 2004. 12. 6., 2010. 2. 18.>

1. 원동기
2. 동력전달장치 : 변속기 및 차동장치
3. 제동장치 : 캘리퍼 및 공기압축기

⑤ 자동차해체재활용업자는 별지 제95호서식의 중고부품점검표에 주요 기능성장치의 손상 및 누유상태 등 이상유무를 기록하여야 한다. <신설 2003. 1. 2., 2010. 2. 18.>

[제목개정 2010. 2. 18.]

제139조 (폐차사원증의 관리 등)

① 자동차해체재활용업자는 폐차종사원을 채용한 경우에는 법 제58조제6항제3호에 따라 제145조제1항제3호에 따른 자동차해체재활용사업협회로부터 별표 27의 자동차폐차사원증(이하 이 조에서 "폐차사원증"이라 한다)을 발급받아 영업기간 중 이를 달도록 해야 한다.

② 자동차해체재활용업자는 다음 각 호의 구분에 따른 조치를 취해야 한다.

1. 폐업하거나 폐차종사원과의 고용관계가 종료된 경우 : 지체 없이 폐차사원증을 제145조제1항제3호에 따른 자동차해체재활용사업협회에 반납
2. 휴업하거나 사업의 정지처분을 받은 경우 : 지체 없이 폐차사원증을 그 기간 동안 제145조제1항제3호에 따른 자동차해체재활용사업협회에 보관
3. 고용 중인 폐차종사원의 폐차사원증 유효기간이 만료된 경우 : 지체 없이 자동차해체재활용사업협회로부터 폐차사원증을 재발급

③ 제145조제1항제3호에 따른 자동차해체재활용사업협회는 제1항 및 제2항에 따라 폐차사원증을 발급하거나 반납받은 경우 또는 이를 보관하게 된 경우에는 5일 이내에 그 명단을 시장·군수·구청장에게 제출해야 한다.

[본조신설 2024. 7. 31.]

제139조의2 (폐차종사원에 대한 교육)

① 법 제58조제6항제4호에 따라 폐차종사원이 받아야 하는 교육은 제145조제1항제3호에 따른 자동차해체재활용사업협회가 실시하는 다음 각 호의 교육을 말한다.

1. 신규교육 : 새로 채용된 폐차종사원에 대한 4시간 이상의 교육
2. 보수교육 : 폐차사원증의 유효기간 만료에 따라 폐차사원증 재발급대상 폐차종사원에 대한 3시간 이상의 교육

② 제1항 각 호에 따른 교육은 다음 각 호의 구분에 따른 시기에 실시한다.

1. 신규교육 : 폐차사원증 신규 발급 전
2. 보수교육 : 폐차사원증 재발급 전

③ 제1항에 따른 교육과목은 다음 각 호와 같다.

1. 자동차해체재활용 관련 법령
2. 자동차의 안전한 해체 및 해체 후 재활용품 등의 관리
3. 폐차 및 자동차 말소등록의 절차
4. 고객응대 예절
5. 자동차해체재활용 관련 전산처리 방법

[본조신설 2024. 7. 31.]

제140조 (자동차해체재활용영업소의 설치)

① 자동차해체재활용업자가 폐차의뢰되는 자동차의 접수, 인수, 견인 및 수집에 전용하는 영업소(이하 "자동차해체재활용영업소"라 한다)를 설치하고자 하는 때에는 별표 28의 자동차해체재활용영업소 시설을 갖추어야 한다. <개정 2010. 2. 18., 2013. 9. 6.>

■ 자동차관리법 시행규칙 [별표 28] <개정 2022. 3. 10.>

자동차해체재활용영업소 시설기준(제140조제1항 관련)

구분		기준	
		세부기준	면적 또는 대수
1. 대지		영업에 필요한 사무실을 포함할 것	
2. 장비	가. 중량기	계량능력(무게를 재는 능력) 10톤 이상	1대 이상
	나. 고철운반용자동차	최대적재량 2톤 이상	1대 이상
	다. 지게차	인양능력(끌어서 높은 곳으로 끌어올리는 능력) 3.5톤 이상	1대 이상

주) 장비는 임대차 계약을 통하여 사용권을 확보하고, 그 사실을 서류를 통해 증명하는 경우에는 그 계약기간 중에는 해당 장비를 보유한 것으로 본다.

② 시장·군수 또는 구청장은 다른 시장·군수 또는 구청장의 관할구역에 자동차해체재활용영업소를 설치하도록 하고자 하는 때에는 해당 지역을 관할하는 시장·군수 또는 구청장의 동의를 받아야 한다. <개정 1999. 12. 31., 2010. 2. 18., 2013. 9. 6.>

③ 제111조 및 제112조의 규정은 자동차해체재활용영업소에 관하여 이를 준용한다. <개정 1999. 2. 19., 2010. 2. 18., 2022. 3. 10.>

[제목개정 2010. 2. 18.]

제141조 (폐차요청 등)

① 법 제58조제6항에 따라 폐차요청을 하려는 자동차소유자는 별지 제93호서식의 자동차폐차요청서에 다음 각 호의 서류를 첨부하여 자동차해체재활용업자에게 제출하고 폐차대상자동차를 제시해야 한다. 다만, 법 제13조제1항제7호에 해당하는 자동차로서 자동차 등록관청이 폐차의뢰서를 제출한 경우에는 제4호의 서류를 제출하지 않을 수 있다. <개정 2003. 1. 2., 2006. 4. 26., 2010. 2. 18., 2012. 8. 10., 2021. 10. 14., 2023. 6. 9., 2024. 7. 31.>

1. 자동차등록증
2. 자동차등록원부등본(폐차요청일 전 3일 이내에 발급한 것으로 한정한다). 다만, 자동차해체재활용업자가 법 제69조에 따른 전산자료의 이용 그 밖의 방법 등을 통하여 해당자동차에 저당·압류 등 등록상 이해관계인이 없음을 확인한 경우를 제외한다.

3. 자동차소유자의 인감증명서나 본인서명사실확인서(자동차소유자가 직접 폐차요청을 하는 경우에는 주민등록증 · 자동차운전면허증 또는 여권의 제시로 이에 갈음할 수 있다) 또는 자동차소유자의 상속인(재산관리인을 포함한다)임을 증명하는 서류
4. 저당권 또는 압류등록의 해지증서 및 권리자의 인감증명서나 본인서명사실확인서(저당권설정등록 또는 압류등록이 된 자동차만 해당한다)

② 시장 · 군수 또는 구청장은 법 제26조제3항의 규정에 의하여 자동차의 강제처리를 한 경우에는 제1항의 규정에 불구하고 별지 제94호서식의 자동차폐차지시서에 의하여 자동차해체재활용업자에게 폐차를 요청할 수 있다. <개정 1999. 12. 31., 2010. 2. 18.>

제142조 (폐차금지 등)

① 자동차해체재활용업자는 제141조의 규정에 의한 폐차요청을 받은 경우 폐차대상인 자동차가 다음 각호의 1에 해당하는 경우에는 폐차를 하여서는 아니 된다. <개정 2003. 1. 2., 2010. 2. 18.>
1. 저당권이 설정되었거나 압류등록이 된 경우. 다만, 이해관계인이 해지증서에 인감증명서를 첨부하여 제출한 경우와 자동차 등록관청이 폐차의뢰서를 제출한 경우에는 그러하지 아니하다.
2. 차대번호 기타 등록사항이 자동차등록원부의 기재내용과 다른 경우

② 자동차해체재활용업자는 폐차요청을 받은 자동차가 제1항 각호의 규정에 의한 폐차금지대상인 경우를 제외하고는 폐차를 거부하여서는 아니 된다. <개정 2010. 2. 18.>

제143조 (폐차인수증명서 등)

① 제141조의 규정에 의하여 폐차요청 또는 폐차지시를 받은 자동차해체재활용업자는 등록한 해당 사업장에서 자동차를 인수하고 폐차요청 또는 폐차지시를 한 자동차소유자 또는 시장 · 군수 또는 구청장에게 폐차인수증명서를 발급하여야 한다. <개정 1999. 12. 31., 2010. 2. 18.>

② 자동차해체재활용업자는 다음 각 호의 장부 및 관계서류(전자문서를 포함한다)를 연도별로 작성 · 관리하고 이를 3년간(제2호의 경우에는 10년간을 말한다) 보관하여야 한다. <개정 2010. 2. 18., 2018. 6. 27.>
1. 삭제 <2015. 7. 7.>
2. 별책 9의 폐차인수증명서발급대장
3. 별책 10의 말소등록신청대행대장
4. 폐차요청서(제141조제1항 각호의 첨부서류 사본을 포함한다)
5. 별지 제95호서식의 중고부품점검표

③ 자동차해체재활용업자는 제1항에 따라 자동차를 인수하는 경우에는 해당 사업장 내에서 해당 자동차의 등록번호판이 포함되도록 앞 · 뒷면 전체 사진을 촬영하고, 촬영한 사진(전자적 파일 형태의 사진을 포함한다)을 3년간 보관하여야 한다. <신설 2015. 7. 7., 2018. 6. 27.>

제144조 (폐차수수료 등)

① 법 제65조제1항의 규정에 의하여 자동차해체재활용업자가 받을 수 있는 수수료 또는 요금은 다음 각호와 같다. <개정 1998. 5. 26., 1999. 12. 31., 2001. 4. 19., 2005. 9. 16., 2010. 2. 18.>

1. 말소등록신청대행수수료 : 말소등록신청대행에 소요되는 실제비용
2. 견인요금 : 폐차의뢰된 자동차의 견인에 소요되는 실제비용. 다만, 그 금액은 「화물자동차 운수사업법」에 의하여 정하여진 견인요금을 초과할 수 없다.
3. 관리비용 : 다음 각목의 1에 해당하는 경우의 자동차의 보관·관리에 소요되는 실제비용. 이 경우 그 금액은 당해 지역의 공영주차장의 주차요금을 초과할 수 없으며, 입고일부터 5일 이내의 기간의 비용은 이를 징수할 수 없다.
   가. 폐차사업장에 5일을 초과하여 계속하여 자동차를 방치한 후 폐차를 하지 아니하고 다른 장소로 이동하는 경우
   나. 제142조제1항 각호의 규정에 의한 폐차금지사유를 자동차소유자에게 통보한 날부터 5일을 초과하여 그 자동차를 폐차사업장에 방치하는 경우

② 법 제65조제2항에서 "자동차의 평가액"이라 함은 폐차하고자 하는 자동차의 차량중량에서 폐기물 중량을 뺀 중량에 1kg당 고철가격을 곱하여 산출한 금액을 말하고, "폐차에 드는 비용"이라 함은 폐차하고자 하는 자동차의 차량중량에 1kg당 폐차처리에 소요되는 실제비용을 곱하여 산출한 금액을 말한다. <개정 1999. 12. 31., 2010. 2. 18.>

③ 자동차해체재활용업자는 제2항의 규정에 의하여 자동차의 평가액을 초과하는 폐차소요비용을 징수하고자 하는 때에는 그 산출기초를 명백히 하여 초과비용을 청구하여야 하며, 폐차신청자 또는 소비자관련단체가 폐차수수료 금액의 산출근거제시를 요구하는 때에는 그 금액에 관한 명확한 산출내역을 명시하여 이를 발급하여야 한다. <개정 1999. 2. 19., 2010. 2. 18.>

④ 자동차해체재활용업자는 제1항 및 제3항의 규정에 의한 수수료 또는 요금외에는 이를 받을 수 없다. <개정 2010. 2. 18.>

[제목개정 1999. 12. 31.]

제6절 온라인 자동차 매매정보제공 <신설 2018. 11. 23.>

제144조의2 (온라인 자동차 매매정보제공자의 등록)

① 법 제65조의2제1항에 따라 온라인 자동차 매매정보제공의 등록을 하려는 자는 별지 제94호의2서식에 따른 온라인 자동차 매매정보제공 등록 신청서(전자문서로 된 신청서를 포함한다)에 다음 각 호의 서류(전자문서를 포함한다)를 첨부하여 시장·군수 또는 구청장에게 제출하여야 한다. 이 경우 시장·군수 또는 구청장은 「전자정부법」 제36조제1항에 따른 행정정보의 공동이용을 통하여 법인 등기사항증명서(신청인이 법인인 경우만 해당한다)를 확인하여야 한다.

1. 인터넷 홈페이지(휴대전화에서 사용되는 응용프로그램을 포함한다) 도메인 등록증
2. 호스트서버의 이용계약증명서(계약한 호스트서버의 용량과 이용기간이 포함된 것을 말한다)

3. 이용약관(이용자의 피해에 대한 보상 방안과 거래 신뢰도 확보 방안을 포함한 것을 말한다)

② 시장 · 군수 또는 구청장은 제1항에 따른 등록신청이 다음 각 호의 어느 하나에 해당하는 경우를 제외하고는 등록하여야 한다.

1. 법 제65조의2제1항 및 영 제13조의5에 따른 등록기준을 갖추지 못한 경우
2. 법 제65조의2제6항에서 준용하는 법 제54조에 따른 결격사유에 해당하는 경우
3. 그 밖에 이 법에 따른 제한에 해당하는 경우

③ 시장 · 군수 또는 구청장은 온라인 자동차 매매정보제공 등록을 한 때에는 별책 10의2에 따른 온라인자동차매매정보제공 등록대장에 등록한 후 별지 제94호의3서식에 따른 온라인 자동차 매매정보제공 등록증을 신청인에게 발급하여야 한다.

④ 제3항에 따른 온라인자동차매매정보제공 등록대장은 전자적 처리가 불가능한 특별한 사유가 없으면 전자적 방법으로 작성 · 관리하여야 한다.

[본조신설 2018. 11. 23.]

제144조의3 (온라인 자동차 매매정보제공자의 변경등록)

① 법 제65조의2제3항에 따른 온라인 자동차 매매정보제공자(이하 "온라인 자동차 매매정보제공자"라 한다)는 등록사항 중 영 제13조의5제2항 각 호에 따른 중요사항을 변경한 때에는 별지 제94호의4서식에 따른 온라인 자동차 매매정보제공 변경등록 신청서에 다음 각 호의 서류를 첨부하여 15일 이내에 시장 · 군수 또는 구청장에게 제출하여야 한다.

1. 온라인 자동차 매매정보제공 등록증
2. 변경하고자 하는 사항을 증명하는 서류

② 제1항에 따른 온라인 자동차 매매정보제공자의 변경등록에 관하여는 제144조의2를 준용한다.

[본조신설 2018. 11. 23.]

제144조의4 (온라인 자동차 매매정보의 제공범위 등)

① 법 제65조의2제3항제2호에서 "국토교통부령으로 정하는 바에 따라 촬영된 자동차의 내 · 외관 사진"이란 다음 각 호의 기준에 따라 촬영된 사진을 말한다.

1. 자동차등록번호 식별이 가능하고 자동차의 전후면 전체가 나오도록 촬영된 자동차의 전후면 사진
2. 다음 각 목의 어느 하나에 해당하는 자동차의 사진(경고등 점등 여부 등의 경우에는 자동차의 상태 및 고장에 대한 상세설명으로 갈음할 수 있다)
   가. 경고 등이 계기판에 위치한 경우 : 자동차의 시동이 걸린 상태에서 경고등 점등 여부에 대한 식별이 가능하도록 계기판 전체를 촬영한 사진
   나. 경고 등이 계기판에 위치하지 아니한 경우 : 자동차의 시동이 걸린 상태에서 경고등 점등 여부에 대한 식별이 가능하고 경고등 전체를 촬영한 사진

② 법 제65조의2제3항제3호에서 "국토교통부령으로 정하는 정보"란 다음 각 호의 정보를 말한다.

1. 자동차등록번호
2. 신규 · 말소등록일
3. 차명
4. 차종
5. 차대번호(뒤 6자리를 제외한다)
6. 원동기 형식
7. 용도
8. 연식
9. 색상
10. 출처구분
11. 최초등록일
12. 제작연월일
13. 검사유효기간

[본조신설 2018. 11. 23.]

제144조의5 (온라인 자동차 매매정보제공자의 기록 보관)

온라인 자동차 매매정보제공자는 법 제65조의2제4항에 따라 관련 정보를 전자문서 형태로 변환하여 3년 동안 보관 · 관리하여야 한다.

[본조신설 2018. 11. 23.]

제15장 사업자단체의 설립 등

제145조 (사업자단체의 설립구분)

① 자동차관리사업자는 법 제67조제1항의 규정에 의하여 다음 각호의 구분에 따라 시 · 도 단위의 조합 또는 전국단위의 협회(이하 "조합 등"이라 한다)를 설립할 수 있다. <개정 1999. 12. 31., 2010. 2. 18., 2014. 10. 6.>

1. 자동차매매사업조합 : 자동차매매업의 경영합리화 및 그 향상 · 발전과 원활한 거래시장형성을 촉진하기 위하여 설립하는 조합
2. 자동차정비사업조합 : 자동차정비에 관한 설비의 개량, 기술의 향상 · 발전과 자동차정비업자(자동차전문정비업자를 제외한다)의 공동이익을 도모하기 위하여 설립하는 조합

2의2. 자동차전문정비사업조합 : 자동차정비에 관한 설비의 개량, 기술의 향상 · 발전과 자동차전

문정비업자의 공동이익을 도모하기 위하여 설립하는 조합

3. 자동차해체재활용사업협회 : 자동차해체재활용업의 경영합리화와 폐차질서의 확립을 위하여 설립하는 협회

② 제1항제1호의 규정에 의한 자동차매매사업조합, 제1항제2호의 규정에 의한 자동차정비사업조합 및 제1항제2호의2의 규정에 의한 자동차전문정비사업조합은 시 · 도지사의 설립인가를, 제1항제3호의 규정에 의한 자동차해체재활용사업협회는 국토교통부장관의 설립인가를 받아야 한다. <개정 1999. 12. 31., 2008. 3. 14., 2010. 2. 18., 2013. 3. 23., 2014. 10. 6.>

③ 제1항제3호의 규정에 의한 자동차해체재활용사업협회는 정관이 정하는 바에 따라 시 · 도에 그 지부 또는 지회를 둘 수 있다. <개정 2010. 2. 18.>

제146조 (설립인가의 신청 등)

① 법 제67조제1항의 규정에 의하여 조합 등의 설립인가를 받고자 하는 자는 대표자의 성명 · 주소 및 그 설립의 취지를 기재한 설립인가신청서(전자문서로 된 신청서를 포함한다)에 다음 각호의 서류(전자문서를 포함한다)를 첨부하여 국토교통부장관 또는 시 · 도지사에게 제출하여야 한다. <개정 2004. 11. 29., 2008. 3. 14., 2013. 3. 23.>

1. 창립총회 의사록
2. 정관
3. 사업계획서 및 수지예산서
4. 재산목록
5. 임원명부
6. 임원취임승낙서
7. 임원의 이력서

② 조합 등은 인가를 받은 날부터 3주일이내에 관할법원에 설립등기를 하고 등기부등본을 첨부하여 지체없이 국토교통부장관 또는 시 · 도지사에게 보고하여야 한다. 다만, 「전자정부법」 제36조제1항에 따른 행정정보의 공동이용을 통하여 첨부서류에 대한 정보를 확인할 수 있는 경우에는 그 확인으로 첨부서류에 갈음할 수 있다. <개정 2004. 11. 29., 2005. 9. 16., 2008. 3. 14., 2010. 2. 18., 2011. 4. 11., 2013. 3. 23.>

제147조 (정관)

① 법 제67조제5항의 규정에 의하여 조합 등의 정관에는 다음 각호의 사항을 기재하여야 한다.

1. 명칭
2. 목적
3. 사무소의 소재지
4. 회원 및 총회에 관한 사항

5. 임원에 관한 사항
6. 업무에 관한 사항
7. 회계에 관한 사항
8. 해산에 관한 사항
9. 기타 조합 등의 운영에 관한 필요사항

② 조합 등이 정관변경의 인가를 받고자 하는 때에는 정관변경인가신청서에 변경취지 및 이유를 기재하고 다음 각호의 서류를 첨부하여 국토교통부장관 또는 시ㆍ도지사에게 제출하여야 한다. <개정 2008. 3. 14., 2013. 3. 23.>

1. 정관변경안
2. 정관의 신ㆍ구조문대조표
3. 총회의사록
4. 정관의 변경이 사업의 내용을 변경하게 하는 경우에는 이에 관계되는 사업계획 및 수지예산서

제148조 (지도ㆍ감독)

① 법 제67조제5항의 규정에 의하여 국토교통부장관 또는 시ㆍ도지사는 조합 등의 사무 및 회계 등을 감독할 수 있다. <개정 2008. 3. 14., 2011. 12. 15., 2013. 3. 23.>

② 국토교통부장관 또는 시ㆍ도지사는 조합 등이 법 제67조제3항의 규정에 의한 조합설립요건에 미달하거나 운영사항의 개선 또는 자동차관리사업의 발전을 위하여 필요하다고 인정하는 때에는 조합 등에 대하여 정관ㆍ사업계획ㆍ수지예산 또는 임원의 변경이나 조합의 해산을 명하거나 설립인가를 취소할 수 있다. <개정 2005. 2. 5., 2008. 3. 14., 2013. 3. 23.>

제149조 (연합회의 설립 및 지도ㆍ감독 등)

① 자동차매매사업조합ㆍ자동차정비사업조합 및 자동차전문정비사업조합은 국토교통부장관의 인가를 받아 연합회를 설립할 수 있다. <개정 1999. 12. 31., 2008. 3. 14., 2013. 3. 23., 2014. 10. 6.>

② 제1항의 규정에 의한 연합회는 조합의 건전한 운영과 통일적인 업무수행을 위하여 정관이 정하는 바에 의하여 조합의 업무 및 회계의 지도ㆍ검사와 자동차관리사업의 체계개선에 관한 조사ㆍ연구를 할 수 있다. <개정 1999. 12. 31.>

③ 제146조 내지 제148조의 규정은 제1항의 규정에 의한 연합회에 관하여 이를 준용한다. 이 경우 "조합 등"은 "연합회"로 본다.

제149조의2 (전담기관 지정신청서 등)

① 법 제68조의4 및 영 제13조의7제1항 전단에 따른 전담기관 지정의 신청은 별지 제95호의2서식에 따른다. <개정 2018. 11. 23.>

② 국토교통부장관은 영 제13조의7제2항에 따라 전담기관을 지정하였을 때에는 별지 제95호의3서식

의 자동차안전기준 등의 국제조화 전담기관 지정서를 신청인에게 발급하여야 한다. <개정 2018. 11. 23.>

[본조신설 2017. 7. 18.]

제16장 전산정보처리조직

제150조 (전산처리하는 업무)

① 전산정보처리조직을 이용하여 처리하는 업무는 다음 각 호와 같다. <개정 2004. 12. 6., 2005. 9. 16., 2006. 6. 9., 2008. 3. 14., 2010. 2. 18., 2011. 12. 15., 2013. 3. 23., 2014. 12. 31., 2016. 2. 4., 2017. 7. 18., 2017. 10. 26., 2019. 8. 20., 2022. 4. 14., 2023. 5. 25.>

1. 자동차등록원부의 비치 · 관리 및 자동차등록원부의 등 · 초본의 발급 · 열람에 관한 업무
2. 법 제8조, 제11조부터 제14조까지 및 제16조에 따른 등록 및 등록번호의 부여에 관한 업무
3. 「자동차 등 특정동산 저당법」 제5조에 따른 저당권의 등록에 관한 업무

3의2. 등록번호판발급대행자의 지정에 관한 업무

4. 법 제22조 및 제23조에 따른 차대번호 및 원동기형식의 표기에 관한 업무

4의2. 법 제24조의2제3항제1호에 따른 자동차등록원부의 기재 및 같은 항 제3호에 따른 등록번호판 영치에 관한 업무(법 제37조제3항 후단에 따라 준용되는 경우를 포함한다)

5. 법 제30조제4항 및 법 제30조의2제3항에 따른 자기인증에 따른 제원관리에 관한 업무

5의2. 법 제30조제2항에 따른 자동차제작자 등의 등록 및 변경등록에 관한 업무

5의3. 법 제33조제3항에 따른 자료 제출에 관한 업무

6. 법 제34조에 따른 튜닝승인 및 그에 따른 제원관리에 관한 업무

6의2. 법 제35조의7 및 제35조의8에 따른 내압용기 검사에 관한 업무

7. 삭제 <2013. 12. 12.>

7의2. 법 제37조에 따른 명령에 관한 업무

8. 법 제43조 및 법 제43조의2에 따른 자동차검사 및 자동차종합검사에 관한 업무

8의2. 법 제45조 및 법 제45조의2에 따른 지정정비사업자 및 종합검사지정정비사업자와 그 소속 기술인력의 관리에 관한 업무

8의3. 법 제47조에 따른 택시미터의 검정에 관한 업무

8의4. 법 제52조에 따라 준용되는 법 제30조제3항에 따른 이륜자동차 실측확인 신청에 관한 업무

8의5. 법 제53조제1항에 따른 자동차관리사업의 등록에 관한 업무

8의6. 법 제58조의2에 따른 모범사업자의 지정에 관한 업무

8의7. 법 제59조제1항에 따른 매매용 자동차의 관리에 관한 업무

8의8. 법 제60조제1항에 따른 자동차경매장의 개설·운영에 관한 업무

8의9. 행정처분에 관한 업무(법 제45조의3제2항 및 제46조제4항에 따른 행정처분 현황의 기록·관리에 관한 업무를 포함한다)

9. 제1항 각 호의에 관한 업무와 관련하여 다른 법률의 효율적인 집행을 위하여 국토교통부장관이 인정하는 업무

② 국토교통부장관은 전산정보처리조직에서 수집·생산·관리되는 정보를 신청인 등과 공공의 이익을 위하여 제공하는 경우에는 같은 전산정보처리조직을 통하여 처리할 수 있다. <신설 2010. 2. 18., 2013. 3. 23.>

③ 전산정보처리조직에 의한 업무처리절차에 관하여 필요한 사항은 국토교통부장관이 정한다. <개정 2008. 3. 14., 2010. 2. 18., 2013. 3. 23.>

제150조의2 (자동차관리업무의 전산처리)

① 전산정보처리조직을 이용하여 다음 각 호의 사항을 입력하는 경우에는 해당 서류를 제출, 보고 또는 작성·비치한 것으로 본다. <개정 2011. 12. 15., 2014. 10. 6., 2014. 12. 31., 2017. 7. 18., 2018. 6. 27., 2019. 8. 20., 2021. 2. 5., 2022. 4. 14., 2023. 5. 25.>

1. 제32조에 따른 자동차제작자 등의 등록·변경등록 및 등록증 재발급 신청

1의2. 제33조에 따른 등록증의 발급 및 재발급

1의3. 제36조제1항에 따른 자동차제작자 등의 기술검토신청서의 제출

1의4. 제37조제2항에 따른 안전검사의 신청

1의5. 제39조제1항에 따른 자동차제작자 등의 제원통보서 제출

2. 제42조제3항에 따른 자동차제작자 등의 시정조치 진행상황 보고

2의2. 제52조에 따른 자료의 제출

3. 제78조에 따른 튜닝검사의 신청

4. 제105조에 따른 3333이륜자동차 제원통보서의 제출

4의2. 제106조의2에 따른 이륜자동차 실측확인의 신청

5. 제121조제4항에 따른 중고자동차 제시·매도신고기록대장의 작성·비치

6. 제121조제5항에 따른 중고자동차 제시·매도신고기록대장의 제출

7. 제123조제3항에 따른 매매사원의 명단 제출

[본조신설 2010. 2. 18.]

제151조 (전산정보처리조직의 운영)

① 국토교통부장관은 전산정보처리조직을 운영하는 기관에 대하여 전산운영지침을 작성·통보할 수 있다. <개정 2008. 3. 14., 2013. 3. 23., 2016. 2. 4.>

② 제1항의 규정에 의한 전산운영지침에는 다음 각호의 사항이 포함되어야 한다.

1. 기기조작 및 관리에 관한 사항
2. 기기고장시의 조치에 관한 사항
3. 전산용비품 및 소모품의 관리에 관한 사항

제152조 (자료의 입력)

① 전산정보처리조직에 자료를 입력하는 기기조작원은 자료발생당일에 이를 정확하게 입력하고 사용자지침서에 의하여 매일마감・집계하여야 한다.

② 오류입력한 사항에 대하여는 이를 즉시 정정입력 하되 「자동차등록규칙」에 의하여 정정절차가 정하여진 등록사항에 대하여는 그 절차에 따라야 한다. <개정 2005. 9. 16.>

③ 전산정보처리조직에 입력하여야 하는 원시자료가 자체입력능력을 초과하는 경우에는 그 원시자료를 해당기관의 장의 책임 하에 외부기관에 위탁하여 입력할 수 있다.

④ 제3항의 규정에 의하여 외부기관에 위탁하여 자료를 입력한 경우에는 그 자료의 적정입력여부를 검증하여야 한다.

제153조 (전산자료의 이용신청등)

① 법 제69조제2항 및 영 제14조제1항의 규정에 의하여 전산자료를 이용하고자 하는 자가 제출하여야 하는 전산자료이용심사(승인)신청서는 별지 제96호서식과 같다.

② 제1항의 신청에 따라 전산자료의 이용을 승인한 국토교통부장관 또는 시・도지사는 그 승인내용을 별책 11의 전산자료이용승인대장에 기록・관리하여야 한다. <개정 2008. 3. 14., 2013. 3. 23.>

③ 영 제14조의 규정에 의하여 전산자료의 이용이 승인된 자료 및 이미 공표된 통계자료는 인쇄 또는 컴퓨터통신설비에의 연결 등으로 이를 제공할 수 있다. 이 경우 전산자료를 제공받고자 하는 자는 별지 제97호서식의 전산자료제공신청서를 국토교통부장관 또는 시・도지사에게 제출하여야 한다. <개정 2008. 3. 14., 2013. 3. 23.>

제153조의2 (자동차이력관리 정보의 제공 신청 등)

① 법 제69조의2제2항에 따라 자동차이력관리 정보의 제공을 신청하려는 자는 「전자정부법」 제9조제2항에 따른 전자민원창구를 이용하여 해당 자동차의 자동차등록번호를 입력하여야 한다.

② 제1항에 따라 자동차이력관리 정보의 제공을 신청하려는 자는 다음 각 호의 어느 하나에 해당하는 방법으로 본인확인을 거쳐야 한다. <개정 2021. 8. 27.>

1. 휴대전화를 통한 본인인증 등 「정보통신망 이용촉진 및 정보보호 등에 관한 법률」 제23조의3에 따른 본인확인기관에서 제공하는 본인확인의 방법
2. 「전자서명법」 제2조제2호에 따른 전자서명 또는 같은 조 제6호에 따른 인증서를 통한 본인확인의 방법

[본조신설 2015. 10. 7.]

제154조 (전산처리통계의 공표 등)

국토교통부장관 또는 시・도지사는 전산처리되는 통계자료를 당해통계의 공표절차를 마친 후가 아니면 외부에 공표하거나 이용하게 하여서는 아니된다. <개정 2008. 3. 14., 2013. 3. 23.>

제154조의2 (주행거리계 고장확인 신청 등)

① 영 제14조의6제3호에 따라 주행거리계의 고장 또는 파손 여부에 대하여 확인받으려는 자는 별지 제97호의2서식의 주행거리계 고장확인신청서를 자동차검사대행자에게 제출하고 해당 자동차를 제시해야 한다. <개정 2011. 12. 15., 2015. 10. 7., 2023. 5. 25.>

② 제1항에 따라 신청을 받은 자동차검사대행자는 주행거리계의 고장 또는 파손여부에 대하여 별지 제97호의3서식의 주행거리계 고장 확인서를 발급하여야 한다.

[본조신설 2010. 2. 18.]

제154조의3 (자동차 인터넷 표시・광고 모니터링)

① 법 제69조의4제1항에 따른 모니터링 업무는 다음 각 호의 구분에 따라 수행한다.

1. 정기 모니터링 : 분기별로 실시하는 모니터링
2. 수시 모니터링 : 법 제57조제3항제2호, 제57조의2제2항 및 제58조제4항을 위반한 사실이 의심되는 경우 등 국토교통부장관이 필요하다고 판단하여 실시하는 모니터링

② 모니터링 기관은 제1항 각 호에 따른 업무를 수행하면 해당 업무에 따른 결과보고서를 다음 각 호의 구분에 따른 기한까지 국토교통부장관에게 제출해야 한다.

1. 제1항제1호에 따른 모니터링 업무 : 매 분기의 마지막 날부터 30일 이내
2. 제1항제2호에 따른 모니터링 업무 : 해당 모니터링 업무를 완료한 날부터 15일 이내

③ 국토교통부장관은 제2항에 따라 제출받은 결과보고서를 시・도지사 및 시장・군수・구청장에게 통보해야 한다.

④ 제1항부터 제3항까지에서 규정한 사항 외에 모니터링의 기준, 절차 및 방법 등에 관한 세부사항은 국토교통부장관이 정하여 고시한다.

[본조신설 2023. 6. 9.]

제17장 보칙

제155조 (출입공무원의 증표)

법 제72조제4항에 따른 증표는 별표 29에 의한다. <개정 2010. 2. 18.>

■ 자동차관리법 시행규칙 [별표 29] <개정 2013.3.23>

출입공무원의 증표(제155조 관련)

(앞면)

제　　호

검 사 공 무 원 증

직 명

성 명

주민등록번호

사진

위의 사람은 「자동차관리법」 제72조제3항의 규정에 의한 검사 공무원임을 증명함

유효기관　　년　　월　　일부터

년　　월　　일까지

국토교통부장관
시·도지사　[인]

90㎜×60㎜

(청색켄트지 120g/㎡)

(뒷면)

1. 이 증표를 소지한 공무원은 「자동차관리법」 제72조제1항의 규정에 의한 시설 · 장비 · 자동차 · 사업장 또는 사무소에 출입하여 자동차 · 장부 · 서류 기타 물건을 검사하거나 관계인에게 질문할 수 있습니다.
2. 검사 및 확인을 정당한 사유없이 거부 · 방해 또는 기피하거나 허위의 진술을 한 경우에는 100만원이하의 과태료에 처하게 됩니다.

이 증을 습득하신 분은 가까운 우체함에 넣어 주시기 바랍니다.

제155조의2 (과징금 부과 기준)

영 별표 1의3 제2호가목2)부터 6)까지에서 “국토교통부령으로 정하는 장치”란 각각 별표 29의2에 따른 장치를 말한다. <개정 2022. 3. 10.>

[본조신설 2017. 1. 6.]

■ 자동차관리법 시행규칙 [별표 29의2] <개정 2022. 3. 10.>

영 별표 1의3 제2호에 따른 장치(제155조의2 관련)

1. 영 별표 1의3 제2호가목2)에서 "주행장치 중 국토교통부령으로 정하는 장치"란 「자동차 및 자동차부품의 성능과 기준에 관한 규칙」 제87조에 따른 가속제어장치, 같은 규칙 제88조의2에 따른 타이어, 같은 규칙 제54조 및 제110조의2에 따른 최고속도제한장치, 같은 규칙 제85조제4항에 따른 사륜형이륜자동차 최고속도제한장치, 같은 규칙 제64조제3항에 따른 사륜형 이륜자동차의 주행 안전장치, 같은 규칙 제15조의2 및 제90조의2에 따른 자동차안전성제어장치 및 같은 규칙 제12조제1항에 따른 공기압고무타이어를 말한다.
2. 영 별표 1의3 제2호가목3)에서 "조향장치 중 국토교통부령으로 정하는 장치"란 「자동차 및 자동차부품의 성능과 기준에 관한 규칙」 제14조 및 제89조에 따른 조향핸들 및 조향바퀴를 말한다.
3. 영 별표 1의3 제2호가목4)에서 "제동장치 중 국토교통부령으로 정하는 장치"란 「자동차 및 자동차부품의 성능과 기준에 관한 규칙」 제15조, 제67조, 제90조 및 별표 34에 따른 제동장치를 말한다.
4. 영 별표 1의3 제2호가목5)에서 "연료장치 및 전기·전자장치 중 국토교통부령으로 정하는 장치"란 「자동차 및 자동차부품의 성능과 기준에 관한 규칙」 제91조에 따른 연료누출 방지장치, 같은 규칙 제111조의2에 따른 전자파 장치, 같은 규칙 제18조의2 및 제91조제4항에 따른 고전원전기장치, 같은 규칙 제18조의3에 따른 구동축전지, 같은 규칙 제69조에 따른 이륜자동차의 연료장치 및 전기장치, 같은 규칙 제17조제2항에 따른 연료전지자동차 수소가스 연료장치 및 같은 규칙 제91조제6항에 따른 기체연료 내압용기 및 안전장치를 말한다.
5. 영 별표 1의3 제2호가목6)에서 "차체 및 차대 중 국토교통부령으로 정하는 장치"란 「자동차 및 자동차부품의 성능과 기준에 관한 규칙」 제102조에 따른 승객보호장치, 같은 규칙 제105조에 따른 앞면창유리, 같은 규칙 제92조에 따른 천정, 같은 규칙 제96조에 따른 후부안전판, 같은 규칙 제102조의2에 따른 보행자보호장치 및 같은 규칙 제19조제3항에 따른 측면보호대를 말한다.

제156조 (수수료액)

① 법 제76조에 따라 신청인이 납부하여야 할 수수료는 제12조에서 정한 것을 제외하고는 별표 30과 같다. <개정 2010. 2. 18.>

■ 자동차관리법 시행규칙 [별표 30] <개정 2019. 12. 9.>

수수료(제156조제1항 관련)

납부자	금액
1. 법 제7조제4항에 따라 자동차등록원부의 등본 또는 초본의 발급이나 자동차등록원부의 열람을 신청하는 자	
가. 등본 또는 초본의 발급	1건에 대하여 300원. 다만, 전자민원창구를 통해 신청하는 경우에는 무료로 한다.
나. 등록원부의 열람	1건에 대하여 100원. 다만, 전자민원창구를 통해 신청하는 경우에는 무료로 한다.
2. 법 제8조제1항에 따라 신규등록을 신청하는 자	1대에 대하여 2천원. 다만, 사용본거지와 다른 시·도에 신청하는 경우에는 2천500원으로 한다.
3. 법 제11조제1항에 따라 변경등록(동일 시·도 안의 주소변경에 따른 변경등록은 제외한다)을 신청하는 자	1대에 대하여 1천300원
4. 법 제12조제1항에 따라 이전등록을 신청하는 자	1대에 대하여 1천원. 다만, 사용본거지와 다른 시·도에 신청하는 경우에는 1천500원으로 한다.
5. 법 제13조에 따라 말소등록을 신청하는 자	1건에 대하여 1천원
6. 법 제 18조제2항에 따라 자동차등록증의 재발급을 신청하는 자	1건에 대하여 700원. 다만, 전자민원창구를 통해 신청하는 경우에는 600원으로 하고, 자동차등록증에 변경사항의 기재란이 부족하여 재발급을 신청하는 경우에는 수수료를 면제한다.
7. 법 제20조에 따라 등록번호판발급대행자의 지정을 신청하는 자	1건에 대하여 2만원
8. 법 제27조에 따라 임시운행허가를 받으려는 자	1대에 대하여 1천800원. 다만, 법 제27조제2항 단서에 따른 임시운행허가의 경우에는 수수료를 면제한다.
9. 법 제44조에 따라 자동차검사대행자의 지정을 신청하는 자	1건에 대하여 2만원
10. 법 제45조에 따라 지정정비사업자의 지정을 신청하는 자	1건에 대하여 2만원
11. 법 제47조에 따라 택시미터전문검정기관의 지정을 신청하는 자	1건에 대하여 2만원
12. 삭제〈2019. 12. 9.〉	
13. 법 제53조에 따라 자동차관리사업의 등록 또는 변경등록을 신청하는 자	
가. 등록	1건에 대하여 2만원
나. 변경등록	1건에 대하여 1만3천100원
14. 법 제55조제1항에 따라 자동차관리사업의 양도·양수신고를 하는 자	1건에 대하여 1만2천원
15. 법 제55조제2항에 따라 자동차관리사업의 합병신고를 하는 자	1건에 대하여 1만2천원
16. 법 제60조제2항에 따라 경매장개설의 승인을 신청하는 자	1건에 대하여 2만원
17. 법 제69조제2항에 따라 전산자료의 이용을 신청하는 자	
가. 전산자료의 이용승인	1건에 대하여 1만원
나. 전산자료의 제공	1건에 대하여 300원

② 제1항에 따른 수수료는 다음 각 호의 구분에 따른 방법으로 납부하여야 한다. <개정 2015. 10. 7.>

1. 국토교통부장관에게 납부하는 경우: 수입인지 또는 정보통신망을 이용한 전자화폐·전자결제
2. 지방자치단체의 장에게 납부하는 경우: 수입증지 또는 정보통신망을 이용한 전자화폐·전자결제
3. 국토교통부장관 및 지방자치단체의 장 외의 자에게 납부하는 경우 : 현금 또는 정보통신망을 이용한 전자화폐·전자결제

③ 삭제 <1999. 12. 31.>

④ 다음 각 호의 어느 하나에 해당하는 경우에는 전산자료이용에 관한 제1항의 수수료를 면제할 수 있다. <개정 2008. 3. 14., 2013. 3. 23., 2013. 6. 17.>

1. 국가 또는 지방자치단체가 공무상 필요(관계법령에서 자료통보를 의무화하고 있는 경우를 포함한다)에 의하여 신청하는 경우
2. 재해의 발생 기타 국토교통부장관이 면제할 필요가 있다고 인정하는 경우

제157조 (권한의 위임 대상인 택시미터)

영 제17조제1항제6호에서 "작동방식, 적용기술 등을 고려하여 국토교통부령으로 정하는 택시요금미터"란 제94조제1항제1호의 택시미터를 말한다.

[본조신설 2022. 3. 10.]

제157조의2 (규제의 재검토)

① 국토교통부장관은 다음 각 호의 사항에 대하여 2017년 1월 1일을 기준으로 3년마다(매 3년이 되는 해의 1월 1일 전까지를 말한다) 그 타당성을 검토하여 개선 등의 조치를 해야 한다. <개정 2021. 10. 14., 2022. 3. 10., 2023. 5. 25., 2023. 6. 9.>

1. 삭제 <2023. 7. 10.>

1의2. 제25조의2제1항에 따른 침수로 인한 전손 처리 자동차의 폐차 요청 기간

2. 제26조에 따른 임시운행허가의 신청
3. 제32조에 따른 자동차제작자 등의 등록신청
4. 제34조에 따른 자기인증 능력의 기준
5. 삭제 <2023. 7. 10.>
6. 삭제 <2023. 7. 10.>
7. 삭제 <2023. 7. 10.>
8. 제57조의13부터 제57조의17까지의 규정에 따른 내압용기재검사 기준·절차 등
9. 삭제 <2023. 7. 10.>
10. 제68조에 따른 정밀도검사의 대상·기준 등
11. 제73조에 따른 자동차의 검사기준 및 방법
12. 제74조 및 별표 15의2에 따른 그 밖의 자동차로서 차령이 5년을 초과하여 검사유효기간이

6개월인 사업용 중형승합자동차 및 사업용 대형승합자동차에 대한 검사유효기간의 적절성 여부

13. 삭제 <2023. 7. 10.>

14. 삭제 <2023. 7. 10.>

14의2. 제93조제2항에 따른 검사원교육의 내용 및 방법

14의3. 제93조의2제1항에 따른 전문교육기관의 지정기준

15. 삭제 <2023. 7. 10.>

16. 삭제 <2023. 7. 10.>

17. 삭제 <2023. 7. 10.>

18. 삭제 <2023. 7. 10.>

19. 제124조에 따른 자동차경매장의 시설기준 및 인력기준

20. 삭제 <2023. 7. 10.>

21. 삭제 <2023. 7. 10.>

② 국토교통부장관은 제26조의3에 따른 임시운행 자율주행자동차의 보고 사항에 대하여 2022년 1월 1일을 기준으로 3년마다(매 3년이 되는 해의 1월 1일 전까지를 말한다) 그 타당성을 검토하여 개선 등의 조치를 해야 한다. <신설 2022. 3. 10.>

③ 국토교통부장관은 다음 각 호의 사항에 대하여 2023년 1월 1일을 기준으로 3년마다(매 3년이 되는 해의 1월 1일 전까지를 말한다) 그 타당성을 검토하여 개선 등의 조치를 해야 한다. <신설 2023. 6. 9.>

1. 제25조의2제2항에 따른 침수로 인한 전손 처리 자동차의 장치로서 수출 등이 금지되는 자동차의 안전운행에 직접 관련된 장치
2. 제138조제2항에 따른 자동차해체재활용업자가 수출하거나 수출하는 자에게 판매할 수 없는 장치

④ 국토교통부장관은 다음 각 호의 사항에 관하여 2024년 1월 1일을 기준으로 3년마다(매 3년이 되는 해의 1월 1일 전까지를 말한다) 그 타당성을 검토하여 개선 등의 조치를 해야 한다. <신설 2024. 2. 16., 2024. 7. 10.>

1. 제56조의7 및 별표 5의3에 따른 튜닝부품인증기관 지정기준
2. 제56조의8에 다른 튜닝부품인증기관의 지정 절차

[전문개정 2016. 12. 30.]

제18장 통고처분 <신설 2001. 6. 30.>

第158조 (범칙자적발보고서의 작성)

법 제85조제4항의 규정에 의한 특별사법경찰관리는 동조제2항의 규정에 의한 범칙자를 적발한 때에는 별지 제98호서식의 범칙자적발보고서를 작성하여야 한다.

[본조신설 2001. 6. 30.]

第159조 (범칙금납부통고서의 서식 등)

① 영 제22조제1항의 규정에 의한 범칙금납부통고서는 다음 각호의 서식에 의한다. <개정 2010. 2. 18.>

1. 법 제53조제1항의 규정에 의한 정비작업범위 위반 : 별지 제99호서식
2. 법 제26조제1항의 규정에 의한 자동차방치행위 : 별지 제100호서식
3. 법 제12조제1항에 따른 자동차 소유권 이전등록 신청의무 위반: 별지 제101호서식

② 시장・군수 또는 구청장은 별책 12의 범칙금통고및징수기록대장을 비치하고 법 제86조의 규정에 의하여 범칙금납부통고를 하는 때에는 그 사실을 기재하여야 한다.

[본조신설 2001. 6. 30.]

第160조 (범칙금의 납부 등)

① 범칙금을 납부받은 시장・군수 또는 구청장이 지정한 수납기관(이하 "수납기관"이라 한다)은 범칙금을 납부한 사람에게 영수증서를 발급하고 지체없이 영수필통지서를 시장・군수 또는 구청장에게 송부하여야 한다. <개정 2003. 1. 2., 2010. 2. 18.>

② 시장・군수 또는 구청장은 제1항의 규정에 의하여 수납기관으로부터 범칙금영수필통지서를 받은 때에는 별책 12의 범칙금통고및징수기록대장에 징수사항을 기재하여야 한다.

[본조신설 2001. 6. 30.]

부칙<제1400호, 2024. 11. 12.> (소상공인 등의 경영활성화 지원을 위한 공동주택관리법 시행규칙 등 3개 법령의 일부개정에 관한 국토교통부령)

이 규칙은 공포한 날부터 시행한다.

04 자동차관리법 제21조제2항 등의 규정에 따른 행정처분의 기준과 절차에 관한 규칙

[시행 2024. 8. 14.] [국토교통부령 제1378호, 2024. 8. 14., 일부개정]

제1조 (목적)

이 규칙은 「자동차관리법」 제21조제2항·제30조의6제2항·제34조의4제3항·제45조의3제4항·제47조제6항 및 제66조제6항에 따른 등록번호판발급대행자, 대체부품인증기관, 튜닝부품인증기관, 자동차검사대행자, 지정정비사업자, 택시미터전문검정기관, 자동차관리사업자, 자동차제작자 등, 온라인 자동차 매매정보제공자 및 자동차성능·상태점검자에 대한 지정 또는 등록의 취소 및 업무 또는 사업의 정지와 같은 법 제46조제5항 및 제64조제2항·제3항에 따른 기술인력 및 정비책임자의 해임명령 또는 직무정지명령에 관한 기준 및 절차를 정함을 목적으로 한다. <개정 2016. 9. 7., 2018. 6. 28., 2018. 11. 14., 2023. 6. 9., 2024. 2. 16., 2024. 8. 14.>
[전문개정 2010. 3. 11.]

제2조 삭제 〈2000. 7. 14.〉

제3조 (증거에 의한 처분)

① 관할관청은 「자동차관리법」(이하 "법"이라 한다)에 따른 다음 각 호의 어느 하나에 해당하는 처분 등을 하려는 경우에는 법 또는 법에 따른 명령이나 처분에 위반한 사실을 입증하는 증거를 확보해야 한다. <개정 2023. 6. 9., 2024. 2. 16., 2024. 8. 14.>

1. 다음 각 목의 어느 하나에 해당하는 등록·지정의 취소 또는 사업장의 폐쇄(이하 "등록 등의 취소"라 한다)
   가. 법 제21조제1항에 따른 등록번호판발급대행자에 대한 지정의 취소
   나. 법 제30조의6제1항에 따른 대체부품인증기관에 대한 지정의 취소
   다. 법 제34조의4제1항에 따른 튜닝부품인증기관에 대한 지정의 취소
   라. 법 제45조의3제1항에 따른 자동차검사대행자 및 지정정비사업자에 대한 지정의 취소
   마. 법 제47조제5항에 따른 택시미터전문검정기관에 대한 지정의 취소
   바. 법 제66조에 따른 다음의 어느 하나에 해당하는 등록의 취소 또는 사업장의 폐쇄
      1) 법 제66조제1항에 따른 자동차관리사업자에 대한 등록의 취소

2) 법 제66조제2항에 따른 자동차제작자 등에 대한 등록의 취소
3) 법 제66조제4항에 따른 온라인 자동차 매매정보제공자에 대한 등록의 취소
4) 법 제66조제5항에 따른 자동차성능·상태점검자에 대한 사업장의 폐쇄

2. 다음 각 목의 어느 하나에 해당하는 사업·업무의 정지(이하 "사업 등의 정지"라 한다)
가. 법 제21조제1항에 따른 등록번호판발급대행자에 대한 사업의 정지
나. 법 제30조의6제1항에 따른 대체부품인증기관에 대한 업무의 정지
다. 법 제34조의4제1항에 따른 튜닝부품인증기관에 대한 업무의 정지
라. 법 제45조의3제1항에 따른 자동차검사대행자 및 지정정비사업자에 대한 업무의 정지
마. 법 제47조제5항에 따른 택시미터전문검정기관에 대한 업무의 정지
바. 법 제66조에 따른 다음의 어느 하나에 해당하는 사업의 정지
1) 법 제66조제1항에 따른 자동차관리사업자에 대한 사업의 정지
2) 법 제66조제2항에 따른 자동차제작자 등에 대한 사업의 정지
3) 법 제66조제4항에 따른 온라인 자동차 매매정보제공자에 대한 사업의 정지
4) 법 제66조제5항에 따른 자동차·성능상태점검자에 대한 사업의 정지

3. 다음 각 목의 어느 하나에 해당하는 명령(이하 "해임명령"이라 한다)
가. 법 제46조제2항에 따른 자동차검사대행자 및 지정정비사업자에 대한 기술인력의 해임 명령
나. 법 제64조제2항에 따른 자동차정비사업자에 대한 정비책임자의 해임 명령

4. 다음 각 목의 어느 하나에 해당하는 명령(이하 "직무정지명령"이라 한다)
가. 법 제46조제2항에 따른 자동차검사대행자 및 지정정비사업자에 대한 기술인력의 직무정지 명령
나. 법 제64조제3항에 따른 자동차정비사업자에 대한 정비책임자의 직무정지명령

② 관할관청은 처분을 위하여 필요하다고 인정하는 때에는 직접 현지조사 등을 하거나 관계행정기관에 대하여 그 위반행위의 조사에 필요한 사항에 관하여 협조를 요청할 수 있다.

제4조 (청문)

관할관청이 등록 등의 취소, 사업 등의 정지, 해임명령 또는 직무정지명령(이하 "행정처분"이라 한다)을 하려는 때에는 등록번호판발급대행자, 대체부품인증기관, 튜닝부품인증기관, 자동차검사대행자, 지정정비사업자, 택시미터전문검정기관(이하 "대행자등"이라 한다), 자동차관리사업자, 자동차제작자 등, 온라인 자동차 매매정보제공자, 자동차성능·상태점검자(이하 "사업자"라 한다) 또는 기술인력 및 정비책임자(이하 "기술종사원"이라 한다)나 그 대리인에게 일시 및 장소를 지정하여 의견을 들어야 한다. 다만, 대행자등, 사업자, 기술종사원 또는 그 대리인이 정당한 사유 없이 출석하지 않은 경우에는 그렇지 않다. <개정 1988. 1. 16., 2010. 3. 11., 2016. 9. 7., 2018. 6. 28., 2018. 11. 14., 2023. 6. 9., 2024. 2. 16.>

제5조 (처분의 기준)

① 이 규칙에 의한 행정처분의 기준은 별표와 같다.

■ 자동차관리법 제21조제2항 등의 규정에 따른 행정처분의 기준과 절차에 관한 규칙 [별표] <개정 2024. 8. 14.>

행정처분의 기준(제5조 관련)

구분	위반 행위	근거 법조문	처분내용	
			대행자 또는 사업자	기술종사원
1. 등록 번호판 발급 대행자	가. 거짓이나 그 밖의 부정한 방법으로 지정을 받은 경우	법 제21조제1항제1호	지정취소	
	나. 법 제20조제2항에 따른 시설·장비 등의 기준에 미달한 경우	법 제21조제1항제2호	1차 : 사업정지 10일 2차 : 사업정지 30일 3차 : 지정취소	
	다. 법 제20조제4항을 위반하여 자동차 등록번호판 제작용 철형을 도난 당하거나 유출한 경우	법 제21조제1항제3호	지정취소	
	라. 법 제72조제1항에 따른 보고를 하지 아니하거나 거짓으로 보고를 한 경우	법 제21조제1항제4호	1차 : 사업정지 10일 2차 : 사업정지 30일 3차 : 사업정지 90일	
	마. 법 제72조제2항에 따른 검사를 거부·방해 또는 기피하거나, 질문에 응하지 아니하거나 거짓으로 답변한 경우	법 제21조제1항제5호	1차 : 사업정지 30일 2차 : 사업정지 60일 3차 : 사업정지 90일	
	바. 업무와 관련하여 부정한 금품을 수수(收受)하거나 그 밖의 부정한 행위를 한 경우	법 제21조제1항제6호	1차 : 사업정지 30일 2차 : 사업정지 60일 3차 : 사업정지 90일	
	사. 자산상태 불량 등의 사유로 그 업무를 계속 수행할 수 없다고 인정될 경우	법 제21조제1항제7호	1차 : 사업정지 30일 2차 : 지정취소	
	아. 등록번호판의 발급 또는 봉인을 정당한 사유 없이 거부한 경우	법 제21조제1항제8호	1차 : 사업정지 10일 2차 : 사업정지 30일 3차 : 지정취소	
	자. 국토교통부장관이 등록번호판의 규격·재질·색상 등 제식(制式)에 관하여 고시한 기준에 위반되게 제작·발급한 경우	법 제21조제1항제9호	1차 : 사업정지 10일 2차 : 사업정지 30일 3차 : 지정취소	
	차. 법 제21조에 따른 사업정지명령을 위반하여 사업정지기간 중에 사업을 경영한 경우	법 제30조의6 제1항제1호	지정취소	

구분	위반 행위	근거 법조문	처분내용	
			대행자 또는 사업자	기술종사원
2. 대체부품인증기관	가. 거짓이나 그 밖의 부정한 방법으로 대체부품인증기관 지정을 받은 경우	법 제30조의6 제1항제1호	지정취소	
	나. 거짓이나 그 밖의 부정한 방법으로 대체부품의 성능·품질 인증을 한 경우	법 제30조의6 제1항제2호	지정취소	
	다. 법 제30조의5제3항에 따른 대체부품인증기관의 지정기준을 충족하지 못하게 된 경우	법 제30조의6 제1항제3호	1차 : 업무정지 30일 2차 : 지정취소	
	라. 법 제30조의5제5항에 따라 국토교통부령으로 정하는 성능·품질의 인증기준에 부적합하게 대체부품을 인증한 경우	법 제30조의6 제1항제4호	1차 : 업무정지 30일 2차 : 지정취소	
	마. 법 제72조제1항에 따른 보고를 하지 않거나 거짓으로 보고한 경우	법 제30조의6 제1항제5호	1차 : 업무정지 30일 2차 : 지정취소	
	바. 법 제72조제2항에 따른 검사를 거부·방해 또는 기피하거나 질문에 응하지 않거나 거짓으로 답변한 경우	법 제30조의6 제1항제6호	1차 : 업무정지 30일 2차 : 지정취소	
3. 튜닝부품인증기관	가. 거짓이나 그 밖의 부정한 방법으로 튜닝부품인증을 한 경우	법 제34조의4 제1항제1호	지정취소	
	나. 거짓이나 그 밖의 부정한 방법으로 튜닝부품인증기관 지정을 받은 경우	법 제34조의4 제1항제2호	지정취소	
	다. 법 제34조의3제4항에 따라 국토교통부령으로 정하는 튜닝부품인증기준에 부적합하게 튜닝부품인증을 한 경우	법 제34조의4 제1항제3호	1차 : 업무정지 30일 2차 : 지정취소	
	라. 법 제34조의3제4항에 따른 튜닝부품인증기관의 지정기준을 충족하지 못하게 된 경우	법 제34조의4 제1항제4호	1차 : 업무정지 30일 2차 : 지정취소	
	마. 법 제72조제1항에 따른 보고를 하지 않거나 거짓으로 보고한 경우	법 제34조의4 제1항제6호	1차 : 업무정지 30일 2차 : 지정취소	
	바. 법 제72조제2항에 따른 검사를 거부·방해 또는 기피하거나 질문에 응하지 않거나 거짓으로 답변한 경우	법 제34조의4 제1항제6호	1차 : 업무정지 30일 2차 : 지정취소	

구분	위반 행위	근거 법조문	처분내용	
			대행자 또는 사업자	기술종사원
4. 자동차 검사 대행자 또는 지정 정비 사업자	가. 거짓이나 그 밖의 부정한 방법으로 지정을 받은 경우	법 제45조의3 제1항제1호	지정취소	
	나. 업무와 관련하여 부정한 금품을 수수하거나 그 밖의 부정한 행위를 한 경우	법 제45조의3 제1항제2호및 법 제46조제2항제1호	1차 : 업무정지 60일 2차 : 지정취소	1차 : 직무정지 60일 2차 : 해임
	다. 자산상태의 불량 등의 사유로 그 업무를 계속하는 것이 적합하지 아니하다고 인정될 경우	법 제45조의3 제1항제3호	1차 : 업무정지 30일 2차 : 지정취소	
	라. 검사를 실시하지 않고 거짓으로 자동차검사표를 작성하거나, 검사 결과와 다르게 자동차검사표를 작성한 경우	법 제45조의3 제1항제4호 및 법 제46조 제2항제2호	① 거짓으로 작성 지정취소 ② 다르게 작성 1차 : 업무정지 60일 2차 : 지정취소	해임 1차 : 직무정지 60일 2차 : 해임
	마. 법 제40조제1항에 따른 정밀도검사를 받지 않은 검사용 기계·기구로 검사를 하거나, 정확성이 확인되지 않은 검사용 기계·기구를 사용하여 검사를 한 경우	법 제45조의3 제1항제5호 및 법 제46조 제2항제3호	1차 : 업무정지 30일 2차 : 지정취소	1차 : 직무정지 30일 2차 : 해임
	바. 법 제43조제2항 또는 법 제43조의2제3항에 따른 자동차의 구조 및 장치의 검사에 필요한 검사 항목 중 일부를 생략하여 검사한 경우	법 제45조의3 제1항제6호 및 법 제46조 제2항제4호	1차 : 업무정지 30일 2차 : 업무정지 60일 3차 : 지정취소	1차 : 직무정지 30일 2차 : 직무정지 60일 3차 : 해임
	사. 법 제43조제3항(법 제43조의2제3항에서 준용되는 경우를 포함한다)에 따른 검사 결과에 대한 조치를 하지 아니한 경우	법 제45조의3 제1항제7호 및 법 제46조제2항제5호	1차 : 업무정지 10일 2차 : 업무정지 20일 3차 : 업무정지 30일	1차 : 직무정지 10일 2차 : 직무정지 20일 3차 : 직무정지 30일
	아. 법 제43조제6항(법 제43조의2제3항에서 준용되는 경우를 포함한다)을 위반하여 검사 장면 및 결과를 기록하지 아니하거나 거짓으로 기록한 경우	법 제45조의3 제1항제8호 및 법 제46조제2항제6호	1차 : 업무정지 10일 2차 : 업무정지 30일 3차 : 업무정지 60일	1차 : 직무정지 10일 2차 : 직무정지 30일 3차 : 직무정지 60일
	자. 법 제43조제7항(법 제43조의2제3항에서 준용하는 경우를 포함한다)을 위반하여 자동차검사에 사용하는 기계·기구에 설정된 자동차 검사기준의 값 또는 기계·기구를 통하여 측정된 값을 조작·변경하거나 조작·변경하게 한 경우	법 제45조의3 제1항제8호의2	1차 : 업무정지 60일 2차 : 지정취소	
	차. 법 제45조제1항 또는 법 제45조의2제1항에 따라 지정된 검사시설이 아닌 곳에서 검사를 한 경우	법 제45조의3 제1항제9호 및 법 제46조제2항 제7호	1차 : 업무정지 60일 2차 : 지정취소	1차 : 직무정지 60일 2차 : 해임

구분	위반 행위	근거 법조문	처분내용	
			대행자 또는 사업자	기술종사원
4. 자동차 검사 대행자 또는 지정 정비 사업자	카. 법 제45조제2항이나 법 제45조의2제3항에 따른 시설·장비 등의 지정기준에 미달한 경우	법 제45조의3 제1항제10	1차 : 업무정지 10일 2차 : 업무정지 30일 3차 : 지정취소	
	타. 법 제45조제2항 후단에 따른 변경 지정을 신청하지 않거나 같은 항 단서를 위반하여 변경 신고하지 않은 경우	법 제45조의3 제1항제10호의2	① 변경 지정을 신청하지 않은 경우 1차 : 업무정지 30일 2차 : 업무정지 90일 3차 : 지정취소 ② 변경 신고하지 않은 경우 1차 : 업무정지 10일 2차 : 업무정지 30일 3차 이상 : 업무정지 90일	
	파. 법 제45조제3항이나 법 제45조의2제3항에 따른 검사업무 범위 및 기술인력에 따른 검사능력을 벗어나 검사를 한 경우	법 제45조의3 제1항제11호 및 법 제46조 제2항제8호	1차 : 업무정지 60일 2차 : 업무정지 90일 3차 : 지정취소	차 : 직무정지 60일 2차 : 직무정지 90일 3차 : 해임
	하. 법 제45조제7항(법 제45조의2제4항에서 준용되는 경우를 포함한다)을 위반하여 다른 사람에게 자신의 명의로 검사업무를 하게 한 경우	법 제45조의3 제1항제12호	지정취소	
	거. 법 제46조제1항에 따른 기술인력이 아닌 자로 하여금 검사를 하게 한 경우	법 제45조의3 제1항제13호	지정취소	
	너. 법 제46조제2항에 따른 기술인력의 해임 또는 직무정지 명령을 이행하지 아니한 경우	법 제45조의3 제1항제14호	1차 : 업무정지 30일 2차 : 업무정지 60일 3차 : 업무정지 90일	
	더. 법 제46조의2제1항을 위반하여 정당한 사유없이 자동차검사에 관한 교육을 받지 않은 경우	법 제46조 제2항제9호		직무정지 10일
	러. 법 제66조에 따라 자동차관리사업의 등록이 취소된 경우	법 제45조의3 제1항제15호	지정취소	
	머. 법 제72조제1항에 따른 보고를 하지 아니하거나 거짓 보고를 한 경우	법 제45조의3 제1항제16호	1차 : 업무정지 10일 2차 : 업무정지 30일 3차 : 업무정지 90일	
	버. 법 제72조제2항에 따른 검사를 거부·방해 또는 기피하거나, 질문에 응하지 아니하거나 거짓으로 답변한 경우	법 제45조의3 제1항제17호	1차 : 업무정지 30일 2차 : 업무정지 60일 3차 : 업무정지 90일	
	서. 법 제45조의3에 따른 업무정지명령을 위반하여 업무정지기간 중에 검사업무를 한 경우	법 제45조의3 제1항제18호	지정취소	

구분	위반 행위	근거 법조문	처분내용	
			대행자 또는 사업자	기술종사원
5. 택시 미터 전문 검정 기관	가. 거짓이나 그 밖의 부정한 방법으로 지정을 받은 경우	법 제47조 제5항제1호	지정취소	
	나. 업무와 관련하여 부정한 금품을 수수하거나 그 밖의 부정한 행위를 한 경우	법 제47조 제5항제2호	1차 : 업무정지 30일 2차 : 업무정지 90일 3차 : 지정취소	
	다. 자산상태의 불량 등의 사유로 그 업무를 계속하는 것이 적합하지 아니하다고 인정될 경우	법 제47조 제5항제3호	1차 : 업무정지 30일 2차 : 지정취소	
	라. 법 제47조제4항에서 준용되는 법 제45조제2항에 따른 시설·장비 등의 지정기준에 미달한 경우	법 제47조 제5항제4호	1차 : 업무정지 10일 2차 : 업무정지 30일 3차 : 지정취소	
	마. 법 제40조제1항에 따른 정밀도검사를 받지 아니한 검정용 기계·기구로 검사를 한 경우 및 정확성이 확인되지 아니한 검정용 기계·기구를 사용하여 검정을 한 경우	법 제47조 제5항제5호	1차 : 업무정지 10일 2차 : 업무정지 30일 3차 : 업무정지 90일	
	바. 법 제72조제1항에 따른 보고를 하지 아니하거나 거짓으로 보고한 경우	법 제47조 제5항제6호	1차 : 업무정지 10일 2차 : 업무정지 30일 3차 : 업무정지 90일	
	사. 법 제72조제2항에 따른 검사를 거부·방해 또는 기피하거나, 질문에 응하지 아니하거나 거짓으로 답변한 경우	법 제47조 제5항제7호	1차 : 업무정지 30일 2차 : 업무정지 60일 3차 : 업무정지 90일	
	아. 법 제47조에 따른 업무정지 명령을 위반하여 업무정지기간 중에 검정업무를 한 경우	법 제47조 제5항제8호	지정취소	
6. 자동차 관리 사업자 가. 공통 사항	1) 거짓이나 그 밖의 부정한 방법으로 등록을 한 경우	법 제66조 제1항제1호	등록취소	
	2) 등록을 한 후 6개월 이내에 사업을 시작하지 아니하거나 등록을 한 사업자가 1년 이상 휴업한 경우	법 제66조 제1항제2호	등록취소	
	3) 법 제53조제1항 후단을 위반하여 등록 사항을 변경등록하지 아니하고 변경한 경우	법 제66조 제1항제3호	1차 : 사업정지 30일 2차 : 사업정지 90일 3차 : 등록취소	
	4) 법 제53조제3항에 따른 등록기준에 미달하거나 같은 조 제4항에 따른 조건을 이행하지 아니한 경우	법 제66조 제1항제4호	1차 : 사업정지 10일 2차 : 사업정지 30일 3차 : 등록취소	
	5) 법 제55조제1항을 위반하여 등록한 자동차관리사업을 신고 없이 양도·양수 또는 합병한 경우	법 제66조 제1항제5호	1차 : 사업정지 10일 2차 : 사업정지 30일 3차 : 등록취소	
	6) 법 제56조제1항에 따른 사업의 개선명령을 이행하지 아니한 경우	법 제66조 제1항제6호	1차 : 사업정지 30일 2차 : 사업정지 60일 3차 : 사업정지 90일	

구분	위반 행위	근거 법조문	처분내용	
			대행자 또는 사업자	기술종사원
6. 자동차 관리 사업자 가. 공통 사항	7) 법 제57조제1항 각 호의 어느 하나를 위반한 경우			
	가) 다른 사람에게 자신의 명의로 사업을 하게 하는 행위	법 제66조 제1항제7호 및 법 제57조 제1항제1호	1차 : 사업정지 30일 2차 : 사업정지 90일 3차 : 등록취소	
	나) 사업장의 전부 또는 일부를 다른 사람에게 임대하거나 점용하게 하는 행위	법 제66조 제1항제7호 및 법 제57조 제1항제2호	① 사업장의 전부 1차 : 사업정지 30일 2차 : 등록취소 ② 사업장의 일부 1차 : 사업정지 10일 2차 : 사업정지 30일 3차 : 사업정지 90일	
	다) 해당 사업과 관련한 부정한 금품의 수수 또는 그 밖의 부정한 행위	법 제66조 제1항제7호 및 법 제57조 제1항제3호	1차 : 사업정지 30일 2차 : 사업정지 90일 3차 : 등록취소	
	라) 해당 사업에 관하여 이용자의 요청을 정당한 사유 없이 거부하는 행위	법 제66조 제1항제7호 및 법 제57조 제1항제4호	1차 : 사업정지 10일 2차 : 사업정지 30일 3차 : 사업정지 90일	
	마) 해당 사업에 관하여 이용자가 요청하지 아니한 상품 또는 서비스를 강매하는 행위나 이용자가 요청하지 아니한 일을 하고 그 대가를 요구하는 행위 또는 영업을 목적으로 손님을 부르는 행위	법 제66조 제1항제7호 및 법 제57조 제1항제5호	1차 : 사업정지 30일 2차 : 사업정지 60일 3차 : 등록취소	
	8) 법 제58조제9항을 위반하여 기록·관리 및 보존을 하지 아니한 경우	법 제66조제1항제8호	1차 : 사업정지 10일 2차 : 사업정지 20일 3차 : 사업정지 30일	
	9) 법 제65조제1항을 위반하여 국토교통부령으로 정하는 수수료 또는 요금을 초과하여 받은 경우	법 제66조제1항제10호	1차 : 사업정지 10일 2차 : 사업정지 30일 3차 : 사업정지 90일	
	10) 현저한 사업경영의 부실 또는 재무구조의 악화, 그 밖의 사유로 그 사업을 계속하는 것이 적합하지 아니하다고 인정될 경우	법 제66조제1항제11호	1차 : 사업정지 30일 2차 : 등록취소	
	11) 법 제66조에 따른 사업정지명령을 위반하여 사업정지기간 중에 사업을 경영한 경우	법 제66조제1항제15호	등록취소	
	12) 자동차관리사업자가 관할 세무서장에게 폐업신고하거나 「부가가치세법」 제8조제9항, 「소득세법」 제168조 또는 「법인세법」 제111조에 따른 사업자등록이 말소된 경우	법 제66조제1항제16호	등록취소	
	13) 자동차매매업자가 다음 어느 하나에 해당하는 경우			

구분	위반 행위	근거 법조문	처분내용	
			대행자 또는 사업자	기술종사원
나. 자동차 매매 업자	가) 법 제12조제2항을 위반하여 자동차를 매도하거나 매매를 알선하고 이전등록의 신청을 하지 않은 경우	법 제66조 제1항제12호 가목	1차 : 사업정지 10일 2차 : 사업정지 30일 3차 : 등록취소	
	나) 법 제57조제3항제1호를 위반하여 등록원부상의 소유자가 아닌 자로부터 자동차의 매매 알선을 의뢰받아 그 자동차의 매매를 알선한 경우	법 제66조 제1항제12호 나목	1차 : 사업정지 30일 2차 : 사업정지 90일 3차 : 등록취소	
	다) 법 제57조제3항제2호를 위반하여 매도 또는 매매를 알선하려는 자동차에 관하여 거짓이나 과장된 표시·광고를 한 경우	법 제66조 제1항제12호 다목	1차 : 사업정지 30일 2차 : 사업정지 90일 3차 : 등록취소	
	라) 법 제58조제1항제1호 또는 제2호를 위반하여 고지하지 않거나 거짓으로 고지한 경우	법 제66조 제1항제12호 라목	1차 : 사업정지 30일 2차 : 등록취소	
	마) 법 제58조제2항을 위반하여 시설·장비 및 자격을 갖추지 않은 자에게 같은 조 제1항의 성능·상태의 점검을 받은 경우	법 제66조 제1항제12호 마목	1차 : 사업정지 10일 2차 : 사업정지 30일 3차 : 등록취소	
	바) 법 제58조의3제2항을 위반하여 보증보험에 가입하지 않거나, 공탁을 하지 않고 자동차매매업의 업무를 시작한 경우	법 제66조 제1항제9호	1차 : 사업정지 10일 2차 : 사업정지 30일 3차 : 사업정지 60일	
	사) 법 제58조의6제3항을 위반하여 매매금액을 자동차 매수인에게 반환하지 않은 경우	법 제66조 제1항제12호 바목	1차 : 사업정지 30일 2차 : 사업정지 90일 3차 : 등록취소	
	아) 법 제59조제1항을 위반하여 신고를 하지 않거나 거짓으로 신고를 한 경우	법 제66조 제1항제12호 사목	1차 : 사업정지 10일 2차 : 사업정지 30일 3차 : 사업정지 90일	
	자) 법 제59조제2항에 따른 준수사항을 이행하지 않은 경우	법 제66조 제1항제12호 아목	1차 : 사업정지 10일 2차 : 사업정지 30일 3차 : 사업정지 90일	
다. 자동차 정비 업자	14) 정비책임자가 자동차정비사업자에게 침수 사실을 보고하지 않거나 거짓으로 보고하는 경우	법 제64조 제3항		1차 : 직무정지 10일 2차 : 직무정지 30일 3차 : 직무정지 90일
	15) 자동차정비업자가 다음 각 목의 어느 하나에 해당하는 경우			
	가) 삭제 〈2018. 6. 28.〉			

구분	위반 행위	근거 법조문	처분내용	
			대행자 또는 사업자	기술종사원
	나) 법 제40조제1항을 위반하여 정밀도검사를 받지 아니한 기계·기구를 자동차의 점검작업 또는 정비작업에 사용한 경우	법 제66조 제1항제13호 나목	1차 : 사업정지 30일 2차 : 등록취소	
	다) 법 제53조제1항에 따라 등록된 사업장 외의 장소에서 점검작업 또는 정비작업을 한 경우. 다만, 고장으로 운행할 수 없는 자동차의 응급조치와 육지와 연결되지 아니한 섬 지역으로서 자동차정비업자가 없는 지역에서의 점검 및 정비 작업의 경우는 제외한다.	법 제66조 제1항제13호 다목	1차 : 사업정지 30일 2차 : 등록취소	
	라) 법 제53조제2항을 위반하여 세분된 자동차정비업의 업무 범위를 초과하여 자동차를 정비한 경우	법 제66조 제1항제13호 라목	1차 : 사업정지 30일 2차 : 사업정지 60일 3차 : 사업정지 90일	
다. 자동차 정비 업자	마) 법 제57조제2항을 위반하여 법 제34조(법 제52조에서 준용하는 경우를 포함한다)에 따른 승인을 받지 아니한 자동차 구조·장치의 변경작업을 하거나, 승인을 받은 내용과 다르게 자동차의 구조·장치를 변경한 경우	법 제66조 제1항제13호 마목	1차 : 사업정지 30일 2차 : 사업정지 60일 3차 : 사업정지 90일	
	바) 법 제58조제5항에 따른 준수사항을 이행하지 아니한 경우	법 제66조 제1항제13호 사목	1차 : 사업정지 10일 2차 : 사업정지 30일 3차 : 사업정지 90일	
	사) 법 제64조제1항을 위반하여 정비책임자를 두지 아니하거나 정비책임자의 선임 또는 해임 신고를 하지 아니한 경우	법 제66조 제1항제13호 아목	1차 : 사업정지 10일 2차 : 사업정지 30일 3차 : 사업정지 90일	
	아) 법 제64조제2항을 위반하여 정비책임자의 해임명령을 이행하지 아니한 경우	법 제66조 제1항제13호 자목	1차 : 사업정지 30일 2차 : 사업정지 60일 3차 : 사업정지 90일	
	자) 정비의뢰자가 침수 사실을 고지하였거나 정비책임자가 침수 사실을 보고하였음에도 불구하고 법 제58조제10항에 따라 전산정보처리조직에 전송하는 국토교통부령으로 정하는 사항 중 침수 사실을 전송하지 않거나 거짓으로 전송하는 경우	법 제66조 제1항제13호 차목	1차 : 사업정지 10일 2차 : 사업정지 30일 3차 : 사업정지 90일	
라. 자동차 해체 재활용 업자	16) 자동차해체재활용업자가 다음 각 목의 어느 하나에 해당하는 경우			

구분	위반 행위	근거 법조문	처분내용	
			대행자 또는 사업자	기술종사원
라. 자동차 해체 재활용 업자	가) 법 제13조제2항을 위반하여 폐차 요청을 받은 자동차에 대한 말소등록 신청을 하지 아니한 경우	법 제66조제1항제14호 가목	1차 : 사업정지 10일 2차 : 사업정지 30일 3차 : 등록취소	
	나) 법 제53조제1항에 따라 등록한 폐차사업장 외의 장소에서 자동차를 폐차한 경우	법 제66조제1항제14호 나목	1차 : 사업정지 30일 2차 : 사업정지 60일 3차 : 사업정지 90일	
	다) 법 제58조제6항제1호에 따라 폐차 요청된 자동차의 차대번호 등이 자동차등록증에 기재된 내용과 다른 자동차를 폐차한 경우	법 제66조제1항제14호 다목	1차 : 사업정지 10일 2차 : 사업정지 30일 3차 : 사업정지 90일	
	라) 법 제58조제6항제1호의2를 위반하여 폐차 요청을 받은 자동차를 폐차하지 않은 경우	법 제66조제1항제14호 제라목	1차 : 사업정지 10일 2차 : 사업정지 30일 3차 : 사업정지 90일	
	마) 법 제58조제6항제2호를 위반하여 폐차 요청을 받은 자동차의 자동차등록증·등록번호판 및 봉인을 다시 사용할 수 없는 상태로 폐기하지 않은 경우	법 제66조제1항제14호 마목	1차 : 사업정지 30일 2차 : 사업정지 90일 3차 : 등록취소	
	바) 법 제65조제2항을 위반하여 폐차된 자동차의 폐차 비용을 빼고 남은 금액을 해당 자동차 소유자에게 지급하지 아니한 경우	법 제66조제1항제14호 바목	1차 : 사업정지 10일 2차 : 사업정지 30일 3차 : 사업정지 90일	
7. 자동차 제작자 등	가. 법 제34조제2항에 따른 자동차 제작자 등이 법 제57조제2항을 위반하여 제34조에 따른 승인을 받지 아니한 자동차를 튜닝하거나 승인을 받은 내용과 다르게 자동차를 튜닝한 경우	법 제66조제2항	1차 : 사업정지 30일 2차 : 사업정지 60일 3차 : 사업정지 90일	
8. 온라인 자동차 매매 정보 제공자	가. 거짓이나 그 밖의 부정한 방법으로 등록을 한 경우	법 제66조제4항제1호	등록취소	
	나. 법 제56조제2항에 따른 개선명령을 이행하지 않은 경우	법 제66조제4항제2호	1차 : 사업정지 30일 2차 : 사업정지 60일 3차 : 사업정지 90일	
	다. 법 제65조의2제1항에 따른 등록기준을 충족하지 못하게 된 경우	법 제66조제4항제3호	1차 : 사업정지 10일 2차 : 사업정지 30일 3차 : 등록취소	
	라. 법 제65조의2제4항을 위반하여 자동차의 주행거리, 자동차등록번호, 자동차매매업자의 매입희망가격, 최종 매입가격 및 자동차매매업자의 자동차관리사업 등록번호를 보관하지 않은 경우	법 제66조제4항제4호	1차 : 사업정지 10일 2차 : 사업정지 30일 3차 : 사업정지 90일	

구분	위반 행위	근거 법조문	처분내용	
			대행자 또는 사업자	기술종사원
8. 온라인 자동차 매매 정보제공자	마. 법 제65조의2제5항을 위반하여 자동차매매업자가 아닌 자에게 온라인 자동차 매매정보제공을 한 경우	법 제66조 제4항제5호	1차 : 사업정지 30일 2차 : 등록취소	
9. 자동차 성능·상태 점검자	가. 거짓이나 그 밖의 부정한 방법으로 신고를 한 경우	법 제66조 제5항제1호	사업장 폐쇄	
	나. 사업정지 명령을 위반하여 사업정지기간 중에 사업을 경영한 경우	법 제66조 제5항제2호	사업장 폐쇄	
	다. 시장·군수·구청장이 신고를 수리한 후 6개월 이내에 사업을 시작하지 않거나 신고를 한 자가 1년 이상 휴업한 경우	법 제66조 제5항제3호	사업장 폐쇄	
	라. 법 제58조제2항에 따른 신고기준에 미달한 경우	법 제66조 제5항제4호	1차 : 사업정지 10일 2차 : 사업정지 30일 3차 : 사업장 폐쇄	
	마. 법 제58조제8항에 따른 준수사항을 이행하지 않은 경우	법 제66조 제5항제5호		
	1) 자동차성능·상태점검의 내용을 제공하지 않은 경우		1차 : 사업정지 10일 2차 : 사업정지 30일 3차 : 사업정지 90일	
	2) 거짓으로 자동차성능·상태점검을 하거나 실제 점검한 내용과 다른 내용을 제공한 경우		1차 : 사업정지 30일 2차 : 사업정지 90일 3차 : 사업장 폐쇄	
	3) 자동차성능·상태점검에 관한 교육을 이수하지 않은 경우		1차 : 사업정지 10일 2차 : 사업정지 30일 3차 : 사업정지 90일	
	바. 법 제58조제9항을 위반하여 기록·관리 및 보존을 하지 않은 경우	법 제66조 제5항제6호	1차 : 사업정지 10일 2차 : 사업정지 20일 3차 : 사업정지 30일	
	사. 법 제58조의4제1항을 위반하여 성능·상태점검의 내용에 대하여 보증 책임을 이행하지 않은 경우	법 제66조 제5항제7호	1차 : 사업정지 30일 2차 : 사업정지 90일 3차 : 사업장 폐쇄	
	아. 법 제58조의4제2항을 위반하여 보험에 가입하지 않고 자동차성능·상태점검을 한 경우	법 제66조 제5항제8호	1차 : 사업정지 10일 2차 : 사업정지 30일 3차 : 사업정지 60일	

② 동일한 대행자등·사업자 또는 기술종사원이 여러 개의 위반행위를 한 때에는 다음의 구분에 따라 처분한다. <개정 1988. 1. 16., 1996. 12. 28., 2016. 9. 7., 2021. 8. 27., 2024. 2. 16.>

1. 가장 무거운 위반행위에 대한 처분의 기준이 등록 등의 취소 또는 해임명령인 때에는 등록 등의 취소 또는 해임명령을 한다.
2. 가장 무거운 위반행위에 대한 처분의 기준이 사업 등의 정지인 때에는 사업 등의 정지를 하되, 2 이상의 사업 등의 정지사유에 해당하는 때에는 그 기간을 합산한다.

③ 위반행위의 횟수에 따른 행정처분의 기준은 최근 2년간 같은 위반행위로 행정처분을 받은 경우에

적용한다. 이 경우 행정처분 기준의 적용은 같은 위반행위에 대한 행정처분일과 그 처분 후의 위반행위가 다시 적발된 날을 기준으로 하되, 별표에서 순차적인 행정처분의 기준을 정하지 아니한 때(순차적인 처분기준을 정하였으나 그 다음 순차의 처분기준이 없는 때를 포함한다)에는 종전의 사업 등의 정지기간의 100분의 150에 해당하는 기간을 그 사업 등의 정지기간으로 한다. <개정 2016. 9. 7.>

④ 관할관청이 제2항제2호 또는 제3항의 규정에 의하여 사업 등의 정지기간을 가중하는 경우에도 그 정지기간은 6월을 초과하지 못한다. <개정 1988. 1. 16.>

⑤ 관할관청은 대행자등(등록번호판발급대행자를 제외한다)이 둘 이상의 사업장을 운영하는 경우로서 일부 사업장에 한하여 위반행위를 한 때에는 그 위반행위의 내용에 따라 해당 위반 사업장의 업무에 대하여 일부정지처분을 할 수 있다. <신설 2000. 7. 14., 2010. 3. 11., 2024. 2. 16.>

제6조 (행정처분의 감경 등)

① 관할관청은 다음 각 호의 어느 하나에 해당하는 때에는 행정처분을 감경할 수 있다. <개정 1988. 1. 16., 2018. 6. 28., 2019. 12. 9., 2024. 2. 16.>

1. 대행자등 · 사업자 또는 기술종사원이 그 사업 또는 업무를 성실히 수행하여 자동차의 등록, 검사, 정비, 대체부품인증 또는 튜닝부품인증(법 제34조의3에 따른 자동차 튜닝용 부품의 성능 및 품질에 관한 인증을 말한다. 이하 같다) 업무의 발전에 공이 큰 때
2. 그 밖에 관할관청이 위반행위의 동기 · 정도 · 결과 등을 고려해서 행정처분을 감경할 필요가 있다고 인정되거나 자동차의 등록, 검사, 정비, 대체부품인증 또는 튜닝부품인증 업무의 원활한 수행을 위하여 별표에 따른 기준과 달리 행정처분을 할 필요가 있다고 인정하는 때

② 삭제 <1988. 1. 16.>

③ 관할관청은 대행자등 · 사업자 또는 기술종사원이 고의 또는 중대한 과실로 법 또는 법에 따른 명령이나 처분에 위반한 때에는 법이 정한 처분기준의 범위안에 그 처분을 가중할 수 있다. <개정 1988. 1. 16., 2024. 2. 16.>

④ 삭제 <1996. 12. 28.>

제7조 (처분의 집행)

① 관할관청은 대행자등 · 사업자 또는 기술종사원이 별표의 위반행위를 한 사실을 적발한 때에는 특별한 사유가 없으면 적발 일을 기준으로 10일 이내에 이 규칙에 따른 처분을 하되, 등록 등의 취소, 사업 등의 정지, 해임명령 또는 직무정지명령으로 해당 사업을 이용하는 자의 불편이 초래되는 경우에는 행정처분 일부터 일정한 기간이 지난 후에 그 효력이 발생하도록 해야 한다. <개정 2024. 2. 16.>

② 행정처분은 다음 각호의 구분에 따라 서면에 의하여야 한다. <개정 1988. 1. 16., 1996. 12. 28., 2000. 7. 14.>

1. 등록 등의 취소, 사업 등의 정지명령 : 별지 제1호서식
2. 해임명령 또는 직무정지명령 : 별지 제2호서식
3. 삭제 <2000. 7. 14.>

③ 관할관청은 사업 등의 정지처분을 한 때에는 지체 없이 소속공무원으로 하여금 당해 사업장 출입문에 그 처분내용을 게시하도록 하여야 한다. <개정 1988. 1. 16.>

④ 관할관청은 대행자 등에 대하여 지정의 취소 또는 업무정지처분을 하고자 하는 경우로서 필요하다고 인정하는 때에는 미리 당해 대행자 등에 갈음하여 다른 대행자 등을 지정하고 그 사실을 공고하여야 한다. <개정 1988. 1. 16., 2000. 7. 14., 2024. 2. 16.>

⑤ 삭제 <2000. 7. 14.>

⑥ 삭제 <2000. 7. 14.>

제8조 (기록 및 보존)

관할관청이 이 규칙에 따라 행정처분을 한때에는 대행자등 또는 사업자별로 별지 제4호서식의 처분대장에 이를 기록하고 3년 이상 보존하여야 한다. 다만, 법 제69조제1항에 따른 전산정보처리조직에 입력한 경우에는 기록을 보존한 것으로 본다. <개정 1988. 1. 16., 2010. 3. 11., 2024. 2. 16.>
제9조(시행세칙) 이 규칙 시행에 관하여 필요한 사항은 관할관청이 정한다.

부칙 <제1378호, 2024. 8. 14.>

이 규칙은 2024년 8월 14일부터 시행한다.

05 자동차 종합검사의 시행 등에 관한 규칙

[시행 2023. 11. 26.] [국토교통부령 제1217호, 2023. 5. 25., 일부개정]
[시행 2023. 11. 26.] [환경부령 제1035호, 2023. 5. 25., 일부개정]

제1장 총칙

제1조 (목적)

이 규칙은 「자동차관리법」 제43조의2제2항에 따라 자동차종합검사의 검사 절차, 검사 대상, 검사 유효기간 및 검사 유예 등에 관하여 위임된 사항과 그 밖에 자동차종합검사의 시행에 필요한 사항을 규정함을 목적으로 한다.

제2조 (다른 법령과의 관계)

「자동차관리법」(이하 "법"이라 한다) 제43조의2에 따른 자동차종합검사(이하 "종합검사"라 한다)의 시행에 관하여 이 규칙에서 정하지 아니한 사항에 대해서는 자동차관리법령 중 자동차 정기검사에 관한 규정, 대기환경보전법령 중 배출가스 정밀검사에 관한 규정 및 대기관리권역의 대기환경개선에 관한 특별법령 중 특정경유자동차 배출가스검사에 관한 규정에 따른다. <개정 2020. 4. 2.>

제2장 종합검사의 기준과 방법 등

제3조 (종합검사의 기준과 방법)

종합검사의 기준과 방법은 「자동차관리법 시행규칙」 별표 15, 「대기환경보전법 시행규칙」 별표 26 및 「대기관리권역의 대기환경개선에 관한 특별법 시행규칙」 별표 4에 따른다. 이 경우 검사항목이 중복되는 법 제43조의2제1항제1호에 따른 관능검사 및 기능검사는 한번만 실시한다. <개정 2020. 4. 2.>

제4조 (종합검사의 신청)

법 제43조의2에 따라 종합검사를 받으려는 자(이하 "검사신청인"이라 한다)는 「자동차손해배상 보장법」 제5조에 따른 보험 등(이하 "보험등"이라 한다)의 가입증명서를 법 제44조의2에 따른 자동차종합검사대행자(이하 “종합검사대행자”라 한다) 또는 법 제45조의2에 따른 자동차종합검사지정정비사업자(이하 “종합검사지정정비사업자”라 한다)에게 제출하고 해당 자동차를 제시해야 한다. 다만, 종합검사대행자 또는 종합검사지정정비사업자가 전산망을 통하여 보험 등의 가입 여부를 확인한 경우에는 보험 등의 가입증명서를 제출하지 않을 수 있다. <개정 2021. 10. 14.>

제5조 (종합검사의 실시)

① 제4조에 따라 종합검사의 신청을 받은 종합검사대행자 또는 종합검사지정정비사업자는 「자동차손해배상 보장법」 제42조에 따라 해당 자동차가 같은 법 제5조에 따른 보험 등에 가입되어 있는 경우에만 검사를 하여야 한다.

② 종합검사대행자 또는 종합검사지정정비사업자가 종합검사를 할 때에는 제14조의 기준에 적합한 시설·장비·인력 및 그 밖의 필요한 설비를 갖춘 곳(이하 “종합검사시설”이라 한다)에서 제3조의 기준과 방법에 따라 실시하여야 한다. 다만, 해당 자동차가 종합검사대행자의 종합검사시설로부터 멀리 떨어져 있거나 종합검사시설이 부족하여 출장검사가 필요하다고 인정되는 경우 종합검사대행자는 자동차의 출장검사를 할 수 있다.

③ 종합검사대행자 또는 종합검사지정정비사업자는 제2항에 따른 종합검사 결과에 대하여 적합 여부를 판정해야 한다. 이 경우 종합검사를 실시한 결과 적합하지 않은 사항이 있는 경우에는 해당 사항이 법 제43조의2제1항제1호·제3호 및 「자동차관리법 시행규칙」 제80조제2항제1호부터 제15호까지 및 제17호부터 제19호까지의 규정에 해당하지 않으면 적합 판정을 하고, 해당 자동차 소유자에게 그 시정을 권고할 수 있다. <개정 2023. 5. 25.>

④ 종합검사대행자 또는 종합검사지정정비사업자는 제2항 및 제3항에 따라 검사를 하였을 때에는 그 결과를 별지 제1호서식의 자동차종합검사 결과표에 기록하고, 이를 2부 작성하여 1부는 검사신청인에게 발급[제20조에 따라 설치된 자동차검사와 관련된 전산정보처리조직(이하 “자동차검사 전산정보처리조직”이라 한다)을 통하여 발급하는 것을 포함한다]하고, 1부는 작성일부터 2년간 보관해야 한다. 다만, 그 결과를 자동차검사 전산정보처리조직에 기록하는 경우에는 별도로 보관하지 않는다. <개정 2023. 5. 25.>

⑤ 종합검사대행자 또는 종합검사지정정비사업자는 제2항 및 제3항에 따라 검사를 하였을 때에는 기준 적합 여부, 검사일 및 검사기관 등에 관하여 지체 없이 특별시장·광역시장·특별자치시장·도지사 또는 특별자치도지사(이하 “시·도지사”라 한다)에게 보고해야 한다. 다만, 검사 결과를 자동차검사 전산정보처리조직에 기록한 경우에는 그렇지 않다. <개정 2023. 5. 25.>

⑥ 종합검사 검사장면의 영상(映像) 관리에 관하여는 「자동차관리법 시행규칙」 제80조의3을 준용한다. 이 경우 “자동차검사대행자 및 지정정비사업자”는 “종합검사대행자 또는 종합검사지정정비사업자”로, “법 제43조제1항제2호에 따른 정기검사” 및 “정기검사”는 각각 “종합검사”로 본다. <개정 2023. 5. 25.>

⑦ 그 밖에 검사 결과의 처리 등 종합검사의 실시에 필요한 사항은 국토교통부장관이 환경부장관과

협의하여 고시한다. <개정 2013. 3. 23.>

제6조 (자동차기능 종합진단 등)

① 종합검사대행자 또는 종합검사지정정비사업자는 종합검사를 할 때 검사신청인에게 종합검사 결과에 관한 상세한 정보를 제공하기 위하여 검사항목과 중요부품에 대하여 진단을 할 수 있다. 이 경우 제5조제4항에 따른 자동차종합검사 결과표에 갈음하여 별지 제2호서식의 자동차기능 종합진단서를 발급할 수 있다.

② 종합검사대행자 또는 종합검사지정정비사업자는 제1항에 따라 자동차기능 종합진단을 하려면 종합검사시설 중 다음 각 호의 기계·기구가 자동차검사 전산정보처리조직과 실시간으로 통신이 가능하고 그 측정 결과 등이 실시간으로 자동 입력될 수 있도록 해야 한다. <개정 2023. 5. 25.>

1. 사이드슬립 측정기
2. 제동 시험기
3. 속도계 시험기
4. 전조등 시험기
5. 전자장치 진단기
6. 차대동력계(車臺動力計) 등 배출가스 검사장비
7. 검사장면 촬영용 카메라

제7조 (재검사의 신청 및 실시 등)

① 제5조제3항 전단에 따라 종합검사 실시 결과 부적합 판정을 받은 자동차의 소유자가 재검사를 받으려는 경우에는 다음 각 호의 구분에 따른 기간(이하 "재검사기간"이라 한다) 내에 종합검사대행자 또는 종합검사지정정비사업자에게 제5조제4항에 따라 발급받은 자동차종합검사 결과표 또는 제6조제1항에 따라 발급받은 자동차기능 종합진단서(이하 이 조에서 "자동차종합검사결과표등"이라 한다)를 제출하고 해당 자동차를 제시해야 한다. <개정 2017. 10. 26., 2019. 12. 9., 2021. 10. 14., 2023. 5. 25.>

1. 제9조제2항에 따른 종합검사기간 내에 종합검사를 신청한 경우
   가. 다음의 어느 하나에 해당하는 사유로 부적합 판정을 받은 경우 : 부적합 판정을 받은 날부터 10일 이내
      1) 최고속도제한장치의 미설치, 무단 해체·해제 및 미작동
      2) 자동차 배출가스 검사기준 위반
   나. 그 밖의 사유로 부적합 판정을 받은 경우 : 부적합 판정을 받은 날부터 종합검사기간 만료 후 10일 이내
2. 제9조제2항에 따른 종합검사기간 전 또는 후에 종합검사를 신청한 경우 : 부적합 판정을 받은 날부터 10일 이내

② 제1항에 따른 기간을 산정하는 경우에는 다음 각 호의 어느 하나에 해당 날은 제외한다. <신설 2023. 5. 25.>

1. 토요일 및 일요일
2. 「공휴일에 관한 법률」에 따른 공휴일 및 대체공휴일
3. 「근로자의 날 제정에 관한 법률」에 따른 근로자의 날

③ 제1항에도 불구하고 「자동차관리법 시행규칙」 제81조제3항 각 호의 어느 하나에 해당하는 사유로 부적합 판정을 받은 자동차의 소유자는 자동차종합검사결과표 등에 부적합 사유를 정비한 부분과 자동차등록번호판(이하 “등록번호판”이라 한다)이 함께 보이는 전체 사진을 첨부하여 자동차검사 전산정보처리조직을 통해 재검사를 신청할 수 있다. 다만, 종합검사대행자 또는 종합검사지정정비사업자가 자동차검사 전산정보처리조직을 통하여 자동차종합검사결과표 등을 확인할 수 있는 경우에는 이를 제출한 것으로 본다. <신설 2023. 5. 25.>

④ 제3항에 따라 재검사의 신청을 받은 종합검사대행자 또는 종합검사지정정비사업자는 신청자가 제출한 사진만으로 적합 여부를 판정하는 것이 어렵다고 판단되는 경우에는 사진의 보완 또는 추가 제출을 요청할 수 있다. <신설 2023. 5. 25.>

⑤ 제1항 또는 제3항에 따라 재검사의 신청을 받은 종합검사대행자 또는 종합검사지정정비사업자는 제3조의 기준 및 방법 등에 따라 재검사(제3항에 따라 자동차검사 전산정보처리조직을 통한 재검사의 신청을 받은 경우에는 사진자료의 확인을 말한다)를 하고, 적합 여부를 판정해야 한다. <개정 2023. 5. 25.>

⑥ 재검사기간 내에 적합 판정을 받은 자동차는 자동차종합검사결과표 등을 받은 날에 종합검사를 받은 것으로 본다. <개정 2023. 5. 25.>

⑦ 종합검사 결과 부적합 판정을 받은 자동차의 소유자가 재검사기간 내에 재검사를 신청하지 않은 경우(재검사기간 내에 법 제13조에 따라 말소등록한 경우는 제외한다) 또는 재검사기간 내에 재검사를 신청하였으나 그 기간 내에 적합 판정을 받지 못한 경우에는 종합검사를 받지 않은 것으로 본다. <개정 2019. 4. 23., 2023. 5. 25.>

⑧ 종합검사 결과 부적합 판정을 받은 자동차가 「대기관리권역의 대기환경개선에 관한 특별법」 제26조제4항에 따라 특정경유자동차의 배출허용기준에 맞는지에 대한 검사가 면제되는 경우 자동차 배출가스 정밀검사 분야에 대해서는 재검사기간 내에 적합 판정을 받은 것으로 본다. <개정 2020. 4. 2., 2023. 5. 25.>

[제목개정 2023. 5. 25.]

제8조 (종합검사의 대상과 검사 유효기간)

법 제43조의2제2항에 따른 종합검사의 대상과 유효기간(이하 “검사 유효기간”이라 한다)은 별표 1과 같다.

■ 자동차종합검사의 시행 등에 관한 규칙 [별표 1] <개정 2023. 10. 31.>

종합검사의 대상과 유효기간(제8조 관련)

검사 대상				검사 유효기간
차종	사업용구분	규모	규모	
승용자동차	비사업용	경형·소형·중형·대형	차령이 4년 초과인 자동차	2년
	사업용	경형·소형·중형·대형	차령이 2년 초과인 자동차	1년
승합자동차	비사업용	경형·소형	차령이 4년 초과인 자동차	1년
		중형	차령이 3년 초과인 자동차	차령 8년까지는 1년, 이후부터는 6개월
		대형	차령이 3년 초과인 자동차	차령 8년까지는 1년, 이후부터는 6개월
	사업용	경형·소형	차령이 4년 초과인 자동차	1년
		중형	차령이 2년 초과인 자동차	차령 8년까지는 1년, 이후부터는 6개월
		대형	차령이 2년 초과인 자동차	차령 8년까지는 1년, 이후부터는 6개월
화물자동차	비사업용	경형·소형	차령이 4년 초과인 자동차	1년
		중형	차령이 3년 초과인 자동차	차령 5년까지는 1년, 이후부터는 6개월
		대형	차령이 3년 초과인 자동차	차령 5년까지는 1년, 이후부터는 6개월
	사업용	경형·소형	차령이 2년 초과인 자동차	1년
		중형	차령이 2년 초과인 자동차	차령 5년까지는 1년, 이후부터는 6개월
		대형	차령이 2년 초과인 자동차	6개월
특수자동차	비사업용	경형·소형·중형·대형	차령이 3년 초과인 자동차	차령 5년까지는 1년, 이후부터는 6개월
	사업용	경형·소형·중형·대형	차령이 2년 초과인 자동차	차령 5년까지는 1년, 이후부터는 6개월

※ 비고

1. 검사 유효기간이 6개월인 자동차의 경우 종합검사 중 법 제43조의2제1항제3호에 따른 자동차 배출가스 정밀검사 분야의 검사는 1년마다 받는다.
2. 종합검사는 「대기환경보전법」 제63조제1항 각 호에 따른 지역에 법 제5조에 따라 등록된 자동차[「대기관리권역의 대기환경개선에 관한 특별법 시행령」 별표 1의 대기관리권역(이하 "대기관리권역"이라 한다)에 등록된 특정경유자동차를 포함한다]를 대상으로 한다.
3. 법 제2조제1호에 따른 피견인자동차에 대해서는 법 제43조의2제1항제3호의 자동차 배출가스 정밀검사 분야를 적용하지 아니한다.
4 "사업용 자동차"란 법 제5조에 따라 등록된 자동차 중 「여객자동차 운수사업법」제2조제2호에 따른 여객자동차운수사업 또는 「화물자동차 운수사업법」제2조제2호에 따른 화물자동차운수사업에 사용하는 자동차를 말한다.
5. "비사업용 자동차"란 법 제5조에 따라 등록된 자동차 중 비고란 제4호의 사업용자동차가 아닌 자동차를 말한다.
6. 차령은 「자동차관리법 시행령」 제3조에 따라 계산한다.
7. 위 표에도 불구하고, 10인 이하를 운송하기에 적합하게 제작된 자동차(법 제3조제1항제2호가목 및 나목에 따른 자동차를 제외한다)로서 2000년 12월 31일 이전에 등록된 승합자동차의 경우에는 승용자동차의 검사 유효기간을 적용한다.
8. 최초로 종합검사를 받아야 하는 날은 위 표의 적용차령 후 처음으로 도래하는 정기검사 유효기간 만료일로 한다. 다

만, 자동차가 정기검사를 받지 아니하여 정기검사기간이 경과된 상태에서 적용차령이 도래한 자동차가 최초로 종합검사를 받아야 하는 날은 적용차령 도래일로 한다.

9. 제8호에도 불구하고 「자동차관리법 시행규칙」 제75조에 따라 정기검사 유효기간이 연장 또는 유예된 상태에서 위 표의 적용 차령의 대상이 된 경우에는 같은 규칙 제77조제2항에 따른 정기검사기간 내에 정기검사를 받을 수 있다. 이 경우 최초로 종합검사를 받아야 하는 날은 위 표의 적용차령의 대상이 된 후 두 번째로 도래하는 정기검사 유효기간 만료일로 한다.

제9조 (검사 유효기간의 계산 방법과 종합검사기간 등)

① 검사 유효기간은 다음 각 호의 방법으로 계산한다. <개정 2023. 5. 25.>

1. 법 제8조에 따라 신규등록을 하는 자동차 : 신규등록일부터 계산
2. 제2항에 따른 종합검사기간 내에 종합검사를 신청하여 적합 판정을 받은 자동차 : 직전 검사 유효기간 마지막 날의 다음 날부터 계산
3. 제2항에 따른 종합검사기간 전 또는 후에 종합검사를 신청하여 적합 판정을 받은 자동차 : 종합검사를 받은 날의 다음 날부터 계산
4. 재검사 결과 적합 판정을 받은 자동차 : 제7조제6항에 따라 종합검사를 받은 것으로 보는 날의 다음 날부터 계산

② 자동차 소유자가 종합검사를 받아야 하는 기간(이하 "종합검사기간"이라 한다)은 검사 유효기간의 마지막 날(제10조에 따라 검사 유효기간을 연장하거나 검사를 유예한 경우에는 그 연장 또는 유예된 기간의 마지막 날을 말한다) 전후 각각 31일 이내로 한다.

③ 소유권 변동 또는 「자동차등록령」 제2조제2호에 따른 사용본거지 변경 등의 사유로 종합검사의 대상이 된 자동차 중 「자동차관리법 시행규칙」 제77조제2항에 따른 정기검사의 기간 중에 있거나 정기검사의 기간이 지난 자동차는 변경등록을 한 날부터 62일 이내에 종합검사를 받아야 한다.

제10조 (검사 유효기간의 연장 등)

① 시·도지사는 종합검사의 대상인 자동차가 다음 각 호의 어느 하나에 해당하는 경우에는 일정기간을 정하여 검사 유효기간을 연장하거나 검사를 유예할 수 있다. 다만, 제1호에 해당하는 경우에는 대상 자동차, 유예기간 및 대상 지역 등을 공고하여야 한다.

1. 전시·사변 또는 이에 준하는 비상사태로 인하여 관할지역에서 종합검사 업무를 수행할 수 없다고 판단되는 경우
2. 자동차를 도난당한 경우, 사고발생으로 인하여 자동차를 장기간 정비할 필요가 있는 경우, 「형사소송법」 등에 따라 자동차가 압수되어 운행할 수 없는 경우, 면허취소 등으로 인하여 자동차를 운행할 수 없는 경우 및 그 밖에 부득이한 사유로 자동차를 운행할 수 없다고 인정되는 경우
3. 자동차 소유자가 폐차를 하려는 경우

② 제1항제2호 및 제3호에 따라 검사 유효기간의 연장 또는 검사의 유예를 받으려는 자는 별지 제3호서

식의 종합검사 유효기간 연장 등 신청서에 다음 각 호의 서류를 첨부하여 관할 시・도지사에게 제출(「전자정부법」 제2조제7호에 따른 정보통신망을 이용한 제출을 포함한다)하여야 한다.

1. 자동차등록증(제1항제2호의 경우만 해당한다)
2. 자동차의 도난, 사고, 압류, 등록번호판 영치 등 부득이한 사유가 있는 경우 연장 또는 유예 사유를 증명하는 다음 각 목의 서류 중 해당 서류
   가. 경찰관서에서 발급하는 도난신고확인서
   나. 시장・군수・구청장, 경찰서장, 소방서장, 보험사 등이 발행한 사고사실증명서류
   다. 정비업체에서 발행한 정비예정증명서
   라. 행정처분서
   마. 시장・군수・구청장(읍・면・동・이장을 포함한다)이 확인한 별지 제4호서식의 섬 지역 장기체류 확인서
   바. 병원입원 또는 해외출장 등 그 밖의 부득이한 사유가 있는 경우에는 그 사유를 객관적으로 증명할 수 있는 서류
3. 「자동차관리법 시행규칙」 제143조의 폐차인수증명서(제1항제3호의 경우에만 제출한다)

③ 시・도지사는 제2항에 따른 신청을 검토한 결과 그 사유가 이유 있다고 인정되는 경우에는 별지 제5호서식의 종합검사 유효기간 연장 등 허가서를 신청인에게 발급하여야 한다.

제11조 (종합검사기간이 지난 자에 대한 독촉)

시・도지사는 종합검사기간이 지난 자동차의 소유자에게 그 기간이 끝난 다음 날부터 10일 이내와 20일 이내에 각각 다음 각 호의 사항을 우편 또는 휴대전화 문자메시지로 알리고 종합검사를 받을 것을 독촉하여야 한다. <개정 2020. 7. 22.>

1. 종합검사기간이 지난 사실
2. 종합검사의 유예가 가능한 사유와 그 신청 방법
3. 종합검사를 받지 아니하는 경우에 부과되는 과태료의 금액과 근거 법규

제12조 (종합검사기간이 지난 자동차에 대한 검사명령)

① 법 제37조제1항에 따라 특별자치도지사・시장・군수 또는 구청장(구청장은 자치구의 구청장을 말한다. 이하 "시장・군수 또는 구청장"이라 한다)은 종합검사기간이 끝난 후 30일이 지난 날까지 종합검사를 받지 아니한 자동차의 소유자에 대하여 종합검사를 받을 것을 별지 제6호서식에 따라 명하여야 한다. 이 경우 9일 이상의 이행기간을 주어야 한다.

② 시장・군수 또는 구청장은 제1항에 따른 종합검사명령을 하는 경우에는 법 제37조제3항 전단에 따라 자동차의 운행이 정지될 수 있다는 사실을 알려야 한다. <개정 2023. 5. 25.>

제13조 (등록번호판의 영치 등)

① 시장·군수 또는 구청장은 자동차의 소유자가 제12조제1항에 따른 이행기간에 종합검사명령을 이행하지 않아 법 제37조제3항 후단에서 준용하는 법 제24조의2제3항제3호에 따라 등록번호판을 영치한 경우에는 자동차 소유자의 성명·주소, 자동차의 종류·등록번호 및 영치일시 등을 별지 제7호서식의 영치증에 기록하여 자동차 소유자에게 발급해야 한다. <개정 2023. 5. 25.>

② 시장·군수 또는 구청장은 등록번호판이 영치된 자동차의 소유자가 제12조에 따른 종합검사명령을 이행하고 등록번호판 영치의 해제를 요청하면 즉시 해당 등록번호판을 반환해야 한다. <개정 2023. 5. 25.>

[제목개정 2023. 5. 25.]

제3장 종합검사대행자와 종합검사지정정비사업자의 시설 기준 등

제14조 (종합검사 시설 등의 기준)

종합검사대행자와 종합검사지정정비사업자가 갖추어야 하는 종합검사의 시설·장비·인력 기준은 별표 2와 같다.

■ 자동차종합검사의 시행 등에 관한 규칙 [별표 2] <개정 2021. 8. 31.>

종합검사의 시설·장비·인력기준(제14조 관련)

1. 종합검사 시설기준

<table>
<tr><th colspan="2" rowspan="2">구분</th><th colspan="2">설치 기준</th></tr>
<tr><th>종합검사대행자 및
「자동차관리법 시행령」 제12조에 따라
자동차종합정비업을 등록한 자</th><th>「자동차관리법 시행령」 제12조에 따라
소형자동차종합정비업을 등록한 자</th></tr>
<tr><td colspan="2">검사업무의 범위</td><td>모든 자동차에 대한 종합검사
(자동차종합정비업자는 차령이 6년을 초과한 사업용 대형 승합자동차는 제외한다)</td><td>승용자동차와 경형 및 소형의 승합·화물·특수자동차에 대한 종합검사</td></tr>
<tr><td rowspan="2">검사진로</td><td>통합형
(길이×너비×높이)</td><td>피트를 설치하는 경우 :
20m×5m×4m 이상
리프트를 설치하는 경우 :
19m×5m×4m 이상</td><td>피트를 설치하는 경우 :
14m×4m×2.5m 이상
리프트를 설치하는 경우 :
13m×4m×4m 이상</td></tr>
<tr><td>분리형
(길이×너비×높이)</td><td>피트를 설치하는 경우 :
13m×5m×4m 이상
리프트를 설치하는 경우 :
12m×5m×4m 이상</td><td>피트를 설치하는 경우 :
9m×4m×2.5m 이상
리프트를 설치하는 경우 :
8m×4m×4m 이상</td></tr>
</table>

<table>
<tr><th colspan="2" rowspan="2">구분</th><th colspan="2">설치 기준</th></tr>
<tr><th>종합검사대행자 및
「자동차관리법 시행령」 제12조에 따라
자동차종합정비업을 등록한 자</th><th>「자동차관리법 시행령」 제12조에 따라
소형자동차종합정비업을 등록한 자</th></tr>
<tr><td rowspan="6">검사진로</td><td>통합형
(길이×너비×높이)</td><td>피트를 설치하는 경우 :
20m×5m×4m 이상
리프트를 설치하는 경우 :
19m×5m×4m 이상</td><td>피트를 설치하는 경우 :
14m×4m×2.5m 이상
리프트를 설치하는 경우 :
13m×4m×4m 이상</td></tr>
<tr><td>분리형
(길이×너비×높이)</td><td>피트를 설치하는 경우 :
13m×5m×4m 이상
리프트를 설치하는 경우 :
12m×5m×4m 이상</td><td>피트를 설치하는 경우 :
9m×4m×2.5m 이상
리프트를 설치하는 경우 :
8m×4m×4m 이상</td></tr>
<tr><td rowspan="4">구성</td><td>1) 자동차 진입과 진출이 순차적으로 진행할 수 있는 구조여야 한다</td><td>1) 자동차 진입과 진출이 순차적으로 진행할 수 있는 구조여야 한다.</td></tr>
<tr><td>2) 차대동력계 중심축과 피트 진출방향 끝 부분과의 간격은 6m 이상을 유지해야 한다.</td><td>2) 차대동력계 중심축과 피트 진출방향 끝 부분과의 간격은 4m 이상을 유지해야 한다.</td></tr>
<tr><td>3) 검사진로의 바닥은 차대동력계 중심축으로부터 전·후 8m 이상 수평을 유지해야 한다.</td><td>3) 검사진로의 바닥은 차대동력계 중심축으로부터 전·후 5m 이상 수평을 유지해야 한다.</td></tr>
<tr><td>4) 눈·비 등에도 지장을 받지 않고 검사업무를 수행할 수 있는 구조여야 한다.</td><td>4) 눈·비 등에도 지장을 받지 않고 검사업무를 수행할 수 있는 구조여야 한다.</td></tr>
<tr><td colspan="2">피트
(길이×너비×높이)</td><td>8m×0.8m×1.5m 이상</td><td>5m×0.75m×1.5m 이상</td></tr>
<tr><td colspan="2">리프트
(길이×너비×상승높이×용량)</td><td>4m×2m×1.5m×4,000kgf 이상</td><td>4m×2m×1.5m×4,000kgf 이상</td></tr>
<tr><td colspan="2" rowspan="2">진입·진출로</td><td>1) 검사진로 입구부터 10m 이상의 여유공간을 확보하되 진입·진출로를 별도로 갖추어야 하며, 대형자동차의 진입·진출에 지장이 없어야 한다.</td><td>1) 검사진로 입구부터 6m 이상의 여유공간을 확보하되 진입·진출로를 별도로 갖추어야 한다.</td></tr>
<tr><td>2) 안전검사 분야 분리형 진로는 연결자동차의 진입·진출에 지장이 없어야 한다.</td><td>2) 안전검사 분야 분리형 진로는 연결자동차의 진입·진출에 지장이 없어야 한다.</td></tr>
<tr><td rowspan="2">기타</td><td>검사수수료 게시</td><td colspan="2">사업장의 눈에 잘 띄는 곳에 수검자가 쉽게 알아볼 수 있도록 검사수수료를 게시해야 한다.</td></tr>
<tr><td>표지판 설치</td><td colspan="2">사업장의 주출입구에 국토교통부장관이 정하여 고시하는 재질 및 내용으로 종합검사지정정비사업장임을 알리는 표지판을 설치해야 한다.</td></tr>
</table>

※ 비고

1. 통합형은 1개의 검사진로에 모든 검사기기를 배열하는 방식이며, 분리형은 자동차안전 분야와 자동차 배출가스 정밀검사 분야로 분리하여 각각 별도의 검사진로를 구성하는 방식을 말한다.
2. 피트 또는 리프트는 차대동력계 검사 전에 반드시 관능 및 기능검사를 할 수 있도록 설치되어야 하며, 분리형인 경우는 자동차안전 분야 또는 자동차 배출 가스 정밀검사 분야 진로 중 한 곳에만 설치할 수 있다. 다만, 자동차 안전 분야 진로에만 피트 또는 리프트를 설치한 경우 배출가스 검사(재검사를 포함한다) 수행 전 피트 또는 리프트 위에서 촬영용 카메라로 촬영된 사진에 검사일, 시간 등이 기재되어야 한다.
3. 종합검사지정정비사업자의 검사진로는 1개 진로로 한정한다. 이 경우 분리형은 1개 진로로 본다.
4. 리프트는 자동차의 진입·진출에 지장이 없도록 설치되어야 한다.
5. 자동차종합정비업자가 리프트를 설치하여 모든 자동차를 검사할 수 없을 경우에는 리프트와 함께 피트를 설치해야 한다.
6. 검사진로는 「건축법」 제2조제2항제20호에 따른 자동차 관련 시설로 허가받아 사용승인된 건축물이어야 한다.
7. 위 표에서 정하지 아니한 검사시설의 기준에 관하여는 「자동차관리법 시행규칙」 별표 16 및 별표 18을 준용한다.

2. 검사장비

가. 안전검사 분야 : 종합검사대행자는 「자동차관리법 시행규칙」 별표 16을 준용하고, 종합검사지정정비사업자는 「자동차관리법 시행규칙」 별표 18을 준용하되, 나목의 자동차 배출가스 정밀검사 분야와 중복되는 검사장비는 갖추지 아니할 수 있다.

나. 배출가스 정밀검사 분야

장비 및 시설
1) 휘발유자동차배출가스(일산화탄소 · 탄화수소 및 질소산화물) · 공기과잉률 측정기 및 그 부속기기 1조 이상
2) 경유자동차배출가스(질소산화물) 측정기 및 그 부속기기 1조 이상(경유자동차 질소산화물 검사를 시행하려는 경우에 한한다)
3) 부분유량채취방식 광투과식매연측정기 1대 이상
4) 교정용 표준가스(산소 · 일산화탄소 · 탄화수소 · 이산화탄소 및 질소산화물) 1조 이상
5) 교정용 표준필터 1조(40% · 60% 및 80%) 이상
6) 소형 차대동력계(차량 총중량 5.5톤 이하 자동차 부하검사용) 및 그 부속기기 1조 이상
7) 대형 차대동력계(차량 총중량 5.5톤 초과 자동차 부하검사용) 및 그 부속기기 1조 이상
8) 엔진회전속도계 2조 이상(휘발유 · 가스 · 알코올 자동차용, 경유자동차용 각 1조 이상)
9) 검사장면 촬영용 카메라
10) 매연 포집시설
11) 엔진전자제어 진단기 1조 이상

※ 비고

1. 검사장비는 「환경분야 시험 · 검사 등에 관한 법률」 제9조부터 제12조까지의 규정에 따른 형식승인, 정도검사 및 교정용품의 검정 · 교정을 받은 것이어야 한다.
2. 「자동차관리법 시행령」 제12조에 따라 자동차종합정비업을 등록한 자는 총중량이 5.5톤 이하인 자동차에 대하여 부하검사를 시행하지 아니하려면 소형 차대동력계를, 총중량이 5.5톤을 초과하는 자동차에 대해서 부하검사를 시행하지 않으려면 대형 차대동력계를 각각 갖추지 않을 수 있으며, 「자동차관리법 시행령」 제12조에 따라 소형자동차종합정비업을 등록한 자는 대형 차대동력계를 갖추지 않을 수 있다.
3. 검사장비의 구성 및 성능기준은 다음 각 목과 같다.
   가. 검사장비는 관능 및 기능 검사장비와 배출가스 검사장비로 구성되고, 별도의 입 · 출력기를 구비하여 독립적으로 운영되어야 한다.
   나. 관능 및 기능 검사장비는 검사 결과의 입 · 출력과 자료의 검색이 가능하여야 한다.
   다. 배출가스 검사장비는 차대동력계 · 배출가스분석기 · 광투과식 매연 측정기 및 그 부속기기 등이 하나의 체계로 구성되어야 하고, 배출가스 검사는 「대기환경보전법 시행규칙」 제87조제1항에 따른 정기검사 및 제97조에 따른 정밀검사의 방법 및 기준에 따라 주제어장치에 설치된 프로그램에 의하여 자동 수행되어야 한다. 1개의 배출가스 측정기로 휘발유자동차배출가스와 경유자동차배출가스를 모두 검사할 수 있는 때에는 배출가스 측정기를 중복하여 갖추지 아니할 수 있다.
   라. 개별 측정기는 검사장비 주제어장치와 실시간으로 통신이 가능하여야 하고, 검사 방법별 검사 모드, 검사 결과의 입 · 출력, 검사 결과의 판정, 검사장비의 정도관리 등이 자동으로 수행되어야 하며, 그 결과 등이 자동차검사 전산정보처리조직 주전산기로 실시간 송신 · 저장되어야 한다. 다만, 자동차검사 전산정보처리조직 주전산기의 장애로 인하여 검사 결과 등의 실시간 전송이 곤란한 경우에는 장애가 복구된 후 처리할 수 있어야 한다.
   마. 검사장비 주제어장치는 자동차검사 전산정보처리조직 주전산기로부터 검사에 필요한 자료 검색, 검사 결과자료의 입 · 출력이 가능하되 배출가스 측정값의 임의 수정이 불가능하여야 한다. 다만, 검사에 필요한 자동차의 제원 등은 필요한 경우에는 수동 입력 또는 수정이 가능하여야 한다.
4. 검사장면 촬영용 카메라는 해당 자동차의 검사가 적절하게 수행되는지를 기록 · 전송하기 위한 장비로서 다음 각 목의 성능을 갖추어야 한다.
   가. 카메라는 배출가스 검사 수행과 동시에 작동되어 자동차 뒷부분 등록번호판과 검사장면이 2장 이상 촬영되어야 한다.
   나. 촬영된 화면은 검사 종료 후 자동차검사 전산정보처리조직 주전산기로 전송 · 저장되어야 한다.
5. 매연 포집시설은 배출가스 정밀검사를 할 때 매연이 대기 중으로 방출되지 아니하도록 하기 위하여 자동차 배기관에서 직접 포집하여 정화 후 배출되는 구조이어야 하며, 매연 포집시설의 배출허용기준은 매연 농도 40% 이하이어야

한다. 매연 농도는 부분유량채취방식의 광투과식 매연 측정기로 3회 측정하여 평균한 값으로 한다.

6. 종합검사지정정비사업자의 배출가스 정밀검사 분야 검사장비는 소형 차대동력계 1조와 대형 차대동력계 1조로 한정한다.
7. 부하검사 대상 자동차에 대하여 관능 및 기능 검사 전에 정지가동상태에서 무부하 급가속의 방법으로 소음기의 매연을 제거하려는 경우 사전에 자동차 소유자에게 무부하 급가속을 하는 사유와 자동차에 미치는 영향(부하) 등을 설명하고 자동차 소유자의 동의를 얻어 실시하여야 하며, 이 경우 매연 포집장치를 이용하여 매연을 포집하여야 한다.

3. 기술인력

가. 구분 및 자격 · 직무

구분	자격	직무
종합검사 책임자	종합검사원 자격자 중 다음의 어느 하나에 해당하는 사람 1) 「자동차관리법 시행규칙」 제90조에 따른 자동차검사 기술인력으로 5년 이상 근무경력이 있는 사람 2) 「대기환경보전법」 제63조에 따른 배출가스 검사의 기술인력으로 5년 이상 근무경력이 있는 사람 3) 종합검사원으로 5년 이상 근무경력이 있는 사람 4) 1)부터 3)까지 근무경력을 합산하여 5년 이상이 되는 사람	종합검사 업무의 총괄
종합검사원	자동차정비산업기사 이상의 국가기술자격증을 소지하고 제1종 보통 이상의 운전면허증을 소지한 사람	1)정밀검사의 실시 및 적합 여부 판정 2)검사 시설 및 장비 관리

※ 비고

1. 종합검사 기술인력은 제18조에 따른 종합검사에 관한 교육을 받아야 한다.
2. 고전원전기장치의 검사는 「자동차관리법 시행규칙」 제55조에 따라 국토교통부장관이 정하여 고시하는 고전원전기장치 등 취급자 안전교육 또는 국토교통부장관이 인정한 기관에서 시행하는 고전원전기장치에 관한 교육을 이수한 기술인력이 시행하여야 한다.

나. 확보기준

1) 종합검사책임자 : 검사소당 1명 이상

2) 종합검사원(종합검사책임자를 포함한다)

가) 종합검사대행자

검사진로당 연간 검사대수	검사진로당 종합검사원 수
7천대 미만	3명 이상
7천대 이상 1만 5천대 미만	4명 이상
1만 5천대 이상 2만 5천대 미만	5명 이상
2만 5천대 이상	6명 이상

나) 종합검사지정정비사업자

검사진로당 연간 검사대수	검사진로당 종합검사원 수
300대 이하	2명 이상
300대 초과 800대 이하	3명 이상
800대 초과 1천500대 이하	4명 이상
1천500대 초과	5명 이상

제15조 (종합검사대행자의 업무 등)

종합검사대행자는 다음 각 호의 업무를 수행한다. <개정 2013. 3. 23., 2015. 2. 2., 2023. 5. 25.>

1. 종합검사의 기준·방법 연구 및 자동차기능 종합진단 기술 개발 등
2. 종합검사 기술인력의 교육과 자격 관리
3. 종합검사 결과의 관리·분석
4. 자동차검사 전산정보처리조직의 설치 및 운영
5. 종합검사 관련 정부 업무 지원

5의2. 종합검사지정정비사업자에 대한 기술지원

6. 종합검사 출장검사장 운영
7. 그 밖에 국토교통부장관과 환경부장관이 종합검사의 시행에 필요하다고 인정하는 사항

제16조 (종합검사지정정비사업자의 지정 신청 등)

① 법 제45조의2에 따라 종합검사지정정비사업자로 지정받으려는 자동차정비업자는 별지 제8호서식의 종합검사지정정비사업자 지정신청서에 다음 각 호의 서류를 첨부하여 관할 시·도지사에게 제출(「전자정부법」 제2조제7호에 따른 정보통신망을 이용한 제출을 포함한다)하여야 한다.

1. 자동차정비업 등록증 사본
2. 제14조에 따른 시설, 장비 및 기술인력의 확보를 증명하는 서류
3. 검사업무 규정(기술인력과 시설 관리에 관한 사항이 포함되어야 한다)
4. 검사시설·장비의 일람표 및 그 배치도
5. 삭제 <2015. 2. 2.>

② 제1항에 따라 지정 신청을 받은 시·도지사는 서류 검토 및 현지 확인을 하고, 별표 2에 따른 종합검사의 시설·장비·인력 기준에 맞으면 별지 제9호서식의 종합검사지정정비사업자 지정서를 발급하여야 한다.

③ 시·도지사는 제2항에 따라 종합검사지정정비사업자를 지정하였을 때에는 업체명, 대표자 및 소재지 등을 해당 시·도의 공보에 공고하고, 자동차검사 전산정보처리조직에 기록해야 한다. <개정 2023. 5. 25.>

④ 그 밖에 종합검사지정정비사업자의 지정에 필요한 사항은 국토교통부장관이 환경부장관과 협의하여 고시한다. <개정 2013. 3. 23.>

제16조의2 (종합검사지정정비사업자의 변경 지정 신청 등)

① 법 제45조의2제2항 후단에서 "공동부령으로 정하는 중요한 사항"이란 다음 각 호의 어느 하나에 해당하는 사항을 말한다.

1. 검사진로의 위치 또는 길이, 너비, 높이 등 형태
2. 검사진로 내의 피트·사이드슬립측정기·제동시험기·속도계시험기 및 전조등시험기의 배치

순서
3. 검사업무의 범위

② 법 제45조의2제2항 후단에 따라 변경 지정을 신청하려는 자는 별지 제8호의2서식의 종합검사지정정비사업자 변경지정신청서에 종합검사지정정비사업자 지정서 원본 및 변경하려는 사항을 증명하는 서류를 첨부하여 시・도지사에게 제출해야 한다.

③ 제2항에 따른 변경지정신청서의 처리에 관하여는 제16조제2항부터 제4항까지의 규정을 준용한다.

④ 법 제45조의2제2항 단서에 따라 변경 신고를 하려는 자는 별지 제8호의3서식의 종합검사지정정비사업자 지정변경신고서에 종합검사지정정비사업자 지정서 원본 및 변경하려는 사항을 증명하는 서류를 첨부하여 시・도지사에게 제출해야 한다.

⑤ 시・도지사는 제4항에 따른 변경신고서를 접수한 때에는 별지 제9호서식의 종합검사지정정비사업자 지정서에 변경내용을 적어 발급하고, 그 변경내용을 자동차검사 전산정보처리조직에 기록해야 한다. <개정 2023. 5. 25.>

[본조신설 2020. 2. 28.]

제17조 (기술인력 관리)

① 종합검사지정정비사업자는 기술인력을 선임하였을 때에는 지체 없이 그 기술인력의 해당 자격증 사본 등 별표 2 제3호가목의 자격 사항을 증명하는 서류와 제18조제4항에 따른 기술인력 교육을 증명하는 서류(교육의 수료일 및 수료번호를 기록한 서류를 포함한다) 등을 첨부하여 시・도지사에게 보고해야 하며, 보고 후에 그 기술인력으로 하여금 검사 업무를 수행하게 해야 한다. 다만, 해당 사항을 자동차검사 전산정보처리조직에 기록한 경우에는 이를 보고한 것으로 본다. <개정 2023. 5. 25.>

② 종합검사지정정비사업자는 종합검사책임자가 제18조에 따른 교육을 받는 등 부득이한 사유로 직무를 수행할 수 없을 때에는 즉시 소속 기술인력 중에서 직무대행자를 지정하여야 한다. 이 경우 그 기간은 1회 15일, 연간 30일을 넘지 못한다. <개정 2015. 2. 2.>

③ 종합검사지정정비사업자는 종합검사원이 제18조에 따른 교육을 받는 등 부득이한 사유로 직무를 수행할 수 없을 때에는 별표 2 제3호나목에 따른 기술 인력의 확보기준보다 1명이 부족한 상태에서 업무를 수행할 수 있다. 이 경우 그 기간은 1회 15일, 연간 30일을 넘지 못한다. <개정 2015. 2. 2.>

제18조 (기술인력의 교육)

① 종합검사대행자와 종합검사지정정비사업자는 소속 기술 인력으로 하여금 「한국교통안전공단법」에 따른 한국교통안전공단(이하 "한국교통안전공단"이라 한다)에서 실시하는 다음 각 호의 구분에 따른 종합검사에 관한 교육을 받도록 하여야 한다. <개정 2013. 3. 23., 2015. 2. 2., 2019. 4. 23.>
1. 신규교육 : 기술인력으로 선임될 때 받아야 하는 교육
2. 정기교육 : 신규교육 후 3년(신규교육 또는 직전의 정기교육을 받은 날부터 기산하여 3년이

되는 날이 속하는 해의 1월 1일부터 12월 31일까지를 말한다)마다 받아야 하는 교육

3. 임시교육 : 자동차검사 관련 법령의 개정 등으로 국토교통부장관 또는 환경부장관이 특별히 필요하다고 인정하여 실시하는 교육

② 기술인력이 받아야 하는 교육과목, 교육시간 및 교육내용 등은 별표 3과 같다.

■ 자동차종합검사의 시행 등에 관한 규칙 [별표 3]

자동차종합검사 기술인력 교육기준(제18조제2항 관련)

1. 신규교육

교육 과목	교육 시간	교육 내용
인성교육 및 자동차 관련 법령	20시간 이상	가. 자동차검사 기술자로서 갖추어야할 기본지식 및 자세 함양 나. 자동차관리법령 및 대기환경보전법령 다. 소음진동규제법령 및 그 밖의 관련 법령
자동차공학		자동차 검사 및 정비 관련 신기술
자동차 검사기기	5시간 이상	검사기기의 구조기준 및 취급요령
자동차 검사실무	10시간 이상	검사실습 및 행정관리 요령

2. 정기교육

교육 과목	교육 시간	교육 내용
인성교육 및 자동차 관련 법령	8시간 이상	가. 자동차검사 기술자로서 갖추어야할 기본지식 및 자세 함양 나. 자동차 관련 법령 다. 검사기술능력 향상을 위한 교육 라. 자동차 검사 및 정비 관련 신기술
자동차 검사기기	2시간 이상	검사기기의 구조기준 및 취급요령
자동차 검사실무	4시간 이상	검사실습 및 행정관리요령

3. 임시교육

교육 과목	교육 시간	교육 내용
개정법령	4시간 이상	법령 개정 등으로 필요한 교육

※ 비고 : 임시교육과 자동차 검사 및 정비 관련 신기술은 온라인 교육으로 갈음할 수 있다.

③ 제1항에도 불구하고 종합검사책임자 또는 종합검사원으로 근무하던 사람이 퇴직 후 1년 6개월 이내에 종합검사책임자 또는 종합검사원으로 다시 선임된 경우 또는 종합검사책임자 또는 종합검사원으로 채용되기 전 1년 6개월 이내에 종합검사에 관한 교육을 받은 경우에는 제1항제1호의 신규교육을 받은 것으로 본다.

④ 한국교통안전공단은 제1항에 따라 교육을 하였을 때에는 해당 교육을 받은 사람에게 이를 증명하는 서류를 발급하여야 한다. <개정 2019. 4. 23.>

⑤ 한국교통안전공단은 매년 12월 말까지 다음 해 교육계획을 수립하여 국토교통부장관과 환경부장관에게 보고하여야 한다. <개정 2013. 3. 23., 2019. 4. 23.>

⑥ 그 밖에 기술인력의 교육에 필요한 사항은 국토교통부장관이 환경부장관과 협의하여 고시한다. <개정 2013. 3. 23.>

제19조 (기술인력의 해임명령 등)

① 국토교통부장관 또는 시・도지사는 법 제46조제2항에 따라 기술 인력의 해임명령 또는 직무정지명령을 할 때에는 서면으로 그 사유를 분명히 밝혀 해당 종합검사대행자 또는 종합지정정비사업자에게 통보하여야 한다. <개정 2013. 3. 23.>

② 종합검사대행자 또는 종합검사지정정비사업자는 제1항에 따른 해임명령을 받았을 때에는 그 명령을 받은 날부터 30일 이내에 해당 기술인력을 해임하여야 한다.

제4장 종합검사 결과의 관리 등

제20조 (자동차검사 전산정보처리조직의 설치・운영 등)

① 한국교통안전공단은 종합검사 업무를 효율적으로 수행하기 위하여 법 제69조제1항에 따른 전산정보처리조직에 자동차검사와 관련된 자동차검사 전산정보처리조직을 설치・운영할 수 있다. <개정 2019. 4. 23., 2023. 5. 25.>

② 제1항에 따라 한국교통안전공단은 종합검사대행자 및 종합검사지정정비사업자로 하여금 종합검사의 검사 결과와 관련된 자료를 자동차검사 전산정보처리조직에 입력하게 하여야 한다. <개정 2019. 4. 23.>

③ 그 밖에 자동차검사 전산정보처리조직의 운영 등에 필요한 사항은 한국교통안전공단이 정한다. <개정 2019. 4. 23.>

제21조 (종합검사 결과자료 전산 관리)

한국교통안전공단은 자동차의 종류, 사용연료, 제작연도, 장치 등의 구분기준에 따라 종합검사 결과와 자동차기능 종합진단 결과자료를 분석할 수 있도록 전산 관리하여야 한다. <개정 2019. 4. 23.>

제5장 보칙

제22조 (행정처분의 기준 등)

① 법 제45조의3제1항 및 제46조제2항에 따른 종합검사대행자, 종합검사지정정비사업자 및 기술인력에 대한 처분기준은 별표 4와 같다. <개정 2018. 7. 20.>

■ 자동차종합검사의 시행 등에 관한 규칙 [별표 4] <개정 2021. 10. 14.>

행정처분의 기준(제22조제1항 관련)

1. 일반기준
   가. 같은 종합검사대행자, 종합검사지정정비사업자 또는 기술 인력이 여러 개의 위반행위를 한 경우에는 다음의 구분에 따라 처분을 한다.
      1) 가장 무거운 위반행위에 대한 처분 또는 명령의 기준이 지정취소 또는 해임인 경우에는 지정취소 또는 해임명령을 한다.
      2) 가장 무거운 위반행위에 대한 처분의 기준이 업무정지 또는 직무정지인 경우에는 업무정지 또는 직무정지명령을 하되, 둘 이상의 업무정지 또는 직무 정지 사유에 해당하는 경우에는 각 처분기준을 합산한 기간을 넘지 아니하는 범위에서 무거운 처분기준의 2분의 1의 범위에서 가중할 수 있다. 이 경우 그 가중한 기간을 합산한 기간은 6개월을 초과할 수 없다.
   나. 위반행위의 횟수에 따른 처분의 기준은 최근 2년간 같은 위반행위로 처분을 받은 경우에 적용한다. 이 경우 기간의 계산은 위반행위에 대하여 처분을 받은 날과 그 처분 후 다시 같은 위반행위를 하여 적발된 날을 기준으로 한다.
   다. 나목에 따라 가중된 처분을 하는 경우 가중처분의 적용 차수는 그 위반행위 전 처분 차수(나목에 따른 기간 내에 처분이 둘 이상 있었던 경우에는 높은 차수를 말한다)의 다음 차수로 한다. 다만, 적발된 날부터 소급하여 2년이 되는 날 전에 한 부과처분은 가중처분의 차수 산정 대상에서 제외한다.
   라. 관할 관청은 종합검사대행자, 종합검사지정정비사업자 또는 기술 인력이 고의 또는 중대한 과실로 위반행위를 한 경우에는 그 처분기준의 2분의 1의 범위에서 행정처분을 가중할 수 있다.
   마. 관할 관청이 가목 또는 라목에 따라 업무의 정지기간 또는 직무의 정지기간을 가중하는 경우에도 그 정지기간은 6개월을 초과하지 못한다.
   바. 관할 관청은 종합검사대행자가 둘 이상의 사업장을 운영하는 경우로서 일부 사업장에서만 위반행위를 하였을 때에는 그 위반행위의 내용에 따라 해당 위반 사업장의 업무에 대하여 업무정지처분을 할 수 있다.
   사. 관할 관청은 다음의 어느 하나에 해당하는 경우에는 그 처분기준의 2분의 1의 범위에서 행정처분을 감경할 수 있다.
      1) 종합검사대행자, 종합검사지정정비사업자 또는 기술 인력이 그 업무 또는 직무를 성실히 수행하여 자동차의 종합검사 업무의 발전에 크게 기여한 경우
      2) 그 밖에 관할 관청이 위반행위의 동기·정도·결과 등을 고려해서 행정처분을 감경할 필요가 있다고 인정되거나 자동차의 종합검사 업무의 원활한 수행을 위하여 제2호 개별기준에 따른 기준과 다르게 행정처분을 할 필요가 있다고 인정하는 경우

2. 개별기준

위반내용	관계법령	처분 내용	
		종합검사대행자 · 종합검사 지정정비사업자	기술인력
가. 거짓이나 그 밖의 부정한 방법으로 지정을 받은 경우	법 제45조의3 제1항제1호	지정취소	
나. 업무와 관련하여 부정한 금품을 수수하거나 그 밖의 부정한 행위를 한 경우	법 제45조의3 제1항제2호 및 법 제46조제2항제1호	1차 : 업무정지 60일 2차 : 지정취소	1차 : 직무정지 60일 2차 : 해임
다. 자산상태의 불량 등의 사유로 그 업무를 계속하는 것이 적합하지 않다고 인정될 경우	법 제45조의3 제1항제3호	1차 : 업무정지 30일 2차 : 지정취소	
라. 검사를 실시하지 않고 거짓으로 자동차검사표를 작성한 경우	법 제45조의3 제1항제4호 및 법 제46조제2항제2호	지정취소	해임
마. 검사 결과와 다르게 자동차검사표를 작성한 경우	법 제45조의3 제1항제4호 및 법 제46조제2항제2호	1차 : 업무정지 60일 2차 : 지정취소	1차 : 직무정지 60일 2차 : 해임
바. 법 제40조제1항에 따른 정밀도 검사를 받지 않은 검사용기계·기구로 검사를 하거나 정확성이 확인되지 않은 검사용기계·기구를 사용하여 검사를 한 경우	법 제45조의3 제1항제5호 및 법 제46조제2항제3호	1차 : 업무정지 30일 2차 : 지정취소	1차 : 직무정지 30일 2차 : 해임
사. 법 제43조제2항 또는 법 제43조의2제3항에 따른 자동차의 구조 및 장치의 검사에 필요한 검사 항목 중 일부를 생략하여 검사한 경우	법 제45조의3 제1항제6호 및 법 제46조제2항제4호	1차 : 업무정지 30일 2차 : 업무정지 60일 3차 : 지정취소	1차 : 직무정지 30일 2차 : 직무정지 60일 3차 : 해임
아. 법 제43조제3항(법 제43조의2제3항에서 준용되는 경우를 포함한다)에 따른 검사 결과에 대한 조치를 하지 않은 경우	법 제45조의3 제1항제7호 및 법 제46조제2항제5호	1차 : 업무정지 10일 2차 : 업무정지 20일 3차 이상 : 업무정지 30일	1차 : 직무정지 10일 2차직무정지 20일 3차 이상 : 직무정지 30일
자. 법 제43조제6항(법 제43조의2제3항에서 준용되는 경우를 포함한다)을 위반하여 검사 장면 및 결과를 기록하지 않거나 거짓으로 기록한 경우	법 제45조의3 제1항제8호 및 법 제46조제2항제6호	1차 : 업무정지 10일 2차 : 업무정지 30일 3차 이상 : 업무정지 60일	1차 : 직무정지 10일 2차 : 직무정지 30일 3차 이상 : 직무정지 60일
차. 법 제43조제7항(법 제43조의2제3항에서 준용하는 경우를 포함한다)을 위반하여 자동차검사에 사용하는 기계·기구에 설정된 자동차검사기준의 값 또는 기계·기구를 통하여 측정된 값을 조작·변경하거나 조작·변경하게 한 경우	법 제45조의3 제1항제8호의2	1차 : 업무정지 60일 2차 : 지정취소	

위반내용	관계법령	처분 내용	
		종합검사대행자 · 종합검사지정정비사업자	기술인력
카. 법 제45조제1항 또는 법 제45조의2제1항에 따라 지정된 검사시설이 아닌 곳에서 검사를 한 경우	법 제45조의3 제1항제9호 및 법 제46조제2항제7호	1차 : 업무정지 60일 2차 : 지정취소	1차 : 직무정지60일 2차 : 해임
타. 법 제45조제2항이나 법 제45조의2제3항에 따른 시설·장비 등의 지정기준에 미달한 경우	법 제45조의3 제1항제10호	1차 : 업무정지 10일 2차 : 업무정지 30일 3차 : 지정취소	
파. 법 제45조제3항이나 법 제45조의2제3항에 따른 검사업무 범위 및 기술인력에 따른 검사능력을 벗어나 검사를 한 경우	법 제45조의3 제1항제11호 및 법 제46조제2항제8호	1차 : 업무정지 60일 2차 : 업무정지 90일 3차 : 지정취소	1차 : 직무정지 60일 2차 : 직무정지 90일 3차 : 해임
하. 법 제45조제7항(법 제45조의2 제4항에서 준용되는 경우를 포함한다)을 위반하여 다른 사람에게 자신의 명의로 검사업	법 제45조의3 제1항제12호	지정취소	
거. 법 제45조의2제2항 후단에 따른 변경 지정을 신청하지 않거나 같은 항 단서를 위반하여 변경 신고하지 않은 경우	법 제45조의3 제1항제12호의2	① 변경 지정을 신청하지 않은 경우 1차 : 업무정지 30일 2차 : 업무정지 90일 3차 : 지정취소 ② 변경 신고하지 않은 경우 1차 : 업무정지 10일 2차 : 업무정지 30일 3차 이상 : 업무정지 90일	
너. 법 제46조제1항에 따른 기술인력이 아닌 사람으로 하여금 검사를 하게 한 경우	법 제45조의3 제1항제13호	지정취소	
더. 법 제46조제2항에 따른 기술인력의 해임 또는 직무정지 명령을 이행하지 않은 경우	법 제45조의3 제1항제14호	1차 : 업무정지 30일 2차 : 업무정지 60일 3차 이상 : 업무정지 90일	
러. 법 제46조의2제1항을 위반하여 정당한 사유없이 자동차검사에 관한 교육을 받지 않은 경우	법 제46조제2항제9호		직무정지 10일
머. 법 제66조에 따라 자동차관리사업의 등록이 취소된 경우	법 제45조의3 제1항제15호	지정취소	
버. 법 제72조제1항에 따른 보고를 하지 않거나 거짓 보고를 한 경우	법 제45조의3 제1항제16호	1차 : 업무정지 10일 2차 : 업무정지 30일 3차 이상 : 업무정지 90일	
서. 법 제72조제2항에 따른 검사를 거부·방해 또는 기피하거나, 질문에 답변하지 않거나 거짓으로 답변한 경우	법 제45조의3 제1항제17호	1차 : 업무정지 30일 2차 : 업무정지 60일 3차 이상 : 업무정지 90일	
어. 법 제45조의3에 따른 업무정지 명령을 위반하여 업무정지 기간 중에 검사업무를 한 경우	법 제45조의3 제1항제18호	지정취소	

② 관할 관청은 종합검사대행자·종합검사지정정비사업자 또는 기술 인력이 별표 4의 위반행위를 한 사실을 알았을 때에는 특별한 사유가 없으면 그 사실을 안 날부터 10일 이내에 이 규칙에 따른 처분을 하되, 그 처분으로 인하여 해당 사업을 이용하는 자에게 불편을 주는 경우에는 처분일부터 일정한 기간이 지난 후에 그 효력이 발생하도록 하여야 한다.

③ 행정처분은 다음 각 호의 구분에 따라 서면으로 하여야 한다.

1. 지정취소 또는 업무정지 : 별지 제10호서식
2. 해임명령 또는 직무정지명령 : 별지 제11호서식

④ 관할 관청은 업무정지 처분을 하였을 때에는 지체 없이 소속공무원으로 하여금 해당 사업장의 출입문에 그 처분내용을 게시하도록 하여야 한다.

⑤ 관할 관청이 이 규칙에 따라 처분을 하였을 때에는 종합검사대행자 또는 종합검사지정정비사업자별로 별지 제12호서식의 처분대장에 그 처분사항을 기록하고 3년 이상 보존하여야 한다.

부칙 <제1270호, 2023. 10. 31.>

제1조 (시행일)

이 규칙은 2023년 11월 20일부터 시행한다.

제2조 (종합검사의 유효기간에 관한 적용례)

별표 1의 표의 개정규정은 이 규칙 시행 이후 검사를 받는 자동차부터 적용한다.

06 자동차관리의 특례에 관한 규칙

[시행 2023. 2. 3.] [국토교통부령 제1191호, 2023. 2. 3., 일부개정]

제1장 총칙

제1조 (목적)

이 규칙은 「자동차관리법」 제70조에 따른 자동차의 등록(이륜자동차의 경우에는 사용신고를 말한다. 이하 같다) · 자동차자기인증 · 부품자기인증 · 점검 · 정비 · 검사 · 폐차 · 등록번호판(이륜자동차의 경우에는 이륜자동차번호판을 말한다. 이하 같다) 및 봉인에 관하여 특례가 인정되는 자동차의 관리에 관한 사항을 정함을 목적으로 한다. <개정 1996. 12. 17., 2003. 7. 19., 2006. 6. 8., 2023. 2. 3.>

제2조 (정의)

이 규칙에서 사용하는 용어의 정의는 다음과 같다. <개정 2006. 6. 8., 2007. 7. 31., 2023. 2. 3.>

1. "외교용 등의 자동차"라 함은 다음 각목의 자동차를 말한다.
   가. 대한민국 주재 외교관이 소유하는 자동차
   나. 국제연합 또는 이에 준하는 국제기구의 직원이 소유하는 자동차
2. "미군 등의 사유자동차"라 함은 대한민국 주재 미합중국 군대의 구성원 · 군무원 또는 그들의 가족이 사적 용도로 사용하는 자동차를 말한다.
3. "체약국자동차"라 함은 「도로교통에 관한 협약」의 당사국 국민(내국인은 제외한다)이 소유하는 자동차 중 국내에서 운행하는 자동차 및 우리나라에 등록된 자동차 중 「도로교통에 관한 협약」의 당사국(우리나라는 제외한다)에서 운행하는 자동차를 말한다.
4. "일시수입자동차"란 「관세법」에 따라 다시 수출할 것을 조건으로 일시 수입되는 자동차를 말한다.

제3조 (국가안보 및 치안유지를 위한 자동차)

「자동차관리법」(이하 "법"이라 한다) 제70조제6호에서 "국토교통부령으로 정하는 자동차"라 함은 다음 각 호의 자동차를 말한다. <개정 1996. 12. 17., 2006. 6. 8., 2008. 3. 14., 2013. 3. 23., 2023. 2. 3.>

1. 경호 · 경비 등의 목적에 사용되는 자동차(이하 "경호용 등의 자동차"라 한다)
2. 국방부 및 각 군부대에서 소유하거나 관리하는 것으로서 수사 등의 특수임무의 수행을 목적으로 운행되는 자동차(이하 "군용특수자동차"라 한다)
3. 대테러 · 대간첩 작전을 수행할 목적으로 사용되는 특수한 형태의 자동차(이하 "대테러용 등의 자동차"라 한다)

제2장 외교용 등의 자동차 등

제4조 (외교용 등의 자동차의 관리)

① 외교용 등의 자동차의 등록등 관리에 관하여는 국토교통부장관이 외교부장관과 협의하여 이를 행한다. <개정 1996. 12. 17., 2006. 6. 8., 2008. 3. 14., 2013. 3. 23.>

② 국토교통부장관은 외교부장관과 협의하여 다음 각 호의 사항을 포함한 외교용 등의 자동차의 관리에 관한 기준을 정하여야 한다. 이를 변경하고자 할 때에도 또한 같다. <개정 1996. 12. 17., 2006. 6. 8., 2008. 3. 14., 2013. 3. 23.>

1. 자동차의 신규등록 및 자동차 등록원부의 비치 · 관리
2. 자동차등록번호의 지정
3. 자동차등록번호판의 교부 및 봉인
4. 자동차의 변경등록 및 이전등록
5. 자동차의 반출 · 폐차 및 말소등록

제5조 (미군 등의 사유자동차의 등록 등)

① 미군 등의 사유자동차는 등록관청(「자동차등록령」 제5조의 규정에 의한 등록관청을 말한다. 이하 같다)에 등록을 하고, 등록관청은 그 등록을 마친 자동차에 대하여 등록번호를 지정하여야 한다. <개정 2006. 6. 8.>

② 제1항의 규정에 의하여 미군 등의 사유자동차에 대한 등록신청을 하고자 하는 자는 당해자동차를 반입하거나 취득한 날로부터 10일 이내에 당해자동차에 대한 안전검사를 받고 주한미군차량기록관(이하 이 조에서 "기록관"이라 한다)에게 출석하여 소유권을 증명하는 서류와 자동차 손해배상 가입증서를 제출하여야 한다.

③ 기록관은 제2항의 규정에 의하여 제출받은 서류와 안전검사실시결과를 첨부하여 등록관청에 당해 자동차의 등록신청을 하여야 한다.

④ 제1항 내지 제3항의 규정에 의한 사항 이외에 미군 등의 사유자동차의 관리에 관하여 필요한 세부사항은 「대한민국과 아메리카합중국간의 상호방위조약 제4조에 의한 시설과 구역 및 대한민

국에서의 합중국군대의 지위에 관한 협정」이 정하는 바에 의한다. <개정 2006. 6. 8.>

제6조 (체약국자동차의 운행표 발급 등)

① 체약국자동차로서 「도로교통에 관한 협약」 제18조제2항 및 제20조에 따라 발급받은 등록증서 및 국가식별기호의 표시가 있는 자동차를 국내에 반입하여 운행하려는 자는 특별시장·광역시장·특별자치시장·도지사·특별자치도지사(이하 "시·도지사"라 한다)에게 별지 제1호서식의 국제교통자동차운행표(이하 "운행표"라 한다)를 발급받아 해당 자동차의 전면 창유리 우측에 붙여야 한다. 다만, 이륜자동차인 경우에는 사용자가 소지하는 것으로 이에 갈음할 수 있다. <개정 1990. 10. 6., 2006. 6. 8., 2007. 7. 31., 2020. 6. 25.>

② 시·도지사는 제1항에 따른 운행표의 발급을 신청한 자가 다음 각 호의 어느 하나에 해당하는 경우에는 운행표를 발급해서는 안 된다. <신설 2020. 6. 25.>

1. 「출입국관리법」 제11조에 따라 입국이 금지된 경우
2. 제8조제1항에 따라 운행표의 발급이 취소된 날로부터 1년이 지나지 않은 경우

③ 제1항에 따른 운행표를 발급받은 자는 법 제5조에 따른 등록을 하지 아니하고 해당 자동차를 운행할 수 있다. <개정 1996. 12. 17., 2020. 6. 25.>

④ 제1항에 따른 운행표의 유효기간은 자동차일시수입신고필증에 기재된 재수출기간으로 한다. <개정 1996. 12. 17., 2020. 6. 25.>

⑤ 체약국자동차의 사용자는 제4항에 따른 운행표의 유효기간을 연장하여 운행하려면 그 연장사유를 증명하는 서류를 시·도지사에게 제출하여 운행표를 재발급 받아야 한다. <신설 2020. 6. 25.>

[제목개정 2020. 6. 25.]

제7조 (체약국자동차의 정비·검사 및 폐차)

① 시·도지사는 운행표를 발급받은 체약국자동차의 안전운행을 위하여 필요하다고 인정하는 경우에는 해당 자동차의 사용자에게 자동차의 정비 또는 임시검사를 받을 것을 명할 수 있다. <개정 1996. 12. 17., 2018. 12. 11., 2020. 6. 25.>

② 시·도지사는 운행표의 발급을 받은 체약국자동차가 법 제26조제1항 각 호의 어느 하나에 해당하는 경우에는 해당 자동차의 소유자 또는 점유자에게 그 자동차의 폐차 또는 일정한 장소로의 이전을 명할 수 있다. <개정 1996. 12. 17., 2020. 6. 25., 2023. 2. 3.>

제8조 (운행표의 취소·반납 등)

① 시·도지사는 제6조제1항에 따라 운행표를 발급받은 자가 다음 각 호의 어느 하나에 해당하는 경우에는 운행표의 발급을 취소하고 운행표를 회수할 수 있다. 다만, 제1호 및 제2호에 해당하는 경우에는 운행표의 발급을 취소하고 운행표를 회수해야 한다. <신설 2020. 6. 25.>

1. 거짓이나 그 밖의 부정한 방법으로 운행표를 발급받은 경우

2. 「도로교통법」 제93조제1항 각 호의 어느 하나에 해당하는 위반행위를 한 경우(같은 조 제1항 제19호의 위반행위는 연간 3회 이상 위반행위를 한 경우로 한정한다)
3. 「물환경보전법」 제15조제1항제1호의 위반행위를 한 경우
4. 「토양환경보전법」 제15조의4제1호 및 제2호의 위반행위를 한 경우
5. 「원자력안전법」 제70조제1항 및 제2항의 위반행위를 한 경우

② 제6조제1항에 따라 운행표를 발급받은 체약국자동차의 사용자는 다음 각 호의 어느 하나에 해당하는 경우에는 해당 운행표를 발급기관에 반납해야 한다. <개정 2020. 6. 25.>

1. 운행표의 유효기간이 만료한 때
2. 자동차를 국외로 반출하고자 할 때
3. 제7조제2항의 규정에 의하여 폐차된 때
4. 제1항에 따라 운행표 발급이 취소된 때

[제목개정 2020. 6. 25.]

제8조의2 (운행표의 발급 대행 등)

시·도지사는 체약국자동차를 효율적으로 관리하기 위하여 필요한 때에는 다음 각호의 업무를 「관세법」에 의하여 체약국자동차의 수출·입신고를 처리하는 세관장으로 하여금 대행하게 할 수 있다. <개정 2006. 6. 8., 2020. 6. 25.>

1. 제6조제1항 및 제5항에 따른 운행표의 발급 및 재발급에 관한 업무
2. 제8조제1항 및 제2항에 따른 운행표의 발급 취소 및 회수에 관한 업무

[본조신설 1996. 12. 17.] [제목개정 2020. 6. 25.]

제8조의3 (일시수입자동차의 운행 등)

① 다음 각 호의 요건에 모두 해당하는 일시수입자동차로서 시·도지사로부터 별지 제1호의2서식의 일시수입자동차운행표(이하 "일시수입자동차운행표"라 한다)를 발급받아 운행하는 자동차(이하 "일시운행자동차"라 한다)는 법 제5조에 따른 등록을 하지 않고 운행할 수 있다. <개정 2010. 11. 1., 2012. 1. 5., 2013. 3. 23., 2021. 8. 27.>

1. 「관세법 시행규칙」 제50조제1항제14호에 따른 차량으로서 항만 보세구역으로부터 공항 보세구역까지 왕복 1회에 한하여 환적물품(옮겨 실은 물품을 말한다)을 운송하는 자동차이거나 등록관청으로부터 허가받은 구간 및 경로에서 왕복 1회에 한하여 수출입물품·반송물품 및 환적물품을 운송하는 법 제2조제1호에 따른 피견인자동차(이하 "피견인자동차"라 한다)일 것
2. 다음 각 목의 어느 하나에 해당하는 자동차일 것
   가. 상대국의 자동차를 자국 내에서 서로 운행할 수 있도록 하는 내용으로 우리나라와 양해각서 또는 협정 등을 체결한 국가의 자동차
   나. 국가간 교역 활성화를 위하여 관계 중앙행정기관의 요청에 따라 국토교통부장관이 지정·고

시한 피견인자동차

3. 「자동차관리법 시행규칙」 별표 1 제2호에 따른 화물자동차 또는 특수자동차일 것

② 일시수입자동차운행표를 발급받으려는 자는 별지 제1호의3서식의 일시수입자동차운행표 발급신청서에 다음 각 호의 서류를 첨부하여 시・도지사에게 제출하여야 한다. <개정 2014. 7. 15.>

1. 수출국에서 발행한 자동차등록증서 사본
2. 「도로법」 제77조 또는 「도로교통법」 제39조에 따라 운행이 제한되는 차량인 경우에는 관련 규정에 따른 운행허가서 사본

③ 일시운행자동차를 운행하려는 자는 해당 자동차의 전면 창유리 우측에 일시수입자동차운행표를 붙여야 한다. 다만, 피견인자동차를 운행하려는 자는 일시수입자동차운행표를 소지하여야 하며, 대한민국과 체결한 협정 등에 따른 국가식별기호표를 해당 피견인자동차의 차체 뒷면 좌측의 알아보기 쉬운 위치에 부착하여야 한다. <개정 2010. 11. 1.>

④ 일시수입자동차운행표의 유효기간은 일시운행자동차의 목적・용도 등을 고려하여 시・도지사가 정하는 기간으로 하되, 1개월을 초과할 수 없다. 다만, 피견인자동차의 일시수입자동차운행표의 유효기간은 3개월 이내로 하며, 연장이 필요한 경우 국토교통부장관의 허가를 받아 3개월의 범위에서 한 번만 연장할 수 있다. <개정 2010. 11. 1., 2013. 3. 23.>

[본조신설 2007. 7. 31.] [종전 제8조의3은 제8조의8로 이동 <2007. 7. 31.>] [국토해양부령 제431호(2012. 1. 5.)제8조의3 제1항제2호나목의 개정규정은 같은 법 부칙 제2조의 규정에 의하여 2018년 12월 31일까지 유효함]

제8조의4 (일시운행자동차의 운행구간 및 경로)

일시운행자동차는 국토교통부장관이 지정하여 고시하는 항만 보세구역으로부터 공항 보세구역까지의 직선거리가 100킬로미터 이내인 구간 및 경로(피견인자동차의 경우에는 등록관청으로부터 허가받은 구간 및 경로를 말한다)에서만 운행하여야 한다. 다만, 제8조의7에 따라 해당 자동차의 정비・임시검사 또는 폐차 등을 하기 위한 경우와 천재지변 그 밖에 이에 준하는 사유로 인하여 지정된 경로로 운행할 수 없는 경우에는 일시수입자동차운행표를 발급한 시・도지사에게 신고한 후 그 지정된 경로를 벗어나 운행할 수 있다. <개정 2008. 3. 14., 2010. 11. 1., 2013. 3. 23.>

[본조신설 2007. 7. 31.]

제8조의5 (일시수입자동차운행표의 반납)

제8조의3제1항에 따라 일시수입자동차운행표를 발급받은 자는 다음 각 호의 어느 하나에 해당하는 경우 일시수입자동차운행표를 발급한 시・도지사에게 이를 반납하여야 한다.

1. 일시수입자동차운행표의 유효기간이 만료되기 전에 일시수입자동차를 다시 수출하려는 경우
2. 일시수입자동차운행표의 유효기간이 만료된 경우
3. 제8조의7제2항에 따라 일시수입자동차를 폐차한 경우

[본조신설 2007. 7. 31.]

제8조의6 (일시수입자동차운행표의 발급대행 등)

시・도지사는 일시수입자동차를 효율적으로 관리하기 위하여 필요한 경우에는 「관세법」에 따라 일시수입자동차의 수출입 신고를 처리하는 세관장에게 다음 각 호의 업무를 대행하게 할 수 있다.

1. 일시수입자동차운행표의 발급에 관한 업무
2. 제8조의5에 따른 일시수입자동차운행표의 회수에 관한 업무

[본조신설 2007. 7. 31.]

제8조의7 (일시운행자동차의 정비・임시검사 및 폐차)

① 시・도지사는 일시운행자동차의 안전운행을 위하여 필요하다고 인정되는 경우에는 해당 자동차의 사용자에게 자동차의 정비 또는 임시검사를 받을 것을 명할 수 있다.

② 시・도지사는 일시운행자동차가 법 제26조제1항 각 호의 어느 하나에 해당되는 경우에는 해당 자동차의 소유자 또는 점유자에게 그 자동차의 폐차 또는 일정한 장소로의 이전을 명할 수 있다. <개정 2023. 2. 3.>

[본조신설 2007. 7. 31.]

제8조의8 (경호용 등의 자동차의 번호판)

① 「대통령 등의 경호에 관한 법률」 제3조에 따른 대통령경호처장(이하 이 조에서 “경호처장”이라 한다)은 다자간 정상회의 등 국내외 중요 행사에서 경호업무의 수행에 필요하다고 판단되는 경우에는 경호용 등의 자동차에 임시로 경호용번호판을 부착하고 운행할 수 있다.

② 경호처장은 제1항에 따라 경호용번호판을 부착하여 운행하려는 경우에는 경호용번호판의 규격 및 사용기간, 그 발급・부착 및 관리에 필요한 사항을 정하여 국토교통부장관과 협의해야 한다.

③ 경호처장은 제2항에 따른 협의 내용에 따라 경호용번호판을 발급하고 경호용 등의 자동차에 부착해야 하며, 그 발급・부착 등에 관한 사항을 경호용번호판대장에 기록하고 관리해야 한다.

④ 경호처장은 제2항에 따른 사용기간이 종료하면 지체 없이 경호용번호판을 뗀 후 폐기하고, 종전의 자동차등록번호판을 경호용 등의 자동차에 다시 부착・봉인해야 한다.

[본조신설 2019. 11. 13.] [종전 제8조의8은 제8조의9로 이동 <2019. 11. 13.>]

제8조의9 (대테러용 등의 자동차의 등록)

대테러용 등의 자동차를 등록관청에 등록하려는 자는 미리 국토교통부장관과 협의하여야 한다. <개정 2008. 3. 14., 2013. 3. 23.>

[본조신설 2006. 6. 8.] [제8조의8에서 이동 <2019. 11. 13.>]

제9조 (자기인증 등의 면제)

외교용 등의 자동차, 경호용 등의 자동차, 미군 등의 사유자동차, 체약국자동차, 대테러용 등의 자동차 및 일시수입자동차에 대해서는 다음 각 호의 사항에 관한 의무를 면제한다. 다만, 외교용 등의 자동차의 경우 제5호 본문에 따른 자동차검사 중 신규검사, 정기검사 및 튜닝검사는 면제하지 않는다. <개정 2003. 7. 19., 2006. 6. 8., 2010. 11. 1., 2018. 12. 11., 2023. 2. 3.>

1. 법 제30조에 따른 자동차의 자기인증 및 법 제30조의2에 따른 자동차부품의 자기인증
2. 법 제43조에 따른 자동차검사 및 법 제43조의2에 따른 자동차종합검사. 다만, 일시운행자동차의 경우 자동차검사 중 임시검사는 제외한다.

[전문개정 1996. 12. 17.] [제목개정 2023. 2. 3.]

제3장 군용특수자동차

제10조 (자동차의 배정 등)

① 국방부장관은 군용특수자동차를 등록하고자 할 때에는 특별시・광역시 또는 도별로 별지 제1호의4서식의 군용특수자동차배정명세서를 2부씩 작성하여 미리 국토교통부장관에게 제출하여야 한다. <개정 1996. 12. 17., 2007. 7. 31., 2008. 3. 14., 2013. 3. 23.>

② 국토교통부장관은 제1항의 규정에 의하여 군용특수자동차배정명세서를 접수한 때에는 그 중 1부를 등록관청에 송부하고 그 사실을 국방부장관에게 통보하여야 한다. <개정 1996. 12. 17., 2008. 3. 14., 2013. 3. 23.>

③ 국방부장관은 제2항의 규정에 의한 통보를 받은 때에는 등록대상인 군용특수자동차마다 별지 제2호서식의 군용특수자동차배정확인증(이하 "배정확인증"이라 한다)을 당해자동차를 배정받은 국방부소속의 각 기관의 장 또는 군부대의 장(이하 "운행부대장"이라 한다)에게 운행기간을 정하여 발급하여야 한다.

제11조 (등록신청)

운행부대장은 제10조제3항의 규정에 의한 배정확인증의 발급일로부터 30일 이내에 다음 각호의 서류를 등록신청서에 첨부하여 등록관청에 군용특수자동차의 등록을 신청하여야 한다.

1. 배정확인증
2. 국방부장관 또는 소속군의 참모총장이 발행한 별지 제3호서식의 군장비확인증

제12조 (말소등록)

① 등록관청은 제10조제3항의 규정에 의한 운행기간이 만료된 군용특수자동차에 대하여는 그 만료일

에 말소등록을 하고, 이를 운행부대장에게 통보하여야 한다.

② 제1항의 통보를 받은 운행부대장은 지체없이 당해자동차의 자동차등록번호판을 등록관청에 반납하여야 한다. <개정 1996. 12. 17.>

제13조 (대체등록)

① 운행부대장은 등록된 군용특수자동차의 노후·파손 또는 관리전환 등의 사유로 이를 당해자동차와 동일한 차종으로 대체하고자 할 때에는 국방부장관의 승인서를 첨부하여 등록관청에 대체등록을 신청할 수 있다.

② 국방부장관은 제1항의 규정에 의한 승인을 한 때에는 그 사실을 즉시 국토교통부장관에게 통보하여야 한다. <개정 1996. 12. 17., 2008. 3. 14., 2013. 3. 23.>

③ 제11조의 규정은 제1항의 규정에 의한 대체등록의 신청에 관하여 이를 준용한다.

제14조 (구조변경신고)

① 운행부대장은 군용특수자동차의 원동기를 다른 형식의 원동기로 변경한 때에는 지체 없이 별지 제4호서식의 구조변경신고서에 별지 제3호서식의 군장비확인증을 첨부하여 등록관청에 신고하여야 한다. 이 경우 당해자동차를 제시하여야 한다.

② 등록관청은 제1항의 규정에 의한 신고를 받은 때에는 제시된 군용특수자동차의 원동기를 확인하고, 당해자동차등록증에 그 변경된 사항을 기재하여야 한다.

제15조 (검사 등)

① 군용특수자동차에 대한 신규검사·정기검사 또는 임시검사는 등록관청의 공무원과 법 제44조에 따른 자동차검사대행자의 소속기술인력이 공동으로 행하되, 국방부 및 각 군부대의 자동차검사에 관한 시설을 이용하여 이를 검사할 수 있다. <개정 1996. 12. 17., 2006. 6. 8.>

② 등록관청의 공무원과 자동차검사소의 검사원이 제1항의 검사를 행한 때에는 지체 없이 연명으로 기명날인한 검사보고서를 작성하여 이를 등록관청에 제출하여야 한다.

제16조 (관할구역외에서의 검사)

① 운행부대장은 등록관청의 관할구역외에서 제15조의 규정에 의한 검사를 받고자 할 때에는 별지 제5호서식의 타관할관청검사신청서 2부를 관할등록관청(이하 이 조에서 "갑관청"이라 한다)에 제출하여야 한다. 이 경우 동 신청서에도 당해군용특수자동차가 다른 등록관청의 관할구역 내에 있다는 국방부장관의 확인서를 첨부하여야 한다.

② 갑관청은 제1항의 규정에 의한 신청을 받은 때에는 타관할관청검사신청서 1부에 당해군용특수자동차의 자동차정비 및 검사기록대장등본을 첨부하여 당해자동차의 소재지를 관할하는 등록관청(이하 이 조에서 "을관청"이라 한다)에 송부하여야 한다.

③ 을관청은 제2항의 규정에 의하여 타관할관청검사신청서를 받은 때에는 검사대행자를 지정하여 운행부대장에게 당해자동차에 대한 검사를 받을 것을 통보하여야 한다. 이 경우 을관청은 자동차정비 및 검사기록대장등본을 검사대행자에게 송부하여야 하며, 이 등본을 받은 검사대행자는 당해자동차에 대한 검사를 행하고 그 결과를 을관청에 보고하여야 한다.

④ 을관청은 제3항의 규정에 의하여 검사를 행한 때에는 그 결과를 갑관청에 통보하여야 하며, 이 경우 갑관청은 관할자동차검사소에 그 사실을 통보하여야 한다.

제17조 삭제 〈2003. 7. 19.〉

제18조(등록현황의 제출)

국방부장관은 별지 제6호서식에 의하여 매월 말 현재의 시·도별 및 차종별 군용특수자동차등록현황을 다음달 15일까지 국토교통부장관에게 제출하여야 한다. <개정 2008. 3. 14., 2013. 3. 23.>

[전문개정 1996. 12. 17.]

제19조 (준용규정)

군용특수자동차의 등록·정비 및 폐차에 관하여 이 규칙에 규정되지 않은 사항에 대해서는 「자동차등록규칙」·「자동차관리법 시행규칙」 및 「자동차 및 자동차부품의 성능과 기준에 관한 규칙」을 준용한다. <개정 1996. 12. 17., 2003. 7. 19., 2006. 6. 8., 2023. 2. 3.>

제4장 도로 외의 장소에서만 사용하는 자동차와 수출용의 자동차 <개정 2023. 2. 3.>

제20조 (도로 외의 장소에서만 사용하는 자동차)

① 법 제70조제7호에 따른 도로(「도로법」에 따른 도로와 그 밖에 일반 교통에 사용하는 구역을 말한다)외의 장소에서만 사용하는 자동차에 대해서는 다음 각 호의 사항에 관한 의무를 면제한다. 다만, 도로를 운행하는 경우에는 그렇지 않다. <개정 1996. 12. 17., 2003. 7. 19., 2006. 6. 8., 2018. 12. 11., 2023. 2. 3.>

1. 법 제5조에 따른 등록
2. 법 제30조에 따른 자동차의 자기인증 및 법 제30조의2에 따른 자동차부품의 자기인증
3. 법 제43조에 따른 자동차검사 및 법 제43조의2에 따른 자동차종합검사

② 「자동차관리법 시행령」 제8조에 따른 자동차의 구조 및 장치의 기준과 「자동차 및 자동차부품의 성능과 기준에 관한 규칙」에 따른 안전기준은 7인 이상의 인원을 운송하는 제1항 본문에

따른 자동차에 관하여 이를 준용한다. <개정 1996. 12. 17., 2006. 6. 8., 2023. 2. 3.>

③ 시·도지사는 제1항 각 호 외의 본문에 따른 자동차를 사용하는 자에게 해당 자동차의 제원·보유 현황 및 관리실태에 대한 자료의 제출을 요구할 수 있다. <개정 1996. 12. 17., 2023. 2. 3.>

[제목개정 2023. 2. 3.]

제21조 (수출용의 자동차)

법 제70조제8호에 따른 수출용으로 제작·조립한 자동차에 대해서는 도로를 운행하는 경우를 제외하고는 법을 적용하지 않는다. <개정 1990. 10. 6., 1996. 12. 17., 2003. 7. 19., 2023. 2. 3.>

부칙 <제1191호, 2023. 2. 3.>

이 규칙은 공포한 날부터 시행한다.

07 자동차등록령

[시행 2024. 6. 18.] [대통령령 제34582호, 2024. 6. 18., 일부개정]

제1장 총칙 <개정 2009. 10. 19.>

제1조 (목적)

이 영은 「자동차관리법」에 따른 자동차의 등록과 「자동차 등 특정동산 저당법」에 따른 자동차 저당권의 등록에 관한 사항을 규정함을 목적으로 한다.

[전문개정 2009. 10. 19.]

제2조 (정의)

이 영에서 사용하는 용어의 뜻은 다음과 같다. <개정 2013. 3. 23.>

1. "등록"이란 「자동차관리법」(이하 "법"이라 한다) 제5조에 따른 자동차의 등록과 「자동차 등 특정동산 저당법」 제5조제1항제5호에 따른 자동차 저당권의 등록을 말한다.
2. "사용본거지"란 자동차의 소유자가 자동차를 주로 보관·관리 또는 이용하는 곳으로서 국토교통부령으로 정하는 일정한 장소를 말한다.

[전문개정 2009. 10. 19.]

제3조 (등록의 종류)

등록의 종류는 다음 각 호와 같다.

1. 신규등록 : 법 제8조에 따른 등록
2. 변경등록 : 법 제11조에 따른 등록
3. 이전등록 : 법 제12조에 따른 등록
4. 말소등록 : 법 제13조에 따른 등록
5. 압류등록 : 법 제14조에 따른 등록
6. 저당권등록 : 「자동차 등 특정동산 저당법」 제5조제2항에 따른 저당권설정등록·변경등록·이전등록 및 말소등록
7. 경정등록 : 제43조에 따른 등록

8. 예고등록 : 제44조에 따른 등록
[전문개정 2009. 10. 19.]

제4조 (등록된 권리의 순위)

① 같은 자동차에 대하여 등록된 권리의 순위는 등록된 순서에 따른다.
② 부기등록의 순위는 주등록의 순위에 따르고, 부기등록 간의 순위는 등록된 순서에 따른다.
[전문개정 2009. 10. 19.]

제5조 (등록사무의 관할 등)

① 등록에 관한 사무(이하 "등록사무"라 한다)는 해당 자동차의 사용본거지를 관할하는 특별시장·광역시장·특별자치시장·도지사·특별자치도지사(이하 "시·도지사"라 한다) 및 그 위임 또는 위탁을 받은 자(이하 "등록관청"이라 한다)가 관할한다. <개정 2015. 7. 6., 2021. 11. 16.>
② 제1항에도 불구하고 다음 각 호에 해당하는 자동차의 등록사무가 아닌 등록사무는 사용본거지를 관할하지 않는 등록관청도 처리할 수 있다. <개정 2010. 6. 1., 2021. 11. 16., 2024. 6. 18.>
1. 법 제12조제2항에 따른 자동차매매업자가 판매할 목적으로 구입한 자동차
2. 「여객자동차 운수사업법」 및 「화물자동차 운수사업법」에 따른 자동차운수사업용 자동차[이하 "운수사업용자동차"라 하며, 해당 자동차를 법 제13조제1항제6호에 따라 말소등록을 하는 경우 및 해당 자동차의 사용본거지가 속하는 특별시·광역시·특별자치시·도·특별자치도(이하 "시·도"라 한다) 안의 다른 등록관청이 처리하는 경우는 제외한다]

[전문개정 2009. 10. 19.]

제6조 (등록사무의 전산처리)

① 등록사무는 국토교통부령으로 정하는 바에 따라 법 제69조제1항에 따른 전산정보처리조직(이하 "전산정보처리조직"이라 한다)을 이용하여 처리하여야 한다. 다만, 전산장비 및 전산처리프로그램의 미설치 또는 전산기기의 장애 발생 등 부득이한 사유로 전산정보처리조직을 이용하여 처리할 수 없는 경우에는 일시적으로 수작업으로 처리할 수 있다. <개정 2013. 3. 23.>
② 등록관청은 제1항 단서에 따라 등록사무를 수작업으로 처리한 경우에는 전산정보처리조직을 이용할 수 있게 되면 지체 없이 이를 전산정보처리조직에 입력하여 관리하여야 한다.
[전문개정 2009. 10. 19.]

제6조의2 (전산정보처리조직 사용자 등록)

① 제12조제1항제3호에 해당하는 자 또는 그에 소속된 자는 전산정보처리조직에 사용자 등록을 한 경우에만 전산정보처리조직을 통하여 등록 신청을 할 수 있다.
② 제1항에 따른 사용자 등록의 유효기간은 3년으로 하고, 필요한 경우 국토교통부령으로 정하는

바에 따라 사용자 등록을 갱신할 수 있다. <개정 2013. 3. 23.>

③ 제1항에 따른 사용자 등록 및 사용자 등록의 해지 등에 관한 사항은 국토교통부령으로 정한다. <개정 2013. 3. 23.> [본조신설 2010. 6. 1.]

제7조 (등록서류의 보존 · 관리)

① 등록서류(전자문서를 포함한다. 이하 같다)의 보존기간은 다음 각 호의 구분에 따른다. <개정 2010. 6. 1.>

1. 법 제7조에 따른 자동차등록원부(이하 "등록원부"라 한다) : 폐쇄하거나 말소등록한 날부터 10년
2. 등록신청서 및 그 첨부서류 : 등록신청 접수일부터 3년(신규등록의 경우 5년)

② 등록서류의 관리방법에 관한 사항은 국토교통부령으로 정한다. <개정 2013. 3. 23.>

[전문개정 2009. 10. 19.]

제2장 등록원부

제8조 (등록원부의 서식 등)

① 등록원부는 자동차별로 작성하여 관리하여야 한다.

② 등록원부는 별지 제1호서식의 자동차등록원부(갑)(이하 "갑등록원부"라 한다) 및 별지 제2호서식의 자동차등록원부(을)(이하 "을등록원부"라 한다)로 구분한다. <개정 2015. 7. 6.>

③ 법 제7조제6항 전단에 따른 자동차의 세부유형은 운수사업용자동차에 대해서만 기재하며, 세부유형의 구체적 내용은 국토교통부령으로 정한다. <신설 2015. 7. 6., 2024. 6. 18.>

[전문개정 2009. 10. 19.] [제목개정 2015. 7. 6.]

제8조의2 (등록원부의 기재방법 등)

① 등록관청은 등록원부의 오른쪽 상단에 등록원부의 총 면수 및 각 면의 면수를 각각 적어야 한다.

② 등록관청은 등록원부에 등록할 때에는 각각 등록연월일 및 접수번호를 적어야 한다.

③ 등록관청은 등록원부의 사항란에 등록할 때에는 순위번호란에 등록순위번호를 적어야 한다. 이 경우 동시에 둘 이상의 등록신청이 접수되어 같은 사항란에 등록할 때에는 같은 순위번호를 적어야 한다.

④ 등록관청은 제3조제1호부터 제5호까지, 제7호 및 제8호의 등록을 할 때에는 해당 자동차의 갑등록원부의 해당란에 새로 적거나 변경된 사항을 적고, 사항란에는 등록을 한 사유, 내용, 연월일과 자동차의 주행거리(제3조제3호 및 제4호의 경우만 해당하되, 법 제12조제4항에 따라 양도인이 이전등록을 신청하거나 법 제13조제3항에 따라 등록관청이 직권으로 말소등록을 하는 경우는

제외한다)를 적어야 한다.

⑤ 등록관청은 제3조제6호에 따른 자동차저당권의 설정 · 변경 · 이전 또는 말소에 관한 등록을 할 때에는 해당 자동차의 을등록원부의 해당란에 새로 적거나 변경된 사항을 적고, 사항란에는 등록을 한 사유, 내용 및 연월일을 적어야 한다.

⑥ 등록관청은 다음 각 호의 어느 하나에 해당하는 경우에는 갑등록원부의 사항란에 그와 관련된 사항을 적어야 한다.

1. 제27조제1항에 따라 양도자의 신청에 따라 이전등록을 한 경우에는 그 사실
2. 제33조제1항에 따라 말소등록의 통지 또는 공고를 한 경우에는 그 사실
3. 멸실된 등록원부를 회복한 경우에는 회복한 사실, 연월일 및 직권으로 회복기재한 사항
4. 말소된 등록을 회복한 경우에는 회복한 사실 및 연월일
5. 저당권등록이 된 자동차인 경우에는 저당권설정의 사실과 을등록원부의 번호
6. 저당권등록을 말소한 경우에는 등록을 말소한 사실

⑦ 등록관청은 제4항부터 제6항까지의 규정에 따라 등록원부의 기재 내용을 변경 · 경정 또는 말소한 경우에는 그 변경 전의 기재 내용을 등록원부에 함께 관리하여야 한다.

⑧ 등록관청은 자동차 소유자가 법 제43조제1항제2호 · 제4호 · 제5호 및 제43조의2에 따른 검사를 받은 경우 갑등록원부의 검사유효기간란에 그 유효기간(유효기간이 있는 검사의 경우만 해당한다)을, 사항란에 검사 구분 및 주행거리를, 등록일란에 검사연월일을 적어야 한다. <개정 2016. 2. 23.>

⑨ 등록관청은 자동차 소유자가 법 제43조제1항제3호에 따른 튜닝검사를 받은 경우 갑등록원부의 사항란에 튜닝사항을, 등록일란에 튜닝검사연월일을 적어야 한다.

[본조신설 2015. 7. 6.]

제9조 (등록원부의 멸실 · 훼손 방지)

국토교통부장관은 등록원부가 없어지거나 헐어서 못 쓰게 될 것에 대비하여 전산정보처리조직에 입력된 등록자료를 국토교통부령으로 정하는 바에 따라 일정한 기억매체에 복사하여 안전한 장소에 따로 보관 · 관리하여야 한다. <개정 2013. 3. 23.>

[전문개정 2009. 10. 19.]

제10조 (멸실 · 훼손된 등록원부의 회복)

① 시 · 도지사는 등록원부의 전부 또는 일부가 없어지거나 헐어서 못 쓰게 된 경우에는 제9조에 따라 복사한 등록자료와 등록 신청서류, 그 밖의 비치서류 등을 이용하여 그 등록원부를 신속히 복구해야 한다. <개정 2021. 11. 16.>

② 시 · 도지사는 제1항에 따라 등록원부를 복구할 수 없을 경우에는 1개월 이상의 기간을 정하여 해당 등록원부에 등록을 한 자가 그 기간에 등록 회복을 신청할 수 있음을 공고하여야 한다.

③ 제2항에 따라 등록 회복을 신청하려는 자는 국토교통부령으로 정하는 바에 따라 신청서를 등록관청

에 제출하여야 한다. <개정 2013. 3. 23.>

④ 시 · 도지사는 등록원부의 전부 또는 일부가 없어지거나 헐어서 못 쓰게 된 경우에는 그 사유, 발생 일시, 대상자동차, 복구 기간 및 복구를 위하여 필요한 사항 등을 지체 없이 국토교통부장관에게 보고하여야 한다. <개정 2013. 3. 23.>

[전문개정 2009. 10. 19.]

제3장 등록절차

제1절 통칙 <개정 2009. 10. 19.>

제11조 (등록요건)

① 등록은 다른 법령에 따로 규정이 있는 경우를 제외하고는 신청 또는 관공서의 촉탁이 없으면 하지 못한다.

② 촉탁에 따른 등록절차에 대해서는 다른 법령에 따로 규정이 있는 경우를 제외하고는 신청에 따른 등록에 관한 규정을 준용한다.

[전문개정 2009. 10. 19.]

제12조 (등록 신청)

① 등록은 다음 각 호의 자가 등록관청에 직접 출석하거나 우편 또는 전산정보처리조직을 통하여 신청할 수 있다. <개정 2010. 6. 1., 2015. 7. 6.>

1. 등록권리자
2. 등록의무자
3. 법 제8조제3항 · 제12조제2항 또는 제13조제2항에 따라 자동차 소유자를 갈음하여 등록을 신청하는 자
4. 제1호부터 제3호까지의 규정에 해당하는 자의 대리인

② 제1항에도 불구하고 제24조제1항에 따른 등록번호의 변경에 따른 변경등록은 제1항 각 호의 자가 등록관청에 직접 출석하여 신청하여야 한다. <개정 2010. 6. 1.>

③ 제1항에 따라 우편 또는 전산정보처리조직을 통하여 등록을 신청한 자가 원할 경우 등록관청은 우편 또는 전산정보처리조직을 통하여 서류 등을 발급할 수 있다. <신설 2010. 6. 1.>

④ 제1항에 따라 전산정보처리조직을 통하여 등록을 신청하는 자는 다음 각 호의 어느 하나에 해당하는 방법으로 본인확인을 거쳐야 한다. <신설 2014. 10. 15., 2020. 12. 8.>

1. 휴대전화를 통한 본인인증 등 「정보통신망 이용촉진 및 정보보호 등에 관한 법률」 제23조의3에 따른 본인확인기관에서 제공하는 본인확인의 방법

2. 「전자서명법」 제2조제2호에 따른 전자서명 또는 같은 법 제6호에 따른 인증서로서 서명자의 실지명의를 확인할 수 있는 전자서명 또는 인증서를 통한 본인확인의 방법

[전문개정 2009. 10. 19.]

제13조 (신청서 등)

① 등록을 신청하려는 자는 국토교통부령으로 정하는 사항을 적은 신청서를 작성하여 서명하거나 날인하여야 한다. <개정 2013. 3. 23.>

② 등록 신청에 필요한 서식·구비서류 및 그 기재 방법은 등록의 종류에 따라 국토교통부령으로 정한다. <개정 2013. 3. 23.>

[전문개정 2009. 10. 19.]

제14조 (채권자대위에 따른 신청)

채권자가 「민법」 제404조에 따라 채무자를 대위하여 등록을 신청하는 경우에는 신청서에 다음 각 호의 사항을 적어 서명하거나 날인하고, 그 대위의 원인을 증명하는 서류를 첨부하여야 한다.

1. 채권자 및 채무자의 성명 또는 명칭
2. 채권자 및 채무자의 주소
3. 채권자대위의 원인

[전문개정 2009. 10. 19.]

제15조 (등록의 순위)

등록의 순위는 접수의 순위에 따른다.

[전문개정 2009. 10. 19.]

제16조 (자동차의 제시 요구)

등록관청은 필요하다고 인정하는 경우에는 신청인에 대하여 해당 자동차의 제시를 요구할 수 있다.

[전문개정 2009. 10. 19.]

제17조 (등록신청의 수리거부)

등록관청은 등록신청이 다음 각 호의 어느 하나에 해당하는 경우에는 그 신청을 수리해서는 아니 된다. <개정 2016. 2. 23.>

1. 제5조제2항 단서에 따른 등록사무의 관할을 위반하여 신청한 경우
2. 등록 신청의 내용이 제8조제2항에 따라 등록원부에 적어야 할 사항(이하 "등록사항"이라 한다)이 아닌 경우
3. 제12조제2항에 따라 신청인이 등록관청에 직접 출석하여야 하는 경우임에도 신청인이 출석하지

아니한 경우
4. 신청서가 제13조제2항에 따른 서식에 적합하지 아니한 경우
5. 신청서에 적힌 사항과 등록원부에 적힌 사항이 서로 다른 경우
6. 제16조에 따른 자동차의 제시 요구에 따르지 아니한 경우
7. 법 제76조에 따른 등록수수료를 내지 아니한 경우
8. 법 제9조(법 제11조제2항 및 제12조제7항에서 준용하는 경우를 포함한다)에 해당하는 경우
9. 다른 법률에서 정하고 있는 등록의 요건을 충족하지 못한 경우
[전문개정 2009. 10. 19.]

제2절 신규등록

제18조 (신규등록 신청)

신규등록을 하려는 자는 신청서에 자동차의 소유권 및 출처를 증명하는 서류와 검사 사실을 증명하는 서류를 첨부하여 등록관청에 제출하여야 한다.
[전문개정 2009. 10. 19.]

제19조 삭제 〈1999. 7. 29.〉

제20조 (말소등록된 자동차의 신규등록 신청)

말소등록된 자동차를 법 제13조제10항에 따라 다시 등록하려는 경우에는 다음 각 호의 구분에 따른 기간에 신규등록을 신청하여야 한다. <개정 2016. 2. 23., 2024. 6. 18.>
1. 법 제13조제1항제4호・제8호 또는 제13조제3항제2호・제5호의 사유로 말소등록된 경우 : 말소등록일부터 3개월 이내
2. 법 제13조제1항제2호의 사유로 말소등록된 경우 : 말소등록일부터 6개월 이내
3. 법 제13조제1항제6호의 사유로 말소등록된 경우 : 말소등록일부터 1년 이내
4. 법 제13조제7항의 사유로 말소등록된 경우 : 해당 자동차를 회수한 날부터 3개월 이내
[전문개정 2009. 10. 19.]

제21조 (등록번호의 부여방법)

① 등록번호는 법 제3조에 따른 자동차의 종류와 자동차의 용도(자동차운수사업용인 것과 자동차운수사업용이 아닌 것으로 구분한다)에 따라 국토교통부장관이 정하여 고시하는 기준에 의하여 각각 순서대로 부여한다. 다만, 국토교통부장관이 정하는 일정한 범위에서는 10개의 등록번호를 무작위로 추출하여 그 중 자동차 소유자가 선택하는 등록번호를 부여할 수 있다. <개정 2011. 10. 19., 2013. 3. 23.>
② 말소등록된 자동차의 등록번호는 해당 자동차등록번호판(이하 "등록번호판"이라 한다)이 회수되고

해당 자동차가 말소등록된 날부터 6개월이 지나기 전에는 다시 사용할 수 없다. 다만, 말소등록된 운수사업용자동차를 소유하던 자가 신규등록하려는 자동차에 말소등록 당시의 등록번호를 부여받기를 원하는 경우에는 말소등록일부터 6개월 이내인 경우에도 그 등록번호를 다시 부여할 수 있다. <개정 2024. 6. 18.>

[전문개정 2009. 10. 19.]

제3절 변경등록

제22조 (변경등록 신청)

① 변경등록은 그 사유가 발생한 날부터 30일 이내에 등록관청에 신청하여야 한다. <개정 2013. 12. 17.>

② 제1항에도 불구하고 다음 각 호의 어느 하나에 해당하는 경우에는 제1항에 따라 변경등록의 신청을 한 것으로 본다.

1. 자동차 소유자가 「주민등록법」 제13조에 따라 성명 또는 생년월일의 정정신고를 한 경우
2. 자동차 소유자의 주민등록지가 해당 자동차의 사용본거지인 경우에 「주민등록법」 제16조제1항에 따른 전입신고를 한 경우
3. 자동차 소유자의 국내체류지 또는 국내거소가 해당 자동차의 사용본거지인 경우에 「출입국관리법」 제36조제1항에 따른 전입신고를 하거나 「재외동포의 출입국과 법적 지위에 관한 법률」 제6조제2항에 따라 국내거소 변경신고를 한 경우

③ 제1항에도 불구하고 법 제23조제3항에 따라 차대번호 또는 원동기형식의 표기 변경을 신청한 경우에는 변경등록을 신청한 것으로 본다.

④ 법 제11조제1항 단서에서 "대통령령으로 정하는 경미한 등록 사항"이란 다음 각 호의 어느 하나에 해당하지 아니하는 사항을 말한다. <개정 2010. 6. 1., 2018. 8. 14.>

1. 차대번호 또는 원동기형식
2. 자동차 소유자의 성명(법인인 경우에는 명칭을 말한다)
3. 자동차 소유자의 주민등록번호(법인인 경우에는 법인등록번호를 말한다)
4. 자동차의 사용본거지
5. 자동차의 용도
6. 자동차의 종류

⑤ 변경등록은 부기로써 한다. <개정 2010. 6. 1.>

⑥ 등록관청은 제2항제1호의 정정신고에 따른 변경등록을 하였을 때에는 해당 변경 사항 및 자동차등록증 재발급 신청에 대한 사항을 등록명의인과 등록상 이해관계가 있는 제3자에게 알려야 한다.

[전문개정 2009. 10. 19.]

제23조 (행정구역 등의 변경)

법령의 제정 또는 개정에 따라 등록원부에 적힌 행정구역 또는 행정기관의 명칭이 변경된 경우에는 등록원부에 적힌 해당 내용은 변경된 것으로 본다.

[전문개정 2009. 10. 19.]

제24조 (등록번호의 변경)

① 등록관청은 다음 각 호의 어느 하나에 해당하는 경우에는 법 제16조에 따라 등록번호를 변경하여 부여한다. <개정 2013. 3. 23.>

1. 제21조제1항에 따른 자동차의 종류 또는 용도가 변경된 경우
2. 자동차운수사업용 자동차(대여사업용 자동차는 제외한다)를 시・도 간 변경등록하는 경우
3. 등록번호의 부여체계가 변경되어 해당 등록번호를 변경할 필요가 있는 경우
4. 국토교통부장관이 국가안보 업무 수행 등의 사유로 등록번호의 변경이 특히 필요하다고 인정하는 경우로서 변경등록 신청이 있는 경우
5. 그 밖에 등록번호를 변경할 필요가 있는 경우로서 국토교통부령으로 정하는 경우

② 등록관청은 제1항에 따라 등록번호를 변경한 경우에는 그 뜻을 등록명의인과 등록상 이해관계가 있는 제3자에게 알리고, 변경 전 등록관청에는 전산정보처리조직을 이용하여 알려야 한다.

③ 등록관청은 제1항에 따라 등록번호를 부여할 경우에는 종전의 등록번호판, 봉인 및 자동차등록증을 회수하고 지체 없이 변경된 등록번호가 표시된 등록번호판, 봉인 및 자동차등록증을 발급하여야 한다.

④ 제1항에 따른 등록번호의 부여방법에 관하여는 제21조제1항 및 같은 조 제2항 본문을 준용한다. <신설 2011. 10. 19.>

[전문개정 2009. 10. 19.]

제25조 (시・도 간의 변경등록)

① 자동차 소유자가 자동차의 사용본거지를 다른 시・도로 변경한 때에는 변경한 날부터 30일 이내에 국토교통부령으로 정하는 바에 따라 등록관청(제5조제2항 단서에 해당하는 자동차의 경우에는 사용본거지를 관할하는 등록관청을 말한다)에 변경등록을 신청하여야 한다. 다만, 자동차 소유자의 주민등록지・국내체류지 또는 국내거소가 해당 자동차의 사용본거지인 경우에는 그러하지 아니하다. <개정 2013. 3. 23., 2013. 12. 17.>

② 제1항 본문에 따른 신청을 받은 등록관청은 해당 자동차의 등록원부를 조회한 후 변경사항을 그 등록원부에 적어야 하며, 해당 자동차가 자동차운수사업용인 경우에는 신청인으로부터 종전의 등록번호판, 봉인 및 자동차등록증을 반납받은 후 새로운 등록번호를 부여하고 새로운 등록번호판, 봉인 및 자동차등록증을 발급하여야 한다. <개정 2010. 6. 1.>

③ 삭제 <2010. 6. 1.>

④ 등록관청은 제2항에 따라 변경등록을 하였을 경우에는 그 뜻을 등록상 이해관계가 있는 제3자에게 알려야 한다. 다만, 그 등록상 이해관계가 있는 제3자가 변경 전의 사용본거지를 관할하는 등록관청인 경우에는 그러하지 아니하다. <개정 2010. 6. 1.>

[전문개정 2009. 10. 19.]

제4절 이전등록

제26조 (이전등록 신청)

① 이전등록은 다음 각 호의 구분에 따른 기간에 등록관청에 신청하여야 한다. <개정 2011. 10. 19., 2013. 12. 17.>

1. 매매의 경우 : 매수한 날부터 15일 이내
2. 증여의 경우 : 증여를 받은 날부터 20일 이내
3. 상속의 경우 : 상속개시일이 속하는 달의 말일부터 6개월 이내
4. 그 밖의 사유로 인한 소유권이전의 경우 : 사유가 발생한 날부터 15일 이내

② 등록관청은 자동차 소유자가 사망한 경우에는 국토교통부장관이 정하여 고시하는 기준에 따라 제1항제3호에 따른 이전등록의 신청에 관한 사항을 안내할 수 있다. <신설 2011. 10. 19., 2013. 3. 23.>

[전문개정 2009. 10. 19.]

제27조 (양도자의 이전등록 신청)

① 법 제12조제4항에 따라 양도자가 이전등록을 신청할 경우에는 신청서에 국토교통부령으로 정하는 서류를 첨부하여 등록관청에 제출하여야 한다. <개정 2013. 3. 23.>

② 제1항의 신청을 받은 등록관청은 지체 없이 양수인에게 7일 이상 15일 이내의 기간을 정하여 이전등록을 신청할 것을 최고하여야 한다.

③ 등록관청은 제2항에 따른 최고 기간 내에 양수인이 이의를 제기하지 아니하거나 이전등록을 신청하지 아니한 경우에는 국토교통부령으로 정하는 바에 따라 등록원부를 정리하고 등록 절차를 마쳐야 한다. <개정 2013. 3. 23.>

[전문개정 2009. 10. 19.]

제28조 (공매처분에 따른 이전등록)

① 조세 관계 법령 또는 「민사집행법」 등에 따라 자동차를 공매처분하거나 한 경우 해당 기관은 등록권리자의 청구에 의하여 등록촉탁서에 등록원인을 증명하는 서류를 첨부하여 등록관청에 이전등록을 촉탁하여야 한다.

② 등록관청은 제1항에 따라 공매처분을 한 자동차의 이전등록의 촉탁이 있는 경우에는 해당 자동차에 대한 압류등록 및 저당권등록을 말소하고 이전등록을 하여야 한다.

[전문개정 2009. 10. 19.]

제29조 삭제 〈1999. 7. 29.〉

제30조 (여러 개의 등록에 관한 일괄 신청)

한 대의 자동차에 대하여 이전등록과 변경등록을 함께 신청하여야 할 사유가 있으면 이전등록 신청에 따른다.

[전문개정 2009. 10. 19.]

제5절 말소등록 및 압류등록

제31조 (말소등록 신청)

① 말소등록은 그 사유가 발생한 날부터 1개월(말소등록을 하려는 자가 상속인인 경우에는 상속개시일이 속하는 달의 말일부터 6개월) 이내에 자동차등록증, 등록번호판 및 봉인을 반납하고 말소등록 사유를 증명하는 서류를 첨부하여 등록관청에 신청하여야 한다. 다만, 제1호 또는 제3호에 해당하는 경우에는 등록번호판 및 봉인을, 제2호에 해당하는 경우에는 자동차등록증, 등록번호판 및 봉인을, 제4호에 해당하는 경우에는 자동차등록증을 반납하지 아니할 수 있다. <개정 2024. 6. 18.>

1. 법 제13조제1항제5호에 해당되어 말소등록을 신청하는 경우
2. 법 제58조제6항에 따라 자동차해체재활용업자가 자동차등록증, 등록번호판 및 봉인을 인수한 경우
3. 제5항제7호에 해당되어 말소등록을 신청하는 경우
4. 자동차등록증을 반납할 수 없는 사유를 소명하는 경우(법 제13조제1항에 따른 재산관리인이 말소등록을 신청하는 경우만 해당한다)

② 법 제13조제1항제7호 전단에서 “차령 등 대통령령으로 정하는 기준에 따라 환가가치가 남아 있지 아니하다고 인정되는 경우”란 다음 각 호의 어느 하나에 해당하는 경우를 말한다. <개정 2012. 12. 27.>

1. 차령 11년 이상인 승용자동차
2. 차령 10년 이상인 승합자동차, 화물자동차 및 특수자동차(경형 및 소형)
3. 차령 10년 이상인 승합자동차(중형 및 대형)
4. 차령 12년 이상인 화물자동차 및 특수자동차(중형 및 대형)

③ 등록관청은 법 제13조제1항제7호 후단에 따라 말소등록 신청이 접수된 사실을 알리는 경우에는 1개월 이내의 기간을 정하여 그 기간에 권리행사 등의 절차를 진행하지 않는 경우에는 말소등록을 하겠다는 뜻을 함께 알려야 한다. <개정 2021. 11. 16.>

④ 등록관청은 제3항에 따른 기간에 권리행사 등의 절차를 진행하지 않았을 경우에는 해당 자동차의 소유자에게 폐차할 것을 통보하고 말소등록을 해야 한다. <개정 2021. 11. 16.>

⑤ 법 제13조제1항제8호에서 “자동차를 교육·연구의 목적으로 사용하는 등 대통령령으로 정하는 사유에 해당하는 경우”란 다음 각 호의 어느 하나에 해당하는 경우를 말한다. <개정 2013. 3.

23., 2021. 11. 16.>

1. 법률에 따라 설립되거나 인가받은 교육기관, 학원 또는 시험ㆍ연구기관이 교육ㆍ시험 또는 연구목적으로 자동차를 사용하려는 경우
2. 사고원인의 규명 또는 전시 등 운행목적 외의 특수용도로 사용하려는 경우
3. 섬(육지와 연결된 섬 및 제주도는 제외한다)에서 사용하는 자동차로서 해당 지역의 특별자치도지사ㆍ시장ㆍ군수 또는 구청장이 그 해체 사실을 확인하였을 경우
4. 법 제70조제1호부터 제3호까지의 규정에 해당되는 자동차로서 해당 공관장 또는 부대장이 해당 용도를 폐지하고 대한민국 국민에게 양도한 사실을 확인하였을 경우
5. 법 제70조제7호에 따라 도로 외의 장소에서만 자동차를 사용하려는 경우
6. 제1호부터 제5호까지의 규정에 해당하는 경우와 유사한 경우로서 국토교통부장관이 특히 필요하다고 인정할 경우
7. 시ㆍ도지사가 해당 자동차의 차령, 법령위반 사실, 보험가입 유무 등 모든 사정에 비추어 해당 자동차가 멸실된 것으로 인정할 경우

⑥ 등록관청은 제5항제7호의 사유로 해당 자동차의 소유자로부터 말소등록 신청을 접수한 경우에는 즉시 그 사실을 압류등록을 촉탁한 법원 또는 행정관청과 등록원부에 적힌 이해관계인에게 알려야 한다. 이 경우 1개월 이내의 기간을 정하여 그 기간에 이의를 제기하지 않는 경우에는 말소등록을 하겠다는 뜻을 함께 알려야 한다. <신설 2021. 11. 16.>

⑦ 법 제13조제7항에 따라 말소등록을 신청하려는 자는 국토교통부령으로 정하는 신청서에 다음 각 호의 어느 하나에 해당하는 서류를 첨부하여야 한다. <개정 2016. 12. 30., 2020. 2. 25.>

1. 본인이 소유하는 자동차를 도난당한 경우 : 관할 경찰서장이 발급한 도난신고확인서
2. 본인이 소유하는 자동차를 횡령 또는 편취당한 경우 : 관할 경찰서장이 발급한 사건사고사실확인원

⑧ 등록관청은 제7항제2호에 따라 말소등록을 신청받은 경우 말소등록 예정일을 명시하여 그 1개월 전까지 해당 자동차를 횡령 또는 편취한 것으로 신고된 자에게 말소등록이 신청된 사실을 알려야 한다. <신설 2016. 12. 30., 2020. 2. 25.>

⑨ 법 제13조제1항 및 제7항에 따라 말소등록을 신청할 때 그 말소등록에 대하여 등록상 이해관계가 있는 제3자가 있는 경우에는 신청서에 그의 승낙서나 그에 대항할 수 있는 판결문 등본을 첨부해야 한다. 다만, 법 제13조제1항제5호ㆍ제7호 또는 이 조 제5항제7호에 따라 말소등록을 신청하는 경우에는 그렇지 않다. <개정 2016. 12. 30., 2021. 11. 16.>

[전문개정 2009. 10. 19.]

제32조 (수출 이행 여부의 신고)

법 제13조제1항제6호에 따라 자동차를 수출하기 위하여 말소등록을 신청한 자는 그 말소등록일부터 1년 이내에 국토교통부령으로 정하는 바에 따라 해당 자동차의 수출 이행 여부를 해당 말소등록을 한 등록관청에 신고하여야 한다. <개정 2013. 3. 23., 2024. 6. 18.>

[전문개정 2009. 10. 19.]

제33조 (관할위반 등의 말소등록)

① 등록관청은 등록을 마친 후에 그 등록이 제17조 각 호의 어느 하나에 해당하는 것을 발견하였을 경우에는 등록권리자 · 등록의무자 · 등록명의인 및 등록상 이해관계가 있는 제3자에 대하여 1개월 이내의 기간을 정하여 그 기간에 이의를 신청하지 아니하면 그 등록을 말소한다는 뜻을 알려야 한다. 다만, 그 통지를 받을 자의 주소 또는 거소가 분명하지 아니하면 한 번 이상 공고하여야 한다.

② 등록관청은 제1항에 따라 지정된 기간에 이의를 제출하지 아니하거나 제출된 그 이의가 정당하다고 인정할 수 없는 경우에는 그 등록을 말소하여야 한다.

[전문개정 2009. 10. 19.]

제34조 (말소된 등록의 회복)

말소된 등록의 회복을 신청하는 경우 등록상 이해관계가 있는 제3자가 있으면 신청서에 그의 승낙서 또는 그에 대항할 수 있는 판결문 등본을 첨부하여야 한다.

[전문개정 2009. 10. 19.]

제35조 (압류등록 해제 통지)

법 제14조의2제2항에 따라 국토교통부장관은 압류등록 해제 조치를 한 경우 다음 각 호의 사항을 압류등록 촉탁기관 및 시 · 도지사에게 통지하여야 한다. 다만, 전산정보처리조직에 입력한 경우에는 통지한 것으로 본다.

1. 자동차 소유자의 성명
2. 자동차등록번호
3. 국세, 지방세 및 과태료 등 체납금에 대한 수납 · 정산 명세 및 연월일
4. 갑등록원부의 순위번호

[본조신설 2015. 7. 6.]

제4장 삭제 <2009. 7. 7.>

제36조 삭제 〈1999. 7. 29.〉

제37조 삭제 〈2009. 7. 7.〉

제38조 삭제 〈2009. 7. 7.〉

제39조 삭제 〈2009. 7. 7.〉

제40조 삭제 〈2009. 7. 7.〉

제41조 삭제 〈2009. 7. 7.〉

제42조 삭제 〈2009. 7. 7.〉

제5장 그 밖의 등록 <개정 2009. 10. 19.>

제43조 (경정등록)

① 등록관청은 등록에 착오가 있거나 누락된 사항을 발견한 경우 그 착오 또는 누락이 해당 등록관청의 과오로 인한 것이면 부기로써 경정등록을 하고 그 뜻을 등록권리자, 등록의무자, 등록명의인 또는 등록상 이해관계가 있는 제3자에게 각각 알려야 한다.

② 등록관청은 등록에 착오가 있거나 누락된 사항을 발견한 경우 그 착오 또는 누락이 해당 등록관청의 과오로 인한 것이 아니면 그 뜻을 등록권리자, 등록의무자 또는 등록명의인에게 각각 알려야 한다.

③ 제1항 및 제2항에 따라 알리는 경우 등록이 제14조에 따른 채권자대위에 의한 신청에 따른 등록인 경우에는 채권자에게도 그 뜻을 알려야 한다.

④ 등록관청은 등록에 관한 착오나 누락에 따른 경정등록 신청을 받으면 다음 각 호의 어느 하나에 해당하는 경우에만 부기로써 경정등록을 한다.

1. 등록상 이해관계가 있는 제3자가 없는 경우
2. 신청서에 등록상 이해관계가 있는 제3자의 승낙서 또는 그에 대항할 수 있는 판결문 등본을 첨부하여 제출한 경우

[전문개정 2009. 10. 19.]

제44조 (예고등록)

① 예고등록은 등록원인이 무효 또는 취소라는 이유로 등록의 말소 또는 회복에 관하여 소(訴)가 제기된 경우에만 한다. 다만, 등록원인이 취소라는 이유로 소가 제기된 경우에는 그 취소로서 선의의 제3자에게 대항할 수 있는 경우에만 예고등록을 한다.

② 법원은 제1항에 따른 소가 제기되면 촉탁서에 소장의 등본 또는 초본을 첨부하여 등록관청에 예고등록을 촉탁하여야 한다.

[전문개정 2009. 10. 19.]

제45조 (예고등록의 말소)

법원은 제44조에 따른 소를 각하하는 재판 또는 이를 제기한 자에게 패소를 선고한 재판이 확정된 경우, 소의 취하, 청구의 포기 또는 청구의 목적에 관하여 화해가 있는 경우에는 촉탁서에 판결문등본 또는 소의 취하, 청구의 포기 또는 화해를 증명하는 서류를 첨부하여 등록관청에 예고등록의 말소를

촉탁하여야 한다.
[전문개정 2009. 10. 19.]

제46조 삭제 〈1999. 7. 29.〉

부칙 <제34582호, 2024. 6. 18.>

제1조 (시행일)
이 영은 공포한 날부터 시행한다.

제2조(수출을 목적으로 말소등록된 자동차의 신규등록 기간 등에 관한 경과조치)
이 영 시행 전에 말소등록된 자동차의 신규등록 기간 및 수출 이행 여부 신고기간에 관하여는 제20조제3호 및 제32조의 개정규정에도 불구하고 종전의 규정에 따른다.

제3조 (말소등록된 자동차의 등록번호 부여방법에 관한 경과조치)
이 영 시행 전에 부여받은 등록번호(자동차운수사업용 자동차의 등록번호는 제외한다)의 경우에는 제21조제2항 단서의 개정규정에도 불구하고 한 차례에 한정하여 종전의 규정에 따라 다시 부여받을 수 있다.

제4조(상속인의 말소등록 신청기간에 관한 경과조치)
이 영 시행 전에 상속이 개시된 경우의 말소등록 신청기간에 관하여는 제31조제1항의 개정규정에도 불구하고 종전의 규정에 따른다.

08 자동차등록규칙

[시행 2024. 8. 19.] [국토교통부령 제1345호, 2024. 6. 18., 일부개정]

제1장 총칙 <개정 2010. 4. 7.>

제1조 (목적)

이 규칙은 자동차의 등록과 자동차저당권의 등록에 필요한 사항을 규정함을 목적으로 한다.
[전문개정 2010. 4. 7.]

제2조 (적용범위)

자동차의 등록과 자동차저당권의 등록에 관한 절차는 「자동차관리법」(이하 "법"이라 한다), 「자동차등록령」(이하 "등록령"이라 한다) 및 「자동차 등 특정동산 저당법」에서 정한 것을 제외하고는 이 규칙에서 정하는 바에 따른다.
[전문개정 2010. 4. 7.]

제3조 (자동차의 사용본거지)

① 등록령 제2조제2호에서 "국토교통부령으로 정하는 일정한 장소"란 다음 각 호의 어느 하나에 해당하는 장소를 말한다. <개정 2013. 3. 23., 2021. 5. 27.>

1. 자동차 소유자가 개인인 경우 : 그 소유자의 주민등록지
2. 자동차 소유자가 법인 또는 법인이 아닌 사단 또는 재단(이하 "법인등"이라 한다)인 경우 : 그 법인 등의 주사무소 소재지
3. 자동차 소유자가 법 제53조에 따른 자동차매매업자인 경우(법 제59조제1항제1호에 따른 매매용 자동차에 한정한다) : 사업장소재지

② 제1항제2호의 장소 외의 다른 장소를 등록령 제2조제2호에 따른 자동차의 사용본거지(이하 "사용본거지"라 한다)로 인정받으려는 자동차 소유자는 그 사유를 증명하는 서류를 등록령 제5조에 따른 등록관청(이하 "등록관청"이라 한다)에 제출하여야 한다.

③ 등록관청은 자동차운수사업용 자동차에 대해서는 제1항 및 제2항에도 불구하고 등록관청이 지정하

는 장소를 사용본거지로 정할 수 있다.
[전문개정 2010. 4. 7.]

제4조 (자동차등록증)

① 법 제8조제2항에 따른 자동차등록증은 별지 제1호서식과 같고, 저속전기자동차등록증은 별지 제1호의2서식과 같다.

② 법 제18조제2항에 따라 자동차등록증을 재발급받으려는 자는 별지 제2호서식의 자동차등록증 재발급신청서를 등록관청에 제출하여야 한다. <개정 2010. 6. 11.>

③ 신청인이 법 제69조제1항에 따른 전산정보처리조직(이하 "전산정보처리조직"이라 한다)을 통하여 자동차등록증의 재발급을 신청할 경우 전산정보처리조직 운영기관(「자동차관리법 시행령」 제19조제8항에 따라 권한을 위탁받은 교통안전공단을 말한다. 이하 같다)의 장은 자동차등록증의 내용이 틀림없음을 증명하는 내용의 증명문을 덧붙여 적고, 자동차등록증이 여러 장인 경우에는 연속성을 확인할 수 있는 조치 및 위조·변조 방지조치를 하여 발급하여야 한다. <신설 2010. 6. 11.>

[전문개정 2010. 4. 7.]

제2장 자동차등록원부 <개정 2010. 4. 7.>

제5조 (사업용 자동차의 세부유형)

등록령 제8조제3항에 따른 사업용 자동차의 세부유형은 별표 1과 같다.
[전문개정 2015. 7. 7.]

■ 자동차등록규칙 [별표 1] <개정 2021. 5. 27.>

사업용 자동차의 세부유형(제5조 관련)

1. 「여객자동차 운수사업법」에 따른 여객자동차운수사업용 자동차

구분	세부 유형
노선 여객자동차운송사업	시내버스(일반) 시내버스(좌석) 시내버스(직행좌석) 시내버스(광역급행) 농어촌버스(일반) 농어촌버스(좌석) 농어촌버스(직행좌석)

구분	세부 유형
노선 여객자동차운송사업	시외버스(일반) 시외버스(직행) 고속버스(일반) 고속버스(우등) 마을버스 예비차

2. 「화물자동차 운수사업법」에 따른 화물자동차운수사업용 자동차

구분	세부 유형
일반형 화물자동차	일반카고트럭류 풀카고(Pull-cargo)트럭류
덤프형 화물자동차	덤프트럭류
밴형 화물자동차	일반밴형자동차
특수용도형 화물자동차	냉장·냉동자동차류 내장자동차류 보냉자동차류 윙바디(Wing-body)자동차류 자동하역자동차류 이사화물수송자동차류 탱크트레일러류 벌크트레일러류 평판트레일러류 컨테이너샤시트레일러류 저상식트레일러류 덤프트레일러류 풀카고(Pull-cargo)트레일러류 코일 전용 트레일러 유류탱크로리류 급수차류 이동주유자동차류 살수차류 알루미늄 탱크로리류 가스수송탱크로리류 벌크트럭류 분뇨탱크로리류 화학물질 탱크로리류 오폐수 탱크로리류 트랜스포터(Transporter)류 셀프로더(Self-loader)류 세이프티로더(Safety-loader)류 보틀케리어(Bottle carrier)류 원목수송자동차류 물탱크소방차류(화물자동차) 현금수송자동차류(화물자동차) 곡물수송자동차류 사료수송자동차류 동물수송자동차류 활어수송용자동차류 압축·압착진개자동차류

구분	세부 유형
특수용도형 화물자동차	암롤(Arm roll)트럭류 롤온(Roll on)트럭류 진개덤프류 진공탱크로리류 도로청소자동차류 진공흡입자동차류 하수도청소자동차류 음식물수거자동차류 직진식 카고크레인류 굴절식 카고크레인류 그 밖의 특수용도형 화물자동차
견인형 특수자동차	컨테이너수송 트랙터 벌크시멘트수송 트랙터 그 밖의 견인형 특수자동차
구난형 특수자동차	렉커트럭류 그 밖의 구난형 특수자동차
특수작업형 특수자동차	고소작업자동차류 절연고소작업자동차류 방송중계차류 무선중계차류 촬영 및 촬영보조차류 광고용자동차류 물탱크소방차류(특수자동차) 소방펌프차류 화학소방차류 내폭화학소차류 배연차류 고가사다리차류 굴절사다리소방차류 조명차류 구조공작차류 구급차류 현금수송자동차류(특수자동차) 그 밖의 특수작업형 특수자동차

제6조 삭제 〈2015. 7. 7.〉

제7조 삭제 〈2015. 7. 7.〉

제8조 삭제 〈2015. 7. 7.〉

제9조 삭제 〈2015. 7. 7.〉

제10조 (등록원부 등본 등의 발급신청)

① 법 제7조제4항에 따라 법 제5조에 따른 자동차등록원부(이하 "등록원부"라 한다)의 등본 또는 초본(법 제13조에 따라 말소등록된 자동차의 등록원부의 등본 또는 초본을 포함한다)을 발급받으려는 자는 별지 제5호서식의 자동차등록원부 등본(초본) 발급 · 열람신청서를 등록관청에 제출하여야 한다. 다만, 자동차 소유자가 신청하는 경우에는 주민등록증, 운전면허증 또는 외국인등록사

실증명 등 본인임을 확인할 수 있는 신분증명서 등의 제시만으로 신청할 수 있다. <개정 2010. 6. 11., 2011. 10. 31., 2014. 10. 31., 2015. 7. 7.>

② 법 제12조의2에 따라 등록원부의 초본을 발급받으려는 자는 별지 제5호의2서식의 이해관계인의 자동차등록원부 초본 발급·열람신청서를 등록관청에 제출하여야 한다. 이 경우 등록관청은 전산정보처리조직 및 「전자정부법」 제36조제1항에 따른 행정정보의 공동이용을 통하여 다음 각 호의 사항을 확인하되, 신청인이 제1호의 확인에 동의하지 아니하는 때에는 그 서류를 제출하도록 하여야 한다. <신설 2011. 10. 31., 2018. 12. 19.>

1. 주민등록표 초본(개인인 경우만 해당한다)
2. 법인 등기사항증명서(법인인 경우만 해당한다)
3. 이해관계인에 관한 사항(법 제14조에 따른 압류등록 또는 「자동차 등 특정동산 저당법」에 따른 저당권의 등록에 관한 사항을 말한다)

[전문개정 2010. 4. 7.]

제11조 (등록원부 등본·초본의 작성)

① 등록원부 등본은 별지 제3호서식 및 별지 제4호서식에 따른다. <개정 2015. 7. 7.>

② 등록원부 등본을 작성할 때에는 법령에 따로 정하는 경우를 제외하고는 등록원부에 기록된 사항을 전부 적어야 한다. 다만, 신청인이 요청한 경우에는 작성 당시 효력이 있는 사항만을 적을 수 있으며, 신청인이 제10조제1항에 따른 신청서에 자동차 소유자의 주민등록번호 또는 사용본거지의 주소를 적지 아니한 경우에는 자동차 소유자의 주민등록번호 뒷자리의 6자리 또는 사용본거지의 주소를 표기하지 아니한다. <개정 2011. 10. 31.>

③ 등록원부 등본에 빈칸 또는 여백이 있는 경우에는 빈칸 또는 여백의 표시를 하고, 등록원부 등본이 여러 장인 경우에는 각 장에 직인으로 간인하여야 한다. <개정 2015. 7. 7.>

④ 등록원부 초본을 작성하는 경우에는 제1항 및 제3항을 준용한다.

⑤ 신청인(제10조제2항에 따른 신청인은 제외한다)이 전산정보처리조직을 통하여 등록원부 등본·초본의 발급을 신청할 때에는 제1항부터 제4항까지의 규정에도 불구하고 전산정보처리조직 운영기관의 장은 등록원부의 내용과 틀림없음을 증명하는 내용의 증명문을 덧붙여 적고, 등록원부 등본·초본이 여러 장인 경우에는 연속성을 확인할 수 있는 조치 및 위조·변조 방지조치를 하여 발급하여야 한다. <개정 2010. 6. 11., 2011. 10. 31.>

[전문개정 2010. 4. 7.]

제11조의2 (전산정보처리조직 사용자 등록)

① 등록령 제6조의2제1항에 따라 사용자 등록을 신청하려는 자는 별지 제5호의3서식의 사용자(등록·해지)신청서에 다음 각 호의 서류를 첨부하여 전산정보처리조직 운영기관의 장에게 제출하여야 한다. <개정 2011. 10. 31.>

1. 재직증명서 등 신청인의 자격을 증명하는 서류 사본
2. 등록령 제12조제1항제3호에 해당함을 증명하는 서류 사본

② 등록령 제6조의2제2항에 따른 등록의 갱신은 유효기간 만료일 전 3개월 이내에 제1항에 따라 신청하여야 한다. 이 경우 전산정보처리조직 운영기관의 장은 등록의 갱신에 필요한 절차 등을 미리 안내할 수 있다. <개정 2011. 10. 31., 2013. 3. 23., 2015. 7. 7.>

③ 제1항에 따라 사용자 등록을 한 자가 퇴사하거나 사업장이 휴업, 폐업 등으로 등록령 제12조제1항제3호에 해당하지 않게 된 경우 소속사업체 등의 장(법 제67조제1항에 따른 조합 또는 협회 및 법 제68조제1항에 따른 연합회의 대표를 포함한다)은 즉시 별지 제5호의3서식의 사용자(등록 · 해지)신청서를 작성하여 사용자등록의 해지를 전산정보처리조직 운영기관의 장에게 요청하여야 한다. <개정 2011. 10. 31.>

[본조신설 2010. 6. 11.]

제11조의3 (전산정보처리조직 사용자 등록 등 처리)

전산정보처리조직 운영기관의 장은 제11조의2제1항 및 제3항에 따른 전산정보처리조직 사용자 등록 및 해지 신청을 받은 후 그 신청내용이 적합하다고 인정될 때에는 전산정보처리조직에 사용자를 등록 또는 해지하여야 한다.

[본조신설 2010. 6. 11.]

제12조 (등록원부의 열람)

① 등록원부의 열람을 신청하려는 자는 다음 각 호의 구분에 따른 신청서를 등록관청에 제출하여야 한다. 이 경우 제2호의 열람 신청에 관하여는 제10조제2항 후단을 준용한다. <개정 2011. 10. 31.>
1. 법 제7조제4항에 따른 열람 신청 : 별지 제5호서식의 자동차등록원부 등본(초본) 발급 · 열람신청서
2. 법 제12조의2에 따른 열람 신청 : 별지 제5호의2서식의 이해관계인의 자동차등록원부 초본 발급 · 열람신청서

② 등록원부를 열람할 때에는 등록관청의 담당 공무원이 보는 앞에서 열람하여야 한다. 이 경우 담당 공무원은 신청인이 제1항제1호에 따른 신청서에 자동차 소유자의 주민등록번호 또는 사용본거지의 주소를 적지 아니한 경우에는 자동차 소유자의 주민등록번호 뒷자리의 6자리 또는 사용본거지의 주소를 가리고 열람하게 하여야 한다. <개정 2011. 10. 31.>

③ 전산정보처리조직에 따라 보관된 자료가 「정보통신망 이용촉진 및 정보보호 등에 관한 법률」 제2조제1항제1호에 따른 정보통신망을 통하여 제공되는 경우에는 제1항 및 제2항을 적용하지 아니할 수 있다.

[전문개정 2010. 4. 7.]

제13조 (등록원부 멸실의 경우의 회복신청)

등록령 제10조제3항에 따라 등록 회복을 신청하려는 자는 별지 제6호서식의 자동차등록 회복신청서를 등록관청에 제출하여야 한다. 이 경우 등록관청은 전산정보처리조직 및 「전자정부법」 제36조제1항에 따른 행정정보의 공동이용을 통하여 따로 저장된 자동차등록원부를 확인하여야 한다. <개정 2010. 6. 11.>

[전문개정 2010. 4. 7.]

제14조 (멸실등록의 회복 처리)

① 등록관청은 제13조에 따른 등록 회복신청이 있거나 등록 회복신청이 없는 경우로서 새로운 등록사유의 발생으로 인한 등록신청이 있는 경우에는 등록원부를 작성하고 그 사실을 신청인 및 이해관계인에게 통지하여야 한다.

② 등록관청은 제1항에 따른 등록회복신청서 및 새로운 등록신청에 관한 서류를 접수한 순서대로 철하여야 한다.

③ 등록관청은 제1항에 따른 신청이 없는 경우로서 제15조에 따른 등록서류 중 없어지지 아니한 등록서류가 있을 때에는 직권으로 등록원부를 작성하고 그 사실을 등록권리자 및 이해관계인에게 통지하여야 한다.

[전문개정 2010. 4. 7.]

제3장 자동차등록서류 <개정 2010. 4. 7.>

제15조 (등록서류의 비치)

등록관청은 자동차등록사무에 필요한 등록원부, 등록접수부, 등록신청서류철 · 등록통지부 및 자동차 주소 변경등록신청서 접수 · 발송대장을 등록관청에 갖춰 두어야 한다. <개정 2010. 6. 11.>

[전문개정 2010. 4. 7.]

제16조 (등록신청서류철)

등록관청은 등록에 관한 신청서 · 촉탁서 · 승낙서와 그 밖의 부속서류를 등록신청서류철에 접수번호 순서에 따라 철하여야 한다. <개정 2010. 6. 11.>

[전문개정 2010. 4. 7.]

제17조 (등록통지부)

① 등록관청은 다음 각 호의 사항을 통지하거나 최고(催告)하려는 경우에는 해당 통지 또는 최고

사실을 별지 제7호서식의 등록통지부에 적어야 한다.

1. 법 제13조제4항·제5항의 통지사항
2. 「자동차 등 특정동산 저당법」 제6조의 통지사항
3. 등록령 제22조제6항, 등록령 제24조제2항, 등록령 제25조제4항, 등록령 제27조제2항, 등록령 제33조제1항 및 등록령 제43조제1항부터 제3항까지에 규정된 사항
4. 제36조 및 제46조제1항·제2항에 규정된 사항

② 등록통지부는 매년 따로 작성하여야 한다.

[전문개정 2010. 4. 7.]

제18조 (등록서류의 관리)

① 등록령 제7조제2항에 따른 등록서류의 관리방법은 「행정 효율과 협업 촉진에 관한 규정」에서 정하는 바에 따른다. <개정 2015. 3. 19., 2022. 12. 1.>

② 말소등록된 자동차의 등록원부는 최초 5년간은 자기디스크파일에 보존하고, 그 후 5년간은 전자적 정보저장매체에 보존한다.

[전문개정 2010. 4. 7.]

제4장 자동차등록절차

제1절 통칙

제19조 (등록접수부)

① 등록관청은 등록신청서를 받았을 때에는 별지 제8호서식의 등록접수부에 해당 사항을 적어야 한다.

② 등록접수부는 매년 따로 작성하여야 한다.

[전문개정 2010. 4. 7.]

제20조 (접수번호)

① 등록관청은 등록신청의 접수 순서에 따라 접수번호를 적어야 한다. 다만, 하나의 자동차에 대하여 동시에 둘 이상의 등록신청서가 제출된 경우에는 동일한 접수번호를 적는다.

② 접수번호는 1년마다 새로 부여한다.

[전문개정 2010. 4. 7.]

제21조 (병합신청)

자동차의 사용본거지가 같은 등록관청의 관할에 속하는 둘 이상의 자동차에 관한 등록을 신청하려는 자는 등록 원인 및 목적이 같을 때에만 같은 등록신청서에 의하여 등록신청을 할 수 있다.

[전문개정 2010. 4. 7.]

제22조 (간인 등)

등록신청인은 등록신청 관련 서류가 2장 이상인 경우에는 각 장 사이에 간인하거나 서명하여야 하며, 등록권리자나 등록의무자 또는 등록명의인이 여럿인 경우에는 각각 1인이 간인하거나 서명할 수 있다. 다만, 전산정보처리조직을 통하여 신청하는 경우에는 그러하지 아니하다.

[전문개정 2015. 7. 7.]

제23조 삭제 〈2010. 4. 7.〉

제24조 (제3자의 동의 또는 승낙)

등록원인에 대하여 제3자의 동의 또는 승낙이 필요한 경우에는 동의 또는 승낙을 받은 사실을 증명하는 서류를 등록신청서에 첨부하여 제출하여야 한다. 다만, 등록신청서에 제3자가 동의하거나 승낙한 뜻을 적고 서명하거나 날인한 경우와 등록 원인을 증명하는 서류가 확정판결 등 집행력 있는 정본인 경우에는 그러하지 아니하다.

[전문개정 2010. 4. 7.]

제25조 (촉탁 또는 직권에 의한 등록)

촉탁 또는 직권에 의한 등록을 할 때의 기재방법은 신청에 의한 등록에 준하되, 직권에 의한 등록을 할 때에는 접수번호란에 사선을 그어야 한다.

[전문개정 2010. 4. 7.]

제26조 (채권자대위에 의한 등록 등)

① 등록관청은 등록령 제14조에 따른 채권자대위에 의한 신청에 따라 등록할 때에는 등록원부의 사항란에 채권자의 성명 또는 명칭 및 주소와 대위(代位)의 원인을 적어야 한다.

② 등록관청은 제1항의 등록을 마쳤을 때에는 그 뜻을 등록권리자 및 채권자에게 통지하여야 한다.

③ 채권자대위에 의한 등록이 다음 각 호의 어느 하나에 해당하는 경우에는 대위권을 행사한 자에게도 이를 통지하여야 한다.

1. 등록령 제33조제1항에 따른 관할위반의 말소등록인 경우
2. 제14조에 따라 멸실되었던 등록이 회복된 경우

[전문개정 2010. 4. 7.]

제2절 신규등록 <개정 2010. 4. 7.>

제27조 (신규등록 신청 등)

① 등록령 제18조에 따라 자동차의 신규등록을 신청하려는 자는 별지 제9호서식의 자동차신규등록신청서에 다음 각 호의 서류 등을 첨부하여 제출하여야 한다. <개정 2010. 6. 11., 2010. 8. 30., 2014. 10. 31., 2015. 3. 19., 2015. 7. 7.>

1. 소유권을 증명하는 서류(제2호에 따른 서류 또는 제3호에 따른 수입신고필증이나 이에 대신할 세관의 증명서로 소유권을 증명할 수 없는 경우만 해당한다)
2. 별지 제10호서식의 자동차제작증[신조차(新造車)인 경우만 해당한다]
3. 「관세법 시행령」 제116조제2항에 따른 수입신고필증 또는 이에 대신할 세관의 증명서(수입차인 경우만 해당한다. 다만, 「자동차관리법 시행규칙」 제34조에 따른 자기인증능력을 갖춘 수입자가 수입한 경우는 제외한다)
4. 임시운행허가증 및 임시운행허가번호판(임시운행허가를 받은 경우만 해당한다)
5. 신규검사증명서(등록령 제20조에 따라 말소등록된 자동차를 다시 등록하는 자동차인 경우와 법 제30조의4에 따라 자기인증이 면제된 자동차만 해당한다)
6. 「여객자동차 운수사업법」에 따른 여객자동차운수사업 또는 「화물자동차 운수사업법」에 따른 화물자동차운수사업에 관한 면허·허가·등록·인가 또는 신고를 증명하는 서류 또는 사업계획의 변경을 증명하는 서류(사업용 자동차만 해당한다)
7. 삭제 <2010. 6. 11.>
8. 안전검사증(「자동차관리법 시행규칙」 제37조에 따라 안전검사를 받은 자동차만 해당한다)
9. 대리인이 신청하는 경우에는 위임장 및 위임한 자의 신분을 확인할 수 있는 신분증명서 사본(법인인 경우에는 법인인감증명서를 말하되, 해당 법인이 제출한 사용인감계를 등록관청이 대조·확인할 수 있는 경우에는 제출하지 아니할 수 있다)

② 제1항의 경우 등록관청은 전산정보처리조직 및 「전자정부법」 제36조제1항에 따른 행정정보의 공동이용을 통하여 자동차의 사용본거지를 확인할 수 있는 정보(신청인이 개인인 경우에는 주민등록표 초본, 운전면허증 또는 외국인등록사실증명을 말하며, 비사업용 자동차를 등록하는 법인 등의 경우에는 사업자등록증 또는 법인등기부 등본을 말한다. 이하 "사용본거지확인정보"라 한다)와 제1항 각 호(제4호 및 제6호를 제외한다)의 서류 등을 확인하여야 하며, 신청인이 확인에 동의하지 아니하거나 전산정보처리조직 및 「전자정부법」 제36조제1항에 따른 행정정보의 공동이용을 통하여 확인할 수 없는 경우에는 해당 서류(법인등기부등본은 제외한다) 등을 첨부하도록 하여야 한다. <개정 2010. 6. 11., 2018. 12. 19.>

1. 삭제 <2010. 6. 11.>
2. 삭제 <2010. 6. 11.>

③ 법 제13조제10항에 따라 말소등록 당시 저당권 등 등록상 이해관계를 가진 제3자가 있는 자동차의

신규등록을 신청하려는 경우에는 등록상 이해관계를 가진 제3자의 승낙서나 권리관계가 해소되었음을 증명하는 서류 또는 그에 대항할 수 있는 확정판결 등본을 첨부하여야 한다. <신설 2015. 3. 19.>

[전문개정 2010. 4. 7.]

제28조 (신규등록 신청의 대행)

① 법 제8조제3항에 따라 신규등록 신청을 대행하려는 자는 신규등록을 신청하는 경우에 자동차신규등록신청서의 신청인란에 대행자임을 표시하고 성명(법인인 경우에는 그 명칭과 대표자의 성명을 말한다) 및 주소를 적은 후 서명하거나 날인하여야 한다.

② 제1항에 따라 신규등록 신청을 대행하는 자가 법 제8조제4항에 따른 자동차를 산 사람으로부터 받을 수 있는 수수료는 해당 자동차의 신규등록 신청의 대행에 드는 실비로 한다.

③ 제1항에 따라 신규등록 신청을 대행하는 자는 자동차를 산 사람이 신규등록 신청의 대행에 든 비용의 산출 근거를 제시할 것을 요구하는 경우에는 그에 관한 산출 명세를 명시하여 이를 발급하여야 한다.

[전문개정 2010. 4. 7.]

제3절 변경등록 <개정 2010. 4. 7.>

제29조 (변경등록 신청)

① 등록령 제22조제1항에 따라 변경등록을 신청하려는 자는 별지 제11호서식의 자동차변경등록신청서에 다음 각 호의 서류 등을 첨부하여 제출해야 한다. 이 경우 등록관청은 전산정보처리조직 및 「전자정부법」 제36조제1항에 따른 행정정보의 공동이용을 통하여 사용본거지확인정보 및 자동차등록원부를 확인해야 하며, 신청인이 확인에 동의하지 않거나 전산정보처리조직 및 「전자정부법」 제36조제1항에 따른 행정정보의 공동이용을 통하여 확인할 수 없는 경우에는 해당 서류(법인등기부등본은 제외한다)를 첨부하도록 해야 한다. <개정 2010. 6. 11., 2015. 3. 19., 2015. 7. 7., 2022. 12. 1.>

1. 삭제 <2010. 6. 11.>
2. 변경등록 신청 사유(변경 명세)를 증명하는 서류(사업용 자동차는 「여객자동차 운수사업법」 또는 「화물자동차 운수사업법」에 따른 사업계획의 변경을 증명하는 서류를 포함한다)
3. 자동차 등록번호판(등록번호가 변경되는 경우만 해당한다)
4. 대리인이 신청하는 경우에는 위임장 및 위임한 자의 신분을 확인할 수 있는 신분증명서 사본(법인인 경우에는 법인인감증명서를 말하되, 해당 법인이 제출한 사용인감계를 등록관청이 대조·확인할 수 있는 경우에는 제출하지 아니할 수 있다)

② 등록령 제24조제1항제5호에서 "국토교통부령으로 정하는 경우"란 다음 각 호의 어느 하나에 해당하는 경우를 말한다. <개정 2012. 6. 18., 2013. 3. 23., 2014. 10. 31., 2021. 5. 27.>

1. 「여객자동차 운수사업법」 제49조의2제1호에 따른 여객자동차플랫폼운송사업에 필요한 자동차를 확보하기 위하여 같은 법 제28조에 따른 자동차대여사업자의 대여사업용 자동차를 임차하거나 그 임대차계약을 해지하여 등록번호를 변경할 필요가 있는 경우
2. 2대 이상의 자동차를 소유한 자 또는 주민등록표상 세대를 같이 하는 둘 이상의 자동차 소유자가 각 자동차마다 그 등록번호의 끝자리 숫자를 다르게 하거나 끝자리 숫자의 짝수·홀수를 다르게 하려는 경우
3. 자동차 소유자를 범죄행위로부터 보호할 필요가 있는 경우 또는 자동차 등록번호판을 분실하거나 도난당한 경우로서 경찰관서의 장의 확인이 있는 경우
4. 삭제 <2022. 12. 1.>
5. 자동차 소유자가 부여체계가 변경된 등록번호로 변경을 희망하는 경우(자동차운수사업용은 제외한다)
6. 이전등록을 하는 경우로서 자동차를 양수받은 자가 그 이전등록을 신청한 날부터 60일까지 등록번호 변경을 희망하는 경우
7. 수사기관의 장이 수사상 필요하여 마약, 조직폭력, 밀수 등의 범죄 수사에 사용되는 공용차량의 등록번호 변경을 요청하는 경우

[전문개정 2010. 4. 7.]

제30조 삭제 〈2015. 7. 7.〉

제31조 (시·도 간의 변경등록 절차)

등록령 제25조제1항에 따른 특별시·광역시·특별자치시·도 및 특별자치도(이하 "시·도"라 한다) 간의 변경등록을 신청하려는 자는 별지 제13호서식의 시·도 간 변경등록신청서에 다음 각 호의 서류 등을 첨부하여 등록관청에 제출해야 한다. 이 경우 등록관청은 전산정보처리조직 및 「전자정부법」 제36조제1항에 따른 행정정보의 공동이용을 통하여 자동차의 사용본거지확인정보 및 자동차등록원부를 확인해야 하며, 신청인이 확인에 동의하지 않거나 전산정보처리조직 및 「전자정부법」 제36조제1항에 따른 행정정보의 공동이용을 통하여 확인할 수 없는 경우에는 해당 서류(법인등기부등본은 제외한다)를 첨부하도록 해야 한다. <개정 2022. 12. 1.>

1. 자동차등록증(자동차운수사업용만 해당한다)
2. 자동차등록번호판(등록번호가 변경되는 경우만 해당한다)

[전문개정 2010. 6. 11.]

제32조 (자동차등록증의 변경기재)

법 제11조제1항에 따른 변경등록을 마친 등록관청은 자동차등록증의 해당 난에 변경사항을 적고

날인하여 이를 발급하여야 한다. 다만, 자동차등록번호가 변경된 경우에는 새로운 자동차등록증을 작성 · 발급하여야 한다.
[전문개정 2010. 4. 7.]

제4절 이전등록 <개정 2010. 4. 7.>

제33조 (이전등록 신청)

① 법 제12조에 따라 이전등록을 신청하려는 자는 별지 제14호서식의 이전등록신청서에 다음 각 호의 서류를 첨부하여 제출하여야 한다. 이 경우 등록관청은 전산정보처리조직 및 「전자정부법」 제36조제1항에 따른 행정정보의 공동이용을 통하여 자동차의 사용본거지확인정보, 자동차등록원부 및 상속 사실을 증명할 수 있는 가족관계기록사항에 관한 증명서(상속의 경우만 해당한다)를 확인하여야 하며, 신청인이 확인에 동의하지 아니하거나 전산정보처리조직 및 「전자정부법」 제36조제1항에 따른 행정정보의 공동이용을 통하여 확인할 수 없는 경우에는 해당 서류(법인등기사항증명서는 제외한다)를 첨부하도록 하여야 한다. <개정 2010. 6. 11., 2013. 12. 27., 2014. 3. 25., 2015. 3. 19., 2015. 7. 7.>

1. 자동차양도증명서(매매인 경우만 해당한다)
2. 양도인의 인감증명서, 「본인서명사실 확인 등에 관한 법률」 제2조제3호에 따른 본인서명사실확인서 또는 같은 법 제7조제5항에 따른 전자본인서명확인서의 발급증[매매로 인한 이전등록의 경우에만 첨부하며, 인감증명서의 경우 「인감증명법 시행령」 제13조제3항에 따라 인감증명서의 사용용도란에 자동차 매도용임과 양수인의 성명 · 주소(법 제53조에 따라 등록한 자동차매매업자의 경우 사업장소재지) · 주민등록번호(법인일 경우 법인명칭 · 주소 · 법인등록번호)가 기재되어 발급된 것이어야 하고, 본인서명사실확인서 또는 전자본인서명확인서 발급증의 경우 각각 부동산 관련 외의 용도란 또는 용도란에 자동차 매도용임과 양수인의 성명 · 주소(법 제53조에 따라 등록한 자동차매매업자의 경우 사업장소재지) · 주민등록번호(법인일 경우 법인명칭 · 주소 · 법인등록번호)가 기재되어 있는 것이어야 한다]. 다만, 다음 각 목의 어느 하나에 해당하는 경우는 제외한다.
   가. 법 제53조에 따라 등록한 자동차매매업자가 매도하거나 알선한 경우
   나. 법 제60조에 따른 자동차경매장의 개설자가 경매를 실시한 경우로서 경매거래를 증명하는 서류(자동차등록번호, 양수인, 경락금액 및 경매일자 등이 포함되어야 한다)의 원본을 제출한 경우
   다. 양도자와 양수자가 직접 거래한 경우로서 양도인이 등록관청에서 직접 자동차의 양도 사실을 확인하는 경우
3. 증여증서(증여의 경우만 해당한다)
4. 매각결정서(법 제26조제3항에 따라 매각된 경우만 해당한다)
5. 확정판결 등본(판결에 의한 소유권 이전의 경우만 해당한다)

6. 대리인이 신청하는 경우에는 위임장 및 위임한 자의 신분을 확인할 수 있는 신분증명서 사본(법인인 경우에는 법인인감증명서를 말하되, 해당 법인이 제출한 사용인감계를 등록관청이 대조·확인할 수 있는 경우에는 제출하지 아니할 수 있다)

② 제1항제1호에 따른 자동차양도증명서의 서식은 다음 각 호와 같다.

1. 자동차를 양도자와 양수인 간에 직접 거래한 경우 : 별지 제15호서식
2. 자동차를 자동차매매업자(자동차경매장의 개설자를 포함한다)가 매매하거나 매매를 알선한 경우 : 별지 제16호서식

[전문개정 2010. 4. 7.]

제34조 (이전등록 신청의 대행)

법 제12조제2항에 따른 이전등록 신청을 대행하려는 자동차매매업자는 자동차양도증명서에 표시된 잔금지급일부터 15일 이내에 이전등록 신청을 하여야 하며, 그 신청 시에는 자동차양도증명서와 이전등록신청서에 매도인 또는 알선인임을 표시하고 성명(법인인 경우에는 그 명칭 및 대표자의 성명을 말한다) 및 주소를 적은 후 직인을 찍어야 한다.

[전문개정 2010. 4. 7.]

제35조 (자동차등록증의 재발급)

등록관청은 법 제12조에 따른 이전등록을 마쳤을 때에는 새로운 자동차등록증을 작성하여 양수인에게 발급하여야 한다.

[전문개정 2010. 4. 7.]

제36조 (이전등록 사실의 통보 등)

① 등록관청은 등록령 제27조제1항에 따른 양도자의 신청에 따라 이전등록을 마쳤을 때에는 양도자 및 양수인에게 그 사실을 통지하여야 한다.

② 제1항의 경우 등록관청은 양수인에게 자동차등록증 및 자동차등록번호판(등록번호가 변경되는 경우만 해당한다)을 교체하도록 통보하여야 한다.

[전문개정 2010. 4. 7.]

제5절 말소등록

제37조 (말소등록 신청)

① 법 제13조에 따른 말소등록을 하려는 자는 별지 제17호서식의 자동차말소등록신청서(자동차해체재활용업자의 경우에는 폐차사실의 통보서에 따를 수 있다)에 다음 각 호의 서류 등을 첨부하여 제출해야 한다. 이 경우 등록관청은 전산정보처리조직 및 「전자정부법」 제36조제1항에 따른 행정정보의 공동이용을 통하여 자동차의 자동차등록원부, 폐차인수증명서 및 사용본거지확인정보

등을 확인해야 하며, 신청인이 확인에 동의하지 않거나 전산정보처리조직 및 「전자정부법」 제36조제1항에 따른 행정정보의 공동이용을 통하여 확인할 수 없는 경우에는 해당 서류를 첨부하도록 해야 한다. <개정 2010. 6. 11., 2014. 12. 31., 2015. 3. 19., 2015. 7. 7., 2016. 12. 30., 2018. 12. 19., 2020. 2. 28., 2022. 12. 1., 2024. 6. 18.>

1. 자동차등록증(법 제58조제6항에 따라 자동차해체재활용업자가 자동차등록증을 인수한 경우는 제외한다). 다만, 법 제13조제1항에 따른 재산관리인이 자동차등록증을 반납할 수 없을 때에는 그 사유를 소명하는 서류를 제출해야 한다.
2. 자동차등록번호판(법 제58조제6항에 따라 자동차해체재활용업자가 자동차등록번호판을 인수한 경우와 제7호에 해당하는 경우는 제외한다)
3. 별지 제18호서식의 폐차인수증명서(자동차의 용도를 폐지한 경우와 천재지변ㆍ교통사고 또는 화재로 그 본래의 기능을 회복할 수 없게 된 경우만 해당한다)
4. 자동차 제작자 또는 판매자가 발행한 자동차반품확인서(자동차를 제작자 또는 판매자에게 반품한 경우만 해당한다)
5. 관할 경찰서장이 발급한 도난신고확인서(도난당한 경우만 해당한다)

5의2. 관할 경찰서장이 발급한 사건사고사실확인원(횡령 또는 편취당한 경우만 해당한다)

6. 행정처분서 사본(자동차운수사업자로서 그 사업면허, 등록, 인가 또는 신고가 실효되거나 취소된 경우만 해당한다)
7. 경찰서장, 소방서장, 시장ㆍ군수 또는 구청장 등이 발행한 사고사실증명서류(천재지변ㆍ교통사고 또는 화재 등으로 파손 또는 매몰 등이 되어 자동차가 없어져 버린 경우만 해당한다)
8. 수출신용장 또는 수출계약서 등 수출 예정 사실을 증명할 수 있는 서류(자동차를 수출하려는 경우만 해당한다)
9. 등록령 제31조제5항 각 호의 어느 하나에 해당됨을 증명하는 서류(같은 항 각 호의 사유로 말소등록하려는 경우만 해당한다)
10. 제3자의 승낙서 또는 확정판결 등 집행력 있는 정본(등록원부상 이해관계인이 있는 경우만 해당한다). 다만, 법 제13조제1항제5호 및 제7호에 따라 말소등록을 신청하는 경우에는 그러하지 아니하다.
11. 대리인이 신청하는 경우에는 위임장 및 위임한 자의 신분을 확인할 수 있는 신분증명서 사본(법인인 경우에는 법인인감증명서를 말하되, 해당 법인이 제출한 사용인감계를 등록관청이 대조ㆍ확인할 수 있는 경우에는 제출하지 아니할 수 있다)

② 등록령 제31조제4항에 따른 통보는 별지 제17호의2서식의 폐차의뢰서에 따른다. <개정 2022. 12. 1.>

③ 폐차의뢰서를 통보받은 자동차 소유자는 자동차해체재활용업자에게 폐차의뢰서를 제출하고 폐차를 요청하여야 한다.

④ 폐차의뢰서를 받은 자동차해체재활용업자는 해당 자동차를 인수한 후 자동차 소유자에게는 별지

제18호서식의 폐차인수증명서를 발급하고, 그 자동차를 폐차한 후 등록관청에는 폐차 사실을 통보하여야 한다. 다만, 전산정보처리조직에 입력한 경우에는 통보한 것으로 본다. <개정 2010. 6. 11., 2012. 6. 18., 2017. 10. 26.>

[전문개정 2010. 4. 7.]

제38조 (자동차해체재활용업자의 말소등록 신청)

법 제13조제2항 본문에 따라 말소등록 신청을 하려는 자동차해체재활용업자는 자동차를 인수한 날부터 1개월 이내에 말소등록을 신청하여야 한다.

[전문개정 2010. 4. 7.]

제39조 (말소등록된 등록번호판 등의 반납 면제)

법 제13조제5항 후단에서 "국토교통부령으로 정하는 부득이한 사유 등"이란 천재지변 · 교통사고 또는 도난 등으로 인하여 자동차등록증, 자동차등록번호판 및 봉인이 멸실된 경우를 말한다. <개정 2013. 3. 23.>

[전문개정 2010. 4. 7.]

제40조 (말소등록사실증명서의 발급)

① 등록관청은 법 제13조제1항 · 제3항 및 제7항에 따라 말소등록을 한 경우 이해관계인의 신청이 있을 때에는 별지 제20호서식의 말소등록사실증명서를 발급하여야 한다.

② 신청인이 전산정보처리조직을 통하여 말소등록사실증명서의 발급을 신청하는 경우 전산정보처리조직 운영기관의 장은 등록원부의 내용과 틀림없음을 증명하는 내용의 증명문을 덧붙여 적고, 말소등록사실증명서가 여러 장인 경우에는 연속성을 확인할 수 있는 조치 및 위조 · 변조 방지조치를 하여 발급하여야 한다.

[전문개정 2010. 4. 7.]

제41조 (수출 이행 여부의 신고)

① 등록령 제32조에 따라 자동차의 수출 이행 여부를 신고하려는 자는 별지 제21호서식의 수출이행여부신고서에 수출 이행 사실을 증명하는 서류를 첨부하여 등록관청에 제출하여야 한다.

② 법 제13조제1항제6호에 따라 자동차를 수출하는 자가 말소등록을 한 후 수출을 하지 아니하여 신규등록 신청이나 폐차 요청을 한 경우에는 신규등록 신청을 받은 등록관청이나 폐차 요청을 받은 자동차해체재활용업자가 그 사실을 자동차를 수출하는 자가 말소등록을 한 등록관청에 통보하여야 한다. 다만, 전산정보처리조직에 입력한 경우에는 통보한 것으로 본다. <개정 2010. 6. 11.>

[전문개정 2010. 4. 7.]

제41조의2 (압류등록)

① 압류등록은 부기로써 한다. <개정 2015. 7. 7.>

② 법 제14조의3에 따라 압류등록을 해제하는 경우에는 등록원부의 해당 순위번호를 부기등록번호란에 적고, 종전의 압류등록 사항에 취소선을 긋는다. <신설 2015. 7. 7.>

[본조신설 2003. 1. 2.]

제5장 저당권등록

제42조 삭제 〈2010. 4. 7.〉

제43조 삭제 〈2010. 4. 7.〉

제44조 삭제 〈2010. 4. 7.〉

제45조 삭제 〈2010. 4. 7.〉

제46조 (공동저당의 경우의 통보)

① 공동저당권설정등록을 한 등록관청은 공동저당의 목적인 자동차가 다른 등록관청의 갑등록원부에 등록된 경우에는 그 등록관청에 공동저당권설정 사실 및 연월일을 지체 없이 통보하여야 한다.

② 공동저당권설정등록을 한 등록관청과 공동저당의 목적인 자동차의 등록을 한 등록관청이 서로 다른 경우 각 등록관청은 저당자동차에 대하여 다음 각 호의 사유가 발생하면 그 사유와 발생연월일을 지체 없이 상호 통보하여야 한다.

1. 등록번호를 변경한 경우
2. 「자동차 등 특정동산 저당법 시행령」 제3조제3항에 따른 등록의 신청을 받아 등록한 경우
3. 저당권의 말소등록을 한 경우

③ 제1항 및 제2항의 통보를 받은 등록관청은 해당 자동차의 등록원부에 그 변경 내용을 지체 없이 등록하여야 한다.

[전문개정 2010. 4. 7.]

제46조의2 삭제 〈2010. 4. 7.〉

제6장 기타의 등록 등

제47조 (경정등록 신청)

등록령 제43조제4항에 따라 경정등록을 신청하려는 자는 별지 제26호서식의 자동차등록사항 경정신청서에 다음 각 호의 서류를 첨부하여 등록관청에 제출하여야 한다. <개정 2015. 3. 19., 2015. 7. 7.>

1. 자동차등록증
2. 등록에 관한 착오 또는 누락을 증명하는 서류
3. 이해관계인의 승낙서 또는 재판등본(등록상 이해관계인이 있는 경우만 해당한다)
4. 대리인이 신청하는 경우에는 위임장 및 위임한 자의 신분을 확인할 수 있는 신분증명서 사본(법인인 경우에는 법인인감증명서를 말하되, 해당 법인이 제출한 사용인감계를 등록관청이 대조・확인 할 수 있는 경우에는 제출하지 아니할 수 있다)

[전문개정 2010. 4. 7.]

제48조 삭제 〈2006. 8. 7.〉

제49조 삭제 〈1999. 11. 5.〉

제50조(이의신청)

법 제28조제1항에 따라 자동차의 등록에 관하여 이의가 있는 자는 별지 제29호서식의 이의신청서에 관련 자료를 첨부하여 등록사무를 처리한 등록관청에 제출하여야 한다.

[전문개정 2010. 4. 7.]

제51조 (규제의 재검토)

국토교통부장관은 자동차매매업자 및 자동차경매장의 개설자가 자동차를 매수한 때에 양도인의 인감증명서를 제출하도록 하는 제33조제1항제2호가목에 대하여 2017년 1월 1일을 기준으로 매 3년마다(매 3년이 되는 해의 1월 1일 전까지를 말한다) 그 타당성을 검토하여 개선 등의 조치를 하여야 한다. <개정 2016. 12. 30.>

[본조신설 2014. 3. 25.]

부칙 <제1345호, 2024. 6. 18.>

이 규칙은 공포한 날부터 시행한다. 다만, 별지 제1호서식 및 별지 제1호의2서식의 개정규정은 공포 후 2개월이 경과한 날부터 시행한다.

09 자동차 등 특정동산 저당법

[시행 2023. 6. 11.] [법률 제18957호, 2022. 6. 10., 타법개정]

제1조 (목적)

이 법은 건설기계, 「선박등기법」이 적용되지 아니하는 선박, 자동차, 항공기 등 등록의 대상이 되는 동산(動産)의 저당권에 관한 사항을 정하여 그 담보제공에 따른 자금 융통을 쉽게 하고, 저당권자·저당권설정자 및 소유자의 권익을 균형 있게 보호함을 목적으로 한다.

제2조 (정의)

이 법에서 사용하는 용어의 뜻은 다음과 같다. <개정 2015. 5. 18.>

1. "특정동산"이란 등록의 대상이 되는 건설기계, 소형선박, 자동차, 항공기, 경량항공기를 말한다.
2. "등록관청"이란 특정동산에 대한 저당권의 설정등록·변경등록·이전등록 및 말소등록 업무를 담당하는 관청을 말한다.

제3조 (저당권의 목적물)

다음 각 호의 특정동산은 저당권의 목적물로 할 수 있다. <개정 2015. 5. 18., 2016. 3. 29., 2022. 6. 10.>

1. 「건설기계관리법」에 따라 등록된 건설기계
2. 「선박등기법」이 적용되지 아니하는 다음 각 목의 선박(이하 "소형선박"이라 한다)
   가. 「선박법」 제1조의2제2항의 소형선박 중 같은 법 제26조 각 호의 선박을 제외한 선박
   나. 「어선법」 제2조제1호 각 목의 어선 중 총톤수 20톤 미만의 어선
   다. 「수상레저기구의 등록 및 검사에 관한 법률」 제6조에 따라 등록된 동력수상레저기구
3. 「자동차관리법」에 따라 등록된 자동차
4. 「항공안전법」에 따라 등록된 항공기 및 경량항공기

제4조 (저당권의 내용)

저당권자는 채무자나 제3자가 점유를 이전하지 아니하고 채무의 담보로 제공한 특정동산에 대하여 다른 채권자보다 자기채권에 대하여 우선변제를 받을 권리가 있다.

제5조 (저당권에 관한 등록의 효력 등)

① 저당권에 관한 득실변경은 담보목적물별로 다음 각 호에 등록하여야 그 효력이 생긴다. <개정 2015. 5. 18., 2016. 3. 29., 2022. 6. 10.>

1. 「건설기계관리법」에 따른 건설기계등록원부
2. 「선박법」에 따른 선박원부
3. 「어선법」에 따른 어선원부
4. 「수상레저기구의 등록 및 검사에 관한 법률」에 따른 수상레저기구 등록원부
5. 「자동차관리법」에 따른 자동차등록원부
6. 「항공안전법」 제11조제1항(같은 법 제121조제1항에서 준용하는 경우를 포함한다)에 따른 항공기 등록원부

② 특정동산의 저당권에 관한 등록은 설정등록, 변경등록, 이전등록 및 말소등록으로 구분한다.

③ 특정동산의 저당권에 관한 등록의 절차 및 방법에 관하여 필요한 사항은 대통령령으로 정한다.

제6조 (등록의 말소에 관한 통지)

등록관청은 저당권이 설정된 특정동산이 다음 각 호의 구분에 따른 어느 하나에 해당하는 경우에는 등록말소의 뜻을 미리 저당권자에게 통지하여야 한다. 다만, 저당권자가 그 특정동산에 대한 등록의 말소에 동의한 경우에는 그러하지 아니하다. <개정 2015. 5. 18., 2016. 3. 29., 2022. 6. 10.>

1. 건설기계 : 「건설기계관리법」 제6조제1항에 따라 등록을 말소하려는 경우
2. 소형선박 : 「선박법」 제22조, 「어선법」 제19조 또는 「수상레저기구의 등록 및 검사에 관한 법률」 제10조에 따라 등록을 말소하려는 경우
3. 자동차 : 「자동차관리법」 제13조에 따라 등록을 말소하려는 경우
4. 항공기 또는 경량항공기
   가. 「항공안전법」 제15조제1항제3호(같은 법 제121조제1항에서 준용하는 경우를 포함한다)에 해당하게 되어 말소등록의 신청을 수리한 경우
   나. 「항공안전법」 제15조제2항(같은 법 제121조제1항에서 준용하는 경우를 포함한다)에 따른 최고를 한 후 해당 항공기 또는 경량항공기의 소유자가 기간 내에 말소등록의 신청을 하지 아니하여 직권으로 등록을 말소하려는 경우

제7조 (저당권의 행사 등)

① 저당권자는 제6조에 따른 통지를 받으면 그 특정동산에 대하여 즉시 그 권리를 행사할 수 있다.

② 저당권자가 제1항에 따라 저당권을 행사하려는 경우에는 제6조에 따른 통지를 받은 날부터 다음 각 호의 구분에 따른 기간 내에 각각 저당권의 행사 절차를 개시하여야 한다. <개정 2015. 5. 18.>

1. 자동차 : 1개월
2. 소형선박 : 2개월

3. 건설기계 : 3개월

4. 항공기 및 경량항공기 : 3개월

③ 등록관청은 제2항에 따른 저당권행사의 개시 기한까지 저당권의 행사 절차가 개시되지 아니한 경우에는 특정동산에 대하여 말소의 등록을 할 수 있다. 다만, 저당권자가 그 기간 내에 저당권의 행사 절차를 개시한 경우에는 그 행사 절차가 완료될 때까지 말소등록을 하여서는 아니 된다.

④ 등록관청은 저당권자가 저당권을 행사하여 경매의 매수인이 그 특정동산에 대한 소유권을 취득한 경우에는 특정동산에 대하여 말소등록을 하여서는 아니 된다.

⑤ 매각허가결정이 확정된 경우에는, 건설기계에 관하여는 「건설기계관리법」 제6조제1항에 따른 등록말소신청이 없었던 것으로 보며, 항공기 또는 경량항공기에 관하여는 「항공안전법」 제15조 제1항제3호(같은 법 제121조제1항에서 준용하는 경우를 포함한다)의 사유가 발생하지 아니한 것으로 본다. <개정 2015. 5. 18., 2016. 3. 29.>

제8조 (양도명령에 따른 환가방법의 특례)

① 담보목적물(항공기 및 경량항공기를 제외한다. 이하 이 조에서 같다)에 대한 저당권의 실행을 위한 경매절차에서 법원은 상당하다고 인정하는 때에는 저당권자의 매수신청에 따라 경매 또는 입찰에 의하지 아니하고 그 저당권자에게 압류된 담보목적물의 매각을 허가하는 양도명령의 방법으로 환가할 수 있다. <개정 2015. 5. 18.>

② 제1항에 따른 양도명령의 절차에 관하여 필요한 사항은 대법원규칙으로 정한다.

제9조 (질권설정의 금지)

특정동산은 질권의 목적으로 하지 못한다.

제10조 (저당권 말소등록 등의 서류 교부)

저당권자는 채무를 변제하거나 그 밖의 원인으로 저당 채무가 소멸되어 특정동산에 대한 저당권의 말소등록 또는 이전등록의 사유가 발생하면 등록권리자에게 그 특정동산에 대한 저당권의 말소등록 또는 이전등록에 필요한 서류를 지체 없이 교부하여야 한다.

제11조 (수수료)

① 저당권에 관한 등록을 하려는 자는 대통령령으로 정하는 바에 따라 등록관청에 수수료를 내야 한다.

② 제1항에 따른 수수료의 부과 및 면제 기준에 관하여 필요한 사항은 대통령령으로 정한다.

제12조 (준용규정)

특정동산의 저당권에 관하여는 이 법에 규정한 것을 제외하고는 「민법」 중 저당권에 관한 규정을 준용한다.

부칙 <제18957호, 2022. 6. 10.> (수상레저기구의 등록 및 검사에 관한 법률)

제1조 (시행일)

이 법은 공포 후 1년이 경과한 날부터 시행한다.

제2조 부터 제11조까지 생략

제12조 (다른 법률의 개정)

① 및 ② 생략

③ 자동차 등 특정동산 저당법 일부를 다음과 같이 개정한다.

제3조제2호다목 중 "「수상레저안전법」 제30조"를 "「수상레저기구의 등록 및 검사에 관한 법률」 제6조"로 한다.

제5조제1항제4호 중 "「수상레저안전법」"을 "「수상레저기구의 등록 및 검사에 관한 법률」"로 한다.

제6조제2호 중 "「수상레저안전법」 제33조"를 "「수상레저기구의 등록 및 검사에 관한 법률」 제10조"로 한다.

④부터 ⑥까지 생략

제13조 생략

10 자동차 등 특정동산 저당법 시행령

[시행 2023. 6. 11.] [대통령령 제33517호, 2023. 6. 7., 타법개정]

제1조 (목적)

이 영은 「자동차 등 특정동산 저당법」에서 위임된 사항과 그 시행에 필요한 사항을 규정함을 목적으로 한다.

제2조 (저당권의 설정등록)

① 「자동차 등 특정동산 저당법」(이하 "법"이라 한다) 제2조제1호에 따른 특정동산에 저당권의 설정등록을 하려는 자는 별지 제1호서식의 저당권 설정등록 신청서에 저당권 설정계약서 등 설정등록의 원인을 증명하는 서류와 설정등록 신청자 및 특정동산 소유자의 인감증명서 또는 「본인서명사실 확인 등에 관한 법률」 제2조제3호에 따른 본인서명사실확인서(이하 "본인서명사실확인서"라 한다)를 첨부하여 다음 각 호의 구분에 따른 등록관청에 제출해야 한다. 다만, 제4호의 경우에는 법령에 다른 규정이 있는 경우를 제외하고는 등록권리자와 등록의무자 또는 대리인이 국토교통부에 출석하여 신청해야 한다. <개정 2013. 3. 23., 2015. 1. 6., 2015. 11. 4., 2021. 3. 30.>

1. 법 제3조제1호에 따른 건설기계 : 특별시장 · 광역시장 · 도지사 또는 특별자치도지사
2. 법 제3조제2호에 따른 소형선박 : 해당 소형선박을 등록한 지방해양수산청장(지방해양수산청 해양수산사무소장을 포함한다) 또는 특별자치도지사 · 시장 · 군수 · 구청장(자치구의 구청장을 말한다)
3. 법 제3조제3호에 따른 자동차 : 「자동차등록령」 제5조에 따라 자동차의 등록사무를 관할하거나 처리할 수 있는 등록관청
4. 법 제3조제4호에 따른 항공기 및 경량항공기 : 국토교통부장관

② 저당권의 설정등록을 하려는 자는 저당권 설정등록 신청서에 다음 각 호의 사항을 적어야 한다.

1. 채권액
2. 채무자의 성명이나 명칭, 주소
3. 채권의 변제기(辨濟期), 이자, 이자의 발생 시기 및 지급 시기
4. 조건부 채권의 경우 그 조건
5. 「민법」 제358조 단서의 약정이 있는 경우 그 약정

6. 일정한 금액을 목적으로 하지 않는 채권을 담보하기 위한 경우에는 그 채권을 담보하는 가격
7. 저당권의 내용이 근저당권인 경우에는 등록 원인이 근저당권 설정계약이라는 뜻과 채권의 최고액

③ 제1항에도 불구하고 건설기계·소형선박·자동차의 소유자가 등록관청을 방문하여 주민등록증, 운전면허증 또는 여권을 제시하고 신청사실을 확인하는 경우 저당권의 설정등록을 하려는 자는 해당 특정동산 소유자의 인감증명서 및 본인서명사실확인서를 첨부하지 않을 수 있다. 이 경우 등록관청은 주민등록증, 운전면허증 또는 여권의 사본을 신청서에 편철해야 한다. <신설 2010. 1. 11., 2021. 3. 30.>

제3조 (공동저당 등록)

① 같은 채권을 담보하기 위하여 2개 이상의 특정동산을 목적으로 하는 저당권의 설정등록을 신청하는 경우에는 저당권 설정등록 신청서에 특정동산별로 다음 각 호의 사항을 표시한 목록을 첨부하여야 한다. 다만, 2대 이상의 건설기계를 목적으로 하는 경우 신청서를 제출받은 등록관청은 「전자정부법」 제36조제1항에 따른 행정정보의 공동이용을 통하여 건설기계등록증을 확인하여야 하고, 신청인이 확인에 동의하지 아니하면 각 건설기계에 관한 신청서에 다른 건설기계의 건설기계등록증 사본을 첨부하도록 하여야 한다. <개정 2010. 5. 4., 2015. 11. 4., 2017. 3. 29., 2023. 6. 7.>

1. 2척 이상의 소형선박을 목적으로 하는 경우 : 각 선박의 선명, 총톤수, 소유자 및 선박번호(「어선법」에 따른 어선은 어선번호를 말하고, 「수상레저기구의 등록 및 검사에 관한 법률」 제3조제2호에 따른 모터보트는 등록번호를 말한다)
2. 2대 이상의 자동차를 목적으로 하는 경우 : 각 자동차의 등록번호, 차대번호, 소유자 및 사용 본거지
3. 2대 이상의 항공기 또는 경량항공기를 목적으로 하는 경우 : 「항공기등록령」 제12조제1항제1호부터 제5호까지의 사항

② 제1항의 저당권 설정등록은 같은 종류의 특정동산을 목적으로 하여야 한다.

③ 특정동산에 저당권 설정등록을 한 후 동일한 채권을 담보하기 위하여 같은 종류의 다른 특정동산에 저당권 설정등록을 신청하는 경우에는 신청서에 종전의 저당권 등록 사실을 적어야 한다.

제4조 (저당권의 변경등록)

① 저당권의 변경등록을 신청하는 경우에는 별지 제2호서식의 저당권 변경등록 신청서에 다음 각 호의 서류를 첨부해야 한다. <개정 2021. 3. 30.>

1. 저당권 변경계약서 등 변경등록의 원인을 증명하는 서류
2. 저당권자 및 특정동산 소유자의 인감증명서 또는 본인서명사실확인서

② 저당권의 변경등록 신청이 있는 경우에는 변경등록상 이해관계를 가진 제3자가 없을 때 또는 저당권 변경등록 신청서에 등록상 이해관계를 가진 제3자의 승낙서나 그에 대항할 수 있는 재판의 등본을 첨부하여 제출하였을 때에만 부기(附記)로써 변경등록을 한다.

③ 제1항에도 불구하고 저당권의 변경등록을 하는 경우 다음 각 호의 구분에 따른 인감증명서 및

본인서명사실확인서를 첨부하지 않을 수 있다. 제1호의 경우 등록관청은 주민등록증, 운전면허증 또는 여권의 사본을 신청서에 편철해야 한다. <신설 2010. 1. 11., 2021. 3. 30.>

1. 건설기계 · 소형선박 · 자동차의 소유자가 등록관청을 방문하여 주민등록증, 운전면허증 또는 여권을 제시하고 신청사실을 확인하는 경우 : 해당 특정동산 소유자의 인감증명서 및 본인서명사실확인서
2. 자동차저당권의 저당권자가 법인이고 제출된 사용인감계를 등록관청이 대조 · 확인할 수 있는 경우 : 저당권자의 인감증명서

제5조 (저당권의 이전등록)

① 저당권의 이전등록을 신청하는 경우에는 별지 제3호서식의 저당권 이전등록 신청서에 다음 각 호의 서류를 첨부해야 한다. 다만, 자동차저당권의 저당권자가 법인이고 제출된 사용인감계를 등록관청이 대조 · 확인할 수 있는 경우에는 저당권자의 인감증명서를 첨부하지 않을 수 있다. <개정 2010. 1. 11., 2021. 3. 30.>

1. 채권의 이전을 증명하는 서류
2. 저당권자 및 저당권을 이전받으려는 자의 인감증명서 또는 본인서명사실확인서

② 채권 일부의 양도 또는 대위변제에 따른 저당권의 이전등록을 신청할 때에는 저당권 이전등록 신청서에 양도 또는 대위변제의 목적인 채권액을 적어야 한다.

③ 저당권의 이전등록은 부기로써 한다.

제6조 (저당권의 말소등록)

① 저당권의 말소등록을 신청하는 경우에는 별지 제4호서식의 저당권 말소등록 신청서에 말소등록의 원인을 증명하는 서류와 저당권자의 인감증명서 또는 본인서명사실확인서를 첨부해야 한다. 다만, 자동차저당권의 저당권자가 법인이고 제출된 사용인감계를 등록관청이 대조 · 확인할 수 있는 경우에는 저당권자의 인감증명서를 첨부하지 않을 수 있다. <개정 2010. 1. 11., 2021. 3. 30.>

② 등록권리자는 등록의무자의 주소가 분명하지 아니하여 말소등록의 원인을 증명하는 서류를 받을 수 없는 경우에는 다음 각 호의 어느 하나에 해당하는 서류를 첨부하여 단독으로 저당권의 말소등록을 신청할 수 있다.

1. 「민사소송법」에 따른 공시최고절차를 거쳐 받은 제권판결(除權判決) 등본
2. 「공탁법」에 따른 공탁서, 채권증서 및 채무이행에 관한 약정서

③ 저당권의 말소등록 신청이 있는 경우에는 말소등록상 이해관계를 가진 제3자가 없을 때 또는 저당권 말소등록 신청서에 등록상 이해관계를 가진 제3자의 승낙서나 그에 대항할 수 있는 재판의 등본을 첨부하여 제출하였을 때에만 말소등록을 한다.

제7조 (항공기 및 경량항공기에 관한 저당권 말소등록의 특례)

① 국토교통부장관은 「항공기등록령」 제24조에 따라 공매신청의 등록을 말소하는 경우 해당 항공

기 또는 경량항공기에 관하여 저당권이 등록되어 있으면 그 저당권의 등록을 말소하여야 한다. <개정 2013. 3. 23., 2015. 11. 4., 2017. 3. 29.>

② 국토교통부장관은 저당항공기 또는 저당경량항공기에 대하여 법 제6조제4호에 따른 통지를 하였을 때에는 「항공안전법」에 따른 항공기 등록원부에 그 사실을 적어야 한다. <개정 2013. 3. 23., 2015. 11. 4., 2017. 3. 29.>

③ 국토교통부장관은 제2항에 따른 통지를 한 항공기 또는 경량항공기에 관하여 경락(競落)에 의한 이전등록의 촉탁이 있고 이에 의하여 그 등록을 할 때에는 공매신청의 등록 및 제2항에 따른 기재사항을 말소하여야 한다. <개정 2013. 3. 23., 2015. 11. 4.>

[제목개정 2015. 11. 4.]

제8조 (등록된 권리의 우선순위)

① 동일한 특정동산에 등록된 권리의 순위는 등록된 순서에 따른다.

② 부기등록의 순위는 주등록의 순위에 따르고, 주등록의 순위가 같은 부기등록 간의 순위는 등록된 순서에 따른다.

제9조 (채권자의 대위)

채권자가 「민법」에 따라 채무자를 대위하여 등록신청을 하는 경우에는 해당 등록신청서에 채권자·채무자의 성명 또는 명칭, 주소 및 대위 원인을 적어 서명하거나 기명날인하고, 대위 원인을 증명하는 서류를 첨부하여 제출하여야 한다.

제10조 (수수료)

① 법 제11조에 따라 저당권에 관한 등록을 하려는 자가 내야 하는 수수료의 기준은 다음 각 호와 같다. <개정 2013. 3. 23., 2015. 11. 4., 2017. 3. 29.>

1. 건설기계 및 자동차 : 다음 각 목의 구분에 따른 금액
   가. 저당권의 설정등록 또는 이전등록 : 채권가액의 1천분의 4
   나. 저당권의 변경등록 또는 말소등록 : 대당 1천원
2. 소형선박 : 다음 각 목의 구분에 따른 금액. 다만, 채권가액이 2천만원 미만인 경우에는 수수료를 면제한다.
   가. 저당권의 설정등록 또는 이전등록 : 채권가액의 1만분의 2
   나. 저당권의 변경등록 또는 말소등록 : 채권가액의 10만분의 2
3. 항공기 및 경량항공기 : 8천2백원

② 제1항에 따른 수수료는 수입인지 또는 등록관청이 속한 지방자치단체의 수입증지를 붙이는 방법이나, 정보통신망을 이용한 전자화폐·전자결제 등의 방법으로 내게 할 수 있다.

제11조 (등록의 경정)

① 등록관청은 특정동산에 관한 저당권의 설정 · 변경 · 이전 또는 말소의 등록을 한 후 그 등록에 착오가 있거나 누락된 사항이 있음을 발견한 경우에는 다음 각 호에 따른 조치를 취하여야 한다.

1. 착오나 누락이 등록관청의 과오(過誤)로 인한 것인 경우 : 부기로써 경정등록(更正登錄)을 하고, 그 뜻을 지체 없이 등록권리자, 등록의무자, 등록명의인 또는 등록에 이해관계를 가진 제3자에게 통지한다. 그 등록이 제9조에 따른 것일 때에는 채권자에게도 통지한다.
2. 착오나 누락이 등록관청의 과오로 인한 것이 아닌 경우 : 지체 없이 그 뜻을 등록권리자, 등록의무자 또는 등록명의인에게 통지한다.

② 등록에 관한 착오나 누락으로 인한 경정등록의 신청이 있는 경우에는 이해관계인이 없거나 신청서에 이해관계인의 승낙서 또는 그에 대항할 수 있는 재판의 등본을 첨부하였을 때에만 부기로써 경정등록을 할 수 있다.

제12조 (준용규정)

특정동산의 저당권 등록 등에 관하여 이 영에서 규정한 것을 제외하고는 건설기계에 대해서는 「건설기계관리법 시행령」을, 자동차에 대해서는 「자동차등록령」을, 항공기 및 경량항공기에 대해서는 「항공기등록령」을, 소형선박에 대해서는 「선박법 시행령」 또는 「어선법 시행령」을 각각 준용한다. <개정 2015. 11. 4.>

부칙 <제33517호, 2023. 6. 7.> (수상레저기구의 등록 및 검사에 관한 법률 시행령)

제1조 (시행일)

이 영은 2023년 6월 11일부터 시행한다.

제2조 부터 제4조까지 생략

제5조(다른 법령의 개정)

①부터 ③까지 생략

④ 자동차 등 특정동산 저당법 시행령 일부를 다음과 같이 개정한다.

제3조제1항제1호 중 "「수상레저안전법」에 따른 모터보트"를 "「수상레저기구의 등록 및 검사에 관한 법률」 제3조제2호에 따른 모터보트"로 한다.

⑤ 및 ⑥ 생략

제6조 생략

11 자율주행자동차 상용화 촉진 및 지원에 관한 법률

[시행 2025. 3. 20.] [법률 제20391호, 2024. 3. 19., 일부개정]

제1장 총칙 <신설 2021. 7. 27.>

제1조 (목적)

이 법은 자율주행자동차의 도입·확산과 안전한 운행을 위한 운행기반 조성 및 지원 등에 필요한 사항을 규정하여 자율주행자동차의 상용화를 촉진하고 지원함으로써 국민의 생활환경 개선과 국가경제의 발전에 이바지함을 목적으로 한다.

제2조 (정의)

① 이 법에서 사용하는 용어의 뜻은 다음과 같다. <개정 2020. 6. 9., 2021. 7. 27.>

1. “자율주행자동차”란 「자동차관리법」 제2조제1호의3에 따른 운전자 또는 승객의 조작 없이 자동차 스스로 운행이 가능한 자동차를 말한다.
2. “자율주행시스템”이란 운전자 또는 승객의 조작 없이 주변상황과 도로 정보 등을 스스로 인지하고 판단하여 자동차를 운행할 수 있게 하는 자동화 장비, 소프트웨어 및 이와 관련한 모든 장치를 말한다.
3. “자율협력주행시스템”이란 「도로교통법」 제2조제15호에 따른 신호기, 같은 조 제16호에 따른 안전표지, 「국가통합교통체계효율화법」 제2조제4호에 따른 교통시설 등을 활용하여 국토교통부령으로 정하는 바에 따라 자율주행기능을 지원·보완하여 효율성과 안전성을 향상시키는 「국가통합교통체계효율화법」 제2조제16호에 따른 지능형교통체계를 말한다.
4. “정밀도로지도”란 「공간정보의 구축 및 관리 등에 관한 법률」 제2조제8호에 따른 측량성과로서 국토교통부령으로 정하는 바에 따라 자율주행자동차의 운행에 활용 가능하도록 도로 등의 위치정보 등이 포함된 정밀전자지도를 말한다.
5. “자율주행자동차 시범운행지구”란 자율주행자동차의 연구·시범운행을 촉진하기 위하여 규제특례가 적용되는 구역으로서 제7조에 따라 지정되는 구역을 말한다.
6. “규제특례”란 규제를 완화 또는 배제하거나 규제권한을 이양하는 것으로서 제9조부터 제13조까지 규정된 사항을 말한다.

7. “자율협력주행 인증”이란 자율협력주행 과정에서 일어나는 통신 등의 안전성 및 신뢰성을 확보하기 위하여 자동차, 노변기지국 등 도로교통의 구성요소들을 식별하고 증명하는 행위를 말한다.
8. “인증서”란 자율협력주행 인증을 위한 전자적 정보를 말한다.
9. “자율협력주행 인증업무”란 자율협력주행 인증, 인증서의 발급・관리 및 폐지 등 자율협력주행 인증서비스를 제공하는 업무를 말한다.
10. “인증기관”이란 자율협력주행 인증업무를 수행하는 기관으로서 제28조제1항에 따라 지정받은 자를 말한다.
11. “가입자”란 인증기관으로부터 인증서를 발급받은 자동차, 노변기지국 등의 소유자 또는 관리자를 말한다.

② 자율주행자동차의 종류는 다음 각 호와 같이 구분하되, 그 종류는 국토교통부령으로 정하는 바에 따라 세분할 수 있다. <개정 2020. 6. 9., 2024. 1. 9.>
1. 부분 자율주행자동차 : 제한된 조건에서 자율주행시스템으로 운행할 수 있으나 작동한계상황 등 필요한 경우 운전자의 개입을 요구하는 자율주행자동차
2. 완전 자율주행자동차 : 자율주행시스템만으로 운행할 수 있어 운전자가 없거나 운전자 또는 승객의 개입이 필요하지 아니한 자율주행자동차

③ 제1항에 규정된 것 외의 용어에 관하여는 이 법에서 특별히 정하는 경우를 제외하고는 「자동차관리법」 제2조 및 「도로법」 제2조에 따른 용어의 예에 따른다.

제3조 (다른 법률과의 관계)

① 이 법은 제7조에 따른 자율주행자동차 시범운행지구에서의 규제특례에 관하여 다른 법률에 우선하여 적용한다. 다만, 다른 법률에 이 법의 규제특례보다 완화된 규정이 있으면 그 법률에서 정하는 바에 따른다. <개정 2024. 3. 19.>

② 제5장의 자율주행자동차의 적합성 승인 등에 관하여 이 법과 「자동차관리법」이 경합하여 적용되는 경우에는 이 법을 우선 적용한다. <신설 2024. 3. 19.>

제2장 자율주행자동차의 이용촉진 <신설 2021. 7. 27.>

제4조 (기본계획의 수립)

① 국토교통부장관은 자율주행자동차의 도입・확산과 자율주행 기반 교통물류체계의 발전을 위하여 다음 각 호의 사항이 포함된 자율주행 교통물류 기본계획(이하 “기본계획”이라 한다)을 5년마다 수립하여야 한다. <개정 2021. 7. 27.>

1. 자율주행 기반 교통물류체계 지원정책에 관한 기본방향 및 목표에 관한 사항
2. 자율주행자동차의 안전, 운행 지원을 위한 인프라 및 자율주행 기반 교통물류체계의 연구개발 계획에 관한 사항
3. 자율협력주행시스템과 정밀도로지도의 구축에 관한 사항
4. 자율주행자동차의 안전, 운행 지원을 위한 인프라 및 자율주행 기반 교통물류체계와 관련된 국제협력에 관한 사항
5. 그 밖에 자율주행 기반 교통물류체계와 관련하여 대통령령으로 정하는 사항

② 국토교통부장관은 제1항에 따라 기본계획을 수립하려는 경우에는 미리 관계 중앙행정기관의 장 및 특별시장・광역시장・특별자치시장・도지사・특별자치도지사(이하 "시・도지사"라 한다)의 의견을 들어야 한다. 수립된 기본계획을 변경(대통령령으로 정하는 경미한 변경은 제외한다)하려는 경우에도 또한 같다. <개정 2020. 6. 9.>

③ 국토교통부장관은 기본계획의 수립을 위하여 관계 중앙행정기관의 장, 지방자치단체의 장 또는 공공기관(「공공기관의 운영에 관한 법률」 제4조에 따른 공공기관을 말한다. 이하 같다), 관계기관 및 단체의 장 등에게 필요한 자료 및 정보의 제공을 요청할 수 있다. 이 경우 요청을 받은 기관・단체의 장은 특별한 사유가 없으면 이에 따라야 한다.

④ 국토교통부장관은 제1항의 기본계획에 따라 연도별 시행계획을 수립・시행할 수 있다.

⑤ 제1항에 따른 기본계획 및 제4항에 따른 연도별 시행계획의 수립, 변경 등에 필요한 사항은 대통령령으로 정한다.

제5조 (자율주행자동차 관련 현황조사)

① 국토교통부장관은 자율주행 기반 교통물류 정책의 효과적인 수립・시행을 위하여 자율주행 기반 교통물류체계, 자율협력주행시스템 등의 연구개발・운영 및 활용 등에 대하여 국토교통부령으로 정하는 바에 따라 매년 현황조사를 실시할 수 있다. <개정 2021. 7. 27.>

② 국토교통부장관은 제1항에 따른 현황조사를 위하여 필요한 경우 관계 공공기관의 장 및 자율주행자동차와 관련된 기관 또는 단체의 장에게 자료의 제출을 요청할 수 있다.

③ 제1항에 따른 현황조사의 방법 및 대상 등에 관하여 필요한 사항은 대통령령으로 정한다.

제6조 (자율주행 안전구간의 지정)

① 국토교통부장관은 자율주행자동차의 운행 지원을 위한 인프라 등을 고려하여 「도로법」 제48조 제1항에 따른 자동차전용도로 중 안전하게 자율주행 할 수 있는 구간(이하 "자율주행 안전구간"이라 한다)을 국토교통부령으로 정하는 바에 따라 지정할 수 있다.

② 국토교통부장관은 제1항에 따른 자율주행 안전구간을 지정하는 경우 해당 구간을 관할하는 도로관리청과 시・도경찰청 등 관계기관의 장 및 이 구간을 통행하는 자율주행자동차의 운전자 등에게 국토교통부령으로 정하는 바에 따라 그 지정 사실을 통보하거나 고지하여야 한다. 지정을 변경하거

나 해제하는 경우에도 또한 같다. <개정 2020. 12. 22.>

③ 국토교통부장관은 자율주행 안전구간의 확대 및 신뢰도 확보 등을 위하여 국토교통부령으로 정하는 바에 따라 도로시설의 개선 및 유지 · 보수, 자율협력주행시스템의 우선 구축 등 필요한 조치를 하거나 해당 구간의 도로관리청과 시 · 도경찰청 등 관계기관의 장에게 필요한 조치를 하도록 요구할 수 있다. <개정 2020. 12. 22., 2021. 7. 27.>

④ 자율주행자동차를 제작 · 조립 · 수입 또는 관리하는 자는 자율주행시스템에 자율주행 안전구간 지정 현황을 반영하여야 한다.

제7조 (시범운행지구의 지정 등)

① 국토교통부장관은 자율주행자동차 시범운행지구를 운영하려는 시 · 도지사의 신청을 받아 제16조에 따른 자율주행자동차 시범운행지구 위원회의 심의 · 의결을 거쳐 자율주행자동차 시범운행지구(이하 "시범운행지구"라 한다)를 지정할 수 있다. 시범운행지구의 지정을 변경 또는 해제하는 경우에도 또한 같다. <개정 2024. 1. 9.>

② 제1항에 따라 시범운행지구의 지정 · 변경 또는 해제를 신청하려는 시범운행지구가 둘 이상의 특별시 · 광역시 · 특별자치시 · 도 또는 특별자치도(이하 "시 · 도"라 한다)에 걸쳐있을 경우 관할 시 · 도지사가 공동으로 지정 · 변경 또는 해제를 신청하여야 한다. <신설 2024. 1. 9.>

③ 제1항에도 불구하고 국토교통부장관이 둘 이상의 시 · 도에 걸친 구역을 시범운행지구로 지정할 필요가 있다고 인정하는 경우에는 관할 시 · 도지사와의 협의 및 자율주행자동차 시범운행지구 위원회의 심의 · 의결을 거쳐 시범운행지구를 지정할 수 있다. 시범운행지구를 변경 또는 해제하는 경우에도 또한 같다. <신설 2024. 1. 9.>

④ 제1항 및 제3항에도 불구하고 대통령령으로 정하는 경미한 사항을 변경하는 경우에는 자율주행자동차 시범운행지구 위원회의 심의 · 의결을 거치지 아니할 수 있다. <신설 2024. 1. 9.>

⑤ 국토교통부장관은 제1항 및 제3항에 따라 시범운행지구를 지정 · 변경 또는 해제한 경우 대통령령으로 정하는 바에 따라 그 내용을 관보에 고시하고, 이를 신청하거나 협의한 관할 시 · 도지사에게 통보하여야 한다. <개정 2024. 1. 9.>

⑥ 제1항부터 제5항까지에서 규정한 사항 외에 시범운행지구의 지정 · 변경 또는 해제에 관하여 필요한 사항은 대통령령으로 정한다. <개정 2024. 1. 9.>

제8조 (시범운행지구의 운영 및 관리 등)

① 시범운행지구로 지정 · 고시된 구역을 관할하는 시 · 도는 제7조제1항에 따라 지정 · 고시된 시범운행지구의 운영에 필요한 사항을 조례로 정할 수 있다. <개정 2024. 1. 9.>

② 국토교통부장관은 지정된 시범운행지구를 지원 · 관리하기 위하여 관할 시 · 도지사와 도로관리청, 시 · 도경찰청장 등으로 구성된 시범운행지구 협의체를 구성하여 운영할 수 있다. 이 경우 협의체의 구성 및 운영 등에 필요한 사항은 대통령령으로 정한다. <개정 2020. 12. 22.>

제9조 (여객의 유상운송에 관한 특례)

① 「여객자동차 운수사업법」 제81조에도 불구하고 사업용 자동차가 아닌 자율주행자동차를 활용하여 시범운행지구에서 유상으로 여객의 운송용으로 제공하거나 임대할 수 있다.

② 제1항에 따라 시범운행지구에서 자율주행자동차를 활용하여 유상운송을 하려는 자는 대통령령으로 정하는 바에 따라 시범운행지구 관할 시·도지사의 허가를 받아야 한다. 이 경우 시범운행지구 관할 시·도지사는 국토교통부장관과 협의를 거쳐야 한다. <개정 2024. 1. 9.>

③ 제2항에도 불구하고 다음 각 호의 어느 하나에 해당하는 경우에는 국토교통부장관이 관할 시·도지사와 협의를 거쳐 허가한다. <신설 2024. 1. 9.>

1. 국토교통부장관이 지정한 둘 이상의 시·도에 걸친 하나의 시범운행지구를 대상으로 한 유상운송 허가
2. 둘 이상의 시범운행지구에 걸친 구역을 대상으로 한 유상운송 허가

④ 제2항 또는 제3항에 따라 유상운송 허가를 하려는 자는 교통안전 확보 및 운송질서 유지 등에 필요한 조건을 붙일 수 있다. <신설 2024. 1. 9.>

⑤ 국토교통부장관 또는 시범운행지구를 관할하는 시·도지사는 「여객자동차 운수사업법」 제4조에도 불구하고 시범운행지구에서 자율주행자동차를 활용하여 노선의 운행을 하려는 자에 대하여 대통령령으로 정하는 바에 따라 한정운수면허를 발급할 수 있다. <개정 2024. 1. 9.>

⑥ 국토교통부장관 또는 시범운행지구를 관할하는 시·도지사는 제5항에 따른 한정운수면허를 발급하는 요건, 절차 및 그 밖에 필요한 사항을 정하여 미리 공고하여야 한다. <개정 2024. 1. 9.>

제10조 (화물자동차 운송사업에 관한 특례)

시범운행지구에서 자율주행자동차를 활용하여 유상으로 화물을 운송하려는 자는 대통령령으로 정하는 바에 따라 국토교통부장관의 허가를 받아야 한다. 이 경우 「화물자동차 운수사업법」 제3조는 적용하지 아니한다.

제11조 (자동차 안전기준에 관한 특례)

조향장치, 제동장치, 좌석 등 국토교통부령으로 정하는 구조적 특성으로 인하여 「자동차관리법」 제29조제1항에 따른 자동차안전기준(이하 "자동차안전기준"이라 한다) 및 같은 조 제2항에 따른 부품안전기준을 충족하기 어려운 자율주행자동차는 대통령령으로 정하는 바에 따라 국토교통부장관의 승인을 받아 시범운행지구에서 운행할 수 있다. 이 경우 국토교통부장관은 안전 확보 등에 필요한 조건을 붙일 수 있다. <개정 2024. 3. 19.>

제12조 (지능형교통체계 표준에 관한 특례)

시범운행지구에서 「국가통합교통체계효율화법」 제77조제1항에 따른 교통체계지능화사업을 하는 자는 같은 법 제82조에 따른 지능형교통체계표준으로 제정·고시되지 아니한 신기술을 사용할 수 있다.

제13조 (도로시설에 관한 특례)

① 「도로법」 제31조제1항에도 불구하고 시범운행지구에서 자율주행에 필요한 도로공사와 도로의 유지・관리는 도로관리청이 아닌 자가 수행할 수 있다. 이 경우 대통령령으로 정하는 바에 따라 도로관리청의 허가를 받아야 한다.

② 제1항의 자율주행에 필요한 도로공사와 도로의 유지・관리의 유형은 국토교통부령으로 정한다.

제14조 (규제 신속확인)

① 시범운행지구에서 자율주행자동차를 운행하려는 자는 이를 규제하는 법령의 적용 여부 및 해석 등의 확인(이하 "규제확인"이라 한다)을 국토교통부장관에게 요청할 수 있다.

② 제1항에 따라 규제확인 요청을 받은 국토교통부장관은 권한의 범위 내에서 규제확인을 할 수 있다. 이 경우 요청을 받은 날부터 30일 이내에 회신하여야 한다.

③ 국토교통부장관은 제1항에 따른 요청이 다른 행정기관의 소관사항인 경우 해당 행정기관의 장에게 통보하여야 한다.

④ 해당 행정기관의 장은 제3항에 따른 통보를 받은 날부터 30일 이내에 검토하여 이를 요청한 자와 국토교통부장관에게 회신하여야 한다.

⑤ 제2항 및 제4항에 따른 규제확인에 관한 사항을 검토하기 위하여 규제확인을 요청한 자에게 자료보완을 요구한 경우에는 그 보완에 걸린 기간은 해당 기간에서 제외한다. <개정 2020. 6. 9.>

⑥ 제1항부터 제5항까지에서 규정한 사항 외에 규제확인에 관하여 필요한 사항은 대통령령으로 정한다.

제15조 (규제특례 적용의 배제)

국토교통부장관은 시범운행지구에서 규제특례를 적용받은 자가 다음 각 호의 어느 하나에 해당하는 경우 제16조에 따른 자율주행자동차 시범운행지구 위원회의 심의・의결을 거쳐 해당 규제특례의 적용을 배제할 수 있다. 다만, 제1호에 해당하는 경우에는 해당 규제특례의 적용을 배제하여야 한다.

1. 거짓 또는 그 밖의 부정한 방법으로 제9조부터 제13조에 따른 허가 또는 승인을 받은 경우
2. 자율주행자동차의 연구 또는 시범운행으로 인해 다른 사람에게 위해를 끼치거나 교통상의 위험을 발생시키는 경우

제16조 (위원회의 구성 등)

① 국토교통부장관은 자율주행자동차 시범운행지구에 관한 정책 및 중요 사항을 심의・의결하기 위하여 필요한 경우 자율주행자동차 시범운행지구 위원회(이하 "위원회"라 한다)를 구성・운영할 수 있다. <개정 2024. 1. 9.>

② 위원회는 다음 각 호의 사항을 심의・의결한다.

1. 시범운행지구에 관한 기본정책과 제도에 관한 사항

2. 시범운행지구의 지정 · 변경 및 해제에 관한 사항
3. 제15조에 따른 규제특례 적용의 배제에 관한 사항
4. 제17조에 따른 시범운행지구의 운영에 대한 평가에 관한 사항
5. 시범운행지구와 관련한 중앙행정기관의 장 및 지방자치단체의 장 간의 의견 조정에 관한 사항
6. 그 밖에 시범운행지구의 지정 및 운영 등에 필요한 사항으로서 대통령령으로 정하는 사항

③ 위원회는 위원장 2명을 포함하여 20명 이내의 위원으로 구성한다.

④ 위원장 1명은 국토교통부장관이 되고, 다른 위원장 1명은 제1호의 민간위원 중에서 호선하며, 위원은 다음 각 호의 자가 된다.

1. 민간위원 : 자율주행자동차 분야에 관한 학식과 경험이 풍부한 사람 중에서 국토교통부장관이 위촉하는 사람
2. 정부위원 : 대통령령으로 정하는 관계 중앙행정기관의 차관 또는 차관급 공무원

⑤ 국토교통부장관은 시범운행지구에서 자율주행자동차의 연구 · 시범운행과 관련된 시 · 도의 조례가 현저히 불합리하다고 인정하는 경우에는 그 조례의 개정 또는 폐지 등에 관한 의견을 지방의회에 제출할 수 있다. <개정 2024. 1. 9.>

⑥ 국토교통부장관은 위원회의 구성 목적을 달성하였다고 인정하는 경우에는 위원회를 해산할 수 있다. <신설 2024. 1. 9.>

⑦ 이 법에서 규정한 사항 외에 위원회의 구성 및 운영 등에 필요한 사항은 대통령령으로 정한다. <개정 2024. 1. 9.>

제3장 자율주행자동차의 이용환경 조성 <신설 2021. 7. 27.>

제17조 (시범운행지구의 운영에 대한 평가)

① 국토교통부장관은 시범운행지구의 운영에 대하여 정기적으로 또는 수시로 평가할 수 있다.

② 국토교통부장관은 제1항에 따른 평가를 위하여 필요한 경우 관할 시 · 도지사에게 관련 자료의 제출을 요청할 수 있다. 이 경우 관할 시 · 도지사는 특별한 사유가 없으면 요청에 따라야 한다.

③ 국토교통부장관은 위원회의 심의 · 의결을 거쳐 확정된 평가 결과를 관할 시 · 도지사에게 통보하여야 하며, 평가 결과에 따라 개선 조치를 권고할 수 있다. 이 경우 관할 시 · 도지사는 특별한 사유가 없으면 개선 조치를 취하여야 한다. <개정 2020. 6. 9.>

④ 제1항부터 제3항까지에서 규정한 사항 이외에 시범운행지구의 운영에 대한 평가 기준 · 방법 및 절차 등에 관하여 필요한 사항은 대통령령으로 정한다.

제18조 (시설 관리 의무)

시범운행지구를 관할하는 시・도지사는 자율주행자동차의 원활한 운행을 위하여 시・도의 조례로 정하는 바에 따라 시범운행지구 내의 도로, 신호기 등 자율주행자동차 연구・시범운행과 관련된 시설을 유지・관리하여야 한다.

제19조 (보험 가입 의무)

시범운행지구에서 자율주행자동차에 관한 연구・시범운행을 하는 자는 연구・시범운행으로 인해 발생할 수 있는 인적・물적 손해를 배상하기 위하여 대통령령으로 정하는 보험에 가입하여야 한다. <개정 2024. 3. 19.>

제20조 (익명처리된 개인정보 등의 활용에 대한 다른 법령의 배제)

자율주행자동차를 운행하는 과정에서 수집한 다음 각 호의 정보의 전부 또는 일부를 삭제하거나 대체하여 다른 정보와 결합하는 경우에도 더 이상 특정 개인을 알아볼 수 없도록 익명처리하여 정보를 활용하는 경우에는 「개인정보 보호법」, 「위치정보의 보호 및 이용 등에 관한 법률」 및 「정보통신망 이용촉진 및 정보보호 등에 관한 법률」의 적용을 받지 아니한다.

1. 「개인정보 보호법」 제2조제1호에 따른 개인정보
2. 「위치정보의 보호 및 이용 등에 관한 법률」 제2조제2호에 따른 개인위치정보
3. 제1호 및 제2호에 준하는 정보로서 대통령령으로 정하는 정보

제21조 (자율협력주행시스템의 구축)

국토교통부장관은 자율주행 안전구간 및 시범운행지구에서 자율주행자동차의 원활한 운행을 위하여 자율협력주행시스템을 대통령령으로 정하는 바에 따라 구축・운영할 수 있다. <개정 2021. 7. 27.>
[제목개정 2021. 7. 27.]

제22조 (정밀도로지도의 구축 및 갱신)

① 국토교통부장관은 자율주행자동차의 상용화를 위하여 정밀도로지도를 대통령령으로 정하는 바에 따라 구축하고 갱신할 수 있다.

② 국토교통부장관은 제1항에 따라 구축된 정밀도로지도를 민간 활용이 촉진될 수 있도록 무상으로 제공할 수 있다.

③ 도로관리청은 관할 구역에서 도로노선의 변경 등 정밀도로지도의 갱신이 필요한 경우로서 대통령령으로 정하는 사항이 변경된 경우에는 국토교통부령으로 정하는 바에 따라 국토교통부장관에게 통보하여야 한다.

제23조 (행정적 · 재정적 지원 등)

국토교통부장관은 자율주행자동차의 도입 · 확산과 자율주행 기반 교통물류체계의 발전을 위하여 다음 각 호의 사업을 하는 지방자치단체, 기관, 사업자단체 또는 사업자 등에게 대통령령으로 정하는 바에 따라 필요한 행정적 · 재정적 · 기술적 지원이나 금융 관련 법률에 따른 자금 융자 등의 지원을 할 수 있다.

1. 자율주행자동차의 안전, 운행 지원을 위한 인프라 및 자율주행 기반 교통물류체계에 관한 연구개발 사업
2. 자율주행자동차의 운행에 필요한 시설의 설치 · 운영 사업
3. 자율주행자동차의 안전, 운행 지원을 위한 인프라 및 자율주행 기반 교통물류체계 관련 산업의 육성에 필요한 사업
4. 그 밖에 자율주행 기반 교통물류체계 발전을 위하여 필요한 사업으로서 국토교통부령으로 정하는 사업

제24조 (기술개발을 위한 지원시책)

① 국토교통부장관은 자율주행자동차의 안전, 운행 지원을 위한 인프라 및 자율주행 기반 교통물류체계 관련 기술개발을 촉진하기 위하여 다음 각 호의 사항에 관한 지원시책을 수립하여 추진할 수 있다.

1. 자율주행자동차의 안전, 운행 지원을 위한 인프라 및 자율주행 기반 교통물류체계 관련 국내외 기술개발 정보의 수집 및 제공
2. 자율주행자동차의 안전, 운행 지원을 위한 인프라 및 자율주행 기반 교통물류체계 관련 핵심기술에 관한 연구개발 등

② 국토교통부장관은 제1항에 따른 기술개발을 추진하기 위하여 다음 각 호의 어느 하나에 해당하는 자로 하여금 연구개발사업을 하게 할 수 있다.

1. 국공립 연구기관
2. 「과학기술분야 정부출연연구기관 등의 설립 · 운영 및 육성에 관한 법률」 제8조에 따라 설립된 연구기관
3. 「특정연구기관 육성법」 제2조에 따른 특정연구기관
4. 「산업기술혁신 촉진법」 제42조에 따른 전문생산기술연구소
5. 「산업기술연구조합 육성법」에 따른 산업기술연구조합
6. 「고등교육법」 제2조에 따른 대학, 산업대학, 전문대학 또는 기술대학
7. 「기초연구진흥 및 기술개발지원에 관한 법률」 제14조의2제1항에 따라 인정받은 기업부설연구소
8. 자율주행자동차와 관련된 기관 · 단체 또는 사업자로서 대통령령으로 정하는 자

제25조 (전문인력의 양성)

① 국토교통부장관은 자율주행자동차의 안전, 운행 지원을 위한 인프라 및 자율주행 기반 교통물류체계의 발전에 필요한 전문인력을 양성하는 데 노력하여야 한다.

② 국토교통부장관은 제1항에 따른 전문인력의 양성을 위하여 「고등교육법」 제2조에 따른 대학, 산업대학, 전문대학 또는 기술대학, 자율주행자동차에 관한 연구 활동 등을 목적으로 설립된 연구소·기관 또는 단체를 전문인력 양성기관으로 지정하여 교육 및 훈련을 실시하게 할 수 있다.

③ 국토교통부장관은 제2항에 따라 전문인력 양성기관으로 지정된 자가 다음 각 호의 어느 하나에 해당하는 경우에는 그 지정을 취소할 수 있다. 다만, 제1호에 해당하면 그 지정을 취소하여야 한다.

1. 거짓이나 그 밖의 부정한 방법으로 지정을 받은 경우
2. 지정요건에 적합하지 아니하게 된 경우
3. 정당한 사유 없이 1년 이상 전문인력 양성업무를 하지 아니한 경우

④ 국토교통부장관은 제2항에 따라 지정된 전문인력 양성기관에 대하여 대통령령으로 정하는 바에 따라 예산의 범위에서 필요한 지원을 할 수 있다.

⑤ 제2항에 따른 전문인력 양성기관의 지정 기준·절차 등에 필요한 사항은 국토교통부령으로 정한다. <개정 2021. 7. 27.>

제26조 (해외진출 및 국제협력)

① 국토교통부장관은 자율주행자동차의 안전, 운행 지원을 위한 인프라 및 자율주행 기반 교통물류체계 관련 국제협력 및 해외시장 진출을 위하여 관련 기술 및 인력의 국제교류, 국제전시회 참가, 국제표준화, 국제공동연구개발 등의 사업을 지원할 수 있다.

② 국토교통부장관은 대통령령으로 정하는 기관이나 단체로 하여금 제1항의 사업을 수행하게 할 수 있으며 필요한 예산을 지원할 수 있다.

제4장 자율주행자동차의 안전성 확보를 위한 자율협력주행 인증 <신설 2021. 7. 27.>

제27조 (자율협력주행 인증관리센터의 설치·운영 등)

① 국토교통부장관은 자율협력주행 인증의 안전성 및 신뢰성을 확보하기 위하여 다음 각 호의 업무를 수행한다.

1. 제28조에 따라 지정받은 인증기관 및 제29조에 따라 지정받은 검증기관에 대한 관리·감독
2. 제34조제1항에 따른 안전조치 이행에 대한 점검
3. 자율협력주행 인증 관련 기술 개발·보급 및 표준화 연구

4. 자율협력주행 인증 관련 제도 연구 및 국제협력 지원
5. 그 밖에 자율협력주행 인증 관리업무를 위하여 필요한 사항

② 국토교통부장관은 제1항에 따른 업무를 효율적으로 수행하기 위하여 자율협력주행 인증관리센터(이하 "인증관리센터"라 한다)를 설치·운영할 수 있다.

③ 국토교통부장관은 인증관리센터의 설치·운영을 「한국교통안전공단법」에 따른 한국교통안전공단에 위탁할 수 있다.

④ 인증관리센터의 설치·운영 등에 필요한 사항은 대통령령으로 정한다.

[본조신설 2021. 7. 27.] [종전 제27조는 제41조로 이동 <2021. 7. 27.>]

제28조 (인증기관의 지정 등)

① 국토교통부장관은 자율협력주행 인증업무를 안전하고 신뢰성 있게 수행할 능력이 있다고 인정되는 자를 대통령령으로 정하는 바에 따라 인증기관으로 지정할 수 있다.

② 인증기관으로 지정받을 수 있는 자는 지방자치단체, 공공기관 또는 법인에 한정한다. 다만, 다음 각 호의 어느 하나에 해당하는 자는 인증기관으로 지정받을 수 없다.

1. 임원 중 다음 각 목의 어느 하나에 해당하는 사람이 있는 법인
   가. 금고 이상의 실형을 선고받고 그 집행이 끝나거나(집행이 끝난 것으로 보는 경우를 포함한다) 집행이 면제된 날부터 2년이 지나지 아니한 사람
   나. 금고 이상의 형의 집행유예를 선고받고 그 집행유예기간 중에 있는 사람
   다. 법원의 판결 또는 다른 법률에 따라 자격이 상실 또는 정지된 사람
   라. 제32조에 따라 지정이 취소된 법인의 지정취소 당시 임원이었던 사람으로서 그 법인의 지정이 취소된 후 2년이 지나지 아니한 사람
2. 제32조에 따라 지정이 취소된 후 2년이 지나지 아니한 법인

③ 인증기관으로 지정을 받으려는 자는 기술능력·재정능력·시설 및 장비 등 대통령령으로 정하는 지정기준을 갖추어야 한다.

④ 인증기관은 제30조에 따른 인증관리기준에서 정하는 바에 따라 인증과 관련한 수수료를 받을 수 있다.

⑤ 제4항에 따라 징수된 수수료 중 제30조에 따른 인증관리기준에서 정하는 비율에 해당하는 금액은 제27조제3항에 따라 위탁받은 기관과 제29조에 따른 검증기관에 각각 귀속되고, 이를 제외한 나머지 금액은 인증기관에 귀속된다.

[본조신설 2021. 7. 27.] [종전 제28조는 제42조로 이동 <2021. 7. 27.>]

제29조 (검증기관의 지정 등)

① 국토교통부장관은 자율협력주행 과정에서 발생하는 정보의 이상 유무를 탐지·판단하여 관리할 수 있다고 인정되는 자를 검증기관으로 지정할 수 있다.

② 검증기관에 관하여는 제28조제2항, 제30조제3호, 제31조제1항제3호 · 제4호 · 제6호 · 제7호, 같은 조 제2항부터 제5항까지, 제32조제1항, 제33조제1호부터 제4호까지, 제34조, 제35조, 제38조 및 제51조제2호를 준용한다. <개정 2024. 3. 19.>

③ 검증기관의 지정 기준 · 절차, 검증방법 등 업무수행방법, 정보의 이상 유무에 대한 검증 기준 · 절차, 그 밖에 필요한 사항은 대통령령으로 정한다.

[본조신설 2021. 7. 27.] [종전 제29조는 제43조로 이동 <2021. 7. 27.>]

제30조 (자율협력주행 인증관리기준)

국토교통부장관은 자율협력주행 인증업무의 안전성 및 신뢰성을 확보하기 위하여 다음 각 호의 사항이 포함된 자율협력주행 인증관리기준(이하 "인증관리기준"이라 한다)을 정하여 고시하여야 한다.

1. 자율협력주행 인증업무의 방법 및 절차에 관한 사항
2. 인증서의 유효기간에 관한 사항
3. 인증기관 시설기준 및 정보의 관리방법에 관한 사항
4. 수수료의 종류 · 요율 · 금액 등에 관한 사항
5. 그 밖에 인증서의 운영 · 관리 및 자율협력주행 인증업무에 관한 사항

[본조신설 2021. 7. 27.]

제31조 (자율협력주행 인증업무준칙 등)

① 인증기관은 자율협력주행 인증업무를 개시하기 전에 인증관리기준에 따라 다음 각 호의 사항이 포함된 자율협력주행 인증업무준칙(이하 "인증업무준칙"이라 한다)을 작성하여 국토교통부장관에게 신고하여야 하며, 인증업무준칙에서 정한 사항을 준수하여야 한다.

1. 인증서의 종류
2. 자율협력주행 인증업무의 방법 및 절차
3. 자율협력주행 인증업무 관련 정보의 관리 및 공고방법
4. 자율협력주행 인증업무에 관한 시설 · 장비의 기준 및 보호방법
5. 제39조제2항에 따른 보험 · 공제 가입 또는 준비금 적립 등의 조치방법 및 손해배상책임에 관한 사항
6. 가입자의 개인정보 보호에 관한 사항
7. 그 밖에 자율협력주행 인증업무 수행에 필요한 사항

② 인증기관은 제1항에 따라 신고한 사항을 변경하는 경우 국토교통부령으로 정하는 기간 내에 이를 국토교통부장관에게 변경신고하여야 한다.

③ 국토교통부장관은 제1항에 따른 신고 또는 제2항에 따른 변경신고를 받은 경우 그 내용을 검토하여 인증관리기준에 적합하면 신고 또는 변경신고를 수리하여야 한다.

④ 국토교통부장관은 제1항에 따라 신고한 인증업무준칙의 내용이 인증관리기준에 위반되는 경우

해당 인증기관에 국토교통부령으로 정하는 기간 내에 인증업무준칙을 변경하도록 명할 수 있다.

⑤ 인증업무준칙의 신고 및 변경신고의 절차와 방법 등에 필요한 사항은 대통령령으로 정한다.

[본조신설 2021. 7. 27.]

제32조 (자율협력주행 인증업무의 정지 및 지정취소 등)

① 국토교통부장관은 인증기관이 다음 각 호의 어느 하나에 해당하는 경우에는 그 지정을 취소하거나 6개월 이내의 기간을 정하여 자율협력주행 인증업무의 전부 또는 일부의 정지를 명할 수 있다. 다만, 제1호부터 제4호까지 및 제8호의 경우에는 지정을 취소하여야 한다.

1. 거짓 또는 그 밖의 부정한 방법으로 제28조에 따른 지정을 받은 경우
2. 이 조에 따른 업무정지명령을 위반하여 업무정지 기간 중 자율협력주행 인증업무를 한 경우
3. 제28조제3항에 따른 기준을 갖추지 아니한 경우(기준을 갖추지 아니한 날부터 6개월 이내에 기준을 충족시킨 경우는 제외한다)
4. 임원 중 제28조제2항제1호 각 목의 어느 하나에 해당하는 사람이 있는 경우(결격사유에 해당된 날부터 6개월 이내에 그 임원을 바꾸어 임명한 경우는 제외한다)
5. 제28조에 따른 지정을 받은 날부터 3개월 이내에 자율협력주행 인증업무를 개시하지 아니하거나 3개월 이상 계속하여 자율협력주행 인증업무를 하지 아니한 경우
6. 제31조제4항에 따른 인증업무준칙 변경명령을 위반한 경우
7. 제33조에 따른 시정명령을 정당한 사유 없이 이행하지 아니한 경우
8. 인증기관이 스스로 지정취소를 신청하는 경우

② 제1항에 따라 지정이 취소된 인증기관은 가입자의 동의를 받아 제36조제2호에 따라 효력이 소멸되는 인증서에 관련된 정보를 국토교통부장관이 지정하는 인증기관 또는 인증관리센터에 인계하여야 한다.

③ 제1항에 따른 처분의 기준과 절차는 대통령령으로 정하고, 제2항에 따른 인계에 필요한 사항은 국토교통부령으로 정한다.

[본조신설 2021. 7. 27.]

제33조 (시정명령)

국토교통부장관은 인증기관이 다음 각 호의 어느 하나에 해당하는 경우에는 대통령령으로 정하는 바에 따라 기간을 정하여 시정조치를 명할 수 있다.

1. 인증관리기준에서 정한 사항을 준수하지 아니한 경우
2. 제31조에 따른 신고 또는 변경신고를 하지 아니하거나 신고수리한 인증업무준칙을 준수하지 아니한 경우
3. 제34조제1항에 따른 안전조치를 이행하지 아니하거나 안전조치가 미흡한 경우
4. 제35조제1항에 따른 장애예방·대응계획을 수립하지 아니하거나 같은 조 제4항에 따른 장애발생

신고를 하지 아니한 경우

5. 제37조제1항 각 호에 따른 사유가 발생하였음에도 불구하고 해당 인증서를 폐지하지 아니하거나 같은 조 제2항에 따라 그 사실을 확인할 수 있는 조치를 취하지 아니한 경우
6. 제39조제2항에 따른 보험 또는 공제에 가입하지 아니하거나 준비금을 적립하는 등 필요한 조치를 하지 아니한 경우

[본조신설 2021. 7. 27.]

제34조 (시설 및 장비에 대한 안전조치 이행 의무)

① 인증기관은 자율협력주행 인증업무에 관한 시설 및 장비의 안정성 확보를 위하여 국토교통부령으로 정하는 바에 따라 기술적·관리적 및 물리적 조치(이하 "안전조치"라 한다)를 하여야 한다.

② 인증기관은 제1항에 따른 안전조치에 관하여 매년 정기적으로 점검하고, 그 결과를 국토교통부장관에게 보고하여야 한다.

③ 국토교통부장관은 인증기관의 안전조치 이행 여부를 확인하기 위하여 필요하다고 인정하는 때에는 해당 인증기관에 대하여 관련 자료를 제출하게 하거나 관계 공무원으로 하여금 인증기관의 사무실·사업장, 그 밖에 필요한 장소에 출입하여 그 시설 및 장비와 장부·서류, 그 밖의 물건을 검사하게 할 수 있다.

④ 제3항에 따른 검사를 하려는 공무원은 검사를 개시하기 7일 전까지 일시·목적 및 내용 등을 포함한 검사계획을 해당 인증기관에 통지하여야 한다. 다만, 긴급히 검사하여야 하거나 사전에 알리면 검사목적을 달성할 수 없다고 인정하는 경우에는 그러하지 아니하다.

⑤ 제2항에 따른 점검 결과보고의 절차·방법, 제3항에 따른 자료 제출과 검사의 절차·방법 및 제4항에 따른 검사계획의 통지 등에 필요한 사항은 국토교통부령으로 정한다.

[본조신설 2021. 7. 27.]

제35조 (자율협력주행 인증업무의 장애예방·대응계획 등)

① 인증기관은 자율협력주행 인증업무를 안정적으로 수행하기 위하여 위험 탐지 및 관리방안 등이 포함된 장애예방·대응계획을 수립하여야 한다.

② 제1항에 따라 장애예방·대응계획을 수립한 인증기관은 지체 없이 국토교통부장관에게 수립된 계획을 제출하여야 한다.

③ 국토교통부장관은 제2항에 따라 제출된 장애예방·대응계획을 검토한 결과 이를 수정·보완할 필요가 있는 경우에는 해당 인증기관에 수정·보완을 요청할 수 있다. 이 경우 요청을 받은 인증기관은 특별한 사유가 없으면 장애예방·대응계획을 수정·보완하여 국토교통부장관에게 제출하여야 한다.

④ 인증기관은 자율협력주행 인증업무에 장애가 발생한 경우에는 지체 없이 그 사실을 국토교통부장관에게 신고하고 신속히 장애를 복구할 수 있는 대책을 마련하여야 한다.

⑤ 그 밖에 자율협력주행 인증업무의 장애예방·대응계획의 수립, 장애발생 신고 및 복구의 방법·절차 등 필요한 사항은 대통령령으로 정한다.

[본조신설 2021. 7. 27.]

제36조 (인증서 효력의 소멸 등)

인증서는 다음 각 호의 어느 하나에 해당하는 사유가 발생한 때에는 그 효력이 소멸된다.

1. 인증서의 유효기간이 경과한 경우
2. 제32조제1항에 따라 인증서를 발급한 인증기관의 지정이 취소된 경우
3. 제37조제1항에 따라 인증서가 폐지된 경우

[본조신설 2021. 7. 27.]

제37조 (인증서의 폐지)

① 인증기관은 다음 각 호의 어느 하나에 해당하는 사유가 발생한 경우에는 인증서를 폐지하여야 한다.

1. 검증기관이 검증한 결과 인증서를 폐지하여야 한다고 판단한 경우
2. 인증기관이 인증서의 신뢰성이나 유효성을 보장할 수 없는 사유가 발생한 사실을 인지한 경우

② 인증기관은 제1항에 따라 인증서가 폐지된 경우 그 사실을 확인할 수 있도록 대통령령으로 정하는 바에 따라 지체 없이 필요한 조치를 취하여야 한다.

[본조신설 2021. 7. 27.]

제38조 (과징금의 부과)

① 국토교통부장관은 인증기관이 제32조제1항 각 호의 어느 하나에 해당하여 업무정지 처분을 하여야 하는 경우 그 업무정지 처분이 가입자에게 심한 불편을 주거나 그 밖에 공익을 해칠 우려가 있는 때에는 그 업무정지 처분을 갈음하여 2천만원 이하의 과징금을 부과·징수할 수 있다.

② 제1항에 따라 과징금을 부과하는 위반행위의 종류·정도 등에 따른 과징금의 금액, 그 밖에 필요한 사항은 대통령령으로 정한다.

③ 국토교통부장관은 제1항에 따라 과징금 부과처분을 받은 자가 과징금을 기한까지 내지 아니하는 경우 국세 강제징수의 예에 따라 징수한다.

[본조신설 2021. 7. 27.]

제39조 (배상책임 및 보험가입)

① 인증기관은 자율협력주행 인증업무 수행으로 인하여 가입자 또는 제3자에게 인적·물적 손해를 발생하게 한 때에는 그 손해를 배상할 책임이 있다. 다만, 인증기관이 그 업무수행과 관련하여 고의 또는 과실이 없음을 입증하는 경우에는 그러하지 아니하다.

② 인증기관은 제1항에 따른 손해배상책임의 이행을 보장하기 위하여 대통령령으로 정하는 바에 따라 보험 또는 공제에 가입하거나 준비금을 적립하는 등 필요한 조치를 하여야 한다.

제5장 자율주행자동차의 적합성 승인 등 <신설 2024. 3. 19.>

제40조 (자율주행자동차의 성능인증)

① 국토교통부장관은 「자동차관리법」 제30조제2항에 따라 등록한 자(이하 "자동차제작자등"이라 한다)가 제작·조립 또는 수입하려는 자율주행자동차의 구조와 장치에 관한 형상, 규격 및 성능 등(이하 "형식"이라 한다)에 대한 자동차안전기준이 없는 경우에는 해당 자율주행자동차에 대하여 안전성 등 성능을 인증(이하 "성능인증"이라 한다)할 수 있다.

② 자동차제작자 등이 성능인증을 받은 사항 중 대통령령으로 정하는 안전 및 성능에 영향을 주는 중요한 사항을 변경하려는 경우에는 국토교통부장관의 변경인증을 받아야 한다. 다만, 국토교통부령으로 정하는 경미한 사항을 변경하는 경우에는 국토교통부장관에게 신고하여야 한다.

③ 국토교통부장관은 성능인증과 제2항에 따른 변경인증을 위하여 해당 자율주행자동차의 자율주행시스템이 운행가능영역(자율주행시스템이 주어진 조건에서 정상적이고 안전하게 작동될 수 있는 작동영역을 말한다. 이하 같다)에서 정상적으로 작동하는지 확인(이하 "운행가능영역 확인"이라 한다)하고 안전운행 성능에 대한 시험(이하 "안전운행성능시험"이라 한다)을 실시할 수 있다. 이 경우 국토교통부장관은 제49조제1항에 따른 전담기관으로 하여금 운행가능영역 확인 및 안전운행 성능시험을 대행하게 할 수 있다.

④ 성능인증 및 제2항에 따른 변경인증의 기준·대상·방법 및 그 밖에 필요한 사항은 대통령령으로 정한다.

[본조신설 2024. 3. 19.] [종전 제40조는 제51조로 이동 <2024. 3. 19.>]

제41조 (성능인증을 받은 자율주행자동차의 적합성 승인)

① 성능인증을 받은 자율주행자동차를 다음 각 호의 어느 하나에 해당하는 자로서 대통령령으로 정하는 자가 운행하려면 해당 자율주행자동차의 형식이 운행예정구역의 도로·기상·통신 등 운행 환경과 적합한지에 대하여 국토교통부장관의 승인(이하 "적합성 승인"이라 한다)을 받아 「자동차관리법」 제5조 및 제8조에 따라 등록하여야 한다.

1. 「공공기관의 정보공개에 관한 법률」 제2조제3호에 따른 공공기관
2. 여객자동차 운송사업자(「여객자동차 운수사업법」 제4조제1항에 따라 여객자동차운송사업의 면허를 받거나 등록을 한 자를 말한다)
3. 화물자동차 운송사업자(「화물자동차 운수사업법」 제3조제1항에 따라 화물자동차 운송사업

의 허가를 받은 자를 말한다)

② 국토교통부장관은 적합성 승인을 할 때에는 교통안전 확보를 위하여 필요한 조건 또는 기간을 붙일 수 있다.

③ 적합성 승인을 받은 자가 해당 자율주행자동차를 「자동차관리법」 제8조에 따라 신규등록(말소등록 후 다시 신규등록을 하는 경우는 제외한다)하는 경우에는 같은 법 제43조제1항제1호에 따른 신규검사를 받은 것으로 본다.

④ 적합성 승인을 받은 자가 적합성 승인을 받은 사항 중 대통령령으로 정하는 중요한 사항을 변경하려는 경우에는 국토교통부장관의 변경승인을 받아야 한다. 다만, 국토교통부령으로 정하는 경미한 사항을 변경하는 경우에는 국토교통부장관에게 신고하여야 한다.

⑤ 적합성 승인을 받은 자는 적합성 승인 또는 제4항에 따른 변경승인을 받은 운행 목적 · 용도 및 범위에서 해당 자율주행자동차를 운행하여야 한다.

⑥ 적합성 승인 및 제4항에 따른 변경승인의 기준 · 방법 및 그 밖에 필요한 사항은 대통령령으로 정한다.

[본조신설 2024. 3. 19.] [종전 제41조는 제52조로 이동 <2024. 3. 19.>]

제42조 (성능인증 및 적합성 승인 취소 등)

① 국토교통부장관은 다음 각 호의 어느 하나에 해당하는 경우 성능인증을 취소할 수 있다. 다만, 제1호에 해당하는 경우에는 성능인증을 취소하여야 한다.

1. 거짓 또는 그 밖의 부정한 방법으로 성능인증을 받은 경우
2. 제2항제5호 또는 제6호에 해당하여 적합성 승인 취소 또는 운행 제한이 된 경우
3. 제40조제4항에 따른 인증기준에 적합하지 아니하거나 설계 · 제조 또는 성능상의 문제로 안전운행에 지장이 있는 경우

② 국토교통부장관은 다음 각 호의 어느 하나에 해당하는 사유가 있다고 인정되면 적합성 승인을 취소하거나 운행 제한을 명할 수 있다. 다만, 제1호 또는 제2호에 해당하는 경우에는 적합성 승인을 취소하여야 한다.

1. 거짓 또는 그 밖의 부정한 방법으로 적합성 승인을 받은 경우
2. 제1항에 따라 성능인증이 취소된 경우
3. 제41조제2항에 따른 조건이나 기간을 위반한 경우
4. 제41조제5항을 위반하여 자율주행자동차를 운행한 경우
5. 적합성 승인을 받아 운행 중 교통사고가 발생하여 안전운행에 지장이 있다고 판단되는 경우
6. 제46조제1항에 따른 조사 결과 교통사고를 유발할 가능성이 높다고 판단되는 경우

③ 국토교통부장관은 제2항제5호에 해당하여 적합성 승인을 취소하거나 운행 제한을 명한 경우에는 자동차제작자 등에게 제45조에 따른 조치를 할 것을 명할 수 있다.

④ 제1항에 따른 성능인증의 취소와 제2항에 따른 적합성 승인의 취소 및 운행 제한 명령 등에 필요한

사항은 대통령령으로 정한다.

[본조신설 2024. 3. 19.] [종전 제42조는 제53조로 이동 <2024. 3. 19.>]

제43조 (적합성 승인을 받은 자의 책무)

① 적합성 승인을 받은 자는 해당 자율주행자동차의 운행으로 인하여 발생할 수 있는 인적 · 물적 손해를 배상하기 위하여 대통령령으로 정하는 보험에 가입하여야 한다.

② 적합성 승인을 받은 자는 제46조에 따른 사고기록장치 및 자율주행정보 기록장치에 기록된 내용을 대통령령으로 정하는 기간 이상 보관하여야 한다. 이 경우 사고기록장치 및 자율주행정보 기록장치와 그 기록된 내용을 변조(變造) 또는 훼손하여서는 아니 된다.

③ 적합성 승인을 받은 자는 국토교통부령으로 정하는 바에 따라 해당 자율주행자동차에 대하여 정기검사(신규등록 후 일정 기간마다 정기적으로 실시하는 검사를 말한다. 이하 같다)를 받아야 한다.

④ 적합성 승인을 받은 자는 대통령령으로 정하는 바에 따라 해당 자율주행자동차의 안전운행에 필요한 기술적 · 관리적 및 물리적 조치(이하 "안전운행 조치"라 한다)를 하여야 한다.

⑤ 제4항에 따른 안전운행 조치 이행 의무에 대하여는 제34조제2항부터 제4항까지를 준용한다. 이 경우 "인증기관"은 "적합성 승인을 받은 자"로 본다.

[본조신설 2024. 3. 19.] [종전 제43조는 제54조로 이동 <2024. 3. 19.>]

제44조 (자동차제작자 등의 책임)

① 자동차제작자 등은 성능인증을 받은 자율주행자동차를 판매하는 경우 다음 각 호의 사항을 준수하여야 한다.

1. 자율주행시스템의 운행가능영역에 대하여 설명하고 관계 자료를 제공할 것
2. 국토교통부령으로 정하는 바에 따라 사고기록장치 및 자율주행정보 기록장치를 장착할 것
3. 국토교통부령으로 정하는 바에 따라 필요한 시설 및 기술인력을 확보하고 대통령령으로 정하는 사후관리에 관한 조치를 할 것

② 국토교통부장관은 제1항에 따른 준수사항의 이행 여부를 국토교통부령으로 정하는 바에 따라 점검하고 보완이 필요한 사항에 대하여 자동차제작자 등에게 시정을 명할 수 있다.

[본조신설 2024. 3. 19.] [종전 제44조는 제55조로 이동 <2024. 3. 19.>]

제45조 (제작 결함의 시정 등)

① 자동차제작자 등은 성능인증을 받은 자율주행자동차가 제40조제4항에 따른 성능인증 기준에 적합하지 아니하거나 설계 · 제조 또는 성능상의 문제로 안전에 지장을 주는 등 국토교통부령으로 정하는 결함이 있는 경우에는 그 사실을 안 날부터 적합성 승인을 받은 자가 그 사실과 그에 따른 시정조치 계획을 명확히 알 수 있도록 우편발송, 휴대전화를 이용한 문자메시지 전송 등

국토교통부령으로 정하는 바에 따라 지체 없이 그 사실을 공개하고 시정조치를 하여야 한다.

② 제1항에 따른 결함과 그 공개 및 시정에 대한 절차와 방법에 대하여는 「자동차관리법」 제31조제3항 본문, 제4항, 제5항 본문, 제6항부터 제12항까지 및 같은 법 제31조의2를 준용한다. 이 경우 "성능시험대행자"는 "제49조제1항에 따른 전담기관"으로 본다.

[본조신설 2024. 3. 19.]

제46조 (자율주행자동차 운행을 위한 관리 조치 등)

① 국토교통부장관은 적합성 승인을 받은 자율주행자동차의 안전한 운행 등을 위하여 필요한 경우 적합성 승인을 받은 자와 자동차제작자 등에게 사고기록장치 및 자율주행정보 기록장치에 기록된 내용 등 대통령령으로 정하는 정보 및 자료를 요청할 수 있으며 요청을 받은 자는 특별한 사유가 없으면 이에 따라야 한다. 이 경우 국토교통부장관은 제49조제1항에 따른 전담기관에 전단에 따른 정보 및 자료에 대한 확인 조사를 하게 할 수 있다.

② 국토교통부장관은 고장, 기능장애 및 자율주행시스템의 운행가능영역의 이탈 등 적합성 승인을 받은 자율주행자동차의 안전운행에 영향을 미치는 운행상황을 모니터링할 수 있다.

③ 국토교통부장관은 「여객자동차 운수사업법」 제19조제2항 또는 「화물자동차 운수사업법」 제19조제1항제11호 및 제32조제1항제12호에 따른 중대한 교통사고가 발생한 경우 해당 적합성 승인을 받은 자에게 국토교통부령으로 정하는 바에 따라 임시검사를 명하여야 한다.

④ 제1항부터 제3항까지에서 규정한 사항 외에 적합성 승인을 받은 자율주행자동차 운행을 위한 관리 조치에 필요한 사항은 대통령령으로 정한다.

[본조신설 2024. 3. 19.]

제47조 (자율주행시스템의 무단 해체 및 조작 금지)

① 누구든지 성능인증을 받은 자율주행자동차의 자율주행시스템을 무단으로 해체하거나 조작하여서는 아니 된다. 다만, 자동차제작자 등이 성능인증을 받은 자율주행자동차의 성능개선을 위하여 자율주행시스템을 변경하는 경우에는 그러하지 아니하다.

② 제1항 단서에 따라 변경하려는 자율주행시스템의 범위 및 절차 등에 필요한 사항은 대통령령으로 정한다.

[본조신설 2024. 3. 19.]

제48조 (자동차관리의 특례)

제40조부터 제47조까지에서 규정한 사항 외에 성능인증을 받으려는 자율주행자동차의 자동차자기인증, 적합성 승인을 받은 자율주행자동차의 점검·정비 및 검사 등에 필요한 사항은 대통령령으로 정한다.

[본조신설 2024. 3. 19.]

제49조 (전담기관의 지정 등)

① 국토교통부장관은 자율주행자동차의 안전 확보 및 상용화 지원을 위하여 「한국교통안전공단법」에 따른 한국교통안전공단을 다음 각 호의 업무를 전담하는 기관(이하 "전담기관"이라 한다)으로 지정할 수 있다.

1. 운행가능영역 확인 및 안전운행성능시험의 대행
2. 제41조제6항에 따른 적합성 승인 기준 및 변경승인 기준에 맞는지에 대한 심사
3. 제43조제3항에 따른 정기검사
4. 제46조제3항에 따른 임시검사
5. 제50조에 따른 통합정보시스템 구축·운영
6. 그 밖에 자율주행자동차의 안전 확보 및 상용화 지원을 위하여 국토교통부장관이 필요하다고 인정하는 업무

② 정부는 예산의 범위에서 전담기관의 운영에 필요한 자금을 출연하거나 지원할 수 있다.

③ 전담기관은 다음 각 호의 자에 대하여 대통령령으로 정하는 바에 따라 수수료를 받을 수 있다.

1. 성능인증 및 제40조제2항에 따른 변경인증을 받으려는 자
2. 제41조제6항에 따른 적합성 승인 기준 및 변경승인 기준에 맞는지에 대한 심사를 받으려는 자
3. 제43조제3항에 따른 정기검사를 받으려는 자
4. 제46조제3항에 따른 임시검사를 받으려는 자

④ 그 밖에 전담기관의 지정 및 운영 등에 필요한 사항은 대통령령으로 정한다.

[본조신설 2024. 3. 19.]

제6장 보칙 <신설 2024. 3. 19.>

제50조 (자율주행자동차 통합정보시스템)

① 국토교통부장관은 자율주행자동차의 안전한 운행기반 조성 및 상용화 지원을 위하여 다음 각 호의 정보를 처리하는 통합정보시스템을 구축·운영할 수 있다.

1. 제5조에 따른 현황조사 정보
2. 제7조에 따른 시범운행지구의 지정 등에 관한 정보
3. 성능인증에 관한 정보
4. 적합성 승인에 관한 정보
5. 제46조제1항에 따라 적합성 승인을 받은 자와 자동차제작자등으로부터 받은 정보 및 자료
6. 그 밖에 자율주행자동차의 안전한 운행기반 조성 및 상용화 지원을 위하여 국토교통부령으로 정하는 정보

② 제1항에 따른 통합정보시스템의 구축·운영에 필요한 사항은 국토교통부령으로 정한다.
[본조신설 2024. 3. 19.]

제51조 (청문)

국토교통부장관은 다음 각 호의 어느 하나에 해당하는 처분을 하려는 경우에는 청문을 하여야 한다. <개정 2024. 3. 19.>

1. 제25조제3항에 따른 전문인력 양성기관의 지정취소
2. 제32조제1항(같은 항 제8호는 제외한다)에 따른 인증기관의 지정취소
3. 성능인증의 취소
4. 적합성 승인의 취소

[본조신설 2021. 7. 27.] [제40조에서 이동 <2024. 3. 19.>]

제52조 (권한의 위임 및 업무의 위탁)

① 이 법에 따른 국토교통부장관의 권한은 대통령령으로 정하는 바에 따라 그 일부를 시·도지사 또는 소속기관의 장에게 위임할 수 있다.
② 이 법에 따른 국토교통부장관의 업무는 대통령령으로 정하는 바에 따라 그 일부를 위탁업무를 수행하는 데에 필요한 인력과 장비를 갖춘 기관에 위탁할 수 있다.
[제41조에서 이동 <2024. 3. 19.>]

제53조 (벌칙 적용에서 공무원 의제)

다음 각 호의 어느 하나에 해당하는 자는 「형법」 제127조 및 제129조부터 제132조까지의 규정에 따른 벌칙을 적용할 때에는 공무원으로 본다. <개정 2024. 3. 19.>

1. 위원회 위원 중 공무원이 아닌 위원
2. 성능인증 업무에 종사하는 사람
3. 적합성 승인 업무에 종사하는 사람

[제42조에서 이동 <2024. 3. 19.>]

제7장 벌칙 <신설 2024. 3. 19.>

제54조 (벌칙)

① 제45조제1항을 위반하여 결함을 은폐·축소 또는 거짓으로 공개하거나 결함사실을 안 날부터 지체 없이 그 결함을 시정하지 아니한 자는 10년 이하의 징역 또는 1억원 이하의 벌금에 처한다.

<신설 2024. 3. 19.>

② 제47조제1항을 위반하여 자율주행시스템을 무단으로 해체하거나 조작한 자는 3년 이하의 징역 또는 3천만원 이하의 벌금에 처한다. <신설 2024. 3. 19.>

③ 제19조 또는 제43조제1항을 위반하여 보험에 가입하지 아니한 자는 2년 이하의 징역 또는 2천만원 이하의 벌금에 처한다. <개정 2024. 3. 19.>

④ 다음 각 호의 어느 하나에 해당하는 자는 1년 이하의 징역 또는 1천만원 이하의 벌금에 처한다. <신설 2024. 3. 19.>

1. 성능인증을 거짓 또는 그 밖에 부정한 방법으로 받은 자
2. 제42조제2항・제3항 또는 제44조제2항에 따른 명령을 위반한 자

⑤ 제46조제3항에 따른 임시검사 명령을 이행하지 아니한 자는 100만원 이하의 벌금에 처한다. <신설 2024. 3. 19.>

[제43조에서 이동 <2024. 3. 19.>]

제55조 (과태료)

① 다음 각 호의 어느 하나에 해당하는 자에게는 2천만원 이하의 과태료를 부과한다. <신설 2024. 3. 19.>

1. 제43조제2항을 위반하여 사고기록장치 및 자율주행정보 기록장치에 기록된 내용을 정하여진 기간 이상 보관하지 아니하거나 사고기록장치 및 자율주행정보 기록장치와 그 기록된 내용을 변조 또는 훼손한 자
2. 제43조제4항을 위반하여 안전운행 조치를 하지 아니한 자
3. 제46조제1항에 따른 정보 및 자료를 제출하지 아니하거나 거짓으로 제출한 자

② 다음 각 호의 어느 하나에 해당하는 자에게는 500만원 이하의 과태료를 부과한다. <개정 2024. 3. 19.>

1. 제32조제2항을 위반하여 정당한 사유 없이 제36조제2호에 따라 효력이 소멸되는 인증서에 관련된 정보를 인계하지 아니한 자
2. 제34조제3항(제29조제2항에서 준용하는 경우를 포함한다)을 위반하여 자료를 제출하지 아니하거나 거짓으로 자료를 제출한 자 또는 관계 공무원의 출입・검사를 거부・방해 또는 기피한 자
3. 제35조제1항(제29조제2항에서 준용하는 경우를 포함한다)을 위반하여 자율협력주행 인증업무의 장애예방・대응계획을 수립하지 아니한 자
4. 제35조제4항(제29조제2항에서 준용하는 경우를 포함한다)을 위반하여 자율협력주행 인증업무의 장애발생 신고를 하지 아니한 자
5. 제39조를 위반하여 보험 또는 공제에 가입하지 아니하거나 준비금을 적립하는 등 필요한 조치를 취하지 아니한 자

③ 제43조제3항에 따른 정기검사를 받지 아니한 자에게는 100만원 이하의 과태료를 부과한다. <신설 2024. 3. 19.>

④ 제1항부터 제3항까지에 따른 과태료는 대통령령으로 정하는 바에 따라 국토교통부장관이 부과・징수한다. <개정 2024. 3. 19.>

[본조신설 2021. 7. 27.] [제44조에서 이동 <2024. 3. 19.>]

부칙 <제20391호, 2024. 3. 19.>

제1조 (시행일)

이 법은 공포 후 1년이 경과한 날부터 시행한다.

제2조 (다른 법률의 개정)

자동차관리법 일부를 다음과 같이 개정한다.

제70조 제목 외의 부분을 제1항으로 하고, 같은 조에 제2항을 다음과 같이 신설한다.

② 「자율주행자동차 상용화 촉진 및 지원에 관한 법률」 제40조에 따른 성능인증을 받으려는 자율주행자동차의 자동차자기인증 및 같은 법 제41조에 따른 적합성 승인을 받은 자율주행자동차의 점검・정비・검사에 대한 사항은 따로 법률로 정한다.

12 자율주행자동차 상용화 촉진 및 지원에 관한 법률 시행규칙

[시행 2024. 7. 10.] [국토교통부령 제1352호, 2024. 7. 9., 일부개정]

제1조 (목적)

이 규칙은 「자율주행자동차 상용화 촉진 및 지원에 관한 법률」 및 같은 법 시행령에서 위임된 사항과 그 시행에 필요한 사항을 규정함을 목적으로 한다.

제2조 (자율협력주행시스템의 지원방법)

「자율주행자동차 상용화 촉진 및 지원에 관한 법률」 (이하 "법"이라 한다) 제2조제1항제3호에 따른 자율협력주행시스템은 자율주행자동차의 자율주행기능을 지원・보완하기 위해 다음 각 호의 어느 하나에 해당하는 정보를 전자적인 방법으로 자율주행자동차의 자율주행시스템과 송신 또는 수신해야 한다. <개정 2022. 1. 28.>

1. 도로상황 정보
2. 교통상황 정보
3. 그 밖에 자유주행자동차의 안전한 운행에 필요한 정보

[제목개정 2022. 1. 28.]

제3조 (정밀도로지도의 요건)

법 제2조제1항제4호에 따른 정밀도로지도는 다음 각 호의 요건을 모두 갖추어야 한다. <개정 2022. 1. 28.>

1. 다음 각 목의 정보가 모두 포함될 것
   가. 도로 등의 위치 정보
   나. 교통시설 정보
   다. 그 밖에 자율주행자동차의 안전한 운행에 필요한 정보
2. 제1호의 공간정보를 전자적으로 처리하여 3차원 형태로 구현할 것
3. 자율주행시스템 및 자율협력주행시스템이 처리할 수 있는 표준화된 방식으로 제공될 것

제4조 (자율주행자동차 관련 현황조사)

① 국토교통부장관은 법 제5조제1항에 따른 현황조사(이하 "현황조사"라 한다)를 실시한 경우 그 내용을 「국가통합교통체계효율화법」 제17조제1항에 따라 구축된 국가교통 데이터베이스에 입력하고 이를 관리해야 한다.

② 국토교통부장관은 자율주행기반 확산을 위해 필요하다고 인정하는 경우에는 현황조사 결과를 인터넷 홈페이지를 통하여 공개할 수 있다.

③ 제1항 및 제2항에서 규정한 사항 외에 현황조사에 필요한 사항은 국토교통부장관이 정한다.

제5조 (자율주행 안전구간의 지정)

① 국토교통부장관은 법 제6조제1항에 따른 자율주행 안전구간(이하 "자율주행 안전구간"이라 한다)을 지정하는 경우에는 다음 각 호의 사항을 고려해야 하며, 필요한 경우 세부 기준을 정할 수 있다. <개정 2021. 8. 27., 2022. 1. 28.>

1. 다음 각 목의 사항이 포함된 도로구조
   가. 차로의 수·폭 및 표시
   나. 차도의 평면곡선 반지름 및 길이
   다. 차도의 평면곡선부 편경사 및 그 변화도와 확폭(확장된 폭을 말한다)
2. 자율협력주행시스템의 구축·운영 현황 및 도로여건
3. 정밀도로지도의 구축·갱신 현황
4. 그 밖에 자율주행 안전구간의 지정을 위해 국토교통부장관이 필요하다고 인정하는 사항

② 국토교통부장관은 자율주행 안전구간을 자율주행자동차의 기술단계, 구조 및 기능 등에 따라 세분하여 지정할 수 있다.

③ 국토교통부장관은 법 제6조제1항에 따라 자율주행 안전구간을 지정하려는 경우에는 관계 전문가의 의견을 들은 후 해당 도로를 관할하는 도로관리청과 지방경찰청장 등 관계기관의 장과 협의해야 한다. 지정을 변경하거나 해제하려는 경우에도 또한 같다.

④ 국토교통부장관은 자율주행 안전구간을 지정하거나 지정을 변경·해제한 경우에는 그 사실을 관보에 고시하고, 국토교통부 인터넷 홈페이지에 게재해야 한다.

⑤ 법 제6조제2항에 따른 통보 및 고지는 다음 각 호의 방법에 따라 제4항에 따른 고시일까지 해야 한다. <개정 2022. 1. 28.>

1. 해당 구간을 관할하는 도로관리청과 지방경찰청장 등 관계기관의 장 : 서면(전자문서를 포함한다)으로 통보
2. 자율주행 안전구간을 통행하는 자율주행자동차의 운전자 : 다음 각 목의 어느 하나에 해당하는 방법으로 고지
   가. 자율주행 안전구간 기점 및 종점의 도로표지로 표시
   나. 자율주행 안전구간 내의 도로전광표지로 표시

다. 「도로법」 제60조에 따른 도로교통정보체계를 통한 제공

라. 자율협력주행시스템에 의한 전자적 고지

마. 자율주행 안전구간이 기록된 전자지도 또는 정밀도로지도로 제공

3. 자율주행자동차를 제작 · 조립 · 수입 또는 관리하는 자 : 다음 각 목의 어느 하나에 해당하는 방법으로 고지

가. 자율주행 안전구간이 기록된 정밀도로지도로 제공

나. 「공공데이터의 제공 및 이용 활성화에 관한 법률」 제26조에 따른 공공데이터로 제공

다. 국토교통부 인터넷 홈페이지를 통한 공개

⑥ 제5항에 따른 통보를 받은 도로관리청과 지방경찰청장 등 관계기관의 장은 그 내용을 해당 기관 인터넷 홈페이지에 게재해야 한다.

제6조 (도로시설의 개선 등 요구)

① 법 제6조제3항에 따른 요구는 서면으로 해야 한다.

② 국토교통부장관은 법 제6조제3항에 따라 조치를 요구할 때에는 그에 필요한 재정적 · 행정적 지원을 할 수 있다.

제7조 (여객의 유상운송에 관한 특례)

① 「자율주행자동차 상용화 촉진 및 지원에 관한 법률 시행령」 (이하 "영"이라 한다) 제8조제1항에 따라 유상운송 허가를 받으려는 자는 별지 제1호서식의 자율주행자동차 여객운송 허가신청서(전자문서에 따른 신청서를 포함한다)에 다음 각 호의 서류를 첨부하여 국토교통부장관 또는 특별시장 · 광역시장 · 특별자치시장 · 도지사 · 특별자치도지사(이하 "시 · 도지사"라 한다)에게 제출해야 한다. <개정 2024. 7. 9.>

1. 다음 각 목의 사항이 포함된 자율주행자동차 여객운송계획서

가. 승차정원 및 형식 등 자율주행자동차의 제원에 관한 정보

나. 자율주행 운행가능영역

다. 유상운송에 활용하려는 자율주행자동차의 대수(臺數)

라. 운행구역 및 운임

마. 그 밖에 국토교통부장관이 교통안전 확보 및 운송질서 유지의 확인을 위해 필요하다고 정하여 고시하는 사항

2. 법 제19조에 따른 보험의 가입증서

3. 임시운행허가증 사본

② 영 제8조제1항에 따라 한정운수면허를 받으려는 자는 별지 제2호서식의 자율주행자동차 한정운수면허 신청서(전자문서에 따른 신청서를 포함한다)에 다음 각 호의 서류를 첨부하여 국토교통부장관 또는 시 · 도지사에게 제출해야 한다. <개정 2024. 7. 9.>

1. 다음 각 목의 사항이 포함된 자율주행자동차 여객운송계획서
   가. 승차정원 및 형식 등 자율주행자동차의 제원
   나. 자율주행 운행가능영역
   다. 유상운송에 활용하려는 자율주행자동차의 대수
   라. 운행노선 및 운행방법
   마. 운임
   바. 운송하려는 여객 등에 관한 업무의 범위 또는 기간
   사. 그 밖에 국토교통부장관 또는 시·도지사가 교통안전 확보 및 운송질서 유지의 확인을 위해 필요하다고 정하여 고시하는 사항
2. 법 제19조에 따른 보험의 가입증서
3. 임시운행허가증 사본

③ 법 제9조제2항 또는 제3항에 따른 유상운송 허가 및 법 제9조제5항에 따른 한정운수면허는 별지 제3호서식에 따른다. <개정 2024. 7. 9.>

제8조 (화물자동차 운송사업에 관한 특례)

① 영 제9조제1항에 따라 유상 화물운송 허가를 신청하려는 자는 별지 제4호서식의 자율주행자동차 화물운송 허가신청서(전자문서에 따른 신청서를 포함한다)에 다음 각 호의 서류를 첨부하여 국토교통부장관에게 제출해야 한다.

1. 다음 각 목의 사항이 포함된 자율주행자동차 화물운송계획서
   가. 적재량 및 형식 등 자율주행자동차의 제원에 관한 정보
   나. 자율주행 운행가능영역
   다. 유상운송에 활용하려는 자율주행자동차의 대수
   라. 운행구역 및 운임
   마. 그 밖에 국토교통부장관이 교통안전 확보 및 운송질서 유지의 확인을 위해 필요하다고 정하여 고시하는 사항
2. 법 제19조에 따른 보험의 가입증서
3. 임시운행허가증 사본

② 법 제10조에 따른 유상 화물운송 허가는 별지 제5호서식에 따른다.

제9조 (자동차 안전기준에 관한 특례)

① 법 제11조에 따른 시범운행지구에서의 운행승인을 받을 수 있는 자율주행자동차는 다음 각 호의 어느 하나에 해당하는 사유로 「자동차관리법」 제29조제1항 및 제2항에 따른 자동차안전기준 및 부품안전기준(이하 "안전기준"이라 한다)을 충족하기 어려운 자율주행자동차로 한다.

1. 운행방식상 운전자 및 탑승자와 관련된 장치를 장착하지 않거나 안전기준과 다르게 장착할

필요가 있는 경우

2. 자율주행기반 교통물류체계 운영을 위해 안전기준에 적합하지 않은 장치를 장착할 필요가 있는 경우
3. 주행속도, 운행구간 등 운행조건이 제한되어 안전기준의 일부를 적용하는 것이 필요하지 않은 경우

② 제1항 각 호의 사유에 관한 세부기준은 국토교통부장관이 정하여 고시한다.

③ 영 제10조제1항에 따라 승인을 신청하려는 자는 별지 제6호서식의 자동차 안전기준에 관한 특례 승인신청서에 다음 각 호의 서류를 첨부하여 국토교통부장관에게 제출해야 한다.

1. 시범운행지구 운행계획서
2. 영 제10조제1항에 따른 성능시험대행자의 확인서
3. 그 밖에 안전 운행 성능 확인을 위해 필요한 서류로서 국토교통부장관이 정하여 고시하는 서류

④ 법 제11조에 따른 자동차 안전기준에 관한 특례의 승인은 별지 제7호서식에 따른다.

제10조 (도로시설에 관한 특례)

① 법 제13조제1항에 따른 자율주행에 필요한 도로공사와 도로의 유지·관리의 유형은 다음 각 호와 같다.

1. 가로 등의 설치·보수
2. 도로표지 및 시선유도표지의 설치·보수
3. 차도를 구분하는 경계석 등의 설치·보수
4. 도로표면의 포장
5. 도로에 관한 정보 수집 및 제공 장치의 설치·보수

② 영 제11조제1항에서 “국토교통부령으로 정하는 허가신청서”란 별지 제8호서식을 말한다.

제11조 (규제 신속확인)

① 법 제14조제1항에 따른 규제확인(이하 “규제확인”이라 한다)을 받으려는 자는 별지 제9호서식의 규제 신속확인 신청서에 다음 각 호의 서류를 첨부하여 국토교통부장관에게 제출해야 한다. 다만, 제2호 및 제3호의 서류는 해당하는 경우에만 첨부한다.

1. 자율주행자동차 연구·시범운행 계획서
2. 규제확인이 필요한 법령 등의 내용
3. 규제확인을 신청하기 전에 시범운행지구에서 자율주행자동차를 연구·시범운행하기 위해 각종 허가·승인·인증·검증·인가 등을 신청했으나 이를 받지 못한 경우 그 관계 서류

② 법 제14조제2항에 따른 회신은 별지 제10호서식에 따른다.

제12조 (정밀도로지도의 구축 및 갱신)

법 제22조제3항에 따른 변경사항 통보에는 다음 각 호의 사항이 모두 포함되어야 한다.

1. 정밀도로지도 갱신이 필요한 노선명
2. 변경사항의 발생한 위치 및 변경내용
3. 변경사항이 발생한 장소의 지형도면, 지적도(임야도를 포함한다) 또는 도로명주소기본도
4. 그 밖에 변경사항의 확인에 필요한 자료

제13조 (전문인력의 양성)

① 법 제25조제2항에 따른 전문인력 양성기관의 지정기준은 다음 각 호와 같다.
  1. 교육과정 및 교육내용이 적정할 것
  2. 교육시설 및 교육장비를 적절하게 보유하고 있을 것
  3. 전문 교수요원을 적절하게 확보하고 있을 것
  4. 운영경비 조달계획이 타당할 것

② 국토교통부장관은 제1항에 따른 지정기준의 세부 기준을 정하여 고시할 수 있다.

③ 법 제25조제2항에 따른 전문인력 양성기관으로 지정받으려는 자는 국토교통부장관에게 신청서를 제출해야 한다.

④ 국토교통부장관은 법 제25조제2항에 따라 전문인력 양성기관을 지정하는 경우 지정서를 발급해야 하며, 이를 발급대장에 기록하고 관리해야 한다.

⑤ 국토교통부장관은 법 제25조제2항에 따라 전문인력 양성기관을 지정하거나, 같은 조 제3항에 따라 전문인력 양성기관을 지정을 취소한 경우에는 그 사실을 국토교통부 홈페이지에 공고해야 한다.

제14조 (인증기관 지정신청서 등)

① 영 제24조제1항에 따른 인증기관 지정신청서 및 영 제26조제1항에 따른 검증기관 지정신청서는 별지 제11호서식과 같다.

② 영 제24조제6항에 따른 인증기관 지정서 및 영 제26조제1항에 따른 검증기관 지정서는 별지 제12호서식과 같다.

[본조신설 2022. 1. 28.]

제15조 (자율협력주행 인증업무준칙 신고 등)

① 법 제31조제2항에서 "국토교통부령으로 정하는 기간"이란 자율협력주행 인증업무준칙의 변경사유가 발생한 날부터 20일을 말한다.

② 법 제31조제4항에서 "국토교통부령으로 정하는 기간"이란 인증업무준칙 변경명령을 받은 날부터 10일을 말한다.

③ 영 제28조제1항에 따른 신고서 또는 변경신고서는 별지 제13호서식과 같다.

[본조신설 2022. 1. 28.]

제16조 (인증기관의 지정취소 신청서)

영 제29조제2항에 따른 지정취소 신청서는 별지 제14호서식과 같다.

[본조신설 2022. 1. 28.]

제17조 (인증서 관련 정보의 인계)

국토교통부장관은 법 제32조제1항에 따라 인증기관 지정을 취소하는 경우에는 인증서에 관련된 정보의 인계에 관한 다음 각 호의 사항을 서면으로 통보해야 한다.

1. 정보를 인계받을 인증기관 또는 인증관리센터
2. 정보를 인계해야 하는 기한

[본조신설 2022. 1. 28.]

제18조 (자율협력주행 인증업무 시설 및 장비에 대한 안전조치)

① 인증기관은 법 제34조제1항에 따라 다음 각 호의 기술적·관리적 및 물리적 조치(이하 이 조에서 "안전조치"라 한다)를 해야 한다.

1. 인증서 생성, 저장, 이용, 폐지 관련 정보(이하 "인증정보"라 한다)의 안정적인 관리를 위한 백업시스템 구축 조치
2. 전자적 침해행위(해킹, 컴퓨터 바이러스 등의 방법으로 시설 및 장비를 공격하는 행위를 말한다)로부터 인증정보, 시설 및 장비를 보호하기 위한 정보보안 조치
3. 화재·수해 등 재해에 대비한 재해복구시스템 구축·운영 조치
4. 인증정보 관리계획의 수립, 접속기록의 보관 및 접근 권한 지침 마련 조치
5. 출입 통제구역 설정 등 출입자 관리 방안 및 출입 감시체계 운영 조치
6. 그 밖에 저장장치와 네트워크의 분리 등 인증업무에 관한 시설 및 장비의 안정성을 확보하기 위한 안전조치

② 제1항에 따른 안전조치에 관한 세부기준은 국토교통부장관이 정하여 고시한다.

[본조신설 2022. 1. 28.]

제19조 (안전조치 점검 결과보고의 절차·방법)

인증기관은 법 제34조제2항에 따라 안전조치의 점검 결과를 다음 각 호의 구분에 따른 시기에 서면으로 국토교통부장관에게 보고해야 한다.

1. 최초 보고 : 인증기관 지정일로부터 6개월 이내
2. 정기 보고 : 제1호에 따른 최초의 안전조치 점검 결과보고를 한 날부터 매 1년 이내

[본조신설 2022. 1. 28.]

제20조 (안전조치 이행여부 확인 절차 등)

① 국토교통부장관은 법 제34조제3항에 따라 인증기관에 자료를 제출하게 하는 경우에는 다음 각 호의 구분에 따른 사항을 명시한 서면으로 해야 한다

1. 자료의 제출기한
2. 자료의 제출 요청 사유
3. 제출 서류 및 제출 서류의 반환 여부
4. 제출 거부에 대한 제재내용
5. 그 밖에 자료의 제출에 관하여 필요한 사항

② 인증기관은 법 제34조제3항에 따라 자료 제출을 요청받은 경우에는 해당 자료를 제1항제1호에 따른 제출기한까지 정보시스템, 서면 또는 팩스를 통하여 국토교통부장관에게 제출해야 한다.

③ 인증기관이 천재지변 및 이에 준하는 사유로 제1항제1호에 따른 제출기한까지 자료를 제출할 수 없는 경우에는 국토교통부장관에게 제출기한의 연장을 요청할 수 있으며, 국토교통부장관은 30일의 범위에서 그 제출기한을 연기할 수 있다.

④ 관계 공무원이 법 제34조제3항에 따라 검사를 실시하는 경우에는 인증기관 관계인의 참관 하에 실시해야 한다.

⑤ 법 제34조제4항에 따라 통지하는 검사계획에는 다음 각 호의 사항이 포함되어야 한다.

1. 검사목적
2. 검사기간과 장소
3. 검사원의 성명과 직위
4. 검사범위와 내용
5. 제출 자료
6. 검사거부에 대한 제재내용
7. 그 밖에 검사에 관하여 필요한 사항

[본조신설 2022. 1. 28.]

부칙 <제1352호, 2024. 7. 9.>

이 규칙은 2024년 7월 10일부터 시행한다.

13 자율주행자동차 상용화 촉진 및 지원에 관한 법률 시행령

[시행 2024. 7. 31.] [대통령령 제34731호, 2024. 7. 23., 타법개정]

제1장 총칙 <신설 2022. 1. 28.>

제1조 (목적)

이 영은 「자율주행자동차 상용화 촉진 및 지원에 관한 법률」에서 위임된 사항과 그 시행에 필요한 사항을 규정함을 목적으로 한다.

제2장 자율주행자동차의 이용촉진 <신설 2022. 1. 28.>

제2조 (자율주행 교통물류 기본계획의 수립 · 변경 등)

① 「자율주행자동차 상용화 촉진 및 지원에 관한 법률」(이하 "법"이라 한다) 제4조제1항제5호에서 "대통령령으로 정하는 사항"이란 다음 각 호의 사항을 말한다.

1. 법 제7조 및 제8조에 따른 시범운행지구의 지정 및 운영 기본방향
2. 자율주행 기반 교통물류체계 지원정책의 단계별 추진계획
3. 자율주행 기반 교통물류체계에 관한 다음 각 목의 사항
   가. 기술개발 현황 및 목표
   나. 기술의 개발 · 이전 · 사업화
   다. 상용화 촉진을 위한 민 · 관 협력

② 법 제4조제2항에서 "대통령령으로 정하는 경미한 변경"이란 다음 각 호의 어느 하나에 해당하는 변경을 말한다.

1. 계산착오, 오기, 누락 또는 이에 준하는 명백한 오류의 변경
2. 다음 각 목의 어느 하나에 해당하는 변경
   가. 관계 법령 또는 관련 계획의 변경에 따른 변경으로서 법 제4조제1항제1호에 따른 기본방향 및 목표에 영향을 미치지 않는 변경

나. 법 제4조제1항에 따른 자율주행 교통물류 기본계획(이하 "기본계획"이라 한다)의 추진 재원(財源)이 100분의 10 이내의 범위에서 달라지는 변경

③ 국토교통부장관은 법 제4조제1항 또는 제2항에 따라 기본계획을 수립하거나 변경한 경우에는 수립·변경한 날부터 20일 이내에 관계 중앙행정기관의 장 및 특별시장·광역시장·특별자치시장·도지사·특별자치도지사(이하 "시·도지사"라 한다)에게 해당 기본계획을 통보해야 한다.

제3조 (연도별 시행계획의 수립·변경)

법 제4조제4항에 따른 연도별 시행계획의 수립·변경에 관하여는 법 제4조제2항·제3항 및 이 영 제2조제3항을 준용한다. 이 경우 "기본계획"은 "연도별 시행계획"으로 본다.

제4조 (자율주행자동차 관련 현황조사)

① 국토교통부장관은 법 제5조제1항에 따른 현황조사(이하 "현황조사"라 한다)를 할 때에는 조사대상 선정기준, 조사일시 및 조사방법 등을 포함한 조사계획을 수립해야 한다.

② 현황조사의 대상은 다음 각 호와 같다. <개정 2022. 1. 28.>

1. 자율주행 기반 교통물류체계 현황
2. 자율협력주행시스템 등의 연구개발·운영 및 활용 현황
3. 자율주행자동차 관련 기술·정책 동향
4. 자율협력주행시스템 및 정밀도로지도, 도로의 구축 현황 등 자율주행 관련 인프라 현황
5. 그 밖에 국토교통부장관이 자율주행 기반 교통물류 정책 수립·시행에 필요하다고 인정하는 사항

제5조 (시범운행지구의 지정 등)

① 시·도지사는 법 제7조제1항 전단 및 같은 조 제2항에 따라 자율주행자동차 시범운행지구(이하 "시범운행지구"라 한다)의 지정을 신청하려는 경우에는 다음 각 호의 사항이 포함된 시범운행지구 운영계획서를 국토교통부장관에게 제출해야 한다. <개정 2024. 7. 2.>

1. 시범운행지구의 명칭·위치·면적 및 대외적 표시방법
2. 시범운행지구 지정의 필요성과 기대효과
3. 시범운행지구에 적용되는 규제특례에 관한 다음 각 목의 사항
   가. 필요성과 그 적용 범위
   나. 법 제9조 및 제10조에 따른 각 유상운송에 활용하는 자율주행자동차 대수(臺數) 상한 등 규제특례의 내용
4. 시범운행지구의 안전성 확보 방안
5. 도로관리청 및 이해관계자 간의 갈등 발생 가능성 및 대응 방안
6. 그 밖에 시범운행지구의 원활한 운영을 위하여 필요한 사항으로서 국토교통부장관이 정하여

고시하는 사항

② 국토교통부장관은 제1항에 따른 신청을 받은 날부터 90일 이내에 지정 여부를 결정하고, 그 결과를 해당 시・도지사에게 통지해야 한다. 다만, 부득이한 사유가 있는 경우에는 45일의 범위에서 그 기간을 연장할 수 있다.

③ 국토교통부장관은 제1항에 따른 신청을 받은 경우 필요하다고 인정되면 시・도지사에게 시범운행지구 운영계획서의 수정・보완을 요청할 수 있다.

④ 국토교통부장관은 법 제7조제3항 전단에 따라 둘 이상의 특별시・광역시・특별자치시・도 또는 특별자치도(이하 "시・도"라 한다)에 걸친 구역을 시범운행지구로 지정・운영하려는 경우에는 다음 각 호의 사항이 포함된 시범운행지구 운영계획을 수립해야 한다. <신설 2024. 7. 2.>

1. 제5조제1항제1호부터 제5호까지의 사항
2. 시범운행지구 내의 도로, 신호기 등 자율주행자동차의 연구・시범운행과 관련된 시설의 설치・유지 및 관리 방안
3. 그 밖에 시범운행지구의 원활한 운영을 위하여 필요한 사항으로서 국토교통부장관이 정하여 고시하는 사항

⑤ 국토교통부장관은 제4항에 따른 시범운행지구 운영계획을 수립하려는 경우에는 미리 해당 구역을 관할하는 시・도지사와 협의해야 한다. <신설 2024. 7. 2.>

⑥ 국토교통부장관은 시범운행지구 운영계획의 수립을 위하여 필요한 경우 해당 구역을 관할하는 시・도지사에게 관련 자료의 제출을 요청할 수 있다. <신설 2024. 7. 2.>

⑦ 국토교통부장관은 제4항에 따라 시범운행지구 운영계획을 수립한 경우에는 해당 구역을 관할하는 시・도지사에게 시범운행지구 운영계획을 통보해야 한다. <신설 2024. 7. 2.>

⑧ 법 제7조제5항에 따른 시범운행지구의 지정 고시 및 통보에는 다음 각 호의 사항이 모두 포함되어야 한다. <개정 2024. 7. 2.>

1. 시범운행지구의 명칭・위치 및 면적
2. 시범운행지구의 지정목적 및 지정기간
3. 시범운행지구가 표시된 지형도면, 지적도(임야도를 포함한다) 또는 도로명주소기본도
4. 관련 자료의 열람방법

⑨ 국토교통부장관은 제1항부터 제8항까지에서 규정한 사항 외에 시범운행지구 지정의 기준・방법・절차 및 그 밖에 필요한 사항을 정하여 고시할 수 있다. <개정 2024. 7. 2.>

제6조 (시범운행지구의 지정 변경 등)

① 시・도지사는 법 제7조제1항 후단 및 같은 조 제2항에 따라 시범운행지구의 지정 변경 또는 해제를 신청하려는 경우에는 시범운행지구 지정 변경・해제 신청서에 제5조제1항 각 호의 사항이 포함된 시범운행지구 운영 변경계획서(지정 변경을 신청하는 경우에만 해당한다)를 첨부하여 국토교통부장관에게 제출해야 한다. <개정 2024. 7. 2.>

② 국토교통부장관은 법 제7조제3항 후단에 따라 둘 이상의 시·도에 걸친 구역에 지정된 시범운행지구를 변경하려는 경우에는 제5조제4항에 따라 수립된 시범운행지구 운영계획을 변경해야 한다. <신설 2024. 7. 2.>

③ 제2항에 따른 시범운행지구 운영계획의 변경 절차에 관하여는 제5조제5항부터 제7항까지의 규정을 준용한다. <신설 2024. 7. 2.>

④ 법 제7조제4항에서 "대통령령으로 정하는 경미한 사항"이란 다음 각 호의 어느 하나에 해당하는 사항을 말한다. <개정 2024. 7. 2.>

1. 행정구역의 변경 등으로 인한 그 시범운행지구의 명칭 변경
2. 최초 지정된 시범운행지구의 100분의 10 미만의 면적 변경
3. 최초 시범운행지구 지정 당시 정한 자율주행자동차 운행노선의 100분의 10 미만의 길이 변경

⑤ 국토교통부장관은 다음 각 호의 어느 하나에 해당하는 경우에는 법 제16조제1항에 따른 자율주행자동차 시범운행지구 위원회(이하 "위원회"라 한다)의 심의·의결을 거쳐 시범운행지구의 지정을 변경하거나 해제할 수 있다. 다만, 제3호에 따른 해제 신청이 있는 경우에는 그 지정을 해제해야 한다. <개정 2024. 7. 2.>

1. 자율주행자동차의 시범운행으로 인해 다른 사람에 대한 위해 또는 교통상의 위험이 지속적으로 발생하는 경우
2. 법 제17조에 따른 평가 결과 시범운행지구 운영 실적이 현저히 부진한 경우 등 시범운행지구 지정 목적을 달성할 수 없는 경우
3. 관할 시·도지사가 법 제7조제1항 및 제2항에 따라 지정된 시범운행지구의 지정 변경 또는 해제를 신청하는 경우
4. 그 밖에 시범운행지구 지정 당시에 예상하지 못한 사정의 변경으로 시범운행지구의 지정 해제가 공익상 특히 필요한 경우

⑥ 법 제7조제5항에 따른 시범운행지구의 지정 변경·해제의 고시 및 통보에는 다음 각 호의 사항이 모두 포함되어야 한다. <개정 2024. 7. 2.>

1. 지정 변경 또는 해제 사유
2. 제5조제8항 각 호의 사항(지정된 시범운행지구의 전체를 해제하는 경우에는 같은 항 제1호의 사항만 해당한다)

제7조 (시범운행지구 협의체)

① 법 제8조제2항에 따른 시범운행지구 협의체(이하 "협의체"라 한다)는 위원장 1명을 포함한 20명 이내의 위원으로 구성한다.

② 협의체의 위원장은 국토교통부장관이 되고, 위원은 다음 각 호의 어느 하나에 해당하는 사람이 된다. <개정 2020. 12. 31.>

1. 국토교통부장관이 지명하는 국토교통부차관

2. 해당 시범운행지구를 관할하는 시·도지사
3. 해당 시범운행지구를 관할하는 도로관리청
4. 해당 시범운행지구를 관할하는 시·도경찰청장
5. 자율주행자동차와 관련된 전문지식과 경험을 갖춘 사람 중에서 국토교통부장관이 위촉하는 사람

③ 협의체의 위원장은 제2항 각 호의 어느 하나에 해당하는 사람이 협의체의 개최를 요청하는 경우에 협의체의 회의를 소집할 수 있다.

④ 제1항부터 제3항까지에서 규정한 사항 외에 협의체의 구성과 운영에 관한 세부사항은 협의체의 위원장이 정한다.

제8조 (여객의 유상운송에 관한 특례)

① 법 제9조제2항 또는 제3항에 따라 유상운송 허가를 받으려는 자 또는 같은 조 제5항에 따라 한정운수면허를 받으려는 자는 다음 각 호의 요건을 모두 갖추어 국토교통부령으로 정하는 바에 따라 국토교통부장관 또는 시범운행지구를 관할하는 시·도지사에게 신청해야 한다. <개정 2024. 7. 2.>

1. 유상 여객운송에 활용되는 자율주행자동차는 다음 각 목의 요건을 모두 갖출 것
   가. 「여객자동차 운수사업법」 제2조제1호의 자동차나 이에 준하는 자동차일 것
   나. 「자동차관리법」 제27조제1항에 따른 임시운행허가를 받았을 것
2. 유상 여객운송에 활용되는 자율주행자동차의 대수는 제5조제1항 및 제4항에 따른 시범운행지구 운영계획(제6조제1항 및 제2항에 따라 변경된 경우에는 변경된 시범운행지구 운영계획을 말한다. 이하 이 조 및 제9조에서 같다)에 포함된 자율주행차 대수 상한을 초과하지 않을 것
3. 법 제19조에 따른 보험을 가입할 것

② 법 제9조제5항에 따른 한정운수면허의 발급권자와 해당 발급대상 운송사업은 다음 각 호의 구분에 따른다. <개정 2024. 7. 2.>

1. 국토교통부장관
   가. 「여객자동차 운수사업법 시행령」 제3조제1호가목에 따른 광역급행형 시내버스운송사업
   나. 「여객자동차 운수사업법 시행령」 제3조제1호라목에 따른 고속형 시외버스운송사업
2. 시범운행지구를 관할하는 시·도지사
   가. 「여객자동차 운수사업법 시행령」 제3조제1호가목에 따른 시내버스운송사업(광역급행형 시내버스운송사업은 제외한다)
   나. 「여객자동차 운수사업법 시행령」 제3조제1호나목에 따른 농어촌버스운송사업
   다. 「여객자동차 운수사업법 시행령」 제3조제1호다목에 따른 마을버스운송사업
   라. 「여객자동차 운수사업법 시행령」 제3조제1호라목에 따른 시외버스운송사업(고속형 시외버스운송사업은 제외한다)
   마. 「여객자동차 운수사업법」 제3조제1항제3호에 따른 수요응답형 여객자동차운송사업(노선

을 정하여 운행하는 경우만 해당한다)

③ 제2항제2호에도 불구하고 다음 각 호의 경우에는 해당 시범운행지구를 관할하는 시·도지사가 상호 협의하여 한정운수면허의 발급권자를 정한다. 이 경우 협의가 이루어지지 않는 경우에는 국토교통부장관이 관계 시·도지사와의 협의를 거쳐 해당 한정운수면허의 발급권자를 정한다. <개정 2024. 7. 2.>

1. 하나의 시범운행지구가 둘 이상인 시·도에 걸쳐 있는 경우
2. 서로 다른 시·도에 속한 둘 이상의 시범운행지구에 걸친 구역을 대상으로 한정운수면허를 발급하는 경우

④ 제3항에 따라 한정운수면허의 발급권자가 정해진 경우에는 그 발급권자인 시·도지사는 지체 없이 그 사실을 관보에 고시해야 한다. <신설 2024. 7. 2.>

⑤ 국토교통부장관 또는 시·도지사는 법 제9조제5항에 따라 한정운수면허의 발급권자는 한정운수면허를 발급하는 경우에는 미리 그 한정운수면허의 발급 여부, 운송할 여객 등에 관한 업무의 범위와 기간 등을 다음 각 호의 구분에 따라 해당 호에서 정하는 자와 협의해야 한다. <신설 2024. 7. 2.>

1. 국토교통부장관 : 해당 시범운행지구를 관할하는 시·도지사
2. 시·도지사(제3호에 해당하는 경우는 제외한다) : 국토교통부장관
3. 제3항에 따른 발급권자인 시·도지사 : 국토교통부장관 및 해당 시범운행지구를 관할하는 관계 시·도지사

⑥ 법 제9조제5항에 따라 한정운수면허를 발급하는 경우 그 한정운수면허로 운행되는 자율주행자동차의 대수는 제5조제1항 및 제4항에 따른 시범운행지구 운영계획에 포함된 자율주행자동차 대수 상한을 초과해서는 안 된다. <신설 2024. 7. 2.>

⑦ 국토교통부장관 또는 시·도지사는 법 제9조제5항에 따라 따라 한정운수면허를 발급했을 때에는 지체 없이 그 사실을 제5항 각 호의 구분에 따라 해당 호에서 정하는 자에게 통보해야 한다. <개정 2024. 7. 2.>

⑧ 국토교통부장관은 법 제9조제2항 또는 제3항에 따른 유상운송 허가를 받거나 같은 조 제5항에 따른 한정운수면허를 발급받아 운행하는 자율주행자동차에 대하여 국토교통부장관이 정하여 고시하는 표지를 부착하게 할 수 있다. <개정 2024. 7. 2.>

제9조 (화물자동차 운송사업에 관한 특례)

① 법 제10조에 따른 유상 화물운송 허가를 받으려는 자는 다음 각 호의 요건을 모두 갖추어 국토교통부령으로 정하는 바에 따라 국토교통부장관에게 신청해야 한다. <개정 2024. 7. 2.>

1. 유상 화물운송에 활용되는 자율주행자동차는 다음 각 목의 요건을 모두 갖출 것
   가. 「화물자동차 운수사업법」 제2조제1호의 화물자동차나 이에 준하는 자동차일 것
   나. 「자동차관리법」 제27조제1항에 따른 임시운행허가를 받았을 것
2. 유상 화물운송에 사용되는 자율주행자동차의 대수는 제5조제1항 및 제4항에 따른 시범운행지구

운영계획에 포함된 자율주행자동차 대수 상한을 초과하지 않을 것

3. 법 제19조에 따른 보험을 가입할 것

② 국토교통부장관은 법 제10조에 따른 유상 화물운송 허가를 받아 운행하는 자율주행자동차에 대하여 국토교통부장관이 정하여 고시하는 표지를 부착하게 할 수 있다.

제10조 (자동차 안전기준에 관한 특례)

① 법 제11조에 따른 승인을 받으려는 자는 해당 자율주행자동차의 안전 운행 성능에 대하여 성능시험 대행자(「자동차관리법」 제32조제3항에 따라 성능시험을 대행하도록 지정된 자를 말한다)의 확인을 받아 국토교통부장관에게 승인을 신청해야 한다.

② 제1항에 따른 성능 확인 기준과 절차 등 자율주행자동차의 성능 확인에 필요한 사항은 국토교통부장관이 정하여 고시한다.

제11조 (도로시설에 관한 특례)

① 법 제13조에 따라 도로관리청이 아닌 자가 도로공사와 도로의 유지·관리 허가를 받으려는 경우에는 국토교통부령으로 정하는 허가신청서에 다음 각 호의 구분에 따른 서류를 첨부하여 관할 도로관리청에 제출해야 한다.

1. 도로공사
   가. 사업계획서
   나. 설계도서
2. 도로의 유지·관리
   가. 유지·관리 방법에 관한 설명서
   나. 도로계획평면도

② 도로관리청은 제1항에 따른 허가신청을 받은 경우 그 신청이 「도로법 시행령」 제35조제1호부터 제5호까지의 요건을 모두 충족하면 시범운행지구에서의 도로공사와 도로의 유지·관리를 허가해야 한다.

③ 도로관리청은 제2항에 따라 도로공사를 허가했을 때에는 다음 각 호의 사항을 공고해야 한다.

1. 도로의 종류, 노선명 및 도로명
2. 도로공사의 종류
3. 도로공사의 구간 및 시행장소
4. 도로공사의 시행기간
5. 도로공사의 목적 및 사유
6. 도로공사의 착수 예정 연월일 및 준공 예정 연월일

제12조 (자율주행자동차 시범운행지구 위원회의 구성·운영 등)

① 법 제16조제2항제6호에서 "대통령령으로 정하는 사항"이란 다음 각 호의 사항을 말한다.

1. 2개 이상의 시범운행지구 사이의 연결에 관한 사항
2. 시범운행지구에 대한 자금 지원에 관한 사항
3. 시범운행지구 지정·운영 정책이나 관련 제도의 개선에 관한 사항

② 법 제16조제4항제2호에서 "대통령령으로 정하는 관계 중앙행정기관의 차관 또는 차관급 공무원"이란 다음 각 호의 사람을 말한다.

1. 기획재정부 제2차관
2. 과학기술정보통신부 제2차관
3. 국토교통부 제2차관
4. 중소벤처기업부 차관
5. 경찰청장

③ 법 제16조제4항제1호의 민간위원의 임기는 2년으로 한다. 다만, 법 제16조제6항에 따라 위원회가 해산되는 경우에는 그 해산되는 때에 임기가 만료되는 것으로 한다. <신설 2024. 7. 2.>

④ 위원회의 위원장(이하 "위원장"이라 한다)이 필요하다고 인정하는 경우 위원회의 회의는 국토교통부장관인 위원장이 소집하고, 각 위원장이 교대로 그 의장이 된다. <개정 2024. 7. 2.>

⑤ 위원장 모두가 부득이한 사유로 직무를 수행할 수 없을 때에는 위원장이 미리 지명한 위원의 순으로 그 직무를 대행한다. <개정 2024. 7. 2.>

⑥ 위원장은 위원회를 개최하려는 경우에는 회의의 일시, 장소 및 안건을 회의 개최 7일 전까지 각 위원에게 서면으로 통지해야 한다. 다만, 긴급하거나 부득이한 사유가 있는 경우에는 그렇지 않다. <개정 2024. 7. 2.>

⑦ 위원장은 위원회의 심의에 필요하다고 인정하는 경우 소관 분야의 안건과 관련된 관계 중앙행정기관 소속 공무원이나 관계 전문가를 위원회의 회의에 참석하게 하여 의견을 들을 수 있다. <개정 2024. 7. 2.>

⑧ 위원회의 회의에 참석한 위원 및 관계자 등에게는 예산의 범위에서 수당·여비와 그 밖에 필요한 경비를 지급할 수 있다. 다만, 공무원이 소관 업무와 직접 관련되어 위원회의 회의에 출석한 경우에는 그렇지 않다. <개정 2024. 7. 2.>

제13조 (실무위원회의 구성 및 운영 등)

① 위원회의 심의 안건을 미리 검토하고 위원회의 효율적 운영을 지원하기 위하여 위원회에 실무위원회를 둘 수 있다.

② 실무위원회의 위원장은 다음 각 호의 사람이 공동으로 된다.

1. 「국토교통부와 그 소속기관 직제」 제15조제2항에 따른 자동차관리관
2. 법 제16조제4항에 따라 호선된 위원장이 위촉하는 사람

③ 실무위원회의 위원은 실무위원회의 위원장이 다음 각 호의 사람 중에서 전문 분야 등을 고려하여 공동으로 임명하거나 위촉한다.

1. 기획재정부, 과학기술정보통신부, 국토교통부 또는 경찰청에 소속된 공무원으로서 자율주행자동차에 관한 업무를 관장하는 부서의 장
2. 자율주행자동차에 관한 학식과 경험이 풍부한 사람

④ 제3항제2호에 따른 실무위원회 위원의 임기는 2년으로 한다. 다만, 법 제16조제6항에 따라 위원회가 해산되는 경우에는 그 해산되는 때에 임기가 만료되는 것으로 한다. <신설 2024. 7. 2.>

⑤ 실무위원회에는 실무위원회의 효율적 운영 및 지원을 위하여 간사 1명을 둔다. <개정 2024. 7. 2.>

⑥ 실무위원회의 회의는 제2항제1호의 공동위원장이 소집하고, 공동위원장이 교대로 그 의장이 된다. 다만, 실무위원회의 위원장 모두가 부득이한 사유로 직무를 수행할 수 없을 때에는 실무위원회의 위원장이 미리 지명한 위원의 순으로 그 직무를 대행한다. <개정 2024. 7. 2.>

⑦ 실무위원회의 위원장은 실무위원회의 심의에 필요하다고 인정하는 경우 자율주행자동차와 관련된 관계인이나 전문가를 회의에 출석하게 하여 의견을 듣거나 관계인이나 전문가로 하여금 필요한 자료 제출을 요청할 수 있다. <개정 2024. 7. 2.>

제3장 자율주행자동차의 이용환경 조성 <신설 2022. 1. 28.>

제14조 (시범운행지구의 운영에 대한 평가)

① 법 제7조제1항 및 제2항에 따라 지정된 시범운행지구를 관할하는 시·도지사는 법 제17조제1항에 따른 정기적인 평가를 위하여 해당 연도의 시범운행지구 운영에 대한 성과보고서를 작성하여 다음 연도 3월 31일까지 국토교통부장관에게 제출해야 한다. 다만, 해당 연도의 하반기에 시범운행지구로 지정받은 경우에는 그 다음 연도의 성과보고서에 포함하여 제출할 수 있다. <개정 2024. 7. 2.>

② 법 제17조제1항에 따른 평가의 항목은 다음 각 호와 같다.

1. 시범운행지구 운영계획의 달성도
2. 시범운행지구 지정 및 규제특례에 따른 효과
3. 자율주행자동차의 도입·확산 및 자율주행 기반 교통물류체계의 발전 등에 미치는 효과
4. 그 밖에 국토교통부장관이 위원회의 심의를 거쳐 정하는 사항

③ 국토교통부장관은 법 제17조제1항에 따른 정기적인 평가 결과를 다음 연도 9월 30일까지 관할 시·도지사에게 통보해야 한다. 다만, 부득이한 사정이 있는 경우에는 60일의 범위에서 그 기간을 연장할 수 있다.

④ 국토교통부장관은 법 제17조제1항에 따른 평가 결과를 인터넷에 게재해야 한다.

⑤ 국토교통부장관은 제1항 및 제2항에 따른 성과보고서의 작성 및 세부 평가기준 등에 관하여 필요한 사항을 고시할 수 있다.

제15조 (보험 가입 의무)

① 법 제19조에서 "대통령령으로 정하는 보험"이란 다음 각 호의 요건을 모두 충족하는 보험(이하 "책임보험"이라 한다)을 말한다.

1. 사망, 부상 또는 재물의 멸실·훼손에 따른 보험금액은 다음 각 목의 금액일 것

가. 사망한 경우에는 1인당 1억5천만원. 다만, 실손해액이 2천만원 미만인 경우에는 2천만원으로 한다.

나. 부상당한 경우에는 1인당 3천만원

다. 부상에 대한 치료를 마친 후 더 이상의 치료효과를 기대할 수 없고 그 증상이 고정된 상태에서 그 부상이 원인이 되는 신체의 장애(이하 이 조에서 "후유장애"라 한다)가 생긴 경우에는 1인당 1억5천만원

라. 재물이 멸실되거나 훼손된 경우에는 사고당 10억원

2. 지급보험금액이 실손해액을 초과하지 않을 것(제1호가목 단서에 해당하는 경우는 제외한다)

3. 하나의 사건으로 제1호가목부터 다목까지의 규정 중 둘 이상에 해당하게 된 경우에는 실손해액을 초과하지 않는 범위에서 다음 각 목의 구분에 따라 보험금을 지급할 것

가. 부상자가 치료 중에 그 부상이 원인이 되어 사망한 경우에는 제1호가목 및 나목의 금액을 더한 금액

나. 부상자에게 그 부상이 원인이 되어 후유장애가 생긴 경우에는 제1호나목 및 다목의 금액을 더한 금액

다. 제1호다목의 금액을 지급한 후 그 부상이 원인이 되어 사망한 경우에는 제1호가목의 금액에서 같은 호 다목에 따라 지급한 금액 중 사망한 날 이후에 해당하는 손해액을 뺀 금액

4. 보험기간 만료일은 연구·시범운행 만료일 이후일 것

② 국토교통부장관은 책임보험 가입자에게 보험료의 일부를 지원할 수 있다.

③ 국토교통부장관은 책임보험의 세부 기준에 관하여 필요한 사항을 정하여 고시할 수 있다.

제16조(익명처리된 개인정보 등의 활용에 대한 다른 법령의 배제)

법 제20조제3호에서 "대통령령으로 정하는 정보"란 「개인정보 보호법」 제2조제1호에 따른 개인정보를 말한다. <개정 2020. 8. 4.>

제17조 (자율협력주행시스템의 구축 및 운영)

국토교통부장관은 법 제21조에 따라 자율협력주행시스템을 구축·운영하는 경우에는 법 제6조에 따른 자율주행 안전구간(이하 "자율주행안전구간"이라 한다) 및 시범운행지구에 대해 우선적으로 구축·운영해야 한다. <개정 2022. 1. 28.>
[제목개정 2022. 1. 28.]

제18조 (정밀도로지도의 구축 및 갱신)

① 국토교통부장관은 법 제22조제1항에 따라 정밀도로지도를 구축·갱신하는 경우에는 자율주행안전구간과 시범운행지구를 우선적으로 구축·갱신해야 한다. <개정 2022. 1. 28.>

② 법 제22조제3항에서 "대통령령으로 정하는 사항이 변경된 경우"란 다음 각 호의 경우를 말한다. <개정 2022. 1. 28.>

1. 도로노선의 전부 또는 일부가 개시·폐지 또는 변경된 경우
2. 도로표지, 신호기, 안전표지, 자율협력주행시스템, 그 밖에 자율주행자동차의 안전한 운행에 영향을 주는 도로부속물이 설치·변경 또는 제거된 경우

③ 제1항 및 제2항에서 규정한 사항 외에 정밀도로지도의 구축·갱신에 관한 사항은 국토교통부장관이 정한다.

제19조 (행정적·재정적 지원 등)

① 국토교통부장관은 법 제23조에 따른 지원을 할 때에는 다음 각 호의 사항을 고려해야 한다.

1. 자율주행 기반 교통물류체계 지원정책에 관한 기본방향 및 목표
2. 자율주행자동차의 안전, 운행 지원을 위한 인프라 및 자율주행 기반 교통물류체계의 연구개발계획
3. 자율주행 기반 교통물류체계 지원정책의 단계별 추진계획

② 국토교통부장관은 제1항에 따른 세부기준 등을 정할 수 있다.

제20조 (연구개발사업)

법 제24조제2항제8호에서 "대통령령으로 정하는 자"란 다음 각 호의 어느 하나에 해당하는 자를 말한다. <개정 2024. 7. 23.>

1. 「국토교통과학기술 육성법」 제16조에 따른 국토교통과학기술진흥원
2. 「정부출연연구기관 등의 설립·운영 및 육성에 관한 법률」에 따른 한국법제연구원 또는 한국교통연구원
3. 「한국교통안전공단법」에 따른 한국교통안전공단
4. 「한국도로공사법」에 따른 한국도로공사
5. 「국가통합교통체계효율화법」 제91조에 따른 한국 지능형교통체계협회
6. 「한국도로교통공단법」에 따른 한국도로교통공단

제21조 (전문인력의 양성)

국토교통부장관은 법 제25조제4항에 따라 전문인력 양성기관에 대하여 다음 각 호의 어느 하나에 해당하는 경비의 전부 또는 일부를 지원할 수 있다.

1. 자율주행 인프라·교통물류체계(자율주행자동차의 안전·운행을 위한 인프라와 자율주행의 기반

이 되는 교통물류체계를 말한다. 이하 이 조에서 같다) 관련 교육자료의 개발·제공 등 교육프로그램 개발·운영·보급에 필요한 경비
2. 강사료, 수당 등 교육프로그램 운영에 필요한 경비
3. 실습 기자재 등 장비 구입비 및 교육시설 관리 경비
4. 교육장소 임대에 필요한 경비
5. 자율주행 인프라·교통물류체계 관련 전문인력 양성교육을 위한 조사 및 연구에 필요한 경비
6. 자율주행 인프라·교통물류체계 관련 전문인력 양성교육에 필요한 전문성을 강화하기 위한 국내외 연수 경비
7. 그 밖에 국토교통부장관이 자율주행 인프라·교통물류체계 관련 전문인력의 양성을 위하여 필요하다고 인정하는 경비

제22조 (해외진출 및 국제협력)

법 제26조제2항에서 "대통령령으로 정하는 기관이나 단체"란 법 제24조제2항 각 호의 어느 하나에 해당하는 기관 또는 단체를 말한다.

제4장 자율주행자동차의 안전성 확보를 위한 자율협력주행 인증 <신설 2022. 1. 28.>

제23조 (자율협력주행 인증관리센터의 설치·운영 등)

① 법 제27조제2항에 따른 자율협력주행 인증관리센터(이하 "인증관리센터"라 한다)는 다음 각 호의 업무를 수행한다.
1. 법 제27조제1항제1호부터 제4호까지의 규정에 따른 업무를 효율적으로 수행하기 위한 다음 각 목의 업무
가. 인증기관과 법 제29조제1항에 따라 지정받은 검증기관에 대한 관리·감독의 지원
나. 법 제34조제1항에 따른 안전조치 이행의 점검에 필요한 전문기술의 지원
다. 자율협력주행 인증 관련 기술 개발·보급과 표준화 연구에 관한 지원
라. 자율협력주행 인증 관련 제도연구 및 국제협력의 지원
2. 법 제28조제1항에 따른 인증기관 지정 업무의 지원을 위한 다음 각 목의 업무
가. 별표 1에 따른 지정기준 적합 여부 검토
나. 제24조제1항제4호에 따른 사업계획서의 충실성과 실행 가능성 검토
3. 법 제29조제1항에 따른 검증기관 지정 업무의 지원을 위한 다음 각 목의 업무
가. 별표 2에 따른 지정기준 적합 여부 검토
나. 제26조제1항에 따라 준용되는 제24조제1항제4호에 따른 사업계획서의 충실성과 실행 가능

성 검토

4. 법 제31조제1항 또는 제2항에 따른 인증업무준칙의 신고 또는 변경신고의 내용에 대한 같은 조 제3항(법 제29조제2항에 따라 준용되는 경우를 포함한다)에 따른 인증관리기준의 적합성 검토
5. 법 제35조(법 제29조제2항에 따라 준용되는 경우를 포함한다) 및 이 영 제31조제3항제4호에 따른 자율협력주행 인증업무의 장애 예방과 복구에 관한 지원
6. 그 밖에 자율협력주행 인증 관리업무의 효율적 수행을 위하여 국토교통부장관이 필요하다고 인정하는 업무

② 국토교통부장관은 법 제27조제3항에 따라 인증관리센터의 설치·운영을 「한국교통안전공단법」에 따른 한국교통안전공단에 위탁한다.

③ 국토교통부장관은 예산의 범위에서 한국교통안전공단이 제2항에 따라 위탁받은 업무를 수행하는 데 필요한 비용을 지원할 수 있다.

④ 한국교통안전공단 이사장은 위탁받은 업무에 관하여 다음 각 호의 사항을 해당 호에서 정한 날까지 국토교통부장관에게 보고해야 한다.

1. 해당 연도의 사업계획과 사업계획 수행에 필요한 예산 : 전년도 3월 31일까지
2. 위탁받은 업무의 처리실적 : 매 분기 말일까지
3. 사업계획에 따른 운영실적 : 다음 연도 2월 말일까지

[본조신설 2022. 1. 28.] [종전 제23조는 제36조로 이동 <2022. 1. 28.>]

제24조 (인증기관의 지정 절차)

① 법 제28조제1항에 따른 인증기관의 지정을 받으려는 자는 국토교통부령으로 정하는 지정신청서(전자문서로 된 신청서를 포함한다)에 다음 각 호의 서류(전자문서를 포함한다)를 첨부하여 국토교통부장관에게 제출해야 한다. 이 경우 제1호 및 제2호의 서류는 신청자가 법인인 경우만 제출한다.

1. 법인 임원의 주민등록표 초본
2. 정관
3. 별표 1에 따른 지정기준을 갖추었음을 증명하는 서류
4. 다음 각 목의 사항이 포함된 사업계획서
   가. 인증기관의 관리체계에 관한 사항
   나. 가입자의 개인정보 보호에 관한 사항
   다. 자율협력주행 인증업무와 관련한 기술적·물리적 보호조치에 관한 사항
   라. 시설 및 장비의 관리·운영에 관한 사항
   마. 「공인회계사법」에 따른 공인회계사의 감사를 받은 결산보고서(인증기관으로 지정받으려는 자가 지방자치단체인 경우는 제외한다)
   바. 그 밖에 인증기관의 지정에 필요한 사항으로서 국토교통부장관이 정하는 사항

② 제1항에 따른 지정신청서를 제출받은 국토교통부장관은 「전자정부법」 제36조제1항에 따른 행정 정보의 공동이용을 통하여 법인 등기사항증명서를 확인해야 한다.

③ 국토교통부장관은 제1항에 따른 지정 신청을 받은 경우 별표 1에 따른 지정기준에의 적합성과 사업계획서의 충실성 및 실행 가능성을 고려하여 지정 여부를 결정해야 한다.

④ 국토교통부장관은 제3항에 따른 지정 여부 결정을 위하여 필요한 경우에는 신청인에게 자료의 제출을 요구하거나 신청인과 관계 전문가의 의견을 들을 수 있다.

⑤ 국토교통부장관은 지방자치단체나 공공기관을 인증기관으로 지정하려는 경우에는 미리 관계 기관의 장으로부터 의견을 들어야 한다.

⑥ 국토교통부장관은 인증기관을 지정하는 경우에는 국토교통부령으로 정하는 지정서를 신청인에게 발급하고, 그 사실을 관보 및 국토교통부의 인터넷 홈페이지에 고시해야 한다.

[본조신설 2022. 1. 28.] [종전 제24조는 제37조로 이동 <2022. 1. 28.>]

제25조 (인증기관의 지정기준)

법 제28조제3항에서 "기술능력 · 재정능력 · 시설 및 장비 등 대통령령으로 정하는 지정기준"이란 별표 1에서 정하는 기준을 말한다.

[본조신설 2022. 1. 28.]

■ 자율주행자동차 상용화 촉진 및 지원에 관한 법률 시행령 [별표 1] <신설 2022. 1. 28.>

인증기관의 지정기준(제25조 관련)

구분	지정기준
1. 인력 및 기술능력	다음 각 목의 자격 및 경력을 모두 갖춘 인력을 12명 이상 확보할 것 가. 정보통신기사 · 정보처리기사 및 전자계산기조직응용기사 이상의 국가기술자격이나 이와 같은 수준의 자격이 있다고 국토교통부장관이 인정하여 고시하는 자격 나. 국토교통부장관이 정하여 고시하는 정보보호 또는 정보통신운영 · 관리 분야에서 2년 이상 종사한 경력
2. 재정능력	다음 각 목의 구분에 따른 재정능력을 갖출 것. 다만, 인증기관으로 지정받으려는 자가 지방자치단체와 공공기관인 경우는 제외한다. 가. 영리법인 : 자본금 100억원 이상 나. 비영리법인 : 기본재산 또는 자본총계 100억원 이상
3. 시설 및장비	가. 자율협력주행 인증업무를 원활히 수행하기 위하여 다음의 시설 및 장비를 모두 갖출 것 1) 가입자의 등록정보를 관리하기 위한 설비 2) 인증서를 안전하고 신뢰성 있게 생성 · 발급 · 관리하기 위한 설비 3) 자율협력주행 인증업무에 관한 시설 및 장비를 안전하게 운영하기 위한 보호설비 4) 그 밖에 자율협력주행 인증업무의 안정적 운영을 위하여 필요한 시설 및 장비 나. 가목에 따른 시설 및 장비의 세부기준은 국토교통부장관이 정하여 고시한다.

제26조 (검증기관의 지정 절차 및 기준)

① 검증기관의 지정 절차에 관하여는 제24조를 준용한다. 이 경우 "법 제28조제1항에 따른 인증기관"은 "법 제29조제1항에 따른 검증기관"으로, "인증기관"은 "검증기관"으로, "자율협력주행 인증업무"는 "자율협력주행 검증업무"로, "별표 1에 따른 지정기준"은 "별표 2에 따른 지정기준"으로 본다.

② 법 제29조제1항에 따른 검증기관(이하 "검증기관"이라 한다)으로 지정받으려는 자는 별표 2에서 정하는 기준을 갖추어야 한다.

[본조신설 2022. 1. 28.]

■ 자율주행자동차 상용화 촉진 및 지원에 관한 법률 시행령 [별표 2] <신설 2022. 1. 28.>

검증기관의 지정기준(제26조제2항 관련)

구분	지정기준
1. 인력 및 기술능력	별표 1 제1호의 요건을 갖출 것
2. 재정능력	별표 1 제2호의 요건을 갖출 것
3. 시설 및장비	가. 자율협력주행 검증업무를 원활히 수행하기 위하여 다음의 시설 및 장비를 모두 갖출 것 1) 자율협력주행 과정에서 발생하는 정보의 이상 유무를 탐지·판단할 수 있는 다음의 장비 가) 이상행위정보를 수신·저장할 수 있는 설비 나) 이상행위정보 유무를 분석·검증·판단할 수 있는 설비 다) 이상행위정보의 발생 원인을 분석하고 필요한 조치를 취할 수 있는 설비 2) 자율협력주행 검증업무에 관한 시설 및 장비를 안전하게 운용하기 위한 보호설비 3) 그 밖에 자율협력주행 검증업무의 안정적인 수행을 위하여 필요한 시설 및 장비 나. 가목에 따른 시설 및 장비의 세부기준은 국토교통부장관이 정하여 고시한다.

제27조 (검증기관의 업무수행방법 및 검증기준 등)

① 검증기관은 법 제29조에 따라 자율협력주행 과정에서 발생하는 정보의 이상 유무를 탐지·판단하고 관리하기 위하여 인증기관으로부터 인증서를 발급받은 자동차 및 노변기지국이 이상행위정보(자율협력주행 인증장치의 고장 등으로 자율협력주행 과정에서 발생하는 비정상적인 정보를 말한다. 이하 같다)로 탐지하여 검증기관에 전송하는 정보를 수집해야 한다.

② 검증기관은 제1항에 따라 수집한 정보를 분석·검증하고, 제5항제2호의 기준에 따른 이상행위정보에 해당하는지를 최종 판단해야 한다.

③ 검증기관은 제1항에 따른 수집 정보를 제2항에 따라 이상행위정보로 최종 판단한 경우에는 그 원인을 분석·검증해야 한다.

④ 검증기관은 제3항에 따라 이상행위정보의 원인을 분석·검증한 결과를 바탕으로 다음 각 호의

자에게 해당 호에서 정한 조치를 해야 한다.

1. 검증기관이 이상행위정보가 발생한 것으로 판단하는 가입자에 대한 이상행위정보의 내용 통보
2. 검증기관이 인증서의 효력 정지나 폐지가 필요하다고 판단하는 경우 인증관리센터와 인증기관에 대한 다음 각 목의 내용 통보
   가. 이상행위정보의 내용
   나. 인증서의 효력 정지나 폐지 여부에 관한 검증기관의 판단 내용
3. 검증기관이 이상행위정보의 원인이 자동차나 자동차 부품의 설계, 제조 또는 성능상의 문제로 판단하는 경우 국토교통부장관에 대한 다음 각 목의 내용 보고
   가. 이상행위정보의 내용
   나. 이상행위정보의 원인 분석 결과

⑤ 제4항에 따른 조치의 세부 내용과 절차는 국토교통부장관이 정하여 고시한다.

⑥ 국토교통부장관은 다음 각 호의 사항을 포함하여 이상행위정보에 관한 검증기준과 절차를 정하여 고시해야 한다.

1. 인증서를 발급받은 자동차 및 노변기지국이 이상행위정보로 탐지하여 검증기관에 전송하는 정보의 기준
2. 검증기관이 인증서를 발급받은 자동차 및 노변기지국로부터 통지받은 정보를 이상행위정보로 최종 판단하는 기준
3. 그 밖에 이상행위정보를 검증하는 데 필요한 기준

[본조신설 2022. 1. 28.]

제28조 (자율협력주행 인증업무준칙 신고 등)

① 법 제31조제1항에 따라 자율협력주행 인증업무준칙(이하 "인증업무준칙"이라 한다)을 신고하려는 자와 같은 조 제2항에 따라 인증업무준칙의 변경신고를 하려는 자는 국토교통부령으로 정하는 신고서 또는 변경신고서를 국토교통부장관에게 제출해야 한다.

② 인증기관은 법 제31조제3항에 따라 신고 또는 변경신고가 수리된 경우에는 신고 또는 변경신고된 인증업무준칙을 즉시 해당 기관의 인터넷 홈페이지에 공고해야 한다.

[본조신설 2022. 1. 28.]

제29조 (인증기관에 대한 행정처분기준 및 절차)

① 법 제32조제1항에 따른 인증기관의 지정취소 및 업무정지에 관한 행정처분기준은 별표 3과 같다.

■ 자율주행자동차 상용화 촉진 및 지원에 관한 법률 시행령 [별표 3] <신설 2022. 1. 28.>

인증기관의 행정처분기준(제29조제1항 관련)

1. 일반기준

가. 위반행위가 둘 이상인 경우로서 그에 해당하는 각각의 처분기준이 다른 경우에는 그 중 무거운 처분기준에 따른다. 다만, 둘 이상의 처분기준이 같은 업무정지인 경우에는 각 처분기준을 합산한 기간을 넘지 않는 범위에서 무거운 처분기준의 2분의 1 범위에서 늘리고, 둘 이상의 처분기준 중 경고가 포함되어 있는 경우에는 경고를 함께 부과한다.

나. 위반행위의 횟수에 따른 행정처분기준은 최근 3년간 같은 위반행위로 행정처분을 받은 경우에 적용한다. 이 경우 기간의 계산은 위반행위에 대하여 행정처분을 받은 날과 그 처분 후 다시 같은 위반행위를 하여 적발된 날을 기준으로 한다.

다. 나목에 따라 가중된 부과처분을 하는 경우 가중처분의 적용 차수는 그 위반행위 전 부과처분 차수(나목에 따른 기간에 행정처분이 둘 이상 있었던 경우에는 높은 차수를 말한다)의 다음 차수로 한다.

라. 처분권자는 다음의 어느 하나에 해당하는 경우에는 제2호의 개별기준에 따른 처분을 줄일 수 있다. 이 경우 그 처분이 업무정지인 경우에는 그 처분기준의 2분의 1 범위에서 줄일 수 있고, 지정취소인 경우(제2호가목부터 마목까지 및 아목에 해당하는 경우는 제외한다)에는 6개월의 업무정지로 줄일 수 있다.

1) 위반행위가 사소한 부주의나 단순한 오류로 인한 것으로 인정되는 경우
2) 위반의 내용·정도가 경미하여 즉시 시정할 수 있다고 인정되는 경우
3) 그 밖에 위반행위의 정도, 위반행위의 동기와 그 결과 등을 고려하여 처분을 줄일 필요가 있다고 인정되는 경우

2. 개별기준

위반행위	근거 법조문	처분내용		
		1차 위반	2차 위반	3차 이상 위반
가. 거짓 또는 그 밖의 부정한 방법으로 법 제28조에 따른 지정을 받은 경우	법 제32조 제1항제1호	지정취소		
나. 법 제32조에 따른 업무정지명령을 위반하여 업무정지 기간 중 자율협력주행 인증업무를 한 경우	법 제32조 제1항제2호	지정취소		
다. 법 제28조제3항에 따른 기준을 갖추지 않은 경우(기준을 갖추지 않은 날부터 6개월 이내에 기준을 충족시킨 경우는 제외한다)	법 제32조 제1항제3호	지정취소		
라. 임원 중 법 제28조제2항제1호 각 목의 어느 하나에 해당하는 사람이 있는 경우(결격사유에 해당된 날부터 6개월 이내에 그 임원을 바꾸어 임명한 경우는 제외한다)	법 제32조 제1항제4호	지정취소		
마. 법 제28조에 따른 지정을 받은 날부터 3개월 이내에 자율협력주행 인증업무를 개시하지 않거나 3개월 이상 계속 자율협력주행 인증업무를 하지 않은 경우	법 제32조 제1항제5호	지정취소		

<table>
<tr><th rowspan="2">위반행위</th><th rowspan="2">근거 법조문</th><th colspan="3">처분내용</th></tr>
<tr><th>1차 위반</th><th>2차 위반</th><th>3차 이상 위반</th></tr>
<tr><td>바. 법 제31조제4항에 따른 인증업무준칙 변경명령을 위반한 경우</td><td>법 제32조 제1항제6호</td><td>경고</td><td>업무정지 3개월</td><td>지정 취소</td></tr>
<tr><td>사. 법 제33조에 따른 시정명령을 정당한 사유 없이 이행하지 않은 경우</td><td>법 제32조 제1항제7호</td><td>업무정지 3개월</td><td colspan="2">지정취소</td></tr>
<tr><td>아. 인증기관 스스로 지정취소를 신청하는 경우</td><td>법 제32조 제1항제8호</td><td colspan="3">지정취소</td></tr>
</table>

② 법 제32조제1항제8호에 따라 인증기관이 스스로 지정취소를 신청하는 경우에는 국토교통부령으로 정하는 지정취소 신청서를 국토교통부장관에게 제출해야 한다.

③ 국토교통부장관은 법 제32조제1항에 따라 인증기관의 지정을 취소하거나 자율협력주행 인증업무의 전부 또는 일부의 정지를 명한 경우에는 그 사실을 지체 없이 관보와 국토교통부의 인터넷 홈페이지에 공고해야 한다.

[본조신설 2022. 1. 28.]

제30조 (인증기관에 대한 시정명령의 기간 및 절차 등)

① 국토교통부장관은 법 제33조에 따라 시정조치를 명하는 경우에는 다음 각 호의 구분에 따른 범위에서 시정기간을 부여해야 한다.

1. 법 제33조제1호 및 제2호의 경우 : 1개월 이내
2. 법 제33조제3호부터 제5호까지의 경우 : 15일 이내
3. 법 제33조제6호의 경우 : 1개월 이내

② 국토교통부장관은 법 제33조에 따라 시정조치를 명하려는 경우에는 위반내용, 시정사항 및 시정기간 등을 적은 서면으로 통보해야 한다.

③ 법 제33조에 따른 시정명령을 받은 인증기관은 시정기간 내에 명령을 이행하고 그 결과와 이행사실을 확인할 수 있는 자료를 지체 없이 국토교통부장관에게 제출해야 한다.

[본조신설 2022. 1. 28.]

제31조 (자율협력주행 인증업무의 장애예방 · 대응계획 등)

① 인증기관이 법 제35조제1항에 따라 수립하는 자율협력주행 인증업무의 장애예방 · 대응계획에는 다음 각 호의 사항이 포함되어야 한다.

1. 장애 관리 · 대응 체계 구성 및 운영 계획에 관한 다음 각 목의 사항
   가. 장애 관리 · 대응 부서 및 담당자 지정
   나. 장애 관리 · 대응 매뉴얼의 작성 · 시행에 관한 사항
   다. 그 밖에 장애 관리 · 대응 체계 구성 및 운영에 필요한 사항

2. 장애예방 점검활동 계획에 관한 다음 각 목의 사항

가. 장애예방 교육·훈련

나. 위험 탐지 및 차단

3. 장애발생 시 긴급복구계획

4. 장애발생 시설 및 장비의 유지·보수가 필요한 경우 해당 유지·보수에 관한 사항

5. 그 밖에 장애예방·대응을 위하여 필요한 사항

② 인증기관은 자율협력주행 인증업무에 장애가 발생한 경우에는 가입자와 인증관리센터, 다른 인증기관이나 검증기관 등 관계 기관에 장애발생 사실을 즉시 통보해야 한다.

③ 인증기관은 법 제35조제4항에 따라 자율협력주행 인증업무에 장애가 발생한 경우에는 다음 각 호의 사항을 지체 없이 국토교통부장관에게 신고해야 한다.

1. 장애의 유형, 발생시점 및 원인

2. 제2항에 따른 장애발생 사실 통보의 내용

3. 제4항에 따른 장애 복구 조치의 내용

4. 그 밖에 장애대응을 위하여 필요한 기술 및 인력 등의 지원 요청 사항

④ 인증기관은 장애가 발생한 경우에는 장애원인과 유형을 고려하여 장애발생 시설 및 장비를 복구하거나, 복구가 불가능하거나 어렵다고 판단되면 다른 시설 및 장비 등으로 대체하는 등 적절한 방법으로 신속하게 복구해야 한다.

⑤ 인증기관은 제4항에 따라 장애를 복구한 경우에는 즉시 해당 기관의 인터넷 홈페이지에 장애발생 사실과 그 복구 사실을 공고해야 한다.

⑥ 인증기관은 통신 장애 등 부득이한 사유로 장애발생이 예측되는 경우(경미한 장애의 경우는 제외한다)에는 장애발생 예상 시간 및 사유 등을 미리 해당 기관의 인터넷 홈페이지에 공고해야 한다.

⑦ 인증기관은 장애재발을 방지하기 위하여 장애원인을 조사하고 재발방지 대책을 마련해야 한다.

⑧ 제2항, 제3항, 제5항 및 제7항에 따른 자율협력주행 인증업무의 장애복구 절차와 제4항에 따른 장애복구 방법의 세부기준은 국토교통부장관이 정하여 고시한다.

[본조신설 2022. 1. 28.]

제32조 (인증서의 폐지 등)

① 인증기관은 법 제37조제1항에 따라 인증서를 폐지한 경우에는 누구든지 그 사실을 확인할 수 있도록 폐지된 인증서의 목록을 해당 기관의 인터넷 홈페이지에 매일 공고해야 한다.

② 인증기관은 인증서가 폐지된 사실을 가입자가 알 수 있도록 자동차의 모니터나 음성 출력 장치 등으로 안내해야 한다.

③ 인증기관은 폐지된 인증서의 목록을 인증관리센터, 다른 인증기관이나 검증기관이 확인할 수 있도록 문서, 팩스 및 전자우편 등으로 통보해야 한다.

[본조신설 2022. 1. 28.]

제33조 (과징금의 부과기준 및 절차 등)

① 법 제38조제1항에 따라 과징금을 부과하는 위반행위의 종류와 위반 정도 등에 따른 과징금의 금액 등 부과기준은 별표 4와 같다.

■ 자율주행자동차 상용화 촉진 및 지원에 관한 법률 시행령 [별표 4] <신설 2022. 1. 28.>

과징금의 부과기준(제33조제1항 관련)

1. 일반기준

가. 부과권자는 다음의 어느 하나에 해당하는 경우에는 제2호의 개별기준에 따른 과징금의 2분의 1 범위에서 그 금액을 줄여 부과할 수 있다. 다만, 과징금을 체납하고 있는 위반행위자에 대해서는 그렇지 않다.

1) 위반행위가 사소한 부주의나 오류로 인한 것으로 인정되는 경우

2) 위반행위자가 법 위반상태를 시정하거나 해소하기 위하여 노력한 것이 인정되는 경우

3) 그 밖에 위반행위의 정도, 위반행위의 동기와 그 결과, 위반 횟수 등을 고려하여 줄일 필요가 있다고 인정되는 경우

나. 부과권자는 다음의 어느 하나에 해당하는 경우에는 제2호의 개별기준에 따른 과징금의 2분의 1 범위에서 그 금액을 늘려 부과할 수 있다. 다만, 늘려 부과하는 경우에도 법 제38조제1항에 따른 과징금의 상한을 넘을 수 없다.

1) 위반의 내용·정도가 중대하여 공중에 미치는 영향이 크다고 인정되는 경우

2) 그 밖에 위반행위의 정도, 위반행위의 동기와 그 결과, 위반 횟수 등을 고려하여 늘릴 필요가 있다고 인정되는 경우

2. 개별기준

위반사항	근거법령	과징금
1. 법 제31조제4항에 따른 인증업무준칙 변경명령을 위반한 경우	법 제32조 제1항제6호	5백만원
2. 법 제33조에 따른 시정명령을 정당한 사유 없이 이행하지 않은 경우	법 제32조 제1항제7호	
가. 법 제33조제1호·제3호 및 제4호에 해당하는 경우		1천만원
나. 법 제33조제2호·제5호 및 제6호에 해당하는 경우		5백만원

② 국토교통부장관은 법 제38조제1항에 따라 과징금을 부과하려는 경우에는 그 위반행위의 종류와 해당 과징금의 금액을 과징금 부과대상자에게 서면으로 통지해야 한다.

③ 제2항에 따른 통지를 받은 자는 통지를 받은 날부터 20일 이내에 국토교통부가 정하는 수납기관에 과징금을 내야 한다.

[본조신설 2022. 1. 28.]

제34조 (과징금의 독촉 및 징수)

① 국토교통부장관은 제34조제2항에 따라 과징금의 납부통지를 받은 자가 납부기한까지 과징금을 내지 않으면 납부기한이 지난 날부터 7일 이내에 독촉장을 발급해야 한다.

② 제1항에 따라 독촉장을 발급하는 경우 체납된 과징금의 납부기한은 독촉장을 발급한 날부터 10일 이내로 한다.

[본조신설 2022. 1. 28.]

제35조 (손해배상책임 및 보험가입)

① 인증기관이 법 제39조제2항에 따라 보험 또는 공제에 가입하거나 준비금을 적립하는 경우 최저가입금액(준비금을 적립하는 경우에는 최소적립금액을 말한다. 이하 같다)은 연간 총 10억원 이상으로 한다. 이 경우 인증기관이 보험 또는 공제 가입과 준비금 적립을 병행하는 경우에는 보험 또는 공제 가입금액과 준비금 적립금액을 합산한 금액이 연간 최저가입금액 이상이어야 한다.

② 인증기관은 보험 또는 공제나 준비금으로 손해를 배상한 경우에는 7일 이내에 제1항에 따른 기준에 따라 보험 또는 공제에 다시 가입하거나 준비금을 보충하여 예치해야 한다.

[본조신설 2022. 1. 28.]

제5장 보칙 <신설 2022. 1. 28.>

제36조 (권한의 위임 및 업무의 위탁)

① 국토교통부장관은 법 제41조제1항에 따라 다음 각 호의 권한을 국토지리정보원장에게 위임한다. <개정 2022. 1. 28.>

1. 법 제22조제1항에 따른 정밀도로지도의 구축 및 갱신
2. 법 제22조제2항에 따른 정밀도로지도의 제공
3. 법 제22조제3항에 따른 정밀도로지도의 갱신이 필요한 변동사항 통보의 접수

② 국토교통부장관이 법 제41조제2항에 따라 위탁할 수 있는 업무는 다음 각 호와 같다. <개정 2022. 1. 28., 2024. 7. 2.>

1. 법 제5조제1항에 따른 자율주행자동차 관련 현황조사 및 같은 조 제2항에 따른 자료 제출 요청 및 접수

1의2. 법 제7조제3항 전단에 따라 지정하는 시범운행지구의 운영에 관한 다음 각 목의 업무
   가. 제5조제4항에 따른 시범운행지구 운영계획 수립을 위한 조사·연구
   나. 시범운행지구 내의 도로, 신호기 등 자율주행자동차 연구·시범운행과 관련된 시설의 설치, 유지 및 관리

다. 시범운행지구 내의 자율주행자동차 안전 운행에 대한 관리
라. 그 밖에 국토교통부장관이 시범운행지구의 원활한 운영을 위하여 필요하다고 인정하여 고시하는 업무
2. 법 제17조제1항에 따른 시범운행지구의 운영에 대한 평가에 관한 업무
3. 법 제21조에 따른 자율협력주행시스템의 구축ㆍ운영

③ 법 제41조제2항에 따라 이 조 제2항 각 호의 업무를 위탁받을 수 있는 자는 다음 각 호에 해당하는 기관으로 한다. <신설 2024. 7. 2.>
1. 「한국교통안전공단법」에 따른 한국교통안전공단
2. 「한국도로공사법」에 따른 한국도로공사
3. 「정부출연연구기관 등의 설립ㆍ운영에 관한 법률」에 따른 정부출연연구기관 또는 「과학기술분야 정부출연연구기관 등의 설립ㆍ운영 및 육성에 관한 법률」에 따른 과학기술분야 정부출연연구기관 중 자율주행과 관련된 연구기관
4. 「공공기관의 운영에 관한 법률」 제4조에 따른 공공기관 중 자율주행 관련 업무를 수행하는 기관
5. 「민법」 제32조에 따라 설립된 비영리법인 중 자율주행 관련 업무를 수행하는 법인

④ 국토교통부장관은 법 제41조제2항에 따라 이 조 제2항 각 호의 업무를 위탁한 경우에는 위탁받은 기관, 위탁 업무의 내용 및 처리방법 등을 고시해야 한다. <개정 2024. 7. 2.>

[제23조에서 이동 <2022. 1. 28.>]

제37조 (민감정보 및 고유식별정보의 처리)

국토교통부장관 또는 시범운행지구를 관할하는 시ㆍ도지사는 다음 각 호의 어느 하나에 해당하는 사무를 수행하기 위하여 불가피한 경우 「개인정보 보호법 시행령」 제18조제2호의 범죄경력자료(제5호만 해당한다)와 같은 영 제19조제1호의 주민등록번호가 포함된 자료를 처리할 수 있다. <개정 2022. 1. 28., 2024. 7. 2.>
1. 법 제9조제2항 또는 제3항에 따른 유상운송 허가에 관한 사무
2. 법 제9조제5항에 따른 한정운수면허에 관한 사무
3. 법 제10조에 따른 유상 화물운송 허가에 관한 사무
4. 법 제11조에 따른 승인에 관한 사무
5. 법 제28조에 따른 인증기관 지정 및 법 제29조에 따른 검증기관 지정에 관한 사무

[제목개정 2022. 1. 28.] [제24조에서 이동 <2022. 1. 28.>]

제38조 (규제의 재검토)

국토교통부장관은 다음 각 호의 사항에 대하여 2022년 1월 1일을 기준으로 3년마다(매 3년이 되는 해의 기준일과 같은 날 전까지를 말한다) 그 타당성을 검토하여 개선 등의 조치를 해야 한다. <개정

2022. 3. 8.>

1. 제10조제1항에 따른 성능시험대행자의 안전운행 성능 확인
2. 제15조제1항에 따른 책임보험의 요건
3. 별표 1에 따른 인증기관의 지정기준
4. 별표 2에 따른 검증기관의 지정기준
5. 제27조제6항에 따른 이상행위정보에 관한 검증기준
6. 제35조제1항에 따른 보험 또는 공제 가입이나 준비금 적립의 최저가입금액 기준

[본조신설 2022. 1. 28.]

제6장 벌칙 <신설 2022. 1. 28.>

제39조 (과태료의 부과기준)

법 제44조제1항에 따른 과태료의 부과기준은 별표 5와 같다.

[본조신설 2022. 1. 28.]

■ 자율주행자동차 상용화 촉진 및 지원에 관한 법률 시행령 [별표 5] <개정 2024. 7. 2.>

과태료의 부과기준(제39조 관련)

1. 일반기준

가. 위반행위의 횟수에 따른 과태료의 가중된 부과기준은 최근 3년간 같은 위반행위로 과태료 부과처분을 받은 경우에 적용한다. 이 경우 기간의 계산은 위반행위에 대하여 과태료 부과처분을 받은 날과 그 처분 후 다시 같은 위반행위를 하여 적발된 날을 기준으로 한다.

나. 가목에 따라 가중된 부과처분을 하는 경우 가중처분의 적용 차수는 그 위반행위 전 부과처분 차수(가목에 따른 기간 내에 과태료 부과처분이 둘 이상 있었던 경우에는 높은 차수를 말한다)의 다음 차수로 한다.

다. 부과권자는 다음의 어느 하나에 해당하는 경우에는 제2호의 개별기준에 따른 과태료의 2분의 1 범위에서 그 금액을 줄여 부과할 수 있다. 다만, 과태료를 체납하고 있는 위반행위자에 대해서는 그렇지 않다.

1) 위반행위가 사소한 부주의나 오류로 인한 것으로 인정되는 경우
2) 위반의 내용·정도가 경미하다고 인정되는 경우
3) 위반행위자가 법 위반상태를 시정하거나 해소하기 위하여 노력한 것이 인정되는 경우
4) 그 밖에 위반행위의 정도, 위반행위의 동기와 그 결과 등을 고려하여 줄일 필요가 있다고 인정되는 경우

라. 부과권자는 위반행위의 정도, 위반행위의 동기와 그 결과 등을 고려하여 제2호의 개별기준에

따른 과태료의 2분의 1 범위에서 그 금액을 늘려 부과할 수 있다. 다만, 늘려 부과하는 경우에도 법 제44조제1항에 따른 과태료의 상한을 넘을 수 없다.

2. 개별기준

위반행위	근거 법조문	처분내용		
		1차 위반	2차 위반	3차 이상 위반
가. 법 제32조제2항을 위반하여 정당한 사유 없이 법 제36조제2호에 따라 효력이 소멸되는 인증서에 관한 정보를 인계하지 않은 경우	법 제44조 제1항제1호	250	350	500
나. 법 제34조제3항(법 제29조제2항에서 준용하는 경우를 포함한다)을 위반하여 자료를 제출하지 않거나 거짓으로 자료를 제출한 경우 또는 관계 공무원의 출입·검사를 거부·방해 또는 기피한 경우	법 제44조 제1항제2호	250	350	500
다. 법 제35조제1항(법 제29조제2항에서 준용하는 경우를 포함한다)을 위반하여 자율협력주행 인증업무의 장애 예방·대응계획을 수립하지 않은 경우	법 제44조 제1항제3호	250	350	500
라. 법 제35조제4항(법 제29조제2항에서 준용하는 경우를 포함한다)을 위반하여 자율협력주행 인증업무의 장애 발생 신고를 하지 않은 경우	법 제44조 제1항제4호	250	350	500
마. 법 제39조를 위반하여 보험 또는 공제에 가입하지 않거나 준비금을 적립하는 등 필요한 조치를 취하지 않은 경우	법 제44조 제1항제5호			
1) 법 제39조에 따른 이 영 제35조제1항을 위반하여 보험 또는 공제에 가입하지 않거나 준비금을 적립하지 않은 경우				
가) 보험 또는 공제에 가입하지 않거나 준비금을 적립하지 않은 기간이 5일 이하인 경우		150만원		
나) 보험 또는 공제에 가입하지 않거나 준비금을 적립하지 않은 기간이 6일 이상인 경우		150만원에 6일째부터 계산하여 1일마다 10만원을 더한 금액		
2) 법 제39조에 따른 이 영 제35조제2항을 위반하여 손해를 배상한 후 보험 또는 공제에 다시 가입하지 않거나 준비금을 보충하여 예치하지 않은 경우				
가) 보험 또는 공제에 다시 가입하지 않거나 준비금을 보충하여 예치하지 않은 기간이 5일 이하인 경우		150만원		
나) 보험 또는 공제에 다시 가입하지 않거나 준비금을 보충하여 예치하지 않은 기간이 6일 이상인 경우		150만원에 6일째부터 계산하여 1일마다 10만원을 더한 금액		

※ 비고 : 제2호마목2)의 기간은 보험 또는 공제에 다시 가입하거나 준비금을 보충해야 하는 기간인 7일을 기준으로 산정한다.

부칙 <제34731호, 2024. 7. 23.> [한국도로교통공단법 시행령]

제1조 (시행일)

이 영은 2024년 7월 31일부터 시행한다.

제2조 (다른 법령의 개정)

①부터 ⑤까지 생략

⑥ 자율주행자동차 상용화 촉진 및 지원에 관한 법률 시행령 일부를 다음과 같이 개정한다.

제20조제6호를 다음과 같이 한다.

6. 「한국도로교통공단법」에 따른 한국도로교통공단

⑦부터 ⑪까지 생략

제3조 생략